国家出版基金资助项目

材料与器件辐射效应及加固技术研究著作

有机材料的辐射效应

RADIATION EFFECTS IN ORGANIC MATERIALS

陈洪兵 等编著

傅依备 主审

哈爾濱工業大學出版社
HARBIN INSTITUTE OF TECHNOLOGY PRESS

内 容 简 介

本书旨在全面系统地介绍面临电离辐射服役环境及加工场景的有机含能材料和有机高分子材料的辐射效应研究现状，介绍的有机材料包括含能材料、橡胶弹性体、工程塑料、通用塑料、胶粘剂、高分子涂层、天然高分子，既对有机材料辐射效应的经典理论进行了回顾，又具体阐述了近几十年对有机材料辐射效应的新认识、研究的新方法和发展的新趋势；汇聚了有机材料辐射效应的最新前沿研究成果，涉及有机材料在国防、航天、核电、辐射加工等诸多领域的实际应用。

本书适合高分子化学与物理、高分子材料科学与工程、辐射化学、食品科学、装备设计、辐射环境系统可靠性等专业的高年级本科生、研究生和教师参考使用，同时也可以作为相关工程技术研发人员的参考书。

图书在版编目(CIP)数据

有机材料的辐射效应/陈洪兵等编著. —哈尔滨：哈尔滨工业大学出版社，2023.2

(材料与器件辐射效应及加固技术研究著作)

ISBN 978-7-5767-0542-3

Ⅰ.①有… Ⅱ.①陈… Ⅲ.①有机材料-辐射效应-研究 Ⅳ.①TB322

中国国家版本馆 CIP 数据核字(2023)第 024399 号

有机材料的辐射效应

YOUJI CAILIAO DE FUSHE XIAOYING

策划编辑 许雅莹 杨 桦
责任编辑 杨 硕 苗金英
封面设计 刘 乐
出版发行 哈尔滨工业大学出版社
社 址 哈尔滨市南岗区复华四道街 10 号 邮编 150006
传 真 0451-86414749
网 址 http://hitpress.hit.edu.cn
印 刷 辽宁新华印务有限公司
开 本 720 mm×1 000 mm 1/16 印张 26 字数 465 千字
版 次 2023 年 2 月第 1 版 2023 年 2 月第 1 次印刷
书 号 ISBN 978-7-5767-0542-3
定 价 128.00 元

前　言

有机材料是指分子中含有碳元素、氢元素的材料，分为有机小分子材料（本书中指含能材料）和有机高分子材料。随着科学技术的发展，有机材料的用途和用量大大增加。在国防、航天、核电及辐射加工领域，有机材料的生产和应用常常会面临复杂的辐射环境。有机材料在高能辐射作用下结构和性能将发生不同程度的变化，从而可能导致装备性能下降甚至失效。同时，有机材料的辐射分解产物可能带来相容性问题，威胁装备中其他部组件的服役可靠性。航天、国防核装备、核电站等应用环境中，目前仍然难以实现对材料的性能实时监控和随时更换，因此需要对材料在服役环境下的结构性能变化有深入认识，对其机理及动力学过程有相关了解，才能据此科学预测其服役寿命；在材料/食品加工行业，也需要对这些材料的辐射效应有深入研究，才能以适当条件获得材料的最优性能。虽然早在1952年，Charlesby发现将聚乙烯放在反应堆中照射可以引起材料交联，在随后的几十年间，有机材料辐射效应的研究有起有落，但是随着有机材料的服役环境日益复杂，对装备可靠性的要求越来越高，因此对材料性能和寿命评估的准确度的要求越来越高，有机材料辐射效应研究受到越来越多的关注。

目前，材料辐射效应的研究及工程应用相关的论著主要集中在核材料、金属材料、半导体材料及电子学器件领域。作为当今几大材料之一的有机高分子材料，其体积产量已经超过金属，加之其本身存在易老化的特点，其辐射效应受到环境中力、热、气氛等因素的影响，导致材料的辐射老化机理复杂，老化规律难以掌握，寿命难以预测。然而国内尚没有相应的著作进行专门的论述和总结，行业发展基本由应用需求驱动，缺乏深入的科学指导。因此，本书重点介绍了常见的含能材料及有机高分子材料的辐射效应，并介绍了高分子材料辐射老化模拟和寿命预测的研究进展，尤其是对辐射环境中服役的高新装备里使用的有机材料介绍较多，为从事高分子材料辐射效应、高分子材料老化、辐射加工等研究和开发的相关人员提供了参考。

全书共分 10 章：第 1 章绪论，主要介绍有机材料辐射效应的基础知识、发展历史和研究难点等；第 2 章介绍含能材料的辐射效应；第 3 章介绍橡胶弹性体的辐射效应；第 4 章介绍工程塑料的辐射效应；第 5 章介绍通用塑料的辐射效应；第 6 章介绍有机胶粘剂的辐射效应；第 7 章介绍有机高分子涂层的辐射效应；第 8 章介绍天然高分子的辐射效应；第 9 章介绍有机材料辐射效应的理论模拟；第 10 章介绍有机材料辐射老化的寿命预测方法和模型。

本书由中国工程物理研究院核物理与化学研究所陈洪兵研究员组织撰写并统稿，各章撰写分工如下：陈洪兵（第 1、3、8 章）、敖银勇（第 2 章）、王浦澄（第 4、5 章）、刘波（第 6 章）、黄玮（第 7 章）、刘强（第 9、10 章）。本书在撰写过程中得到了国内同行的关心、支持和帮助，在此表示衷心的感谢。特别感谢中国工程物理研究院傅依备院士的亲切指导。感谢学生李鑫、宋伊人，张祎茜，黄镇东为本书所做工作。

限于书稿写作时间和作者的认知水平，书中难免出现不足之处，恳请广大读者和同行专家予以批评指正。

作　者

2022 年 11 月

目　录

第 1 章

绪　论

1.1　概　述

本书介绍有机材料的辐射效应，主要研究对象包括含能材料和常见的有机高分子材料。这些材料在辐射场景中服役或加工生产，会涉及辐射与材料的相互作用，因此需要了解高能辐射对材料的效应。这些材料涉及的主要辐射类型包括高能射线和高能粒子，同时由于服役场景的需要，个别材料还涉及微波辐射、紫外辐射和原子氧等。

本章介绍几种常用的高能辐射，包括伽马射线、电子束、高能质子/重离子束及中子源；同时，介绍辐射化学的基础知识。

1.2　高能辐射

1.2.1　伽马射线

γ 源释放的 γ 粒子即伽马射线（γ 射线），其是原子核能级跃迁退激时释放的射线，是波长短于 0.01 Å（1 Å = 0.1 nm）的电磁波，具有波粒二象性。γ 射线有很强的穿透力，工业中可用于探伤或使流水线实现自动控制，医疗上用于肿瘤的治疗、医疗器械的消毒灭菌，还可用于食品保鲜以及辐射改性等。目前常用的γ源主要是^{60}Co源和^{137}Cs源。

1. ^{60}Co源

^{60}Co每次衰变放出2个γ光子，能量分别为1.17 MeV和1.33 MeV，平均辐射能量为1.25 MeV。^{60}Co的半衰期为5.27 a，即钴源的功率每月下降约1%，所以照射室的辐射场剂量要经常修正，源也需要补充和更新。

^{60}Co γ辐射源的优点很多，主要包括以下几点：

(1)γ射线的能量高，穿透能力强，可加工有外包装或容器中的产品，其源可制得很高的比活度((7.4 ～ 14.8) × 10^{11} Bq/g)，一般为(3.7 ～ 18.5) × 10^{10} Bq/g。

(2) 源体可制成金属状态并密封在金属外套中(β射线可被金属外套过滤掉)，使其在水中没有放射性泄漏。

(3)^{60}Co为金属单质，可根据需要加工成各种形状，^{60}Co源元件通常是将钴棒包裹在不锈钢钢管中，然后在反应堆中辐照一段时间制备而成，其放射性活度为50 ～ 100 Ci/g。

(4) 装置结构简单，分为干法和湿法两类。

2. ^{137}Cs源

^{137}Cs源寿命较长，半衰期为30.2 a，γ射线能量为0.66 MeV，能量较低且射线自吸收严重，射线利用率不高。^{137}Cs源不能制成金属状态，常以CsCl或硫化物、氧化物状态存在，将其封在不锈钢外壳中泄漏的危害大，在水中易发生放射性污染，因此^{137}Cs源常用干法装置。^{137}Cs源的工业应用远不及^{60}Co源普及，但由于其γ射线能量较低，比较容易屏蔽，因此适用于移动式辐射装置。

3. γ射线与物质的相互作用

γ射线与物质相互作用时，绝大部分能量通过产生次级电子而被吸收。这一过程取决于介质的原子组成，而与分子结构几乎无关。γ射线与物质的作用主要包括以下三种：

(1) 光电效应。γ射线光子与原子相互作用时，一个光子被完全吸收，并逐出一个电子，这一过程同时满足能量守恒和动量守恒。光电效应随原子序数的增加而迅速增强，并随光子能量的增加而迅速减弱。当光子的能量大于1 MeV时，光电效应在所有能量传递过程中的份额可以忽略。

(2) 康普顿效应。康普顿效应的特征是入射光子的能量只部分传递给逐出电子(通常称为康普顿电子)。这一过程中入射光子转化为一个能量较低且方向不同的散射光子。康普顿效应发生在结合最松散的外层电子上，可以将这些外层电子看作“自由电子”。为满足这一近似，入射光子的能量必须远远大于电子

的结合能。康普顿吸收系数 σ 完全取决于每克物质中的电子数，除氢气外不同元素具有相近的值。大多数有机材料与水具有几乎相同的 σ 值，且该值与材料的原子序数无关。康普顿电子的平均能量随入射光子能量的增加而增加，同时，康普顿效应占整个传能过程的份额也增加。当入射光子能量大于等于 300 keV 时，次级电子几乎 100% 由康普顿效应产生，康普顿电子携带所有能量。因为散射光子很可能透过溶液而几乎不发生进一步作用，辐射化学效应完全取决于康普顿电子。

(3) 电子对的产生。光电效应和康普顿效应都是光子与原子核外的电子相互作用，电子对的产生过程则是光子与原子核相互作用。这一作用过程导致入射光子的完全消失和一对正负电子的产生。正负电子的静质量均为 0.511 MeV。因此，产生电子对的入射光子的最小能量为 1.02 MeV。但即使入射光子的能量满足最小能量要求，电子对也未必会产生。例如，^{60}Co γ 射线的光子能量为1.25 MeV，但产生电子对的可能性非常小，事实上全部能量均通过康普顿效应吸收。

1.2.2　荷电粒子

1. 电子加速器

电子加速器也称电子束辐射装置，是一种以人工方法使电子在真空中加速而达到高能量的装置。自由电子可被电场直接或间接加速到很高的能量。与 γ 射线相比，电子束具有以下特性：

(1) 高能量利用效率。辐射加工使用的高能电子束的能量利用效率比 γ 射线高出 1 ~ 2 倍。

(2) 低穿透性。电子是荷电粒子，质量小。当电子束与物质相互作用时，受介质分子或原子库仑场作用，能量迅速损失，引起较大的能量吸收密度，因此电子束与 γ 射线相比，穿透力低、射程短。

(3) 高剂量率与高功率。电子束给出的剂量率比 ^{60}Co 源高出 4 ~ 5 个数量级，在辐照样品时可大大节约辐照时间，进而减少射线对基材的辐射损伤，同时也可增加产额；但电子束辐照将在材料中产生更加明显的温升效应。

(4) 能量可调，应用范围广。与 γ 辐射源不同，电子加速器给出的电子束是定向的，并可根据被辐照物的要求调节能量，使用相应能量的加速电子束。

工业辐射电子加速器的能量范围为 0.15 ~ 10 MeV，按电子束能量可分为三个能区：低能电子加速器(0.15 ~ 0.5 MeV)，加速器功率为几千瓦至 500 kW；中能电子加速器(0.5 ~ 5 MeV)，加速器功率为几十千瓦至 200 kW；高能电子加速器(5 ~ 10 MeV)，加速器功率为几千瓦至 30 kW。

虽然电子加速器原理各异，种类繁多，但其基本组成结构是相同的，主要由电子枪、加速结构、导向聚焦系统、束流输运系统和高频功率源或高压电源五部分组成。此外，还有束流监测和诊断系统、维持加速器所有系统正常运行的电源系统、真空系统、恒温系统等辅助设备和靶室。

2. 质子／重离子加速器

质子是一种带 1.6×10^{-19} C 正电荷的亚原子粒子，直径为$(1.6\sim1.7)\times10^{-15}$ m，质量为 $1.672\,621\,637(83)\times10^{-27}$ kg，大约是电子质量的 1 836.5 倍(电子的质量为 $9.109\,382\,15(45)\times10^{-31}$ kg)，质子比中子稍轻(中子的质量为 $1.674\,927\,211(84)\times10^{-27}$ kg)。质子属于重子类，由两个上夸克和一个下夸克通过胶子在强相互作用下构成。

重离子是指质量数大于 4 的原子核，即元素周期表氦核以后(原子序数大于 2 的失去电子的原子)的离子，如碳 12、氖 22、钙 45、铁 56、氪 84 和铀 238 等。

质子／重离子加速器是一种用人工方法产生高能质子／重离子束的装置。它利用一定形态的电磁场将质子／重离子加速，能提供速度高达几千、几万甚至接近30万 km/s(真空中的光速)的高能质子／重离子束。用质子／重离子束轰击原子核、原子、分子、固体晶格及生物细胞，是人们变革原子核和“基本粒子”，认识物质深层结构的重要手段，其在工农业生产、医疗卫生、科学技术、国防建设等各个方面也都有重要而广泛的应用。

对于加速器来说，重离子与质子等轻离子的最大差别是它们的荷质比(Q/A，Q 为离子的电荷态，A 为其原子质量数)不同。每核子所得到的平均动能均与被加速离子的荷质比(Q/A)呈一定比例关系。但一般重离子的荷质比远小于 1(质子的荷质比为 1)，有的甚至小于 0.1。一般通过提高电荷的途径提高荷质比，其方法是在粒子加速过程中，采取气体或固体靶来剥离电子，经过剥离的重离子，其荷质比得到提高，在此基础上进一步加速，就可以有效地提高每核子的平均动能，从而提高加速的效率。

3. 荷电粒子与物质的相互作用

荷电粒子穿越介质时会与介质分子的核外电子或原子核相互作用，从而损失能量发生慢化。载流子与原子核作用有两种方式：轫致辐射和卢瑟福碰撞。前者在能量很高时发生，后者在能量低时表现更为显著。电子与水相互作用时，原子核阻止只有在电子能量大于 100 MeV 时才处于主导地位，而辐射化学中电子能量小于 10 MeV，因此原子核阻止可以忽略。对于重荷电粒子，能量(即每个核子所带能量)大于600 MeV/n时核反应才变得显著。当能量更低时，阻止过程复杂化，且与入射粒子的质量密切相关。例如，对重离子而言，电荷交换(俘获或失去电子)是主要阻止机制，这一过程主要是卢瑟福类型的核碰撞，最后，重离子

通过台球型弹性碰撞热能化。对于低能电子(亚激发电子),主要通过激发分子振动使能量衰减到约 0.5 eV。在凝聚态中,能量小于 0.5 eV 的入射电子可激发分子内振动而热能化,最终发生化学反应或被分子吸收。

因为辐射化学中最重要的是电子与物质的相互作用,因此对其单独进行介绍:电子与物质的相互作用有许多过程,其中最重要的是电磁辐射、弹性碰撞和非弹性碰撞。这些过程的相对重要性强烈地依赖于入射电子的能量,也依赖于吸收介质的属性。高能时主要通过电磁辐射损失能量;低能时通过介质分子的电离和激发而损失能量,即非弹性碰撞;弹性碰撞是指碰撞前后电子的运动方向转变,但电子和原子核的总动能保持不变,动能并不转变为任何其他形式的能量。弹性碰撞发生的概率与电子能量和被碰核的原子序数有关,对于低能电子与高原子序数的原子核,其发生弹性碰撞的概率最大。

1.2.3 中子

1. 中子源

中子是组成原子核、构成化学元素不可缺少的成分,由两个下夸克和一个上夸克组成。中子源是指能够产生中子的装置。自由中子是不稳定的,它可以衰变为质子放出电子和反电中微子,平均寿命只有 15 min,无法长期贮存,需要由适当的产生方法源源不断地供应。中子源主要包括以下三种:

(1) 放射性同位素中子源。放射性同位素中子源体积小,制备简单,使用方便。(α,n) 中子源利用核反应$^{9}Be + \alpha \rightarrow {}^{12}C + n + 5.701(MeV)$,将放射 α 射线的$^{238}Pu$、$^{226}Ra$ 或^{241}Am 同金属铍粉末按一定比例均匀混合压制成小圆柱体密封在金属壳中。(γ,n) 中子源利用核反应中发出的 γ 射线来产生中子,有$^{24}Na-Be$ 源、$^{124}Sb-Be$ 源等。

(2) 加速器中子源。加速器中子源是利用加速器加速带电粒子轰击适当的靶核,通过核反应产生中子。其最常用的核反应有(d,n)、(p,n) 和(γ,n) 等,中子强度比放射性同位素中子源大得多。其可以在很宽的能区上获得单能中子。加速器采用脉冲调制后,可成为脉冲中子源。

(3) 反应堆中子源。反应堆中子源是利用原子核裂变反应堆产生大量中子。反应堆是最强的热中子源。在反应堆的壁上开孔,即可把中子引出。所得的中子能量是连续分布的,很接近麦克斯韦分布。采取一定的措施,可获得各种能量的中子束。

2. 中子与物质的相互作用

中子不带电荷,它不能直接使介质分子(或原子) 电离,但是可与原子核发生弹性碰撞、非弹性碰撞、核反应以及中子俘获过程,这些过程与中子的能量有关。热中子(0.025 eV)和高能中子(> 10 MeV)主要发生中子俘获和核反应过程,核反应过程释放的 γ 射线、α 粒子和质子也可引起辐射化学变化,但是中子俘获和核反应过程还常在照射样品中产生放射性。当中子能量大于原子核的最低激发能时,它与原子核发生非弹性碰撞,使核激发。中能中子(1 keV ~ 0.5 MeV)与原子核作用主要发生弹性碰撞,快中子(0.5 ~ 10 MeV)与核作用主要发生弹性碰撞和非弹性碰撞。在弹性碰撞过程中原子核不发生变化,入射中子能量在反冲中子和反冲核之间分配。对于氢、生物组织以及其他含氢丰富的物质,快中子主要与氢原子核发生弹性碰撞损失能量。由于反冲质子获得的能量很大,它们在介质中将按一般过程使介质分子电离和激发并导致辐射化学效应。

对中子辐射效应研究的深度和广度都远不及 γ 射线、电子束及质子 / 重离子束,主要原因在于中子源价格昂贵。

1.2.4 辐射化学基本过程

电离辐射与物质相互作用,在把能量传递给物质的分子或原子的同时,使物质中产生能量较高、空间分布很不均匀的电子、离子和激发分子。这些由原初过程产生的粒子通称为原初活性粒子,其形成的数量与物质吸收的能量成正比。原初过程产生的离子和激发分子是不稳定的,它们将迅速(10^{-14} ~ 10^{-12} s)通过化学键的断裂、离子分子反应、发光以及内转换等过程失去自己的能量,产生自由基和中性分子。自由基对观察到的化学变化起重要作用。尽管内层电子在相互作用初期能被激发,但吸收的能量很快重新分配,因此化学上重要的离子和激发分子是通过结合较松的外层电子的激发和电离形成的。电离辐射对分子中的原子并无选择性激发,但高激发态转换为低激发态使得部分激发能定域。有机高分子的辐射化学和质谱研究表明,辐射诱发的裂解发生在多个位点,对于直链烷烃而言,它的C—C、C—H 链都能断裂。但当分子中含有杂原子(如 O 和 N)官能团,则断链主要发生在这些官能团附近。

关于这一部分更详细的阐述,可参看哈鸿飞、吴季兰编著的《高分子辐射化学原理与应用》,张志成、葛学武、张曼维编著的《高分子辐射化学》,彭静、郝燕、魏根栓编著的《辐射化学基础教程》。

1.3 有机材料

有机材料是指分子中含有碳元素、氢元素的材料,分为有机高分子材料和有机小分子材料。有机高分子材料又称聚合物或高聚物,是一类分子量可达几千甚至几百万的有机化合物。它们在结构上是由许多简单的、相同的结构单元,通

过化学键重复连接而成。有机高分子材料优点众多，密度仅为钢铁的1/8～1/7，电绝缘性能好、耐腐蚀性好、加工容易、富有弹性、比强度大，可满足包括塑料、纤维、橡胶、涂料、胶粘剂等领域的使用要求。有机高分子材料已成为日常生活及高新装备中不可缺少的一类重要材料，目前其体积产量已经超过金属材料。与有机高分子相对的，分子量较小的有机化合物称为有机小分子。本书将重点介绍可能在辐射环境中使用或加工生产的有机材料，主要包括有机小分子材料（本书指含能材料）及有机高分子材料。

含能材料是指在一定的外界能量刺激下，自身能发生激烈氧化还原反应，释放大量能量的物质。当含有含能材料的武器处于外太空、核环境等特殊辐射环境时，含能材料的辐射稳定性评估是其安全性评估的重要指标之一。

有机高分子材料在工程领域中广泛应用，其辐射稳定性特别重要。本书将介绍以下高分子材料及其辐射效应：橡胶类材料，包括硅橡胶及硅泡沫、聚烯烃弹性体、卤代橡胶、聚氨酯弹性体；工程塑料，包括聚碳酸酯、聚醚醚酮、聚酰胺、聚酰亚胺、聚氨酯；通用塑料，包括聚乙烯、聚丙烯、聚氯乙烯；胶粘剂，包括环氧树脂胶粘剂、有机硅胶粘剂、聚氨酯胶粘剂、丙烯酸酯类胶粘剂；有机高分子涂层；天然高分子。

1.4　有机材料的辐射效应

辐射效应是指高能射线（粒子）与物质相互作用造成的物质物理、组织结构及力学性能上的变化。它随射线（粒子）的种类、能量和物质性质及所处环境不同而变化。随着科学技术的飞速发展，有机材料的应用常常会面临复杂的辐射环境。例如：① 核潜艇、国防核装备、核电站中特殊的辐射环境；② 核工业产生的放射性废物处理中存在的辐射环境；③ 航天航空飞行器中所用的有机材料，如涂层、密封材料、工程塑料等面临的太空宇宙射线的辐射；④ 有机材料的辐射加工、灭菌消毒等。有机材料在高能辐射作用下结构和性能将发生不同程度的变化，从而可能导致装置装备性能下降甚至失效。同时，有机材料的辐射分解产物可能带来兼容性问题，威胁装置装备中其他部组件的服役可靠性。

由于航空航天、国防核装备、核电站等应用环境中，无法对材料的性能进行实时监控，也无法随时更换，因此需要对材料服役环境下结构性能的变化有深入认识，对机理及动力学过程有相关了解，才能据此科学预测其服役寿命；在材料/食品加工行业，也需要对这些材料的辐射效应有深入研究，才能以适当条件获得材料的最优性能。然而，对有机材料辐射效应的有限认识水平，导致有相当大的人力、物力和资金花费在装备的维护和保养事务中。为此，深入研究有机材料的辐射效应的需求十分迫切。

1.4.1 有机材料辐射效应的发展历史和概况

辐射化学蓬勃发展借力于1942年后原子能事业的迅速发展。各种粒子加速器和反应堆的相继建立,为辐射化学研究提供了强大的辐射源,使辐射化学的研究进入一个新阶段。随着核科学与技术、航空航天、国防等领域的发展,以及有机高分子材料的应用普及,有机材料在辐射环境中的稳定性越来越引起人们的重视。

1952年,Charlesby发现将聚乙烯放在反应堆中照射可以引起材料交联。随后,大量材料在不同辐射条件(包括剂量、剂量率、气氛环境、温度及添加剂等)下的辐射效应被广泛研究。20世纪90年代,孙家珍等首先发现聚四氟乙烯(PTFE)在熔点附近很窄的温度范围(330～340 ℃)辐射时可以交联。日本科学家在此工作基础上进行了后续工艺改进和商业化生产。翟茂林、吴国忠等研究了壳聚糖的辐射降解(简称辐解),并成功将其应用于保健食品、植物生长促进剂、动物饲料添加剂等方面。美国圣地亚国家实验室的Kenneth T. Gillen、Roger L. Clough和Mathew Celina,劳伦斯利弗莫尔国家实验室的Robert S. Maxwell,洛斯阿拉莫斯国家实验室的Andrea Labouriau等开展了大量有机高分子材料,尤其是各种硅橡胶的辐射效应研究工作,发表了130余篇论文,表明有机材料在各种复杂环境下的辐射稳定性正受到国防、工程及工业领域越来越广泛的关注。

1.4.2 有机材料辐射效应的研究难点

有机高分子材料的化学结构组成使其具有易老化的特点。在力、热、光、氧、湿气及高能射线的长期作用下,材料易发生降解反应,使其化学结构发生改变,性能退化或丧失。其中,由于服役环境的特殊性和重要性,有机高分子材料的辐射效应尤其值得关注。

有机高分子材料辐射效应研究有如下复杂性和难点:

(1) 高分子材料本身结构复杂,即不仅存在复杂的化学结构、分子量及其分布、三维交联结构、结晶度及晶体分布,而且对于复合材料而言,还存在各成分之间的组成、分布、相互作用等。

(2) 辐射的类型多种多样,包括γ射线、中子、电子、质子和重离子等,这些辐射类型之间可能存在复杂的相互作用。

(3) 有机材料服役的环境除辐射外,还存在力、热、光、氧、湿气等环境因素,这些环境因素可以与辐射产生耦合作用。例如,大量的研究表明辐射与热在多种高分子材料中都存在耦合作用,导致辐射老化加剧;湿气可通过与辐射产生的

大分子自由基发生反应，从而减弱辐射带来的交联反应。

(4) 在密封的体系中，有机材料的辐射老化还将带来相容性的问题，如一些材料老化形成的产物可能加速或抑制其他材料的老化。

(5) 辐射效应的灵敏表征也是一大难点，很难在辐射老化早期就检测到材料的变化，而这一点对于重要工程装备而言又非常重要。辐射化学反应的时间跨度从阿秒(能量沉积)到数年(辐照后反应)，中间的物理化学过程非常复杂，目前尚缺乏足够多的实验手段来研究高能辐射与有机材料的相互作用，很多关键过程仅能采用实验结合合理推测的方法来实现。

(6) 理论模拟和寿命预测存在局限。有机材料的辐射效应跨越了巨大的时空尺度，空间上可从埃米拓展到毫米或厘米，时间尺度则能从阿秒到以年为单位，如此巨大的时空跨度为认识和回答辐射效应导致的结构性能退化机理和规律带来了巨大的挑战，这是理论计算和寿命预测共同面临的主要问题之一。要想仅依靠实验解决多尺度的辐射效应机理问题几乎是不可能的，理论计算作为科学研究的一个重要手段可以起到很好的补短作用，并且越来越受到化学和材料研究人员的重视。材料的性能往往归属于宏观范畴，但是其辐射损伤退化机理则需要更加微观的解释，最终需要回答环境因素作用下的结构性能时变关系。但是理论计算常常只能处理一到两个尺度的问题，而且需要研究的结构和性能计算往往使得现在的计算能力相形见绌，大规模模拟辐射效应和显示处理电子和核激发、跃迁、相干和运动的研究还没有取得令人满意的进步。此外，对辐射粒子与材料的微观作用机制的模拟还存在理论方法上的局限，如并没有十分系统和坚实的理论体系可解释不同辐射粒子与研究系统如何相互作用和演化，现有研究常常忽略电离和激发态涉及的复杂的非绝热电子－核耦合(不满足绝热近似)，常用的通过移除特定轨道电子模拟电离的策略忽略了电子的相关效应等。有机材料的工程应用十分关注其可靠性研究，寿命预测通常需要简明的数理模型预测材料关键结构性能的变化，而不同表征手段获得的多尺度结构性能信息通常比较冗余，而且缺乏相关的结构性能关系模型，增加了建模和分析的困难。经典的半经验寿命预测模型已经难以满足现今多组分复杂结构材料在复杂环境下的结构性能评估需求，非经验跨尺度的时变模型(常常涉及理论计算)越来越受到工程应用的青睐，近年来也得到了长足的发展。寿命预测还面临加速评估方法的等效性和可靠性问题，多因素耦合作用、序贯问题和动态加载的影响日益突出，这些因素的重要作用已经在业界达成了普遍共识，但是目前并没有形成公认的体系化和理论化的标准与方法来指导相关的科研工作，相关的研究和认识也比较匮乏。

由此可见，有机材料辐射效应属于典型的交叉学科，涉及辐射物理、辐射化学、高分子材料、计算科学等领域，需要团队协作才可取得理想的研究效果。

1.4.3 辐射效应研究的重要性

系统的可靠性遵循典型的木桶理论。任何一个关键部件或材料出现问题均可能导致系统功能下降,甚至失效。“挑战者”号航天飞机的事故调查报告显示,飞机失事的主要原因即是高分子密封圈的失效,这是一个非常典型的高分子材料部件功能退化导致的系统失效的案例。

“挑战者”号太空舱是美国国家航空航天局(NASA)旗下正式使用的第二架太空舱。开发初期原本是被作为高拟真结构测试体,但在“挑战者”号完成初期的测试任务后,被改装成正式的轨道载具,并于 1983 年 4 月 4 日正式进行任务首航。然而很不幸,“挑战者”号在 1986 年 1 月 28 日进行代号 STS－51－L 的第 10 次太空任务时,右侧固体火箭推进器上面的一个 O 形环密封圈失效(图 1.1、图 1.2),导致了一连串的连锁反应,“挑战者”号在升空后 73 s 时,爆炸解体坠毁。

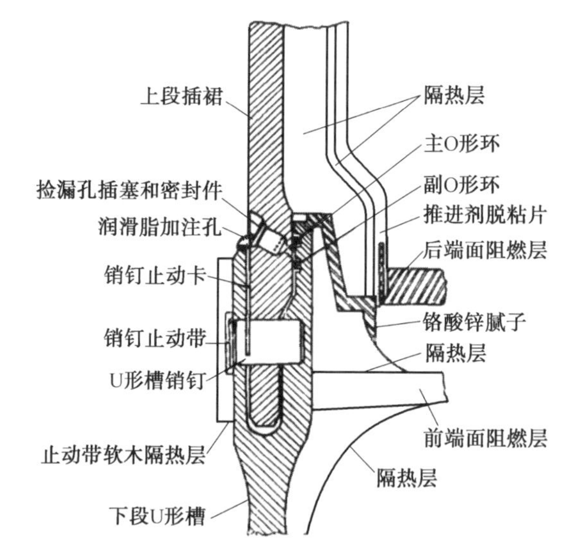

图 1.1　固体火箭推动器横剖面

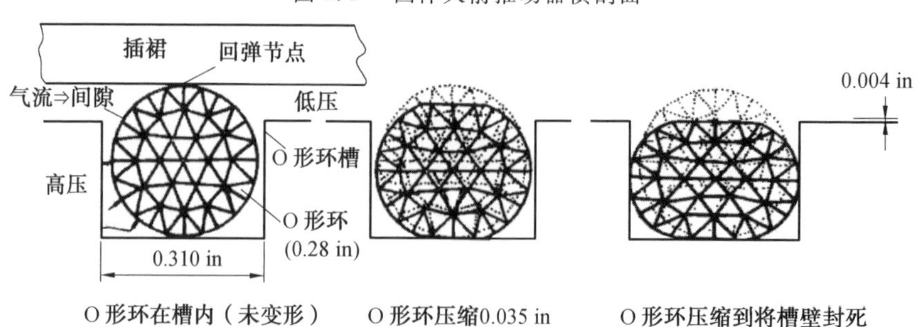

图 1.2　O 形环产生永久性压缩变形的过程(1 in = 2.54 cm)

有机材料在工程领域中属于易老化的短寿命部件，因此其服役稳定性受到密切关注。美国圣地亚国家实验室、劳伦斯利弗莫尔国家实验室、洛斯阿拉莫斯国家实验室、英国原子武器研究中心、中国工程物理研究院等均对有机材料的辐射稳定性做了大量研究。结果表明，有机材料的辐射效应受到力、热、气氛、剂量率等很多因素的共同影响，不同因素之间可能表现出耦合协同效应。这些现象使得有机材料的辐射效应非常复杂，其服役性能随时间呈非线性变化，寿命难以预测评估。因此，有机材料的辐射效应成为应用需求牵引的重要研究方向，而且随着深空探测、核装备服役、核电以及核科学与技术的发展，在辐射环境中服役的高分子材料将越来越多，这一方向将变得越来越重要。

1.5　辐射效应研究涉及的材料

材料辐射效应的研究及工程应用的关注方向目前主要集中在核材料、金属材料、半导体材料及电子学器件，例如：郁金南的《核材料辐照效应》，涉及核材料辐射效应的基本理论和基本知识，研究核材料中辐射缺陷的产生过程，微观结构缺陷的演化以及它与结构稳定性、力学性能、物理性能间的关系，探索核材料辐射行为的基本规律和现象，并介绍辐射效应研究的新进展和理论模型；刘忠立、高见头的《半导体材料及器件的辐射效应》详细介绍了各种半导体材料及器件的辐射效应机理和加固方案，并整理和分享了先进工艺辐射效应的研究动向；加拿大 Krzysztof Iniewski 的 *Radiation Effects in Semiconductors* 介绍了各类先进电子器件在辐射环境下的行为及效应，作者试图从不同角度解释理解半导体器件、电路和系统在受到辐射时所观察到的退化效应，内容从传统的 Si 材料到新型的纳米晶体，从传统的CMOS工艺到新型的薄膜SOI工艺，从器件工艺到结构设计，各类内容均有涉及；日本 Eishi H. Ibe 的 *Terrestrial Radiation Effects in ULSI Devices and Electronic Systems* 介绍了广泛存在的各种辐射及其对电子设备和系统的影响，涵盖了造成 ULSI 器件出错和失效的多种辐射，从物理角度建模，以确定使用何种数学方法来分析辐射效应；法国 Raoul Velazco 的 *Radiation Effects on Embedded Systems* 从环境、效应、测试、评价、加固和预计等方面全面详细介绍了嵌入式系统中的辐射效应，包括空间辐射环境、微电子器件中的辐射效应、电子器件的在轨飞行异常、多层级故障效应评估等。这些著作对于普及材料与器件辐射效应的专业知识，培养青年科技人才起着非常重要的作用。

本章参考文献

[1] 吴季兰，戚生初. 辐射化学 [M]. 北京:原子能出版社，1993.

[2] FARHATAZIZ，RODGERS M A J. Radiation chemistry—Principles and applications [M]. New York:VCH Verlagsge Sellschaft Publishers Inc.，1987.

[3] WOODS R J，PIKAEV A K. Applied radiation chemistry—Radiation processing [M]. New York:John Wiley & Sons Inc.，1994.

[4] 哈鸿飞，吴季兰. 高分子辐射化学原理与应用 [M]. 北京:北京大学出版社，2002.

[5] 张志成，葛学武，张曼维. 高分子辐射化学 [M]. 合肥：中国科学技术大学出版社，2000.

[6] 彭静，郝燕，魏根栓. 辐射化学基础教程 [M]. 北京：北京大学出版社，2015.

[7] CLOUGH R L，GILLEN K T. Radiation-thermal degradation of PE and PVC:Mechanism of synergism and dose rate effects[J]. Radiation Physics Chemistry,1981，18(3-4)：661-669.

[8] LABOURIAU A，ROBISON T，GELLER D，et al. Coupled aging effects in nanofiber-reinforced siloxane foams[J]. Polymer Degradation & Stability，2018，149:19-27.

[9] GILLEN K T，KUDOH H. Synergism of radiation and temperature in the degradation of a silicone elastomer[J]. Polymer Degradation and Stability，2020，181：109334.

[10] WANG P C，YANG N，LIU D，et al. Coupling effects of gamma irradiation and absorbed moisture on silicone foam[J]. Materials Design，2020，195：108998.

[11] PATEL M，MORRELL P，CUNNINGHAM J，et al. Complexities associated with moisture in foamed polysiloxane composites[J]. Polymer Degradation and Stability，2008，93(2)：513-519.

[12] KROONBLAWD M P，GOLDMAN N，LEWICKI J P. Chemical degradation pathways in siloxane polymers following phenyl excitations[J]. The Journal of Pyhsical Chemistry B,2018,122(50):12201-12210.

[13] 王先常. “挑战者”号航天飞机事故的调查报告梗概[J]. 中国航天，1986(10)：1-9.

[14] LIU Q，HUANG W，LIU B，et al. Gamma radiation chemistry of

polydimethylsiloxane foam in radiation-thermal environments: Experiments and simulations[J]. ACS Appl Mater Interfaces, 2021, 13(34): 41287-41302.

[15] LIU Q, HUANG W, LIU B, et al. Experimental and theoretical study of gamma radiolysis and dose rate effect of o-cresol formaldehyde epoxy composites[J]. ACS Appl Mater Interfaces, 2022, 14(4): 5959-5972.

[16] GILLEN, KENNETH T. Effect of cross-links which occur during continuous chemical stress-relaxation[J]. Macromolecules, 1988, 21(2): 1-8.

[17] WISE J, GILLEN K T, CLOUGH R L. Time development of diffusion-limited oxidation profiles in a radiation environment[J]. Radiation Physics and Chemistry, 1997, 49(5): 565-573.

[18] GILLEN K T, CELINA M, BERNSTEIN R. Validation of improved methods for predicting long-term elastomeric seal lifetimes from compression stress-relaxation and oxygen consumption techniques[J]. Polymer Degradation and Stability, 2003, 82(1): 25-35.

[19] GILLEN K T, CELINA M. Predicting polymer degradation and mechanical property changes for combined radiation-thermal aging environments[J]. Rubber Chemistry and Technology, 2018, 91:27-63.

[20] MAXWELL R S, BALAZS B. Residual dipolar coupling for the assessment of cross-link density changes in γ-irradiated silica—PDMS composite materials[J]. Journal of Chemical Physics, 2002, 116(23): 10492-10502.

[21] MAXWELL R S, COHENOUR R, SUNG W, et al. The effects of γ-radiation on the thermal, mechanical, and segmental dynamics of a silica filled, room temperature vulcanized polysiloxane rubber[J]. Polymer Degradation and Stability, 2003, 80: 443-450.

[22] MAXWELL R S, CHINN S C, SOLYOM D, et al. Radiation-induced cross-linking in a silica-filled silicone elastomer as investigated by multiple quantum ^{1}H NMR[J]. Macromolecules, 2005, 38: 7026-7032.

[23] LABOURIAU A, CADY C, GILL J, et al. Gamma irradiation and oxidative degradation of a silica-filled silicone elastomer[J]. Polymer Degradation and Stability, 2015, 116(6): 62-74.

[24] LABOURIAU A, CADY C, GILL J, et al. The effects of gamma irradiation on RTV polysiloxane foams[J]. Polymer Degradation and

Stability, 2015, 117: 75-83.

[25] PATEL M, SKINNER A R. Thermal ageing studies on room-temperature vulcanised polysiloxane rubbers[J]. Polymer Degradation and Stability, 2001, 73(3): 399-402.

[26] LIU B, HUANG W, AO Y Y, et al. Dose rate effects of gamma irradiation on silicone foam[J]. Polymer Degradation and Stability, 2018, 147(1): 97-102.

[27] WANG P C, YANG N, LIU D, et al. Coupling effects of gamma irradiation and absorbed moisture on silicone foam[J]. Materials and Design, 2020, 195: 108998.

第2章

含能材料的辐射效应

2.1 背景简介

含能材料是指在一定的外界能量刺激下,自身能发生激烈氧化还原反应,可释放大量能量(通常伴有大量气体和热)的物质,目前习惯上称为高能量密度物质(图2.1)。含能材料狭义上指能独立地进行快速化学反应并释放能量的物质,而广义上指蕴含大量可释放化学能的一类物质。随着科学技术的发展,越来越多的新型材料或复合物被发掘,也逐渐被纳入含能材料的范畴之中。因此,含能材料也可以被定义为一类含有爆炸性基团或含有氧化剂和可燃物,能独立地进行化学反应并输出能量的化合物或混合物。本章主要介绍高能含能材料的辐射效应研究,因此不涉及火药、燃气发生剂、烟火药剂、火工品等含能材料。

高聚物粘接炸药(PBX)是一种包含在聚合物基体中的晶体炸药复合材料,具有机械强度高、爆轰性能好、化学稳定性高、对热不敏感、对搬运和冲击相对不敏感等特点。在PBX中,炸药晶体被包覆在聚合物材料里,聚合物材料作为黏合剂将炸药晶体固定在原位并填充晶体之间的空隙。配制好的PBX是一种成型的粉末,可以将其压制成颗粒状使用,也可以将其压制成坯料,进一步加工成复杂的形状,或使用可交联的黏合剂浇注成可浇注的混合物。可将增塑剂与炸药和聚合物一起添加到PBX中,以改善PBX的机械性能。第一个真正的PBX是由洛斯阿拉莫斯国家实验室于1952年开发的,用于使环三亚甲基三硝胺(RDX)免于

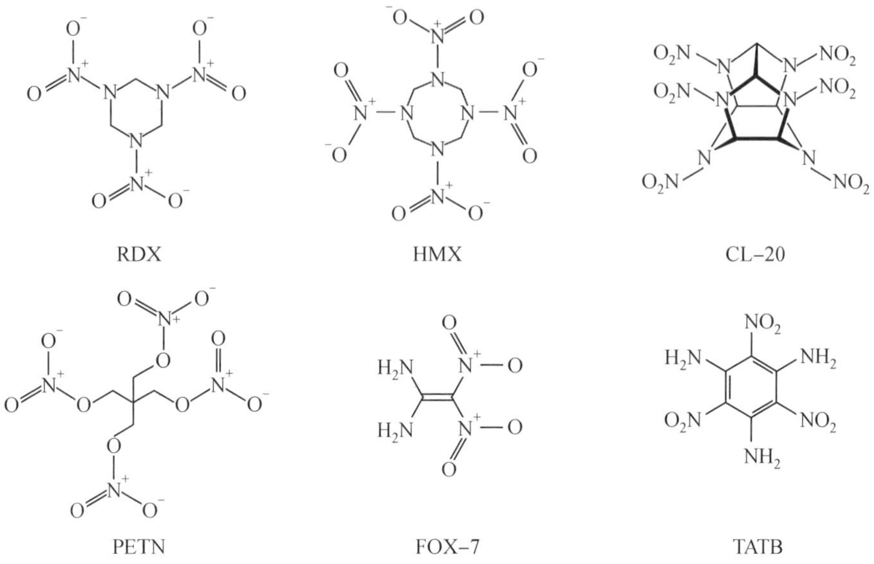

RDX　HMX　CL-20

PETN　FOX-7　TATB

图 2.1　几种重要高能炸药的化学结构

冲击和处理，从而用于武器。然而，早期研发的 PBX 由于爆炸速度低，在用途上大大受到限制。洛斯阿拉莫斯和劳伦斯利弗莫尔国家实验室已经为美国能源部(DOE) 开发了几种基于 RDX 和环四亚甲基四硝胺(HMX) 的可压制的 PBX 配方。这些配方使用了一系列黏合剂，包括 Estane(PBX－9011)、Viton A(LX－11)、硝化纤维素 / 氯乙基磷酸盐(PBX－9404) 和 KelF(PBX－9010)，以提供用于核武器所需的爆炸力、爆炸速度、机械性能和安全特性的最佳组合。除了目前在核武器中应用的 PBX，还有一些适合应用到常规弹药的 PBX。澳大利亚海军的“企鹅”反舰导弹就使用了这种 PBX，该 PBX 由 RDX、铝和 HTPB－IPDI 黏合剂按 64∶20∶16(质量比) 的比例组成。钝感高能含能材料(IHE) 是一类感度低、释能高的含能材料，是目前最具影响力的高能材料，可对武器威力和安全提供重要保障。例如，1，3，5- 三氨基 -2，4，6- 三硝基苯(TATB)，如图 2.2 所示，是一种性能优异的单质钝感含能材料，是美国能源部唯一通过十一项安全鉴定的钝感高能单质炸药，对枪击、撞击、摩擦等意外刺激感度很低，同时，也是一种优良的耐热炸药，在战略武器中有着重要的应用。TATB 对意外点火、意外刺激等不敏感，基于 TATB 的钝感 PBX 是当前战略武器的理想材料。

当含有含能材料的武器处于外太空、核环境等特殊辐射环境时，含能材料的辐射稳定性评估是其安全性评估的重要指标之一。为确保含能材料的有效性，现代的发展要求含能材料在贮存过程中能够承受可能出现的温度变化过程中的热冲击及辐射作用。由于含能材料内部失效的机理比较复杂，其在特殊辐射环境中的抗辐射能力直接关系到其安全性(如爆轰性能) 及物理化学性能的变化。

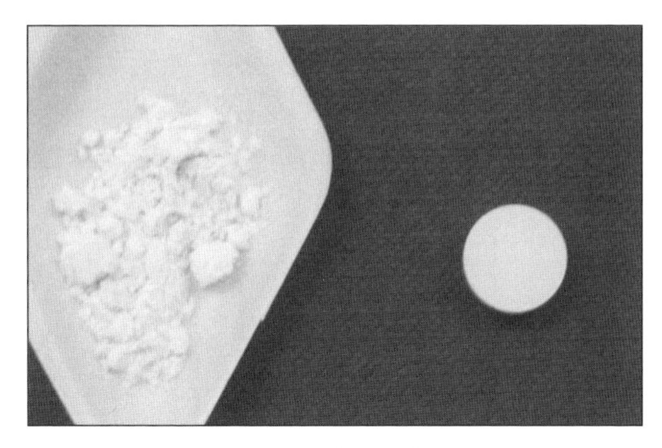

图 2.2　TATB 成型粉和压制成品的图片

对含能材料贮存老化过程中因周围环境影响发生的性能变化进行测评，可以客观地反映含能材料贮存老化性能的真实变化情况，以便采取有效的预防或控制措施。20 世纪末，美国能源部开始对贮存的多种高能炸药及其组分的贮存寿命问题进行监视，并提出具体监视计划，以确定组分寿命与处理工艺。计划的主要目的是鉴别高能炸药、增塑剂聚合物胶粘剂受到离子辐射、热和潮湿产生分解的机理。因此，含能材料辐射效应研究在工程应用上具有非常重要的指导意义。

2.2　含能材料的微波辐射效应

2.2.1　微波辐射效应简介

含能材料在特殊的应用环境中可能面临微波辐射，此外微波也是一种可用于含能材料修饰和改性的手段，因此研究人员对含能材料的微波辐射效应一直持有兴趣。微波是一种电磁波，频率在 300 MHz ～ 300 GHz 之间，其能量非常小，远小于化学分子内化学键的离解能，不足以直接引发化学键的断裂，因此只能被分子吸收而不能直接引发化学键的断裂。物质吸收微波的原因主要是物质内部的偶极矩，包括极性分子的偶极矩和非极性分子之间的瞬间偶极矩，吸收微波转化为分子内能，产生吸收微波和升温的效应。当微波功率很小（毫瓦至瓦级）时，不足以让炸药升温至快速热分解的程度，事实上也尚无此类微波引发危险的报道。当微波功率较大（数百至数千瓦）时，辐照时间在数秒至数十分钟之间，热效应则非常显著，对含能材料的影响主要通过热效应实现。此外，微波的吸收效率与分子的极性密切相关。极性较大的水分子吸收微波能量很强，而多数炸药呈对称分子结构，吸收微波的能力极弱，因此微波吸收效率较低。据估算，炸药样品吸收功率仅为8% ～ 26%。从理论上认为，炸药发生热分解甚至热爆炸，仅仅是由于微波引发的温度升高。因此，只要注意温度监控，单质炸药被意外引发的可能性极小。微波真空实验装置如图2.3所示。

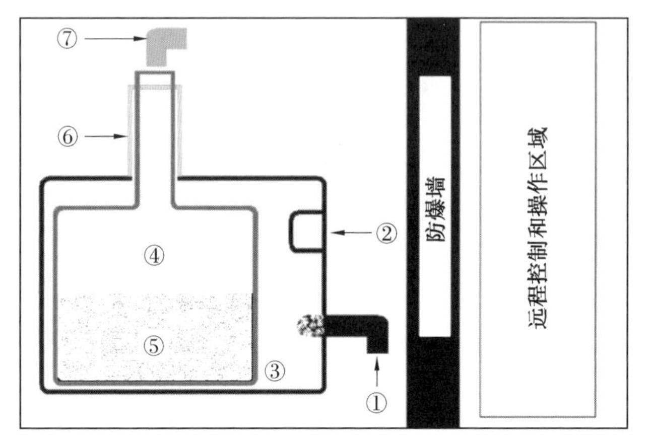

图2.3　微波真空实验装置示意图

1— 控制线缆；2— 微波入口；3— 微波区；4— 真空区；

5— 炸药样品；6— 黄铜套管；7— 真空泵

2.2.2　含能材料的微波辐射效应

早在1958年，美国劳伦斯利弗莫尔国家实验室就开始研究应用微波干涉方法测试炸药的爆轰过程。20世纪80年代，随着高功率微波技术研究的开展，微波对武器炸药部件的可攻击性得到重视。90年代及此后，随着微波化学反应研究的深入，微波参与炸药合成、制备过程等的可行性引起普遍重视。郁卫飞等搭建了微波辐射效应研究的装置，利用微波开展了一系列工作。2004年，他们开展了两种炸药的微波干燥研究，利用微波辐射研究了超细、亚微米等炸药的干燥试验。微波干燥试验结果表明，微波取代低温干燥和高温干燥具有可能性，对超细RDX和亚微米TATB进行微波干燥具有快速高效且避免样品粒子明显团聚的优点。美国劳伦斯利弗莫尔国家实验室研究发现，TATB和TATB基LX－17炸药的微波介电常数随着其水分的增加而增加，从而可以利用微波介电特性来测试炸药水分。微波对含水分或溶剂的作用远高于对炸药本身，单位质量水吸收微波的能力比炸药高4～5个数量级，即使低至0.1%的水分，也会吸收大部分的微波，从而快速升温汽化。试验研究表明，微波干燥耗能低、耗时少，非常适合于含水炸药的干燥。这也意味着，微量水分会严重降低炸药吸收微波的量，增大微波触发炸药的延迟时间。

此外，郁卫飞等还开展了微波辐照钝感含能材料的研究，高能钝感含能材料在微波的作用下主要表现为热效应，热效应引起了材料温度的升高，材料升高的温度与微波处理时间和微波功率直接相关，与所使用容器的材质关系不大(图 2.4)。此外，微波处理后的样品在分析中并未观察到明显的结构改变，这表明微波并未破坏含能材料的分子结构。

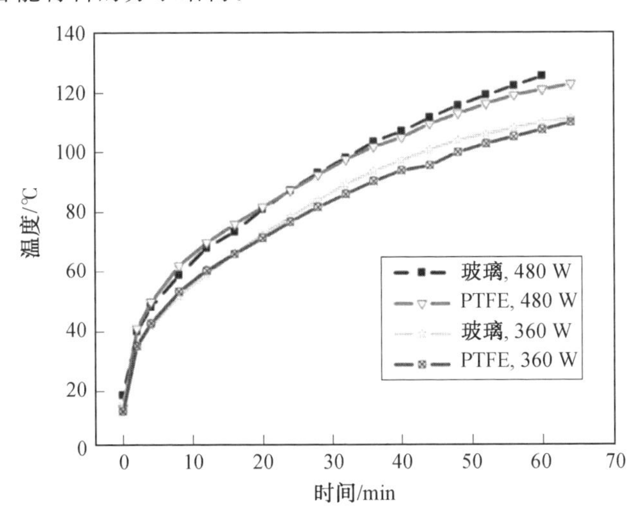

图 2.4　微波时间与炸药温度之间的关系

中国工程物理研究院的左军等开展了微波加热熔融 TNT 安全性的研究。利用改进的商业微波炉在防爆小室对 TNT 进行了加热试验。研究了微波输出功率、TNT 药量、装 TNT 的容器对温度－时间曲线的影响。结果表明，当 TNT 药量低于 100 g、微波炉输出功率低于 360 W、装 TNT 的容器分别为玻璃和塑料时，即使加热时间长达 40 min、最大温升速率达 66 ℃/min、最高温度达 146 ℃，微波加热前后 TNT 样品的表面化学和分子结构也均未发生变化(图 2.5)，试验过程未出现燃烧、爆炸现象。

2.2.3　小结

本节主要探讨微波辐射作用于含能分子所产生的变化，因此未扩展到微波辐射在含能材料的应用研究。对炸药研究中的各种微波效应进行了综述，分析了微波对炸药作用的基本原理，并从微波对炸药材料中各种组分的加热作用具有选择性出发，分析认为，微波触发炸药的过程主要以热效应为主。

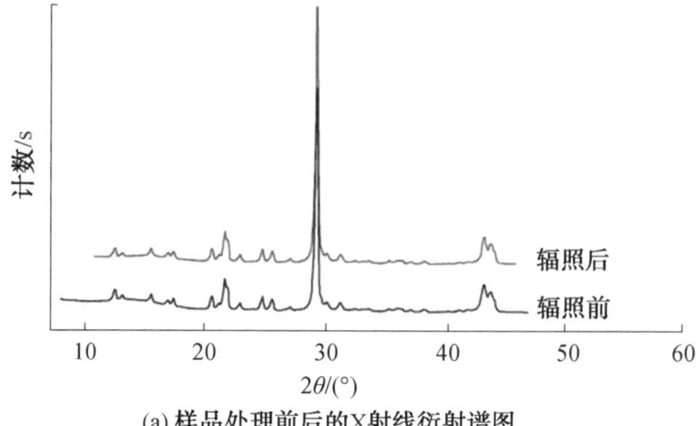

(a) 样品处理前后的X射线衍射谱图

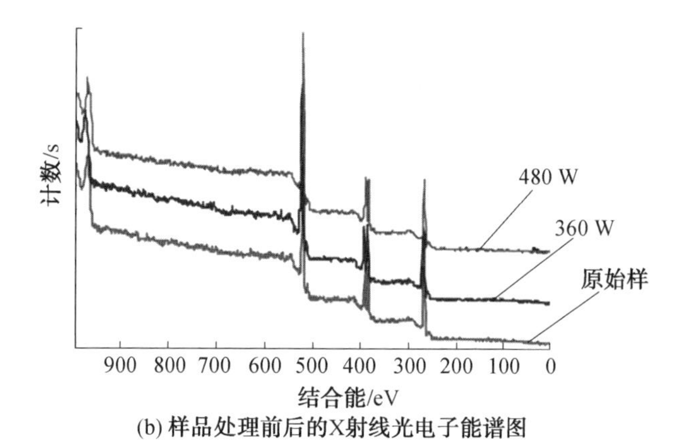

(b) 样品处理前后的X射线光电子能谱图

图 2.5　含能材料微波处理前后的结构信息

2.3　含能材料的紫外辐射效应

2.3.1　紫外辐射效应简介

紫外辐射是一种很好的认识含能材料与光子作用机制的方法，能够准确反映化学键的变化过程。此外，含能材料在正常的使用过程中不可避免地要接受一定的紫外辐射，因此含能材料的紫外辐射效应也是研究人员关注的重点。紫外辐射是一种波长处于特定范围的辐射，通常为 10 ～ 400 nm。由于只有波长大于 100 nm 的紫外辐射才能在空气中传播，因此通常涉及的紫外辐射效应及其应用是指 100 ～ 400 nm 波长范围内的紫外辐射。由于紫外辐射的光子具有一定的能量，可打断较弱的化学键，因此紫外辐射在化学合成领域具有广泛的应用。同

时，由于其设备制造工艺成熟，辐射防护简便，因此紫外辐射通常也是一种用于材料辐射效应研究的有效方法。含能材料在紫外辐射下的辐射效应研究在一定程度上能够反映材料的降解机理，因此研究人员在这方面也开展了相应的研究。Williams 等搭建了一套紫外辐射含能材料的研究装置，并利用电子顺磁共振（EPR）监测分解的自由基产物，获得了 TATB 分解的自由基产物的动力学规律（图 2.6）。

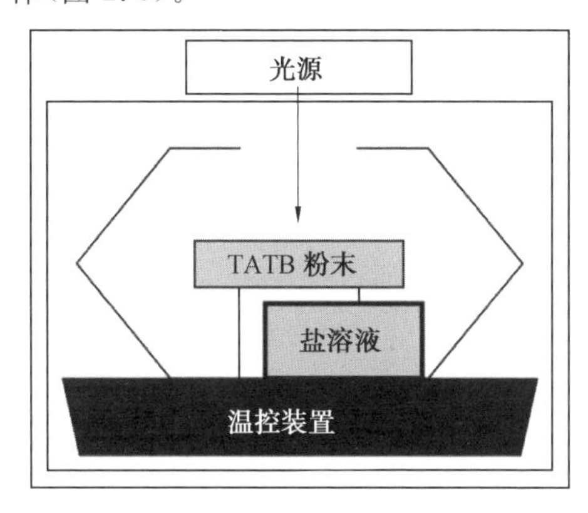

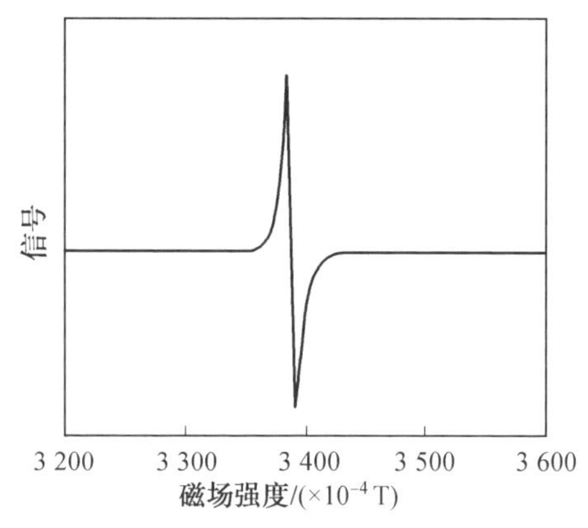

图 2.6　含能材料顺磁性产物的检测分析

2.3.2　含能材料的紫外辐射效应

20 世纪 80 年代初，美国研究人员分别研究了紫外线对 TATB 的影响，但不同的研究人员得出的结论不同。Williams 等开展了长达 2.5 年光解 TATB 的研究，利用荧光、紫外、电子顺磁共振研究了湿度、温度和照明对 TATB 的影响，发现：湿度的变化对 TATB 的降解速度几乎没有影响；温度则对 TATB 的降解速度有一定的影响，在 10 ℃ 时观察到显著的温度效应，形成较少的自由基，而此时自由基的产生率已经是最高的，这表明在其他温度条件下的自由基可能已经猝灭；综合性能测试结果表明紫外辐射对 TATB 几乎没有影响。

美国圣地亚国家实验室对 PBX9502（TATB 及 Kel－F800 胶粘剂制备的高能炸药）进行了辐照，样品辐照后发生明显颜色变化，由黄色逐渐变为深绿色。在可见光或紫外光作用下，含能材料可能会发生颜色变化。TATB 的颜色变化现象一直困扰着相关研究者。目前没有可靠的方法来充分识别“有色 TATB”的特征。TATB 虽然结构非常稳定，但对光照十分敏感，在光照条件下可以产生长寿命的自由基。Xiong 等利用含时密度泛函理论研究了 TATB 基态和激发态的特征（图 2.7），从而研究 TATB 光解的形成路径和稳定的状态，得出结论：TATB 光解产生的长寿命自由基为苯氧基自由基，该种自由基会导致 TATB 出现颜色变化，相关理论紫外吸收信号区域与实验获得的区域一致（图 2.8），因此认为自

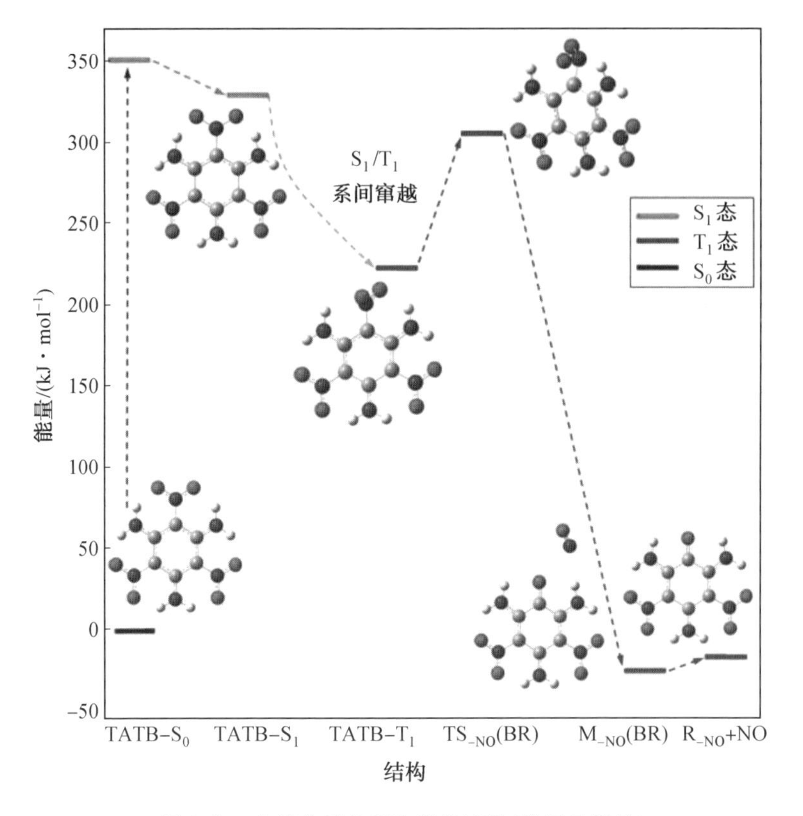

图 2.7　含能分子的理论激发过程(彩图见附录)

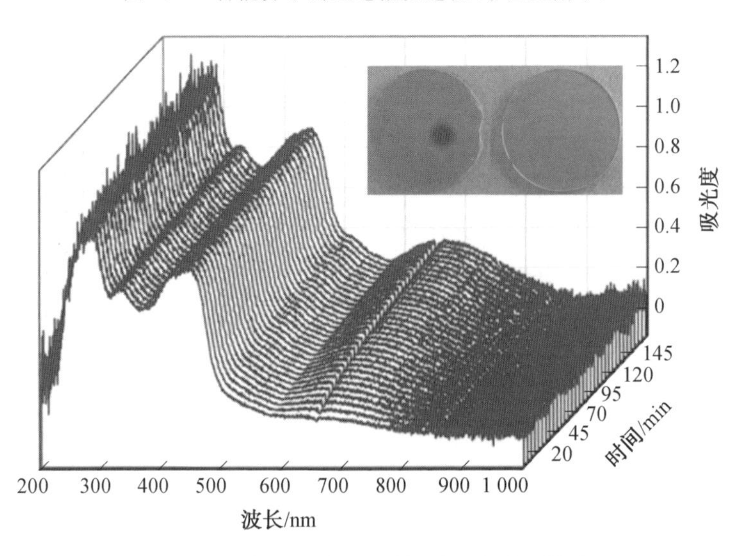

图 2.8　含能材料变色机制研究(彩图见附录)

由基是一种导致 TATB 产生颜色变化的可能。

本书作者也尝试通过理论计算结合实验的方式来解释 TATB 可见光或紫外光下的变色机制，通过超高分辨质谱获取到了 TATB 的产物结构信息，通过理论计算证实这种产物会导致 TATB 颜色的变化，但仍然无法通过其他有效手段对这一结论进行进一步证实。Tian 等在前人研究的基础上，提出了一种 TATB 变色的新观点，即通过三维光子晶体模型来解释 TATB 的颜色变化现象。他们通过改变 TATB 薄膜结构，证实了 TATB 的变色行为，认为 TATB 的变色是一种物理结构改变而导致的颜色变化过程。Foltz 等在利用二甲基亚砜重结晶 TATB 的过程中，获得了绿色 TATB，这也为 TATB 的变色过程研究提供了一些参考。

2.3.3　小结

虽然紫外辐射对含能材料具有一定的影响，从目前的研究来看，紫外辐射主要激发含能分子的电子跃迁过程，可能形成活性的中间体，但对于 TATB 的辐照变色现象，目前仍未有明确的结论。现有研究结果表明，TATB 颜色变化过程可能涉及多方面的原因，甚至可能是综合作用下的结果。

2.4　含能材料的伽马辐射效应

2.4.1　伽马辐射效应简介

由于本书重点介绍材料的伽马辐射效应研究，因此本章再次简单描述伽马辐射效应，重点强调有机材料的伽马辐射效应。

伽马射线，又称伽马粒子流，是原子核能级跃迁退激时释放出的射线，是波长短于 0.01 Å 的电磁波。伽马射线具有很强的穿透力，可打断化学键从而引发一系列化学反应。伽马辐射效应，即指当伽马射线与物质分子发生相互作用时，由于化学键断裂形成一系列活性中间体，由活性中间体引发一系列化学变化的过程。

2.4.2　含能材料的伽马辐射效应研究

随着人们对武器系统，特别是其安全性越来越重视，科学家开始对含能材料的伽马辐射效应进行深入研究。20 世纪末，美国能源部对多种高能炸药及其组分的贮存寿命问题进行监视，并把高能炸药胶粘剂和高聚物黏结炸药的降解作为目标，提出具体监视计划，以研究含能材料在受到离子辐射、热和潮湿时产生的分解机理。TATB 颗粒的显微照片如图 2.9 所示。针对含能材料的伽马辐射效应研究，主要通过一系列的γ射线源来开展。在^{60}Co γ射线成为最主要的研究手段之前，放射性的铀与^{198}Au甚至核反应堆在早期的研究工作中发挥了非常重要的作用。针对非钝感的含能材料，最早的研究工作可以追溯到20世纪40年代末，即1948年Holdon等在洛斯阿拉莫斯和橡树岭国家实验室的早期工作。他们率先研究了γ射线对炸药的影响，研究者将黑索金(RDX，环三亚甲基三硝胺)、梯恩梯(TNT，三硝基甲苯)、特屈儿(TETRYL，2，4，6-三硝基苯胺)等炸药试样放在放射性铀块上进行辐照(累计总剂量约为75.34 kGy，1 Gy=1 J/kg)，测试发现这种较低剂量的γ射线对炸药没有发生明显的影响，试样放出的气体量极少，熔点的变化也可以忽略不计。之后，Urizar等将RDX和HMX炸药试样(约3 g)封装于真空石英管，放入核反应堆中经受稳态的中子和γ射线复合辐照，测试试样的物理化学性质，发现在低剂量辐射(中子通量为7×10^{14} n/cm^2，γ射线剂量为43.8 kGy)时仅有微小的影响，但当中子通量达到10^{16} n/cm^{2}时，炸药会产生较大的变化。Kaufman等经过研究，指出γ射线会使炸药试样发生分解的最低剂量为8.76 kGy。

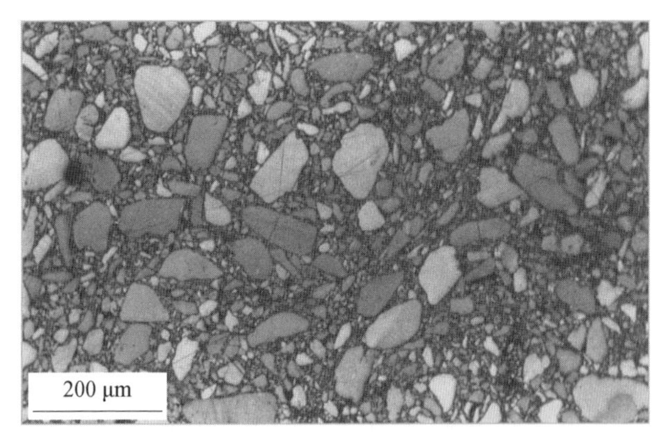

图2.9 TATB颗粒的显微照片

Noyes和Goodman在早期使用铀弹头对RDX、TETRYL、TNT和Comp B(RDX/TNT的60/40混合物)进行辐照，10天内的剂量为86 kGy。这项研究没有发现上述炸药明显的变化，气体演化很轻微，炸药的熔点变化也可以忽略不计。其余研究中，大部分都使用了超过100 kGy的总剂量，这一水平的辐射相当于数十载的使用寿命，再加上高剂量率的辐射条件，可能无法提供关于贮存行为的相关信息。大部分结论都是“长期低水平伽马辐射对热稳定性或热和冲击感度没有明显影响”。然而有一些研究结果表明，γ辐射可能会引起自发的爆炸。Piantandia和Piazzi在1961年发现季戊四醇四硝酸酯(PETN)经^{60}Co辐照后迅速分解，辐射剂量为26.3 kGy，剂量率为263 Gy/h。Miles等研究了伽马辐射对HMX敏感性的影响，他们利用液氮低温辐射，试图在真空密封装置中收集

辐照过程中形成的自由基。在未说明剂量率的情况下，辐照到 100 kGy 的样品发生了“频繁的事故”，一些样品自发爆炸，另一些样品只需要温和的冲击或温度的变化就会爆炸。作者还指出，许多样品被辐照到 75 kGy 时没有发生事故。这些事故被归结为不稳定的自由基增加了 HMX 的敏感性；由于只发现了大量的二氧化氮自由基，所以无法确定负责增加敏感性的确切自由基。Miles 等提出，二氧化氮自由基是次要的自由基，比造成敏感度问题的物种活性低。同时，他们证明了事故对辐照气氛的依赖性，事故只发生在真空辐照的样品中。他们提出在富氧的环境中，氧气可能与自由基反应，形成了更稳定的过氧自由基。

Piantanida 等采用 ^{60}Co γ 射线对 RDX 等炸药进行了一系列试验，研究发现，用 8.76×10^{-2} Gy/min 的 γ 射线对 RDX 炸药试样照射 70 天后，试样的稳定性只有极小的变化(几乎看不出来)，用太列安尼试验法(在 120 ℃ 真空恒温箱内，将压力到达 300 mmHg(1 mmHg＝133.322 Pa) 的时间作为测定安定性的时间)检查炸药试样，没有发现异变。Berberet 等采用 ^{60}Co γ 射线辐照 RDX 和 HMX 炸药药柱，总剂量为 0.40 ～ 6.13 MGy，最低剂量率为 335.8 Gy/min，发现在最低剂量照射时样品失重为 1.2%，在最高剂量时样品均发生破裂。

20 世纪 80 年代初，Stals 等研究监测经 γ 辐照后的 RDX，通过测试样品的电子顺磁共振(EPR) 谱观察到其中自由基的数量有增加趋势，主要研究结果与样品经受紫外光辐照的情况类似(图 2.10)。Avrami 等研究了低剂量率(3.28×10^{-2} Gy/min) ^{60}Co γ 射线长时间辐照(辐照 90 天、120 天、150 天) 对 RDX、HMX、RDX 和 HMX 的混合炸药(90/10、50/50、10/90)、B 炸药(60%RDX 和 40%TNT)热感度的影响，发现未经辐照与辐照后的样品在质量、真空安定性、红外光谱、热敏感度、冲击感度上无明显差异。随后，他们对粉末状和柱状的 RDX 和 HMX 炸药均进行了对比辐照研究，通过对辐照后试样进行熔点测定及爆速试验等一系

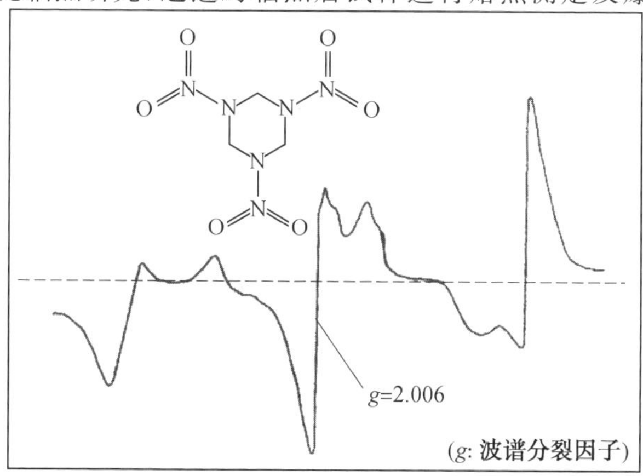

图 2.10　RDX 经 γ 辐照后在 113 K 时的电子顺磁共振光谱图

列试验以检测射线辐射对炸药的影响，发现 HMX 炸药能经受 γ 射线照射的剂量为0.876 MGy，而 RDX 能经受的剂量为0.087 6 MGy。在各种不同的情况下，炸药所产生的影响是射线总剂量的函数，当射线剂量高于所指出的量级以上时，炸药会发生全部分解(图 2.11)。

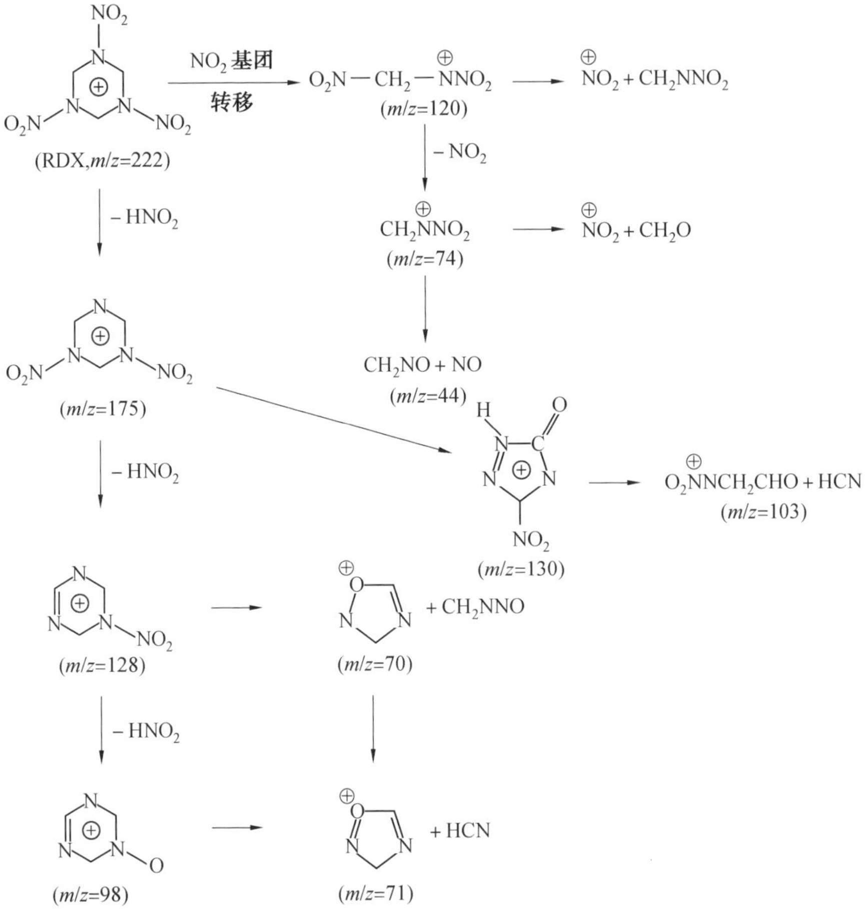

图 2.11　RDX 辐射降解路径的示意图

Rosenwasser 等研究了在三种不同的温度(70 ℃、室温、－40 ℃) 下 ^{198}Au γ 射线(射线能量约 0.41 MeV) 辐射对 RDX 等炸药热感度的影响，试验中 γ 射线的平均剂量率为 14.6 Gy/min，总剂量为 0.11 ～ 0.42 MGy，采取真空稳定性试验测定辐照期间和辐照后的放出气体量。发现 RDX 试样在照射的 40 天中放出气体量为 1.4 mL/mg，在照射以后的 40 天内放出气体量为2.5 mL/mg。Skidmore 等研究了剂量 90 ～ 700 kGy 的 γ 射线辐射对 TATB 的影响，发现被辐射样品均呈现一定程度的颜色变化，且变色程度与剂量正相关。Giefers 等通过

同步辐射对 TATB 的辐射降解开展了较多的研究，TATB 在正常状态下降解缓慢，辐射对炸药性能影响不大。当样品受到紫外光照射时，TATB 颜色也会发生变化。

Avrami 和 Jackson 在 1976 年使用^{60}Co 以0.036 7 Gy/min 的低剂量率，对 RDX 和 HMX 进行了长达 150 天的辐照，剂量达到了 8.06 kGy。他们研究了辐射对冲击感度和热稳定性的影响，结论是“长期低水平伽马辐射对冲击感度和热稳定性没有明显影响”。Avrami 等在研究中得出的结论是：“含能材料在稳态 γ 辐射下，均未出现爆炸的情况。认为这种辐射的效果似乎是导致样品发生缓慢的分解，以及含能材料部分功能特性的劣化。”

针对钝感高能含能材料，美国劳伦斯利弗莫尔国家实验室研制的 LX－17 和洛斯阿拉莫斯国家实验室研制的 PBX－9502 两个配方三个型号(LX－17－0、LX－17－1、PBX－9502) 的钝感炸药，均是以 TATB 为基的 Kel－F 800(一氯三氟乙烯与偏氟乙烯的共聚物) 高聚物黏结炸药。1995 年，Dobratz 发表了一份关于 TATB 研究的分析报告，涵盖了 1888—1994 年期间的研究成果。在该报告中，Dobratz 描述了 Loughran 和 Wewerka 于 1973 年在洛斯阿拉莫斯国家实验室开展的工作，他们研究了^{60}Co 辐射对 TATB 的影响。Loughran 和 Wewerka 将 TATB 样品辐照到 2.6 kGy、5.2 kGy、21 kGy、100 kGy 和 210 kGy 的总剂量；然后将样品在 175 ℃、26.6 kPa 压力空气的环境中老化4 周、8 周和 16 周。这项研究的结果显示，TATB 热分解的温度降低，样品的分解速度随着剂量的增加而增加。

在 1973 年，Avrami 等对一系列含能物质的^{60}Co γ 辐射效应进行研究，分析了辐射对含能材料的影响。TATB 样品以粉末和直径为 12.5 mm 小球的形式被辐照，辐照气氛为空气，剂量在 87.7 ～ 24 500 kGy 之间，剂量率在93.3 ～ 135 Gy/min 之间，分别研究辐射对样品热稳定性、纯度、灵敏度和爆轰性能的影响。热稳定性测试包括真空稳定性、质量损失、差热分析(DTA) 和热重分析(TGA)(表 2.1)。Avrami 等将辐照 24 561.4 kGy 的样品的真空稳定性结果描述为“可接受”，然而 DTA 和 TGA 数据表明样品发生了较明显的变化。受到 24 561.4 kGy 辐照的样品，其起始和峰值放热温度均下降了 25 ℃；TGA 的结果表明，剂量为 61 403.5 kGy 的样品的初始分解温度从 285 ℃ 下降到 125 ℃，10% 的质量损失从 353 ℃ 下降到了 299 ℃。在 87.7 kGy 下的样品，DTA 放热峰值下降了 10 ℃，尽管初始温度上升了 15 ℃，但研究中没有给出解释。

表 2.1　辐照前后样品的热稳定性结果

(剂量率为 93.3～135 Gy/min，DTA 升温速率为 20 ℃/min)

剂量 /kGy	200 ℃ 下真空稳定性 /(cm³·h⁻¹)	初始放热时的温度 /℃	放热峰所在温度 /℃	初始分解温度 /℃	10% 质量损失 /℃	质量总损失 /%
0	0.41	325	387	285	353	83(420 ℃)
87.7	0.46	340	377	280	341	20(400 ℃)
789.5	0.57	320	372	250	327	80(385 ℃)
6 491.2	0.96	305	369	250	329	77(405 ℃)
24 561.4	4.65	300	363	125	303	52(345 ℃)
61 403.5	—	—	—	125	299	52(342 ℃)

表 2.2 和表 2.3 所示为样品辐照前后的起爆性能、质量损失、颜色变化和冲击感度等数据。质量损失结果表明，9 649.1 kGy 时样品的质量损失为0.7%，在 96.5 kGy 时样品的质量损失为 0.03%。所有样品均显示出随着剂量的增加，样品质量损失也增加，但质量的变化很小。起爆速度结果显示，在9 649.1 kGy 之前没有明显的变化，此时起爆速度降低了 75 m/s；这反映在起爆压力结果中，在 96.5 kGy 和 1 140.4 kGy 时与未辐照样品相比几乎没有变化。起爆速度和起爆压力的结果显示，在 9 649.1 kGy 以下的样品变化很小。TATB 随着剂量的增加颜色从黄色变为绿色，再变为墨绿色，研究中对此并没有进行解释。在冲击感度测试中，测量 50% 的样品会爆炸的下落高度。未辐照与辐照样品的冲击感度之间有较大差异，最大可达到12.86 cm，然而未辐照样品本身测量误差达到 8.10 cm。辐照后的样品(87.7～6 491.2 kGy)显示出很小的冲击感度变化(< 3.28 cm)。冲击试验结果表明该测试有很大的标准偏差，他们没有提到标准材料或设备的原因。由于缺乏参考值，这些结果很难与依据 RDX 标准的 Rotter 冲击试验进行比较。结合其他研究结果，他们认为 TATB 是一种似乎可以承受伽马辐射的芳香族化合物。

表 2.2　辐照前后样品起爆速度、起爆压力、质量损失的结果(剂量率：93.3～135 Gy/min)

剂量 /kGy	起爆速度 /(m·s⁻¹)	起爆压力 /(×10³ bar①)	质量损失 /%
0	7 510	260	—
96.5	7 520	260	0.03
1 140.4	7 525	261	0.2
9 649.1	7 435	250	0.7

注：①1 bar = 100 kPa

表 2.3　辐照前后样品颜色和冲击感度的结果(剂量率:93.3 ～ 135 Gy/min)

剂量 /kGy	颜色变化	50% 冲击感度平均值 /cm	50% 冲击感度误差 /cm
0	黄色	56.29	8.10
87.7	黄绿色	44.70	3.25
789.5	绿色	46.71	2.36
6 491.2	深绿色	43.43	7.92
24 561.4	墨绿色	—	—

含能材料的点火时间受辐射影响(图 2.12)。Skidmore 等研究了辐射对含能材料点火时间的影响,发现辐射对样品有一定的影响。Williams 等指出,用 TATB/Kel－F 800 制造的 PBX 虽然在 TATB 和 Kel－F 方面出现一些微小的降解,但整体还是非常稳定的;当受到紫外辐照时,TATB 会发生变化;Kel－F 800 的结晶度会因热降解发生变化;RDX、HMX 与 Estane 的配方不如 TATB 与 Kel－F 800 的配方稳定。美国圣地亚国家实验室也有报道认为由 PBX9502 制备的高能炸药(TATB 及 Kel－F 800 胶粘剂)经极高水平的辐照后,炸药整体性能所受影响不大,但未对炸药在其他多因素复合条件下开展相应的研究。

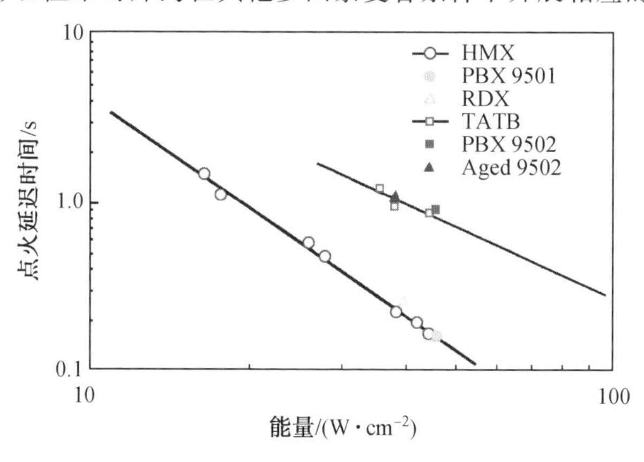

图 2.12　含能材料点火延迟时间与辐射能量的规律

以上研究表明,γ 辐射对 TATB 基高聚物黏结炸药性能的影响与样品吸收剂量有密切关系,随着剂量的增加,炸药的力学性能也发生了轻微的改变。样品的热分解率随剂量的增加而增加(表 2.1)。Giefers 等利用 X 射线同步辐射对 PETN、TATB 等炸药在高压下的辐射降解开展了较多的工作。他们发现在常压状态的辐照下,PETN、TATB 等炸药降解缓慢,辐射对炸药性能影响不大。首先是颜色的变化,压力对 TATB 样品颜色变化的影响是明显的。当压力变化到约 12 GPa 时,TATB 颜色从黄色变为绿色再变为红色。超过 12 GPa 时,颜色变为

深红色，在约 24 GPa 时为不透明的黑色（由于光学显微镜存在色差，图 2.13 中的"紫色"实际代表"黑色"）。压力释放后，即使在高达 31 GPa 的压力下的样品，颜色也会变回黄绿色，并有轻微的红色斑点。

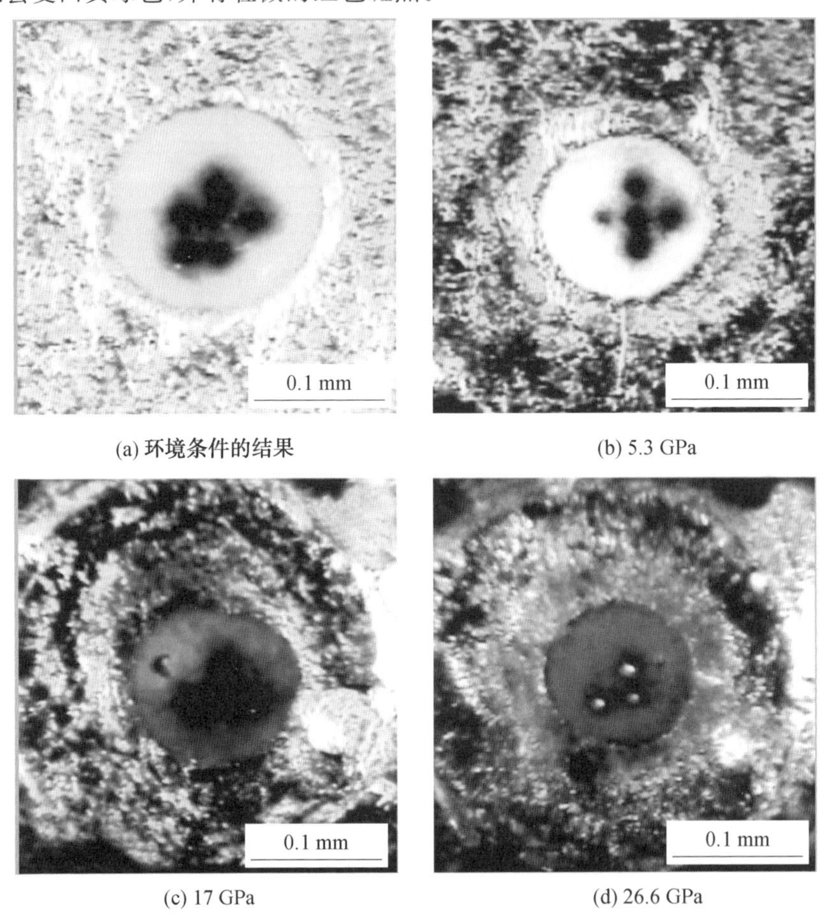

(a) 环境条件的结果　(b) 5.3 GPa

(c) 17 GPa　(d) 26.6 GPa

图 2.13　不同压力下 TATB 样品的原位实验照片（彩图见附录）

研究人员对 PETN 和 TATB 在不同的静态压力和温度下使用同步辐射的分解研究开展了一系列的实验。对于 TATB 在压力下的分解动力学结果，当 TATB 炸药处于 5.3 GPa 的压力下时，炸药的辐射降解开始减缓。当压力增加到 26.6 GPa 时，炸药的辐射降解非常缓慢，而 PETN 炸药的辐射降解率（α）与压力的改变关系不大（图 2.14）。温度则会明显加速炸药的辐射降解，并计算出 TATB 炸药室温的活化能为（16 ±3） kJ/mol。TATB 在环境温度下的分解速率随系统压力的增加而缓慢地降低至 26 GPa，但在环境温度下 PETN 的压力变化

不到15.7 GPa,产生了与活性产物有关的重要信息。Giefers 等还研究了在室温和 26 GPa 下的辐射诱导的分解速率作为 TATB 到 403 K 的函数,观察到分解速率随温度的增加而增加。Lee 等通过热重法(TG)和差示扫描量热法(DSC)研究了 PETN、RDX、HMX 等炸药的热解行为,并给出了它们的降解活化能。以上结果表明炸药的辐射降解与压力、温度等因素密切相关,不同种类炸药在辐射过程中呈现复杂的降解规律。

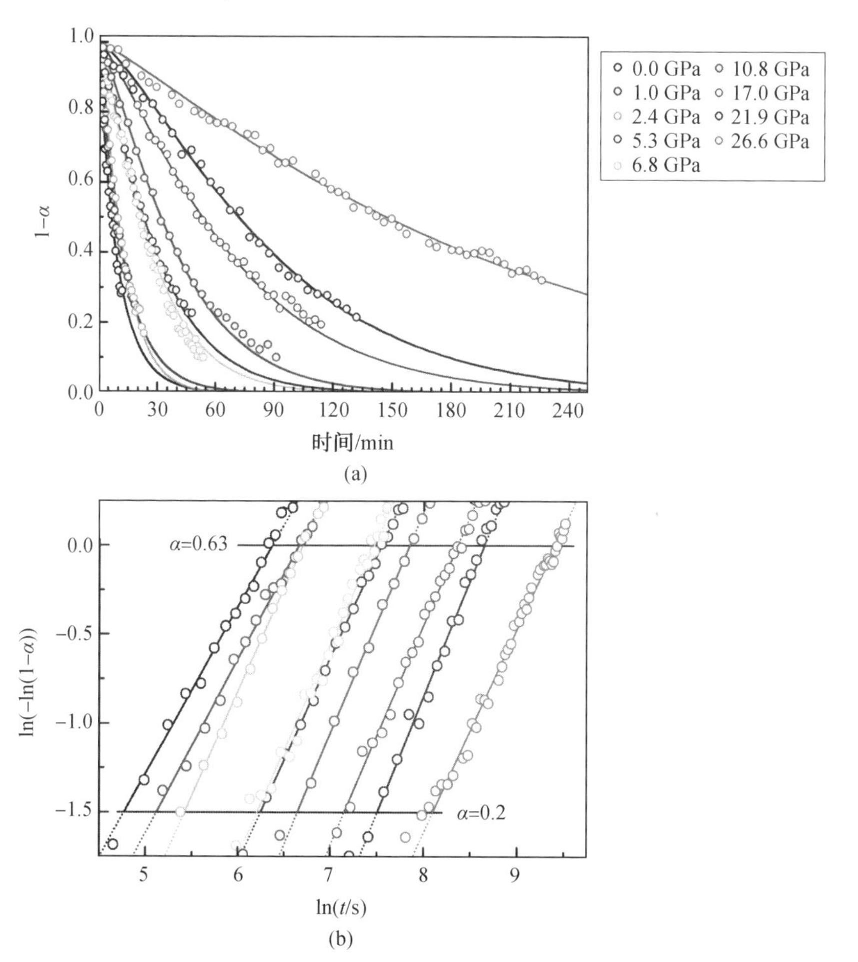

图 2.14　不同压力下含能材料的降解规律(彩图见附录)

Willey 等于 2010 年对 TATB 基炸药中空洞和微观结构的表征进行了概述。超小角 X 射线散射可用来研究几纳米到几微米的空隙,X 射线计算机断层扫描成像可研究从几微米到几厘米的微观结构,通过扫描的结果可对含能材料的空间结构进行重塑模拟(图 2.15)。此外,本书作者指出温度循环和压缩蠕变对微观结构会造成不同的损伤。温度循环导致 TATB 基炸药中产生体积膨胀。相反,压缩蠕变则引起微观结构的不同特征变化,可在胶粘剂的填充边界处形成裂缝。

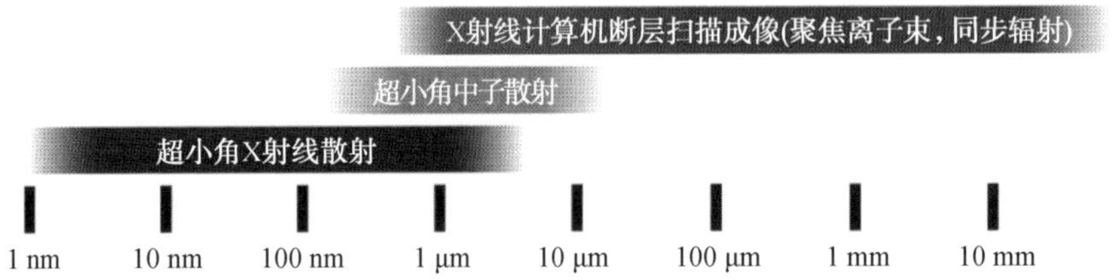

X射线计算机断层扫描成像(聚焦离子束,同步辐射)
超小角中子散射
超小角X射线散射
1 nm
10 nm
100 nm
1 μm
10 μm
100 μm
1 mm
10 mm

图 2.15　含能材料微观尺度表征的方法

科学家提出了一种使用 X 射线计算机断层扫描成像观察由超细钝感高能炸药粉末(TATB) 制成的起爆炸药丸内密度分布的技术(图 2.16)。在材料老化及其性能的研究中,这种新的断层扫描技术正被用于分析观察到的密度变化与测量的密度变化之间的联系,同时这种技术对于研究观测辐射作用于高能炸药的细微变化也应该是非常有效的(图 2.17)。

φ(TATB) > 91%
φ(Kel-F 800) >7.2%
z
O
x
y
污染物
孔隙率大于 1.9%

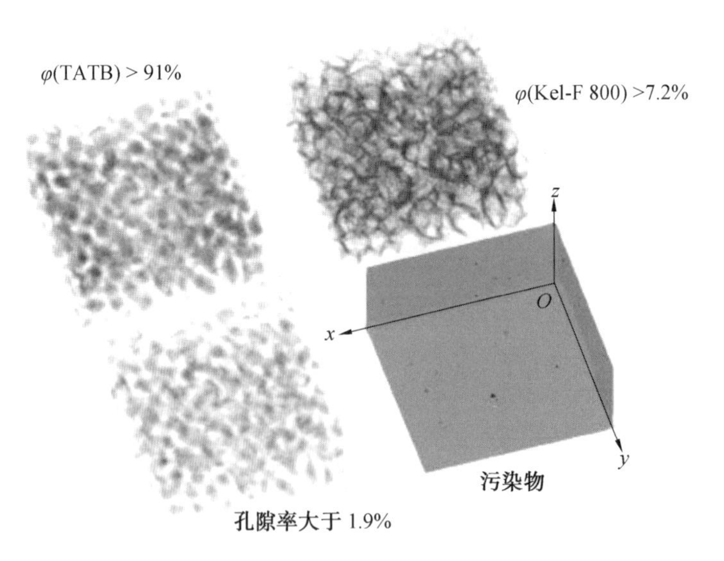

图 2.16　含能材料 X 射线计算机断层扫描重塑三维结构图

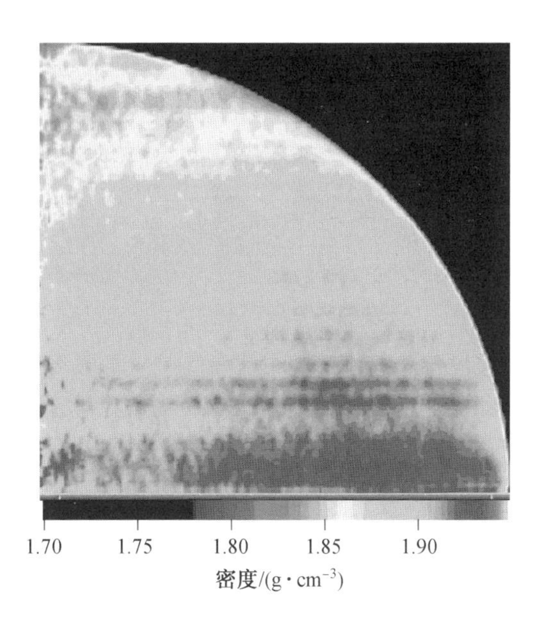

图 2.17　起爆炸药丸内密度分布的 X 射线计算机断层扫描图

2.4.3　含能材料的辐射降解产物研究

Skidmore 等研究了总剂量 0.09 ~ 0.70 MGy 的 γ 射线辐射对 TATB 的影响，并在试验过程中借助多种方法研究了 TATB 的降解情况。研究发现被辐照的所有样品都呈现出一定程度上的颜色变化（变成绿色），且变色程度与辐射剂量直接相关；所有辐照样品的结构分析结果中均没有发现任何差异，EPR 谱显示辐照后的 TATB 样品中含有大量自由基。

本书作者根据光子与有机小分子的作用机制，利用理论计算研究了 TATB 在辐照过程中各种化学键发生断键的可能性，并给出了相应断键过程中的热力学参数，其中 TATB 辐射降解产生含有亚硝基的产物是非热力学自发过程，而产生含有苯并呋咱结构的产物是热力学自发过程。此外，根据离子液体与 TATB 分子的作用机制，利用离子液体体系破坏了 TATB 分子内氢键，提高了 TATB 辐射降解产物的检测灵敏度。利用高分辨电喷雾质谱确认 TATB 在辐照过程中主要形成含苯并呋咱结构的产物，此外，还会产生极少量的含苯并双呋咱结构的产物（图 2.18）。

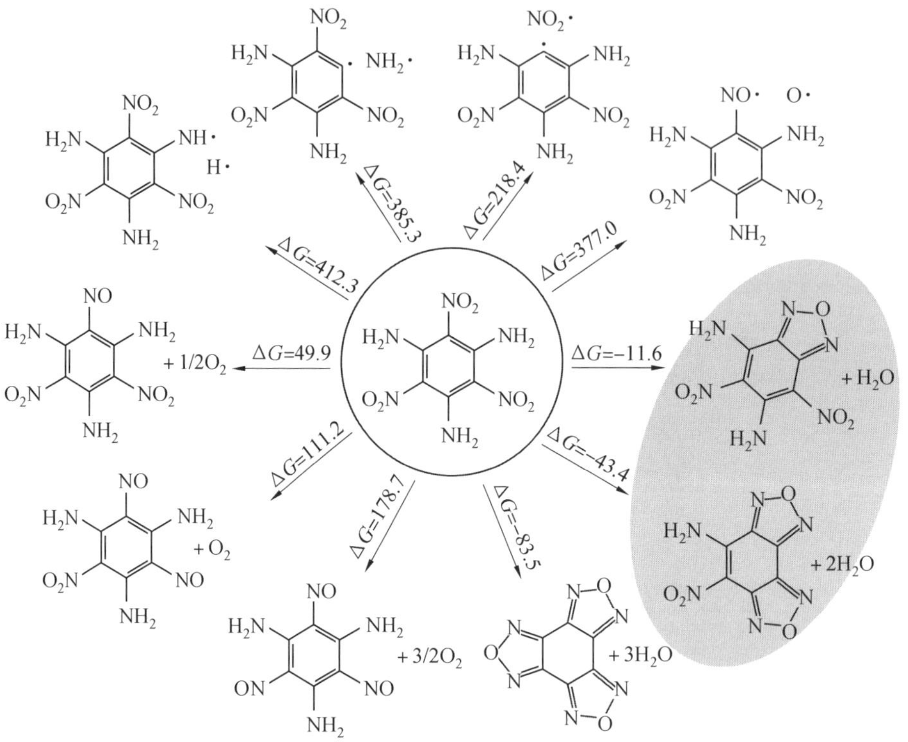

图 2.18　TATB 可能的辐射降解路径
（ΔG 为吉布斯自由能的变化值，单位为 kJ/mol）

2.4.4　小结

目前，对含能材料辐照后的颜色变化机理一直未有明确的结论，对 TATB 辐射降解产物的分离鉴定也一直未能找到有效的方法。而且，产生的有色物质含量极低，因此很难通过常规的分离方法将“有色辐射降解产物”单独分离出来并予以分析表征。此外，含能材料的老化过程可能涉及气氛、湿度、温度、辐射等综合因素的影响，作用机制复杂，导致含能材料性能变化很难预测。

2.5　本章小结

高能含能材料在各国国防领域有着重要的应用，因其使用的环境涉及辐射、温度等条件的影响，其辐射效应的评估有着重要的意义。本章主要对典型高能含能材料的辐射效应研究进行了综述，梳理了目前含能材料辐射效应的现状，同

时对含能材料产物分析、机制模拟等进行综述。

本章参考文献

[1] KAYE S M. "PBX" in encyclopaedia of explosives and related items[M]. New Jerse: US Army Research and Development Command, 1978.

[2] AKHAVAN J. The chemistry of explosives, second edition[M]. London: Royal Society of Chemistry, 2004.

[3] DANIEL M A. Polyurethane binder systems for polymer bonded explosives[M]. Edinburgh South: Defence Science Technology Organisation, 2006.

[4] VOIGTMARTIN I G, LI G, YAKIMANSKI A, et al. The origin of nonlinear optical activity of 1,3,5-triamino-2,4,6-trinitrobenzene in the solid state: The crystal structure of a non-centrosymmetric polymorph as determined by electron diffraction[J]. J Am Chem Soc, 1996, 118(50): 12830-12831.

[5] BRILL T B, JAMES K J. Kinetics and mechanisms of thermal-decomposition of nitroaromatic explosives[J]. Chem Rev, 1993, 93(8): 2667-2692.

[6] ZYSS J, LEDOUX I. Nonlinear optics in multipolar media - theory and experiments[J]. Chem Rev, 1994, 94(1): 77-105.

[7] 董海山，周芬芬. 高能炸药及相关物性能[M]. 北京:科学出版社，1989.

[8] 孙国祥. 高分子混合炸药[M]. 北京:国防工业出版社，1984.

[9] 孙业斌，惠君明，曹欣茂. 军用混合炸药[M]. 北京:兵器工业出版社，1995.

[10] KAUFMAN J. The effect of nuclear radiation on explosives; proceedings of the proceedings of the royal society of London A: Mathematical, physical and engineering sciences[M]. London: Royal Society of Chemistry, 1958.

[11] URIZAR M J, LOUGHRAN E D, SMITH L C. The effects of nuclear radiation on organic explosives[J]. Explosivstoffe, 1962, 10(3): 55-64.

[12] URBANSKI T, JURECKI M T B, LAVERTON S T B. Chemistry and technology of explosives[M]. New York: Pergamon Press New York, 1964.

[13] HASUE K, TANABE M, NAKAHARA S. Initiation of explosives by microwave irradiation[J]. Kogyo Kayaku, 1985, 46(2): 87-92.

[14] YU W F, ZHANG T L, HUANG Y G, et al. Effect of microwave irradiation on TATB explosive[J]. J Hazard Mater, 2009, 168(2-3): 952-954.

[15] YU W F, ZHANG T L, ZUO J, et al. Effect of microwave irradiation on TATB explosive (Ⅱ): Temperature response and other risk[J]. J Hazard Mater, 2010, 173(1-3): 249-252.

[16] 郁卫飞，张同来，左军，等. 炸药研究中的微波效应及其机制[J]. 含能材料，2010，18(5)：558-562.

[17] 郁卫飞，曾贵玉，聂福德，等. 两种炸药的微波干燥[J]. 含能材料，2004(2)：101-103.

[18] PYPER J W, BUETTNER H M, CERJAN C J. The measurement of bound and free moisture in organic materials by microwave methods. [Explosives TATB and LX-17][R]. San Francisco: Lawrence Livermore National Lab, 1984.

[19] 李永祥，崔建兰，王建龙，等. 微波干燥RDX新技术研究[J]. 火炸药学报，2008(3)：41-43.

[20] 左军，韩超，雍炼. 微波加热熔融 TNT 安全性的实验研究[J]. 含能材料，2006(4)：283-285.

[21] WILLIAMS D L, TIMMONS J C, WOODYARD J D, et al. UV-induced degradation rates of 1,3,5-triamino-2,4,6-trinitrobenzene (TATB)[J]. J Phys Chem A, 2003, 107(44): 9491-9494.

[22] XIONG Y, LIU J, ZHONG F C, et al. Identification of the free radical produced in the photolysis of 1,3,5-triamino-2,4,6-trinitrobenzene (TATB)[J]. J Phys Chem A, 2014, 118(34): 6858-6863.

[23] SKIDMORE C, IDAR D, BUNTAIN G, et al. Aging and PBX 9502: los alamos national lab[R]. New Mexico: Los Alamos Scientific Lab, 1998.

[24] 敖银勇，陈捷，宋宏涛，等. 1,3,5-三氨基-2,4,6-三硝基苯伽马辐照下变色机制[J]. 含能材料，2017，25(7)：540-545.

[25] TIAN X Q, WANG X F, YU K, et al. A new insight to the color change phenomenon of TATB: Structural color[J]. Propell Explos Pyrot, 2017, 42(11): 1247-1251.

[26] FOLTZ M F, ORNELLAS D L, PAGORIA P F, et al. Recrystallization and solubility of 1,3,5-triamino-2,4,6-trinitrobenzene in dimethyl sulfoxide[J]. J Mater Sci, 1996, 31(7): 1893-1901.

[27] HOLDEN J R. Literature survey on the effects of neutron and electromagnetic irradiation on explosives[R]. Washington, D. C.: Naval Ordnance Lab, 1957.

[28] URIZAR M J, LOUGHRAN E D, SMITH L C. A study of the effects of

nuclear radiation on organic explosives[R]. New Mexico: Los Alamos Scientific Lab, 1960.

[29] KAUFMAN J V R. The effect of nuclear radiation on explosives[J]. Proceedings of the Royal Society of London Series A Mathematical and Physical Sciences, 1958, 246(1245): 219-225.

[30] PIANTANIDA E, PIAZZI M. The behaviour of explosives under the impact of gamma-radiation part Ⅱ[J]. Chimica e l'Industria, 1961, 43:1389-1393.

[31] MILES M H, DEVRIES K L, BRITT A D, et al. Impact sensitivity of gamma-irradiated HMX[J]. Propellants, Explosives, Pyrotechnics, 1983, 9(2): 49-52.

[32]BERBERET J A. Radiation effects on explosives. Quarterly technical report No. 4 for period ending August[C]. California: General Electric Co. , 1964.

[33] BERBERET J A. Radiation effects on explosives. General electric co Santa Barbara Ca technical military planning operation[R]. California: Santa Barbara Ca, 1964.

[34] STALS J, BUCHANAN A S, BARRACLOUGH C G. Chemistry of aliphatic unconjugated nitramines. Part 5.—Primary photochemical processes in polycrystalline RDX[J]. T Faraday Soc, 1971, 67(582): 1749-1755.

[35] STALS J. Chemistry of aliphatic unconjugated nitramines. Part 7. Interrelations between the thermal, photochemical and mass spectral fragmentation of RDX[J]. T Faraday Soc, 1971, 67(582): 1768-1775.

[36] STALS J, BUCHANAN A S, BARRACLOUGH C G. Chemistry of aliphatic unconjugated nitramines. Part 6. Solid state photolysis of RDX[J]. Transactions of the Faraday Society, 1971, 67: 1756-1767.

[37] AVRAMI L, JACKSON H J, KIRSHENBAUM M S. Radiation-induced changes in explosive materials[R]. New Jersey: Picatinny Arsenal Dover, 1973.

[38] AVRAMI L, J. JACKSON H, Effect of long term low-level gamma radiation on thermal sensitivity of RDX/HMX mixtures[R]. New Jersey: Picatinny Arsenal Dover, 1976.

[39] AVRAMI L, J. JACKSON H,付志文. 在低剂量γ射线长时间的辐照下，对黑索金、奥托金混合炸药热感度所产生的影响[J]. 火炸药，1980(Z1): 64-75.

[40] ROSENWASSER H, Effects of gamma radiation on explosives[R]. Tennessee: Oak Ridge National Lab., Tenn., 1995.

[41] GIEFERS H, PRAVICA M. Radiation-induced decomposition of PETN and TATB under extreme conditions[J]. The Journal of Physical Chemistry A, 2008, 112(15): 3352-3359.

[42] GIEFERS H, PRAVICA M, LIERMANN H-P, et al. Radiation-induced decomposition of PETN and TATB under pressure[J]. Chem Phys Lett, 2006, 429(1): 304-309.

[43] FIRSICH D W, GUSE M P. On the photochemical phenomenon in TATB[J]. J Energ Mater, 1984, 2(3): 205-214.

[44] AVRAMI L, JACKSON H J. Effect of long term low-level gamma radiation on thermal sensitivity of RDX/HMX mixtures[R]. New Jersey: Picatinny Arsenal, 1976.

[45] AVRAMI L. Radiation effects on explosives, propellants and pyrotechnics; proceedings of the encyclopaedia of explosives and related items[C]. Cleveland: Battelle Memorial Inst., 1980.

[46] WILLEY T M, DEPIERO S C, HOFFMAN D M. A comparison of new TATBs, FK-800 binder and LX-17-like PBXs to legacy materials[R]. San Francisco: Lawrence Livermore National Laboratory, 2009.

[47] DOBRATZ B M. The insensitive high explosive triamiotrinitrobenzene (TATB): Development and characterization— 1888 to 1994[R]. New Mexico: Los Alamos National Laboratory, 1995.

[48] AVRAMI L, JACKSON H J, KIRSHENBAUM M S. Radiation- induced changes in explosive materials[R]. New Jersey: Picatinny Arsenal Dover, 1973.

[49] SKIDMORE C B, IDAR D J, BUNTAIN G A, et al. Aging and PBX 9502[R]. New Mexico: Los Alamos National Laboratory, 1998.

[50] GIEFERS H, PRAVICA M. Radiation-induced decomposition of PETN and TATB under extreme conditions[J]. J Phys Chem A, 2008, 112(15): 3352-3359.

[51] PAGORIA P F, MAITI A, GASH A, et al. Ionic liquids as solvents: 20090012297A1[P]. 2009-08-01.

[52] LEE J S, HSU C K, CHANG C L. A study on the thermal decomposition behaviors of PETN, RDX, HNS and HMX[J]. Thermochim Acta, 2002, 392: 173-176.

[53] JAW K S, LEE J S. Thermal behaviors of PETN base polymer bonded explosives[J]. J Therm Anal Calorim, 2008, 93(3): 953-957.

[54] WILLEY T M, LAUDERBACH L, GAGLIARDI F, et al. Comprehensive characterization of voids and microstructure in TATB-based explosives from 10 nm to 1 cm: Effects of temperature cycling and compressive creep[R]. San Francisco: Lawrence Livermore National Laboratory, 2010.

[55] SKIDMORE C B, PHILLIPS D S, CRANE N B. Microscopical examination of plastic-bonded explosives[R]. New Mexico: Los Alamos National Laboratory, 1997.

[56] SKIDMORE C B, PHILLIPS D S, SON S F, et al. Characterization of HMX particles in PBX 9501[J]. Shock Compression of Condensed Matter - 1997, 1998, 429: 579-582.

[57] ZHANG H, WU J, ZHANG J, et al. 1-Allyl-3-methylimidazolium chloride room temperature ionic liquid: A new and powerful nonderivatizing solvent for cellulose[J]. Macromolecules, 2005, 38(20): 8272-8277.

[58] 齐秀芳，李天涛，程广斌，等. TATB在离子液体—DMSO复合溶剂体系中的溶解性实验研究[J]. 化学试剂，2013(3)：249-251.

[59] 曹雄，罗帅，许丽娟，等. TATB 的热分解及其在[Emim]Ac/DMSO 溶剂中的热爆炸特性[J]. 火炸药学报，2016(1)：52-55.

[60] 朱海翔，李金山，徐容，等. TATB 在 1-乙基-3-甲基咪唑醋酸盐/二甲亚砜混合溶剂中的溶解度及结晶[J]. 火炸药学报，2012(2)：19-22.

 第 3 章

橡胶弹性体的辐射效应

3.1 硅橡胶及硅泡沫的辐射效应

硅橡胶具有聚硅氧烷分子链交联形成的网状结构（图 3.1）。在不含填料时，纯硅橡胶的力学性能较差，由于没有拉伸结晶现象，拉伸断裂强度仅约 0.35 MPa，因此在使用前需要添加质量分数为 10% ～ 40% 的增强剂（通常为二氧化硅）。硅橡胶最常用的硫化温度为 100 ～ 180 ℃，压力为 5.5 ～ 10.3 MPa，需要催化剂参与。硫化后的硅橡胶力学性能大大提高，邵氏硬度从 20 提高到 90，弹性模量可达 105 MPa，拉伸断裂强度可达 6.9 MPa，断裂伸长率可达 300% ～ 700%。硅橡胶具有很好的热稳定性，在 260 ℃ 结构性能可保持不变。由于分子链中含有大量的硅元素，橡胶中含有大量填料，硅橡胶的阻燃性能非常好，极限氧指数可达 30，UL－94 可达 V－0 级。此外，硫化后的硅橡胶的使用温度范围很广（低可至 －50 ℃，高可达 200 ℃ 以上），电性能优异，耐候性及耐化学稳定性都很好。硅橡胶经发泡可制得硅泡沫，与硅橡胶相比，硅泡沫密度更低，柔韧性更好。

由于具有优异的综合性能，硅橡胶及硅泡沫是极端环境如国防、航天、核电、核医学等领域中应用最广泛的高分子材料之一。高能辐射将引发硅橡胶的辐射效应，导致材料交联或降解，从而影响材料性能及服役寿命。

在过去几十年时间中，硅橡胶及硅泡沫的辐射效应（主要是伽马辐射）得到

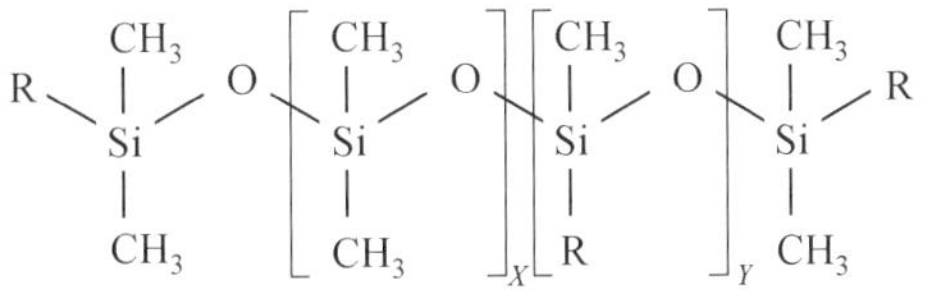

$$R-\overset{CH_3}{\underset{CH_3}{Si}}-O-\left[\overset{CH_3}{\underset{CH_3}{Si}}-O\right]_X-\left[\overset{CH_3}{\underset{R}{Si}}-O\right]_Y-\overset{CH_3}{\underset{CH_3}{Si}}-R$$

图 3.1　聚硅氧烷分子链的化学结构

系统研究，其中包括单纯的辐射效应及其影响因素，如聚合物中的添加剂、环境因素、辐射类型等。辐射效应的灵敏表征方法，以及辐致力学模型与寿命预测均有所涉及。理解影响硅橡胶及硅泡沫辐射效应，将有助于为此类材料的耐辐射设计及其在辐射环境中的服役提供指导。

3.1.1　总剂量效应

Charlesby 等在 20 世纪 50 年代首次报道了有机硅聚合物的辐射效应。当主链中含有交替的硅和氧的聚硅氧烷受到高能辐射时，将发生交联反应，交联度在很大的剂量范围内与剂量成正比，与分子量无关。交联后的透明不溶材料呈现与橡胶相似的性能。0.05 堆辐射单位（1 堆辐射单位约等于 5.6×10^5 Gy）是交联得到橡胶性能的最小单位。0.1 ～ 0.2 单位的辐照后，橡胶性能突出；继续辐照至 1 单位时，材料变脆。Hill 和 Maxwell 等证实硅橡胶在真空中辐照时，交联反应远多于断裂的降解反应。交联后，交联点间的分子量下降，导致材料硬化。同样，由于辐射影响分子链的运动性，因此材料的结晶性能与剂量相关。Mellon 研究所的 Warrick 以及辛辛那提大学的 Palsule 等分别研究聚硅氧烷的总剂量效应，发现主要的辐射效应也是交联，通过辐射法硫化可获得耐高温性能的硅橡胶（表 3.1）。

Warrick 报道的辐射降解气体产率为氢气 34.05%、甲烷 60.4%、乙烷 4.6%、空气 0.95%。Miller 报道的聚二甲基硅氧烷（25 ℃）的氢气的辐射化学产额 G 值为 1.25，甲烷的 G 值为 1.07，乙烷的 G 值为 0.76，其比例与 Warrick 所报道的并不相同。实际上，从目前所发表的文献来看，气体产额的重现性较差。随着气体产生，硅橡胶固体中的元素将发生变化，其中，碳的含量下降是由于甲烷等的释放。辐射共价键材料可产生化学活性物质，如离子化、激发态分子或自由基，这些活性物质可形成新的化学结合，导致分子内交联或分子链断裂，伴随气态物质的产生（主要是氢气）。硅橡胶中辐射降解气体的生成机理如图 3.2 所示。

如果考虑硅氧烷的化学结构，那么含苯基的结构能很好地耐辐射造成的损伤，具有 Si—H 结构的化合物则对辐射损伤敏感。在面临高能辐射时，拥有不同化学结构的材料，其辐射效应是不同的。

表 3.1　硅橡胶辐照后的力学性能

材料	辐射类型	剂量	剂量率	邵氏硬度	拉伸强度/MPa	断裂伸长率/%	压缩变形/%
硅橡胶(聚合物100份，二氧化硅填料35份，21 μm)	^{60}Co γ	2.5×10^5 Gy	0.5×10^4 Gy/h	53	6.31	158	13
		5×10^4 Gy		27	8.13	750	100
		1.25×10^4 Gy		18	0.93	550	100
	电子束	2	2 MeV	15	1.05	750	—
		6		26	5.11	605	—
		10		29	6.04	580	—
		20		43	4.68	250	—
		40		52	3.87	117	—

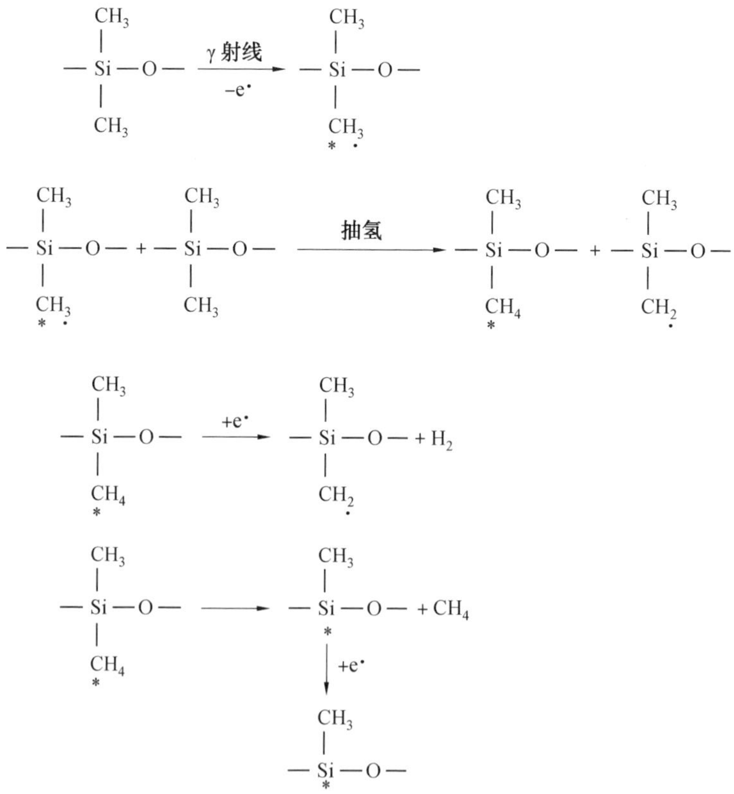

$$-\mathrm{Si}(CH_3)(CH_3)-O- \xrightarrow[-e^{\cdot}]{\gamma\text{射线}} -\mathrm{Si}(CH_3)(\overset{*\cdot}{CH_3})-O-$$

$$-\mathrm{Si}(CH_3)(\overset{*\cdot}{CH_3})-O- + -\mathrm{Si}(CH_3)(CH_3)-O- \xrightarrow{\text{抽氢}} -\mathrm{Si}(CH_3)(\overset{*}{CH_4})-O- + -\mathrm{Si}(CH_3)(\overset{\cdot}{CH_2})-O-$$

$$-\mathrm{Si}(CH_3)(\overset{*}{CH_4})-O- \xrightarrow{+e^{\cdot}} -\mathrm{Si}(CH_3)(\overset{\cdot}{CH_2})-O- + H_2$$

$$-\mathrm{Si}(CH_3)(\overset{*}{CH_4})-O- \longrightarrow -\overset{*}{\mathrm{Si}}(CH_3)-O- + CH_4 \xrightarrow{+e^{\cdot}} -\overset{*}{\mathrm{Si}}(CH_3)-O-$$

图 3.2　硅橡胶中辐射降解气体的生成机理

硅泡沫在辐照时发生的化学反应与硅橡胶相同，也是交联度上升导致材料硬化。但从力学性能的角度看，多孔材料辐照可能导致微观结构发生变化，从而造成更加严重的损伤。

3.1.2　添加剂对辐射效应的影响

1. 氢的影响

硅橡胶在辐照时会生成氢气，所以 Miller 研究了氢分子是否会与辐照产生的聚合物自由基发生逆反应。填充 1.4 MPa 的氢气，辐射剂量分别为 4.2×10^4 Gy 和 8.4×10^4 Gy，材料未见明显的抑制交联现象，即逆反应并没有发生，至少未到可观察的水平。

2. 自由基抑制剂的影响

添加自由基抑制剂二叔丁基对甲酚(0.01 ～ 0.1 mol/L)，硅橡胶在室温辐照，剂量为 1×10^5 Gy，发现交联反应被抑制 10% ～ 20%。碘可与聚合物自由基反应，从而阻止交联，甚至导致聚合物降解。硫也提供了极好的辐射保护作用。据报道，氢转移剂比芳香族自由基抑制剂在抑制形成交联结构时更加有效。

3. 含苯基聚硅氧烷有更好的抑制交联的作用

据报道，苯基甲基聚硅氧烷在吸收 1.86×10^6 Gy 剂量时的交联程度与聚二甲基硅氧烷吸收 1×10^5 Gy 辐照剂量时相当。苯甲酮可通过与初级 H 反应减小辐射效应。苯基取代可为二甲基硅氧烷提供部分保护而不被交联，保护效率与苯基浓度有关。低苯基含量(约 10%)时，一个苯基可保护相邻的 6 个结构单元，而高苯基含量时(约 40%)，这种保护作用下降到 2 ～ 3 个结构单元。其机理可能是高苯基含量时，其被保护的单元会重复。含有高含量芳香基团的多乙烯基硅油对硅橡胶有很好的辐射保护作用，随芳香族基团含量的增加而增加。从辐射降解气体含量来看，高苯基含量的硅橡胶很少因辐射而发生损伤。通过化学反应将芳香族化合物引入分子链比单纯的添加有更好的效果，因为化学反应可使抗辐射剂有更均匀的分布。采用芳香族化合物对二氧化硅填料进行修饰也可有效提高硅橡胶的耐辐射能力。芳香族耐辐射是由于共轭的芳香族官能团可分散辐射的能量。

聚合物基体 —— 二氧化硅的界面因辐射会形成连接，因此二氧化硅填料会提高硅橡胶的交联度。辐射中催化剂也将影响材料老化过程，在纯硅泡沫制备过程中引入辛酸亚锡会使得老化加速。

3.1.3　环境因素的影响

环境因素包括气氛、湿度(水)、应力及温度等，其会影响聚合物材料的辐射效应。聚二甲基硅氧烷在不同温度(− 180 ～ 150 ℃)下的电子束辐照显示出很强的温度依赖性。不同温度下气体及交联点的产额见表 3.2。结果显示甲烷和氢

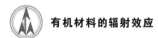

表 3.2　硅橡胶辐射的气体及交联点产额

材料	聚二甲基硅氧烷										八甲基环四硅氧烷		SX 358	六甲基二硅氧烷	四甲基二硅氧烷
辐射类型	电子束										$^{60}Co\ \gamma$		$^{60}Co\ \gamma$	$^{60}Co\ \gamma$	—
剂量	50 kGy									2 MeV	3×10^4 Gy		200 kGy	6×10^5 Gy	—
剂量率	1.38×10^5 Gy/min							1.38×10^3 Gy/min		—	1.2×10^4 Gy/h		1 Gy/s	1 000 ~ 5 500 Gy/h	—
温度	−180 ℃	−80 ℃	−40 ℃	25 ℃	100 ℃	150 ℃	200 ℃	−180 ℃	25 ℃	—	—		室温	室温	—
压力	1 atm①							1 atm		1 atm	1 atm		1 atm	真空	—
气氛	氮气							氮气		—	氮气	氧气（16×10^{-7} mol/L）	氮气	—	—
G_{gas}/(分子·100 eV^{-1})	2.8	—	2.7	3.1	3.9	5.1	6.0	2.9	3.7	—	—	—	—	1.84	4.18
G_{H_2}/(分子·100 eV^{-1})	0.95	—	1.19	1.25	1.37	1.45	1.24	0.95	1.34	0.94	0.96	0.39	—	0.57	3.01
G_{CH_4}/(分子·100 eV^{-1})	1.62	—	0.71	1.07	1.96	3.0	4.17	1.85	1.80	2.04	2.13	0.83	—	1.27	1.09
$G_{C_2H_6}$/(分子·100 eV^{-1})	0.22	—	0.80	0.76	0.56	0.60	0.53	0.10	0.54	0.32	0.32	0.13	—	—	—
$G_{交联点}$/(分子·100 eV^{-1})	1.9	2.2	—	3.0	4.2	4.2	4.0	—	—	—	—	—	0.972	—	—

注：①1 atm = 101.325 kPa

气的产额随温度升高而增加，乙烷产额则略有下降。然而，交联度随温度先增加（低于 100 ℃），后降低。若辐射反应只是简单的自由基反应，气体产额及交联度之间的比例应保持不变。根据事实推测硅氧烷主链上存在离子重排过程，这可能是因为少量离子杂质起到催化作用。固体核磁^{29}Si NMR（核磁共振）对聚二甲基硅氧烷在真空中辐照后的分析表明辐射降解温度的提高使得交联度增加，表明辐射降解过程也与温度相关。Menhofer 报道的聚二甲基硅氧烷（PDMS）在不同温度辐射下则显示出不同的结果，在此研究中交联度随辐射（剂量 2.1×10^5 Gy）直到 150 ℃ 均为单调递增。然而，在较小的温度范围内（如45 ～80 ℃），硅泡沫的辐照未见明显的差异。

于真空中处理样品数小时，去除橡胶基体及二氧化硅填料中的氧，再进行电子束辐照，仅导致样品交联度的增加。

1. 应力的影响

应力是影响硅橡胶辐射效应的一个因素。Warrick 等首次报道了硅橡胶在 150 ℃ 压缩状态辐照 22 h 的研究，而后研究了 DC745 硅橡胶在拉伸状态下的辐射效应，发现叠加应力后辐射效应发生了变化（图 3.3）。MQ（多量子）－NMR 研究表明分子链的运动性与应力有关，但溶胀法测试的交联度却显示与应力无关。作者研究了硅泡沫在压缩状态下的辐射效应，结果表明随着吸收剂量的提高，压缩状态下的硅泡沫泡孔出现更明显的压缩甚至塌陷。推断其机理是：形成了新的交联点，重塑了样品形貌（图 3.4 和图 3.5）。

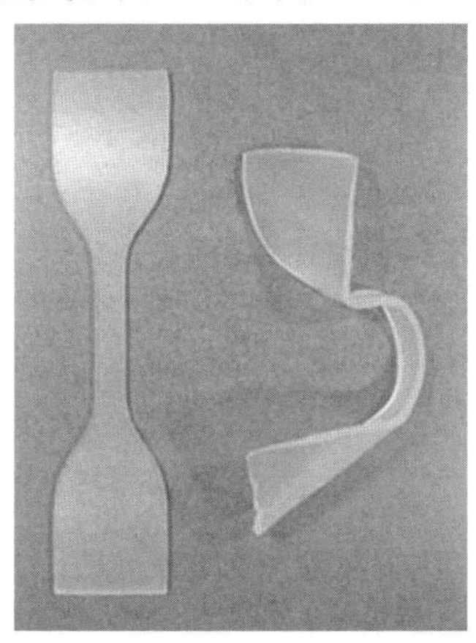

图 3.3　哑铃形硅橡胶在真空及复杂应力下辐照后永久形变的照片

2. 氧的影响

Miller 在 1961 年首次研究了气氛对硅橡胶辐射效应的影响，发现氧会明显降低交联度，从通常的 $G=3$ 降低至 $G=1$，所得交联点并不是过氧键（—O—O—）。与氧气氛中辐照的聚二甲基硅氧烷相比，样品在真空中辐照会产

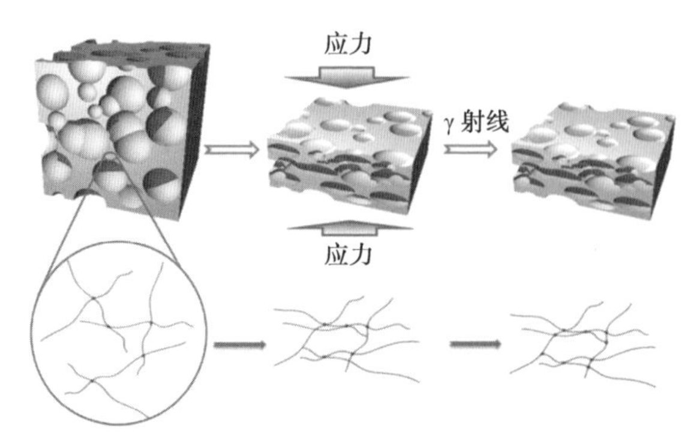

图 3.4　硅泡沫压缩状态伽马辐射的机理

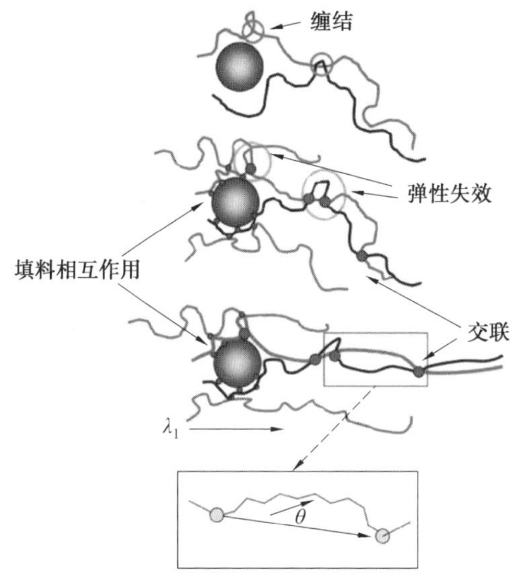

图 3.5　硅橡胶辐照后多尺度降解及永久变形的产生
（球形代表填料，折线代表分子链，小黑点代表交联）

生更高的交联度，但同时分子链运动性也更高，可能原因在于生成了极性更强的侧基，如 —COOH、—CHO 和 —OH 等。Labouriau 等提到，DC745 的总氧消耗足够高而不能被忽略。较大的样品在足够长时间的辐照下，可能消耗所有的氧。有研究证明，当材料在空气中进行伽马辐射时，氧化交联是材料主要的辐射降解机理。另外，交联在惰性气氛中比氧化性气氛中更加明显。

Warrick 提到水和二氧化碳可能导致链断裂，在高温环境下这变得更加重要。Patel 等研究了湿度对硅泡沫的影响，结果表明 Si—^{17}O—Si 是水解产物，降解过程因伽马辐射或 / 和加热而加速。

环境因素与辐射的协同效应非常明显，值得研究。在聚合物的老化加速方面，可能还有一些未知的机理。

3.1.4　辐射类型及剂量率的影响

1. 辐射类型的影响

Warrick 和 Frounchi 比较研究一系列辐射，如伽马、电子、X 光及中子等，对商业硅橡胶的作用，发现在较高的温度下它们对老化有相似的影响，并且这个过程产生的交联与硅橡胶常规硫化是等效的。不同辐射类型对硅橡胶性能的影响见表 3.2。

Zhang 和 Di 等研究了 150 keV 质子辐射对甲基硅橡胶的破坏效应及机理。结果表明在较低注量下交联是主要效应，这使得硅橡胶的拉伸强度及硬度逐渐增加。随着注量增加，降解成为主要的效应，拉伸强度和硬度反而下降。纳米二氧化钛填充的硅橡胶对质子有更好的防护作用。另一篇文献中也确认了 ZnO/硅橡胶白涂层在小于 200 keV 的质子辐射中会降解。

目前几乎没有聚合物的纯中子辐射效应，因为伽马总是伴随中子存在。中子、伽马协同辐照则显示出与纯伽马辐照相似的效应，即使得材料交联和硬化。

硅橡胶的紫外降解研究表明样品呈现不均匀老化现象，靠近表面的组分明显变化，材料疏水性也有所降低。

2. 剂量率效应

表 3.2 中显示了气体产额与剂量率(电子束辐射)的关系。结果显示聚二甲基硅氧烷在较低的剂量率(1.38×10^{3} Gy/min)下会比较高的剂量率(1.38×10^{5} Gy/min)下产生更多的气体。然而，在剂量率介于 1 000 ～ 250 Gy/h 时，样品没有明显的剂量率效应(文献[43])。同时，聚二甲基硅氧烷在剂量率介于 920 ～ 6 200 kGy/h 时未发现剂量率效应(文献[32])。值得注意的是，从溶胀及断裂伸长率的角度看，二氧化硅填充的氟硅橡胶在 10^{3} Gy/s (电子辐射) 下比 1.4 Gy/s 的伽马辐射下显示出更加严重的损伤。这与广泛报道的低剂量率损伤增强效应相反，作者对此也并无解释。

硅泡沫的伽马辐射呈现剂量率效应。于空气中辐照后材料的蠕变比例略微下降，气体生成增加，这种现象在低剂量率下更为明显。EPR 的表征表明在低剂量率下材料辐照生成更多的自由基，显示出明显的剂量率效应。推断认为剂量率效应与自由基的生成、反应以及猝灭的竞争有关系(图 3.6)。

对已发表的文献的总结表明，硅橡胶的剂量率效应非常复杂。但是，将其机理研究清楚非常重要，因为硅橡胶的服役环境常常都是低剂量率的环境，如核电站、太空等。洛斯阿拉莫斯国家实验室发表的论文表明低剂量率辐照(超过两年的辐照时间)及较高的温度将导致更严重的老化，因此推断剂量率效应可受很多因素的影响。

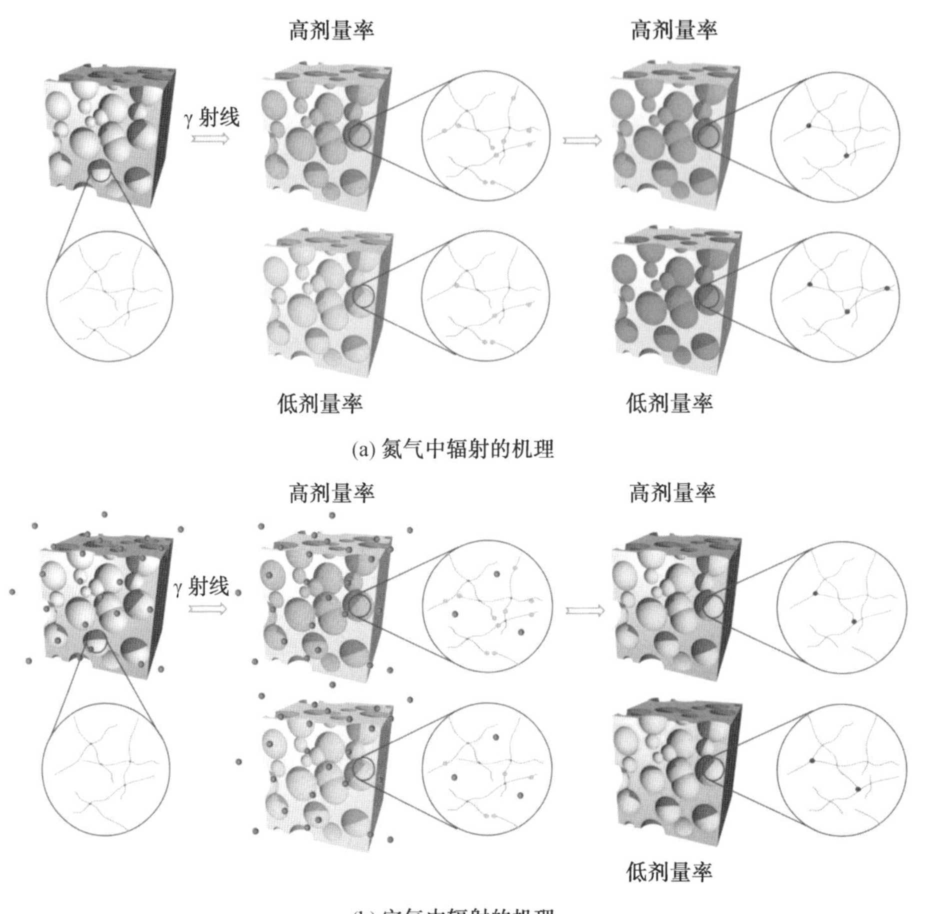

图 3.6 硅泡沫在不同剂量率下于氮气和空气中辐射的机理

3.1.5 辐射效应的表征

一般来说，硅橡胶的辐射效应即产生自由基，然后导致交联和 / 或降解。因此表征硅橡胶及硅泡沫的辐射效应主要是针对产生的自由基、交联、最终材料的力学性能及辐射降解产物的表征。

据报道，聚硅氧烷室温辐照后不产生长寿命的自由基，故只能表征低温辐照产生的自由基或添加自由基捕捉剂后的自由基(图 3.7)。在真空中 77 K(液氮温度) 辐照后，硅、甲基、亚甲基硅自由基均可被检测到。随着温度的提高，硅自由基与亚甲基硅自由基的比例在增加，无法检测到氢自由基。另外，二苯基硅氧烷经辐照后无法检测到苯基自由基。在 77 K，可检测到不稳定的甲基自由基及随

后的反应。但发现 77 K 生成自由基太少不足以解释形成的交联结构。具有乙烯基侧基的聚硅氧烷经辐照后可形成稳定自由基，这些自由基不能通过低温辐照后升温至室温得到，表明硅橡胶在不同温度的辐射化学并不相同，试图通过研究低温下的硅橡胶的辐射化学来解释室温下的辐射效应是行不通的。

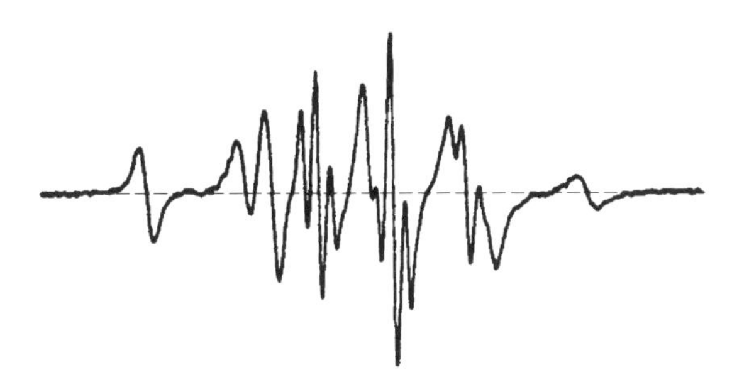

图 3.7　聚二甲基硅氧烷添加 BNB(2,4,6-三-丁基亚硝基苯)后 77 K 真空辐照，室温测试得到的 EPR 谱图

对于交联而言，主要的研究方法是溶胀法测试及 NMR 分析。据 Folland 和 Charlesby 等报道，脉冲 NMR 技术可提供替代溶胀法的、更快且无损的方法来获得材料交联度。Folland 等通过脉冲 NMR 对质子自旋－晶格弛豫时间 T_1 和自旋－自旋弛豫时间 T_2 进行测试，报道了 γ 辐射的聚甲基硅氧烷的(质子)弛豫时间与辐射剂量(最高达 2×10^6 Gy)的函数关系，对 T_1 及 T_2 与剂量的相关性进行讨论，并研究了分子链内交联对分子运动的影响。T_2 取决于分子的长程链运动，而分子的长程链运动主要受分子间耦合和(交联)网络形成的影响。研究证实，NMR 可作为定量方法测定凝胶点和凝胶分数。Hill 及 Maxwell 等进一步发展了 NMR 技术在辐射效应研究中的应用。Hill 等研究 303 K 真空中聚二甲基硅氧烷的伽马辐射降解，计算了不同剂量下断链及交联的 G 值。

残留偶极耦合也被用于研究二氧化硅填充的聚二苯基硅氧烷/聚二甲基硅氧烷(PDPS/PDMS)嵌段共聚物复合材料的交联度变化。图 3.8 所示为材料辐照后具有代表性的^{1}H DQ－NMR 曲线，该参数随聚合物网络的辐射和化学交联而变化，有望为聚合物老化机理提供更详细的信息。Rodriguez 等基于 NMR 发展了一种更灵敏的方法，用于定量有机硅材料中痕量网络结构变化及其中的硅醇，通过使用含氟的标记分子，可化学标记聚硅氧烷辐照产生的硅醇数量。使用此方法，可有效检测低至 10 kGy 辐照下有机硅的明显变化，这是有机硅材料辐射老化表征的一大进步。

硅橡胶辐照后力学性能的表征主要基于常规表征方法，如硬度、拉伸性能及动态机械性能等。Basfar 报道随着吸收剂量增加，硬度提高。300～400 kGy 下

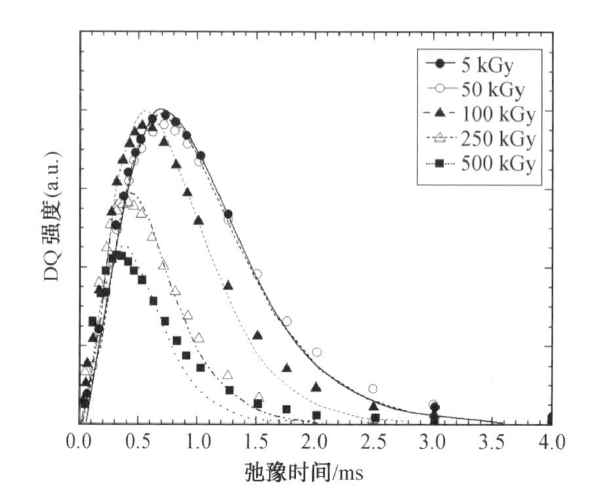

图 3.8　二氧化硅填充 PDPS/PDMS 共聚物空气气氛中伽马辐照后的 ^{1}H DQ－NMR 曲线

辐射橡胶可实现完全硫化。拉伸模量表征显示材料在辐射及拉伸应力共同作用下，与无应力的单纯辐射相比会略微变软。这些传统力学性能表征手段无法满足较低剂量下材料老化的表征需求。当然，力学性能的精确表征一直是高分子材料领域尚待解决的一大难点。

采用原子力显微镜(AFM)表征填充硅橡胶的界面力学性能。结果表明随着剂量增加，填料－基体的黏结力会迅速下降，在复杂应力作用下产生剥层现象，剪切应力则随剂量增加而提高。目前采用的方法存在局限，实际上，复合材料界面的力学性能表征尚无完美的解决方案。

裂解－色谱－质谱联用(Py－GC/MS)则可用于分析商品硅橡胶的降解产物。与主要组分分析(PCA)相关联，可分析出样品不同的固化过程。另外，还可评估降解特征的化学起源。

上述表征方法只有在剂量至少高达几千戈瑞时才适用。寻找一种更加灵敏的方法用以表征低剂量下的辐射是一个挑战，但也许是聚合物辐射效应研究领域目前最有价值的事情。

3.2　聚烯烃弹性体的辐射效应

聚烯烃弹性体(Polyolefin Elastomer，POE)的辐射效应研究主要集中在乙丙橡胶(图 3.9)。乙丙橡胶是以乙烯和丙烯为基础单体合成的共聚物，具体分二元乙丙橡胶和三元乙丙橡胶。前者为乙烯和丙烯的共聚物，以 EPR 表示；后者为乙烯、丙烯和少量的非共轭二烯烃第三单体的共聚物，以 EPDM 表示。二元乙丙

橡胶由于分子不含双键，不能用硫黄硫化，因而限制了它的应用，在乙丙橡胶商品牌号中只占总数的 15% ~ 20%；而三元乙丙橡胶由于侧链上含有二烯烃，因此不但可以用硫黄硫化，还保持了二元乙丙橡胶的各种特性，从而成为乙丙橡胶的主要品种而获得广泛的应用，在乙丙橡胶商品牌号中占 80% ~ 85%。乙丙橡胶因其主链是由化学稳定的饱和烃组成，故其耐臭氧、耐热、耐候等耐老化性能优异，具有良好的耐化学品性能、电绝缘性、冲击弹性、低温性能及耐热水性和耐水蒸气性等，可广泛用于汽车部件、建筑用防水材料、电线电缆护套、耐热胶管及胶带、汽车密封件、润滑油改性等领域。除乙丙橡胶外，丁基橡胶、天然橡胶(NR) 等的辐射效应也受到关注。聚烯烃弹性体在航空航天、国防、核电等领域也有广泛的应用，因此该材料同样存在辐射环境下的老化问题，受到研究者的关注。

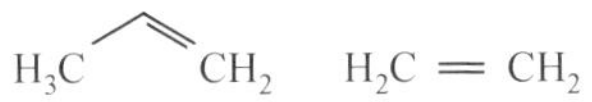

H_3C ⁄⁀ CH_2　　$H_2C = CH_2$

图 3.9　乙丙橡胶的化学结构

3.2.1　总剂量效应

EPDM 是一种耐辐射材料，因为主链均为饱和化学键，所以可吸收能量对分子链的影响较小。Scagliusi 等研究了作为电缆料使用的 EPDM 在核电环境中使用的辐射效应，结果发现断裂的最大力下降，样品脆性增加，与样品所受的剂量成正比。在大于 100 kGy 时，力学性能的下降变得非常严重，表明以断链为主的反应导致了样品降解。另有研究表明剂量超过200 kGy 会部分破坏 EPDM/ 氯磺酸聚乙烯橡胶共混物弹性体的性能，与固化体系无关。含硫的材料力学性能明显下降。Abdel－Aziz 研究了不同比例的 EPDM/LDPE(低密度聚乙烯) 共混物的伽马辐射效应，确定了材料的力学性能，并获得了与特定比例聚合物拉伸强度与剂量的相关方程。在空气、蒸馏水、氯化钠水溶液介质中，室温下经 0.5 MGy 的伽马辐照后，EPR 和 EPDM 的介电常数、介电损耗及体积电阻率均出现显著变化。体积电阻率的时间相关性表明随辐射产生的凝胶将影响电荷运动，断裂生成率及 5%(质量分数) 失重温度随剂量增加而增加。

伽马辐射对 EPR 的电性能有明显影响。辐照后 EPR 的损耗因子及 $\tan\delta$ 的峰值温度增加，而在峰值温度下的损耗因子及 $\tan\delta$ 则下降。采用损耗因子及热分解计算了伽马辐射的 EPR 的活化能，两种活化能随剂量呈相同的趋势。

在与硅橡胶共混后，SiR/EPDM 50∶50 共混物的辐射老化机理也主要是因为辐射导致的交联和降解。经 250 kGy 的伽马 / 电子束辐照后，共混物的断裂伸长率有所下降。采用傅立叶变换红外研究了降解的本质，采用 X 射线能谱分析(EDAX) 表征了材料表面的元素分布，采用扫描电子显微镜(SEM) 表征了材料形貌。交联结构的出现被认为是共混物老化的机理。EPDM 含量多的共混物的性能更好，可以用于核电站。

丁基橡胶一旦面临伽马辐射，材料将会降解。丁基橡胶的主要辐射效应是链断裂。Scagliusi 的研究指出，当剂量超过 50 kGy 时，材料的物理化学性能就会迅速下降。作者在研究丁基橡胶阻尼材料(BRP)的伽马辐射效应时也发现，辐射将导致 BRP 的降解，使得可溶萃取物从参比样的 14.9% ± 0.8% 提高到 350 kGy 时的 37.2% ± 1.2%，同时吸溶剂的膨胀率从 294% ± 3% 提高到 766% ± 4%。采用傅立叶变换红外(FTIR)光谱进一步研究萃取物时发现，萃取物主要是含有 C—H 和 C═C 键的有机化合物，分子量从 26 500 至 46 300。SEM 表征显示样品的表面非常光滑，随着吸收剂量的增加孔洞消失(图 3.10)，与辐射降解之后样品变得更“软”的结论一致。BRP 的动态机械分析结果显示 $\tan\delta$ 随剂量增加先略有增加，后迅速增加，储能模量则略有增加。拉伸模量随剂量增加有所降低，但断裂伸长率则明显增加。正电子湮灭谱表明材料自由体积与阻尼性能间没有明显相关性，说明阻尼性能的影响因素较多。Şen 等采用黏度和色谱分析研究了剂量率及辐照气氛对丁基橡胶降解的影响。所有丁基橡胶的极限黏度值在高达 100 kGy 时迅速下降，在分子量基本相同时趋平，与剂量率无关。空气中辐射的样品的黏度下降比氮气中略高，尤其在低剂量率辐射时。采用体积排阻色谱测量辐照后硅橡胶的重均和数均分子量，以计算辐射交联和断裂的 G 值。G 值表明丁基橡胶的断链反应在空气中远比氮气中有利，更低的剂量率对断裂比对交联的提高更大。上述研究表明丁基橡胶对辐射较敏感，辐射将导致分子链的降解。

辐射交联聚烯烃/NR 热塑性弹性体发泡材料体系的交联度随辐射剂量的增加而逐渐增加，但是过大的辐射剂量(> 60 kGy)不利于辐射交联聚烯烃/NR 热塑性弹性体发泡材料的发泡，且材料的微观泡孔尺寸变小；随着辐射剂量的增大，材料的表观密度和压缩性能增加。吸收剂量的提高有利于共混材料耐热性能的提高，傅立叶变换红外光谱表征结果则表明辐射剂量的增大将使材料内部发生降解反应。

用 ^{60}Co γ 射线辐照聚烯烃弹性体的辐射效应。结果发现 POE 在空气和氮气中的辐射交联 G 值分别为 0.13 和 0.14。POE 的交联度随吸收剂量和辐射敏化剂的增加而增加；POE 经辐照后拉伸强度和氧指数有所提高，断裂伸长率随辐射剂量的增加略有下降。伽马辐射可以提高辐射－过氧化物硫化天然橡胶的力学性能，也可对高密度聚乙烯(HDPE)与 NR/顺丁橡胶(BR)的共混体系进行改性，使其产生交联结构。

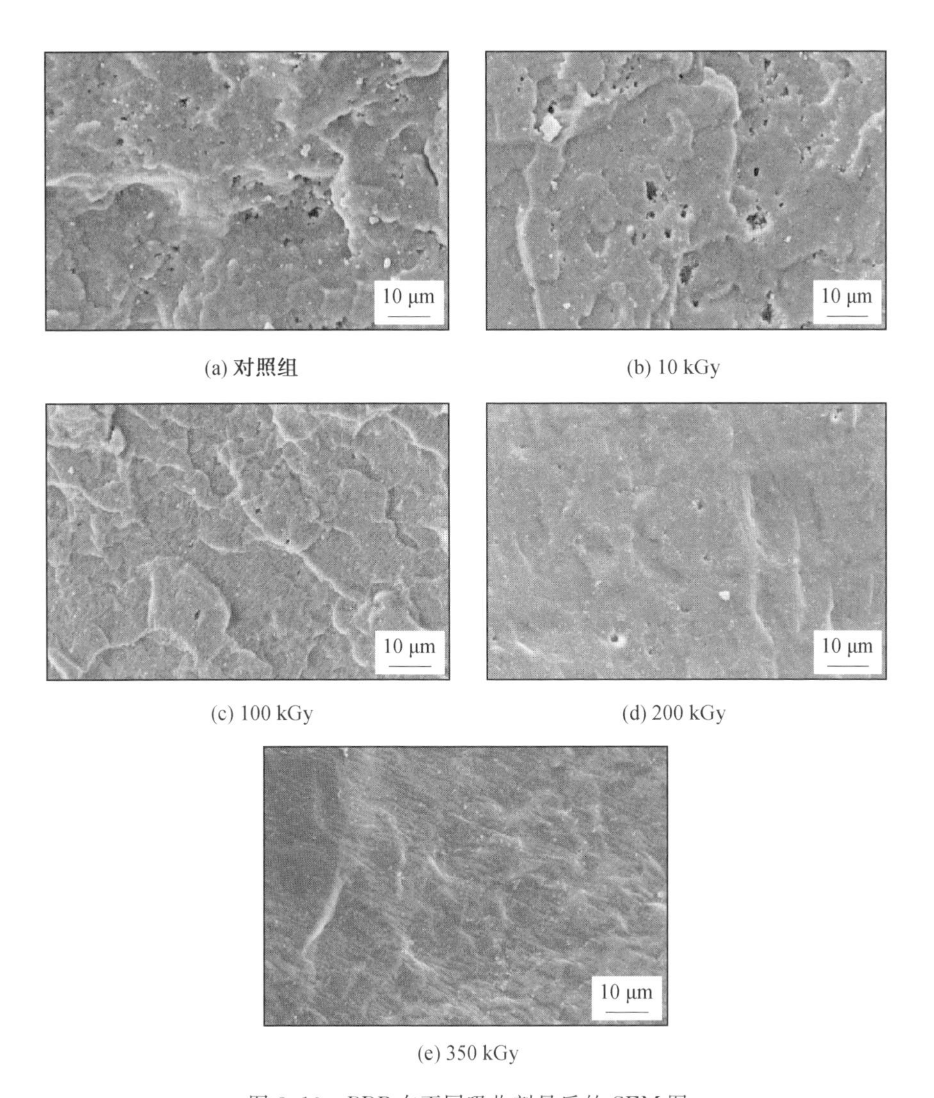

(a) 对照组　(b) 10 kGy　(c) 100 kGy　(d) 200 kGy　(e) 350 kGy

图 3.10　BRP 在不同吸收剂量后的 SEM 图

3.2.2　添加剂的作用

Bauman 等研究了抗辐射剂对炭黑填充天然橡胶的伽马辐射交联的作用。溶胀法研究结果显示，单独的氧气即可有效降低交联度。而在有氧参与时，有些抗辐射剂可进一步降低交联度，有些则会增加交联度。这些结果可以用 R 自由基、抗辐射剂，以及氧之间的竞争性反应来解释。交联产额与断链之间的比例的评估表明大部分链的断裂只是暂时的，断开的链可迅速复合。Chen 等的研究则发现芳香族化合物对氢化苯乙烯－丁二烯嵌段共聚物（SEBS）/ 聚苯乙烯（PS）橡胶有很好的辐射防护作用，添加后其力学性能、介电性能、热性能等均明显更

好。提出的防护机理是通过激发能和电子转移而不是通过反应释放多余的能量。管兆杰等研究了芘和受阻胺类化合物对 γ 射线辐照 SEBS/PS 共混物的力学性能及电性能的影响。结果表明：芘和受阻胺类化合物的加入可以有效地改善 SEBS/PS 共混物的抗辐射性(图 3.11)。随着抗辐射剂含量的增加，辐照后 SEBS/PS 共混物的拉伸强度、断裂伸长率以及体积电阻率的下降幅度越来越小。在高辐射剂量(1.0 ～ 2.0 MGy)下，芘和受阻胺类化合物共用时表现出了"拮抗作用"，即混合抗辐射剂对 SEBS/PS 共混物的耐辐射效果比单一使用芘和受阻胺类化合物时差。研究结果还显示介质损耗参数可用于有效评估 SEBS/PS 的降解情况。芳香族抗辐射剂的作用机理一说是通过激发能和电子转移释放多余的能量；另一说是共轭的芳香族官能团可分散辐射的能量。除芳香族化合物外，高原子序数金属在对伽马射线屏蔽的同时，也可以保护基体橡胶，防止其辐射老化。Abdel－Aziz 用三种不同的铅氧化物 PbO、PbO_2 及 Pb_3O_4(铅氧化物的添加质量分数为 87% ～ 88%)研究了不同源的伽马射线穿透材料的衰减系数，复合材料在剂量高达 3 000 kGy 辐照后材料变硬，抗电阻性增加。通过添加抗辐射剂，如芘、溴化苊、聚硫化苊、硫化聚芘等，使得 EPDM 在空气中可耐 2 MGy 的伽马辐射。

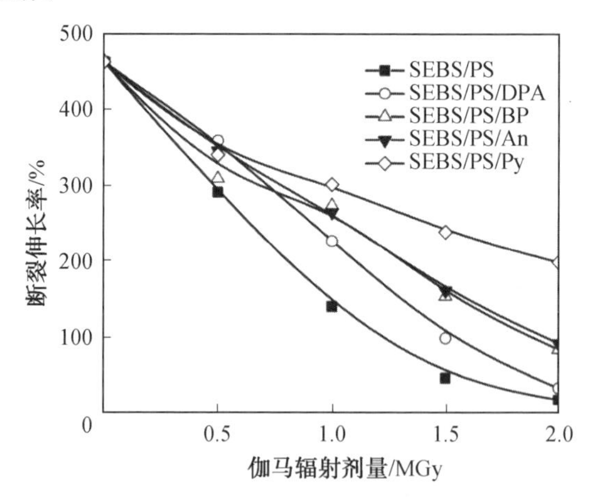

图 3.11　芳香族化合物对 SEBS/PS 的辐射防护作用

DPA— 二苯乙炔；BP— 联苯；An— 蒽；Py— 芘

二氧化硅作为橡胶重要的补强剂，它的添加会明显影响橡胶材料的辐射效应。当研究二氧化硅 / 聚丁二烯和二氧化硅 / 丁苯橡胶复合材料在 77 K 伽马辐射下的效应时发现，二氧化硅表面会发生聚合物的接枝及交联反应(图 3.12)。此反应中关键中间产物是 SiO_2 键接的结构为 $SiO_2-C\cdot(CH_3)CH(R)(R')$ 的自由基。二氧化硅的角色主要通过如下三步起作用：① 吸收辐射能量后产生电子空穴对，其迁移到表面并激发表面硅醇；② 激发态官能团(硅醇)与烯键反应生成

SiO_2 链接的自由基；③ 接枝自由基间的反应形成聚合物的交联。Sidi 研究了核电站用电缆绝缘料（氢氧化铝（ATH）填充乙烯－醋酸乙烯共聚物（EVA）/EPDM）的辐射氧化降解时也发现，ATH 填料的主要作用之一是使得复合材料在辐射氧化后的力学性能进一步下降。

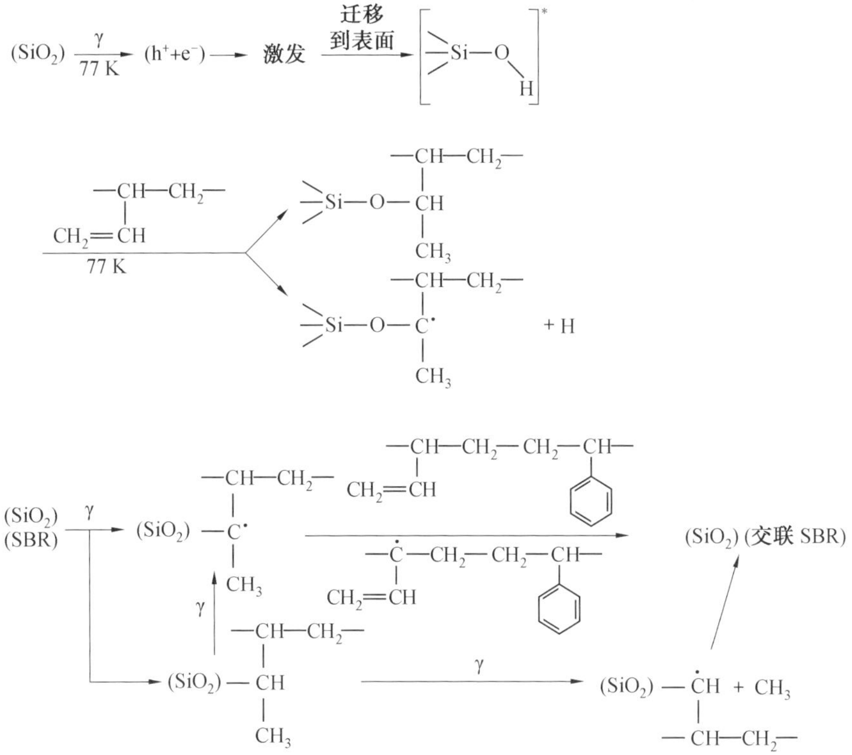

图 3.12　二氧化硅填料在橡胶复合材料中辐射引发接枝和交联的机理

3.2.3　环境因素

采用 4 MeV 的电子束，在 $10^4 \sim 10^5$ Gy/min 的剂量率下辐照天然橡胶，发现产生的气体几乎全为氢气。用溶胀数据结合橡胶初始分子量、链断裂、缠绕等的影响评估 C—C 交联点的生成，得出 G 值为 1.3。当在液氮温度辐照时，橡胶出现强烈的色彩，温度升高时色彩逐渐消失。在此过程中，H_2 的 G 值并没有明显变化，但交联度明显下降。室温下较低剂量率（10 Gy/min）辐照没有明显影响 H_2 的 G 值，但有限的数据表明交联度的 G 值升高为 1.6。随着大量添加剂，如四氯化碳的添加，氢气产额会明显下降。然而，当含有弱的 C—H 键的添加剂（对苯二酚）加入时，氢气产额会增加。苯乙烯（SBS）橡胶在室温下，分别于真空与空气气氛中进行伽马辐射，再研究样品的应力松弛现象。发现，辐照后样品的交联度随剂量增加而提高，在空气气氛中比在真空中高，主要是氧参与辐射交联导致。橡胶在真空中辐照的主要效应为物理应力松弛，还有少量的化学应力松弛。化学应力松弛可能由主链的氧化链断裂导致。然而，橡胶在空气中辐照产生的化学应力松弛与真空中不同。除了氧化化学交联，前者还有伽马射线引发的交联位点的断裂。Vijayabaskar 在研究温度对电子束辐照丁腈橡胶（NBR）的影响时也发现，高温下辐照将导致交联度的增加。

研究 EPDM 在 22 ～ 80 ℃ 的伽马辐射降解，发现在室温下辐照结晶度明显增加，但在 80 ℃ 则只略微增加。结晶区的减少主要是由于在 80 ℃ 辐照时，数量可观的小晶体熔融了。当样品再次被冷却回室温，这些熔融的小晶体由于辐射交联无法再次结晶。

3.2.4　剂量率效应

Šarac 研究了比利时核电站中的 EPDM 工业电缆绝缘料受辐照时所产生的剂量率效应（图 3.13）。结果发现力学性能，包括最终拉伸应力、弹性模量及断裂伸长率，都受剂量影响很大。拉伸应力及弹性模量表现出剂量率效应，这是由于聚合物交联和降解过程中氧的参与。交联和降解过程的交叉逐渐改变，没有发现临界剂量率或温度。相反，断裂伸长率对辐照温度和剂量率都不敏感。交联和降解对断裂伸长率的影响是相似的，主要是降低聚合物分子链的长度。这个想法被模型所证实（所有的以辐射时间为函数的拉伸数据可以通过调节一个参数（辐射速率常数的指前因子）而被重现）。Sidi 的研究也发现核电站用电缆绝缘料（ATH 填充 EVA/EPDM）在较低剂量率下的老化以辐射氧化为主。结果表明降解过程受自由基氧化导致断链，然后形成羧酸的机理主宰。剂量率效应十分明显，0.2 ～ 1 kGy/h 的断链只有 7 Gy/h 的 1/20，说明在采用剂量率加速老化时存在某个剂量率极限。Chipara 等在研究 NBR － EPDM 橡胶的辐射效应时也发现了显著的剂量率效应。在所研究的剂量率（D_R）0.14 kGy/h、0.47 kGy/h、1.00 kGy/h、3.00 kGy/h、4.70 kGy/h 中，NBR － EPDM 的断裂伸长率从约 400% 下降到约 300%，0.14 kGy/h 的剂量率所需的总剂量约 25 kGy，而 4.70 kGy/h 所需的剂量率则需约 200 kGy 的总剂量（图 3.14）。Özdemir 等的研究也显示剂量率不同程度地改变 EPDM（含 5%ENB，3 份 2,5- 二叔丁基过氧化 -2,5- 二甲基己烷）的力学性能。在所研究的两种剂量率 64.6 Gy/h 及 1 280 Gy/h 中，材料的断裂伸长率、弹性模量、最大断裂力、硬度及压缩变形率均表现出剂量率效应，相同总剂量下剂量率更低的材料的损伤更加严重（图 3.15）。上述研究表明，剂量率效应在 EPDM 橡胶中普遍存在，而且在某些剂量率下表现得非常明显。当需要考虑材料长时间的服役性能时，剂量率效应所带来的材料性能的差异不可被忽视。

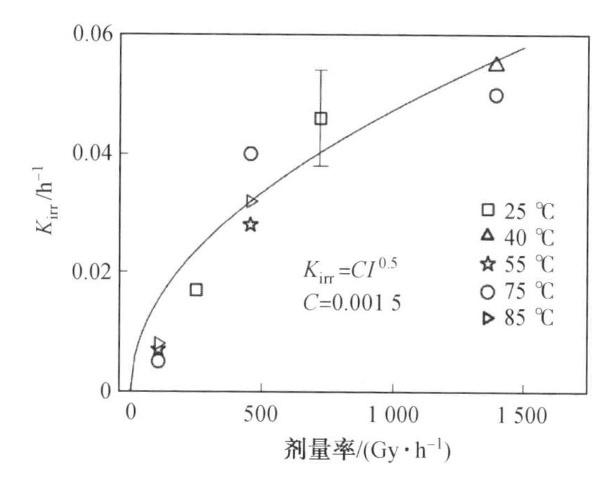

图 3.13　不同剂量率下 EPDM 的相对反应速率常数(K_{irr})

C— 常数；I— 剂量率

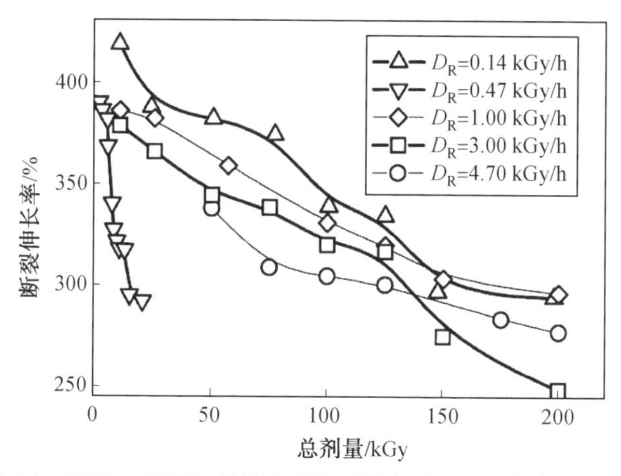

图 3.14　NBR－EPDM 橡胶在不同剂量率下辐照后的断裂伸长率

3.2.5　辐射老化机理

有机高分子材料辐射效应研究的重要目标之一是能通过实验研究获得相关数据，阐明相关机理，然后进行计算模拟，以实现对材料的性能评估，最终预测材料的服役寿命。本节将介绍 EPDM 弹性体的辐射老化机理，在第 9 章及第 10 章将集中介绍其计算模拟和寿命评估的相关内容。

Bauman 等研究了弹性体的辐射损伤机理。通过应力松弛试验表征了抗辐射剂对断链的影响，发现抗辐射剂可降低断链速率，其在空气及氮气中均有效，空气中的效果更好。这可能可以解释为假设抗辐射剂与 RO_2 自由基反应生成稳定物质，在某种程度上降低了与 R 自由基的反应活性。表明 RO_2 自由基有比 R 自由基更大的引发断链的趋势。

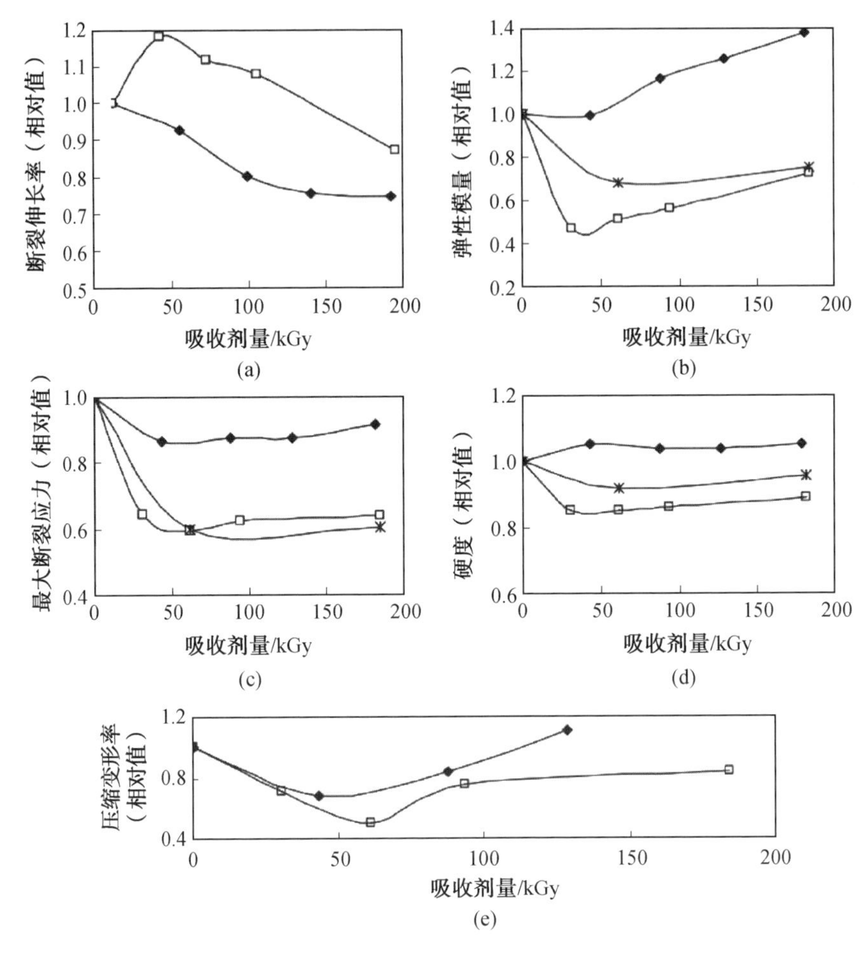

◆ 64.6Gy/h;□ 1 280 Gy/h;✱二叔丁基过氧化异丙基苯 5 份,1 280 Gy/h

图 3.15 EPDM 在不同条件下辐照后的力学性能变化

Rivaton 采用伽马射线研究 EPDM(77.9% 乙烯、21.4% 丙烯、0.7% 二烯)及 EPR(76.6% 乙烯、23.4% 丙烯)在氧气氛中的辐射化学老化。结果可见二烯基本被消耗,伴随较高的辐射化学产额。EPDM 中的氧化及交联速率比 EPR 中高。两种材料中累积的主要氧化产物按浓度依次降低为:氢过氧化物、酮、羧酸、乙醇及过氧化物。基于分析 EPDM 和 EPR 中形成的氧化产物,并计算它们的相对含量,提出了用于解释 EPDM 在氧气氛中伽马降解的机理(图 3.16)。EPDM 辐射氧化包含两个主要过程,聚合物随机的伽马辐射降解提供了恒定的大的烷基自由基源头。这样形成的次级自由基很可能通过包括抽氢反应在内的自由基反应引发聚合物的选择性氧化。氢过氧化物分解及 ENB 组分的消耗可能归因于自由基的抽氢反应,而后者成为最可能氧化的部位及交联的源头。

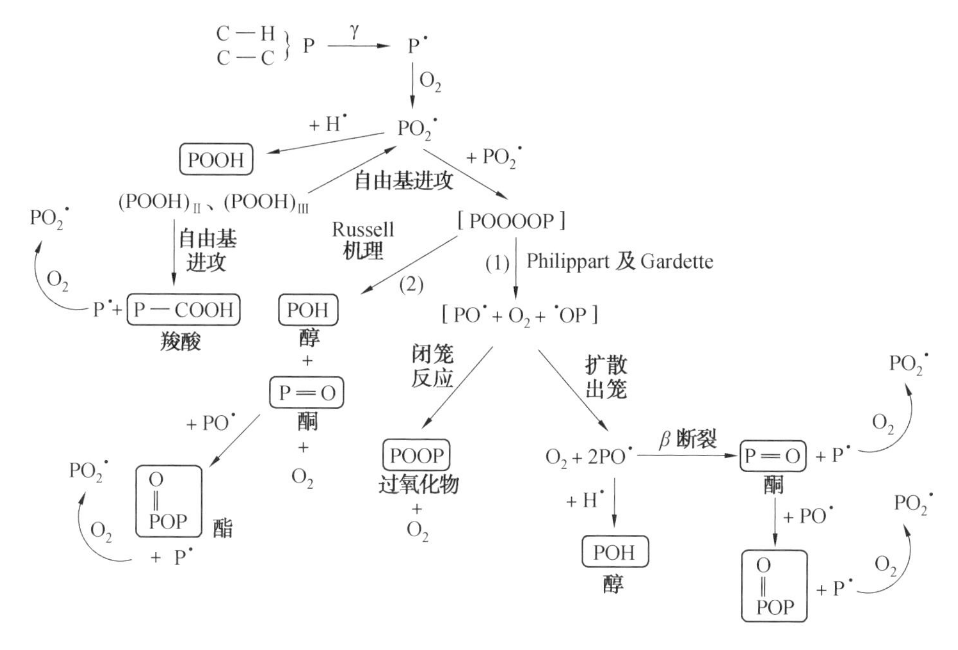

图 3.16　EPDM 在氧气氛中伽马降解的机理

3.2.6　EPDM 辐射效应表征

红外光谱是聚烯烃弹性体辐射效应的有效表征手段。Baccaro 等的研究表明从 50 kGy 到 0.6 MGy 的吸收剂量会导致吸收峰发生明显的变化，尤其是 1 720 cm^{-1} 的C═O以及 340 cm^{-1} 的O—H键，其讨论了 1 720 cm^{-1} 的峰强度与剂量的相关性，用于研究辐射氧化过程。

固体核磁则是表征交联聚合物化学结构的另一重要手段。采用固体 ^{13}C NMR 表征甲基丙烯酸甲酯接枝天然橡胶辐照后的几种松弛时间参数。基于分子运动解释了交叉极化时间及碳松弛时间。基于基体的不均匀性解释了质子松弛时间，结果确认了辐照中界面区域和相分离区域的消失。Palmas 等采用固体核磁表征 EPDM 弹性体经伽马辐射老化后的 ^{13}C 高分辨谱及宽线核磁共振氢谱，包括氧化产物形成、断链以及交联在内的化学降解过程。通过仔细检查 ^{13}C 的化学位移，提出了高度特异性的结构。基于几种高分子组分，评估了二烯单体，固化过程的稳定效应，以及添加抗氧剂的重要性。

至于聚烯烃弹性体辐照后的其他常规表征，如力学性能、热性能、热稳定性等无特别之处，因此不在本节讨论。

3.3 卤代橡胶的辐射效应

卤代橡胶是指分子链中含有卤素原子的橡胶。最常见的卤代橡胶是氯丁橡胶和氟橡胶。氯丁橡胶(CR)由氯丁二烯聚合制得，有良好的物理机械性能，耐油、耐热、耐燃、耐日光、耐臭氧、耐酸碱、耐化学试剂。氟橡胶是指主链或侧链的碳原子上含氟原子的合成高分子弹性体。氟原子的引入，赋予橡胶优异的耐热性、抗氧化性、耐油性、耐腐蚀性和耐大气老化性，在航天、航空、汽车、石油等领域得到广泛应用，是国防尖端工业中不可替代的关键材料。与硅橡胶类似，卤代橡胶的服役环境可能存在辐射，因此其辐射效应受到科学家的关注。

3.3.1 辐射总剂量效应

20 世纪五六十年代发展的氯丁橡胶使得橡胶极性变强，在耐油、耐热、耐燃等性能方面有很大的提升，极大地拓展了丁基橡胶的应用。在辐射效应中，卤丁橡胶有的以交联为主，有的则以断链为主，主要取决于具体的化学分子结构。不同的硫化体系在不同剂量辐照后均受影响。Banik 等研究电子束辐照对氟碳橡胶的影响发现，随着剂量增加，材料的交联度增加，导致模量及 T_g 增加，同时断裂伸长率下降。交联度的增加与损耗因素的下降，以及 MgO 填充橡胶的储能模量增加一致。氟硅橡胶在伽马辐照后交联度和硬度随剂量增加，拉伸强度、撕裂强度及断裂伸长率随剂量增加而下降(图 3.17)。辐射对氟硅橡胶的影响归结为降解及交联反应的出现。作者认为伽马辐射中降解反应优于交联反应发生。然而，从图 3.17 的结果来看，材料的交联反应优于降解反应发生。

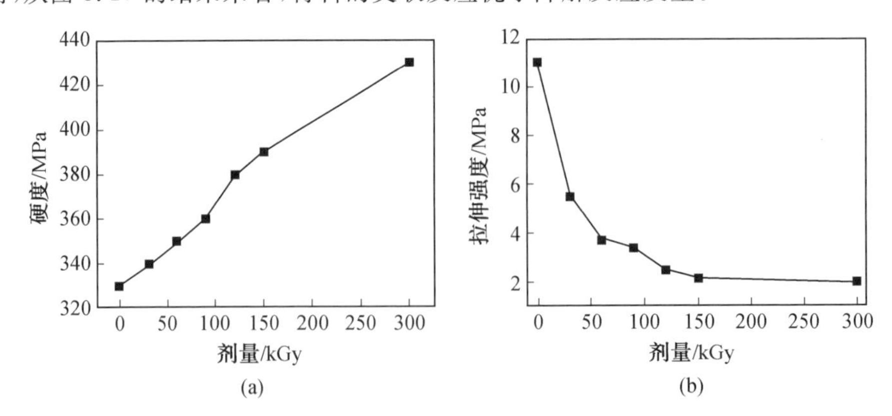

图 3.17 γ 辐射剂量对氟硅橡胶力学性能的影响

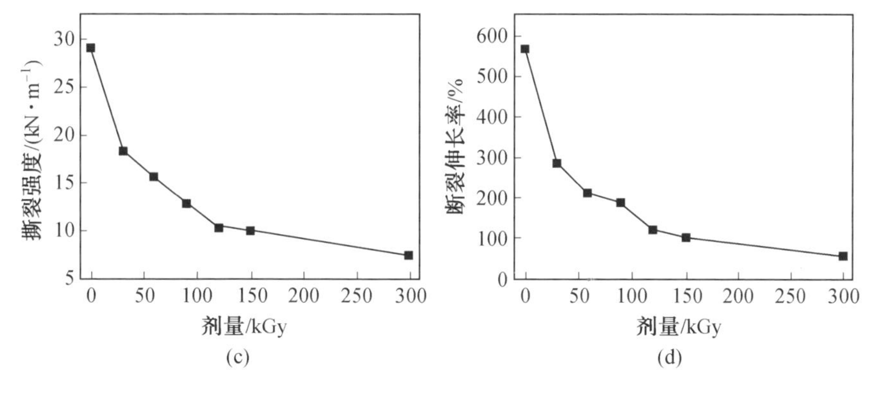

续图 3.17

3.3.2　环境因素

Ito 研究了温度对氟橡胶辐射降解的影响。研究的温度为 90 ～ 200 ℃，空气气氛伽马辐射，剂量率为 2.5 kGy/h。随着辐射温度升高，失重率增加。随着剂量增加，断裂伸长率下降，但温度相关性不大，研究指出不同类型含氟橡胶的耐辐射性能不同。Forsythe 的研究也指出通过控制辐射降解温度可以对交联和断链有更好的控制。原因主要在于温度会影响反应性物质如聚合物自由基的运动性，这些反应性物质是辐致交联和链段终结的前驱体。拉伸性能以及 FTIR 表征表明全氟橡胶辐射交联的最佳剂量为 150 kGy，温度为 263 K（比玻璃化转变温度低 10 K）。

3.3.3　剂量率影响

Aliev 在空气、氩气及真空中研究二氧化硅填充含氟硅橡胶的伽马及电子束辐射效应，所采用的总剂量高达 0.5 MGy，剂量率从 1.4 Gy/s 到 10^3 Gy/s，并研究了电子束辐照时样品厚度方向上吸收的剂量。结果表明该橡胶的氧化、乙酸乙酯中溶胀及力学性能均与辐照条件有关。样品的溶胀及力学性能均表现出明显的剂量率效应，即低剂量率时在溶剂中的溶胀度更大，材料的断裂伸长率更大（图 3.18），说明材料的交联度更小。剂量率效应可用氧扩散速率的不同来解释。然而这个结果与前文中硅橡胶、聚烯烃弹性体的剂量率效应均不同。前文认为，材料在更低的剂量率下通常有更严重的损伤，如材料的交联度更大，断裂伸长率更小。这个结果说明，高分子材料的剂量率效应可能比人们现有的认识更加复杂。在不同剂量率尺度下，材料达到相同总剂量所需的时间可能差别很大，尤其是在较低的剂量率下，材料累积至可以观察到宏观性能变化的剂量，所需的时间成本非常大，材料剂量率效应的影响因素在长时间范围下可能比较多，要获得准确的结果并不容易，值得进一步研究关注。

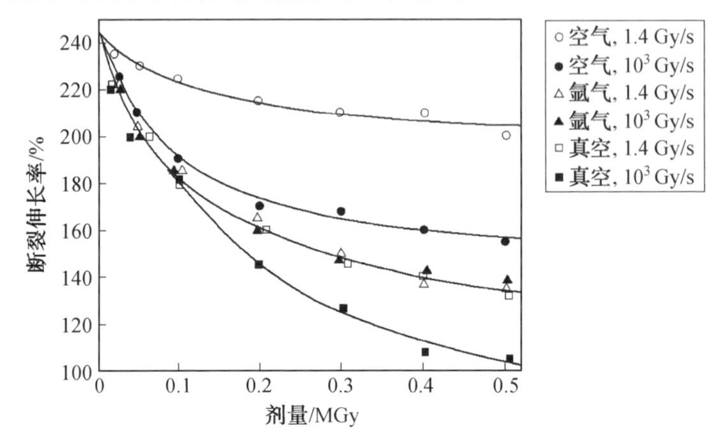

图 3.18　二氧化硅填充氟硅橡胶在不同剂量下的断裂伸长率

3.3.4　添加剂的影响

Forsythe 在研究中发现，添加 1%（质量分数）的三烯丙基异三聚氰酸酯（TAIC）交联促进剂可极大地促进氟硅橡胶材料的辐射交联（图 3.19）。凝胶所需辐射剂量下降 70%，力学性能也额外得到提高。EPR 显示在 77 K 添加 1% TAIC 后自由基产额会增加，表明交联促进剂起着自由基捕获剂的作用。

Banik 等研究了氟碳弹性体在添加常见的辐射交联剂（多官能团的单体，包括二缩三丙二醇二丙烯酸酯（TPGDA）、三羟甲基丙烷三丙烯酸酯（TMPTA）、三羟甲基丙烷三甲基丙烯酸酯（TMPTMA）、季戊四醇四丙烯酸酯（TMMT）、三聚氰酸三烯丙酯（TAC））后进行电子束辐射的效应，发现无论是在辐射交联剂单体还是其共混物中，交联和接枝交联剂双键的浓度均有所下降。由于辐射过程中的空气氧化作用，羰基含量有所增加。凝胶含量随剂量增加而增加，交联剂在高浓度时对凝胶份数的贡献更大，这在低剂量下就可明显观察到。采用 Charlesby－Pinner 方程计算，添加上述辐射交联剂后体系的交联度比未添加时明显更大。

可见在卤代橡胶中，通过加入添加剂的方法来改善材料的交联性能是常用的措施。

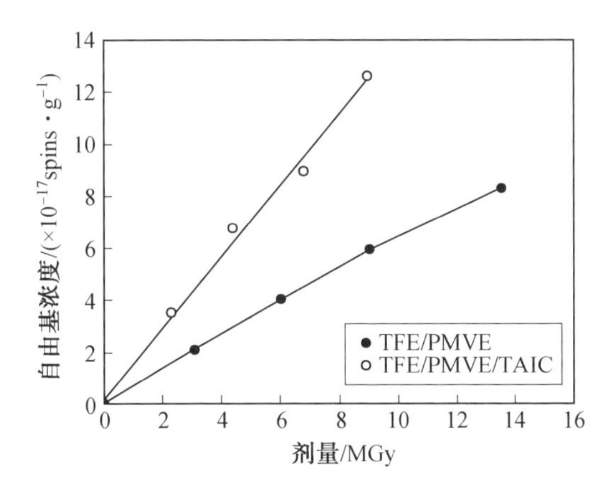

图 3.19　TFE/PMVE 和 TFE/PMVE/TAIC 辐照后的自由基浓度

TFE— 四氟乙烯；PMVE— 全氟甲基乙烯基醚

3.4　聚氨酯弹性体的辐射效应

热塑性聚氨酯弹性体又称热塑性聚氨酯橡胶(简称 TPU)，是一种$(AB)_n$型嵌段线性聚合物，A 为高分子量(1 000 ～ 6 000)的聚酯或聚醚，B 为含 2 ～ 12 个直链碳原子的二醇，AB 链段间化学结构是二异氰酸酯。热塑性聚氨酯橡胶靠分子间氢键交联或大分子链间轻度交联，随着温度的升高或降低，这两种交联结构具有可逆性。热塑性聚氨酯弹性体是一类加热可以塑化、溶剂可以溶解的弹性体，具有高强度、高韧性、耐磨、耐油等优异的综合性能，加工性能好，广泛应用于国防、医疗、食品等行业。类似于其他弹性体，聚氨酯弹性体的某些应用场景含有辐射，需要考虑辐射效应。

3.4.1　总剂量效应

Basfar 等研究电离辐照后聚氨酯弹性体的邵氏 A 硬度，发现在很宽的吸收剂量范围内(0 ～ 150 kGy)，弹性体的硬度保持不变。说明总体而言，聚氨酯弹性体的耐辐射性能较好。聚氨酯弹性体是现代医学的一种常用材料，Gorna 等采用基于亲水的聚氧化乙烯(PEO) 链段和疏水的聚己内酯(PCL) 链段制备医用聚氨酯弹性体，并用25 kGy 的伽马辐射研究材料的稳定性。辐照后的材料存在一定程度的降解，表现为力学性能下降。对于更疏水的聚氨酯而言，材料分子量下降 12% ～ 30%，拉伸强度下降约 12%，材料表面粗糙度下降并不明显，表面接触角只是略有提高；更亲水的聚氨酯的分子量下降 30% ～ 50%，拉伸强度下降约

50%,材料表面粗糙度提高 36% ~ 76%,水接触角下降 20% ~ 45%。辐照后材料的热性能有明显变化。美国核武器实验室的公开报告则显示,大剂量的辐射导致聚氨酯弹性体的应力松弛。聚氨酯弹性体在受到 100 kGy 辐照后有较多的应力松弛,但压缩变形比较小。低于 10 kGy 的辐射对材料的影响基本可以忽略。可见,与通用高分子材料相比,聚氨酯的耐辐射性能十分优异。

Rosu 等研究聚氨酯紫外(UV) 辐照后的红外光谱变化及变黄现象。经过紫外辐照后(200 h,$\lambda > 300$ nm),聚氨酯发生光降解,伴随颜色的逐渐变化。聚氨酯的光化学降解与氨基甲酸酯基团的断链以及芳香族基团中 CH_2 基团的光氧化有关。这些反应与聚氨酯表面的变黄有关。采用 FTIR 研究 UV 辐射时产生的化学变化,结果显示:随着辐射时间的增加,颜色变得更深。总之,颜色变化与聚氨酯的光降解导致的羰基浓度增加吻合得很好。这个结果与聚氨酯降解导致生色反应产物醌(黄色) 的形成吻合得很好。

3.4.2 环境因素

Milekhin 等在研究聚酯型聚氨酯的伽马辐射对热降解的影响时发现,即使吸收可观的伽马辐射剂量(120 kGy 或 380 kGy),辐射对聚氨酯的稳定性,以及热降解行为的影响都是极其有限的。Adem 等的研究则显示,辐照时的温度对脂肪族热塑性聚氨酯物理性能影响不显著,对热性能的影响也不大。

Adem 在剂量率 5.1 kGy/min,吸收剂量的范围为 50 ~ 4 000 kGy,室温及 100 ℃ 下空气中采用电子束辐射研究了全脂肪族热塑性聚氨酯的辐射效应,重点表征了辐射对化学结构及物理性能的影响。在较低的剂量下即可见到凝胶,随着剂量增加,凝胶含量变为 100%,样品以交联为主,远多于降解。玻璃化转变温度(T_g) 随剂量增加而明显增加,高温比低温增加幅度更大(图 3.20)。FTIR

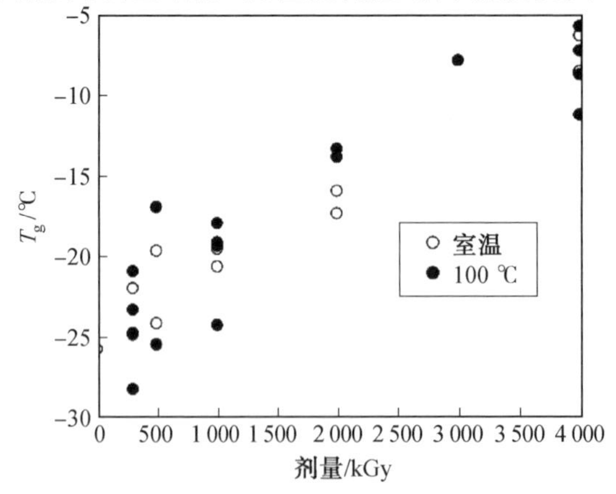

图 3.20　聚氨酯弹性体在室温及 100 ℃ 下辐照后的 T_g

和 DSC 表征结果表明聚氨酯的软段和硬度均受辐射影响。力学性能受辐射影响主要是由于材料无定形区受辐射引起的交联。除在 4 000 kGy 外，辐射温度对样品没有特别明显的影响。

上述研究表明，由于聚氨酯本身具有优异的耐辐射性能及耐热性能，因此当热与辐射耦合作用于聚氨酯时，只要吸收剂量不是特别大，聚氨酯的结构和性能就不会受到明显的影响。

3.4.3　辐射类型

研究伽马辐射及电子束辐射对聚氨酯颜色的影响。将试验样品平行分成两组，剂量均为 20 ～ 200 kGy，研究样品的透明度（波长 370 ～ 780 nm）以及颜色变化。结果发现样品辐照后颜色将会发生变化，其中电子束辐照后的颜色变化更加明显。热塑性聚氨酯（TPU）受电子和紫外综合辐照后表面由半透明和透明状态转变为颜色发黄，高注量电子辐照后，聚氨酯表面明显变黄，拉伸强度下降 33%，邵氏硬度略有增大（增大 2.7%）。而电子和紫外综合辐照对聚氨酯弹性体的拉伸性能影响较小，断裂伸长率变化不显著。综合辐照后，聚氨酯产生了两种自由基，两种自由基的信号发生了叠加（图 3.21）。

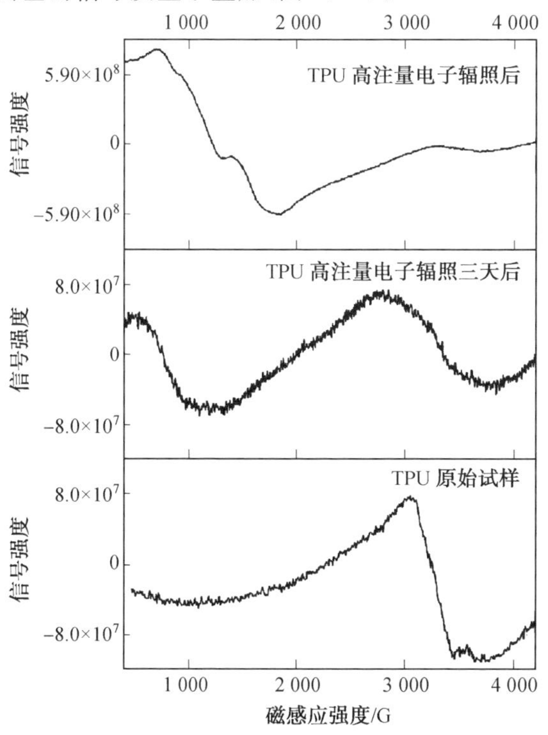

图 3.21　热塑性聚氨酯高注量电子辐照后的 EPR 谱图

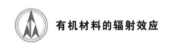

3.4.4 聚氨酯辐射效应表征方法

有关聚氨酯辐射效应的研究总体来说比较少，这可能是因为其耐辐射能力较强。聚氨酯辐射效应的表征研究也因此较少。美国劳伦斯利弗莫尔国家实验室的 Maxwell 等报道了^{1}H NMR、^{13}C NMR 分析钴源伽马射线辐射聚氨酯弹性体(Halthane－88) 后的链段动力学。^{1}H NMR 松弛表征可清楚区分界面、软段以及聚合物中溶胶区。界面及软段区的^{1}H 横向弛豫时间(T_2) 随剂量增加而增加。^{13}C 交叉极化魔角自旋(CPMAS) 试验表明硬段区在累积剂量高达 100 kGy 时依然保持不变。^{1}H NMR 和^{13}C NMR 表明聚氨酯会断链，主要在聚合物软段区中的长链部分。NMR 结果与动态热机械分析(DMA) 结果直接相关。

Ravat 等通过红外光谱及 EGS4 模拟研究电子束辐照聚氨酯的效应。采用 FTIR 确定了辐照后化学结构的变化。该研究允许通过 NH— 的强度与剂量导致的聚合物降解发生关联，通过跟踪 —OH 的出现研究 PU 的氧化。结果显示 PU 的降解和氧化最大介于 150 ～ 250 μm 之间。将这些结果与 EGS4 模拟的能量沉积分布相比较，发现试验结果与理论结果之间吻合得很好。

3.5 本章小结

橡胶弹性体被广泛用作密封材料、弹性垫层、复合材料基体等，在航空航天、国防、核电等领域有广泛应用。这些场景中，常常有各种各样的辐射，因此橡胶弹性体的辐射效应受到工程领域的极大关注。对硅橡胶、聚烯烃弹性体、卤代橡胶及聚氨酯弹性体的辐射效应的研究进行综述，总结如下：

(1) 硅橡胶受到高能辐照后会产生自由基，自由基间的反应导致材料交联和辐射分解，不同温度下辐射产生的自由基并不完全相同。硅橡胶的辐射老化呈现剂量依赖性，同时受到温度、湿度、气氛、应力及添加剂的影响。现有研究中的一些材料对剂量率很敏感，呈现明显的剂量率效应，中间可能存在尚未被完全了解的复杂机理，这在工程领域长时间服役时需要被重点关注。从力学性能的角度来看，所研究的辐射类型(包括 γ 射线、中子和质子) 对硅橡胶老化的影响类似。很少有文献研究硅橡胶在辐射环境中的辐射老化问题，尤其是环境因素与辐射类型间的协同作用尚待进一步的研究。硅橡胶在低剂量率下的辐射效应以及辐射老化的灵敏表征方法研究仍面临挑战。基于本章的实验研究，结合本书第 9 章、第 10 章的辐射老化模拟及寿命评估，可为硅橡胶在含辐射环境中的应用提供有用的参考。

(2) 聚烯烃弹性体中主要包括乙丙橡胶、丁基橡胶及其共混物。乙丙橡胶在

受到辐照后主要发生交联反应，导致力学性能下降，材料变脆。添加芳香族化合物、铅等重金属化合物后，材料的耐辐射能力提高。乙丙橡胶及其共混物有明显的剂量率效应，一般而言，较低剂量率导致更严重的辐射损伤。有研究认为乙丙橡胶的剂量率效应与氧扩散速率有关，但本书作者认为这还值得进一步研究。但无论是何种机理，聚烯烃弹性体的剂量率效应都是值得工程领域关注的现象，因为这不仅会影响寿命评估的准确性，同时会影响加速老化考核方法的有效性。丁基橡胶则是辐射降解的聚合物，高剂量的辐射将使丁基橡胶降解产生小分子，这部分小分子在材料中充当增塑剂的作用，让材料变软变黏。

(3) 卤代橡胶由于是一大类橡胶，因此其辐射效应与具体的化学结构相关。在所研究的对象中，大部分都是以辐射交联为主的，无论是总剂量效应、环境影响因素、剂量率效应还是添加剂的影响，都与聚烯烃弹性体表现出类似效应。

(4) 聚氨酯弹性体由于其优异的综合性能，在某些方面逐渐取代了其他弹性体材料。聚氨酯弹性体的耐辐射性能较好，在 1 MGy 以下不会发生明显的性能变化，但剂量进一步增加时，力学性能将发生明显变化；比性能更加敏感的是颜色，当材料受到较小剂量的辐照时，其颜色就会变为黄色。

橡胶弹性体辐射效应研究将随着应用需求驱动，如航天深空探测、大型核装备等，进一步发展。研究的方向将逐步关注多因素耦合辐射效应、不同剂量率辐射效应以及辐射效应的灵敏表征等。

本章参考文献

[1]MAISONNEUVE B. Kirk-Othmer encyclopedia of chemical technology [M]. New York: John Wiley & Sons, Inc., 2003.

[2]SHIT S C, SHAH P. A Review on silicone rubber[J]. National Academy Science Letters, 2013, 36(4): 355-365.

[3]WARRICK E L, PIERCE O R, POLMANTEER K E, et al. Silicone elastomer developments 1967-1977[J]. Rubber Chemistry and Technology, 1979, 52(3): 437-525.

[4]BERROD G, VIDAL A, PAPIRER E, et al. Reinforcement of siloxane elastomers by silica. Chemical interactions between an oligomer of poly(dimethylsiloxane) and a fumed silica[J]. Journal of Applied Polymer Science, 1981, 26(3): 2579-2590.

[5]BUECHE A M. Filler reinforcement of silicone rubber[J]. Journal of polymer science Part A polymer chemistry, 1957, 25(109): 139-149.

[6]LYNCH W. Handbook of silicone rubber fabrication[M]. New York: Van Nostrand Reinhold Company, 1978.

[7]LEWIS F M. The science and technology of silicone rubber[J]. Rubber Chemistry and Technology, 1962(5): 1222-1275.

[8] BROWN R P. Polymer handbook [M]. New York: Wiley Interscience, 1989.

[9]ZEIGHER J M, FEARON F W G. Silicon based polymer science: A comprehensive resource[M]. Washington: ACS Press, 1990: 224.

[10]MEYER L, JAYARAM S, CHEMEY E A. Thermal conductivity of filled silicone rubber and its relationship to erosion resistance in the inclined plane test[J]. Dielectrics and Electrical Insulation, 2004, 11(4): 620-630.

[11]YOSHIMURA N, KUMAGAI S, NISHIMURA S. Electrical and environmental aging of silicone rubber used in outdoor insulation [J]. Dielectrics and Electrical Insulation, 1999, 6(5): 632-650.

[12]SAMUEL Q S L, STEVEN T N. UV curable silicone rubber compositions: US 4675346 A[P]. 1987-06-23.

[13]CHAI H, TANG X, NI M, et al. Preparation and properties of flexible flame-retardant neutron shielding material based on methyl vinyl silicone rubber[J]. Journal of Nuclear Materials, 2015, 464: 210-215.

[14]CLOUGH R L. High-energy radiation and polymers: A review of commercial processes and emerging applications[J]. Nuclear Instruments and Methods in Physics Research, 2001, 185(1-4): 8-33.

[15]CHARLESBY A. Effect of molecular weight on the cross-linking of siloxanes by high-energy radiation [J]. Nature, 1954, 173 (4406): 679-680.

[16]CHARLESBY A. Changes in silicone polymeric fluids due to high-energy radiation[J]. Proceedings of the Royal Society A, 1955, 230 (1180): 120-135.

[17]HILL D J T, PRESTON C M L, SALISBURY D J, et al. Molecular weight changes and scission and crosslinking in poly(dimethyl siloxane) on gamma radiolysis[J]. Radiation Physics and Chemistry, 2001, 62 (1): 11-17.

[18]MAXWELL R S, COHENOUR R, SUNG W, et al. The effects of γ-radiation on the thermal, mechanical, and segmental dynamics of a silica filled, room temperature vulcanized polysiloxane rubber[J]. Polymer Degradation and Stability, 2003, 80(3): 443-450.

[19]WARRICK E L. Effects of radiation on organopolysiloxanes[J]. Industrial

and Engineering Chemistry, 1955, 47(11): 2388-2393.

[20]PALSULE A S, CLARSON S J, WIDENHOUSE C W. Gamma irradiation of silicones[J]. Journal of Inorganic and Organometallic Polymers & Materials, 2008, 18(2): 207-221.

[21]MILLER A A. Radiation chemistry of polydimethylsiloxane. 1 Ⅰ. Crosslinking and gas yields[J]. Jamchemsoc, 1960, 82(14): 3519-3523.

[22]WOLF C J, STEWART A C. Radiation chemistry of octamethylcyclotetrasiloxane[J]. The Journal of Physical Chemistry, 1962, 66: 1119.

[23]HAO X F, SUI H L, ZHONG F C, et al. Research on structure and element distribution of polydimethysiloxane rubber foams after gamma irradiation[J]. Chemical Propellants and Polymeric Materials, 2012, 10(4): 86.

[24]DUFFEY D. Poly(vinyl Methyl Ether) elastomers by high energy radiation[J]. Industrial and Engineering Chemistry, 2002, 50(9): 1267-1272.

[25]MENHOFER H, HEUSINGER H. Radical formation in polydimethylsiloxanes and polydimethyldiphenylsiloxanes studied by the ESR spintrap technique[J]. International Journal of Radiation Applications & Instrumentation Part C Radiation Physics and Chemistry, 1987, 29(4): 243-251.

[26]HUANG W, FU Y, WANG C, et al. A study on radiation resistance of siloxane foam containing phenyl[J]. Radiation Physics and Chemistry, 2002, 64(3): 229-233.

[27]J ZACK J. Radiation stability of organosilicon compounds[J]. Journal of Chemical and Engineering Data, 1961, 6(2): 279-281.

[28]LIU P, LIU D, ZOU H, et al. Structure and properties of closed-cell foam prepared from irradiation crosslinked silicone rubber[J]. Journal of Applied Polymer Science, 2009, 113(6): 3590-3595.

[29]LABOURIAU A, ROBISON T, MEINCKE L, et al. Aging mechanisms in RTV polysiloxane foams[J]. Polymer Degradation and Stability, 2015, 121: 60-68.

[30]HUANG W, FU Y, WANG C, et al. Radiation effects on methyl vinyl polysilicone foam[J]. Journal of Applied Polymer Science, 2010, 89(13): 3437-3441.

[31]MILLER A A. Radiation chemistry of polydimethylsiloxane. Ⅰ Ⅱ. Effects of additives[J]. Journal of the American Chemical Society, 1961,

83(1): 31-36.
[32]CHARLESBY A, GARRATT P G. Radiation protection in irradiated dimethylsiloxane polymers [J]. Proceedings of the Royal Society A Mathematical Physical and Engineering Sciences, 1963, 273 (1352): 117-132.
[33]DELIDES C G. The protective effect of phenyl group on the crosslinking of irradiated dimethyldiphenylsiloxane[J]. Radiation Physics and Chemistry, 1980, 16(5): 345-352.
[34]JIANG Z, ZHANG J, FENG S. Effects of polyvinylsilicone oil with condensed aromatics on the radiation resistance of heat-curable silicone rubber[J]. Journal of Applied Polymer Science, 2010, 102(2): 1937-1942.
[35]SCHMALZER A M, CADY C M, GELLER D, et al. Gamma radiation effects on siloxane-based additive manufactured structures[J]. Radiation Physics and Chemistry, 2017, 130: 103-111.
[36]PATEL M, SWAIN A C, CUNNINGHAM J L, et al. The stability of poly (m-carborane-siloxane) elastomers exposed to heat and gamma radiation[J]. Polymer Degradation and Stability, 2006, 91(3): 548-554.
[37]GONZALEZ-PEREZ G, BURILLO G, OGAWA T, et al. Grafting of styrene and 2-vinylnaphthalene onto silicone rubber to improve radiation resistance [J]. Polymer Degradation and Stability, 2012, 97 (8): 1495-1503.
[38]DIAO S, ZHANG S, YANG Z, et al. Effect of tetraphenylphenyl-modified fumed silica on silicone rubber radiation resistance[J]. Journal of Applied Polymer Science, 2015, 120(4): 2440-2447.
[39]SHEN D, JIN K, YANG Z, et al. The effect of phenyl modified fumed silica on radiation resistance of silicone rubber[J]. Materials Chemistry and Physics, 2011, 129(1): 202-208.
[40]STEVENSON I, DAVID L, GAUTHIER C, et al. Influence of SiO_2 fillers on the irradiation ageing of silicone rubbers[J]. Polymer, 2001, 42 (22): 9287-9292.
[41]ROGGERO A, DANTRAS E, PAULMIER T, et al. Inorganic fillers influence on the radiation-induced ageing of a space-used silicone elastomer [J]. Polymer Degradation and Stability, 2016, 128: 126-133.
[42]ORMEROD M G, CHARLESBY A. The radiation chemistry of some polysiloxanes: An electron spin resonance study [J]. Polymer, 1963, 4:

459-470.

[43]MENHOFER H, ZLUTICKY J, HEUSINGER H. The influence of irradiation temperature and oxygen on crosslink formation and segment mobility in gamma-irradiated polydimethylsiloxanes [J]. International Journal of Radiation Applications and Instrumentationpart Cradiation Physics and Chemistry, 1989, 33(6): 561-566.

[44]CHEN H B, LIU B, HUANG W, et al. Gamma radiation induced effects of compressed silicone foam[J]. Polymer Degradation and Stability, 2015, 114: 89-93.

[45]LABOURIAU A, CADY C, GILL J, et al. The effects of gamma irradiation on RTV polysiloxane foams [J]. Polymer Degradation and Stability, 2015, 117: 75-83.

[46]ALIEV R. Effect of dose rate and oxygen on radiation crosslinking of silica filled fluorosilicone rubber[J]. Radiation Physics and Chemistry, 1999, 56 (3): 347-352.

[47]CHINN S, DETERESA S, SAWVEL A, et al. Chemical origins of permanent set in a peroxide cured filled silicone elastomer - tensile and ^{1}H NMR analysis [J]. Polymer Degradation and Stability, 2006, 91 (3): 555-564.

[48]MAITI A, GEE R H, WEISGRABER T, et al. Constitutive modeling of radiation effects on the permanent set in a silicone elastomer[J]. Polymer Degradation and Stability, 2008, 93(12): 2226-2229.

[49]LABOURIAU A, CADY C, GILL J, et al. Gamma irradiation and oxidative degradation of a silica-filled silicone elastomer[J]. Polymer Degradation and Stability, 2015, 116: 62-74.

[50]PATEL M, MORRELL P, CUNNINGHAM J, et al. Complexities associated with moisture in foamed polysiloxane composites[J]. Polymer Degradation and Stability, 2008, 93(2): 513-519.

[51]FROUNCHI M, DADBIN S, PANAHINIA F. Comparison between electron-beam and chemical crosslinking of silicone rubber[J]. Nuclear Instruments and Methods in Physics Research, 2006, 243(2): 354-358.

[52]ZHANG L X, HE S Y, XU Z H, et al. Damage effects and mechanisms of proton irradiation on methyl silicone rubber[J]. Materials Chemistry and Physics, 2004, 83: 255-259.

[53]DI M W, HE S Y, LI R Q, et al. Resistance to proton radiation of nano-

TiO_2 modified silicone rubber[J]. Nuclear Instruments and Methods in Physics Research B, 2006, 252: 212-218.
[54]XIAO H, LI C, YANG D, et al. Optical degradation of silicone in ZnO/silicone white paint irradiated by < 200 keV protons [J]. Nuclear Instruments and Methods in Physics Research, 2008, 266 (15): 3375-3380.
[55]LIU B, WANG P C, AO Y Y, et al. Effects of combined neutron and gamma irradiation upon silicone foam [J]. Radiation Physics and Chemistry, 2016, 133: 31-36.
[56]IMAKOMA T, SUZUKI Y, FUJII O, et al. Degradation of silicone rubber housing by ultraviolet radiation[C]. Brisbane, QLD: Proceedings of 1994 4th International Conference on Properties and Applications of Dielectric Materials, 1994.
[57]AMIN M, AHMED M. Effect of UV radiation HTV-silicon rubber insulators with moisture[C]. Lahore, Pakistan: 2007 IEEE International Multitopic Conference, 2007.
[58]LIU B, HUANG W, AO Y Y, et al. Dose rate effects of gamma irradiation on silicone foam[J]. Polymer Degradation and Stability, 2018, 147: 97-102.
[59]LABOURIAU A, ROBISON T, GELLER D, et al. Coupled aging effects in nanofiber-reinforced siloxane foams [J]. Polymer Degradation and Stability, 2018, 149: 19-27.
[60]FOLLAND R, CHARLESBY A. Pulsed N. M. R. studies of radiation-induced crosslinking and gel formation in linear polydimethy siloxane[J]. International Journal for Radiation Physics and Chemistry, 1976, 8(5): 555-562.
[61]CHARLESBY A, FOLLAND R. The use of pulsed NMR to follow radiation effects in long chain polymers [J]. Radiation Physics and Chemistry, 1980, 15(2-3): 393-403.
[62]FOLLAND R, CHARLESBY A. Pulsed NMR studies of radiation-induced crosslinking and gel formation in linear polydimethylsiloxane [J]. International Journal for Radiation Physics and Chemistry, 1976, 8(5): 555-562.
[63]MAXWELL R S, BALAZS B. NMR based investigations of the effects of aging on the motional properties of cellular silicone foams[C]. Livermore,

CA: 23rd Aging, Compatibility and Stockpile Stewardship Conference, 2000.

[64]HILL D J T, PRESTON C M L, WHITTAKER A K. NMR study of the gamma radiolysis of poly(dimethyl siloxane) under vacuum at 303 K[J]. Polymer, 2002, 43(4): 1051-1059.

[65]MAXWELL R S, BALAZS B. Residual dipolar coupling for the assessment of cross-link density changes in γ-irradiated silica-PDMS composite materials[J]. Journal of Chemical Physics, 2002, 116(23): 10492-10502.

[66]MAXWELL R S, BALAZS B. NMR measurements of residual dipolar couplings for lifetime assessments in γ-irradiated silica-PDMS composite materials[J]. Nuclear Inst and Methods in Physics Research B, 2003, 208 (1): 199-203.

[67]CHINN S C, HERBERG J L, SAWVEL A M, et al. Solid state NMR measurements for preliminary lifetime assessments in λ-irradiated and thermally aged siloxane elastomers[J]. Mrs Proceedings, 2004, 851.

[68]MAXWELL R S, CHINN S C, SOLYOM D, et al. Radiation-induced cross-linking in a silica-filled silicone elastomer as investigated by multiple quantum ^{1}H NMR[J]. Office of Scientific & Technical Information Technical Reports, 2005, 38(16): 7026-7032.

[69]RODRIGUEZ J N, ALVISO C T, FOX C A, et al. NMR methodologies for the detection and quantification of nanostructural defects in silicone networks[J]. Macromolecules, 2018, 51: 1992-2001.

[70]BASFAR A A. Hardness measurements of silicone rubber and polyurethane rubber cured by ionizing radiation[J]. Radiation Physics and Chemistry, 1995, 50(6): 607-610.

[71]KORNACKA E, KOZAKIEWICZ J, LEGOCKA I, et al. Radical processes induced in poly(siloxaneurethaneureas) by ionising radiation[J]. Polymer Degradation and Stability, 2006, 91(9): 2182-2188.

[72]RATTO T, SAAB A P. Polymer filler aging and failure studied by lateral force microscopy[R]. CA (United States): Lawrence Livermore National Lab, 2009.

[73]LEWICKI J P, ALBO R L, ALVISO C T, et al. Pyrolysis-gas chromatography/mass spectrometry for the forensic fingerprinting of silicone engineering elastomers[J]. Journal of Analytical and Applied Pyrolysis, 2013, 99: 85-91.

[74]SCAGLIUSI S R, CARDOSO E C L, ZAHARESCU T, et al. Influence of gamma radiation on EPDM compounds properties for use in nuclear plants [C]. Graz: Proceedings of the Regional Conference—Polymer Processing Society PPS: 2015.

[75]MARIŃOVIC-CINCÓVIC M, MARḰOVIC G, SAMARŽIJA-JOVAŃOVIC S, et al. The influence of gamma radiation on the properties of elastomers based on ethylene propylene diene terpolymer and chlorosulphonated polyethylene rubber [J]. Journal of Thermoplastic Composite Materials, 2013, 262(8):64-70.

[76]ABDEL-AZIZ M M, ABDEL-BARY E M, ZAID M M A, et al. Effect of gamma radiation on EPDM/LDPE blends[J]. Journal of Elastomers and Plastics, 1992, 24(24): 178-191.

[77]ZAHARESCU T, OPREA D, PODINâ C. Radiation chemical behavior of ethylene-propylene elastomers in salt solutions [J]. Journal of Radioanalytical and Nuclear Chemistry, 1998, 237(1-2): 69-72.

[78]KIM K Y, LEE C, RYU B H, et al. Evaluation of radiation degradation of ethylene propylene rubber[C]. Nagoya: Proceedings of the International Conference on Properties and Applications of Dielectric Materials, 2003.

[79]LEE C, LEE K B. Radiation effects on dielectric properties of ethylene propylene rubber[J]. Journal of Industrial and Engineering Chemistry, 2008, 14(4): 473-479.

[80]DEEPALAXMI R, RAJINI V. Gamma and electron beam irradiation effects on SiR-EPDM blends [J]. Journal of Radiation Research and Applied Sciences, 2014, 7(3): 363-370.

[81]DEEPALAXMI R, RAJINI V. Performance evaluation of gamma irradiated SiR-EPDM blends[J]. Nuclear Engineering and Design, 2014, 273(273): 602-614.

[82]SCAGLIUSIS R, CARDOSO E C L, LUGAO A B. Gamma－radiation effect on thermal aging of butyl rubber compounds[C]. São Paulo: 2015 International Nuclear Atlantic Conference, 2015.

[83]ŞEN M, UZUN C, KANTO LU Ö, et al. Effect of gamma irradiation conditions on the radiation-induced degradation of isobutylene-isoprene rubber[J]. Nuclear Inst and Methods in Physics Research B, 2003, 208 (2): 480-4.

[84]王亚珍，张丽叶，段景宽，等. 辐照交联聚烯烃/NR热塑性弹性体发泡材料

辐照效应的研究[J]. 塑料，2007，36(2)：68-72.

[85]陈竹平，汪秀英，彭朝荣，等. γ辐射效应对聚烯烃弹性体的影响[J]. 辐射研究与辐射工艺学报，2007，25(1)：25-27.

[86]IBRAHIM S, BADRI K, RATNAM C T, et al. Enhancing mechanical properties of prevulcanized natural rubber latex via hybrid radiation and peroxidation vulcanizations at various irradiation doses [J]. Radiation Effects and Defects in Solids, 2018, (1): 1-8.

[87]杨庚成，滕人瑞，贾少晋，等. NR/BR/HDPE共混体系的力学性质和辐射效应[J]. 辐射研究与辐射工艺学报，1996，(2)：69-73.

[88]BAUMAN R G. The mechanism of radiation damage to elastomers. Ⅱ. Crosslinking and antirad action[J]. Journal of Applied Polymer Science, 1959,2(6): 328-332.

[89]CHEN J, HUANG X, JIANG P, et al. Protection of SEBS/PS blends against gamma radiation by aromatic compounds[J]. Journal of Applied Polymer Science,2010,112(2): 1076-1081.

[90]管兆杰，江平开，黄兴溢，等. 不同抗辐照剂量对SEBS/PS共混物性能的影响[J]. 绝缘材料，2010，43(2)：41-45.

[91]ABDEL-AZIZ M M, GWAILY S E. Thermal and mechanical properties of styrene-butadiene rubber/lead oxide composites as gamma-radiation shields [J]. Polymer Degradation and Stability, 1997, 55(3): 269-274.

[92]SHAH C S, PATNI M J, PANDYA M V. High-energy radiation-resistant vulcanizates. Ⅱ. EPDM[J]. Journal of Applied Polymer Science, 2010, 53(7): 953-965.

[93]DONDI D, BUTTAFAVA A, ZEFFIRO A, et al. The role of silica in radiation induced grafting and crosslinking of silica/elastomers blends[J]. Polymer, 2012, 53(21): 4579-4584.

[94]SIDI A, COLOMBANI J, LARCHÉ J F, et al. Multiscale analysis of the radiooxidative degradation of EVA/EPDM composites. ATH filler and dose rate effect[J]. Radiation Physics and Chemistry, 2018, 142: 14-22.

[95]TURNER D T. Radiation crosslinking of rubber: Yields of hydrogen and crosslinks[J]. Polymer, 1960, 1(1): 27-40.

[96]VIJAYABASKAR V, STEPHAN M, KALAIVANI S, et al. Influence of radiation temperature on the crosslinking of nitrile rubber by electron beam irradiation[J]. Radiation Physics and Chemistry, 2008, 77(4): 511-521.

[97]ASSINK R A, CELINA M, GILLEN K T, et al. Morphology changes

during radiation-thermal degradation of polyethylene and an EPDM copolymer by ^{13}C NMR spectroscopy[J]. Polymer Degradation and Stability, 2001, 73(2): 355-362.

[98]ŠARAC T, QUIÉVY N, GUSAROV A, et al. Influence of γ-irradiation and temperature on the mechanical properties of EPDM cable insulation [J]. Radiation Physics and Chemistry, 2016, 125: 151-155.

[99]CHIPARA M D, GRECU V V, CHIPARA M I, et al. On the radiation induced degradation of NBR - EPDM rubbers[J]. Nuclear Instruments and Methods in Physics Research, 1999, 151(1-4): 444-448.

[100]ÖZDEMIR T. Gamma irradiation degradation/modification of 5-ethylidene 2-norbornene (ENB)-based ethylene propylene diene rubber (EPDM) depending on ENB content of EPDM and type/content of peroxides used in vulcanization[J]. Radiation Physics and Chemistry, 2008, 77(6): 787-793.

[101]BAUMAN R G, BORN J W. The mechanism of radiation damage to elastomers. I. Chain scission and antirad action[J]. Journal of Applied Polymer Science, 1959, 1(3): 351-355.

[102]RIVATON A, CAMBON S, GARDETTE J L. Radiochemical ageing of EPDM elastomers. 3. Mechanism of radiooxidation [J]. Nuclear Instruments and Methods in Physics Research, 2005, 227(3): 357-368.

[103]DUTTA A, GHOSH A K. Investigation on γ-irradiated PP/ethylene acrylic elastomer TPVs by rheological and thermal approaches [J]. Radiation Physics and Chemistry, 2018, 144: 149-158.

[104]BACCARO S, BUONTEMPO U. Radiation induced oxidative degradation of ethylene-propylene rubber by IR spectroscopy [J]. International Journal of Radiation Applications and Instrumentationpart Cradiation Physics and Chemistry, 1992, 40(3): 175-180.

[105]PERERA M C S, ROWEN C C. Radiation degradation of MG rubber studied by dynamic mechanical analysis and solid state NMR [J]. Polymer, 2000, 41(1): 323-334.

[106]PALMAS P, COLSENET R, LEMARIÉ L, et al. Ageing of EPDM elastomers exposed to γ-radiation studied by ^{1}H broadband and ^{13}C high-resolution solid-state NMR[J]. Polymer, 2003, 44(17): 4889-4897.

[107]SCAGLIUSI S R, CARDOSO E L C, LUGAO A B. Effect of gamma radiation on chlorobutyl rubber vulcanized by three different crosslinking

systems[J]. Radiation Physics and Chemistry, 2012, 81(9): 1370-1373.

[108]BANIK I, BHOWMICK A K. Influence of electron beam irradiation on the mechanical properties and crosslinking of fluorocarbon elastomer[J]. Radiation Physics and Chemistry, 1999, 54(2): 135-142.

[109]LIU Y, ZHOU C, FENG S. Effects of γ-ray radiation on the properties of fluorosilicone rubber[J]. Materials Letters, 2012, 78: 110-112.

[110]ITO M. Radiation induced degradation of fluorine containing elastomers at various temperatures[J]. Radiation Physics and Chemistry, 1996, 47 (47): 607-610.

[111]FORSYTHE J S, HILL D J T, WHITTAKER A K, et al. Effect of temperature and a crosslinking promoter on the γ-radiolysis of a perfluoro-elastomer [J]. Polymer International, 1999, 48 (10): 1004-1009.

[112]BANIK I, DUTTA S K, CHAKI T K, et al. Electron beam induced structural modification of a fluorocarbon elastomer in the presence of polyfunctional monomers[J]. Polymer, 1999, 40(2): 447-458.

[113]李凡，贺余兵，叶林. 聚酯型热塑性聚氨酯弹性体的制备及阻尼性能[J]. 高分子材料科学与工程，2007，23(2)：198-202.

[114]BASFAR A A. Hardness measurements of silicone rubber and polyurethane rubber cured by ionizing radiation[J]. Radiation Physics and Chemistry, 1997, 50(6): 607-610.

[115]GORNA K, GOGOLEWSKI S. The effect of gamma radiation on molecular stability and mechanical properties of biodegradable polyurethanes for medical applications [J]. Polymer Degradation and Stability, 2003, 79(3): 465-474.

[116]SPELLMAN G, GOURDIN W, JENSEN W, et al. Radiation induced stress relaxation in silicone and polyurethane elastomers[R]. CA (United States): Lawrence Livermore National Lab, 2007.

[117]DAN R, ROSU L, CASCAVAL C N. IR-change and yellowing of polyurethane as a result of UV irradiation [J]. Polymer Degradation and Stability, 2009, 94(4): 591-596.

[118]MILEKHIN Y M, KOPTELOV A A, SADOVNICHII D N, et al. Thermal decomposition of polyester polyurethane and its elastomers exposed to γ-radiation [J]. Combustion Explosion and Shock Waves, 2006, 42(2): 242-246.

[119]ADEM E, ANGULO-CERVERA E, GONZÁLEZ-JIMÉNEZ A, et al. Effect of dose and temperature on the physical properties of an aliphatic thermoplastic polyurethane irradiated with an electron beam [J]. Radiation Physics and Chemistry, 2015, 112: 61-70.

[120]NOUH S A, ABUTALIB M M. A comparative study of the effect of gamma and electron beam irradiation on the optical and structural properties of polyurethane[J]. Radiation Effects and Defects in Solids, 2011, 166(3): 165-177.

[121]李松涛. 气密材料真空热循环及辐照效应[D]. 哈尔滨：哈尔滨工业大学，2015.

[122]MAXWELL R S, CHAMBERS D, BALAZS B, et al. NMR analysis of γ-radiation induced degradation of halthane-88 polyurethane elastomers [J]. Polymer Degradation and Stability, 2003, 82(2): 193-196.

[123]RAVAT B, GSCHWIND R, GRIVET M, et al. Electron irradiation of polyurethane: Some FTIR results and a comparison with a EGS4 simulation[J]. Nuclear Inst and Methods in Physics Research B, 2000, 160(4): 499-504.

第 4 章

工程塑料的辐射效应

工程塑料广泛应用于国民经济和国防军事的各个领域，包括一些涉及高能辐射的特殊服役场景。本章系统介绍多种典型工程塑料在各种高能辐射类型和不同环境因素作用下的结构性能演变行为，梳理辐照条件（吸收剂量、剂量率和环境因素）、材料化学结构以及材料组分对辐射效应的影响规律。

4.1 聚碳酸酯的辐射效应

聚碳酸酯（Polycarbonate，PC）是分子链中含有碳酸酯基的高分子聚合物，根据酯基的结构可分为脂肪族、芳香族、脂肪族－芳香族等多种类型。聚碳酸酯是一种线型碳酸聚酯，分子中碳酸基团与另一些基团交替排列。双酚 A 型聚碳酸酯是最重要的工业产品。聚碳酸酯结构上的特殊性，使其成为五大工程塑料中产量增长速度最快的通用工程塑料。

数十年来，人们在聚碳酸酯的辐射效应方面开展了比较广泛的研究，涉及的辐射类型包括 γ 射线、电子、质子、氦离子、氩离子和铁离子等。

4.1.1 聚碳酸酯的 γ 射线辐射效应

高分子材料在 γ 射线作用下往往同时发生交联和降解反应，而聚碳酸酯在受到 γ 射线辐射时是以降解反应为主。Araújo 等研究了一种双酚 A 型聚碳酸酯（牌号 Durolon）在 γ 射线辐射作用下的主链断裂情况。结果发现，随着吸收剂量增大，聚碳酸酯主链断裂的比例逐渐升高，对应的分子量则逐渐减小。

高分子材料在高能辐射作用下通常会释放出小分子辐射降解产物，定性、定量分析辐射过程中产生的气相产物有助于理解材料的辐射反应机理，同时也是评估材料辐射损伤程度的重要手段。Navarro－González 等系统研究了一种双酚 A 型聚碳酸酯经过 γ 射线辐照后的气相产物和裂解产物变化情况。他们利用气质联用谱研究了聚碳酸酯在 125 ～ 1 000 kGy 吸收剂量范围内的气相产物的种类和含量，并分别计算出各种气相产物的辐射化学产额（表 4.1）。结果发现，气相辐射降解产物主要有一氧化碳、氢气、二氧化碳、甲烷、乙醛和丙酮等。其中，一氧化碳的产量远远高于其他几种辐射降解产物，超过产物总量的 80%；而甲烷、二氧化碳、乙醛和丙酮则是在吸收剂量超过 300 kGy 时才能检测出的痕量产物。此外，他们认为只有一氧化碳、氢气、二氧化碳和甲烷是来自聚碳酸酯的直接辐射降解，而乙醛和丙酮则是一氧化碳 / 氢气混合物经 γ 辐射的进一步辐射降解反应得到的。在此基础上，他们利用气相色谱－傅立叶变换红外光谱－质谱联用技术进一步精细表征了聚碳酸酯的气相辐射降解产物及辐照样品的热裂解产物，得出了聚碳酸酯材料在 γ 射线辐射作用下的辐射降解反应机理（图 4.1）。

表 4.1　γ 射线辐照聚碳酸酯的气相产物的辐射化学产额

产物	G/（分子 · 100 eV^{-1}）
一氧化碳	0.87
氢气	0.08
二氧化碳	0.04
甲烷	0.006
乙醛	0.000 02
丙酮	0.000 02

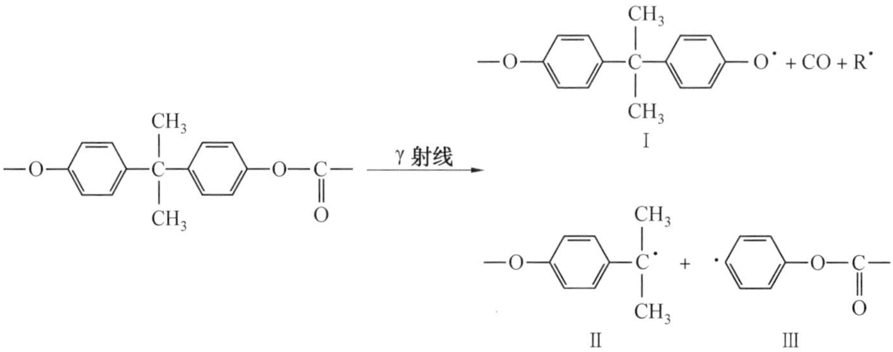

图 4.1　聚碳酸酯的辐射降解反应机理

如前所述，γ 辐射是对材料进行改性的一种有效手段，通过控制吸收剂量和环境条件可以在一定范围内有效调节材料的性能。Yeh 等研究了聚碳酸酯经过不同吸收剂量 γ 射线辐照后，再在不同温度条件下热处理时，材料硬度随处理时间的变化规律，如图 4.2 所示。材料硬度的变化实际上反映了其分子结构和微观

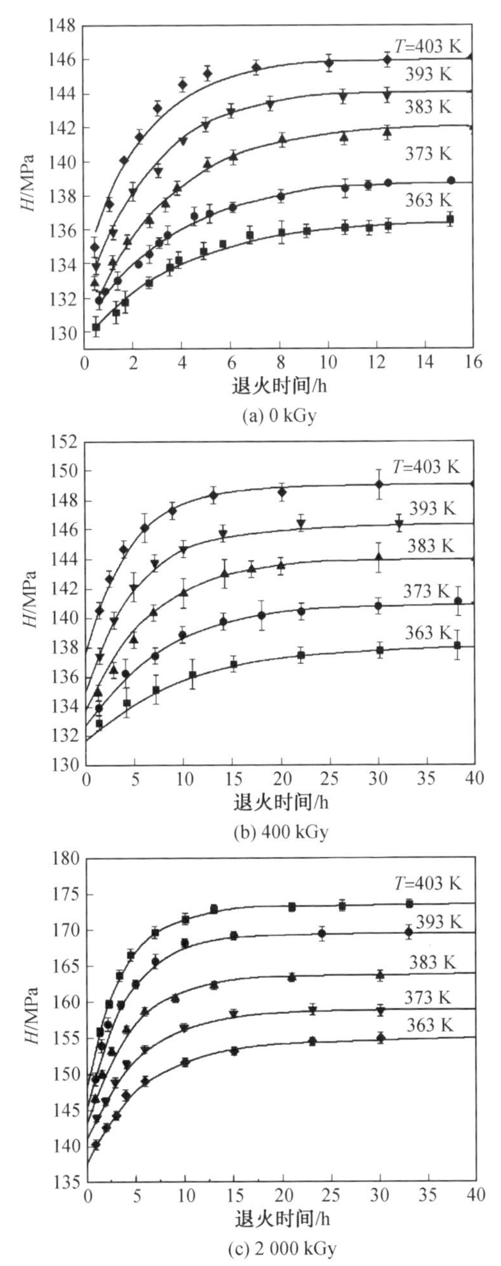

图 4.2　不同吸收剂量辐照后的聚碳酸酯的硬度随时间的演变规律

结构的变化。对于相同的热处理时间，材料硬度总是随处理温度和辐射吸收剂量提高而增大；对于相同的吸收剂量和处理温度，材料硬度随处理时间延长而逐渐增大。

4.1.2 聚碳酸酯的电子束辐射效应

同γ射线辐射类似，聚碳酸酯材料在电子束辐射作用下也会发生显著的降解反应。Chen 等研究了聚碳酸酯材料在不同剂量率和吸收剂量电子束辐射下的结构和机械性能变化情况。结果发现，聚碳酸酯在100 kGy的吸收剂量下发生明显降解，但其拉伸强度的减小幅度却相对小得多(图 4.3)。总体来说，由于降解反应的发生，材料的拉伸强度和断裂伸长率随吸收剂量增大均呈现减小趋势；材料的拉伸强度在吸收剂量小于 100 kGy 时基本保持不变，甚至在吸收剂量达到 200 kGy 时，其降低幅度也只有约 5%；在所研究的吸收剂量范围内，材料拉伸强度的减小幅度小于断裂伸长率的变化幅度。不同的辐射剂量率(吸收剂量均为 150 kGy)对聚碳酸酯材料的机械性能、玻璃化转变温度(T_g)和平均分子量的影响规律见表 4.2(其中 Z_{W0} 和 Z_W 分别为聚碳酸酯辐照前后的平均分子量)。可以看到，材料的玻璃化转变温度、平均分子量和拉伸强度几乎不受辐射剂量率的影响，但材料的断裂伸长率在低剂量率辐照后下降更加严重。由此可见，通过单一指标评估材料的辐射损伤程度获得的结果可能会失真。

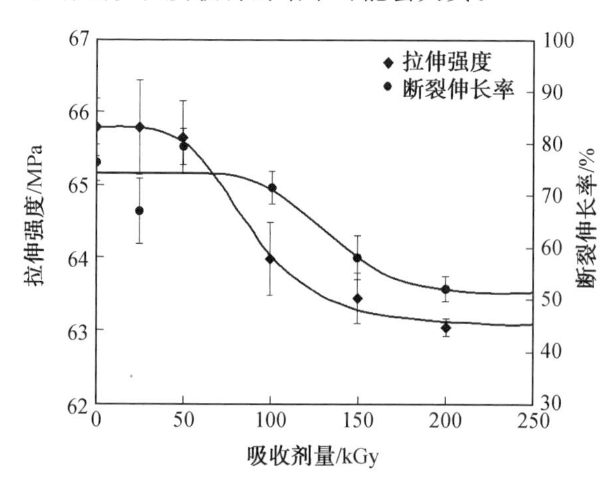

图 4.3 聚碳酸酯的拉伸强度和断裂伸长率与吸收剂量的关系曲线

表 4.2　两种不同剂量率下相同吸收剂量的聚碳酸酯的机械性能、玻璃化转变温度和平均分子量对比

剂量率 /(kGy·s^{-1})	T_g/℃	$\frac{Z_W}{Z_{W0}}$/%	拉伸强度 /MPa	断裂伸长率/%
22.0	147.3±0.5	85±0.35	65.44±0.35	80±4
1.2	146.8±0.5	83±0.89	63.78±0.41	25±6

Jaleh等利用热重分析、傅立叶变换红外光谱、X射线衍射(XRD)谱和电子顺磁共振(EPR)谱等精细表征手段研究了聚碳酸酯膜在10 MeV电子束辐照下的物化性能变化。XRD的研究结果表明，材料的结晶度基本不受辐射影响。但与此同时，材料的交联度变化存在一个有趣的现象：聚碳酸酯的交联概率在较低吸收剂量(不超过50 kGy)时随吸收剂量增大而逐渐提高，表现为热分解温度在该吸收剂量范围内逐渐升高；而当吸收剂量超过50 kGy时，热分解温度则逐渐降低，即材料的交联度逐渐减小，降解反应占据优势(图4.4)。类似这样的交联或降解的主导地位随吸收剂量发生转换的现象虽然不常见，但也并非个例，在开展高分子材料辐射效应研究时应该给予关注。

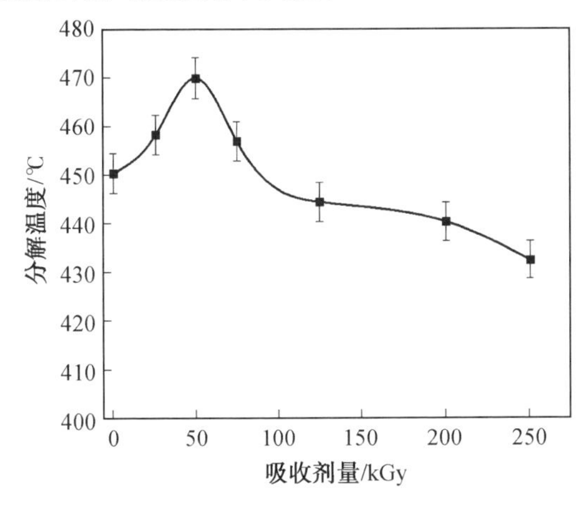

图 4.4　不同电子束吸收剂量的聚碳酸酯的分解温度

4.1.3　聚碳酸酯的离子辐射效应

用高能离子对聚碳酸酯进行辐射处理是材料改性的一种重要手段，通过选择合适能量的离子和控制辐射注量可以有效改变材料的结构和性能。当然，由于离子辐射的穿透深度通常比较有限，改性对象一般为材料表面。

质子是比较常用的辐射离子，其在一定程度上可以模拟中子辐射的位移效应，但由于质子带有电荷，在高分子材料中引发的辐射效应更为显著。Singh等研究了3 MeV质子辐射对聚碳酸酯和聚苯乙烯光学性能和化学结构的影响，结果发现聚碳酸酯相同质子注量下的性能变化显著高于聚苯乙烯。Yeo 等研究发现通过质子辐射可以提高聚碳酸酯薄膜的表面硬度。他们分别利用 100 keV、150 keV 和 200 keV 的质子对聚碳酸酯薄膜进行辐照，当注量达到1×10^{15} cm^{-2}后，材料的表面硬度随注量增大而迅速提高。200 keV 质子对聚碳酸酯薄膜的硬度提高幅度在前期最大，100 keV 质子的提高幅度最小。在注量达到5×10^{16} cm^{-2} 时，150 keV 和 200 keV 质子辐照后的薄膜硬度一样，且继续增大注量对材料硬度的影响趋缓。傅立叶变换红外光谱和 X 射线衍射谱的结果表明，聚碳酸酯薄膜硬度提高的原因应是质子辐射提高了材料的交联度并弱化了材料的非晶态行为。

辐射离子的能量在材料内部会随着穿透深度的增大而发生非线性衰减，对材料表面结构和性能的影响比较复杂。Švorčik 等研究了 1.3 MeV 氦离子辐射对五张堆叠在一起的每张 1.4 μm 厚的聚碳酸酯薄膜的结构性能的影响。随着注入深度增大，氦离子的能量逐渐衰减，即其一部分能量沉积在材料中。氦离子在聚碳酸酯中单位深度的能量损耗随深度增大先逐渐上升，在达到约 3 μm 后迅速减少。因此，对于五张堆叠在一起的聚碳酸酯来说，结构性能变化最大的是第二张和第三张。

4.2 聚醚醚酮的辐射效应

聚醚醚酮(Poly(ether-ether-ketone)，PEEK) 是在主链结构中含有两个醚键和一个酮键的重复单元所构成的高聚物，属特种高分子材料，其具有机械强度高、绝缘性稳定、阻燃、耐高温、耐冲击、耐酸碱、耐水解、耐磨和耐疲劳等优异性能。

聚醚醚酮还具有突出的耐辐射性，这可能也是一直以来有关聚醚醚酮的辐射效应研究相对较少的主要原因。

4.2.1 聚醚醚酮的 γ 射线辐射效应

一般而言，高分子材料的化学结构决定其在受到高能辐射时发生的反应是以交联为主还是降解为主，同时样品的规格尺寸有时也会对此产生影响。Richaud 等研究了两种不同厚度(60 μm 和 250 μm) 的聚醚醚酮样品在剂量率为 24 kGy/h、总吸收剂量为 30.7 MGy、温度为 60 ℃、辐照气氛为空气的复合辐照条件下的老化行为。结果发现一个有趣的现象，即厚度较小的样品主要发生降解反应，而厚度较大的样品则是交联反应占据主导。造成这一结果的原因是氧气在不同厚度样品中的扩散速率差异，导致了控制辐射化学反应速率的氧化反

应的动力学差异。

4.2.2　聚醚醚酮的电子束辐射效应

如前所述，聚醚醚酮材料只有在样品厚度非常小的情况下，γ 辐射作用下才会以降解反应为主。Khare 等研究了厘米级尺寸的聚醚醚酮样品在剂量率为 12.5 kGy/h 的 γ 射线辐照下的热性能、物理性能和摩擦性能的变化情况。辐射交联使得材料的玻璃化转变温度、熔融温度、密度和硬度随吸收剂量增大而逐渐提高。根据热重分析结果，材料的交联度在 0.5 MGy 时达到最大值。材料的摩擦系数与其交联度呈正相关，同样在 0.5 MGy 时达到最高值。这是因为材料交联度的增大会引起表面应力的提高，从而直接影响其摩擦性能。与此同时，材料的黏着磨损程度与交联度呈现负相关。

对大部分工程应用而言，聚醚醚酮材料在服役周期内似乎并未因高能辐射产生太大变化。这方面的文献报道最早见于 20 世纪 80 年代中期，研究人员认为即使吸收剂量达到 50 MGy，聚醚醚酮也只会产生很小的性能变化。在晶体结构方面，聚醚醚酮在吸收剂量达到 50 MGy 时，其晶粒尺寸减小约 15%，而晶格畸变参数和单位晶胞尺寸几乎没有变化。

聚醚醚酮从熔融状态(330 ℃ 以上)直接淬火得到的是非晶态材料，如果再在玻璃化转变温度以上进行热处理则会使其进入半结晶状态。不同结晶状态的聚醚醚酮的辐射效应有相同点，也有明显的差异，这实际上也是结晶高分子材料的基本共性。来自日本原子能研究所的 Sasuga 等研究了电子束辐射对非晶态和晶态聚醚醚酮的动态机械松弛行为的影响。对于未受辐照的非晶态聚醚醚酮，在 −160 ~ 320 ℃ 的测试温度范围内可以清楚观察到 γ、β 和 α′ 三个机械松弛极大值峰(图 4.5)。实际上，γ 松弛峰涵盖了三种不同的分子运动，包括水分子结合到主链的分子运动(温度峰位置：−100 ℃)、聚合物主链的局部运动(温度峰位置：−80 ℃)以及线性排列单元和/或定向单元的局部运动(温度峰位置：−40 ℃)。β 松弛峰对应的是材料的玻璃化转变(温度峰位置：150 ℃)，辐照后样品的 β 松弛峰温度峰向更高温移动。α′ 松弛峰实际上来自于聚醚醚酮结晶导致的分子链重排，该峰强度会随着吸收剂量增大而逐渐降低。因为电子束辐射使得聚醚醚酮分子链发生交联或支化，从而抑制了其重排结晶。与此同时，辐照后的样品在 40 ~ 100 ℃ 之间出现一个新的松弛峰 β′，且其强度随吸收剂量增大而增大。β′ 松弛峰对应于电子束辐射造成的分子链断裂引起的链端松散堆积向紧密堆积转变的分子重排运动。因此，电子束辐射造成非晶态聚醚醚酮机械性能恶化的原因不仅仅是分子链断裂，还包括分子链的交联和支化反应带来的结构变化。对于半结晶聚醚醚酮，Sasuga 等研究了其在 −160 ~ 350 ℃ 温度范围内的动态机械松弛行为(图 4.6)。同非晶态聚醚醚酮一样，辐射使得材料的 β 松弛峰向高温区移动，并在低于玻璃化转变温度的区域出现一个新的β′松弛峰。此外，在测试过程中还发现一个有趣的现象，未辐照聚醚醚酮样品出现在 −40 ~ 0 ℃的γ松弛峰的小肩峰在辐照之后消失不见，而重复测试时该峰又重新出现。研究发现，这个先消失后又出现的γ松弛肩峰对应于晶区与非晶区界面上聚醚醚酮分子链的摇摆运动，而辐照会优先导致界面上的分子链破坏，造成测试时其对应的松弛峰消失；动态机械性能测试时的升温历程使得晶区 / 非晶区发生转变重排，恢复了晶区 / 非晶区界面的分子链摇摆运动。如上所述，位于晶区与非晶区界面上的分子链更容易受到破坏，从而导致材料的整体性能劣化更严重，因此半结晶聚醚醚酮的耐辐射性相对弱于非晶态聚醚醚酮。

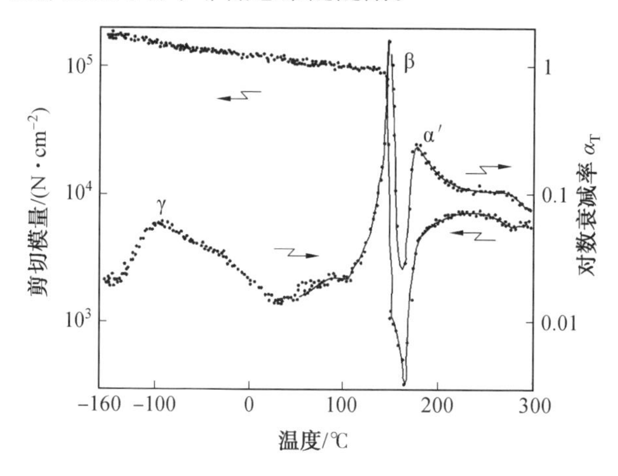

图 4.5 非晶聚醚醚酮的动态机械性能

Vaughan 与他的合作者也针对聚醚醚酮的电子束辐射效应做了非常系统的研究工作。对于半结晶聚醚醚酮，辐射导致的分子链交联会影响材料的结晶重排动力学并破坏材料的晶区结构；在吸收剂量小于 66 MGy 时，电子束辐射对聚醚醚酮材料的损伤主要发生在非晶区；当吸收剂量更高时，辐射对材料晶区的损伤效应越来越显著，以至于在吸收剂量达到 260 MGy 时材料在 DSC 测试中的熔融峰（晶区熔融吸热峰）只有微弱残余。对于定向拉伸聚醚醚酮纤维，材料的熔融温度和熔融焓均随吸收剂量（0 ~ 400 MGy）增大而降低，而且熔融焓在吸收剂量达到 260 MGy 时完全消失，这说明电子束辐射对定向拉伸聚醚醚酮造成的损伤比常规聚醚醚酮更大。不过，DSC 曲线上熔融峰的消失并不代表材料晶区的完全消失。实际上，他们通过广角 X 射线衍射（WAXD）研究了材料的晶区变化，发现辐照后的样品与未辐照样品相比只发生了很微小的变化。辐射导致的分子链交联会显著影响材料的熔融行为，但是并不会同样程度地影响分子链之间的相互作用关系，所以 WAXS 曲线反映出的变化幅度就会小得多。

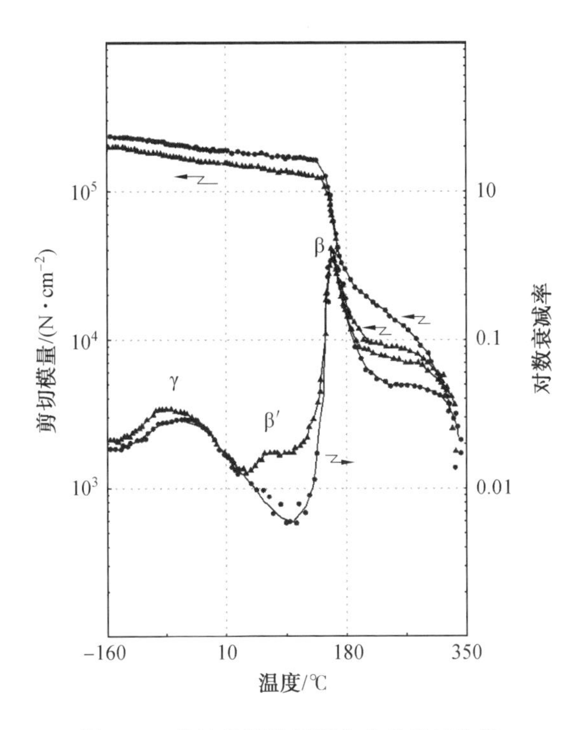

图 4.6 半结晶聚醚醚酮的动态机械性能

4.3 聚酰胺的辐射效应

聚酰胺(Polyamide,PA)俗称尼龙(Nylon),是大分子主链重复单元中含有酰胺基团的高聚物的总称。聚酰胺可由内酸胺开环聚合制得,也可由二元胺与二元酸缩聚得到。聚酰胺是指主链节含有极性酰胺基团(—CO—NH—)的高聚物,具有良好的综合性能,包括力学性能、耐热性、耐磨损性、耐化学药品性和自润滑性,且摩擦系数低,有一定的阻燃性,易于加工,适于用玻璃纤维和其他填料填充增强改性、提高性能和扩大应用范围,是历史悠久、用途广泛的通用工程塑料。

由于聚酰胺经常用于各种辐射场景,而且γ射线或电子束辐射也已经被广泛用于聚酰胺材料的性能改良,因此聚酰胺材料的辐射效应研究受到科研人员的广泛关注。

4.3.1 聚酰胺的γ射线辐射效应

高分子材料受到γ射线辐射时会产生大量自由基,而电子顺磁共振(EPR)

谱是一种灵敏表征包括自由基在内的各种顺磁性物质种类和含量的有效方法。早在20世纪60年代，英国科学家Graves等就利用EPR技术研究了多种聚酰胺材料(包括尼龙66、尼龙68、尼龙610、尼龙7、尼龙8和尼龙11)在γ射线辐射下产生的自由基类型和含量，并计算出相应的辐射化学产额，以得出各自由基生成反应的难易程度，在此基础上提出了聚酰胺材料γ辐射化学反应的可能机理(图4.7)。在温度77 K的真空环境下进行γ辐射，同样在77 K进行EPR测试，过程中不经过任何升温。根据反应机理，$G_{交联}=0.5G_{自由基}$。聚酰胺γ辐射产生的自由基具有较长寿命，自由基浓度在20 ℃的温度条件下经过长达160 h才下降95%。需要指出的是，如果在辐照之后引入氧气，则氧气会与剩余自由基发生反应，从而抑制自由基之间的相互反应。

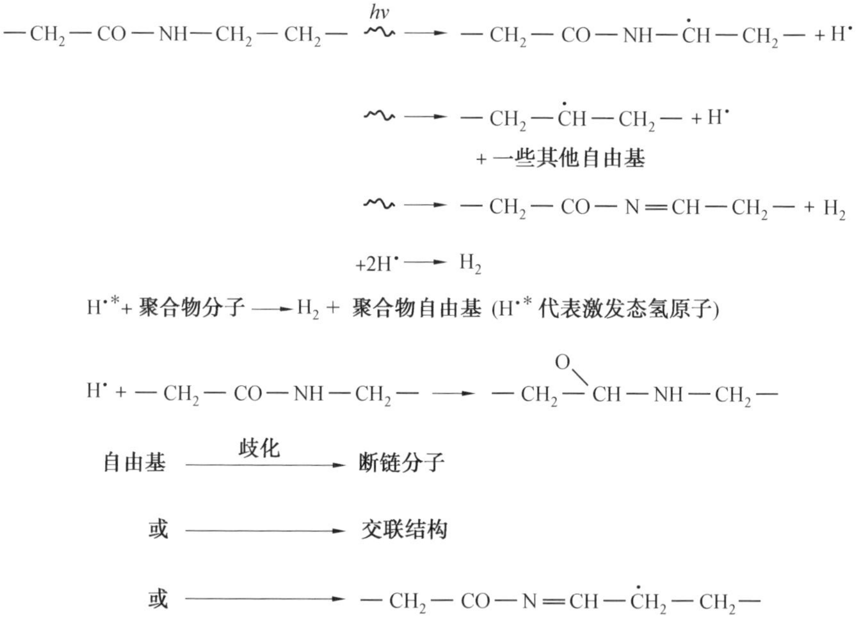

$$—CH_2—CO—NH—CH_2—CH_2— \xrightarrow{h\nu} —CH_2—CO—NH—\dot{C}H—CH_2— + H^{\bullet}$$

$$\longrightarrow —CH_2—\dot{C}H—CH_2— + H^{\bullet}$$

+一些其他自由基

$$\longrightarrow —CH_2—CO—N{=}CH—CH_2— + H_2$$

$$+2H^{\bullet} \longrightarrow H_2$$

$H^{\bullet *}$+ 聚合物分子 ⟶ H_2 + 聚合物自由基 ($H^{\bullet *}$代表激发态氢原子)

$$H^{\bullet} + —CH_2—CO—NH—CH_2— \longrightarrow —CH_2—\overset{O}{C}H—NH—CH_2—$$

自由基 ——歧化——→ 断链分子

或 ——————→ 交联结构

或 ——————→ $—CH_2—CO—N{=}CH—\dot{C}H_2—CH_2—$

图4.7 聚酰胺在真空条件下的γ射线辐射反应机理

辐照时的环境气氛对材料的辐射化学反应有着不容忽视的影响。Szymański分别在真空和空气气氛下研究了γ射线(1.56 Gy/s)对三种尼龙6纤维(纤维P，不含任何稳定剂；纤维L，含有波兰产稳定剂Lubunox 5；纤维B，含有美国产稳定剂BXA)的辐射损伤行为。结果发现，加入稳定剂对尼龙6纤维在真空和空气两种气氛下的γ射线辐射交联和降解反应都没有任何影响。同时，对材料结晶度和晶区尺寸的研究结果还表明尼龙6纤维材料具有相当高的γ射线辐射稳定性。

聚酰胺在γ辐照下会同时发生交联和降解两种反应过程，通过加入适当的添

加剂可以人为改变两类反应的占比，从而针对使用需求开展更加高效的辐射改性。Feng 等研究发现，通过添加适当添加剂（包括异氰酸三烷基酯（TAIC，产于俄罗斯）、滑石粉、碘化钾和单质碘）可以有效提高尼龙 610 的辐射交联效率。对于不含添加剂的尼龙 610，受到 γ 辐照后只产生极少量凝胶；而加入少量 TAIC 后，在同样的辐照条件下，材料的凝胶含量大幅度提升，说明 TAIC 是尼龙 610 的一种高效交联促进剂。在加入 TAIC 的基础上，同时加入滑石粉或碘化钾 / 单质碘混合物可以进一步提高 γ 射线辐射的交联效率。通过加入所述交联促进剂可以提高辐照样品的机械性能和耐热性，使其在温度超过 220 ℃ 时依然保持良好的拉伸强度。此外，研究还发现在真空和空气气氛下辐照（除气氛外，其他条件相同）的尼龙 610 样品的凝胶含量几乎没有差别。这是因为聚酰胺是一种结构密实的高分子材料，空气中的氧气很难扩散进入块体聚酰胺材料中，以至于难以影响材料的辐射化学反应过程。Feng 等在综合上述研究结果以及前人结论的基础上给出了尼龙 610 的 γ 射线辐射反应机理（图 4.8）。

$$-CH_2CONH-CH_2CH_2- \xleftrightarrow{\gamma\text{射线}} -CH_2-CONH-\dot{C}H-CH_2- + \dot{H}$$

$$-CH_2CONH-CH_2CH_2- + \dot{H} \longrightarrow -CH_2-CONH-\dot{C}H-CH_2- + H_2$$

$$2-CH_2CONH-\dot{C}H_2CH_2- \longrightarrow -CH_2-CONH-CH-CH_2-CH_2$$

$$\begin{array}{l}-CONH-CH-CH_2- \\ -CH_2-CONH-CH_2CH_2-\end{array} \xleftrightarrow{\gamma\text{射线}} \begin{array}{l}-CH_2-\dot{C}O+\dot{N}H-CH_2-CH_2- \\ -CH_2-CH_2-\dot{C}O \longrightarrow -CH_2-\dot{C}H_2+CO\end{array}$$

$$2-CH_2-\dot{C}H_2+H_2 \longrightarrow 2-CH_2-CH_3$$

$$-CH_2-\dot{C}O+\dot{N}H-CH_2-CH_2-H_2 \longrightarrow -CH_2-CHO+NH_2CH_2-CH_2-$$

$$-CH_2-CH_2-CH_2-CHO \xleftrightarrow{\gamma\text{射线}} -CH_2-\dot{C}H_2+\dot{C}H_2-CHO$$

$$2\dot{C}H_2-CHO+H_2 \longrightarrow 2CH_3-CHO$$

图 4.8　尼龙 610 在 γ 射线辐照下的交联与降解反应

4.3.2　聚酰胺的电子束辐射效应

聚酰胺在电子束辐照下也会产生大量自由基，它们会在辐照终止后随时间逐渐猝灭。Zimmerman 研究了几种聚酰胺材料（尼龙 66、尼龙 610 和聚二乙酸 2- 甲基己二胺酯）在高能电子辐照（2 MeV，辐照温度 −78 ℃）后的颜色变化，聚酰胺在辐照后呈现出较深的颜色，而且颜色会随着时间逐渐褪去。他认为材料辐照后的表观颜色与材料中的自由基紧密相关，主要证据有以下四点：① 在无氧条件下，材料颜色的消退速率由自由基扩散速率控制；② 在有氧条件下，材料颜色的消退速率会加快；③EPR 研究结果表明，材料的颜色消退速率与顺磁性物质浓度衰减速率一致；④ 对于同样的聚酰胺材料，通过紫外光辐射可以制造出同样的颜色变化，从而排除了电子辐射产生的带电物质影响材料表观颜色的可能。

虽然 EPR 是表征材料受到高能辐照后产生的自由基的一种有效方法，但高分子材料在高能辐射作用下产生的自由基种类往往是非常复杂的，而一般未经特殊处理的高分子材料的 EPR 谱图很难给出清晰的峰形信息，以至于实际操作时难以据此给出可靠的辐射降解自由基信息。鉴于此，Kashiwagi 通过拉丝制备了多种取向聚酰胺纤维材料（包括尼龙 6、尼龙 66、尼龙 610 和尼龙 57 等），然后分别在 −78 ℃ 利用 1.5 MeV 的电子束进行辐照，剂量率为 7.7×10^4 Gy/min，总剂量为 1×10^6 Gy。由于纤维材料经过取向处理，辐照产生的自由基分布也具有一定的取向性或者说各向异性，因此可以在做 EPR 测试时通过调节不同角度获得更加清晰丰富的谱图信息。

温度对材料辐射化学反应的影响毋庸置疑，聚酰胺材料的电子束辐射效应也不例外。Burillo 等在室温到 80 ℃ 的温度范围内研究了尼龙 6 材料的电子束辐射效应，剂量率为 4.48 kGy/min，吸收剂量范围为 15 ～ 1 200 kGy。研究发现，尼龙 6 的交联效率随吸收剂量和温度提高而增大，而且材料在高于玻璃化转变温度（T_g 大约 50 ℃）的温度条件下辐射的交联速率显著大于在 T_g 温度以下辐射的交联速率。最重要的是，他们根据 FTIR 和 EPR 等的研究结果给出了尼龙 6 的辐射化学反应机理（图 4.9）。

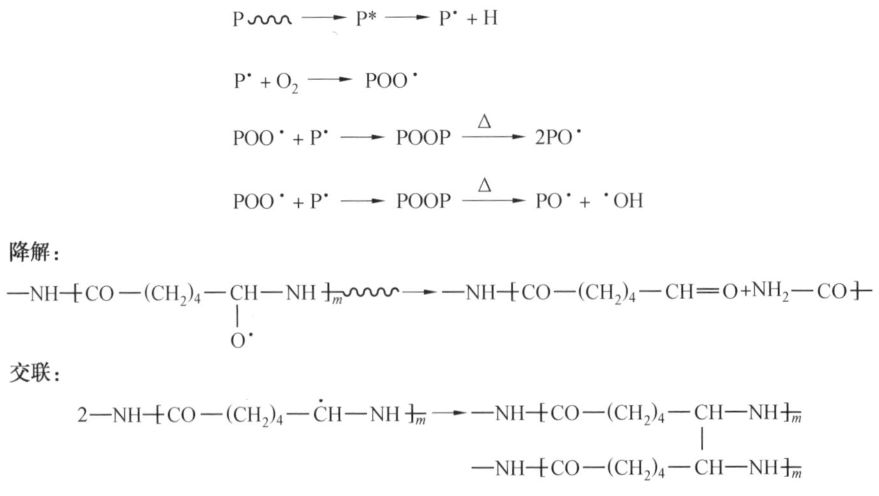

$$\mathrm{P}\sim\sim \longrightarrow \mathrm{P}^* \longrightarrow \mathrm{P}^\cdot + \mathrm{H}$$

$$\mathrm{P}^\cdot + \mathrm{O_2} \longrightarrow \mathrm{POO}^\cdot$$

$$\mathrm{POO}^\cdot + \mathrm{P}^\cdot \longrightarrow \mathrm{POOP} \xrightarrow{\Delta} 2\mathrm{PO}^\cdot$$

$$\mathrm{POO}^\cdot + \mathrm{P}^\cdot \longrightarrow \mathrm{POOP} \xrightarrow{\Delta} \mathrm{PO}^\cdot + {}^\cdot\mathrm{OH}$$

降解：

$$-\mathrm{NH}\!\left[\mathrm{CO}-(\mathrm{CH_2})_4-\underset{\substack{|\\ \mathrm{O}^\cdot}}{\mathrm{CH}}-\mathrm{NH}\right]_m \sim\sim\longrightarrow -\mathrm{NH}\!\left[\mathrm{CO}-(\mathrm{CH_2})_4-\mathrm{CH}{=}\mathrm{O}+\mathrm{NH_2}-\mathrm{CO}\right]$$

交联：

$$2-\mathrm{NH}\!\left[\mathrm{CO}-(\mathrm{CH_2})_4-\dot{\mathrm{C}}\mathrm{H}-\mathrm{NH}\right]_m \longrightarrow \begin{array}{l}-\mathrm{NH}\!\left[\mathrm{CO}-(\mathrm{CH_2})_4-\mathrm{CH}-\mathrm{NH}\right]_m\\ \qquad\qquad\qquad\qquad\quad |\\ -\mathrm{NH}\!\left[\mathrm{CO}-(\mathrm{CH_2})_4-\mathrm{CH}-\mathrm{NH}\right]_m\end{array}$$

图 4.9　聚酰胺的辐射降解与交联机理

4.4　聚酰亚胺的辐射效应

聚酰亚胺(Polyimide,PI)指主链上含有酰亚胺环(—CO—N—CO—)的一类聚合物。根据重复单元的化学结构,聚酰亚胺可以分为脂肪族、半芳香族和芳香族聚酰亚胺三种。根据链间相互作用力,可分为交联型和非交联型。聚酰亚胺是综合性能最佳的有机高分子材料之一,耐高温达 400 ℃ 以上,长期使用温度范围在 −200 ~ 300 ℃,具有高绝缘性能,属于 F ~ H 级绝缘材料。但有关聚酰亚胺的辐射效应的研究目前还比较少。

4.4.1　聚酰亚胺的 γ 射线辐射效应

聚酰亚胺通常具有良好的耐 γ 射线辐射能力。Mathakari 等比较了聚酰亚胺与聚丙烯的 γ 射线辐射效应。作者利用 FTIR 光谱、紫外—可见光谱、SEM 和接触角测试等方法证明聚酰亚胺在经受剂量率为 1.2 kGy/h 和总剂量达 230.4 kGy 的 γ 辐射之后,其化学组成、表面微观结构基本未发生改变。

4.4.2　聚酰亚胺的中子辐射效应

中子对聚酰亚胺材料的辐射效应与 γ 射线并不相同,某种程度上可以说完全相反。Megusar 等研究了快中子在超低温(4 K)条件下对两种聚酰亚胺材料(一种是 Kapton® HA,完全非晶;另一种是 Kapton® H,部分结晶)的辐射效应。X 射线衍射结果表明快中子对部分结晶的 Kapton® H 造成了一定破坏,而对完全非晶的 Kapton® HA 几乎没有任何影响,且 Kapton® H 的玻璃化转变温度的上升幅度也明显更大。辐照后,Kapton® HA 和 Kapton® H 的模量和屈服强度均有所提高,这与辐射交联导致的材料硬化现象是吻合的,且 Kapton® H 的性能增加量相对于 Kapton® HA 要大得多。

4.4.3　聚酰亚胺的质子辐射效应

哈尔滨工业大学吴宜勇等在聚酰亚胺的质子辐射效应方面开展了比较系统的研究。他们着重关注了聚酰亚胺材料在质子辐射作用下的自由基演变行为,及其与材料透光性、导电性和机械性能的关系规律,并给出了聚酰亚胺材料在质子辐射作用下的自由基形成与演化机理(图 4.10)。

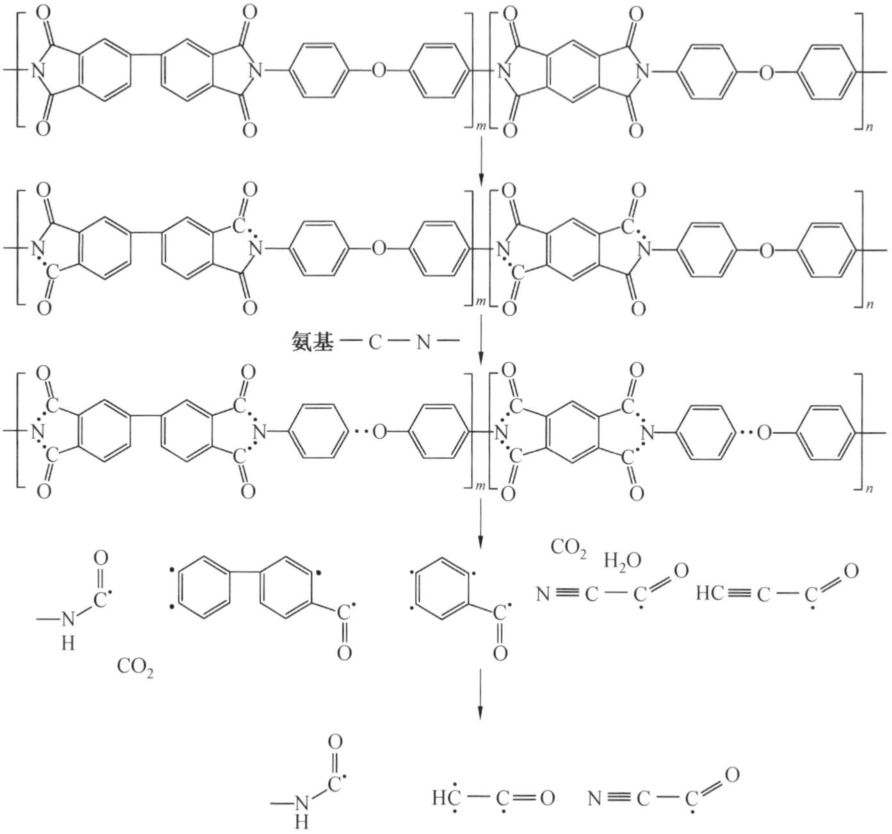

图 4.10　聚酰亚胺在 150 keV 质子辐射作用下的自由基形成与演化机理

4.5　聚氨酯的辐射效应

聚氨酯(Polyurethane,PU)是指在高分子主链上含有氨基甲酸酯基团(—NHCOO—)重复单元的一类高分子化合物。由于其结构具有软、硬两个链段,因此可以通过对分子链的设计,赋予材料高强度、高韧性、耐磨、耐油等优异性能。聚氨酯常被用于与高能射线有关的核工业领域,如用作护套电缆和密封件等。另外,随着人们对高能射线的认识越来越深入,γ 射线和电子束等辐射技术作为聚氨酯材料改性的一种强有力方法也日益受到人们的重视。自 20 世纪 60 年代以来,聚氨酯辐射效应的相关研究持续见诸报道。

4.5.1　聚氨酯的 γ 射线辐射效应

1960 年，美国海军辐射防护实验室在其研究报告中报道了聚氨酯 γ 射线辐射效应的研究成果。他们利用溶胀法研究了聚氨酯弹性体的交联度与吸收剂量的关系规律，发现在吸收剂量达到 10 kGy 时即可观察到材料的交联现象。1985 年，美国圣地亚国家实验室的 Assink 在公开文献中也报道了聚氨酯的辐射交联行为。直到 1990 年以后，Shintani 等研究发现聚氨酯在 γ 射线辐射条件下也可能发生降解，材料总体表现出降解或是交联取决于聚氨酯的化学结构。图 4.11 和图 4.12 所示分别为两种不同化学结构的聚氨酯在 γ 射线辐射条件下可能的降解和交联反应机理。

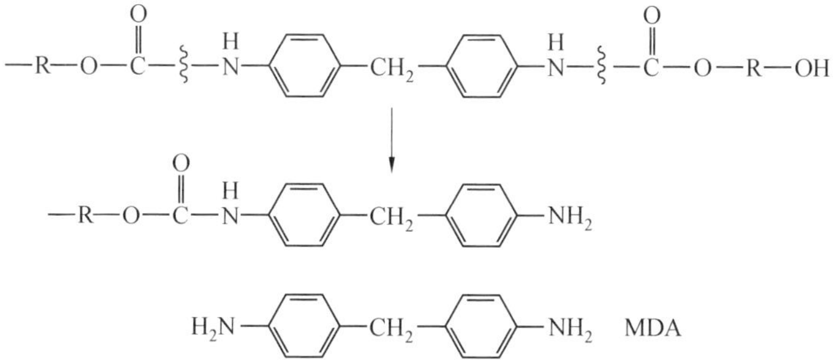

（〰代表可能发生断键的位置）

图 4.11　聚氨酯在 γ 射线辐照条件下的降解反应机理

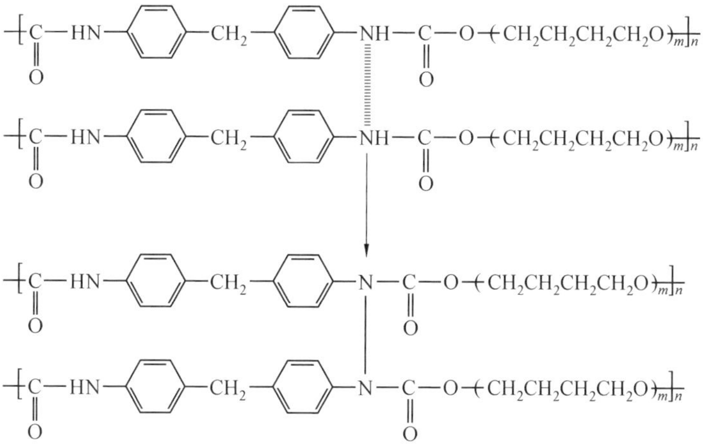

图 4.12　聚氨酯在 γ 射线辐照条件下的交联反应机理

在 1965 年的另一份解密报告中，美国空军武器实验室研究了不同受力状态（拉伸和压缩）的聚氨酯弹性体和聚氨酯泡沫在 24 ℃ 和 116 ℃ 两种温度条件下经受 30 ～ 900 kGy 吸收剂量 γ 射线辐照前后的永久形变、预紧力衰减、交联点间分子量、应力－应变行为和密度等，探索开展了高分子材料的多因素耦合辐射老化研究。结果表明，两种温度条件下聚氨酯弹性体在吸收剂量小于 100 kGy 时表现出一定的性能稳定性，而聚氨酯泡沫材料则只适用于较低温度和吸收剂量。

4.5.2 聚氨酯的电子束辐射效应

Ravat 等研究了 200 keV 电子束的注量率、注量和温度对一种热塑性芳香型聚氨酯的降解和氧化行为的影响。由于电子束的穿透深度有限，降解反应只发生在 200 μm 深度以内。聚氨酯的降解程度随着注量率、注量和温度的提高而提高，但其氧化程度的变化规律与此略有不同，氧化程度随温度升高略有下降。Nouh 等对比研究了 γ 射线和电子束辐射对聚氨酯光学和结构性能的影响差异。结果表明，所研究的聚氨酯材料在 γ 射线和电子束辐射作用下均会发生变色，相同吸收剂量下电子束辐照后的样品颜色变化程度更大。进一步研究发现，相比于 γ 射线，相同吸收剂量的电子束辐照后的聚氨酯材料的交联度更大。

4.6 本章小结

工程塑料的种类和结构比较多样，在高能辐射作用下的化学性变存在较大差异。因此，辐射环境下应根据具体的辐射类型、剂 / 注量率、服役时间和其他环境因素（温度、气氛和应力等）确定合适的材料种类。同时，可以利用材料的辐射效应对工程塑料进行特定改性，以使其更好地满足使用需求。

本章参考文献

[1] SILVA P P J C DE O, ARAÚJO P L B, DA SILVEIRA L B B, et al. Environmental stress cracking in gamma-irradiated polycarbonate-A diffusion approach[J]. Radiation Physics and Chemistry, 2017, 130: 123-132.

[2] NOUH S A, MAGIDA M M, AL-SHEKIFY L S, et al. Effect of polymer blend types and gamma radiation on the physico-chemical properties of polycarbonate[J]. Radiation Effects and Defects in Solids, 2016, 171(11-12): 879-889.

[3] HAREESH K, SEN P, BHAT R, et al. Proton and alpha particle induced changes in thermal and mechanical properties of Lexan polycarbonate[J]. Vacuum, 2013, 91: 1-6.

[4] HAREESH K, RANGANATHAIAH C, RAMYA P, et al. Variation of lexan polycarbonate properties by electron beam[J]. Journal of Applied Polymer Science, 2013, 127(3): 2010-2018.

[5] YEH S H, CHEN P Y, HARMON J, et al. Kinetics of hardness evolution during annealing of gamma-irradiated polycarbonate[J]. Journal of Applied Physics, 2012, 112(11): 113509.

[6] PENG J S, HSU C M, YEH S H, et al. Annihilation kinetics of color center in polycarbonate irradiated with gamma ray at elevated temperatures[J]. Polymer Engineering & Science, 2012, 52(11): 2391-2395.

[7] HAREESH K, RAMAPRASAD A T, SANJEEV G. Modification of Lexan polycarbonate induced by electron irradiation[J]. Radiation Effects and Defects in Solids, 2012, 167(4): 268-274.

[8] SINGH L, SAMRA K S. Surface and bulk structure characterization of proton (3 MeV) irradiated polycarbonate[J]. Journal of Macromolecular Science, Part B, 2007, 46(5): 1041-1049.

[9] JALEH B, PARVIN P, SHEIKH N, et al. Evaluation of physico-chemical properties of electron beam-irradiated polycarbonate film[J]. Radiation Physics and Chemistry, 2007, 76(11-12): 1715-1719.

[10] CHEN J, CZAYKA M, URIBE R M. Effects of electron beam irradiations on the structure and mechanical properties of polycarbonate[J]. Radiation Physics and Chemistry, 2005, 74(1): 31-35.

[11] RAMANI R, SHARIFF G, THIMMEGOWDA M C, et al. Influence of gamma irradiation on the formation of methanol induced micro-cracks in polycarbonate[J]. Journal of Materials Science, 2003, 38(7): 1431-1438.

[12] SHARIFF G, SATHYANARAYANA P M, THIMMEGOWDA M C, et al. Positron lifetime study of diffusion kinetics in electron irradiated polycarbonate[J]. Polymer Degradation and Stability, 2002, 76(2): 265-273.

[13] NAVARRO-GONZÁLEZ R, COLL P, ALIEV R. Pyrolysis of γ-irradiated bisphenol-A polycarbonate[J]. Polymer Bulletin, 2002, 48(1): 43-51.

[14] SHARIFF G, SATHYANARAYANA P M, THIMMEGOWDA M C, et al. Influence of ion-irradiation on the free volume controlled diffusion process in polycarbonate-a positron lifetime study[J]. Polymer, 2002, 43(9): 2819-2826.

[15] NAVARRO-GONZÁLEZ R, ALIEV R. Mechanism of radiation-induced degradation of bisphenol-A polycarbonate[J]. Revista de la Sociedad Química de

México, 2001, 45(4): 167-171.
[16] NAVARRO-GONZÁLEZ R, ALIEV R. Gaseous products formed by γ-irradiation of bisphenol-A polycarbonate[J]. Polymer Bulletin, 2000, 45: 419-424.
[17] ARAÚJO E S, KHOURY H J, SILVEIRA S V. Effects of gamma-irradiation on some properties of durolon polycarbonate[J]. Radiation Physics and Chemistry, 1999, 53(1): 79-84.
[18] FACTOR A, CARNAHAN J C, DORN S B, et al. The chemistry of γ-irradiated bisphenol-A polycarbonate[J]. Polymer Degradation and Stability, 1994, 45(1): 127-137.
[19] WU Z, XUEWU G, JUAN L, et al. Radiation induced grafting of acrylic acid onto polycarbonate membranes[J]. Desalination, 1987, 62: 107-115.
[20] MEHENDRU P C, AGRAWAL J P, JAIN K. Molecular motions in X-irradiated polycarbonate films[J]. Journal of Physics D: Applied Physics, 1980, 13(10): L189.
[21] HAMA Y, SHINOHARA K. Electron spin resonance studies of polycarbonate irradiated by γ-rays and ultraviolet light[J]. Journal of Polymer Science Part A-1: Polymer Chemistry, 1970, 8(3): 651-663.
[22] CHIPARĂ M I, GRECUB V V, NOTINGHER P V, et al. ESR investigations on ion beam irradiated polycarbonate[J]. Nuclear Instruments and Methods in Physics Research B, 1994, 88: 418-422.
[23] ŠVORČIK V, RYBKA V, MIČEK I, et al. Study of polycarbonate degradation induced by irradiation with helium (He^+) ions[J]. Journal of Materials Research, 1995, 10: 468-472.
[24] VILENSKY A I, NICKOLSKY E E, VLASOV S V, et al. Properties of polycarbonate irradiated by heavy ions. Peculiarities of etching[J]. Radiation Measurements, 1995, 25: 715-716.
[25] PUGLISI O, CHIPARA M, ENGE W, et al. Spectroscopic investigations on ion beam irradiated polycarbonate[J]. Nuclear Instruments and Methods in Physics Research B, 2000, 166-167: 944-948.
[26] CHIPARA M I, REYES-ROMERO J. Electron spin resonance investigations on polycarbonate irradiated with U ions[J]. Nuclear Instruments and Methods in Physics Research B, 2001, 185: 77-82.

[27] CANGIALOSIA D, SCHUTB H, WÜBBENHORSTA M, et al. Accumulation of charges in polycarbonate due to positron irradiation[J]. Radiation Physics and Chemistry, 2003, 68: 507-510.

[28] CHENA J, CZAYKAA M, URIBE R M. Effects of electron beam irradiations on the structure and mechanical properties of polycarbonate[J]. Radiation Physics and Chemistry, 2005, 74: 31-35.

[29] NOUHA S A, NABY A A, SELLIN P J. Modification induced by proton irradiation in Makrofol-DE polycarbonate[J]. Radiation Measurements, 2007, 42: 1655-1660.

[30] SINGH L, SAMRA K S. Structural characterization of swift heavy ion irradiated polycarbonate[J]. Nuclear Instruments and Methods in Physics Research B, 2007, 263: 458-462.

[31] SHARMA T, AGGARWAL S, SHARMA A, et al. Modification of optical properties of polycarbonate by gamma irradiation[J]. Radiation Effects & Defects in Solids, 2008, 163: 161-167.

[32] SINGH L, SAMRA K S. Opto-structural characterization of proton (3 MeV) irradiated polycarbonate and polystyrene. [J]. Radiation Physics and Chemistry, 2008, 77: 252-258.

[33] ALI S A, KUMAR R, SINGH F, et al. Study of modifications in Lexan polycarbonate induced by swift O^{6+} ion irradiation[J]. Nuclear Instruments and Methods in Physics Research B, 2010, 268: 1813-1817.

[34] RAMOLA R C, NEGI A, SEMWAL A, et al. High-energy heavy-ion irradiation effects in makrofol-KG polycarbonate and PET[J]. Journal of Applied Polymer Science, 2011, 121: 3014-3019.

[35] THOMAZ R S, SOUZA C T D, PAPAL O R M. Influence of light-ion irradiation on the heavy-ion track etching of polycarbonate[J]. Applied Physics A, 2011, 104: 1223-1227.

[36] JOSHI R P, HAREESH K, BANKAR A, et al. Anti-biofilm activity of Fe heavy ion irradiated polycarbonate[J]. Nuclear Instruments and Methods in Physics Research B, 2016, 384: 6-13.

[37] WEBER R P, MONTEIRO S N, SUAREZ J C M, et al. Fracture toughness of gamma irradiated polycarbonate sheet using the essential work of fracture[J]. Polymer Testing, 2017, 57: 115-118.

[38] SRINADHU E S, KULKARNI D D, FIELDC D A, et al. The effects of multicharged ion irradiation on a polycarbonate surface[J]. Radiation

Effects and Defects in Solids, 2019, 174: 205-213.

[39] THORAT A B, SONAWANE A, JADHAV A, et al. Effect of low energy Ar^+ ion irradiation on polycarbonate[J]. AIP Conference Proceedings, 2019, 2115: 030328.

[40] YEO S, CHO W-J, KIM D-S, et al. A mechanism of surface hardness enhancement for H^+ irradiated polycarbonate[J]. RSC Advances, 2020, 10: 28603.

[41] JAHAN M S, WALTERS B M, RIAHINASAB T, et al. A comparative study of radiation effects in medical-grade polymers: UHMWPE, PCU and PEEK[J]. Radiation Physics and Chemistry, 2016, 118: 96-101.

[42] KHARE N, LIMAYE P K, SONI N L, et al. Gamma irradiation effects on thermal, physical and tribological properties of PEEK under water lubricated conditions[J]. Wear, 2015, 342-343: 85-91.

[43] AJEESH G, BHOWMIK S, SIVAKUMAR V, et al. Investigation on polyetheretherketone composite for long term storage of nuclear waste[J]. Journal of Nuclear Materials, 2015, 467: 855-862.

[44] AL LAFI A G. FTIR spectroscopic analysis of ion irradiated poly (ether ether ketone)[J]. Polymer Degradation and Stability, 2014, 105: 122-133.

[45] HASEGAWA S, TAKAHASHI S, IWASE H, et al. Radiation-induced graft polymerization of functional monomer into poly(ether ether ketone) film and structure-property analysis of the grafted membrane[J]. Polymer, 2011, 52(1): 98-106.

[46] RICHAUD E, FERREIRA P, AUDOUIN L, et al. Radiochemical ageing of poly(ether ether ketone)[J]. European Polymer Journal, 2010, 46(4): 731-743.

[47] CHEN J, LI D, KOSHIKAWA H, et al. Crosslinking and grafting of polyetheretherketone film by radiation techniques for application in fuel cells[J]. Journal of Membrane Science, 2010, 362(1-2): 488-494.

[48] PAG D J Y S, BONIN H W, BUI V T, et al. Mixed radiation field effects from a nuclear reactor on poly(aryl ether ether ketone): A melt viscosity study[J]. Journal of Applied Polymer Science, 2002, 86(11): 2713-2719.

[49] ČERVEN J, VAC K J, HNATOWICZ V, et al. Coloring of radiation

damages in ion-implanted poly(aryl ether ether ketone): LiCl uptake and thermal desorption[J]. Journal of Applied Polymer Science, 2002, 83(13): 2780-2784.

[50] VAUGHAN A S, SUTTON S J. On radiation effects in oriented poly (ether ether ketone)[J]. Polymer, 1995, 36(8): 1549-1554.

[51] VAUGHAN A S. On radiation effects in poly(ethylene terephthalate): a comparison with poly(ether ether ketone)[J]. Polymer, 1995, 36(8): 1541-1547.

[52] VAUGHAN A S. On crystallization, morphology and radiation effects in poly(ether ether ketone)[J]. Polymer, 1995, 36(8): 1531-1540.

[53] SASUGA T, HAGIWARA M. Mechanical relaxation of crystalline poly(aryl-ether-ether-ketone) (PEEK) and influence of electron beam irradiation[J]. Polymer, 1986, 27(6): 821-826.

[54] SASUGA T, HAGIWARA M. Molecular motions of non-crystalline poly (aryl ether-ether-ketone) PEEK and influence of elecron beam irradiation[J]. Polymer, 1985, 26(4): 501-505.

[55] YODA O. The crystallite size and lattice distortions in the chain direction of irradiated poly (aryl-ether-ketone)[J]. Polymer Communications, 1985, 26(1): 16-19.

[56] KUMAR S, ADAMS W W. Electron beam damage in high temperature polymers[J]. Polymer, 1990, 31(1): 15-19.

[57] TSETLIN B L, RAFIKOV K R. The action of X-ray radiation on polyamides[J]. Russian Chemical Bulletin, 1957, 6(11): 1435-1438.

[58] ZIMMERMAN J. Kinetics of radical termination in irradiated polyamides[J]. Journal of Polymer Science, 1960, 43(141): 193-199.

[59] GRAVES C, ORMEROD M. The radiation chemistry of some polyamides. An electron spin resonance study[J]. Polymer, 1963, 4: 81-91.

[60] KASHIWAGI M. Radiation damage in oriented polyamides[J]. Journal of Polymer Science Part A: General Papers, 1963, 1(1): 189-202.

[61] HEDVIG P. Radiation-induced electrical conductivities in polyamide copolymers[J]. Journal of Polymer Science Part A: General Papers, 1964, 2(9): 4097-4103.

[62] MATTHIES P, SCHLAG J, SCHWARTZ E. Formation of free radicals in polyamide fibers during drawing[J]. Angewandte Chemie

International Edition in English, 1965, 4(4): 332-335.

[63] HARGREAVES G, BOWEN JR J H. Combined effects of gamma and ultraviolet radiation plus heat on fibrous polyamides[J]. Textile Research Journal, 1973, 43(10): 568-576.

[64] SZYMAŃSKI W, RYMIAN B. Investigation of the effect of gamma rays on the properties of polyamide fibers, Ⅱ. Radiation changes in unstabilized and stabilized fibres[J]. Die Angewandte Makromolekulare Chemie, 1981, 99(1): 85-91.

[65] 张利华，李淑华，李树忠，等. 聚酰胺 1010 的辐射交联[J]. 辐射研究与辐射工艺学报，1984，2(3)：32-38.

[66] 张利华，綦玉臣，李淑华，等. 用结晶温度表征聚酰胺 1010 的辐射交联[J]. 自然杂志，1984，2：029.

[67] 哈鸿飞，阿依别克，杨福良. 聚酰胺和聚醚聚氨酯辐射稳定性研究[J]. 工程塑料应用，1988，4：32-34,52.

[68] NAKASE Y, YANAGI T, UEMURA T. Irradiation effects on properties of reverse osmosis membrane based on crosslinked aromatic polyamide[J]. Journal of Nuclear Science and Technology, 1994, 31(11): 1214-1221.

[69] SPADARO G, CALDERARO E, VALENZA A. Compatibilization of polyethylene/polyamide 6 blends through gamma-radiation[J]. Applied Radiation and Isotopes, 1994, 45(3): 399-400.

[70] ZHANG L, ZHANG H, YU L, et al. Gamma-radiation damage to polyamide-1010 crystal structure[J]. Polymer International, 1994, 35(4): 335-359.

[71] 张利华，刘雅言. 聚酰胺－1010 的辐射裂解与后裂解机理的 ESR 研究[J]. 分析测试学报，1994，13(4)：28-33.

[72] 张利华，于力. 用 WAXD 和 SAXS 研究辐照聚酰胺 1010 结构[J]. 应用化学，1994，11(4)：40-44.

[73] ZHANG H F, ZHANG L H, YANG B Q, et al. The influence of γ-radiation on polyamide 1010 aggregate structures[J]. Polymer Degradation and Stability, 1995, 50(1): 71-74.

[74] LI B, ZHANG L. Exploration of post radiation effects on polyamide-1010[J]. Radiation Effects and Defects in Solids, 1996, 139(4): 261-267.

[75] ZHANG L, ZHANG H, CHEN D. WAXD and SAXS study on gamma-radiation damage to polyamide-1010 crystal structure[J]. Radiation Physics and Chemistry, 1996, 47(4): 523-526.

[76] LI B, YU J, ZHANG L. Radiation-induced crystallization of polyamide-1010 containing heterogeneous nuclei[J]. Applied Radiation and Isotopes, 1997, 48(2): 207-209.

[77] LI B, ZHANG L. Dependence of decaying of trapped radicals on aggregates of polyamide 1010[J]. Radiation Physics and Chemistry, 1997, 49(3): 395-397.

[78] ZHANG L, ZHANG H, CHEN D. Influence of interface on radiation effects of crystalline polymer-radiation effects on polyamide-1010 containing BMI[J]. Radiation Physics and Chemistry, 1999, 56(3): 323-331.

[79] EVORA M C, MACHADO L D B, LOUREN O V L, et al. Thermal analysis of ionizing radiation effects on recycled polyamide-6[J]. Journal of Thermal Analysis and Calorimetry, 2002, 67(2): 327-333.

[80] FENG W, HU F, YUAN L, et al. Radiation crosslinking of polyamide 610[J]. Radiation Physics and Chemistry, 2002, 63(3): 493-496.

[81] FERRO W P, ANDRADE S, LEONARDO G. Ionizing radiation effect studies on polyamide 6.6 properties[J]. Radiation Physics and Chemistry, 2004, 71(1-2): 269-271.

[82] SENGUPTA R, SABHARWAL S, TIKKU V K, et al. Effect of ambient-temperature and high-temperature electron-beam radiation on the structural, thermal, mechanical, and dynamic mechanical properties of injection-molded polyamide-6,6[J]. Journal of Applied Polymer Science, 2006, 99(4): 1633-1644.

[83] PINTO C, ANDRADE S, LEONARDO G. Study of ionizing radiation on the properties of polyamide 6 with fiberglass reinforcement[J]. Radiation Physics and Chemistry, 2007, 76(11-12): 1708-1710.

[84] 李志宏，王君林，张利华，等. 聚酰胺 1010 辐射效应的机理及结构[J]. 应用化学，2007，24(1)：30-34.

[85] 李志宏，王君林，张利华，等. 尼龙 1010 辐射效应机理与聚集态结构[J]. 吉林省教育学院学报，2007，2：90-92.

[86] ZAHARESCU T, SILVA L G A, JIPA S, et al. Post-irradiation thermal degradation of PA6 and PA6,6[J]. Radiation Physics and Chemistry,

2010, 79(3): 388-391.

[87] XU P, ZHANG X. Gamma irradiation effect on chain segment motion and charge detrapping in polyamide 610[J]. Radiation Physics and Chemistry, 2011, 80(7): 842-847.

[88] SEEFRIED A, DRUMMER D. The effects of radiation cross-linking and process parameters on the behavior of polyamide 12 in vacuum thermoforming[J]. Polymer Engineering & Science, 2012, 52(4): 884-892.

[89] BURILLO G, ADEM E, MU OZ E, et al. Electron beam irradiated polyamide-6 at different temperatures[J]. Radiation Physics and Chemistry, 2013, 84: 140-144.

[90] ADEM E, BURILLO G, DEL CASTILLO L F, et al. Polyamide-6: The effects on mechanical and physicochemical properties by electron beam irradiation at different temperatures[J]. Radiation Physics and Chemistry, 2014, 97: 165-171.

[91] PORUBSK M, JANIGOV I, JOMOV K, et al. The effect of electron beam irradiation on properties of virgin and glass fiber-reinforced polyamide 6[J]. Radiation Physics and Chemistry, 2014, 102: 159-166.

[92] LEISEN C, SEEFRIED A, DRUMMER D. Post-crosslinking behavior of radiation crosslinked polyamide 66 during vibration welding[J]. Polymer Engineering & Science, 2016, 56(7): 735-742.

[93] PORUBSK M, SZ LL S O, JANIGOV I, et al. Crosslinking of polyamide-6 initiated by proton beam irradiation[J]. Radiation Physics and Chemistry, 2017, 133: 52-57.

[94] CUI C, ZHANG Y. Effect of electron beam irradiation on the mechanical and thermal properties of ternary polyamide copolymer[J]. Macromolecular Research, 2018, 26: 359-364.

[95] BRADLERA P R, FISCHERA J, WALLNERA G M, et al. Effect of irradiation induced cross-linking on the properties of different polyamide grades[J]. Materials Today: Proceedings, 2019, 10: 441-447.

[96] BRADLER P R, FISCHER J, WALLNER G M, et al. Characterization of irradiation crosslinked polyamides for solar thermal applications-Fatigue properties[J]. Composites Science and Technology, 2019, 175: 55-59.

[97] LIU C, ZHANG J, WANG W, et al. Effects of gamma-ray irradiation on separation and mechanical properties of polyamide reverse osmosis membrane[J]. Journal of Membrane Science, 2020, 611: 118354.

[98] MYERS D, HERZOG W, PHY W, et al. Ionizing radiation effects on copperclad polyimide[J]. IEEE Transactions on Nuclear Science, 1984, 31(6): 1344-1347.

[99] BANFORD H, YUFEN W, TEDFORD D, et al. The effects of a combination of radiation, vacuum and thermal ageing on the dielectric response of polyimide[J]. Radiation Physics and Chemistry, 1996, 48(1): 131-132.

[100] HOMRIGHAUSEN C L, MERENESS A S, SCHUTTE E J, et al. Fabrication, evaluation and radiation behavior of S2-glass fiber reinforced polyimide laminates for cryogenic applications[J]. High Performance Polymers, 2007, 19(4): 382-400.

[101] NIELSEN K L C, HILL D J T, WATSON K A, et al. The radiation degradation of a nanotube-polyimide nanocomposite[J]. Polymer Degradation and Stability, 2008, 93(1): 169-175.

[102] 王铎. 聚酰亚胺复合材料的防辐射性能设计[J]. 宇航材料工艺，2011，41(5)：37-39.

[103] YUE L, WU Y, SUN C, et al. Investigation on the radiation induced conductivity of space-applied polyimide under cyclic electron irradiation[J]. Nuclear Instruments and Methods in Physics Research B, 2012, 291: 17-21.

[104] MATHAKARI N L, BHORASKAR V N, DHOLE S D. A comparative study on the effects of Co-60 gamma radiation on polypropylene and polyimide[J]. Radiation Effects and Defects in Solids, 2014, 169(9): 779-790.

[105] 沈自才，牟永强，吴宜勇. 电子辐照 Kapton/Al 薄膜力学性能退化规律与机理研究[J]. 装备环境工程，2015，12(3)：42-44.

[106] WU Y, SUN C, XIAO J, et al. A study on the free-radical evolution and its correlation with the optical degradation of 170 keV proton-irradiated polyimide[J]. Polymer Degradation and Stability, 2010, 95: 1219-1225.

[107] SUN C, WU Y, XIAO J, et al. Pyrolytic carbon free-radical evolution and irradiation damage of polyimide under low-energy proton irradiation[J]. Journal of Applied Physics, 2011, 110: 124909.

[108] SUN C, WU Y, YUE L, et al. Investigation on the recombination kinetics of the pyrolytic free-radicals in the irradiated polyimide[J].

Nuclear Instruments and Methods in Physics Research B, 2012, 271: 61-64.

[109] YUE L, WANG X, WU Y, et al. Study on evolution of deep charge traps in polyimide irradiated by low-energy protons using photo-stimulated discharge technique[J]. Journal of Physics D: Applied Physics, 2013, 46: 145502.

[110] YUE L, WU Y, SUN C, et al. Effects of proton pre-irradiation on radiation induced conductivity of polyimide[J]. Radiation Physics and Chemistry, 2016, 119: 130-135.

[111] SUN C, WU Y, XIAO J, et al. Proton flux effects and prediction on the free radicals behavior of polyimide in vacuum using EPR measurements in ambient[J]. Nuclear Instruments and Methods in Physics Research B, 2017, 397: 39-44.

[112] WU Y, JU D, WANG H, et al. Modification of surface structure and mechanical properties in polyimide aerogel by low-energy proton implantation[J]. Surface & Coatings Technology, 2020, 403: 126364.

[113] JU D, SUN C, WANG H, et al. Synergistic effect of proton irradiation and strain on the mechanical properties of polyimide fibers[J]. RSC Advances, 2020, 10: 39572.

[114] MEGUSAR J. Low temperature fast-neutron and gamma irradiation of Kapton ® polyimide films[J]. Journal of Nuclear Materials, 1997, 245: 185-190.

[115] PESTANER J F, GEVANTMAN L H. Radiation chemical effects on polyurethanes Ⅰ. crosslinking [R]. San Francisco:Naval Radiological Defense Laboratory, 1960.

[116] FRITZ E G, JOHNSON P M. Stress-strain behavior of irradiated polyurethane elastomers[J]. Journal of Applied Polymer Science, 1963, 7: 1439-1450.

[117] JOHNSON P M, LEWIS J H, SELF M R. Effects of reactor radiation and temperature exposure on a solid polyurethane elastomer and a polyurethane foam[R]. New Mexico:Kirtland Air Force Weapons Laboratory, 1965.

[118] ASSINK R A. Radiation crosslinking of polyurethanes[J]. Journal of Applied Polymer Science, 1985, 30: 2701-2705.

[119] SHINTANI H, KIKUCHI H, NAKAMURA A. Effects of gamma-Ray

irradiation on the change of characteristics of polyurethane[J]. Journal of Applied Polymer Science, 1990, 41: 661-675.

[120] SHINTANI H, NAKAMURA A. Degradation and cross-linking of polyurethane irradiated by gamma-rays[J]. Polymer Degradation and Stability, 1991, 32: 191-208.

[121] SHINTANI H, NAKAMURA A. Mechanism of degradation and crosslinking of polyurethane when irradiated by gamma-rays[J]. Journal of Applied Polymer Science, 1991, 42: 1979-1987.

[122] BASFAR A A. Hardness measurements of silicone rubber and polyurethane rubber cured by ionizing radiation[J]. Radiation Physics and Chemistry, 1997, 50: 607-610.

[123] PIERPOINT S, SILVERMAN J, AL-SHEIKHLY M. Effects of ionizing radiation on the aging of polyester based polyurethane binder[J]. Radiation Physics and Chemistry, 2001, 62: 163-169.

[124] RAVAT B, GRIVET M, CHAMBAUDET A. Evolution of the degradation and oxidation of polyurethane versus the electron irradiation parameters: Fluence, flux and temperature[J]. Nuclear Instruments and Methods in Physics Research B, 2001, 179: 243-248.

[125] GORNA K, GOGOLEWSKI S. The effect of gamma radiation on molecular stability and mechanical properties of biodegradable polyurethanes for medical applications[J]. Polymer Degradation and Stability, 2003, 79: 465-474.

[126] MORTLEY A, BONIN H W, BUI V T. Synthesis and properties of radiation modified thermally cured castor oil based polyurethanes[J]. Nuclear Instruments and Methods in Physics Research B, 2007, 265: 98-103.

[127] SPELLMAN G, GOURDIN W, JENSEN W, et al. Radiation induced stress relaxation in silicone and polyurethane elastomers[R]. Livermore:Lawrence Livermore National Laboratory, 2007.

[128] HUANG W, CHEN Z, XIONG J, et al. Radiation effect of neutrons in a reactor on polyurethane[J]. Journal of Wuhan University of Technology-Materials Science Edition, 2010, 25: 966-968.

[129] AZEVEDO E C, CHIERICE G O, NETO S C, et al. Gamma radiation effects on mechanical properties and morphology of a polyurethane derivate from castor oil[J]. Radiation Effects and Defects in Solids,

2011, 166: 208-214.

[130] NOUH S A, ABUTALIB M M. A comparative study of the effect of gamma and electron beam irradiation on the optical and structural properties of polyurethane[J]. Radiation Effects and Defects in Solids, 2011, 166: 165-177.

[131] BURILLO G, BERISTAIN M F, SANCHEZ E, et al. Effects of aromatic diacetylenes on polyurethane degradation by gamma irradiation[J]. Polymer Degradation and Stability, 2013, 98: 1988-1992.

[132] HEARON K, SMITH S E, MAHER C A, et al. The effect of free radical inhibitor on the sensitized radiation crosslinking and thermal processing stabilization of polyurethane shape memory polymers[J]. Radiation Physics and Chemistry, 2013, 83: 111-121.

[133] SUI H, LI X, LIU X, et al. Relationship between free volume and mechanical properties of polyurethane irradiated by gamma rays[J]. Journal of Radioanalytical and Nuclear Chemistry, 2014, 300: 701-706.

[134] SHIN S, LEE S. The influence of electron-beam irradiation on the chemical and the structural properties of medical-grade polyurethane[J]. Journal of the Korean Physical Society, 2015, 67: 71-75.

[135] JIANG J X, LI L M, LIN L L, et al. Effects of γ-ray irradiation on the properties of nano-hydroxyapatite/polyurethane composite porous scaffolds[J]. Materials Science Forum, 2016, 852: 422-427.

[136] DONG F, MAGANTY S, MESCHTER S J, et al. Electron beam irradiation effect on the mechanical properties of nanosilica-filled polyurethane films[J]. Polymer Degradation and Stability, 2017, 141: 45-53.

[137] KIM T W, KIM S K, PARK S, et al. Effect of irradiation on the cryogenic mechanical characteristics of polyurethane foam[J]. Journal of Radioanalytical and Nuclear Chemistry, 2018, 317: 145-159.

[138] KOSYANCHUK L F, KOZAK N V, BABKINA N V, et al. Irradiation effects and beam strength in polyurethane materials for laser elements[J]. Optical Materials, 2018, 85: 408-413.

第5章

通用塑料的辐射效应

通用塑料主要包括聚乙烯、聚丙烯和聚氯乙烯等，其广泛应用于农业、纺织、电子电器、机械、建材、包装、交通运输、航空航天和国防尖端工业等各个领域，并深刻影响着整个工农业生产发展和科学技术进步，在社会发展、国民经济建设和提高人们物质文化生活水平等各个方面都占有极为重要的地位。

塑料用于航空航天和核工业等领域时往往要面临高能辐射的考验，通过辐射对塑料进行改性也需要关注其性能变化规律。本章系统总结三种典型通用塑料（聚乙烯、聚丙烯和聚氯乙烯）在各种高能辐射及不同辐射环境因素作用下的结构性能演变行为，梳理辐照条件（吸收剂量、剂量率和辐射环境）、材料化学结构以及材料组分对辐射效应的影响规律。

5.1 聚乙烯的辐射效应

聚乙烯（Polyethylene，PE）是由乙烯聚合而成的聚合物，按照聚合方法、分子量高低和链结构的不同，分为高密度聚乙烯（HDPE）、低密度聚乙烯（LDPE）及线性低密度聚乙烯（LLDPE）三大类。聚乙烯的分子是长链线型结构或支化结构，是典型的结晶聚合物。在固体状态下，结晶部分与无定型态共存。一般情况下，密度越高结晶度就越大，比如LDPE结晶度通常为55%～65%，而HDPE结晶度则达到80%～90%。聚乙烯产品发展至今已有近80年历史，全球聚乙烯产量居五大泛用树脂之首，也是我国合成树脂中产能最大、进口量最多的品种。

有关聚乙烯辐射效应的研究非常广泛，包括降解行为、交联行为、结晶性、溶解性、机械性能和分子链结构变化等。所涉及的辐射类型绝大部分是 γ 射线，少部分是电子束和中子。

5.1.1 聚乙烯的 γ 射线辐射效应

高能辐射作用于高分子材料往往伴随着降解与交联两个反应过程，而辐照时的环境因素通常会对辐射化学反应产生一定的影响。

温度是影响化学反应速率的一个主要因素，对高能辐射引起的化学反应也不例外。Shyichuk 等详细研究了聚乙烯材料在 γ 射线辐照下的降解和交联产额与辐照温度之间的关系(图 5.1)。结果发现，在较低的温度条件下聚乙烯以交联反应为主；升高温度对降解和交联反应均有促进作用，但降解反应受温度的影响更加显著；在温度超过 160 ℃ 之后，降解反应逐渐占据主导。

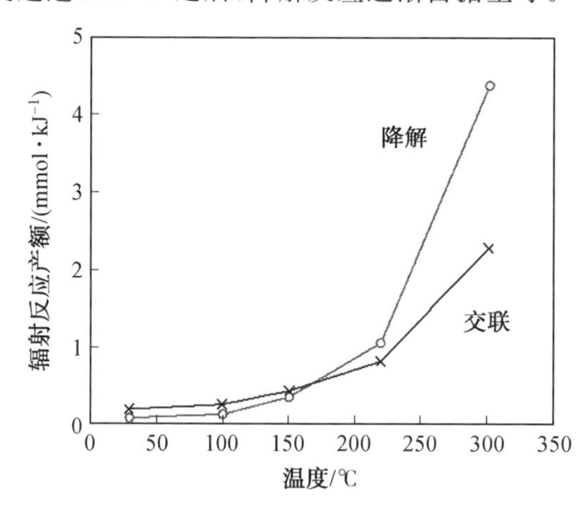

图 5.1　聚乙烯材料在 γ 射线辐照下的降解和交联产额与辐照温度之间的关系

高能辐射产生的各种自由基通常具有高度的反应活性，环境气氛中的气体分子可能会与自由基发生反应，从而影响聚乙烯材料在辐射作用下的交联或降解行为。Okada 等早在 1961 年就研究了气氛环境对聚乙烯 γ 辐射交联行为的影响。作者以真空环境下辐照的样品作为对照组，分别研究了多种气氛下(包括 N_2O、H_2、CO、Cl_2、SO_2、NH_3、O_2 和 NO_2 等）聚乙烯的交联度随吸收剂量($4\times10^4\sim5\times10^5$ Gy)的变化情况。结果发现，只有 N_2O 气氛使得聚乙烯的 γ 辐射交联反应更加活跃；在 CO 和 H_2 气氛下，聚乙烯的交联行为与真空环境下几乎没有区别；而其他几种气氛因为会与辐照产生的自由基发生反应，从而对聚乙烯的交联度造成了不同程度的影响，其抑制聚乙烯交联反应的强度遵循以下规律：$NO_2 > O_2 > NH_3 > SO_2 > Cl_2$。

聚乙烯是一种典型的结晶型高分子材料，不同的处理工艺制备得到的聚乙

烯材料往往也具有不同的结晶形态，进而造成其在 γ 辐照下的效应差异。Kawai 等于 1965 年前后在这方面开展了一系列的研究工作，他们发现通过溶液结晶制备的高结晶度聚乙烯相比于普通的块体聚乙烯材料具有更高的耐辐射性。因为结晶形成的规整折叠链使得分子内反应更容易发生，而分子间交联反应的效率却很低。换句话说，辐照产生的交联点在聚乙烯材料中不是均匀分布的。需要指出的是，交联度并不是一个可以直接测量的物理量，其通常都是通过测量凝胶含量来间接获得，而这种笼统的宏观测试方法无法直接定量表征晶区与非晶区的交联度差异。因此，作者通过溶液结晶法制备了聚乙烯单晶，并研究了其在辐射条件下的交联行为，证实了前述推论。该实验室的后续研究人员 Patel 等在 1975 年连续发表了六篇论文，更加深入系统地研究了聚乙烯单晶的 γ 辐射效应。交联行为与聚乙烯材料的结晶性无疑是紧密相关的，材料在 γ 辐射作用下不仅会发生交联反应，还会发生主链断裂，形成不饱和双键，以及造成链末端乙烯基含量的减少等。

材料微观分子结构的变化（如辐射引发的交联反应）往往也会导致其宏观性能的改变。Birkinshaw 等研究了 γ 辐射对超高分子量聚乙烯的宏观机械性能的影响，发现材料的断裂伸长率对吸收剂量（0 ～ 0.5 MGy）最为敏感，其随着吸收剂量增大而迅速降低。材料的拉伸强度在所述剂量范围内虽有小幅增长，但始终保持在 25 ～ 30 MPa 之间。

聚乙烯在 γ 辐照终止之后仍会发生一系列的结构性能演变行为，称之为辐照后效应（post-irradiation effect）。Birkinshaw 等报道了聚乙烯材料的 γ 射线辐照后效应。聚乙烯材料在受到 0.1 MGy 剂量的 γ 射线辐照后，产物结晶度随老化时间的变化关系见表 5.1。可以看到，材料的结晶度在开始阶段略有下降，而后稳步上升。作者认为结晶度的增长是辐照产生的一些介稳态过氧基团在老化过程中发生断裂，并引发聚合物链结构重排造成的。Behateja 等研究了三种聚乙烯材料（两种超高分子量聚乙烯和一种高密度聚乙烯）的 γ 辐照后效应，发现高密度聚乙烯辐照后的性能稳定性相对更好。

表 5.1　材料的结晶度随辐照后老化时间的变化关系

老化时间 / 天	结晶度 /%
3	52.1
11	51.0
25	53.2
50	53.2
150	56.1
335	57.8

5.1.2 聚乙烯的电子束辐射效应

同γ射线辐射一样，通常条件下聚乙烯在高能电子束辐射作用下也是以交联反应为主。同时，由于电子束的穿透性远远弱于γ射线，因此人们经常利用电子束辐射对材料表面进行处理，以获得想要的性能。聚乙烯经过电子束辐照后会在表面产生极性基团，从而使得材料的表面性能发生极大改变，甚至影响材料的光学透过率和介电性能等。

温度通常决定了化学反应的动力学行为甚至影响反应机理，其对电子束辐射引发的化学反应的影响也是不容忽视的。Qu 等通过表征凝胶含量和傅立叶变换红外(FTIR)光谱研究了聚乙烯在 −196 ～ 150 ℃ 范围内电子束辐射引发的交联反应效率。结果发现，在较高温度条件下，材料的交联度随吸收剂量的增大而迅速增长；HDPE 和 LDPE 在高于软化点(T_m)的温度条件下的交联速率远高于在低于软化点的温度条件下的交联速率。红外光谱也给出了诸多有意义的研究结果：辐照样品(高密度聚乙烯和低密度聚乙烯)中反式双键的含量随着吸收剂量的增大而逐渐增多；高密度聚乙烯中的乙烯基含量随吸收剂量和温度的提高均迅速减少；低密度聚乙烯中的双键含量在低吸收剂量时随温度升高而缓慢减少；当辐照温度高于室温且吸收剂量大于 100 kGy 时，低密度聚乙烯中的双键含量基本与辐照温度无关。

由于辐射引发的交联反应，材料表现出的宏观机械性能和热性能也会发生一定的变化。Gheysari 等研究了两种聚乙烯材料(HDPE 和 LDPE)在高能电子束(10 MeV)辐射下的性能变化。结果发现，在 50 ～ 250 kGy 的吸收剂量范围内，两种聚乙烯材料的拉伸强度都是先随吸收剂量逐渐提高，但在吸收剂量达到某个值之后又逐渐降低；而两种材料的断裂伸长率始终都是随吸收剂量增大而逐渐降低；由于体系发生了交联，两种聚乙烯材料的结晶温度和结晶焓随着吸收剂量的增大均呈现出缓慢下降趋势。Murray 等更加系统深入地研究了一种低密度聚乙烯材料在电子束辐射下的热性能变化，发现材料的软化温度(T_m)和结晶温度(T_c)均随吸收剂量(25 ～ 400 kGy)增大而降低，见表 5.2。

电子束辐射在聚乙烯材料表面产生的极性基团对其介电性能影响很大，是利用电子束辐射进行线缆料等绝缘材料处理时必须考虑的因素，也是其他用到聚乙烯材料的辐射场景不容忽视的问题。Puértolas 等研究了电子束辐射和维生素 E 对超高分子量聚乙烯介电性能的影响，发现材料在经过电子束辐照后，其交流电导率显著提高；而体系中若混有少量维生素 E，则可以有效抑制材料电导率的提高，从而保证其绝缘性能。

表 5.2　LDPE 在电子束辐照前后的软化温度(T_m)、结晶温度(T_c)和结晶度的变化情况

样品吸收剂量 /kGy	H_m/(J·g^{-1})	起始 T_m/℃	峰值 T_m/℃	起始 T_c /℃	峰值 T_c /℃	结晶度/%	结晶度变化/%
0	83.40	105.50	113.01	106.74	102.84	28.83	0.00
25	81.38	103.90	113.12	106.39	102.40	28.13	2.42
50	82.04	103.81	112.72	106.40	101.99	28.36	1.63
75	82.43	102.53	112.59	106.09	101.63	28.49	1.16
100	82.77	102.45	112.37	105.66	100.58	28.61	0.76
150	76.59	100.95	111.67	105.52	100.41	26.47	8.17
200	78.24	100.41	111.32	105.06	99.40	27.04	6.19
400	79.08	97.87	109.24	103.99	96.94	27.33	5.18

聚乙烯在电子束辐射作用下不仅会发生交联反应，还会生成各种小分子产物。研究表明，聚乙烯在真空条件下辐射不会产生羰基化合物，对体系的危害相对较小。但在有氧条件下，聚乙烯材料在电子束辐射作用下会释放出各种有机小分子挥发物，可能会对某些应用场景造成影响。Azuma 等研究了有氧条件下电子束辐射聚乙烯产生的有机挥发物，发现其种类非常多样，不仅有庚烷、辛烷等长链烷烃，还有醛类、酮类化合物，甚至有腐蚀性较强的乙酸、丙酸、丁酸和戊酸等。他们同时发现，随着氧气含量降低，各种羰基化合物的产量也会迅速下降；而控制辐照温度低于 −75 ℃ 或限制射线电子束能量小于 1.5 MeV 也可以有效抑制各种挥发性羰基产物的生成。

5.1.3　聚乙烯的中子辐射效应

聚乙烯材料是一种性能非常突出的中子慢化/吸收材料，被广泛用于中子屏蔽领域。聚乙烯材料在一般的中子辐射注量下不会产生明显的性能变化，因此有关聚乙烯中子辐射效应的研究少有报道。但在极高的中子辐射注量下，聚乙烯材料也会发生结构变化。

1952 年，来自英国原子能研究院的科学家研究了聚乙烯在原子反应堆产生的慢中子辐射条件下的分子链交联行为。他们认为聚乙烯的辐射交联过程可以分为三个阶段。第一阶段是注量范围为 0～0.1 单位(每单位代表 10^{17} n/cm^2)，聚乙烯只发生轻度交联，各项性能与未辐照样品差别不大；第二阶段是注量范围为 0.1～20 单位，聚乙烯发生部分交联，根据交联程度不同而表现出一些不同于未辐照样品的性能；第三阶段是注量大于 20 单位，这时的聚乙烯几乎已经完全交联，形成一种类似玻璃的材料。

5.2 聚丙烯的辐射效应

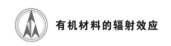

聚丙烯(Polypropylene,PP)是由丙烯聚合而制得的一种热塑性树脂。按甲基排列位置分为等规聚丙烯、无规聚丙烯和间规聚丙烯三种。甲基排列在分子主链同一侧的称为等规聚丙烯;甲基无秩序地排列在分子主链两侧的称为无规聚丙烯;甲基交替排列在分子主链两侧的称为间规聚丙烯。一般工业生产的聚丙烯树脂中,等规聚丙烯约占95%,其余为无规或间规聚丙烯。聚丙烯也包括丙烯与少量乙烯的共聚物在内,通常为半透明无色固体,无臭无毒。由于结构规整而高度结晶化,故其熔点可高达167 ℃。耐热、耐腐蚀,制品可用蒸汽消毒是其突出优点;缺点是耐低温冲击性差,较易老化,但可分别通过改性予以克服。

相比于聚乙烯辐射效应研究的系统和丰富,有关聚丙烯材料辐射效应的研究报道要少得多。

5.2.1 聚丙烯的 γ 射线辐射效应

Geymer等研究了 γ 射线辐射对聚丙烯分子量的影响,发现在辐照过程中,降解和交联是同时发生的,但是降解行为占据优势,因此随着辐射剂量的增大,分子量呈下降趋势。这一点与聚乙烯材料表现出显著差异。此后,Babić等也进行了类似的研究,结果与Geymer等的研究结果较吻合。

γ 射线辐射还会对聚丙烯的结晶性能产生影响,迄今已有多篇文章专门论述或涉及。其中比较有代表性的是Stojanović等于2005年报道的一项研究工作。他们研究了不同取向程度的聚丙烯的结晶度与辐射剂量之间的关系,发现材料结晶度与吸收剂量之间不一定是线性关系,如图5.2所示(图中 λ 为拉伸比,代表聚乙烯的取向程度)。

材料分子结构与微观结构的变化会直接影响其宏观性能。Khang等研究了两种不同型号的商品化聚丙烯与几种丙烯－乙烯共聚物的机械性能与辐射剂量的关系。结果发现,聚丙烯的拉伸强度与吸收剂量之间没有明显的依赖关系,断裂伸长率则随着剂量增大而显著下降。Tomlinson等研究了 γ 射线辐射对聚丙烯导热性能的影响,发现辐照后的样品导热系数会降低,而且随着吸收剂量的增大,这一趋势更加明显。这是一个比较有趣的实验现象,可以用于提高聚丙烯材料的隔热性能。

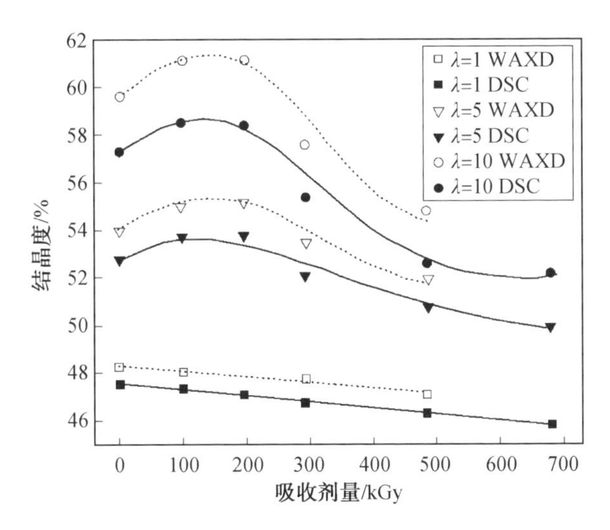

图 5.2　非取向样品($\lambda=1$)和取向样品($\lambda=5$ 和 $\lambda=10$)的结晶度与辐射吸收剂量关系曲线

WAXD— 广角 X 射线衍射;DSC— 差示扫描量热法

5.2.2　聚丙烯的电子束辐射效应

由于电子束的穿透性大大弱于 γ 射线,且其本身带有负电,因此两种射线作用于材料导致的辐射效应也必然存在差异。Yagoubi 等对比研究了电子束和 γ 射线分别作用于聚丙烯导致的材料物化性能差异,吸收剂量范围为 25 ～ 150 kGy。如表 5.3 所示(PP γ-irr 表示 γ 射线辐射样品,PP EB-irr 表示电子束辐射样品),在相同的吸收剂量下,两种射线辐照的聚丙烯材料的熔融温度基本相同,没有表现出显著差异;样品的熔融焓和结晶度变化量的差异相对较大。相同吸收剂量下,γ 射线辐射造成的性能变化更加显著,这可能与其穿透性更强有关。

表 5.3　聚丙烯空白样与辐照样的热分析结果

PP 样品	熔融温度 T_f/℃	熔融焓 /($J \cdot g^{-1}$)	结晶度变化 /%
PP 空白样	147.0	94.5	0.00
PP γ-irr(25 kGy)	146.5	93.5	1.10
PP γ-irr(50 kGy)	145.9	92.2	2.40
PP γ-irr(100 kGy)	145.4	89.4	5.38
PP γ-irr(150 kGy)	144.5	87.1	7.84
PP EB-irr(25 kGy)	146.7	93.0	1.60
PP EB-irr(50 kGy)	146.3	92.0	2.65
PP EB-irr(100 kGy)	145.5	91.5	3.24
PP EB-irr(150 kGy)	144.4	88.6	6.25

聚丙烯在电子束辐射作用下也是同时发生交联和降解反应，并且随着吸收剂量的增大，两种反应的主导优势也会发生变化，而一些小分子添加剂的引入也可以有效改变两种反应的发生程度。Han 等研究了两种聚丙烯（一种是聚丙烯均聚物，HPP；另一种是丙烯与 2% 乙烯和 1% 正丁烯无规共聚得到的三元共聚物，RTPP）在加入少量三官能团单体（三聚氰酸三丙烯酯（TAC）和三羟甲基丙烷三丙烯酸酯（TMPTA），如图 5.3 所示）的情况下，材料的交联度随吸收剂量的变化关系。结果发现，当加入少量三官能团单体时，两种聚丙烯材料在较低吸收剂量时均可以有效提高交联度；而在较高吸收剂量时，材料的交联度随吸收剂量增大而迅速降低；HPP 在加入 TAC 时比加入 TMPTA 时具有更好的辐射稳定性，而 RTPP 则是在加入 TMPTA 时更耐辐射；当加入小分子三官能团单体过量时，材料会很难发生交联反应，而更倾向于发生降解。他们还发现，交联度变化对材料结晶度的影响不大，而且交联反应很可能主要发生在晶区与非晶区的界面上。

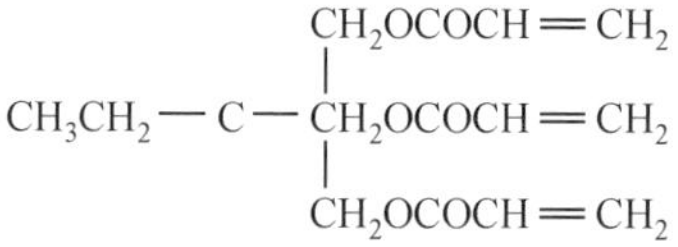
CH2OCOCH＝CH2
CH3CH2—C—CH2OCOCH＝CH2
CH2OCOCH＝CH2

(a) TMPTA

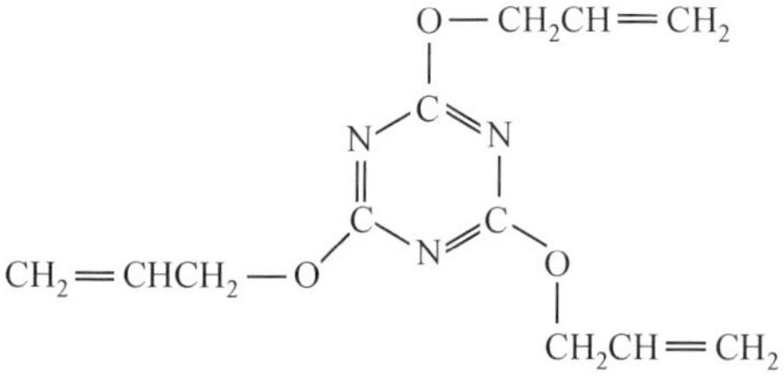
O—CH2CH＝CH2
C
N
N
C
C
N
CH2＝CHCH2—O
O
CH2CH＝CH2

(b) TAC

图 5.3　TMPTA 和 TAC 的分子结构

5.2.3　聚丙烯的中子辐射效应

迄今为止，有关聚丙烯的中子辐射效应的报道还比较少。Cygan 等研究了注量率分别为 2.6×10^{12} n/(cm^2 · s) 的快中子和剂量率数量级为 10^5 Gy/h 的 γ 射线的混合辐射对聚丙烯膜电学性能的影响。辐射总剂量增大时，聚丙烯膜的相对介电常数也逐渐增大，其介电损耗因子也呈相似的变化趋势。作者还分别研究了聚丙烯膜的交、直流击穿电压与辐射总剂量的关系，结果发现二者随吸收剂量增大没有发生显著变化。

该课题组还研究了一种电容器级聚丙烯膜材料在反应堆辐射、电场和温度

综合作用下的老化行为。具体老化条件包括：中子 /γ 总剂量达到 1.6×10^4 Gy，电场强度为 40 V/μm，温度为 90 ℃。结果发现，聚丙烯膜的拉伸强度和断裂伸长率均发生显著降低，说明在所述老化条件下，材料性能发生了严重恶化，聚丙烯的分子链发生了严重降解。进一步研究发现，电场对材料性能退化的影响可以忽略，而温度是有利于分子链的交联反应的。反应堆内的环境条件比较复杂严苛，多种环境因素的耦合、协同会对材料的老化结果产生不容忽视的影响。

5.3　聚氯乙烯的辐射效应

聚氯乙烯(Polyvinyl Chloride，PVC) 是氯乙烯单体在过氧化物、偶氮化合物等引发剂，或在光、热作用下按自由基聚合反应机理聚合而成的聚合物。聚氯乙烯中的碳原子为锯齿形排列，所有原子均以 σ 键相连，所有碳原子均为 sp^3 杂化。在聚氯乙烯分子链上存在短的间规立构规整结构。随着聚合反应温度的降低，间规立构规整度提高。聚氯乙烯是无定形结构的白色粉末，支化度较小，玻璃化转变温度为 77 ～ 90 ℃，170 ℃ 左右开始分解。聚氯乙烯大分子结构中存在头头结构、支链、双键、烯丙基氯、叔氯等不稳定性结构，对光和热的稳定性差，在 100 ℃ 以上或经长时间阳光曝晒，就会分解而产生氯化氢，并进一步自动催化分解，引起变色，物理机械性能也迅速下降，在实际应用中必须加入稳定剂以提高对热和光的稳定性。而通过一定手段加工交联后，也可将该类缺点消除。聚氯乙烯曾是世界上产量最大的通用塑料，应用非常广泛，在建筑材料、工业制品、日用品、地板革、地板砖、人造革、管材、电线电缆、包装膜、包装瓶、发泡材料、密封材料、纤维等方面均有广泛应用。

有关聚氯乙烯辐射效应的研究报道相对较少，其中中子辐射效应尚未见报道。

5.3.1　聚氯乙烯的 γ 射线辐射效应

聚氯乙烯的辐射交联最早是在 1953 年报道的。后来的工作证明在辐照时聚氯乙烯发生交联和降解都是可能的，这取决于辐射条件。聚氯乙烯中的不稳定因素是氯原子，单纯的聚氯乙烯辐射交联主要是分子间的脱氯化氢反应。聚氯乙烯在辐照时，首先是分子链上的 C—Cl 键断裂，生成氯自由基(Cl·)，它与另一条分子链上的氢结合生成氯化氢和一个新的链自由基。两条链自由基碰撞结合可形成交联链，也有可能生成交联结构和一个新的氯原子。聚氯乙烯在辐照过程中，还会发生断链的降解反应并生成氢自由基(H·) 及其他自由基。

电子顺磁共振(EPR) 谱是检测辐照产生的自由基的有效手段。Kuri 等利用电子顺磁共振谱研究了聚氯乙烯在不同气氛下的γ射线辐照过程中产生的自由基。Colombani 等专门论述了 EPR 在聚氯乙烯的γ射线辐射效应研究中的应用。核磁共振(NMR)和傅立叶变换红外(FTIR)光谱也是研究聚合物辐射效应的常用手段。

Colombani 等利用 EPR、NMR 和 FTIR 等精细表征方法研究了聚氯乙烯在高剂量γ辐照(兆戈瑞量级)下的辐射降解自由基和化学结构变化,得出了聚氯乙烯的两种降解反应机理——无氧辐射降解(anaerobic radiolysis)和有氧辐射降解(aerobic radiolysis),如图 5.4 和图 5.5 所示。

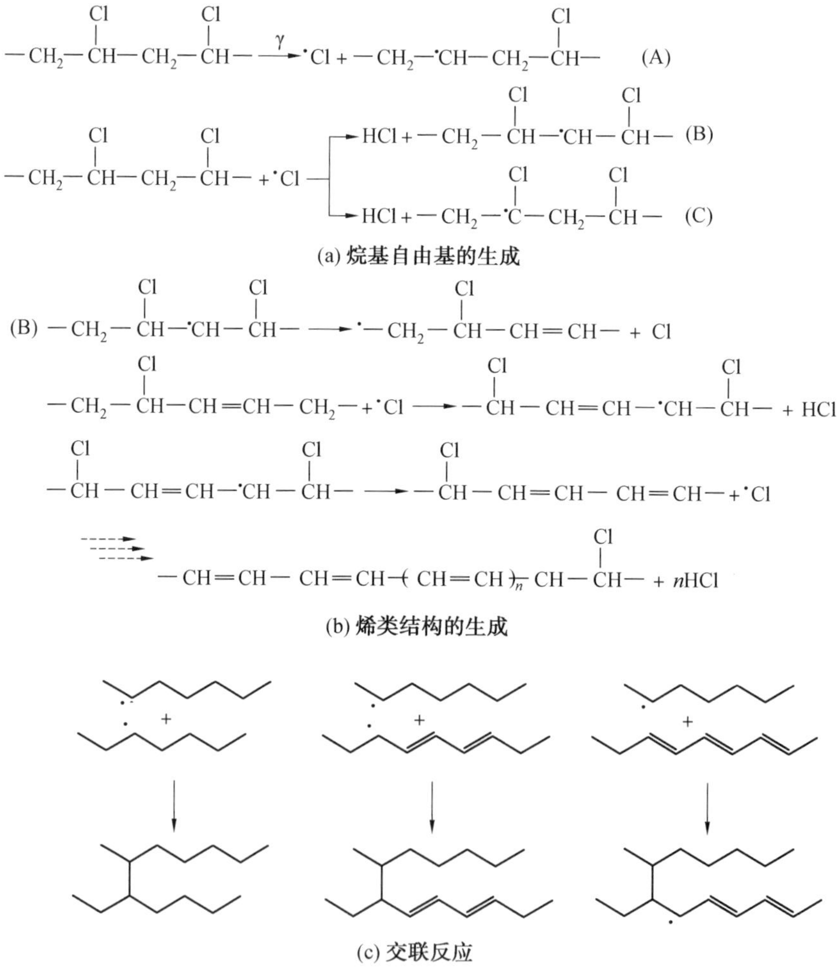

$$-CH_2-CH(Cl)-CH_2-CH(Cl)- \xrightarrow{\gamma} {}^{\cdot}Cl + -CH_2-{}^{\cdot}CH-CH_2-CH(Cl)- \quad (A)$$

$$-CH_2-CH(Cl)-CH_2-CH(Cl)- + {}^{\cdot}Cl \longrightarrow \begin{cases} HCl + -CH_2-CH(Cl)-{}^{\cdot}CH-CH(Cl)- & (B) \\ HCl + -CH_2-{}^{\cdot}C(Cl)-CH_2-CH(Cl)- & (C) \end{cases}$$

(a) 烷基自由基的生成

$$(B)\ -CH_2-CH(Cl)-{}^{\cdot}CH-CH(Cl)- \longrightarrow {}^{\cdot}-CH_2-CH(Cl)-CH=CH- + Cl$$

$$-CH_2-CH(Cl)-CH=CH-CH_2- + {}^{\cdot}Cl \longrightarrow -CH(Cl)-CH=CH-{}^{\cdot}CH-CH(Cl)- + HCl$$

$$-CH(Cl)-CH=CH-{}^{\cdot}CH-CH(Cl)- \longrightarrow -CH(Cl)-CH=CH-CH=CH- + {}^{\cdot}Cl$$

$$\dashrightarrow -CH=CH-CH=CH-(CH=CH)_n-CH-CH(Cl)- + nHCl$$

(b) 烯类结构的生成

(c) 交联反应

图 5.4　聚氯乙烯的无氧辐射降解反应机理

闫秀玲等利用^1H NMR 和^{13}C NMR 谱以及 FTIR 光谱等方法研究了聚氯乙烯在限量空气气氛和室温条件下经^{60}Co γ射线辐照后的辐射效应。结果表明,聚

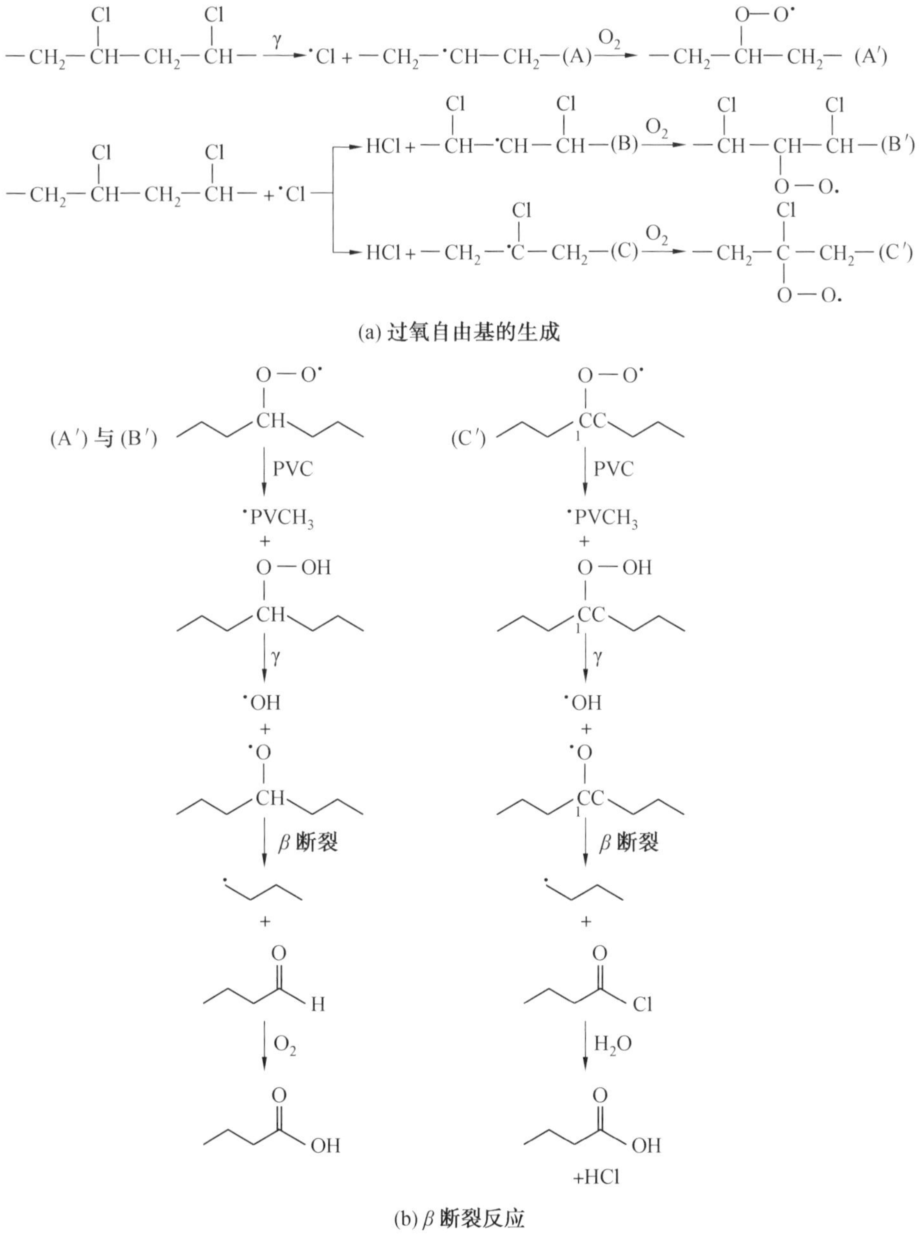

$$-CH_2-\underset{}{\overset{Cl}{\overset{|}{C}H}}-CH_2-\overset{Cl}{\overset{|}{C}H}- \xrightarrow{\gamma} {}^{\bullet}Cl + -CH_2-{}^{\bullet}CH-CH_2-(A) \xrightarrow{O_2} -CH_2-\overset{O-O^{\bullet}}{\overset{|}{C}H}-CH_2-\ (A')$$

$$-CH_2-\overset{Cl}{\overset{|}{C}H}-CH_2-\overset{Cl}{\overset{|}{C}H}- + {}^{\bullet}Cl \rightarrow HCl + -\overset{Cl}{\overset{|}{C}H}-{}^{\bullet}CH-\overset{Cl}{\overset{|}{C}H}-(B) \xrightarrow{O_2} -\overset{Cl}{\overset{|}{C}H}-\underset{O-O^{\bullet}}{\underset{|}{C}H}-\overset{Cl}{\overset{|}{C}H}-(B')$$

$$-CH_2-\overset{Cl}{\overset{|}{C}H}-CH_2-\overset{Cl}{\overset{|}{C}H}- + {}^{\bullet}Cl \rightarrow HCl + -CH_2-{}^{\bullet}\overset{Cl}{\overset{|}{C}}-CH_2-(C) \xrightarrow{O_2} -CH_2-\underset{O-O^{\bullet}}{\underset{|}{\overset{Cl}{\overset{|}{C}}}}-CH_2-(C')$$

(a) 过氧自由基的生成

(A′) 与 (B′)：$\sim CH(O-O^{\bullet})\sim \xrightarrow{PVC} {}^{\bullet}PVCH_3 + \sim CH(O-OH)\sim \xrightarrow{\gamma} {}^{\bullet}OH + \sim CH({}^{\bullet}O)\sim \xrightarrow{\beta\ 断裂} {}^{\bullet}\sim + \sim C(=O)H \xrightarrow{O_2} \sim C(=O)OH$

(C′)：$\sim CC_1(O-O^{\bullet})\sim \xrightarrow{PVC} {}^{\bullet}PVCH_3 + \sim CC_1(O-OH)\sim \xrightarrow{\gamma} {}^{\bullet}OH + \sim CC_1({}^{\bullet}O)\sim \xrightarrow{\beta\ 断裂} {}^{\bullet}\sim + \sim C(=O)Cl \xrightarrow{H_2O} \sim C(=O)OH + HCl$

(b) β 断裂反应

图 5.5　聚氯乙烯的有氧辐射降解反应机理

氯乙烯大分子链的脱 HCl 方式受吸收剂量的影响。当吸收剂量达到 2.8×10^{5} Gy 时，聚氯乙烯以大分子链内脱 HCl 为主，产生部分—CH≡CH—结构，使得—CHCl的运动受阻，表现为质子的自旋－自旋弛豫时间(T_2)减小。

如前所述，聚氯乙烯在γ辐射作用下会释放出 HCl 气体。HCl 是一种具有强腐蚀性的酸性气体，其可能造成的危害不容忽视。Labed 等研究了湿度和温度环境对聚氯乙烯γ辐射下 HCl 产量的影响。所研究的剂量率包括 0.4 kGy/h 和 4 kGy/h 两种；吸收剂量范围为 0.1～4 MGy；相对湿度包含 <10%、70% 和 100% 三种；辐照温度包括室温和 70 ℃。这实际上就是最典型的核环境，HCl 的辐射化学产额见表 5.4。可以看到，湿度对 HCl 的产额具有显著影响。

表 5.4　纯聚氯乙烯在不同辐照条件下的 HCl 辐射化学产额 G_{HCl}

辐射条件	G_{HCl}/(分子·100 eV^{-1})					
	室温			70 ℃		
	<10%	70%	100%	<10%	70%	100%
高剂量率(4 kGy/h)						
0.5～4 MGy	6.8	—	1.8	—	—	—
低剂量率(0.4 kGy/h)						
0.2～1.5 MGy	9.6	10.5	—	—	—	—
0.5～1.5 MGy	—	8.5	—	16.5	8.5	—

5.3.2　聚氯乙烯的电子束辐射效应

聚氯乙烯在电子束辐射作用下也会释放出 HCl 气体。Miller 研究了聚氯乙烯材料在高能电子辐射下的 HCl 辐射化学产额与辐射温度之间的关系规律。结果表明，HCl的辐射化学产额随温度升高而增大。当温度不高于－90 ℃时，HCl的辐射化学产额达到最小值 5.6；而在温度为 70 ℃ 时，其辐射化学产额为23 分子/100 eV。

聚氯乙烯在高能辐射作用下会发生颜色变化。根据吸收剂量和辐照温度的不同，聚氯乙烯材料可以从原本的白色变为黄绿色甚至颜色很深的红黑色。Atchison 利用分光光度计和电子顺磁共振(EPR)谱研究了一种未增塑聚氯乙烯材料在 2 MeV 电子辐射作用下的颜色变化。结果发现，这些变色材料的化学结构信息与聚多烯烃吻合。EPR 的研究发现了三种可以在辐照后长时间稳定存在的自由基，其半衰期分别长达 4.5 h、63 h、1 630 h。进一步研究表明，材料对应的波长 550 nm 的颜色深度与长寿命自由基的浓度呈现负相关关系；而材料的最强吸收波长范围是 350～500 nm。

在实际使用中有时需要对聚氯乙烯做一定的交联处理，而电子束辐照就是一种非常有效的处理方式。Ratnam 等研究发现通过加入适当的小分子化合物

可以有效提高聚氯乙烯的电子束辐照交联效率。作者尝试了两种小分子添加剂——TMPTA和Irganox 1010(四丙酸季戊四醇酯，一种抗氧剂)，研究了其在20～200 kGy的吸收剂量范围内对聚氯乙烯交联速率的影响。结果发现，TMPTA可以非常高效地提高交联反应速率，而Irganox 1010则会抑制交联反应的发生。添加TMPTA使得聚乙烯材料辐照后的玻璃化转变温度有所提高。而在所研究的吸收剂量范围内，电子束辐照导致的降解反应远远少于交联反应。

5.4　本章小结

聚乙烯、聚丙烯和聚氯乙烯在通常条件下都是以辐射交联为主，氧气和温度等环境因素对材料的辐射效应会产生比较显著的影响。总体来说，三种材料的耐辐射能力均不突出，在高能辐射环境下使用时应关注其性能变化和释气行为。同时，也可以利用材料的辐射效应对其进行适当改性，以更好地满足使用需求。

本章参考文献

[1] CHARLESBY A. Cross-linking of polythene by pile radiation[J]. Proceedings of the Royal Society of London Series A, Mathematical and Physical Sciences, 1952, 215(1121): 187-214.

[2] BLACK R. Effect of temperature upon the cross-linking of polyethylene by high-energy radiation[J]. Nature, 1956, 178: 305-306.

[3] MEYER R A, BOUQUET F L, ALGER R S. Radiation induced conductivity in polyethylene and teflon[J]. Journal of Applied Physics, 1956, 27(9): 1012.

[4] OKADA Y, AMEMIYA A. Effect of atmosphere on radiation-induced crosslinking of polyethylene[J]. Journal of Polymer Science, 1961, 50(153): S22-S24.

[5] OHNISHI S I, SUGIMOTO S I, NITTA I. Electron spin resonance study of radiation oxidation of polymers. ⅢA. Results for polyethylene and some general remarks[J]. Journal of Polymer Science Part A: General Papers, 1963, 1(2): 605-623.

[6] YAHAGI K, DANNO A. Gamma-ray induced conductivity in polyethylene and teflon under radiation at high dose rate[J]. Journal of Applied Physics, 1963, 34(4): 804-809.

[7] CHARLESBY A, GOULD A, LEDBURY K. Comparison of alpha and gamma radiation effects in polyethylene[J]. Proceedings of the Royal Society of London Series A Mathematical and Physical Sciences, 1964, 277(1370): 348-364.

[8] KAWAI T, KELLER A, CHARLESBY A, et al. The effect of crystallization conditions on radiation-induced cross-link formation in polyethylene[J]. Philosophical Magazine, 1964, 10(107): 779-784.

[9] FERGUSON J, WRIGHT B. The effects of small doses of radiation on the flow and other properties of ziegler polyethylenes[J]. Journal of Applied Polymer Science, 1965, 9(8): 2763-2777.

[10] KAWAI T, KELLER A. The effect of crystallization conditions on radiation-induced crosslink formation in polyethylene[J]. Philosophical Magazine, 1965, 12(118): 673-679.

[11] KAWAI T, KELLER A. The effect of crystallization conditions on radiationinduced crosslink formation in polyethylene[J]. Philosophical Magazine, 1965, 12(118): 687-697.

[12] KAWAI T, KELLER A. The effect of crystallization conditions on the radiation-induced crosslinking in polyethylene[J]. Philosophical Magazine, 1965, 12(118): 699-718.

[13] KAWAI T, KELLER A, CHARLESBY A, et al. The effect of crystallization conditions on radiation-induced crosslink formation in polyethylene[J]. Philosophical Magazine, 1965, 12(118): 657-671.

[14] ORMEROD M G. The effect of crystallization conditions on radiation-induced crosslink formation in polyethylene[J]. Philosophical Magazine, 1965, 12(118): 681-686.

[15] KAWAI T, KELLER A. The effect of crystallization conditions on radiation-induced crosslink formation in polyethylene part Ⅵ. Some effects in the bulk material[J]. Philosophical Magazine, 1966, 14(132): 1123-1130.

[16] KANG H, SAITO O, DOLE M. The radiation chemistry of polyethylene. Ⅸ. Temperature coefficient of cross-linking and other effects[J]. Journal of the American Chemical Society, 1967, 89(9): 1980-1986.

[17] PATEL G, KELLER A. On the effect of ionizing radiation on hydrocarbons and polyethylene in their crystalline state[J]. Journal of

Polymer Science: Polymer Letters Edition, 1973, 11(12): 737-743.

[18] JOHNSON G A, WILLSON A. Radiation effects in polyethylene films studied by pulse radiolysis[J]. Journal of the Chemical Society, Chemical Communications, 1974, (15): 577-578.

[19] JENKINS H, KELLER A. Radiation-induced changes in physical properties of bulk polyethylene. Ⅰ. Effect of crystallization conditions[J]. Journal of Macromolecular Science, Part B, 1975, 11(3): 301-323.

[20] MITSUI H, HOSOI F, USHIROKAWA M. Effect of double bonds on the γ-radiation-induced crosslinking of polyethylene[J]. Journal of Applied Polymer Science, 1975, 19(2): 361-369.

[21] PATEL G. Crystallinity and the effect of ionizing radiation in polyethylene. Ⅵ. Decay of vinyl groups[J]. Journal of Polymer Science: Polymer Physics Edition, 1975, 13(2): 361-367.

[22] PATEL G. Crystallinity and the effect of ionizing radiation in polyethylene. Ⅳ. Effect of segregation of low molecular weight chains on determination of main-chain scission in linear polyethylene[J]. Journal of Polymer Science: Polymer Physics Edition, 1975, 13(2): 339-350.

[23] PATEL G. Crystallinity and the effect of ionizing radiation in polyethylene. Ⅴ. Distribution of trans-vinylene and trans, trans conjugated double bonds in linear polyethylene[J]. Journal of Polymer Science: Polymer Physics Edition, 1975, 13(2): 351-359.

[24] PATEL G, KELLER A. Crystallinity and the effect of ionizing radiation in polyethylene. Ⅰ. Crosslinking and the crystal core[J]. Journal of Polymer Science: Polymer Physics Edition, 1975, 13(2): 303-321.

[25] PATEL G, KELLER A. Crystallinity and the effect of ionizing radiation in polyethylene. Ⅲ. An experiment on the irradiation-induced crosslinking in n-hexatriacontane[J]. Journal of Polymer Science: Polymer Physics Edition, 1975, 13(2): 333-338.

[26] PATEL G, KELLER A. Crystallinity and the effect of ionizing radiation in polyethylene. Ⅱ. Crosslinking in chain-folded single crystals[J]. Journal of Polymer Science: Polymer Physics Edition, 1975, 13(2): 323-331.

[27] RAFI AHMAD S, CHARLEZSBY A. Investigation of the effect of ^{60}Co γ radiation on single and polycrystalline polyethylene by broad line

NMR[J]. International Journal for Radiation Physics and Chemistry, 1976, 8(4): 497-501.

[28] PERKINS W, STANNETT V, PORTER R S. Effect of gamma radiation and annealing on ultra-oriented polyethylene[J]. Polymer Engineering & Science, 1978, 18(6): 527-532.

[29] NUSBAUM H, ROSE R. The effects of radiation sterilization on the properties of ultrahigh molecular weight polyethylene[J]. Journal of biomedical materials research, 1979, 13(4): 557-576.

[30] AKAY G, TINCER T. The effect of orientation on radiation-induced degradation in high density polyethylene[J]. Polymer Engineering & Science, 1981, 21(1): 8-17.

[31] ARAKAWA K, SEGUCHI T, WATANABE Y, et al. Dose rate effect on radiation-induced oxidation of polyethylene and ethylene-propylene copolymer[J]. Journal of Polymer Science: Polymer Chemistry Edition, 1981, 19(8): 2123-2125.

[32] CLOUGH R L, GILLEN K T. Combined environment aging effects: radiation-thermal degradation of polyvinylchloride and polyethylene[J]. Journal of Polymer Science: Polymer Chemistry Edition, 1981, 19(8): 2041-2051.

[33] ROE R J, GROOD E S, SHASTRI R, et al. Effect of radiation sterilization and aging on ultrahigh molecular weight polyethylene[J]. Journal of Biomedical Materials Research, 1981, 15(2): 209-230.

[34] BASHEER R, DOLE M. Radiation chemistry of linear low-density polyethylene. I. Gel formation and unsaturation effects[J]. Journal of Polymer Science: Polymer Physics Edition, 1983, 21(6): 949-956.

[35] BHATEJA S. Radiation-induced crystallinity changes in linear polyethylene: Influence of aging[J]. Journal of Applied Polymer Science, 1983, 28(2): 861-872.

[36] BHATEJA S, ANDREWS E. Effect of high-energy radiation on the uniaxial tensile creep behaviour of ultra-high molecular weight linear polyethylene[J]. Polymer, 1983, 24(2): 160-166.

[37] KELLER A, UNGAR G. Radiation effects and crystallinity in polyethylene[J]. Radiation Physics and Chemistry (1977), 1983, 22(1): 155-181.

[38] LYONS B J. The effect of radiation on the solubility and other properties

of high and linear low density polyethylenes[J]. Radiation Physics and Chemistry (1977), 1983, 22(1): 135-153.

[39] GAL O, MARKOVIĆ V, NOVAKOVIĆ L R, et al. The effects of the nature of the antioxidant on the radiation crosslinking of polyethylene[J]. Radiation Physics and Chemistry (1977), 1985, 26(3): 325-330.

[40] KAMEL I, FINEGOLD L. Effect of radiation on the structure of ultrahigh molecular weight polyethylene[J]. Radiation Physics and Chemistry (1977), 1985, 26(6): 685-691.

[41] SHINDE A, SALOVEY R. Irradiation of ultrahigh-molecular-weight polyethylene[J]. Journal of Polymer Science: Polymer Physics Edition, 1985, 23(8): 1681-1689.

[42] YEH G S, CHEN C, BOOSE D. Radiation-induced crosslinking: Effect on structure of polyethylene[J]. Colloid and Polymer Science, 1985, 263(2): 109-115.

[43] BIRKINSHAW C, BUGGY M, WHITE J. The effect of sterilising radiation on the properties of ultra-high molecular weight polyethylene[J]. Materials Chemistry and Physics, 1986, 14(6): 549-558.

[44] TINCER T, CIMEN I, AKAY G. The effect of additives and drawing temperature on gamma or ultraviolet radiation induced oxidative degradation of drawn high density polyethylene[J]. Polymer Engineering & Science, 1986, 26(7): 479-487.

[45] 哈鸿飞，陈文琇. 低温辐射对聚乙烯辐射交联和不饱和度变化的影响[J]. 北京师范大学学报（自然科学版），1986，1：007.

[46] ASLANIAN V, VARDANIAN V, AVETISIAN M, et al. Effect of radiation on the crystallinity of low-density polyethylene[J]. Polymer, 1987, 28(5): 755-757.

[47] BHATEJA S, ANDREWS E. Effect of high energy radiation on the stress-relaxation of ultra-high molecular weight linear polyethylene[J]. Journal of Applied Polymer Science, 1987, 34(8): 2809-2817.

[48] CHOLLI A L, RITCHEY W M, KOENIG J L. Investigation of the effect of gamma-radiation on high-density polyethylene by solid-state magic-angle ^{13}C NMR spectroscopy[J]. Applied spectroscopy, 1987, 41(8): 1418-1421.

[49] Liu D, Zhang L, Wang Y, et al. The effect of radiation cross-linking on

the mechanical properties of polyethylene sheets[J]. International Journal of Radiation Applications and Instrumentation Part C Radiation Physics and Chemistry, 1987, 29(3): 175-177.

[50] LUO Y, LI P, JIANG B. The estimation of the polydispersity index of molecular weight distribution with a radiation crosslinking technique: Ⅰ. The effect of molecular weight distribution on the radiation crosslinking of polyethylene[J]. International Journal of Radiation Applications and Instrumentation Part C Radiation Physics and Chemistry, 1987, 29(6): 415-418.

[51] MUKHERJEE A, TYAGI P, GUPTA B. Effect of gamma radiation on low density polyethylene[J]. Die Angewandte Makromolekulare Chemie, 1988, 161(1): 77-87.

[52] BHATEJA S, ANDREWS E, YARBROUGH S. Radiation induced crystallinity changes in linear polyethylenes: long term aging effects[J]. Polymer Journal, 1989, 21(9): 739-750.

[53] BIRKINSHAW C, BUGGY M, DALY S, et al. The effect of γ radiation on the physical structure and mechanical properties of ultrahigh molecular weight polyethylene[J]. Journal of Applied Polymer Science, 1989, 38(11): 1967-1973.

[54] GEETHA R, TORIKAI A, YOSHIDA S, et al. Radiation-induced degradation of polyethylene: Effect of processing and density on the chemical changes and mechanical properties[J]. Polymer degradation and stability, 1989, 23(1): 91-98.

[55] SPADARO G, CALDERARO E, RIZZO G. Radiation induced degradation and crosslinking of low density polyethylene. Effect of dose rate and integrated dose[J]. Acta polymerica, 1989, 40(11): 702-705.

[56] BHATEJA S K, YARBROUGH S M, ANDREWS E H. Radiation-induced crystallinity changes in linear polyethylene: Long-term aging effects in pressure-crystallized ultra-high molecular weight polymer[J]. Journal of Macromolecular Science, Part B, 1990, 29(1): 1-10.

[57] BRICKMAN B A, CHIKINA Z N, ROGOVA V N, et al. Effect of various forms of ionizing-radiation on the properties of polymers-thermal-conductivity and crystallinity of polyethylene[J]. High Energy Chemistry, 1990, 24(6): 447-451.

[58] CHEN C, BOOSE D, YEH G. Radiation-Induced crosslinking: Ⅱ. Effect on the crystalline and amorphous densities of polyethylene[J]. Colloid and polymer science, 1991, 269(5): 469-476.

[59] CHEN C, YEH G. Radiation-induced crosslinking: Ⅲ. Effect on the crystalline and amorphous density fluctuations of polyethylene[J]. Colloid and polymer science, 1991, 269(4): 353-363.

[60] WIESNER L. Effects of radiation on polyethylene and other polyolefins in the presence of oxygen[J]. International Journal of Radiation Applications and Instrumentation Part C Radiation Physics and Chemistry, 1991, 37(1): 77-81.

[61] 汤蓓琳. 聚乙烯泡沫塑料的辐射效应[J]. 辐射研究与辐射工艺学报, 1991, 9(4): 246-251.

[62] SPADARO G. Gamma-radiation ageing of a low density polyethylene. Effects of irradiation temperature and dose rate[J]. European Polymer Journal, 1993, 29(6): 851-854.

[63] 于黎，钟晓光. 氯化聚乙烯/低密度聚乙烃烯共混物的辐射效应研究[J]. 辐射研究与辐射工艺学报, 1993, 11(3): 143-146.

[64] BUCHALLA R, SCHÜTTLER C, BÖGL K. Radiation sterilization of medical devices. Effects of ionizing radiation on ultra-high molecular-weight polyethylene[J]. Radiation Physics and Chemistry, 1995, 46(4): 579-585.

[65] GOLDMAN M, GRONSKY R, RANGANATHAN R, et al. The effects of gamma radiation sterilization and ageing on the structure and morphology of medical grade ultra high molecular weight polyethylene[J]. Polymer, 1996, 37(14): 2909-2913.

[66] SAUER W L, WEAVER K D, BEALS N B. Fatigue performance of ultra-high-molecular-weight polyethylene: Effect of gamma radiation sterilization[J]. Biomaterials, 1996, 17(20): 1929-1935.

[67] SHAKER M, KAMEL I, ABDEL-BARY E. Effect of ionizing radiation on the properties of ultrahigh molecular weight polyethylene fibers[J]. Journal of Elastomers and Plastics, 1996, 28(3): 236-256.

[68] FAILLA M, VALL S E, LYONS B. Effect of initial crystallinity on the response of high-density polyethylene to high-energy radiation[J]. Journal of Applied Polymer Science, 1999, 71(9): 1375-1384.

[69] DJOKOVIĆ V, KOSTOSKI D, DRAMIĆANIN M D, et al. Stress

relaxation in high density polyethylene. Effects of orientation and gamma radiation[J]. Polymer Journal, 1999, 31(12): 1194-1199.

[70] WU G, KATSUMURA Y, KUDOH H, et al. Temperature dependence of radiation effects in polyethylene: Cross-linking and gas evolution[J]. Journal of Polymer Science Part A: Polymer Chemistry, 1999, 37(10): 1541-1548.

[71] BADR Y, ALI Z I, ZAHRAN A H, et al. Characterization of gamma irradiated polyethylene films by DSC and X-ray diffraction techniques[J]. Polymer International, 2000, 49(12): 1555-1560.

[72] BARKHUDARYAN V. Effect of γ-radiation on the molecular characteristics of low-density polyethylene[J]. Polymer, 2000, 41(2): 575-578.

[73] SUZUKI T, ITO Y, KONDO K, et al. Radiation effect on positronium formation in low-temperature polyethylene[J]. Radiation Physics and Chemistry, 2000, 58(5): 485-489.

[74] BRISKMAN B. Radiation effects in thermal properties of polymers. An analytical review. I. Polyethylene[J]. Nuclear Instruments and Methods in Physics Research Section B: Beam Interactions with Materials and Atoms, 2001, 185(1): 116-122.

[75] HYUN KANG P, CHANG NHO Y. The effect of γ-irradiation on ultra-high molecular weight polyethylene recrystallized under different cooling conditions[J]. Radiation Physics and Chemistry, 2001, 60(1): 79-87.

[76] SHYICHUK A, SHYICHUK I, WU G, et al. Quantitative analysis of the temperature effect on the radiation crosslinking and scission of polyethylene macromolecules[J]. Journal of Polymer Science Part A: Polymer Chemistry, 2001, 39(10): 1656-1661.

[77] SUAREZ J C M, DA COSTA MONTEIRO E E, MANO E B. Study of the effect of gamma irradiation on polyolefins- low-density polyethylene[J]. Polymer Degradation and Stability, 2002, 75(1): 143-151.

[78] 赵莉，车锋，吴泽，等. 聚乙烯辐照特性的研究[J]. 化学与粘合，2003，2：006.

[79] KAČAREVIĆ-POPOVÍ Z M, KOSTOSKI D D, NOVAKOVÍ L, et al. Influence of the irradiation conditions on the effect of radiation on polyethylene[J]. Journal of the Serbian Chemical Society, 2004,

69(12): 1029-1041.
[80] NAGIB N N, KHODEIR S A, ABD-EL-MEGEED A A, et al. Effect of γ-radiation on the birefringence of stretched polyethylene films[J]. Optics & Laser Technology, 2004, 36(5): 361-364.
[81] BRISKMAN B A. Radiation effects on thermal properties of polymers. Ⅰ. Polyethylene (contd.)[J]. High Performance Polymers, 2005, 17(1): 103-116.
[82] OL'KHOV Y A, ALLAYAROV S, SMIRNOV Y N, et al. Effect of gamma-radiation on the molecular-topological structure of polyethylene[J]. High Energy Chemistry, 2005, 39(6): 373-381.
[83] 刘鹏波，范萍，徐闻，等. γ射线辐照对超高分子量聚乙烯结构与流动性能的影响[J]. 辐射研究与辐射工艺学报，2005，23(4)：207-210.
[84] 俎建华，刘新文，周瑞敏，等. 聚乙烯膜γ射线辐照生成自由基的ESR研究[J]. 辐射研究与辐射工艺学报，2005，23(3)：174-178.
[85] YAMANAKA A, IZUMI Y, KITAGAWA T, et al. The radiation effect on thermal conductivity of high strength ultra-high-molecular-weight polyethylene fiber by γ-rays[J]. Journal of Applied Polymer Science, 2006, 101(4): 2619-2626.
[86] BUTTAFAVA A, TAVARES A, ARIMONDI M, et al. Dose rate effects on the radiation induced oxidation of polyethylene[J]. Nuclear Instruments and Methods in Physics Research Section B: Beam Interactions with Materials and Atoms, 2007, 265(1): 221-226.
[87] MARKEL D C, MENDELSON S D, YUDELEV M, et al. The effect of neutron radiation on conventional and highly cross-linked ultrahigh-molecular-weight polyethylene wear[J]. The Journal of Arthroplasty, 2008, 23(5): 732-735.
[88] 赵艳凝，王谋华，唐忠锋，等. 中国核科学技术进展报告(第一卷)—— 中国核学会 2009 年学术年会论文集[C]. 北京：中国原子能出版社，2009.
[89] PEREZ C J, VALL S E M, FAILLA M D. The effect of post-irradiation annealing on the crosslinking of high-density polyethylene induced by gamma-radiation[J]. Radiation Physics and Chemistry, 2010, 79(6): 710-717.
[90] 赵艳凝，王谋华，唐忠锋，等. γ－射线辐照对超高分子量聚乙烯纤维结构与力学性能的影响[J]. 高分子材料科学与工程，2010，26(10)：32-35.
[91] BISTOLFI A, BELLARE A. The relative effects of radiation crosslinking

and type of counterface on the wear resistance of ultrahigh- molecular-weight polyethylene[J]. Acta Biomaterialia, 2011, 7(9): 3398-3403.

[92] KULIEV M M, ISMAIILOVA R S. The gamma-radiation effect on the spectrum of thermally stimulated current in polyethylene of high density[J]. Surface Engineering and Applied Electrochemistry, 2011, 46(5): 447-451.

[93] MOEZ A A, ALY S S, ELSHAER Y H. Effect of gamma radiation on low density polyethylene (LDPE) films: Optical, dielectric and FTIR studies[J]. Spectrochimica acta Part A, Molecular and Biomolecular Spectroscopy, 2012, 93: 203-207.

[94] 李澧，朱佳廷，冯敏，等. ^{60}Co γ 射线辐照对聚乙烯薄膜降解性能的影响[J]. 核农学报，2013，27(9)：1366-1370.

[95] CHEN P-Y, CHEN C C, HARMON J P, et al. The effect of gamma radiation on hardness evolution in high density polyethylene at elevated temperatures[J]. Materials Chemistry and Physics, 2014, 146(3): 369-373.

[96] PU RTOLAS J A, MART NEZ-MORLANES M J, TERUEL R, et al. Dielectric behavior induced by vitamin E and electron beam irradiation in ultra high molecular weight polyethylene[J]. Journal of Applied Polymer Science, 2014, 131(19): 40844.

[97] KUMAR H G H, MATHAD R D, GANESH S, et al. Electron-beam-induced modifications in high-density polyethylene[J]. Brazilian Journal of Physics, 2011, 41(1): 7-14.

[98] MATHAD R D, HARISH KUMAR H G, SANNAKKI B, et al. Electron-beam-induced changes in ultra-high-molecular weight polyethylene[J]. Radiation Effects and Defects in Solids, 2010, 165(4): 277-289.

[99] AZUMA K, TSUNODA H, HIRATA T, et al. Effects of the conditions for electron beam irradiation on the amounts of volatiles from irradiated polyethylene film[J]. Agricultural and Biological Chemistry, 1984, 48(8): 2009-2015.

[100] DIJKSTRA D J, PENNINGS A J. Cross-linking of ultra-high strength polyethylene fibres by means of electron beam irradiation[J]. Polymer Bulletin, 1987, 17(6): 507-513.

[101] GHEYSARI D, BEHJAT A, HAJI-SAEID M. The effect of high-energy electron

beam on mechanical and thermal properties of LDPE and HDPE[J]. European Polymer Journal, 2001, 37(2): 295-302.

[102] MURRAY K A, KENNEDY J E, MCEVOY B, et al. The effects of high energy electron beam irradiation in air on accelerated aging and on the structure property relationships of low density polyethylene[J]. Nuclear Instruments and Methods in Physics Research Section B: Beam Interactions with Materials and Atoms, 2013, 297: 64-74.

[103] MURRAY K A, KENNEDY J E, MCEVOY B, et al. The effects of high energy electron beam irradiation on the thermal and structural properties of low density polyethylene[J]. Radiation Physics and Chemistry, 2012, 81(8): 962-966.

[104] PARTH M, AUST N, LEDERER K. Studies on the effect of electron beam radiation on the molecular structure of ultra-high molecular weight polyethylene under the influence of α-tocopherolwith respect to its application in medical implants[J]. Journal of Materials Science: Materials in Medicine, 2002, 13(10): 917-921.

[105] QU B, R RBY B. Radiation crosslinking of polyethylene with electron beam at different temperatures[J]. Polymer Engineering & Science, 1995, 35(14): 1161-1166.

[106] SHAFIQ M, MEHMOOD M S, YASIN T. On the structural and physicochemical properties of gamma irradiated UHMWPE/silane hybrid[J]. Materials Chemistry and Physics, 2013, 143(1): 425-433.

[107] TRETINNIKOV O N, OGATA S, IKADA Y. Surface crosslinking of polyethylene by electron beam irradiation in air[J]. Polymer, 1998, 39(24): 6115-6120.

[108] ŻENKIEWICZ M, RAUCHFLEISZ M, CZUPRYŃSKA J. Comparison of some oxidation effects in polyethylene film irradiated with electron beam or gamma rays[J]. Radiation Physics and Chemistry, 2003, 68(5): 799-809.

[109] ABDEL KERIM F M, ELAGRAMI A M, EL-KALLA E H. Study of the effect of gamma radiation on the IR spectra of polypropylene[J]. Isotopenpraxis Isotopes in Environmental and Health Studies, 2008, 21(1): 23-25.

[110] BABIĆ D, ŠAFRANJ A, MARKOVIĆ V, et al. Radiation degradation of

polypropylene-immediate and long term effects on average molecular weights[J]. Radiation Physics and Chemistry (1977), 1983, 22(3): 659-662.

[111] BUSFIELD W, O'DONNELL J. Effects of gamma radiation on the mechanical properties and crystallinity of polypropylene film[J]. European Polymer Journal, 1979, 15(4): 379-387.

[112] CYGAN S, LAGHARI J. Effects of fast neutron radiation on polypropylene[J]. Nuclear Science, IEEE Transactions on, 1989, 36(4): 1386-1390.

[113] CYGAN S P, LAGHARI J R. Effects of multistress aging (radiation, thermal, electrical) on polypropylene[J]. Nuclear Science, IEEE Transactions on, 1991, 38(3): 906-912.

[114] GAO J, LU Y, WEI G, et al. Effect of radiation on the crosslinking and branching of polypropylene[J]. Journal of Applied Polymer Science, 2002, 85(8): 1758-1764.

[115] GEYMER D. The effects of ionizing radiation on the molecular weight of crystalline polypropylene[J]. Die Makromolekulare Chemie, 1966, 99(1): 152-159.

[116] H S, SUHR H. Effect of gamma-radiation on dielectric and mechanical properties of polymethylmethacrylate polypropylene[J]. Kollid-Zeitschrift and Zeitschrift Fur Polymere, 1968, 225(2): 121.

[117] HEGAZY E-S A, ZAHRAN A, AL-DIAB S, et al. Radiation effect on stabilized polypropylene[J]. International Journal of Radiation Applications and Instrumentation Part C Radiation Physics and Chemistry, 1986, 27(2): 139-144.

[118] JINLIANG Q, GENSHUAN W, JUHONG Z, et al. Effect of isotacticity on radiation stability of polypropylene under lower dose irradiation[J]. Radiation Physics and Chemistry, 1996, 48(6): 771-774.

[119] KHANG G, LEE H B, PARK J B. Radiation effects on polypropylene for sterilization[J]. Bio-medical materials and engineering, 1996, 6(5): 323-334.

[120] MATHAKARI N L, BHORASKAR V N, DHOLE S D. A comparative study on the effects of Co-60 gamma radiation on polypropylene and polyimide[J]. Radiation Effects and Defects in Solids, 2014, 169(9): 779-790.

[121] STOJANOVIĆ Z, KAČAREVIĆ-POPOVIĆ Z, GALOVIĆ S, et al. Crystallinity changes and melting behavior of the uniaxially oriented iPP exposed to high doses of gamma radiation[J]. Polymer Degradation and Stability, 2005, 87(2): 279-286.

[122] SUZUKI T, OKI Y, NUMAJIRI M, et al. Radiation effect on polypropylene studied by the relaxational behaviour at low temperature using positron annihilation[J]. Polymer, 1996, 37(24): 5521-5524.

[123] TOMLINSON J, KLINE D. Effect of γ-radiation on the thermal conductivity of polypropylene[J]. Journal of Applied Polymer Science, 1967, 11(10): 1931-1940.

[124] WANG C, YEH G. Effects of radiation on the structure of polypropylene[J]. Polymer Journal, 1981, 13(8): 741-747.

[125] 吕恭序，饴谷和夫，土家满明，等. 聚丙烯的 γ 辐射效应[J]. 辐射研究与辐射工艺学报，1988，6(2)：17-22.

[126] 马以正，张绿涯. 聚丙烯的辐射效应[J]. 辐射研究与辐射工艺学报，1984，2(2)：29-33.

[127] 张石玉，罗腊生，张世枚. 聚丙烯辐射效应的研究[J]. 辐射研究与辐射工艺学报，1985，3(1)：48-53.

[128] HAN D H, SHIN S-H, PETROV S. Crosslinking and degradation of polypropylene by electron beam irradiation in the presence of trifunctional monomers[J]. Radiation Physics and Chemistry, 2004, 69(3): 239-244.

[129] HAN D-H, JANG J-H, KIM H-Y, et al. Manufacturing and foaming of high melt viscosity of polypropylene by using electron beam radiation technology[J]. Polymer Engineering & Science, 2006, 46(4): 431-437.

[130] LUGO A B, OTAGURO H, PARRA D F, et al. Review on the production process and uses of controlled rheology polypropylene-Gamma radiation versus electron beam processing[J]. Radiation Physics and Chemistry, 2007, 76(11-12): 1688-1690.

[131] YAGOUBI N, PERON R, LEGENDRE B, et al. Gamma and electron beam radiation induced physico-chemical modifications of poly(propylene)[J]. Nuclear Instruments and Methods in Physics Research B, 1999, 151: 247-254.

[132] YOSHII F, MAKUUCHI K, KIKUKAWA S, et al. High- melt-strength polypropylene with electron beam irradiation in the presence of polyfunctional monomers[J]. Journal of Applied Polymer Science, 1996, 60(4): 617-623.

[133] KURI Z, UEDA H, SHIDA S. Effects of gases on irradiated polyvinyl chloride as studied by electron spin resonance[J]. The Journal of Chemical Physics, 1960, 32(2): 371.

[134] ARAKAWA K, SEGUCHI T, YOSHIDA K. Radiation-induced gas evolution in chlorine-containing polymer. Poly(vinyl chloride), chloroprene rubber, and chlorosulfonated-polyethylene[J]. International Journal of Radiation Applications and Instrumentation Part C Radiation Physics and Chemistry, 1986, 27(2): 157-163.

[135] 王铭钧，殷明，石晓燕. 辐射交联聚氯乙烯的玻璃化温度与剂量的关系[J]. 高分子材料科学与工程，1988，3：012.

[136] 胡福敏，冯文. 聚氯乙烯辐射交联的研究[J]. 辐射研究与辐射工艺学报，1994，12(3)：146-150.

[137] 郭林敏，寇开昌. Co-60辐照交联聚氯烯性能的研究[J]. 塑料工业，1995，23(2)：28-30.

[138] 朱光明. 聚氯乙烯的辐射改性及其应用[J]. 现代塑料加工应用，1995，7(6)：60-64.

[139] 朱志勇，张勇. 聚氯乙烯的辐射交联[J]. 上海交通大学学报，1999，33(2)：233-236.

[140] 李恩军，章长明. 聚氯乙烯辐射交联改性及应用[J]. 现代塑料加工应用，2003，15(1)：60-64.

[141] COLOMBANI J, RAFFI J, GILARDI T, et al. ESR studies on poly(vinyl chloride) irradiated at medium and high doses[J]. Polymer Degradation and Stability, 2006, 91(7): 1619-1628.

[142] COLOMBANI J, LABED V, JOUSSOT-DUBIEN C, et al. High doses gamma radiolysis of PVC: Mechanisms of degradation[J]. Nuclear Instruments and Methods in Physics Research Section B: Beam Interactions with Materials and Atoms, 2007, 265(1): 238-244.

[143] 闫秀玲，赵新，唐军，等. 聚氯乙烯辐射效应的NMR研究[J]. 波谱学杂志，2008，25(1)：87-93.

[144] 严家发，贾润礼. 聚氯乙烯的辐射交联[J]. 塑料助剂，2009，6：14-17.

[145] LABED V, OBEID H, RESSAYRE K. Effect of relative humidity and temperature on PVC degradation under gamma irradiation: Evolution of HCl production yields[J]. Radiation Physics and Chemistry, 2013, 84: 26-29.

[146] RATNAM C T, NASIR M, BAHARIN A. Irradiation crosslinking of

unplasticized polyvinyl chloride in the presence of additives[J]. Polymer Testing, 2001, 20(5): 485-490.

[147] ATCHISON G J. Color and radical formation in irradiated polyvinyl chloride[J]. Journal of Polymer Science, 1961, 49(152): 385-395.

[148] MILLER A A. Radiation chemistry of polyvinyl chloride[J]. The Journal of Physical Chemistry, 1959, 63(10): 1755-1759.

第 6 章

有机胶粘剂的辐射效应

胶接结构具有应力分布均匀、耐疲劳、质量轻、工艺简便和成本低廉等优点，广泛应用于民用和国防领域。在长期贮存使用过程中，由于受热、水、辐射、氧及其他腐蚀介质的作用，胶粘剂存在未完全固化、释气、黏结力变弱等问题。如果继续服役，极易在界面处突然失效。随着国际形势和国防技术的发展，系统的长寿命和高可靠性要求日益迫切，不同服役环境中的材料老化研究受到高度关注。目前国内外在胶粘剂辐射效应、机理研究以及寿命预测方面已取得一定进展。由于不同辐射源穿透胶粘剂材料过程中能量损失方式的宏观机理大相径庭，本章将按照γ射线、电子束、中子、质子、重离子等辐照条件，概述环氧树脂、有机硅、聚氨酯、丙烯酸酯、乙烯类共聚物等有机胶粘剂辐射效应研究的进展。

6.1 γ射线辐射

6.1.1 γ射线辐射效应简介

γ射线是由原子瞬间裂变或裂变产物蜕变时产生的，具有能量高、波长短和穿透力强的特点，它的能量高达 1 MeV。γ射线光子通过与物质作用产生的次级电子诱导物质原子电离或激发，产生不可逆的化学反应。γ射线辐照对高分子胶粘剂的作用体现为交联和降解反应。由于胶粘剂是高度交联的体系，因此其具有较好的耐 γ 射线辐射性能。

6.1.2　环氧树脂胶粘剂

环氧树脂胶粘剂是以环氧树脂为主体、加入一定的固化剂及添加剂的胶粘剂。固化后线型环氧树脂交联成体型结构，具有黏结性良好、电气绝缘、强度高和耐腐蚀等特点，缺点是耐高温性较差。作为应用最广泛的胶粘剂，环氧树脂胶粘剂可黏结各种金属及非金属材料，是航空航天和核技术领域中常用的黏结和灌封材料。

陈军等对空间环境中使用的环氧树脂固化胶进行 γ 射线总剂量抗辐射特性模拟研究，发现辐照 1 kGy 后，环氧树脂固化胶的主链呈现进一步的交联，表面形貌以及力学性能均没有发生明显的变化。事实上，在总剂量达到 17.6 kGy 时，γ 射线辐照 3M SW9323 环氧树脂胶粘剂的弹性模量、剪切模量、拉伸强度和断裂伸长率等力学性能几乎不受影响，这可能是辐射导致的交联和降解同时发生并相互抵消所致；总剂量达到 32.4 kGy 时，其弹性模量、剪切模量均没有明显变化，而且在加载 10 ~ 20 MPa 应力辐照后，其性能也没有退化，表现出良好的耐辐射性能(图 6.1)。

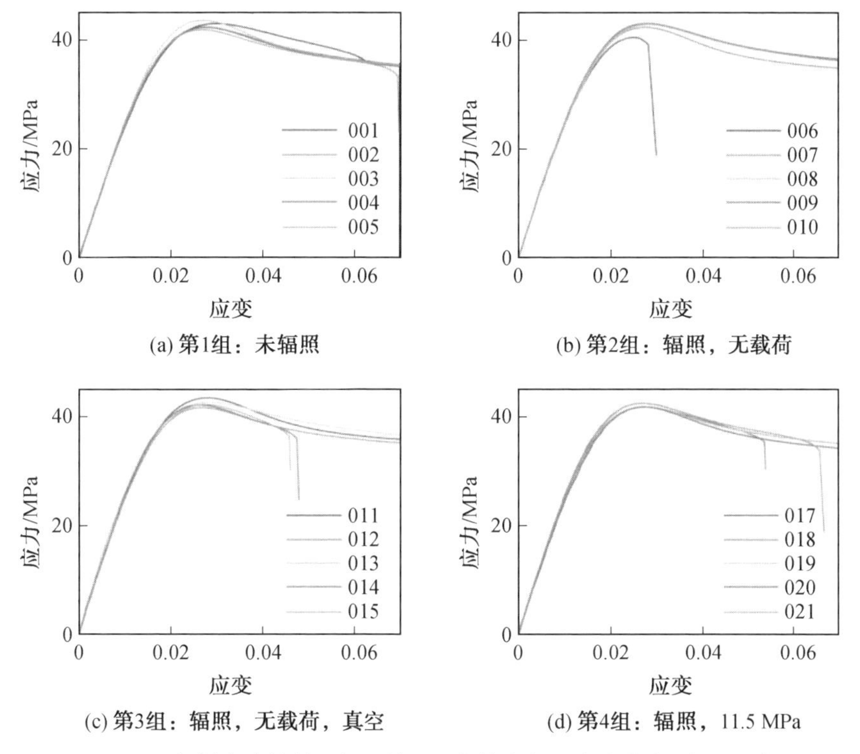

图 6.1　环氧树脂胶粘剂 γ 辐照前后的拉伸应力 − 应变曲线(彩图见附录)

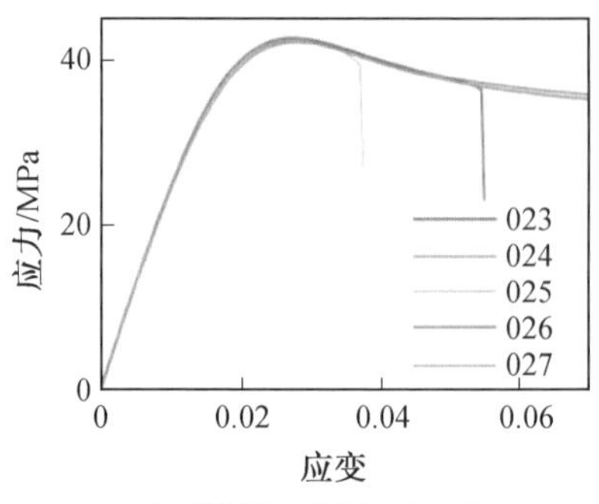

(e) 第5组：辐照，20.8 MPa

续图 6.1

在剂量达 1.25 MGy 时，γ 射线辐射热固化环氧树脂胶粘剂仍以交联为主，环氧树脂的交联度、弹性模量以及 α 转变温度基本随剂量增加而增大(图 6.2)。添加辐敏剂后，仍然保持上述变化趋势，但是辐敏剂的结构对其变化幅度有一定的影响。无论是否添加辐敏剂，热固化环氧树脂胶粘剂经 γ 射线辐照后，其宏观断裂应力和断裂伸长率随剂量的变化均不明显。甚至在 0 ～ 3 MGy 剂量范围内，钢－铅－钢环氧树脂黏结件的剪切强度不下降；而当剂量大于 3 MGy 时，辐射试样的剪切强度随吸收剂量增加呈线性下降趋势。大量研究表明，不同结构组成的环氧树脂胶粘剂，其辐射效应差异很大，对于特定胶粘剂的辐射效应必须进行具体的分析和评价。

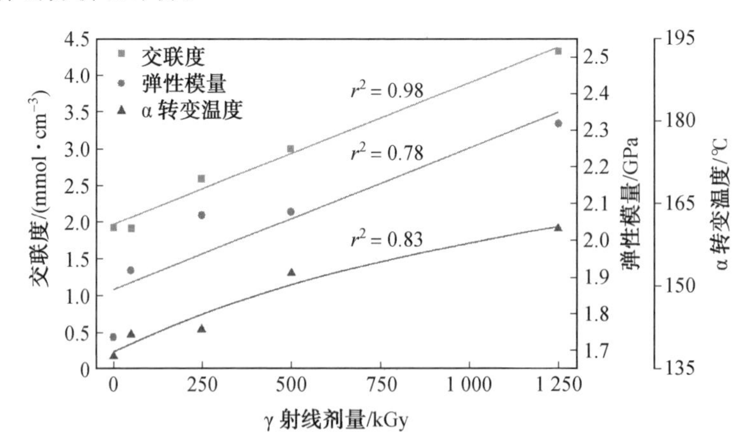

图 6.2　环氧树脂胶粘剂交联度、弹性模量和 α 转变温度随 γ 剂量的变化

MD—140 环氧树脂导电胶粘剂经 γ 射线辐照 2.3 kGy 及 500 kGy 后，与试验前相比，黏结硅芯片和砷化镓芯片的剪切强度均明显降低；导热系数基本持平；体积电阻率有明显增加。环氧树脂导电胶粘剂中，银粒子除了作为导电填料之外，还起到分散应力、阻止微裂纹扩散的作用。受到粒子辐照后，树脂分子构架

塌陷重组，导致银粉粒子的分散性变差并趋于团聚，其分散应力的作用被削弱；同时，对力学性能起决定性作用的树脂基体在受到辐照后易发生化学键断裂，因此经过粒子辐照试验后，导电胶的芯片剪切强度降低。辐射导致树脂基体的分子结构发生变化，进而改变了银粉粒子的分散方式，致使接触电阻效应被削弱；但是，孤立银粉粒子和银粉团聚体的存在，使隧道效应依然发挥作用，即在电场的作用下，导电胶内部由于电子跃迁而产生隧道电流，因此虽然经粒子辐照后导电胶的体积电阻率有所增加，但并未发生数量级的改变。

环氧树脂胶粘剂经 γ 射线诱导老化降解产生气体产物的现象有少量报道。钟志京等对 γ 射线辐照下 127－环氧树脂胶及其组分（邻苯二甲酸二丁酯和乙二胺）的辐射效应研究表明，气氛条件和辐射剂量对各种样品辐射降解生成 3 种气体产物的量有重要影响，从辐射化学效应来说，127－环氧树脂的抗辐射性能较差（表 6.1），其辐射降解产生的气体可能影响系统中其他部分的功能。

表 6.1　127－环氧树脂胶粘剂及其组分在不同气氛条件下辐射 15.5 kGy 后的气体产量

样品	气氛	H_2 产量/（mg·g^{-1}）	CH_4 产量/（mg·g^{-1}）	CO_2 产量/（mg·g^{-1}）
127－环氧树脂胶粘剂 6.35 g	空气	214	31	1 278
	氮气	423	40	523
	真空	398	16	925
E44 环氧树脂 5.00 g	空气	242	12	718
	氮气	503	20	298
	真空	481	3	474
邻苯二甲酸二丁酯 1.00 g	空气	307	3	626
	氮气	609	13	386
无水乙二胺 0.35 g	空气	268	未检测出	未检测出
	氮气	518	5	未检测出

环氧树脂胶粘剂的 γ 辐射机理也得到了进一步的研究，陈文琇等通过 IR、UV、NMR 和 GC/MS（气相色谱－质谱）等方法检测并分析了经 γ 辐照后 E51－618 环氧树脂的环氧值，羟基、羧基和不饱和键的含量、聚合度以及生成气态产物的变化，发现了该体系未曾报道过的辐照引发产物（图 6.3），如二聚体（化合物Ⅰ）、被氧化的羟基化合物（化合物Ⅳ）和气态产物（化合物Ⅴ）。据此分析推断，双酚 A 环氧树脂在 γ 射线辐照下可能发生以下几种反应：形成二聚物并生成羟基、双键，产生环氧基异构化或羟基氧化并生成羰基，C—H 键断裂、苯氧键断裂以及产物再分解生成小分子产物。上述反应均按自由基机制进行。

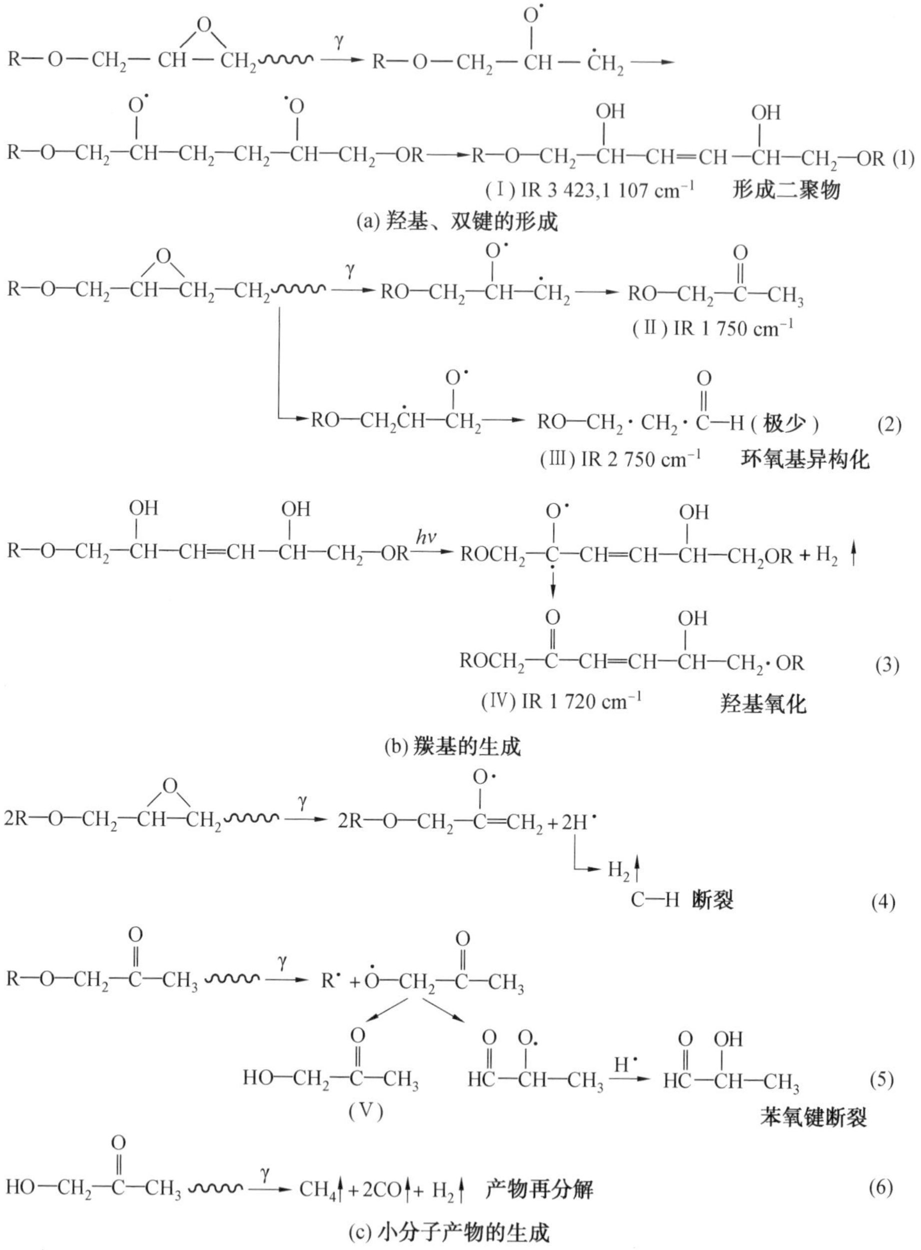

$$R-O-CH_2-\underset{\text{(环氧)}}{CH-CH_2} \rightsquigarrow \xrightarrow{\gamma} R-O-CH_2-\overset{O^\cdot}{\overset{|}{CH}}-\dot{C}H_2 \longrightarrow$$

$$R-O-CH_2-\overset{O^\cdot}{\overset{|}{CH}}-CH_2-CH_2-\overset{\cdot O}{\overset{|}{CH}}-CH_2-OR \longrightarrow R-O-CH_2-\overset{OH}{\overset{|}{CH}}-CH=CH-\overset{OH}{\overset{|}{CH}}-CH_2-OR \quad (1)$$

(Ⅰ) IR 3 423,1 107 cm^{-1}　　**形成二聚物**

(a) 羟基、双键的形成

$$R-O-CH_2-\underset{\text{(环氧)}}{CH-CH_2}-CH_2 \rightsquigarrow \xrightarrow{\gamma} RO-CH_2-\overset{O^\cdot}{\overset{|}{CH}}-\dot{C}H_2 \longrightarrow RO-CH_2-\overset{O}{\overset{\|}{C}}-CH_3$$

(Ⅱ) IR 1 750 cm^{-1}

$$\longrightarrow RO-CH_2\dot{C}H-\overset{O^\cdot}{\overset{|}{CH_2}} \longrightarrow RO-CH_2\cdot CH_2\cdot \overset{O}{\overset{\|}{C}}-H\ (\textbf{极少}) \quad (2)$$

(Ⅲ) IR 2 750 cm^{-1}　　**环氧基异构化**

$$R-O-CH_2-\overset{OH}{\overset{|}{CH}}-CH=CH-\overset{OH}{\overset{|}{CH}}-CH_2-OR \xrightarrow{h\nu} ROCH_2-\overset{O^\cdot}{\overset{|}{\dot{C}}}-CH=CH-\overset{OH}{\overset{|}{CH}}-CH_2OR + H_2\uparrow$$

$$\downarrow$$

$$ROCH_2-\overset{O}{\overset{\|}{C}}-CH=CH-\overset{OH}{\overset{|}{CH}}-CH_2\cdot OR \quad (3)$$

(Ⅳ) IR 1 720 cm^{-1}　　**羟基氧化**

(b) 羰基的生成

$$2R-O-CH_2-\underset{\text{(环氧)}}{CH-CH_2} \rightsquigarrow \xrightarrow{\gamma} 2R-O-CH_2-\overset{O\cdot}{\overset{|}{C}}=CH_2 + 2H^\cdot$$

$$\longrightarrow H_2\uparrow$$

C—H **断裂**　　(4)

$$R-O-CH_2-\overset{O}{\overset{\|}{C}}-CH_3 \rightsquigarrow \xrightarrow{\gamma} R^\cdot + \dot{O}-CH_2-\overset{O}{\overset{\|}{C}}-CH_3$$

$$HO-CH_2-\overset{O}{\overset{\|}{C}}-CH_3 \qquad HC(=O)-\overset{O\cdot}{\overset{|}{CH}}-CH_3 \xrightarrow{H^\cdot} HC(=O)-\overset{OH}{\overset{|}{CH}}-CH_3 \quad (5)$$

(Ⅴ)　　**苯氧键断裂**

$$HO-CH_2-\overset{O}{\overset{\|}{C}}-CH_3 \rightsquigarrow \xrightarrow{\gamma} CH_4\uparrow + 2CO\uparrow + H_2\uparrow \quad \textbf{产物再分解} \quad (6)$$

(c) 小分子产物的生成

图 6.3　双酚 A 环氧树脂在 γ 射线辐照下可能发生的反应

采用高分辨率固体核磁 ^{13}C NMR 可以监测环氧树脂辐射老化的化学反应过程，给出交联的序列分布以及交联对原子核自旋弛豫的影响。其中，碳原子极化时间和质子弛豫时间减小以及碳原子弛豫时间增加，表明辐射老化后环氧树脂

的刚性增大。同时，辐射剂量 8.5 MGy 下，芳香环氧树脂的耐 γ 辐射性能优于脂肪环氧树脂。然而，芳香环氧树脂的耐辐射性能也是有限的，当辐射剂量达到 70 MGy 时，弯曲强度由 120 MPa 下降至 40 MPa，玻璃化转变温度由 250 ℃ 下降至 140 ℃，链降解反应占优势。较低剂量率下，单位剂量氧化层厚度随剂量增加的速度较快，而且 120 ℃ 比 30 ℃ 氧化层厚度增加的速度快。Devanne 等依据先降解形成自由基然后再复合为惰性产物的机理，建立了玻璃化转变温度的动力学模型，实验值与计算值的对比如图 6.4 所示。不同结构环氧树脂的 γ 射线辐射敏感性不同，机理也有一定差异。相较其他有机胶粘剂而言，环氧树脂胶粘剂的耐 γ 辐射性能较好，得益于其结构本身的高交联度，在较低剂量下就可以产生进一步的交联反应，其力学性能却变化不大。

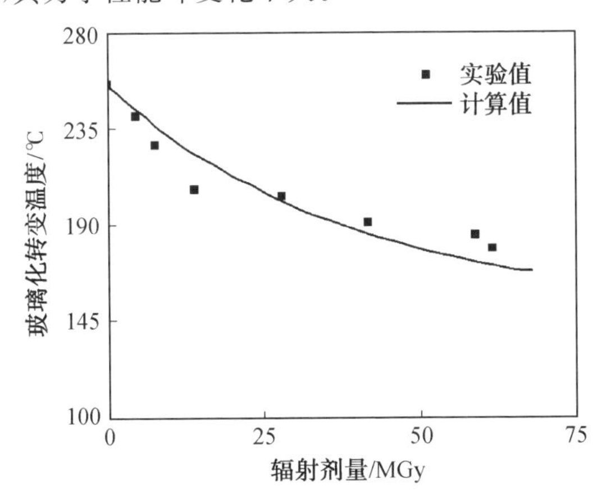

图 6.4　玻璃化转变温度实验值与计算值的对比

6.1.3　有机硅胶粘剂

有机硅胶粘剂的基本结构单元是 Si—O 链节，侧链通过硅原子与其他各种有机基团相连。这种特殊的有机无机杂化结构以及较高的键能，使其具有良好的绝缘性、化学稳定性、耐高低温性、耐老化性、低表面张力等特性，因而广泛应用于航空航天、电子电器、化工、机械、建筑、交通运输等领域。

在前述 γ 射线总剂量抗辐射特性模拟研究中，发现辐照 1 kGy 后，硅橡胶胶粘剂存在少量侧链和主链的降解。单组分硅橡胶胶粘剂 GD414 经 γ 辐照后力学性能先上升，至辐照 300 kGy 时，拉伸强度增加 70%，剪切强度增加 83%，辐射剂量继续增加，拉伸强度和剪切强度均大幅下降，至 2.3 MGy 时，其拉伸强度和剪切强度分别下降至初始状态的 60% 和 54%；同时总质量损失下降显著(图 6.5)。通过这两种性能的变化规律推测 GD414 在辐照条件下以交联为主的反应机理：辐照初期，电离造成胶粘剂分子链断裂，形成自由基重新组合发生交联为

主的反应,分子链密度增大,产生力学加强的效果;随辐射剂量增大,交联反应始终占据主导,不断将自由基重新组合,当交联度增大到一定程度,链段的运动能力下降,导致材料的脆性上升,力学性能下降;辐照末期,材料形成了致密的网状结构,自由基几乎反应完全,力学性能下降速度减缓。

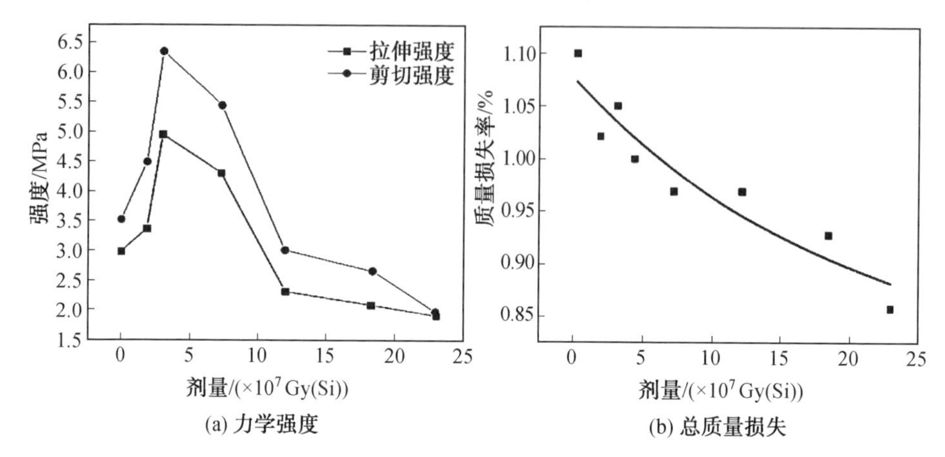

图 6.5 GD414 硅橡胶胶粘剂力学强度和总质量损失与 γ 辐射剂量的关系曲线

双组分定向硅橡胶胶粘剂 Sylgard 170 经 γ 辐照 270 kGy 后,黏结性能开始退化,如图 6.6 所示,至辐照 500 kGy 时,其性能衰退了 55%。相对单组分硅橡胶胶粘剂 GD414 而言,其耐辐射性能较差。通过添加芳环试剂的方法可以提高硅橡胶密封胶的耐辐射性能,其中芳环试剂作为保护剂可以抑制辐致交联效应,因此在经过 500 kGy 的 γ 辐照后,其弹性模量增加量由无添加硅橡胶的 390% 降低至添加芳环试剂硅橡胶的 200% 左右,体现出优化的辐射稳定性。更多有机硅胶粘剂耐辐射性能提升的方法还有待进一步研究探索。

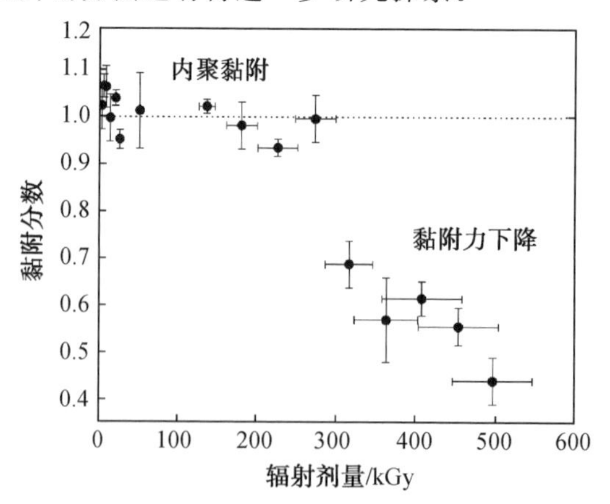

图 6.6 Sylgard 170 黏结性能随 γ 辐射剂量的变化

6.1.4　聚氨酯胶粘剂

聚氨酯胶粘剂是分子链中含氨基甲酸酯基团和/或异氰酸酯基的胶粘剂，有化学黏合力强、配方灵活、耐超低温、耐磨、耐溶剂等优点，在航天、建筑、电子工业等领域应用广泛。但是与环氧树脂胶粘剂相似，其热稳定性较差。聚氨酯胶粘剂的辐射效应以辐射交联为主，同时与其化学结构高度相关，这源于其软段和硬段的结构多样性。

一种从蓖麻油制备的聚氨酯胶粘剂经 25 kGy 的 γ 射线辐照后，材料的弹性模量几乎不变，硬度相对优化，这可能是辐射交联导致的，同时其结晶度和粗糙度略有增加。铁锚 101 聚氨酯胶粘剂在室温氮气氛中经 γ 辐照 100 kGy 后，拉伸强度下降 50%、断裂伸长率下降 40%，软段自由体积比例增大而硬段自由体积比例减小，通过建立自由体积和力学性能的关系，确定了 γ 辐射导致力学性能的下降取决于软段自由体积的变化，若要提高聚氨酯胶粘剂的耐辐射性能需从软段着手。在气氛对聚酯型聚氨酯胶粘剂 Estane 5703 辐射效应的影响方面也有研究，Pierpoint 等通过分子量和分子结构的变化，以及对自由基演化过程的初步探讨，确定其辐射机理为交联占优势，而降解主要发生在主链的 C—O、N—C 和 C—C 键，在无氧条件辐照后聚氨酯的变化更大。水和空气环境中辐射对材料的影响不同，Tian 等利用小角中子散射(SANS) 对比水和空气环境中聚氨酯胶粘剂 Estane 5703 的 γ 辐射效应发现：辐照后相混合度增大，是由于微区距离的增大和微区尺寸的减小，在空气和水中硬段距离分别从 9.8 nm 增大到 11.2 nm 和 14.4 nm(图 6.7)，凝胶渗透色谱法(GPC) 分子量的表征也表明水中辐射的老化比空气中严重。填料含量同样会导致辐射老化机理的差异，聚氨酯胶粘剂 Adiprene LW－520 在无氧和富氧条件下辐照均为辐射交联机理，而在含填料体

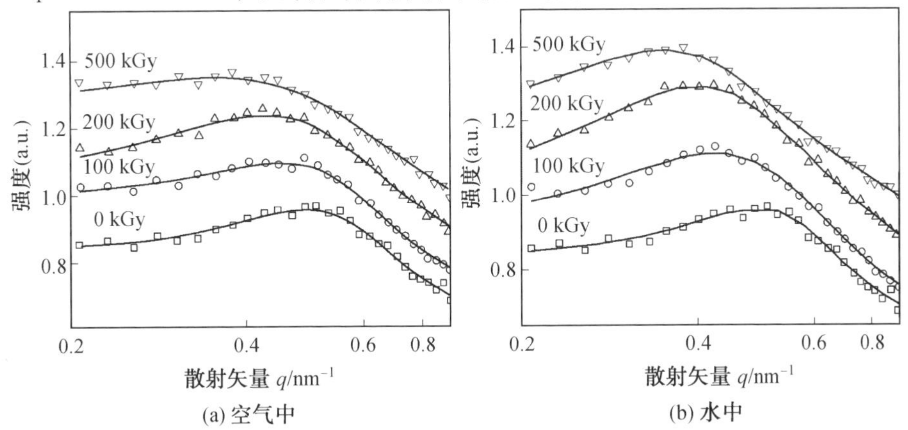

图 6.7　Estane 5703 在空气和水中 γ 辐照后的 SANS 结果

系中，则是多重降解机理，包括可能的辐射交联和聚合物－填料相互作用。聚氨酯胶粘剂在不同条件下 γ 辐照的反应机理研究相对丰富，特别是考虑了环境协同作用的影响，同时指出了提高其耐 γ 辐射性能的研究方向。

6.1.5 烯类及其他胶粘剂

α 位取代的丙烯酸酯类聚合物在真空条件下经 γ 射线辐照后，降解反应通常比交联占据优势。这些聚合物包括α- 氯丙烯酸甲酯、α- 氰基丙烯酸甲酯和α- 氯丙烯腈的均聚物，以及它们各自与甲基丙烯酸甲酯的共聚物。另外，α- 氟丙烯酸甲酯中 C—F 键比 C—Cl 键的强度大，可能降低聚合物离解电子俘获的倾向，因此形成交联结构的趋势变小，从而减小 $G_{交联}$，甚至可能减小 $G_{降解}$。

乙烯类共聚物的耐 γ 辐射能力相对较差，辐射效应则取决于其具体结构。乙烯/醋酸乙烯酯/乙烯醇三元共聚物（VCE）胶粘剂经 250 kGy 的 γ 辐照后，样条的颜色逐渐加深，交联变得严重，断裂伸长率下降，材料硬化。氯乙烯－氯三氟乙烯共聚物（FPC－461）在 γ 辐照后则发生降解，空气气氛中更为严重且随温度升高而加剧（图 6.8）。另外，聚乳酸热熔胶也属于辐射降解型胶粘剂，γ 辐照后聚乳酸热熔胶的分子量随剂量增加而减小，该趋势与热老化的聚乳酸热熔胶分子量随老化时间的变化趋势一致，同时与热老化聚乳酸热熔胶剪切模量的变化趋势一致。

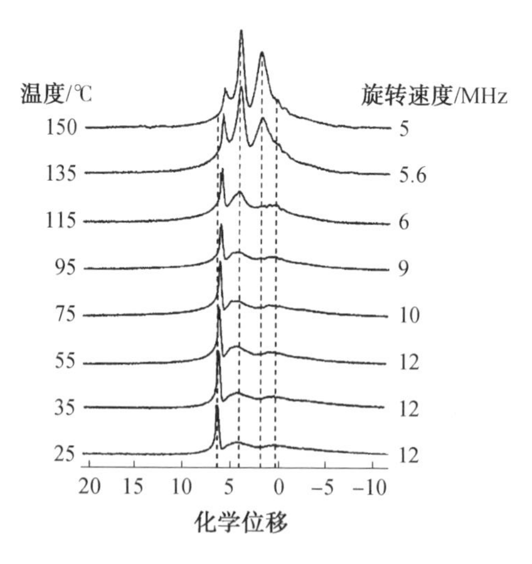

图 6.8　不同温度下 FPC－461 在空气中经 γ 辐照后的固体核磁共振（SNMR）谱

6.2　电子束辐射

6.2.1　电子束辐射效应简介

电子束辐射是通过电子加速器产生的高能电子束流对样品进行辐照，使被辐照物质发生物理或化学变化。电子束的能量越大，传能线密度(LET)值越低，即穿过同样厚度的样品后能量损失越小。原则上，电子束的能量损失等于样品的能量吸收。胶粘剂吸收电子束的能量是使其电离或活化的必要条件，但电离或活化的过程却不受电子束能量的影响，辐射效应产生的化学反应也不受电子束能量的影响，只是高能量电子束可以在材料中行进较长的距离。电子束辐射和γ射线生成的电子与胶粘剂相互作用的方式相同，因此其辐射效应在微观上也是一样的，但是剂量分布在宏观上不同。电子束辐射固化胶粘剂方面的研究较多，而胶粘剂在电子束下的辐射效应方面的研究较少。

6.2.2　环氧树脂胶粘剂

采用 400 keV 电子束辐照环氧树脂胶粘剂 DP490 至 1 MGy 后，其电导率下降。环氧树脂胶粘剂经 500 keV 电子束辐射至 100 MGy，力学性能受到的影响有限，变化最明显的是玻璃化转变温度下降了 40 ℃，吸附－解吸研究表明降解产物的塑化作用是其部分原因。其中，在 50 MGy 以下，链降解占主导地位，导致弹性模量下降；在 50 MGy 以上，会发生二次交联，导致弹性模量增大。环氧树脂胶粘剂的多尺度辐射老化机理也得到了深入研究，Longieras 等结合核磁、红外、差示扫描量热、尺寸排阻色谱等方法，确认其辐射老化机理为链降解反应。形状记忆环氧树脂经 1 MeV 电子束辐照 2×10^{16} cm^{-2} 后，形状恢复率由 98.6% 下降为 85.9%，交联网络部分降解，而且存在显著的剂量率效应，较低剂量率下性能退化和玻璃化转变温度的下降更为显著，辐照所形成的自由基也更多。填料也会影响胶粘剂的辐射效应，在 SLOWPOKE－2 核反应堆(1% 中子、3% 质子、9%γ 射线、87% 电子辐射) 中辐照 222 kGy，添加硅酸盐纳米颗粒的环氧树脂胶粘剂的拉伸剪切强度明显增大，大于原胶经辐照后拉伸剪切强度的增大比例(图 6.9)。此外，胶粘剂的辐射效应还与其所黏结的基体材料有关。耐高温环氧树脂胶粘剂 Duralco 4703 与碳纳米管复合后在 160 mA 下辐照至 250 kGy，当基体材料为聚苯硫醚 / 碳纤维时，辐照后的黏结强度略有上升，而当基体材料为聚苯硫醚 / 玻璃纤维时，辐照后的黏结强度略有下降。环氧树脂胶粘剂耐电子束辐射性能较强，然而，其辐射机理比较复杂，不同结构环氧树脂胶粘剂的辐射反应呈现不同的变化趋势，同时填料的影响非常显著，有待进一步深入研究。

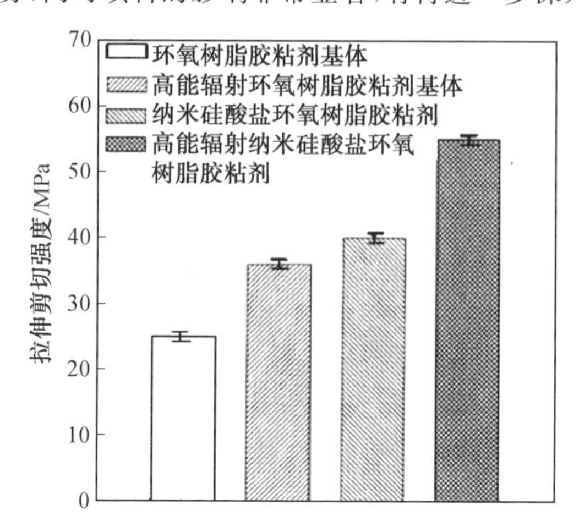

图 6.9　胶粘剂及含纳米填料环氧树脂胶粘剂辐照前后的拉伸剪切强度

6.2.3　硅橡胶胶粘剂

在 20 keV 电子束辐照下，空间环境用硅橡胶胶粘剂 DC93500 和 S690 的充电电压大幅下降，随着辐照时间延长至 30 min，充电电压下降更为显著。另外，低温环境下辐照后，硅橡胶胶粘剂的充电电压先下降，然后随辐照时间延长而保持稳定，此时可能由电子的变程跳跃机制主导。采用 400 keV 电子束辐照硅橡胶胶粘剂 QS1123 至 1 MGy 后，其电导率略有下降，下降幅度小于环氧树脂胶粘剂 DP490。因此，在电导率的耐辐射性能方面，该硅橡胶胶粘剂要优于上述环氧树脂胶粘剂。

6.2.4　烯类及其他胶粘剂

Panta 等研究了丙烯酸压敏胶粘剂经 10 MeV 电子束辐照至 20～40 kGy，单体类型、数量、相互比例等因素对产物的影响，结果表明由于产生大量的自由基并且分散性极好，丙烯酸压敏胶粘剂黏结性能增强。聚氨酯丙烯酸压敏胶粘剂经 2 MeV 电子束辐照后，其剥离强度、黏结剪切强度以及初始黏结力随辐射剂量、增黏剂和交联剂浓度的增加而增大，至一定程度后下降。Singh 等通过比较几种不同结构的单体，发现黏结性能与凝胶含量呈相反的变化趋势。虽然电子束辐射是一种高效的压敏胶粘剂固化方法，但是从辐射效应的角度来讲，电子束辐照后压敏胶粘剂的黏结性能呈现一定程度的增强。

6.3　质子辐射

6.3.1　质子辐射效应简介

质子是最轻的离子，质量是电子的两千倍，因此质子与原子发生碰撞的散射较小，穿入样品的路径通常是一条直线。质子束的剂量分布与电子束和γ射线有很大的区别，高能质子在材料内部有很高的吸收剂量。高分子的质子辐射效应与电子束辐射相近。

6.3.2　环氧树脂浇注体

经质子能量 $E_p=9$ MeV、最大注量 $\Phi=1.2\times10^{13}\ cm^{-2}$（相当于100 kGy的γ辐射剂量）辐照环氧树脂后，随注量增加，材料力学性能先增强后减弱。姜利祥等通过地面模拟空间环境质子辐照条件（质子能量 $E_p=150$ keV，束流密度 $A=2.0\times10^{12}\ cm^{-2}/s$，最大辐射注量 $\Phi=5.0\times10^{16}\ cm^{-2}$；真空度为 10^{-6} Pa，环境温度为120 K），发现不同辐射注量下环氧树脂浇注体EP648和TDE－85的质量损失、弯曲强度和表面粗糙度的变化趋势不同。试验结果表明，随着辐射注量的增加，质量损失呈现先加速递增后趋于平缓的趋势；EP648的弯曲强度呈单边下降趋势，TDE－85的弯曲强度呈现先上升后下降的趋势（图6.10），树脂表面产生了碳化效应，表面粗糙度发生了不同程度的变化。形状记忆环氧树脂经质子辐照 $1.0\times10^{15}\ cm^{-2}$ 后，形状恢复率由98.6%下降为38.8%，结构分析表明质子辐照导致的链降解主要发生在表面层的脂肪醚C—O基团。

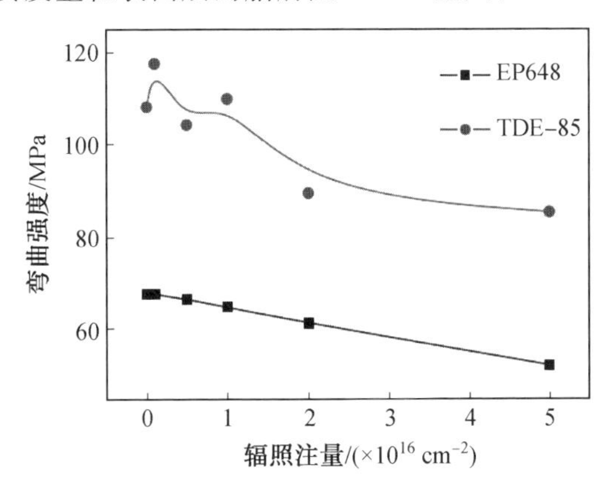

图6.10　环氧树脂浇注体的弯曲强度与质子辐照注量关系

6.3.3 硅橡胶胶粘剂

作为柔性太阳能电池的覆盖层，由硅橡胶胶粘剂和玻璃珠组成的赝晶玻璃需要具有优异的光学、机械和辐射防护性能，以保证电池的长期稳定运行。Zhao 等通过对 170 keV 质子辐照前后赝晶玻璃光学和机械性能的系统研究，发现辐照后表面裂纹的出现和光学性能的退化可能来自于硅橡胶胶粘剂辐射效应的影响，而拉伸强度随辐射注量的增加而增强，这是由于玻璃珠与硅橡胶胶粘剂界面相互作用的增强。他们采用 FTIR 和 X 射线光电子能谱法(XPS) 研究了硅橡胶分子链在质子辐照后表面组成和化学键的变化，并在此基础上给出了硅橡胶分子链在质子辐照后的降解和交联机理。

200 keV 质子辐射对 MQ 硅树脂增强加成型硅橡胶力学性能、质量损失及热性能有显著的影响。辐照后材料表面产生老化裂纹，随辐射能量、粒子注量的增加，裂纹的数量增多，裂纹增大；质子辐射对硅橡胶的力学性能影响较大，邵氏 A 硬度、拉伸强度和断裂伸长率随辐射粒子注量的增大而先增加后下降；小粒子注量的辐射对硅橡胶的损伤较小，以交联为主，而大粒子注量的辐射则以降解为主；高辐射能量对硅橡胶的损伤更为严重。硅橡胶的质量有所损失，其质量损失率随辐射能量和注量的增加而增加；质子辐照后硅橡胶的耐热性随辐射注量的增加先略有增加而后下降，经辐照后的硅橡胶在玻璃态和玻璃转变区的温度区间内收缩率降低，而在高弹态的温度区间内膨胀率增加。添加纳米二氧化钛的硅橡胶与未改性硅橡胶相比，经过相同能量、剂量的质子辐照后，表面颜色加深和表面裂纹损伤的程度减小；质量损失率增加、耐热性能下降以及收缩膨胀率变化的程度均降低，表现出明显的抗辐射性能。张丽新等通过量子化学计算建立了甲基硅橡胶的质子辐射破坏模型，并验证了其气体产物的反应路径。因此，质子辐射硅橡胶的主导因素仍然是能量和注量，填料的添加可以在一定程度上改善其耐辐射性能。

6.3.4 其他胶粘剂

一种预期应用于空间组装的芳香族共聚酯(ATSP) 胶粘剂，在原子氧和质子辐射的综合作用下，经过 1 年、10 年和 50 年等效暴露，未发现形态学和表面化学的明显变化，辐照前后性能一致。结果表明，ATSP 是一种用于空间组装的可逆胶粘剂的可行选择。

6.4　重离子辐射

虽然空间粒子环境中重离子的含量只有1%，远远小于质子和电子的含量，但是重离子的辐射效应仍是破坏航天器的重要因素之一，因此有必要对重离子辐射的损伤规律和机理进行实验研究。高分子材料的快重离子辐射效应研究目前尚处在揭示现象和积累数据的阶段。快重离子辐射产生的效应可能与低电离辐射产生的效应不同，不仅与总剂量有关，还与能损相关。如炔基除了可在高电子能损条件下由单个离子产生外，也可在低电子能损条件下通过大剂量的辐射产生。实际上，快重离子沉积的能量主要局限在半径只有几纳米的潜径迹内，在径迹芯中所有的分子键都会被破坏，因而快重离子产生的效应与潜径迹有着密切的关系。

Day等利用He^{2+}离子束辐照聚合物基类壁虎合成黏合剂(GSA)，模拟了在某些辐射环境中，如部署在机器人平台上，GSA可能会经历的大α辐射剂量。辐照后，在三轴附着力测试台上测试黏合剂样品的附着力，并通过扫描电子显微镜进行检查。在高辐射剂量下，GSA样品的表面形态发生了显著变化。此外，大于750 kGy的辐射剂量导致黏合剂性能显著恶化。最终，黏合剂样品失去了产生摩擦附着力的所有能力。根据这些结果可以对GSA在核环境中机器人应用的适用性做出定量陈述。另外，载能重离子辐射高分子膜形成离子潜径迹，处理后制得离子径迹纳米孔高分子膜，可在海水淡化、离子分离等领域应用。

6.5　中子辐射

6.5.1　中子辐射效应简介

中子束不带电荷，其与胶粘剂的作用形式是与氢原子的碰撞。通过碰撞，质子逸出，并引发与质子束辐射类似的电离作用，中子辐射的微观机理与γ射线相似，只是逸出质子替代了电子。中子束按照能量由高到低一般分为高能中子、快中子、中能中子、慢中子、热中子、冷中子等。中子束的吸收剂量分布与γ射线辐射类似。

6.5.2　环氧树脂胶粘剂

快中子(平均能量为14 MeV，注量率约为2×10^{8} cm^{-2}/s)辐照环氧树脂在

总通量 $1.8\times10^{12}\ cm^{-2}$ 和 $4.5\times10^{13}\ cm^{-2}$ 时，在空气中将氧化，材料的玻璃化转变温度明显增加。而添加BN后，环氧树脂胶粘剂在 $10^{14}\ cm^{-2}$ 没有显示出热性能或力学性能的变化，表现出一定的抗辐射能力。对比热中子辐照 $2.35\times10^{16}\ cm^{-2}$ 前后两种双组分低释气环氧树脂胶的强度，Bertsch 等发现辐照后 Duralco 4538 和 Torr Seal 的剪切强度均有所下降，Torr Seal 的黏结强度更大。在真空体系研究环氧树脂的中子辐射效应时发现，当平均能量为(14.8±0.8)MeV，总通量为 $5.4\times10^{16}\ cm^{-2}$ 时，样品出现变色及一定程度的膨胀并产生气泡。反应堆辐射对 Epon 828 环氧树脂的力学性能有一定影响，辐照样品与未辐照样品的动态模量和机械阻尼在温度超过 350 K 时表现出明显差异。反应堆中辐照较小剂量后，两种环氧树脂胶粘剂的黏结性质变化显著，反应堆辐射具有促进胶粘剂交联的作用；当辐射总剂量达到中子 2.4 kGy、快中子 48 Gy、γ 射线 1.44 kGy 时，Devcon 环氧树脂的断裂应力即下降 50%，Cole－Parmer 环氧树脂在经受上述剂量两倍辐照后的断裂应力下降 40%，Bonin 等结合黏结失效模式评估确认了测试数据的趋势可靠性(图 6.11)。Huang 等通过在环氧树脂胶粘剂中添加 B_4C，获得了具有更强黏结性能的中子屏蔽材料，有望在核工业中广泛应用。Ayg 等在环氧树脂胶粘剂中添加金属钼，获得了具有钼－铍中子屏蔽功能的复合材料，中子截面比原胶增加 183%。总体来讲，环氧树脂胶粘剂的小注量中子辐射效应以交联反应为主导，注量超出一定阈值，力学性能和黏结性能等均会受到影响，甚至导致失效。

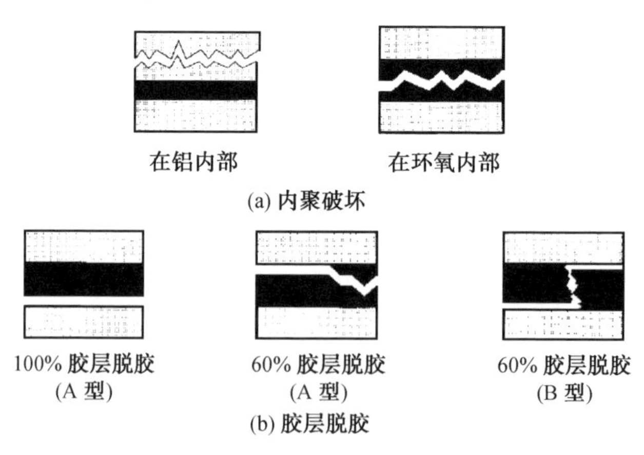

图 6.11　黏结失效模式

6.5.3 硅橡胶胶粘剂

Chukhlanov 等制备了氧化铒改性的低分子二甲基硅氧烷橡胶密封材料，具有部分吸收中子和电离辐射的能力，复合物的力学性能和物理性能较二甲基硅氧烷橡胶有所增强，且材料固化后不分层，其比电阻达 $1.7\times10^{10}\ \Omega\cdot m$，可用于密封暴露于中子和电离辐射的放射性电子元件。

6.6 本章小结

各类胶粘剂在多种粒子或射线作用下的辐射效应研究已经受到重视，由于胶粘剂独特的功能特性，研究工作中除了采用常见的高分子材料辐射效应的实验和理论研究方法，还发展了表征黏结性能、表界面结构、链段分布、缺陷状态的实验和测试技术，如原子力显微镜、和频共振光谱、二维热重分析、变温荧光谱等，并基于弹性模量建立了降解模型，基于费米方程建立了双参数耐辐射模型，基于系列后固化温度下的玻璃化转变温度建立了长期性能预测模型。值得注意的是，真实使用环境中涉及多种因素，且复合因素老化比单一因素的老化带来的影响更大，机理也更为复杂，协同老化机制等相关的研究工作有待深入开展，特别是在辐射、热氧、湿度、应力等多环境因素作用下的老化，将是胶粘剂辐射效应研究的重要发展方向。

本章参考文献

[1] PETRIE E M. Handbook of adhesives and sealants [M]. New York: McGraw-Hill, 2021.

[2] ANDERSON B J. Thermal stability of high temperature epoxy adhesives by thermogravimetric and adhesive strength measurements[J]. Polymer Degradation and Stability, 2011, 96(10): 1874-1881.

[3] 陈军，王巍，李晶. ^{60}Co γ射线辐照对光纤陀螺用高分子材料结构和性能的影响[J]. 辐射研究与辐射工艺学报，2012，30(5)：274-279.

[4] ZIMMERMANN J, SADEGHI M Z, SCHROEDER K U. The effect of γ-radiation on the mechanical properties of structural adhesive[J]. International Journal of Adhesion and Adhesives, 2019, 93: 102334.

[5] ZIMMERMANN J, SADEGHI M Z, SCHROEDER K U. Exposure of structural epoxy adhesive to combination of tensile stress and γ-radiation[J]. International Journal of Adhesion and Adhesives, 2020,

97：102496.

[6] XIA W，NAJAFIAN S，CASSANO A G，et al. Functionally graded adhesives via high-energy irradiation[J]. ACS Applied Polymer Materials，2021，3(1)：104-109.

[7] 杨强，袁明康，李明珍，等. γ辐照对环氧树脂钢铅钢黏结件力学性能的影响[J]. 辐射研究与辐射工艺学报，2005，6：371-372.

[8] ZIMMERMANN J，SCHALM T，SADEGHI M Z，et al. Empirical investigations on the effects of ionizing radiation on epoxy structural adhesives and resins：An overview[J]. International Journal of Adhesion and Adhesives，2021，103014.

[9] GUARINO F S，HAUVILLER C，TAVLET M. Compilation of radiation damage test data：Part 4—adhesives[R]. Geneva：European Organization for Nuclear Research，2001.

[10] GUARINO F S，HAUVILLER C，KENNY J M. Radiation effects on room temperature epoxy adhesive molecular structure：Mechanical tests and correlation with calorimetric and outgassing analyses[J]. Journal of Macromolecular Science，Part B，1999，38(5-6)：623-633.

[11] 刘泊天，张静静，高鸿，等. MD－140导电胶粘剂性能测试及分析[J]. 航天器环境工程，2015，32(4)：404-407.

[12] 钟志京，罗世凯，傅依备，等. 127－环氧树脂胶及其组分的辐射效应研究[J]. 辐射研究与辐射工艺学报，2001，2：92-98.

[13] 钟志京，龙素群，傅依备，等. 无水乙二胺的γ辐射稳定性研究[J]. 辐射研究与辐射工艺学报，2005，5：287-291.

[14] 陈文琇，贾丰，包华影. 环氧树脂的辐射效应[J]. 辐射研究与辐射工艺学报，1995，1：42-46.

[15] NGONO-RAVACHE Y，FORAY M-F，BARDET M. High resolution solid-state ^{13}C-NMR study of as-cured and irradiated epoxy resins[J]. Polymers for Advanced Technologies，2001，12(9)：515-523.

[16] DEVANNE T，BRY A，AUDOUIN L，et al. Radiochemical ageing of an amine cured epoxy network. Part Ⅰ：Change of physical properties[J]. Polymer，2005，46(1)：229-236.

[17] DEVANNE T，BRY A，RAGUIN N，et al. Radiochemical ageing of an amine cured epoxy network. Part Ⅱ：Kinetic modelling[J]. Polymer，2005，46(1)：237-241.

[18] LARICHEVA V P. Effect of ionizing radiation on epoxy oligomers of

different structures and manufacture of new promising materials on their base[J]. Radiation Physics and Chemistry, 2008, 77(1): 29-33.

[19] LU S, HU H, HU G, et al. The expression revealing variation trend about radiation resistance of aromatic polymers serving in nuclear environment over absorbed dose[J]. Radiation Physics and Chemistry, 2015, 108: 74-80.

[20] DIAO F, ZHANG Y, LIU Y, et al. γ-Ray irradiation stability and damage mechanism of glycidyl amine epoxy resin[J]. Nuclear Instruments and Methods in Physics Research Section B: Beam Interactions with Materials and Atoms, 2016, 383: 227-233.

[21] 冯圣玉,张洁,李美江,等. 有机硅高分子及其应用[M]. 北京:化学工业出版社,2004.

[22] DE BUYL F. Silicone sealants and structural adhesives[J]. International Journal of Adhesion and Adhesives, 2001, 21(5): 411-422.

[23] 郭睿,李得天,杨生胜,等. ^{60}Co γ－辐照对硅橡胶 GD414 损伤机理的研究[J]. 真空与低温,2015,21(4):221-225.

[24] DAY P, CUTKOSKY M, MCLAUGHLIN A. Effects of gamma irradiation on adhesion of polymer microstructure-based dry adhesives[J]. Nuclear Technology, 2012, 180(3): 450-455.

[25] GONZALEZ-PEREZ G, BURILLO G. Modification of silicone sealant to improve gamma radiation resistance, by addition of protective agents[J]. Radiation Physics and Chemistry, 2013, 90: 98-103.

[26] SZYCHER M. Handbook of polyurethanes [M]. Boca Raton: CRC Press, 1999.

[27] 莫钦,张雅峰,熊林颖,等. 聚氨酯胶粘剂热稳定性研究进展[J]. 化工新型材料,2021,49(3):207-211,220.

[28] AZEVEDO E C, CHIERICE G O, NETO S C, et al. Gamma radiation effects on mechanical properties and morphology of a polyurethane derivate from castor oil[J]. Radiation Effects and Defects in Solids, 2011, 166(3): 208-214.

[29] SUI H, LIU X, ZHONG F, et al. Relationship between free volume and mechanical properties of polyurethane irradiated by gamma rays[J]. Journal of Radioanalytical and Nuclear Chemistry, 2014, 300(2): 701-706.

[30] PIERPOINT S, SILVERMAN J, AL-SHEIKHLY M. Effects of ionizing

radiation on the aging of polyester based polyurethane binder[J]. Radiation Physics and Chemistry, 2001, 62(1): 163-169.

[31] PIERPOINT S B. Radiation-induced changes affecting polyester based polyurethane binder [D]. Ann Arbor: University of Maryland-College Park, 2002.

[32] TIAN Q, TAKACS E, KRAKOVSKY I, et al. Study on the microstructure of polyester polyurethane irradiated in air and water[J]. Polymers, 2015, 7(9): 1755-1766.

[33]CHINN S C, GJERSING E L, MAXWELL R S, et al. NMR investigation of filler effects of (gamma) irradiation in polyurethane adhesives[R]. Livermore: Lawrence Livermore National Laboratory, 2007.

[34] HELBERT J N, CAPLAN P J, POINDEXTER E H. Radiation degradation of α-substituted acrylate polymers and copolymers[J]. Journal of Applied Polymer Science, 1977, 21(3): 797-807.

[35] HELBERT J N, CHEN C-Y, PITTMAN C U, et al. Radiation degradation study of poly(methyl α-chloroacrylate) and the methyl methacrylate copolymer[J]. Macromolecules, 1978, 11(6): 1104-1109.

[36]LETANT S, HERBERG J, ALVISO C, et al. Aging studies of filled and unfilled VCE[R]. Livermore: Lawrence Livermore National Laboratory, 2009.

[37] CHINN S C, WILSON T S, MAXWELL R S. Analysis of radiation induced degradation in FPC-461 fluoropolymers by variable temperature multinuclear NMR[J]. Polymer Degradation and Stability, 2006, 91(3): 541-547.

[38] BAKKEN A, BOYLE N, ARCHAMBAULT B, et al. Thermal and ionizing radiation induced degradation and resulting formulation and performance of tailored poly(lactic acid) based hot melt adhesives[J]. International Journal of Adhesion and Adhesives, 2016, 71: 66-73.

[39] 濑口忠男. 聚合物的基本辐射效应:辐射向聚合物的能量转移[J]. 辐射研究与辐射工艺学报,2007,4:197-200.

[40] BEREJKA A J, EBERLE C. Electron beam curing of composites in North America[J]. Radiation Physics and Chemistry, 2002, 63(3): 551-556.

[41] CADINOT N, BOUTEVIN B, PARISI J P, et al. Electron-beam curable structural adhesives. Part 1: Study of acrylic resins for structural adhesive applications[J]. International Journal of Adhesion and

Adhesives, 1994, 14(4): 237-241.

[42] SINGH A K, MEHRA D S, NIYOGI U K, et al. Effect of tackifier and crosslinkers on electron beam curable polyurethane pressure sensitive adhesive[J]. Radiation Physics and Chemistry, 2012, 81(5): 547-552.

[43] 贾晓斌,彭佳,杜纪富,等. 聚氨酯丙烯酸酯的电子束固化及其性能研究[J]. 辐射研究与辐射工艺学报,2015,33(1):48-52.

[44] PAULMIER T, HANNA R, BELHAJ M, et al. Aging effect and induced electric phenomena on dielectric materials irradiated with high energy electrons[J]. IEEE Transactions on Plasma Science, 2013, 41(12): 3422-3428.

[45] WILSON T, FORNES R, GILBERT R, et al. Effect of ionizing radiation on an epoxy structural adhesive [M] // DICKIE R A, LABANA S S, BAUER R S. Cross-linked polymers. Washington, D.C.: ACS Symposium Series, 1988: 93-99.

[46] LONGIERAS N, SEBBAN M, PALMAS P, et al. Multiscale approach to investigate the radiochemical degradation of epoxy resins under high-energy electron-beam irradiation[J]. Journal of Polymer Science Part A: Polymer Chemistry, 2006, 44(2): 865-887.

[47] LONGIERAS N, SEBBAN M, PALMAS P, et al. Degradation of epoxy resins under high energy electron beam irradiation: Radio-oxidation[J]. Polymer Degradation and Stability, 2007, 92(12): 2190-2197.

[48] HOU L, WU Y, GUO B, et al. Degeneration and damage mechanism of epoxy-based shape memory polymer under 1 MeV electron irradiation[J]. Materials Letters, 2018, 222: 37-40.

[49] HOU L, WU Y, SHAN D, et al. Dose rate effects on shape memory epoxy resin during 1 MeV electron irradiation in air[J]. Journal of Materials Science & Technology, 2021, 67: 61-69.

[50] BHOWMIK S, BENEDICTUS R, POULIS J A, et al. High-performance nanoadhesive bonding of titanium for aerospace and space applications[J]. International Journal of Adhesion and Adhesives, 2009, 29(3): 259-267.

[51] IQBAL H M S, BHOWMIK S, POULIS J A, et al. Effect of plasma treatment and electron beam radiations on the strength of nanofilled adhesive-bonded joints[J]. Polymer Engineering & Science, 2010, 50(8): 1505-1511.

[52] PAULMIER T, DIRASSEN D, PAYAN D. Charging behavior of space-used adhesives at low temperature in geostationary orbit[J]. Journal of Spacecraft & Rockets, 2012, 49: 115-119.

[53] PANTA P P, WOJTYNSKA E, ZIMEK Z A, et al. Effect of ionizing radiation on properties of acrylic pressure sensitive adhesives[R]. Vienna: International Atomic Energy Agency, 1998.

[54] SINGH A K, MEHRA D S, NIYOGI U K, et al. Effect of crosslinkers on adhesion properties of electron beam curable polyurethane pressure sensitive adhesive[J]. International Journal of Adhesion and Adhesives, 2013, 41: 73-79.

[55] ROMANOV V A, KHORASANOV G L, KONSTANTINOV I O, et al. Durability changes of epoxy resins under action of protons and gamma rays[J]. Radiation Physics and Chemistry, 1995, 46(4, Part 1): 863-866.

[56] 姜利祥,盛磊,陈平,等. 环氧树脂 648 和 TDE－85 的质子辐照损伤效应研究[J]. 航天器环境工程,2006,3:134-137.

[57] HOU L, WU Y, SHAN D, et al. High energy proton irradiation stability and damage mechanism of shape-memory epoxy resin[J]. Smart Materials and Structures, 2019, 28(11): 115003.

[58] ZHAO H, WANG H, GUO H, et al. Degeneration and damage mechanism of Pseudomorphic Glass under 170 keV proton irradiation[J]. Vacuum, 2021, 194: 110607.

[59] ZHANG L, XU Z, WEI Q, et al. Effect of 200 keV proton irradiation on the properties of methyl silicone rubber[J]. Radiation Physics and Chemistry, 2006, 75(2): 350-355.

[60] 邸明伟,张丽新,何世禹,等. 质子辐照对 MQ 硅树脂增强的加成型硅橡胶质量损失及热性能的影响[J]. 强激光与粒子束,2006,1:165-168.

[61] 邸明伟,张丽新,何世禹,等. 纳米二氧化钛对质子辐照下 MQ 增强硅橡胶热性能的影响[J]. 材料工程,2006,7: 31-34.

[62] 张丽新,王承民,何世禹. 在空间质子辐照下甲基硅橡胶的破坏模型[J]. 材料研究学报,2005,2:125-130.

[63] MEYER J L, LAN P, PANG S, et al. Reversible bonding via exchange reactions following atomic oxygen and proton exposure[J]. Journal of Adhesion Science and Technology, 2021, 35(19): 2124-2141.

[64] 魏强,姜利祥,刘珊,等. 空间重离子辐照效应评述[J]. 航天器环境工程,

2010,27(2):148-152.

[65] 朱智勇,金运范,唐玉华,等. 聚合物材料的快重离子辐照效应[J]. 原子核物理评论,2000,3:129-133.

[66] SEGUCHI T, KUDOH H, SUGIMOTO M, et al. Ion beam irradiation effect on polymers. LET dependence on the chemical reactions and change of mechanical properties[J]. Nuclear Instruments and Methods in Physics Research Section B: Beam Interactions with Materials and Atoms, 1999, 151(1): 154-160.

[67] LE BOUEDEC A, BETZ N, ESNOUF S, et al. Swift heavy ion irradiation effects in α poly(vinylidene fluoride): Spatial distribution of defects within the latent track[J]. Nuclear Instruments and Methods in Physics Research Section B: Beam Interactions with Materials and Atoms, 1999, 151(1): 89-96.

[68] BALANZAT E, BETZ N, BOUFFARD S. Swift heavy ion modification of polymers[J]. Nuclear Instruments and Methods in Physics Research Section B: Beam Interactions with Materials and Atoms, 1995, 105(1): 46-54.

[69] DAY P, CUTKOSKY M, GRECO R, et al. Effects of He^{++} ion irradiation on adhesion of polymer microstructure-based dry adhesives[J]. Nuclear Science and Engineering, 2011, 167(3): 242-247.

[70] 汪茂,王雪,刘峰,等. 径迹纳米孔高分子膜的制备和表征[J]. 原子能科学技术,2019,53(10):2120-2128.

[71] RIVATON A, ARNOLD J. Structural modifications of polymers under the impact of fast neutrons[J]. Polymer Degradation and Stability, 2008, 93(10): 1864-1868.

[72] CHERTOK M, FU M, IRVING M, et al. Thermal and tensile strength testing of thermally-conductive adhesives and carbon foam[J]. Journal of Instrumentation, 2017, 12(1): 1010.

[73] BERTSCH J, GOELTL L, KIRCH K, et al. Neutron radiation hardness of vacuum compatible two-component adhesives[J]. Nuclear Instruments and Methods in Physics Research Section A: Accelerators, Spectrometers, Detectors and Associated Equipment, 2009, 602(2): 552-556.

[74] LIEPINS R, WOOD L J, TUCKER D S, et al. Neutron irradiation effects on model compounds for epoxy and polyimide resins[J].

International Journal of Radiation Applications and Instrumentation Part C Radiation Physics and Chemistry, 1990, 36(3): 383-391.
[75] KLINE D E, SAUER J A. Radiation and moisture effects in polymerized epoxy resin[J]. Polymer Engineering & Science, 1962, 2(1): 21-24.
[76] BONIN H W, BUI V T, PAK H, et al. Radiation effects on aluminum-epoxy adhesive joints[J]. Journal of Applied Polymer Science, 1998, 67(1): 37-47.
[77] HUANG Y, LIANG L, XU J, et al. The design study of a new nuclear protection material[J]. Nuclear Engineering and Design, 2012, 248: 22-27.
[78] AYG N B, KORKUT T, KARABULUT A, et al. Production and neutron irradiation tests on a new epoxy/molybdenum composite[J]. International Journal of Polymer Analysis and Characterization, 2015, 20(4): 323-329.
[79] CHUKHLANOV V Y, SELIVANOV O G, CHUKHLANOVA N V. A Sealing composition based on low-molecular dimethylsiloxane rubber modified with erbium oxide[J]. Polymer Science, Series D, 2020, 13(4): 397-400.
[80] ZHANG X, LIU F, WANG W, et al. Adhesion and friction behavior of positively or negatively patterned polymer surfaces measured by AFM[J]. Journal of Adhesion Science and Technology, 2013, 27: 2603-2614.
[81] HAYASHI A, SEKIGUCHI Y, SATO C. AFM observation of sea-island structure formed by second generation acrylic adhesive[J]. The Journal of Adhesion, 2021, 97: 155-171.
[82] LU X, ZHANG C, ULRICH N, et al. Studying polymer surfaces and interfaces with sum frequency generation vibrational spectroscopy[J]. Analytical Chemistry, 2017, 89: 466-489.
[83] SUI H, LIU X, ZHONG F, et al. A study of radiation effects on polyester urethane using two-dimensional correlation analysis based on thermogravimetric data[J]. Polymer Degradation and Stability, 2013, 98: 255-260.
[84] DAOUDI M, DRIDI W, SELLEMI H, et al. Photoluminescence enhancement from the defects state formed by neutron/gamma mixed irradiation in an epoxy resin for LED applications[J]. Radiation Effects

and Defects in Solids, 2019, 174: 467-479.

[85] ZIMMERMANNA J, SADEGHI M Z, SCHR DER K－U. 70th international astronautical congress [C]. Washington D.C.: International Astronautical Federation, 2019.

[86] MOUSSA O, VASSILOPOULOS A P, DE CASTRO J, et al. Long-term development of thermophysical and mechanical properties of cold-curing structure adhesives due to post-curing[J]. Journal of Applied Polymer Science, 2013, 127: 2490-2496.

第 7 章

有机高分子涂层的辐射效应

有机高分子涂层是将有机涂料通过一定的方法涂敷于物体表面所形成的保护膜层，由树脂、颜料、填料和添加剂等组成。它附着在木质、金属和塑料等的表面，除了可装饰外观，还对基体有良好的保护作用，因此广泛应用于各行各业。在使用过程中，它会面临复杂环境里多种因素的共同影响，如空间环境中紫外线协同原子氧、大气环境（如水、水蒸气、盐雾、腐蚀性气体、风沙等）协同辐射对有机涂层的作用，以及核电环境中高能射线协同温度和湿度的影响。本章将根据有机高分子涂层所处的不同服役环境来阐述其辐射效应、老化或失效机理、性能考核和寿命评估。

7.1 空间环境中有机高分子涂层的辐射效应

空间环境中，按照轨道高度来划分，人类的航天器运行轨道主要有四种：低地球轨道（100 ~ 1 000 km）、中地球轨道（1 000 ~ 10 000 km）、地球同步轨道（36 000 km）和行星际飞行轨道。这四种轨道上的部分空间环境参数及其对航天器的影响见表7.1。从表中可以看出，大多数航天器在低地球轨道（LEO）运行时的空间环境条件最为恶劣，而它是人造卫星、航天飞机、载人飞船和空间站等航天器的主要活动区域。LEO 环境复杂多变，且环境中的紫外（UV）辐射、原子氧（AO）、带电粒子和空间碎片等因素均会对航天器产生影响，可能导致航天器上材料及电子元器件的性能退化、功能下降，进而引发故障、缩短使用寿命。同

时，LEO 的高真空环境（大气压力小于 10^{-5} Pa）促进航天器材料脱气（如低分子量残余物、增塑剂和添加剂等），还会使航天器的表面受到污染。常用的防护涂层主要分为有机和无机防护涂层，其中有机防护涂层的应用范围广，可用于不同材质、不同尺寸和形状的物体表面，并且施工方便、容易维护和更新，尤其是在涂层成膜后，具有透明、漆膜光泽度好、坚韧和附着力强等特点。有机涂层中常采用聚硅氧烷、聚硅氮烷、氟化聚合物和聚氟膦嗪聚合物等。有机涂层很好地克服了无机防护涂层柔韧性差的缺点，而且与有机聚合物基体材料的极性相似，因此界面黏附效果好，热膨胀系数较匹配，不易产生裂纹。本节主要关注 LEO 环境中航天器用有机高分子涂层分别经真空紫外线、原子氧、带电粒子以及原子氧与其他环境因素协同作用于有机高分子涂层后的结构变化、性能退化以及可能的老化或失效机理。

表 7.1　四种轨道上各种环境参数对航天器的影响

环境条件	低地球轨道（100 ～ 1 000 km）	中地球轨道（1 000 ～ 10 000 km）	地球同步轨道（36 000 km）	行星际飞行轨道
中性大气	阻力影响严重，原子氧对表面腐蚀严重	没有影响	没有影响	没有影响
等离子体	影响通信，电源泄漏	影响微弱	充电问题严重	影响微弱
高能带电粒子	辐射带南大西洋异常区和高纬地区宇宙线诱发单粒子事件	辐射带及宇宙线剂量效应和单粒子事件效应严重	宇宙线剂量效应和单粒子事件效应严重	宇宙线剂量效应和单粒子事件效应严重
磁场	磁力矩对姿态影响严重，磁场可作为姿态测量参考系	磁力矩对姿态有影响	影响微弱	影响微弱
太阳电磁辐射	对表面材料性能有影响	对表面材料性能有影响	对表面材料性能有影响	对表面材料性能有影响
地球大气反射和射出辐射	对航天器辐射收支有影响	影响微弱	没有影响	没有影响
流星体	有低碰撞概率	有低碰撞概率	有低碰撞概率	有低碰撞概率

7.1.1 真空紫外线作用于有机高分子涂层的辐射效应

空间环境中,电磁辐射能量主要来源于太阳的电磁辐射,其次来源于其他恒星的辐射和经地球大气散射、反射回来的电磁波,再其次是来自于地球大气的发光。在空间电磁辐射中,波长范围小于 10 nm 的为 X 射线波段,波长范围在 10 ~400 nm之间的为紫外线波段。其中,10 ~ 200 nm 为远紫外区,即真空紫外波段;200 ~ 400 nm 为近紫外区。400 ~ 760 nm 为可见光区,之后为红外和微波区。

太阳光能量的 90% 来自于可见光和红外线的贡献,但它们的能量低于 296 kJ/mol,不足以打断 Si—O、Si—C 或 C—O 键,只能加速分子的运动和产生热量。在总的电磁辐射中,真空紫外(VUV) 辐射所占的比例不足太阳能的十万分之一,不过由于其光子能量大于 376.6 kJ/mol,足以打断材料中大多数的化学键(键能在 250 ~ 463 kJ/mol),造成材料特别是有机高分子材料的性能退化,对航天器的表面材料性能产生很大的影响。为了改善空间材料的抗侵蚀能力,延长其使用寿命,必须对空间材料进行保护。

真空紫外辐射对 LEO 环境中使用的有机高分子材料的破坏作用明显,其主要表现在两个方面:① 真空紫外辐射促进已交联的有机高分子材料进一步交联,导致材料表面软化或破裂,造成材料的表面形态、光学性能改变以及力学性能劣化;② 真空紫外辐射具有足够能量打断化学键,破坏有机高分子材料的空间网络结构,并促进分子链断裂,导致材料降解,性能劣化。因此,真空紫外线对有机高分子涂层的辐射效应一直是空间环境效应的研究重点之一。

热控涂层是专门用来调整固体表面热辐射性质从而达到热控制目的的功能材料。热控涂层是航天器热控制系统的重要功能材料,它的工作原理是依靠其表面对太阳光的吸收率和发射率的比值来调整固体表面的热辐射性质从而达到热控制的目的。热控涂层通常暴露在航天器的外表面,直接承受着空间紫外辐射与剥蚀的作用,影响航天器的可靠性和使用寿命。LEO 中太阳的紫外辐射是对热控涂层影响最大的环境因素之一,最直观的现象就是它会引发涂层老化变色、光学性能退化,加之真空度极高的空间环境中没有空气进行导热,更没有空气中所含氧参与涂层的修复作用,导致这种退化变得更加显著,严重影响表面热控涂层的热控性能,缩短其在轨的使用寿命。有机涂层是应用非常广泛的一种热控涂层,它的适用性最好,既适用于金属基材,又适用于非金属表面,且具有良好的附着性。而无机涂层的附着性不仅逊于有机涂层,其表面孔隙率也较高,因此易被污染且不易清洗。

张蕾等采用模拟真空紫外辐射装置(氘灯真空紫外光源),对双酚 A 型环氧树脂(双组分,聚酰胺为固化剂)、醇酸树脂、SO1 — 4 聚氨酯与 SAR9 有机硅树脂

进行了考察，发现有机硅树脂的质量损失相对较小(图 7.1)，并且在连续辐射过程中涂层表面颜色不发生改变，抗紫外老化能力最强。通过研究其降解机理，发现不同结构的有机涂层对 VUV 的敏感程度不同，含有环氧环、氰基和支链的有机涂层，最易受到 VUV 破坏而裂解；而硅氧基、苯环和羰基在 VUV 辐射环境下相对稳定。该研究结果可为选择最佳有机防护涂层提供依据。

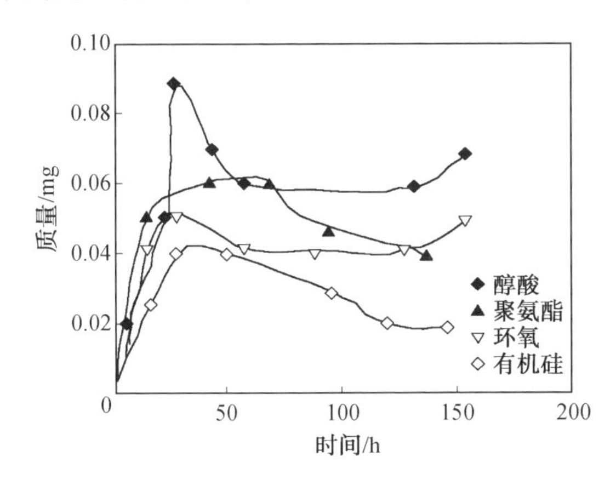

图 7.1　试样在 VUV 辐射过程中质量损失变化曲线

MOGHIM 等采用商用的 UV/O_3 台式发生器产生紫外线和臭氧，对聚氨酯涂层(六亚甲基二异氰酸酯缩二脲与聚多元醇反应而成)进行了辐射试验，并用 QUV(快速紫外老化)与 UV/O_3 的辐射试验做对比研究，之后采用高分辨 X 射线光电子能谱(XPS)定量分析了 C 1s 峰的变化(图 7.2)，探讨了其老化机理。作者提出暴露在 UV/O_3 环境中的聚氨酯涂层受到原子氧作用时，高分子基体和助剂通过抽氢反应产生了羟基(式 7.1)，利用 XPS 观察到羟基导致了羰基的进一步解离；原子氧攻击羟基形成了 H_2O(式 7.2)等气体小分子。他们建立的试验方法，只需要数十分钟就可以完成加速老化试验，为涂层性能的快速考核和评估提供了高效的途径。

$$R—CH_2—R' + O(^3P) \rightarrow [R—CH^{\cdot}—R' + {}^{\cdot}OH] \rightarrow R—CH(OH)—R' \tag{7.1}$$

$$R—CH(OH)—R' + O(^3P) \longrightarrow R—C(O)—R' + H_2O \tag{7.2}$$

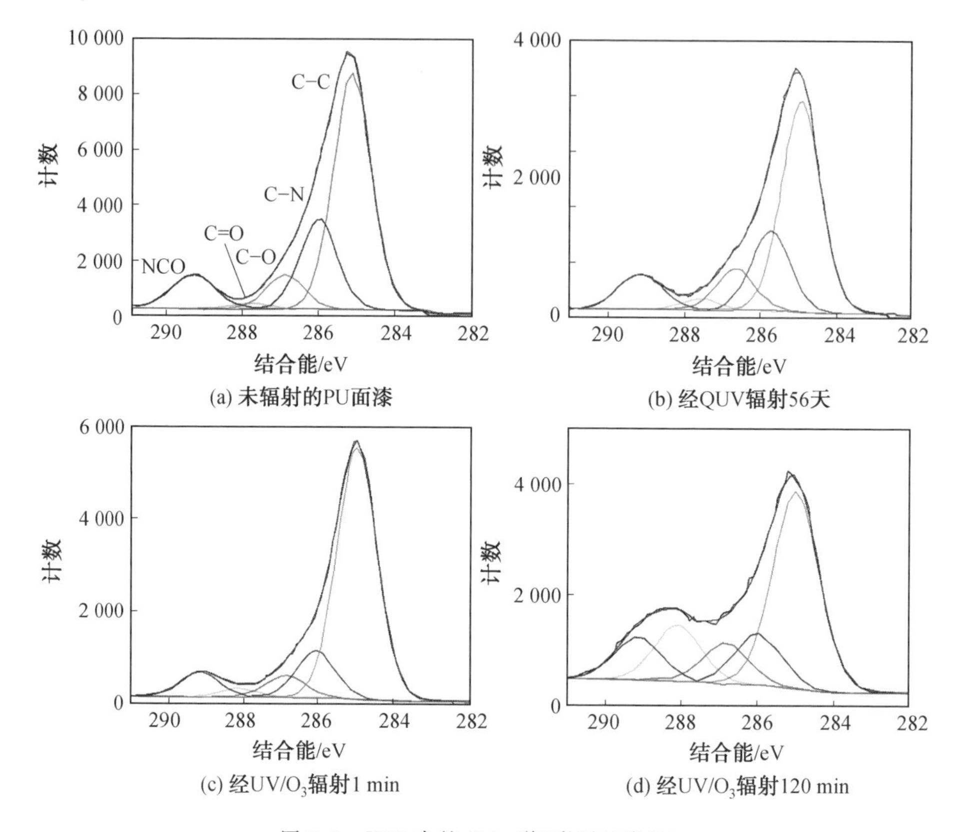

图 7.2　XPS 中的 C 1s 谱（彩图见附录）

7.1.2　原子氧作用于有机高分子涂层的辐射效应

AO 是由分子氧在波长小于 243 nm 的太阳紫外线作用下分解形成的，由于分子氧光解生成AO的速度远大于AO键合生成臭氧的速度，因此AO是LEO大气环境的主要成分（约含 80%），在距地表面 300 ～ 700 km 的高空其含量甚至高达 90%。

LEO 环境中 AO 的运行具有固定的速度且运行方向与地球自转方向相同，相比之下，航天器的轨道速度则大得多（通常约为 8 km/s），并且其运行轨道与赤道平面呈一定夹角，因此会导致 AO 束流呈一定角度撞向航天器，并产生约 5.3 eV 的能量，它的作用相当于产生 4.8×10^4 K 的高温，这种罕见的高速碰撞、高温氧化会对航天器造成严重威胁。

同时，原子氧是极强的氧化剂，其氧化性仅次于氟。因此，原子氧对低轨道飞行器表面聚合物材料（尤其是有机热控涂层）的物理和化学侵蚀所带来的危害比其他因素（热真空、紫外辐射、冷热交变、微陨石等）要严重得多。当 AO 撞向

聚合物表面时，会引发一系列的物理化学反应。撞击后的AO可能保持原始状态分散在聚合物表面；或改变其带电状态后从聚合物表面散射；也可以与聚合物表面的氮元素发生化学反应，或撞击聚合物表面与氮元素生成激发态的氮氧化物，激发态的氮氧化物则会在聚合物表面产生"辉光"；AO会被基材表面上或表面下的势阱俘获形成氧化物，可以从材料表面迁移到材料的基体内部。AO侵蚀聚合物会导致聚合物发生质量损失，以及机械、热学、光学性能降低，甚至会改变聚合物的化学组成，侵蚀产物还可能对航天器表面、光学组件、热控涂层以及太阳能电池板等产生二次污染。即使AO束流没有侵蚀聚合物表面，产生的"辉光"也同样有可能改变聚合物的热学性能，影响航天器的热平衡。

美国航天飞机从STS－3到STS－8的多次飞行任务中，先后开展了各种有机材料（包括热控涂层）在轨晒露试验，在返回地面后测试得到的结果见表7.2。由表7.2可以看出，在各类有机热控涂层中，有机硅涂层受原子氧的影响最小，有机氟次之。

表7.2　有机热控涂层及材料的原子氧反应效率　$\times 10^{-24}$ cm^3

材料	原子氧反应效率*	材料	原子氧反应效率*
聚酰亚胺膜	2.6	Z853黄色有光聚氨酯漆	0.75
含炭黑聚酰亚胺膜	2.5	Z276白色有光聚氨酯漆	0.85
聚酯膜	2.85	401－C10紫黑平光环氧漆	0.67
FEP氟膜	＜0.03	高温石墨漆	3.3
Z302黑色有光聚氨酯漆	4.5	S－13G/LO白色平光有机硅漆	未测试到有变化
Z306黑色无光聚氨酯漆	0.85	石墨纤维增强环氧T300/934	2.5

* 每原子氧侵蚀材料的体积

在原子氧对有机涂层的侵蚀作用、侵蚀机理以及如何提高抗原子氧侵蚀能力方面，研究人员开展了一系列的工作。

以我国某卫星上应用的两种有机热控涂层（改进型S781灰铝漆和S956灰漆）作为研究对象，有学者利用近地轨道原子氧环境开展了原子氧对航天器用有机热控涂层的影响研究，发现AO对有机涂层表面的侵蚀作用是造成涂层性能下降的主要原因，在相同的原子氧注量下涂层性能变化的程度与涂层成分的配比有关。由于改进型S781灰铝漆和S956灰漆的配方不同，原子氧对它们热物理性质的影响程度不同，原子氧使改进型S781灰铝漆的α_S/ε_H（太阳吸收比与红外半球发射率的比值）和α_S变小，而使S956灰漆的α_S/ε_H和α_S基本保持不变。

原子氧对各种聚合物产生侵蚀的机理各不相同，主要有以下几种：① 提取，AO会"拉出"聚合物中的某些元素（如C、H元素），反应生成新的化合物；② 添加，AO进入聚合物分子中或附着在有机化合物上；③ 析出，在研究烯烃类物质时发现，AO与其反应生成振动激发态分子，析出未成对电子的H原子；④ 嵌入，

AO“嵌入”有机分子的两个原子之间；⑤ 置换，AO 可以取代聚合物分子原有的基团，生成烷氧基和烷基自由基。

张蕾等开展了原子氧对聚酰亚胺表面侵蚀及采用有机硅涂层进行保护的研究。对比有和无有机硅涂层的聚酰亚胺经 AO 作用后的结果，发现 AO 对聚酰亚胺有较严重的侵蚀，原来平整的表面变为毛毯状，但对使用了有机硅涂层的表面则影响很小，表明该有机硅涂层起到了较明显的防护效果，原因是有机硅涂层经 AO 辐照后生成了致密的二氧化硅交联膜层（图 7.3），出现了 SiO_2 的特征峰（1 100 cm^{-1}、820 cm^{-1} 和 690 cm^{-1}），对抑制 AO 的进一步侵蚀发挥了关键的作用。

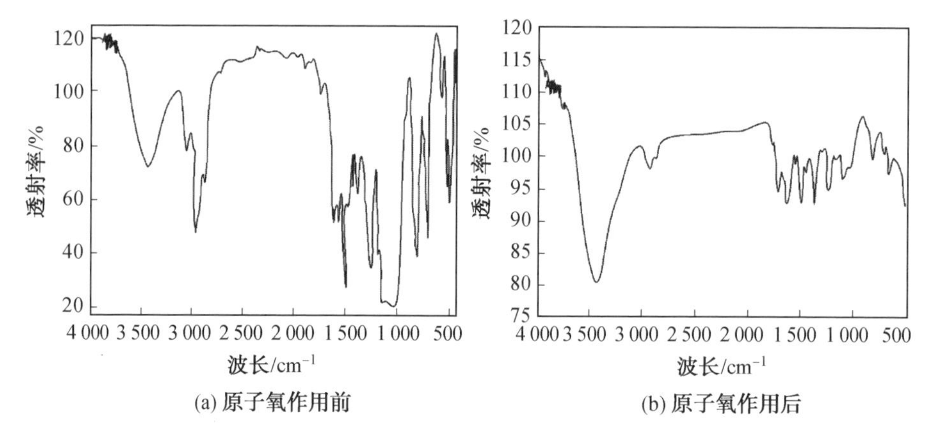

图 7.3　聚酰亚胺表面的二氧化硅薄膜层的 FTIR 谱

有学者研究了六甲基二硅氧烷（HMDSO）原子氧防护涂层的结构与性能。以 HMDSO 作为单体，通过改变氩气、氧气和 HMDSO 等原料之间的配比，在 Kapton（芳族聚酰亚胺的商品名）基体表面制备了从有机沉积开始并逐步过渡到无机沉积的梯度聚合防护涂层。研究发现，防护涂层表面结构中存在 SiO_x、$\left[Si—O—Si\right]_n$ 和 $—H_2C\left[Si—O—Si\right]_nCH_2$ 三种化学结构。AO 暴露过程中，涂层与 AO 相互作用，形成致密的玻璃质 $SiO_x(1 < x < 2)$。防护涂层的这种结构既能保证柔韧性，又能保证与聚合物基材牢固结合，抗原子氧性能良好。王静等制备了以明胶为囊壁、有机硅为囊芯的微胶囊，在 Kapton 基材表面制得微胶囊－有机硅复合涂层。该涂层受到原子氧辐射时，其中的聚硅氧烷转变成类似于无机材料的硅酸盐物质，阻止原子氧对基体材料的进一步侵蚀。同时，微胶囊技术避免了有机硅涂层因与 Kapton 基材间的热膨胀系数差异而在冷热交变过程中出现微裂纹，阻止了原子氧从裂缝中渗入基体内部而对基体产生“掏蚀”。此外，液体囊芯可以对涂层起到良好的自修复作用。

有机涂层可以有效解决无机涂层与基材之间的应力，减少开裂现象，但是有

机涂层在AO环境中会生成小分子易挥发物，这些低分子片段沉积在周围器件表面，形成“污染层”，对光学器件、热控层等产生影响。考虑到有机涂层（有较好的柔韧性，不易出现裂纹，与航天器表面的有机基底材料结合牢固）与无机涂层（原子氧防护性能良好，制作工艺简单，成本较低，但在加工、处理和应用过程中由于弯曲会产生裂纹，为原子氧提供掏蚀通道）各自的特点，有不少学者开展了有机/无机复合涂层的研究以解决上述问题。Duo S 等以一甲基三乙氧基硅烷（MTES）、正硅酸乙酯（TEOS）为原料，采用溶胶—凝胶法在Kapton基材表面制备了有机硅/SiO_2 防护薄膜。经 AO 辐照后发现，复合涂层的质量损失较小（图 7.4），样品的光学性能稳定，抗 AO 侵蚀性能比原始 Kapton 提高至少 2 个数量级。通过划痕法测得有机硅/SiO_2 涂层与基材的结合力为1级，划痕附近没有出现任何破碎或裂纹，表明涂层与基材结合牢固。

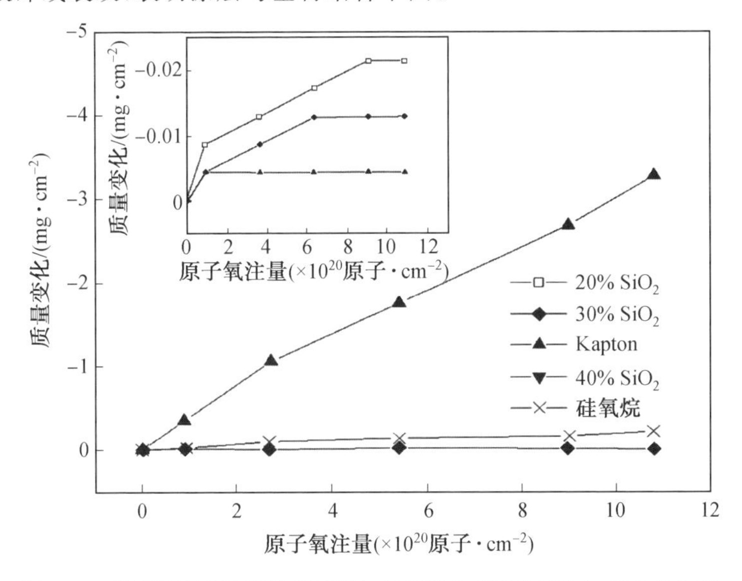

图 7.4　经原子氧辐照后聚酰亚胺、硅氧烷和 PDMS/SiO_2 复合涂层的质量损失变化（原子氧的总注量为 1.1×10^{21} 原子/cm^2）

王凯等分别以钛酸四丁酯、锆酸四丁酯和正硅酸乙酯为氧化物前驱体，利用溶胶—凝胶法制备了一系列聚酰亚胺和无机氧化物复合的薄膜，考察了无机氧化物种类和含量对复合薄膜力学性能和耐原子氧性能的影响。结果表明，无机氧化物在聚酰亚胺基体中的分散形态对其力学性能影响很大；在原子氧环境中暴露后，聚酰亚胺薄膜表面分别形成了富锆、富钛和富硅的保护层，质量损失率减小，耐原子氧能力明显提高（表 7.3 ～ 7.5）。

表 7.3　BTDA①/ODA②/TiO_2 复合薄膜的性能

编号	TiO_2 质量分数 /%	拉伸强度 /MPa	拉伸模量 /GPa	断裂伸长率 /%	10 h 质量损失率 /($g \cdot m^{-2}$)
T0	0	127.0	3.4	6.5	9.0
T1	1	147.8	4.1	6.0	4.5
T3	3	81.9	3.7	2.4	2.5
T5	5	40.5	3.7	1.1	1.5

注:①BTDA—3,3′,4,4′-二苯酮四羧酸二酐;②ODA—4,4′-二氨基二苯醚

表 7.4　PMDA/ODA/ZrO_2 复合薄膜的性能

编号	TiO_2 质量分数 /%	拉伸强度 /MPa	拉伸模量 /GPa	断裂伸长率 /%	10 h 质量损失率 /($g \cdot m^{-2}$)
Z0	0	89.7	2.34	29.7	10.2
Z1	1	91.8	2.28	21.9	6.7
Z3	3	78.2	2.14	16.8	6.9
Z5	5	63.9	2.04	14.2	6.9
Z10	10	26.8	1.94	2.96	2.8

注:①PMDA— 均苯四甲酸二酐

表 7.5　PMDA/ODA/SiO_2 复合薄膜的性能

编号	TiO_2 质量分数 /%	拉伸强度 /MPa	拉伸模量 /GPa	断裂伸长率 /%	10 h 质量损失率 /($g \cdot m^{-2}$)
S0	0	109.6	1.42	47.3	10.0
S5	5	112.8	1.60	48.3	3.5
S10	10	118.6	1.74	53.9	4.0
S15	15	124.5	1.88	59.2	3.5
S20	20	132.9	2.06	64.4	3.5

Duo 等利用环氧树脂改性的聚硅氧烷(作为有机组分)与 TSP－笼形低聚倍半硅氧烷(POSS)(作为无机组分)共聚制得了改性聚硅氧烷 /POSS 杂化镀膜液,将制得的镀膜液涂覆于 Kapton 基材表面。经过累计通量为 7.2×10^{20} O原子 /cm^2 的 AO 辐照后,改性聚硅氧烷 /POSS 镀膜的 Kapton 表面均匀致密没有开裂,明显优于普通聚硅氧烷镀膜的 Kapton 样品。AO 辐照后杂化涂层的表面氧化生成连续致密的 SiO_2 层,能够保护涂层下面的材料免受侵蚀。计算得到杂化材料镀膜 Kapton 的样品 AO 侵蚀率比原始 Kapton 基材降低两个数量级,仅为原始 Kapton 的 0.4% 左右。可见改性聚硅氧烷 /POSS 杂化涂层表现

出极强的抗 AO 侵蚀能力。

有机涂层在使用、存储、运输和安装过程中，还可能存在开裂和脱落等问题，因此具有自修复能力的有机涂层一直是空间材料的研究热点。自 20 世纪 80 年代，美国国家航空航天局(NASA) 在聚合物化学结构与其抗 AO 性能方面开展了不少研究，发现将某些特定元素，如磷、硅、锆等，引入 PI 分子结构中，可以赋予其良好的本征抗原子氧特性。在受到 AO 侵蚀时磷、硅、锆等元素可以原位生成惰性保护层，以阻止 AO 对基材内层的进一步侵蚀，达到有机高分子涂层在 LEO 环境中"自修复"的目的。

(1) 含磷聚酰亚胺类。

含磷分子结构包括膦、氧化膦以及磷腈等，其中对苯基氧化膦(PPO) 化合物的研究最多。在 AO 环境中，只需 5%(质量分数) 的含磷量即可赋予聚合材料良好的抗原子氧能力。聚合物表面的 PPO 与 AO 反应，在聚合物表面形成无机氧化磷层或多聚磷酸盐层，并且 PPO 不会对基体聚合物的玻璃化转变温度以及弹性模量产生明显影响。NASA 开发了一系列主链或侧链含 PPO 基团的聚合物，包括聚芳醚(COR)、聚酰亚胺(PI)、聚芳醚苯并咪唑(TOR) 等。其中，聚芳醚苯并咪唑的衍生物(TOR－RC)(式 7.3) 综合性能优异，无色透明，耐紫外线以及溶解性好，抗原子氧能力也较 Kapton HN 提高至少 1 个数量级。

$$*\!-\!\left[\ \mathrm{N}\ \ \mathrm{C}(\mathrm{CF_3})_2\ \ \mathrm{N}\ \ \mathrm{P}(=\mathrm{O})\ \ (\mathrm{F_3C},\ \mathrm{CF_3})\ \right]_n\!-\!* \qquad (7.3)$$

李卓等合成了一系列含磷聚酰亚胺薄膜，并在模拟原子氧环境中考察了它们的降解行为。发现在原子氧辐射过程中，含磷聚酰亚胺薄膜表面的磷元素与氧元素含量增加，原子结合能也增大，意味着在聚酰亚胺表面形成了含磷的钝化层。该钝化层进一步阻止了原子氧对聚酰亚胺次表面层的侵蚀，其质量损失率远低于 Kapton 薄膜，使含磷聚酰亚胺薄膜具有优良的抗原子氧侵蚀能力。

(2) 含硅聚酰亚胺类。

含硅聚酰亚胺与含磷聚酰亚胺类似，在受到原子氧轰击时也会原位生成无机惰性防护层，因此也具有本征抗原子氧特性。空间领域研究最系统和成熟的含硅基团是 POSS。POSS 由纳米级的三维笼型无机结构组成，外围的有机基团能够使 POSS 以接枝、共混或共聚的方式进入聚合物基体，POSS 中的 Si—O 键在 8 eV 才能被破坏，远远高于 AO 的侵蚀能力。POSS 的含量和聚集方式与杂化材料性能相关，通过控制实验条件和 POSS 用量可制得具有高透明性、高耐热稳定性、低介电常数的 POSS－PI 杂化材料。

Conzalez 等首次将 POSS－PI 置于 AO 环境，研究了二氧化硅形成速率与 POSS含量之间的关系。发现10% POSS－PI受AO侵蚀程度比Kapton® H降低了好几个数量级，并且在暴露于AO的过程中原先存在的细微裂纹全部愈合。Verker 等深入研究了超高速太空垃圾冲击与原子氧轰击协同作用对原始 PI 薄膜和 POSS－PI 薄膜的剥蚀作用，结果发现，POSS－PI 薄膜被破坏的程度明显小于不含 POSS 的薄膜。

(3) 含锆聚酰亚胺类。

锆被选作抗原子氧组分基于两个原因：① 锆配合物经原子氧辐照后形成的是不挥发的氧化物且其稳定性甚至高于 SiO_2；② 由于锆的有机络合物容易与聚酰胺酸均匀混合，降低了制备含锆聚酰亚胺的难度。Illingsworth 等研究了含锆聚酰亚胺的结构与抗原子氧能力之间的关系，发现 $Zr(acac)_4$（式 7.4）与聚合物的相容性很好，$Zr(acac)_4$ 摩尔分数为10%时，$Zr(acac)_4$/PI复合材料表现出了很好的均一性和高弹性模量。该材料经过 20 多次折叠弯曲后，依然展示出强大的抗原子氧能力，并克服了含锆聚酰亚胺力学性能不足的缺点。

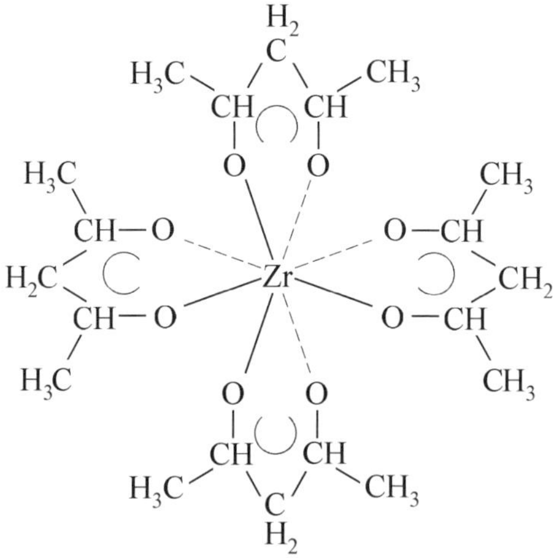

$$Zr(acac)_4 \qquad (7.4)$$

中国科学院金属研究所研制的过氢聚硅氮硅烷／二氧化硅($PHPS/SiO_2$)复合涂层抗原子氧侵蚀的性能优异，对聚酰亚胺的保护效果十分显著，原子氧作用后涂层的透明度下降很少(图 7.5)，Kapton 的腐蚀率从 $3.0\times10^{-24}\,cm^3$／原子下降到了 $6.0\times10^{-27}\,cm^3$／原子，并且涂层表面平整，没有出现地毯式的毛躁状，也没有因表面收缩而出现裂纹。同时，提出自修复的机理，如式(7.5) 和式(7.6)所示。

$$\left[SiH_2-NH \right] + 2O \longrightarrow SiO_2 + NH_3 \qquad (7.5)$$

$$Si_{free} + 2O \longrightarrow SiO_2 \qquad (7.6)$$

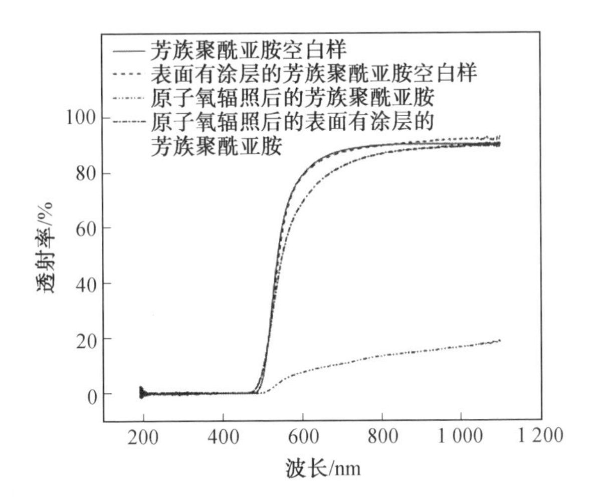

图 7.5　有无涂层的 Kapton 在 AO 辐照前后的紫外－可见光谱
（原子氧注量为 9.3×10^{20} 原子 $/\mathrm{cm}^2$）

7.1.3　带电粒子作用于有机高分子涂层的辐射效应

空间的辐射粒子主要来源于地球辐射带、宇宙射线和极光。地球辐射带、太阳宇宙线和银河宇宙线可造成航天器材料与涂层等的辐射损伤，极光粒子会严重损坏低轨道航天器上的太阳能电池、卫星的光学仪器表面以及热控涂层。在距地高度为 400 ～ 600 km 轨道中运行的航天器，经受带电粒子辐射作用的年吸收剂量一般为 10^3 Gy，其粒子能量为 1 ～ 2 MeV。高能带电粒子通过两种方式损伤航天器表面材料，即电离作用和通过高能带电粒子轰击产生的原子位移作用。随着轨道高度的增加，带电粒子的累积剂量迅速增加。空间粒子辐射会改变有机材料和纤维增强复合材料的尺寸稳定性与机械性能。本节着重讨论质子、电子等对有机涂层的影响。

采用质子加速器辐射有机涂层来模拟研究质子对其的影响是一个常用且重要的研究方法。Novikov 等使用该方法模拟研究了不同热控涂层（含有丙烯酸树脂和 ZnO 等颜料）的辐射稳定性，选用的中子能量在 100 ～ 500 keV 之间，粒子注量范围为 10^{14} ～ $2 \times 10^{16}\ \mathrm{cm}^{-2}$，获得了涂层的光吸收系数（$A_s$）随中子注量和能量的变化数据。基于单能中子束地面测试结果预测了空间飞行中涂层的 A_s 受中子辐照后随能量分布谱的变化。根据所建立的降解数学模型（式（7.7）和式（7.8）），预估了涂层在与地球高度位置相对不变的轨道（GEO）上长达 10 年的降解程度，发现 EKOM－2 丙烯酰胺涂层和 TR－SO－TSM 液体玻璃涂层的辐射稳定性高，推荐它们作为 GEO 使用的涂层。

$$\Delta A_s = a[1 - \exp(-bE^{\gamma}F^{\beta})] \tag{7.7}$$

$$\Delta A_s = \int_0^{\infty} a[1 - \exp(-bE^{\gamma}\Phi^{\beta})]\frac{d\varphi}{dE}dE \tag{7.8}$$

式中，a、b、β、γ 为模型的参数；A_s 为光吸收系数，ΔA_s 为光吸收系数的变化值；$d\varphi/dE$ 为谱分布函数，cm^{-2}/keV；E 为质子的能量，keV；F 为有效质子注量，cm^{-2}。

在太空飞行器和卫星中大量使用的聚二甲基硅氧烷树脂涂层，常常出现裂纹或者黄变现象，尤其是在相对地球高空位置比较固定的卫星中，情况更为严重。在聚二甲基硅氧烷树脂中包埋改性和未改性的二氧化硅光晶纳米粒子形成复合树脂，然后对其进行辐照，发现含有改性纳米粒子的复合树脂在 250 ～ 2 500 nm 的紫外－可见光－近红外(UV－vis－NIR) 全谱范围内透明度不会有明显变化(二氧化硅层的厚度控制在 7 μm 以内)，并且在傅立叶变换红外光谱－衰减全反射(FTIR－ATR) 谱(图 7.6) 中发现辐照后的复合树脂在1 720 cm^{-1} 的吸收峰也有明显的增强，但是未改性的纳米粒子复合树脂的变化则较小，表明改性纳米粒子的添加有助于复合树脂光学性能的稳定和增强。

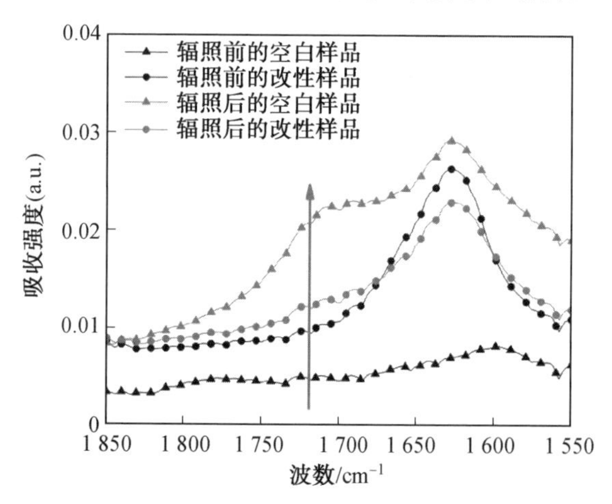

图 7.6　空白样品和改性样品 260－F_1－7－1 在 1 850 ～ 1 550 cm^{-1} 的 FTIR－ATR 谱图

有学者采用 100 keV 的质子和 30 keV 的电子加速辐照有机硅热控涂层，对比研究了纳米粒子改性的有机硅热控涂层 KO－859(式(7.9)) 的辐射稳定性。通过研究纳米粒子改性前后和不同添加量对涂层反射系数的影响(图 7.7 和图 7.8)，发现改性后纳米 SiO_2 在涂层中的分散性更好，并提高了涂层的反射系数(因粒子注量不同，提高程度不同)，改性纳米粒子的最佳添加量(质量分数) 分别为 1%(质子辐射) 和 3%(电子辐射)。改性后的纳米 SiO_2 具有更高的耐辐射性能，当加速电子或质子作用于聚二甲基硅氧烷低聚物时，附着在纳米 SiO_2 表面的聚合物硅自由基间进行了重组，自由基的形成机理如式(7.10) 所示。可见对纳米 SiO_2 粒子进行改性，有助于提高热控有机涂层 KO－859 在全谱范围内的反射

系数，从而使其在经受加速质子和电子的作用时，辐射稳定性还能有明显的提升。

$$H_3C-\underset{CH_3}{\overset{CH_3}{Si}}-O\left[-\underset{CH_3}{\overset{CH_3}{Si}}-O-\right]_n\underset{CH_3}{\overset{CH_3}{Si}}-CH_3 \tag{7.9}$$

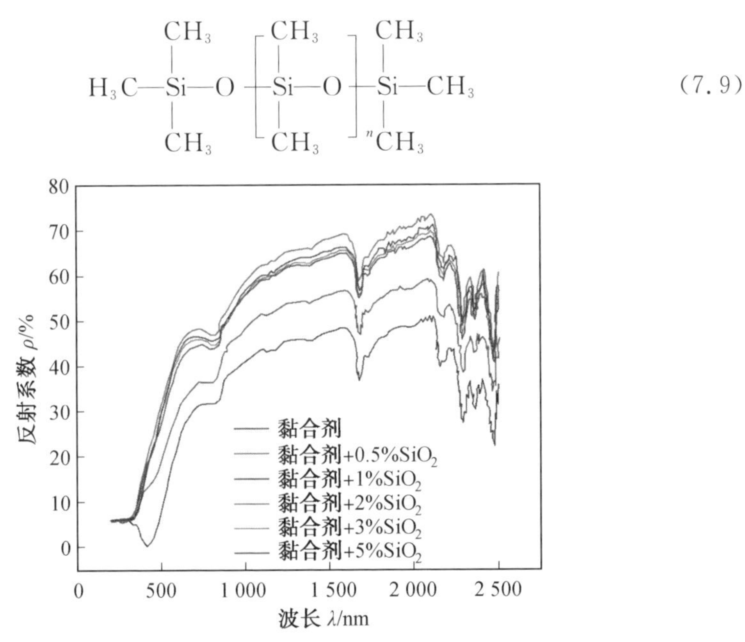

图 7.7　添加不同量纳米 SiO_2 的改性涂层 KO－859 经质子辐照后的反射谱(彩图见附录)

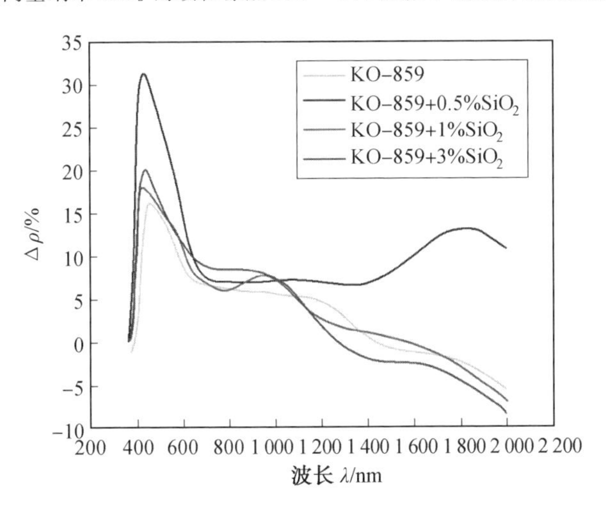

图 7.8　未改性 KO－859 和纳米 SiO_2 改性后 KO－859 经电子束辐照前后的反射系数差值 $\Delta\rho$ 随反射谱波长的变化(彩图见附录)
(电子束能量为 30 keV，注量为 $1.55\times10^{16}\ cm^{-2}$)

$$\left[-\mathrm{Si(CH_3)_2}-\mathrm{O}-\right]_n \xrightarrow{\mathrm{H^+},\ \mathrm{e^-},\ h\nu} \cdot\mathrm{CH_3} + \cdot\mathrm{Si(CH_3)_2}-\mathrm{O}\sim\sim + \sim\sim\mathrm{Si(CH_3)_2}-\mathrm{O}\cdot$$
$$\sim\sim\mathrm{O}-\overset{\mathrm{CH_3}}{\underset{\cdot}{\mathrm{Si}}}-\mathrm{O}\sim\sim + \sim\sim\mathrm{O}-\overset{\mathrm{CH_3}}{\underset{\dot{\mathrm{C}}\mathrm{H_2}}{\mathrm{Si}}}-\mathrm{O}\sim\sim \tag{7.10}$$

7.1.4 原子氧与其他环境因素协同作用于有机高分子涂层的辐射效应

低地球轨道航天器在轨运行期间会同时经受原子氧、紫外辐射、带电粒子、辐射热循环和空间碎片等多种空间环境因素的威胁。单因素地面模拟试验开展较多，但是研究者将地面试验的单因素结果进行简单叠加后发现，其与材料在轨经受的真实性能退化结果并不完全一致，因而在了解和掌握单因素对材料性能影响的基础上，将空间环境的多因素进行耦合研究对于正确预估航天器材料在轨性能退化具有十分重要的意义，同时可为多因素环境效应地面模拟试验方法的建立奠定基础。原子氧是 LEO 大气环境的主要成分，因此本节着重论述原子氧与其他因素的耦合作用，即原子氧与紫外辐射的协同效应、原子氧与电子辐射的协同效应、原子氧与空间温度循环的协同效应等。

1. 原子氧与紫外辐射的协同效应

在低地球轨道，原子氧与真空紫外的协同效应可以产生比单一辐射更大的破坏作用。中国科学院金属研究所陈荣敏等详细研究了环氧涂层（结构如式(7.11)）和有机硅涂层（结构如式(7.12)）经单一的 VUV 作用、单一的 AO 作用以及 AO/VUV 的协同作用，发现对有机硅涂层而言，单纯的 VUV 环境中有机硅涂层的质量损失较大，但是有 AO 参与后其质量损失减小。而在 LEO 空间环境中，AO 对环氧树脂涂层造成的质量损失较大，但对有机硅涂层造成的质量损失相对较小（图 7.9），表明有机硅涂层对 AO 侵蚀有一定的防护作用。在 LEO 空间环境中，AO/VUV 的协同作用加速了环氧涂层的腐蚀，其质量损失最大。但是，AO/VUV 协同作用对有机硅涂层的影响与 AO 单独作用结果一致，说明 AO/VUV 协同作用并没有对它起到加速侵蚀的作用。由此可见，有机硅涂层是较好的耐真空紫外辐射和原子氧侵蚀的有机涂层材料。同时 SEM、FTIR、XPS

和质量损失结果证实，在 AO 与 VUV 的协同作用中，对材料的侵蚀起主导作用的是 AO，而当有 VUV 存在时则会加速 AO 与材料的反应程度。具体的侵蚀机理是高能量的紫外线（波长为 200 nm 时对应的能量为 6.2 eV）在打断有机高分子材料化学键、产生自由基的同时，也为 AO 提供了反应的活性位置；AO 与之反应生成的产物或挥发或被高束流 AO 冲击而脱离，导致表面又暴露出新的反应位置，继而引起材料更大的质量损失，从而增大 AO 的剥蚀率。

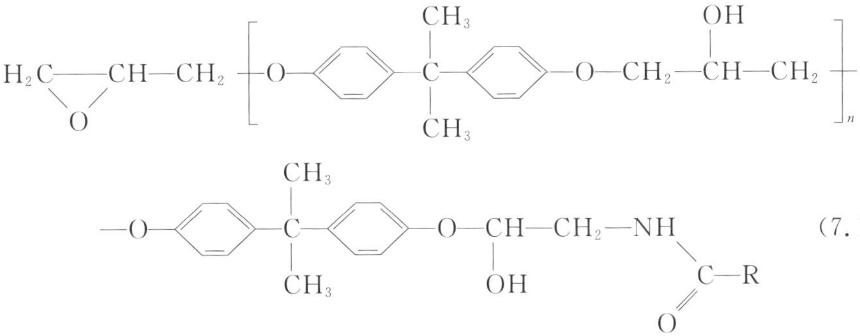

$$\underset{\text{(环氧基)}}{H_2C\overset{O}{-}CH}-CH_2-\left[O-C_6H_4-C(CH_3)_2-C_6H_4-O-CH_2-CH(OH)-CH_2\right]_n-O-C_6H_4-C(CH_3)_2-C_6H_4-O-CH(OH)-CH_2-NH-C(=O)-R \tag{7.11}$$

$$H_3C-Si(OCH_3)_2-O-\left[Si(OCH_3)_2-O\right]_n-Si(OCH_3)_2-CH_3 \tag{7.12}$$

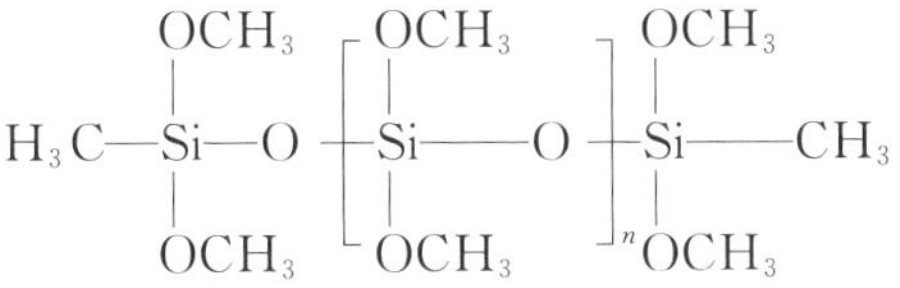

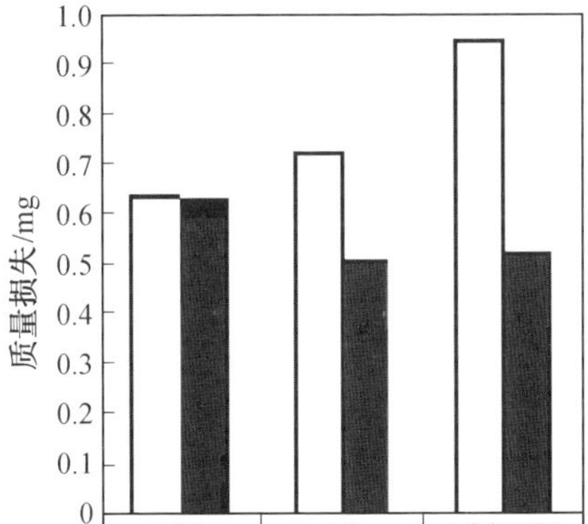

	VUV	AO	AO/VUV
□ 环氧	0.63	0.71	0.94
■ 硅氧烷	0.62	0.50	0.51

图 7.9　试样暴露于 VUV、AO 和 AO/VUV 环境中的质量损失

AO 和 VUV 对材料的损伤具有协同作用，但对于不同的材料其协同作用是有差异的。相关的低轨飞行试验表明，含硅和含氟的聚合物膜在空间环境中的变化明显不同，含氟的聚合物受到的侵蚀严重，其透光率严重下降，而含硅的聚合物膜侵蚀率很小且透光率无明显变化。对 Kapton® H、Teflon（聚四氟乙烯）、

镀银 Teflon 和聚氯乙烯的侵蚀速率研究表明，在没有 VUV 辐射时，以上材料与 AO 的反应速率很小，协同作用下，Teflon、镀银 Teflon 和聚氯乙烯的反应率均有所上升，而 Kapton－H 的 AO 反应率则明显上升。对含氟聚酰亚胺膜进行研究时发现，AO 单独作用下和 AO/VUV 协同作用下，材料表面均发生了氧化，但它们的生成物有所不同：AO 单独作用于表面时生成的是碳氧单键，而与 VUV 协同作用下生成的是碳氧双键。可见，AO/VUV 对航天器表面材料的协同作用机理非常复杂。VUV 对 AO 的侵蚀效应有“促进”作用，是因为 VUV 会导致温控涂层或有机聚合物发生分子链的交联或者价键的断裂，从而引起材料的表面软化或碎裂，为 AO 的侵蚀提供了通道，加剧了 AO 的侵蚀。

事实上，并非对所有材料而言，AO/VUV 的协同作用都超过了单因素作用效果。有学者在对 Kapton 的 AO/VUV 协同效应研究中发现，在 AO 环境下的剥蚀主要是碳、氮等元素的氧化所致，而在 VUV 辐射作用下其表面会交联形成大分子，从而提高了试样的抗 AO 剥蚀能力。Dever 等在对太阳能电池帆板备选材料 AOR Kapton 的研究中也得到了类似结论，并提出对于这种材料而言，地面模拟的单一 AO 环境造成的材料损伤可能超出了太空中同时存在 VUV 辐射的真实条件下 AO 对材料的损伤程度。综上所述，VUV 对 AO 与材料交互作用的影响是增强还是削弱，因不同的材料而异，目前还没有统一的判定依据，对于具体的材料需进行有针对性的试验分析才能获得可靠的结论。

2. 原子氧与电子辐射的协同效应

相较于原子氧和紫外辐射的协同效应研究，国内外对原子氧与电子辐射的协同效应研究则少得多。King 和 Wilson 开展了聚砜树脂材料的原子氧和电子的协同效应研究，对原子氧作用后的材料进行电子轰击，并测量和分析了其产物，再与无电子轰击条件下的原子氧试验结果进行对比，发现当材料处于绝缘状态时，电子轰击条件下原子氧对聚砜树脂材料的作用产物明显增多，这可能是材料表面因受电子轰击而导电的缘故。由此可见，电子辐射也会加剧原子氧与材料的协同作用，这方面还有待进一步的深入研究。

3. 原子氧与空间温度循环的协同效应

航天器在轨运行期间，会反复进出地球阴影区，存在温度交变循环的情况。不同温度可能会对原子氧与某些材料的作用有一定的影响，但其影响程度因材料而异。通过对空间中常用的聚四氟乙烯、碳 / 环氧复合材料以及 Kapton 材料在不同温度下与原子氧的交互作用研究发现，随着试样温度的升高，聚四氟乙烯材料在原子氧作用下的质量损失增大，其表面形貌也有一定的变化；而试样温度的升高对碳 / 环氧复合材料及 Kapton 材料在原子氧作用下的质量损失和表面形貌没有明显的影响。郭亮等对航天器用 ITO/Kapton/Al 材料也进行了类似的研

究，在保持原子氧积分通量为 9.1×10^{19} 原子 /cm^2、真空度为 10^{-2} Pa 的条件下，变换温度条件(25 ～ 150 ℃)，发现温度对 ITO/Kapton/Al 材料的质量损失影响较小。虽然温度对原子氧与材料交互作用的影响不十分明显，但热循环可能导致材料产生微裂纹，若微裂纹临近表面，就有可能与原子氧的侵蚀产生协同作用。

7.1.5　小结

一些情况下，协同作用加速了材料的破坏，威胁航天器在轨的安全运行，影响了航天器的可靠性和服役寿命；而另一些情况下，各个环境因素之间的耦合作用可能使材料的表面成分或物理性能发生改变，从而使得材料的耐空间环境能力有所提高，反而使得地面的单因素环境模拟对材料的破坏程度超出了在轨期间的真实情形，对航天器设计提出不必要的余量。因此，研究并掌握空间环境各因素之间协同作用的机理，使得地面环境模拟试验对空间材料性能评价尽可能符合在轨真实环境，对航天器的设计及其可靠性的提高具有重要意义。

品质优良的涂层，除了具有抵抗原子氧侵蚀、紫外辐射等性能以外，还需要与聚合物基体之间有良好的界面结合力。涂层破损开裂与涂层基体间界面复合状态非常相关，因此需将聚合物基体和涂层作为整体进行研究，充分考虑涂层与基体的界面微观状态、界面效应和作用机理。而这部分研究工作具有相当大的难度，需要投入更多的精力进行深入研究。

7.2　大气环境中有机高分子涂层的辐射效应

大气环境对有机高分子涂层的影响包括紫外线、温度、水分(湿气)、氧气和污染物等因素。

① 紫外线。大气环境中紫外线波长集中在 280 ～ 400 nm 之间，它在太阳光到达地球表面的辐射能中仅占 5%，但能够引发有机涂层发生光降解或光氧化反应，导致涂层的物理机械性能、光学性能和其他性能下降。

② 温度。温度的变化会影响化学和光化学反应的速度，从而可能加速某些高聚物的降解，导致涂层性能下降；温度会影响有机涂层中添加剂以及外来组分(杂质污染物等)的扩散速度；温度的变化还会引起涂层材料的变化，导致收缩或膨胀，从而加速材料的龟裂和开裂。在大气环境中，温度存在地域性、季节性或昼夜性的交替变化。涂层在老化过程中，因温度的交替变化，热胀冷缩往复不断地进行，其内应力随之变化，使得涂层与基体金属的附着力下降，发生开裂及破坏等。

③ 水分(湿气)。有机高分子涂层在大气环境中还会受到水分、湿气等的影响而发生水解反应。在大气环境中,水分和湿气对有机涂层的作用表现为降雨、潮湿和凝露等多种形式。水分和湿气对涂层老化的影响表现在以下几个方面:降雨能将材料表面的灰尘污垢等冲洗掉,使其更充分地受到太阳光的辐射,加速了有机涂层的光老化。同时,降雨频率不同也可能产生长期的老化作用。涂层在大气环境中会有吸水脱水的过程,环境潮湿时,涂层吸水,体积膨胀;环境干燥时,涂层脱水,体积收缩。经过这样一系列的干湿循环作用后,涂层内部产生巨大的应力。当应力值累积到一定程度时,涂层发生开裂和剥落等现象。另外,涂层中溶剂挥发等因素会使涂层内部产生微孔,水能通过涂层中各种缺陷渗入涂层内部,使得涂层内部一些水溶性物质、含亲水性基团的物质溶解,从而改变涂层的组成和比例,导致涂层加速老化。

④ 氧气。有机涂层的老化,实际上是光/热引发的氧化反应。涂层之下的金属所发生的电化学腐蚀阴极反应与电位有关,当电位高于 −0.8 V 时,主要反应为氧的还原反应。氧还原反应不仅是腐蚀阴极反应,也是造成涂层金属体系阴极剥离过程的推动力。因此,腐蚀介质中氧浓度以及离子种类和浓度对涂层剥离行为具有重要的影响。涂层金属体系所处环境中氧分压越大,阳极区和阴极区的电位差越大,即腐蚀电化学反应的推动力越大,涂层剥离速度则越快。臭氧对涂层的作用同氧一样,主要是起氧化反应,大多数臭氧均与涂层中的双键结合,生成很不稳定的臭氧化物,它容易重排为异臭氧化物。其转化为异臭氧化物会促使分子链断裂,引起涂层的老化。

⑤ 污染物。大气环境中的污染物包括含硫氧化物气体、氮氧化物气体、碳氧化物气体和其相应的盐微粒物质,它们对涂层的老化也有一定的影响。一方面,污染气体可以与水结合,形成电解质溶液,然后通过涂层缺陷进入涂层/金属界面发生腐蚀反应,导致涂层剥离;另一方面,污染气体通过缺陷扩散到涂层内部,气体中的活性基团与分子链上的某些基团反应,可改变分子链结构从而导致有机涂层发生老化。

在真实的大气环境中,必须考虑到太阳辐射、环境温度和湿度以及空气污染、生物作用、酸雨、风沙等的综合影响。在具体的自然环境中,上述因素对有机涂层的作用有主次之分。例如,高原环境中对涂层破坏较严重的是太阳光中的紫外线及高温,沙漠环境中破坏力较大的是昼夜相差较大的温度及紫外线,海洋环境中是湿热、氯离子和紫外线等。

7.2.1 高原环境中有机高分子涂层的辐射效应

高原地区的气候特殊,如紫外线强、温差大、风沙大、气压低,常年平均气温在 −20 ℃以下,最低气温达到 −40 ℃,紫外线平均照度为 20 W/m^2,比海平面紫

外线平均照度高20倍以上，这种恶劣的气候环境对涂层老化具有非常强的加速老化效果。紫外辐射对高分子成膜物质有很强的破坏能力，在高原地区使用的有机涂层使用寿命显著下降，传统的有机涂层少则半年、多则一年，就会出现粉化、变色、龟裂甚至大面积剥落等破坏现象，导致其使用寿命大大缩短，给防护涂层的使用和维护带来极大不便，不仅费时费力，而且造成极大的经济浪费。本节主要关注高原环境中强太阳辐射、低温和温度变化及水和湿气等对有机涂层的影响。

青藏高原具有太阳辐射强度高、昼夜温差大、湿度波动大的典型环境特性，有学者分析了青藏高原典型区域在1981—2008年地面交换站累积年平均日照时数、地面气温和降水量等环境因素对涂层老化的影响，尤其是太阳辐射强度和温度对涂层老化的影响，为开展涂层环境适应性研究和内在机理研究提供了参考依据。

高原气候与亚热带气候对有机涂层的影响究竟有多大？有学者选取两种典型的气候环境（一是高原气候的拉萨试验站，二是亚热带湿热气候的广州站）对有机涂层进行了天然暴露后的对比研究。发现样品在典型高原气候的拉萨试验站户外暴露试验一年后，大部分涂层已出现粉化，甚至有起泡现象，且失光现象比广州严重。还发现涂层的色差都出现了不同程度的上升，广州的涂层起初变色快，但一年后拉萨的涂层变色比广州的严重。可见不同气候环境涂层的老化速度不同，通过两种气候环境的对比实验分析可以快速地优选出性能相对稳定的涂层。

针对飞机服役地区的紫外线辐射强烈（日照时间长达10 h）、夜间飞机蒙皮表面凝露（露水中含有一定浓度的氯离子，pH为中性）严重的情况，有学者为飞机蒙皮常用的含氟聚氨酯涂层体系开展了相应的实验室模拟加速试验。发现紫外试验后的涂层电阻下降较慢，且紫外线仅对涂层的表面结构产生影响。而在紫外－盐雾循环试验中，紫外线引起涂层表面结构的变化，使涂层的耐水性变差，水更快地进入涂层内部，从而引起涂层内部结构的变化，循环试验后的涂层电阻下降较快（图7.10）。由此可见，紫外线和露水的综合作用是飞机蒙皮有机涂层出现严重老化的主要原因。

有学者综合了更多因素（紫外辐射、温度交变、周期浸润和疲劳试验等）模拟高原大气环境，发现处于该环境中的铆钉周边的有机涂层经过多个周期的多因素加速试验后仍具有阻挡腐蚀性介质的作用，而铆钉中间区域有机涂层的防护性能退化显著，如图7.11和图7.12所示。可见采用加速考核直升机蒙皮典型结构有机涂层防护体系在实际服役过程中出现的损伤及评价其防护性能是可行的。

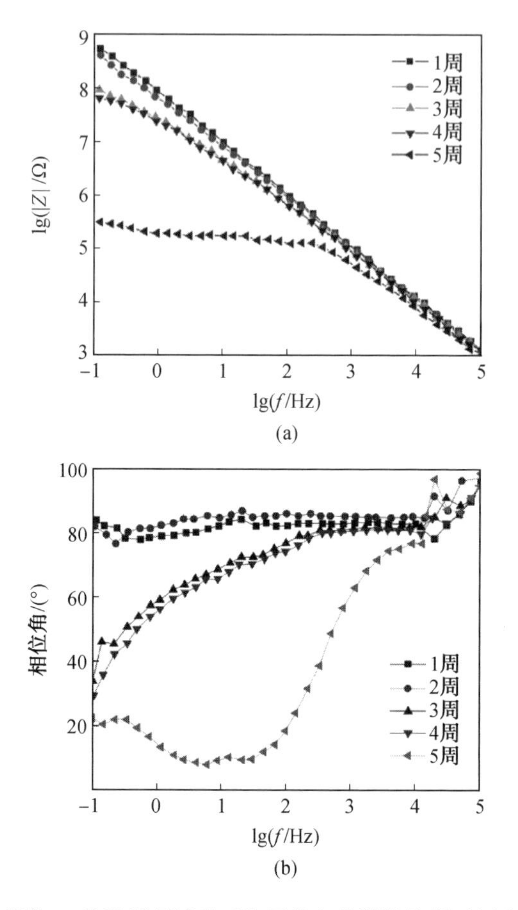

图 7.10　紫外－盐雾循环试验后涂层的电化学阻抗谱随浸泡时间的变化

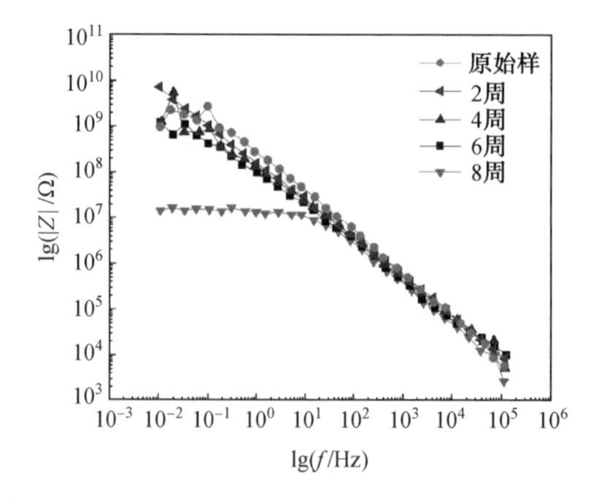

图 7.11　蒙皮试验件上表面螺钉周边区域的电化学阻抗谱伯德(Bode)图

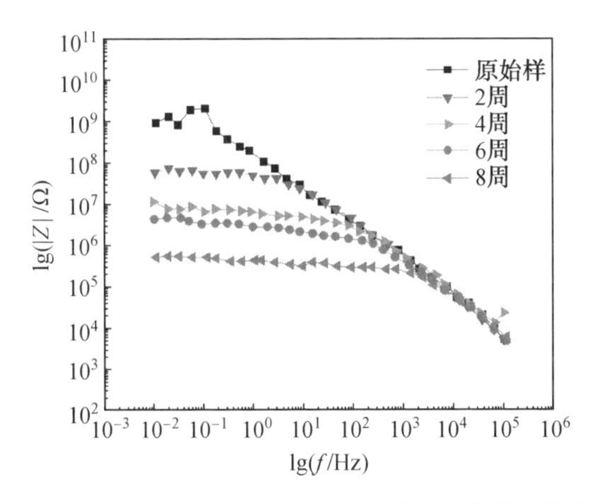

图 7.12　蒙皮试验件上表面螺钉中间区域的电化学阻抗谱 Bode 图

Yong 等采用涂层阻抗指数(CI)定量测定了有机涂层受紫外线和腐蚀作用的协同效应(Δ CI)，进而分别确定了紫外线、腐蚀和二者协同作用的水平因子 CI_{UV}、CI_c、$CI_{UV,c}$。基于 CI 和 Δ CI(表 7.6 和表 7.7)，发现分别在高原和城市使用的有机涂层受紫外线和腐蚀协同作用的程度不同，并且发现紫外辐射和腐蚀的协同作用对有机涂层的失效发挥了重要作用。

表 7.6　模拟城市大气环境中的 CI_{UV}、CI_c、$CI_{UV,c}$ 和 Δ CI 值

N^*	CI_{UV}	CI_c	$CI_{UV,c}$	Δ CI
0	0	0	0	0
2	0.48	0.16	4.39	3.75
4	1.86	0.34	5.23	3.03
6	1.45	0.09	3.45	1.91
8	0.75	0.25	5.89	4.89

* N 代表测试时的循环次数

表 7.7　模拟高原大气环境中的 CI_{UV}、CI_c、$CI_{UV,c}$ 和 Δ CI 值

N	CI_{UV}	CI_c	$CI_{UV,c}$	Δ CI
0	0	0	0	0
2	1.18	0.64	2.23	0.41
4	1.28	0.55	4.23	2.40
6	2.52	0.65	5.56	2.39
8	1.84	0.53	2.52	0.15

为解决光照和高低温、低气压环境条件的同时施加问题，有学者研制了多因素综合高原高寒气候环境模拟加速试验箱，形成了同时集成光照、气压、温度、湿度和风速五因素的高原高寒气候环境模拟条件，可用于高原地区使用的工艺、材料和零部件的快速筛选和环境适应性评价。所研制的加速试验箱各项技术指标

达到设计要求，与拉萨站实地试验结果对比，发现试验后塑料样品的拉伸强度和冲击韧性性能、有机涂层的色差和光泽变化指标，都具有良好的相关性和加速可行性。

有学者针对太阳紫外线、湿度和服役温度对环氧涂层是否有协同作用进行了深入研究，发现经湿热或紫外线作用后，纯环氧树脂涂层的黄变很明显，但是有填充剂的环氧树脂涂层变色和质量损失相对较小。可见湿热(HG)或紫外线(UV)促进了环氧树脂的后固化，提高了玻璃化转变温度和交联度。紫外辐照后样品的表面微裂纹随着湿热作用的增强而扩展，但湿热和紫外辐射的耦合作用没有导致含20%(体积分数)填料的环氧树脂涂层的弯曲强度下降，反而使40%填料的环氧树脂涂层的弯曲强度有所增强(图7.13)。

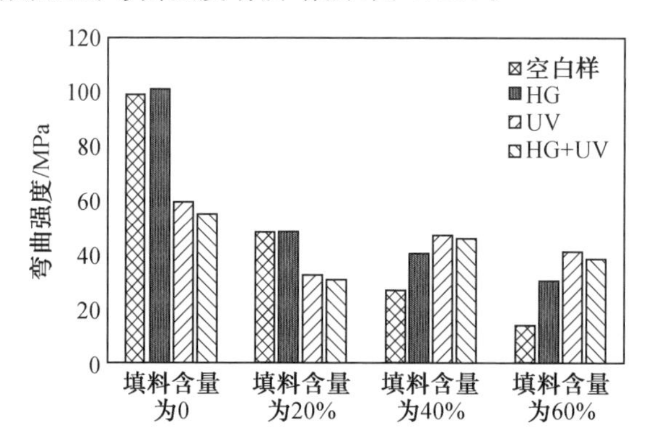

图7.13　不同含量(体积分数)填料的环氧树脂涂层的弯曲强度

Gao等从我国13个典型的大气测试场所采集样品，研究了丙烯酸酯聚氨酯涂层的表面老化与环境因素(温度、湿度、太阳光辐射和风速等)的关系。采取路径分析、k方法团簇分析(k-means clustering analysis)和多变量线性回归拟合大量的试验数据，建立了温度、湿度、太阳光辐射和风速的分类和精细化标准(classification and refinement criteria)，之后还构建了丙烯酸酯聚氨酯涂层老化程度(以失光度表征)与气候老化因素之间的关联模型，将模型结果与试验结果比对，发现具有一定的可信度。他们还基于我国97个试验场的大气环境数据，对未经考核的涂层老化行为进行了预测，绘制了我国丙烯酸酯聚氨酯涂层老化的预测谱图。通过查阅谱图，可以预判哪些地区的涂层容易受到多因素的协同老化，提出切合实际的防护措施，如采用耐老化性能更好的涂层材料、增加周期性的涂敷次数等。

7.2.2　沙漠环境中有机高分子涂层的辐射效应

沙漠大气环境具有日照强、湿度低、风沙大、昼夜温差大等特点，在该环境中服役的工程装备的有机涂层容易出现失光、开裂和脱落等老化现象，导致装备的

正常使用受到严重影响。在沙漠环境中使用的涂层，所含的高聚物吸收紫外线能量后会引发多种物理化学反应，使其结构发生变化，造成涂层体系的失效，因此光氧化降解是其主要的失效方式。沙漠环境中的风沙对涂层的破坏作用也较为严重，主要表现为沙粒对涂层的冲蚀磨损。沙粒的形状多种多样，其中棱角突出的沙粒对涂层的破坏作用更大，导致涂层厚度降低、材质不断流失，使得涂层的防护性能下降。沙漠地区属于干热地区，昼夜温差在 $-25 \sim 40$ ℃ 范围内波动。高温会加快涂层的失效降解，低温却会影响涂层的组织结构，而高低温的交替变化会使涂层与基材发生热胀冷缩，导致涂层附着力减弱、防护性能下降。自然暴露试验是研究有机涂层腐蚀失效最可靠的方法，但其具有周期长、耗资大、可控性差等缺点，因此研究者们常采用实验室加速老化涂层的方法实现涂层防护性能的快速有效评价。

考虑到沙漠大气环境下有机涂层失效的主要因素为紫外线老化降解和风沙冲蚀磨损，有学者采用紫外暴晒与吹沙试验相结合的加速方式，研究了丙烯酸聚氨酯有机涂层在模拟沙漠大气环境下失光率、质量、厚度及电化学阻抗等的变化情况（图 7.14）。随着加速试验的进行，涂层低频阻抗模值逐渐减小，8 个周期结束后，低频阻抗模值接近于 $10^6\ \Omega \cdot cm^2$，表明此时涂层基本失去了防护性能，为今

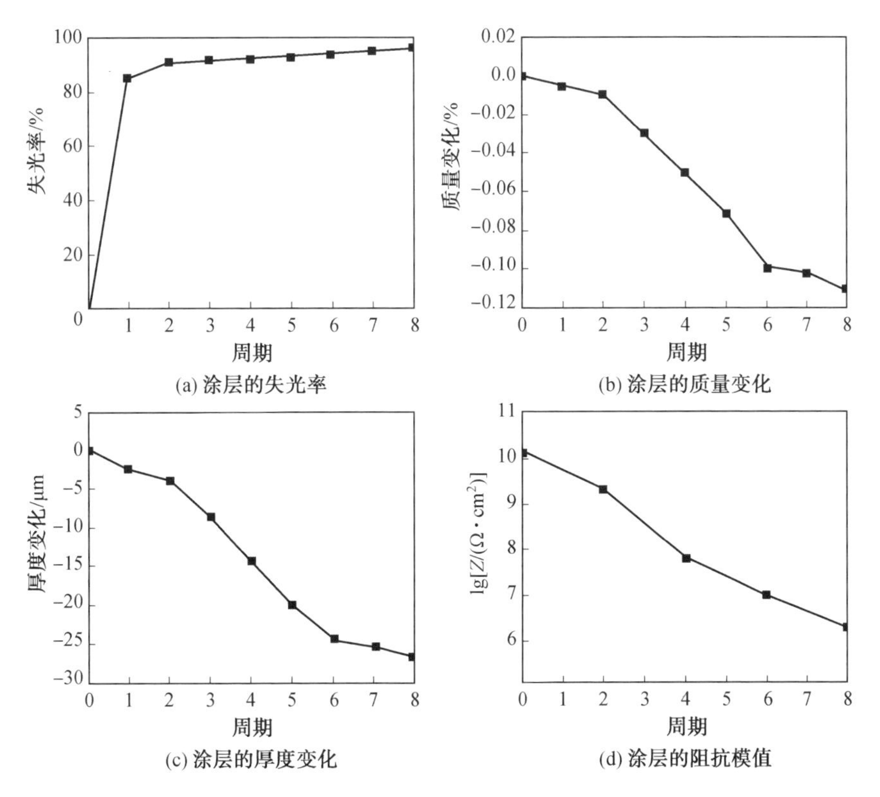

图 7.14　涂层参数随试验周期的变化

后进一步研究沙漠大气环境下有机涂层的失效机理提供了理论基础。

7.2.3 海洋环境中有机高分子涂层的辐射效应

与内陆环境不同,海洋环境具有高盐雾的腐蚀性介质,它是由盐类化合物和微小液滴组成的气溶胶体(主要成分为氯化钠,还可能包括氯化镁、硫酸镁和硫酸钙等化合物以及各种杂质),能穿过醇酸、氯乙烯、环氧等涂层渗入金属表面,导致装甲设备或船只的金属表面发生化学或电化学腐蚀,严重影响装甲部队的战斗力和后勤保障能力。轮船在海洋中航行,管道、壳体等与海水直接接触的部件会受到电化学腐蚀,此外,海洋微生物的存在对船体的破坏也非常严重。海洋大气环境的主要特点是长期高温、高湿、高盐雾和强的太阳光辐射,因此金属材料在海洋大气中的腐蚀速率显著高于其他大气环境,为内陆大气腐蚀的 2 ~ 5 倍。

由于有机防护涂层在金属的表面,长期直接经受紫外、温度、湿度、盐雾以及微生物等的协同作用,涂层被破坏的速度更快。有不少学者致力于如何提高有机涂层的防护能力、探索实验室加速老化试验方法、研究有机涂层的失效机理,同时探讨加速老化和自然老化的相关性,以便为实验室加速老化试验的可行性和等效性提供参考。

基于热带海洋环境条件特点,有研究者设计了一种太阳辐射、高温、湿度和盐雾综合作用的多因素实验室加速模拟试验方法,并针对典型装备的户外有机涂层(包括丙烯酸聚氨酯类、氨基漆类、丙烯酸类和聚氨酯类等)开展了实验室单因素试验、多因素试验和自然大气暴露试验。结果发现,多因素试验条件下由于综合环境因素的引入,试验结果的规律性、相关性和加速倍率等方面比单因素条件下更显著,其试验结果与自然环境试验结果的相关性更高(图 7.15)。

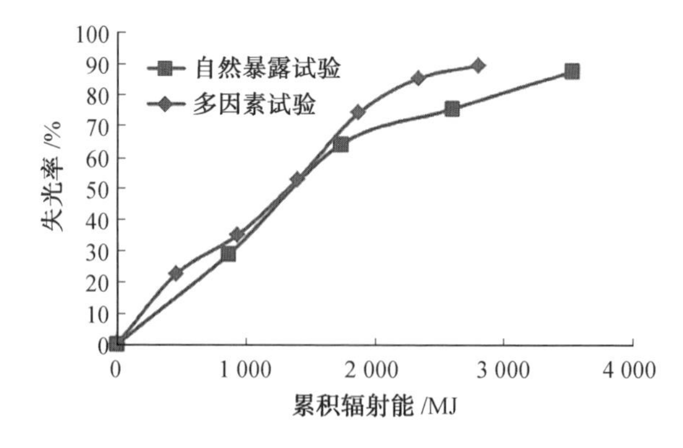

图 7.15　以累积辐射能为横坐标的失光率曲线

Mom ber 等采用紫外辐射、凝露、盐雾以及低温(－60 ℃)交替循环作用于材料的方式研究了海上使用的钢铁构件表面的高分子涂层性能。其中包括聚氨酯和环氧两类树脂基材，形成的是六种有机高分子涂层，分别研究了它们的化学成分、表观形貌、接触角、表面能、撕裂强度和抗冲击性等。通过分析结构、形貌与性能的变化，作者建立了 Spearman's rank correlations 模型。但是针对紫外或盐雾的老化模型还不能很好地解释观察到的变化趋势，需要开展更系统的研究去阐释复合因素下的老化现象。

多个因素叠加作用于有机涂层，是否会导致涂层性能劣化更严重？有学者通过电化学阻抗谱研究了紫外线、温度、pH、湿度和 SO_2 等多个因素对聚酯涂层的腐蚀行为影响，发现多个因素的耦合作用没有导致积累效应，反而可能出现意想不到的保护作用。另外，即使在相近的情况下，从一种或另一种体系得到的单因素或多因素结果去外推，获得的结果也可能是不合理的。

谭晓明等对服役于严酷海洋环境下的典型航空有机涂层(TN06－9 锌黄底漆＋TS70－1 聚氨酯面漆)开展了 0～9 年的当量加速老化试验，借助 PARSTAT4000 电化学工作站，测试了老化试验后涂层试件的电化学阻抗值，得到了不同老化周期有机涂层的Bode图、等效电路、孔隙率、吸水率和电化学阻抗，表征了加速试验条件下的老化动力学规律。确定了低频阻抗$[Z]_{0.01}$ 可作为涂层防腐蚀性能的评价指标，以及可以用三个不同等效电路(图 7.16)来对应涂层老化的初期、中期和后期三个阶段。选取低频阻抗 $|Z|_{0.01}$ 作为建立老化动力学方程的指标，以 $|Z|_{0.01}$ 为涂层失效标准。经过推导，得到了聚氨酯涂层的老化动力学方程，其中各参数均有其物理意义。

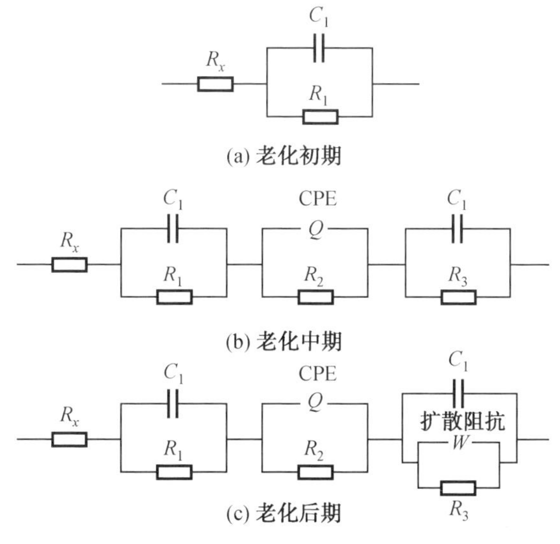

图 7.16　涂层试样的等效电路

从上面的研究可以看出，有机涂层的破坏是从量变到质变的复杂过程。在不同地区，同一种有机涂层的破坏程度是不同的；在相同的地区，不同的有机涂层甚至不同的有机涂层结构的破坏程度也是不同的。由此可看出，大气环境和涂层本身的性质决定了涂层的使用寿命。有关涂层的寿命影响因素和失效机理研究备受关注。Bedoya 研究了聚氨酯、氯化橡胶等涂层在紫外 — 冷凝循环加速条件下的电化学行为和防腐蚀性能，形成的研究方法可以有效快速对比研究材料的相关性能。通过电化学阻抗测试获得的抗电荷转移系数（图 7.17），可用来评估不同涂层在经受不同方式试验后涂层的抗腐蚀性能。

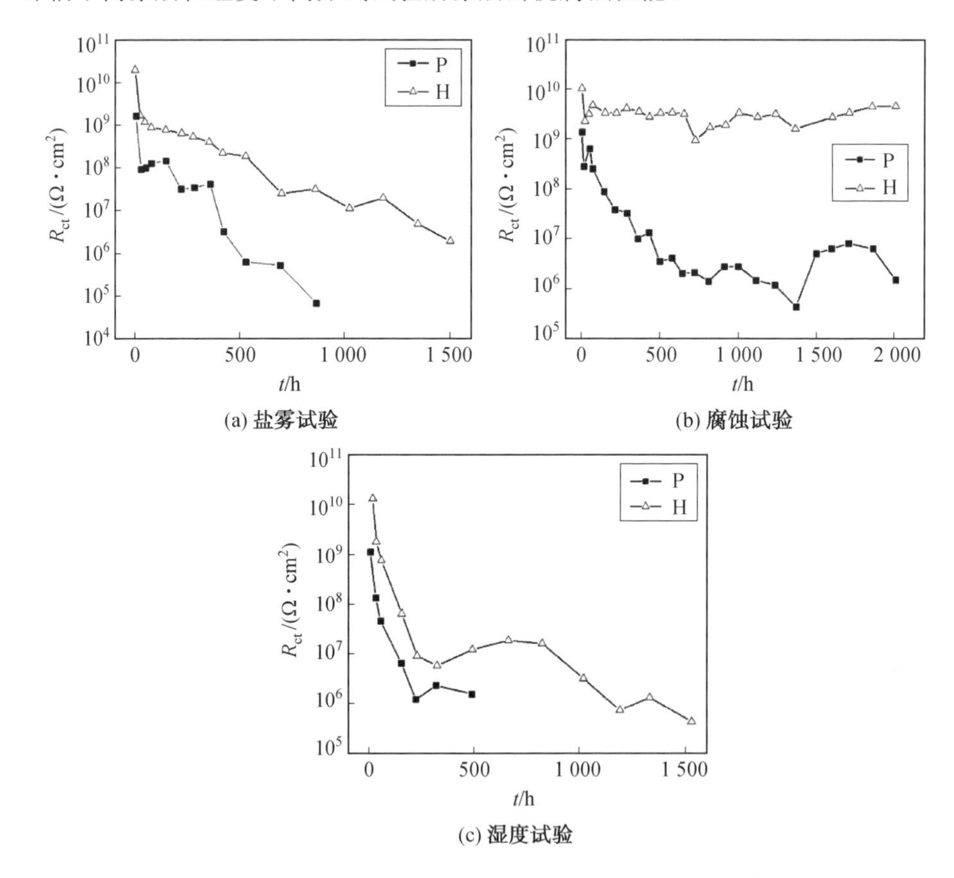

图 7.17　两种涂层（P 和 H）经不同试验后的抗电荷转移系数（R_{ct}）

胡明涛等通过循环加速、紫外 — 冷凝和中性盐雾的对比试验，研究了模拟南海海洋大气环境下铝合金表面的环氧锌黄 / 丙烯酸聚氨酯涂层体系的失效过程，发现紫外 — 冷凝过程对丙烯酸聚氨酯面漆有较强的破坏作用，但对复合涂层体系整体的阻抗变化影响较小。盐雾试验对面漆的失光率和色差变化影响不大（图 7.18），但连续的盐雾渗透对涂层体系的阻抗下降具有明显的加速作用，同时

导致涂层与基材的附着力显著降低。相比单独的紫外 — 冷凝试验或盐雾试验，循环加速试验综合考虑了南海海洋大气中强太阳辐射、高温高湿、高盐分和温差等环境因素，能更准确反映南海大气环境中复合涂层的失效过程。

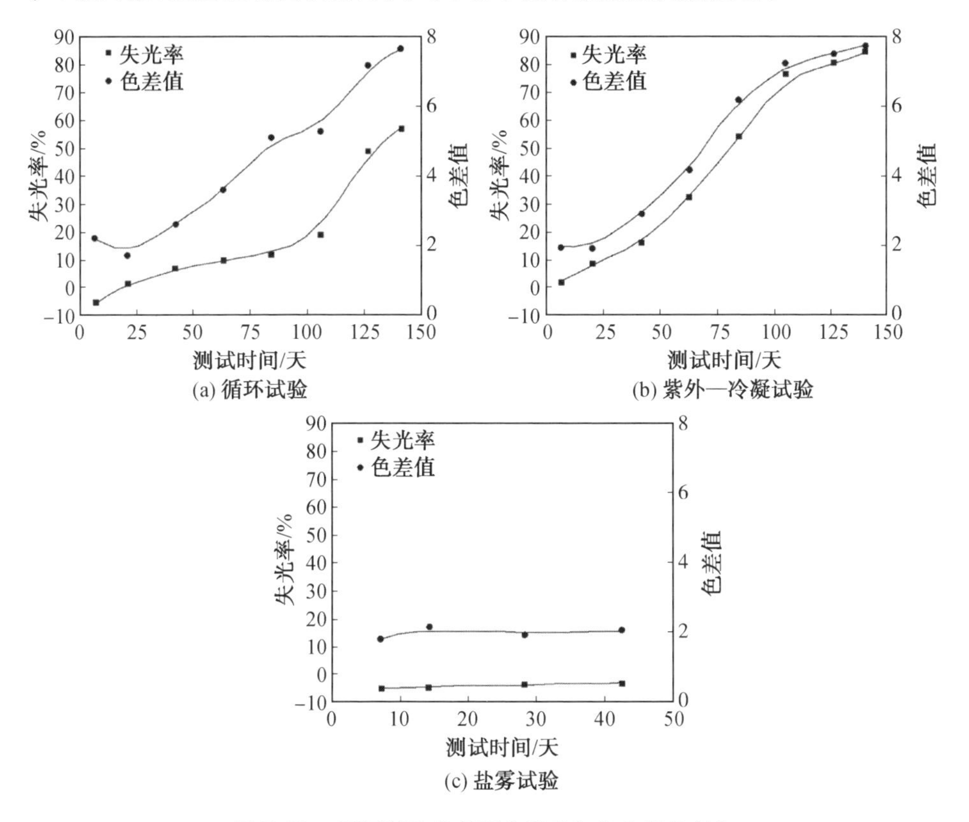

图 7.18　不同试验条件下失光率和色差值的变化

有机涂层的失效过程可从物理失效和化学失效两个方面进行探讨。

(1) 物理失效。

涂层的物理失效过程表现为：涂层在与腐蚀性介质（水、氧及腐蚀性离子）接触后，会通过涂层中的宏观缺陷和微观缺陷扩散到涂层与金属基体的界面，形成非连续或连续的水相。界面处水分子的介入，导致涂层湿附着力持续降低。针对弱湿附着力体系，由于侧向压力大于湿附着力，涂层会出现脱落而失效；针对强湿附着力体系或由于形成腐蚀产物，侧向压力小于水相侧向发展的阻力，使得水只能在原始位置积累，发生局部起泡，严重时导致湿附着力完全丧失，涂层发生脱落进而失效。

(2) 化学失效。

化学失效过程主要是电化学腐蚀过程。由于有机涂层具有半透膜性质，大

气中的水分携带 O_2 及其他侵蚀性粒子能够通过涂层微孔和涂层缺陷进入涂层内部，进而到达涂层和金属基体的界面，在界面处的局部区域发生电化学腐蚀反应，导致涂层的湿附着力降低，使涂层与金属基体发生剥离，最终导致涂层失效。

胡建文等研究了丙烯酸聚氨酯清漆涂层在荧光紫外 UVA 辐射 / 凝露和氙灯辐射 / 雨淋两种加速试验程序下的物理、化学性能和防护屏障性与暴露时间的关系。发现氙灯辐射 / 雨淋对涂层的膜厚损失、失光率的影响程度略大于同周期 UVA 加速的效果；而黄色指数及不同暴露周期的完整涂层的低频阻抗模值与暴露时间的关系则与 FTIR 反映的羰基指数的变化规律(图 7.19) 较为一致，显示 UVA 加速涂层老化的效果大于同周期氙灯加速效果。另外，在两种加速条件下，完整涂层的低频阻抗模值均与暴露时间呈指数规律衰减，表现出较好的时间函数关系；说明电化学阻抗谱(EIS) 的低频阻抗模值与 UV 辐射产生的涂层性能的变化有一定的相关性，并能很好地反映其防护屏障性，可将其作为有效的监测参量用于建立室内外老化试验的相关性，预测光老化涂层的防护寿命。

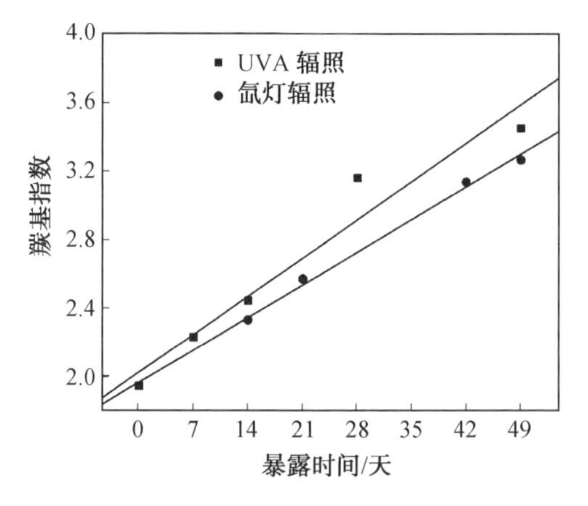

图 7.19　两种加速条件下羰基指数与暴露时间的关系

为了比较自然老化和加速老化的差异、研究人工老化和自然老化装置的频谱功率分布(SPD) 和对涂层服役寿命预测影响之间的关系、评估加速老化和在役涂层的性能以及验证涂层光泽作为涂层性能和寿命的指示能力，有学者研究了航空涂层加速老化和自然老化试验后的 SPD 以及两种老化方式对其服役寿命预测的影响(图 7.20)。试验中使用氙弧灯获取紫外光的全波段谱，荧光灯仅用于提供低于 340 nm 波长的紫外光谱。研究的材料为聚氨酯基涂层，分为两种单组分涂层 A、B 和一种多组分涂层 BC−CC。获得的建模结果包括两个方面：一是与南佛罗里达州对比的使用不同过滤器得到的 SPD 损伤倾向依赖性；二是在地球表面和具有一定高度的使用不同过滤器得到的 SPD 损伤倾向依赖性。

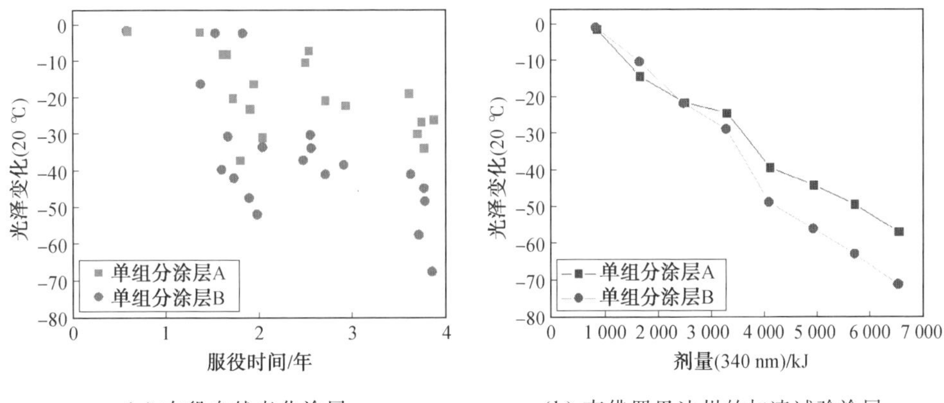

(a) 在役自然老化涂层　　(b) 南佛罗里达州的加速试验涂层

图 7.20　航空涂层的光泽变化对比

从图 7.20 可以看出，航空涂层经自然老化后光泽下降，在南佛罗里达州的加速试验情况也是这样，并且下降趋势更加明显，规律性更强一些。图 7.21 所示为针对光泽变化，使用时间转移法获得的不同加速因子，并与南佛罗里达州的加速试验结果进行了对比。

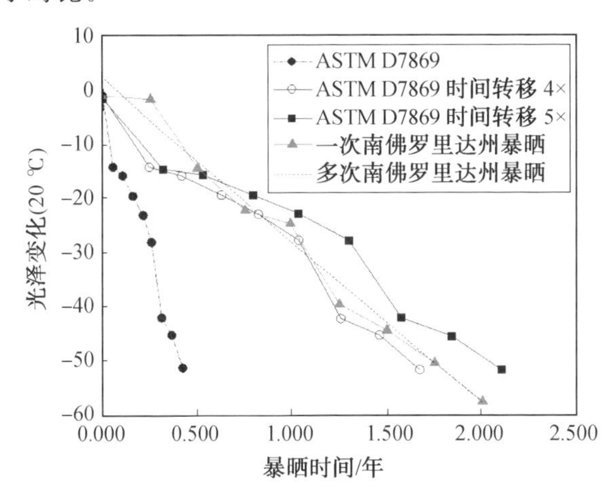

图 7.21　使用时间转移法获得的不同加速因子

表 7.8 所示为采用汽车工程协会标准《应用可控辐照度氙弧灯装置对汽车表面材料进行加速暴露试验的性能标准》(SAE J2527) 和美国材料试验标准《交通工具用涂料氙灯老化测试标准 —— 增强光照及水暴露》(ASTM D7869) 进行试验获得的航空涂层加速因子。所获得的研究结果可为涂层寿命预测提供一定的参考，但仍有尚需发展和改进的地方，如光氧化、损伤累积和性能变化的机械模型。

表 7.8　不同标准下试验的航空涂层加速因子

涂层类型	颜色	SAE J2527	ASTM D7869
单组分涂层 A	白色	0.5	2.0
	蓝色	3.3	5.6
单组分涂层 B	白色	2.5	4.3
	蓝色	1.3	4.3
多组分涂层 BC－CC	白色	2.7	4.6
	蓝色	4.0	5.6

有学者从环境因素的协同作用、力学因素（图 7.22）对涂层耐久性的影响、涂层防护性能的表征方法和预测涂层失效的数学模型等角度综合评述了若干新进展。提出了未来应更重视不同环境因素和腐蚀过程的相互作用，采用多因素叠

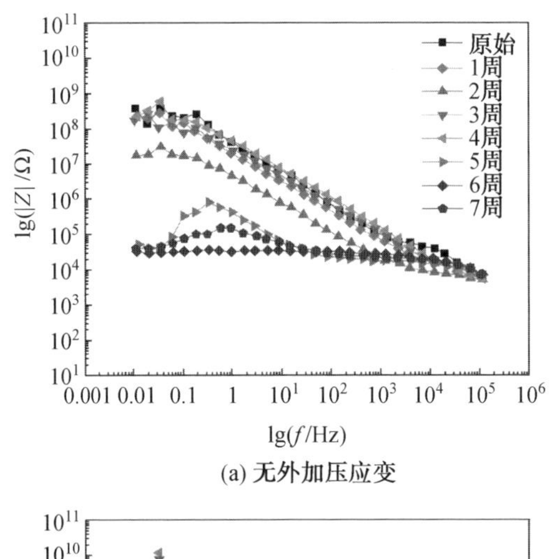

(a) 无外加压应变

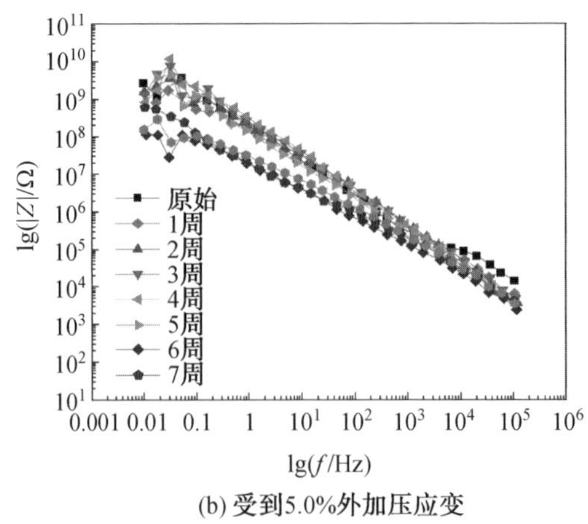

(b) 受到5.0%外加压应变

图 7.22　有机涂层试样经历室内加速试验前后的电化学阻抗谱 Bode 图

加的加速模拟试验来研究环境因素在涂层失效中的协同效应。同时还提出应重视不同方式、不同大小的载荷对涂层失效机理的影响。利用涂层物理性能、化学参数的测量结果建立预测涂层防护性能下降的数学模型,以实现涂层性能的评价和涂层寿命的预测。

有学者研究了模拟海洋环境中盐结晶协同紫外线作用下环氧树脂涂层表面的老化,发现紫外线会加速环氧树脂表面的降解和降解产物的溶解,同时在干湿盐水循环作用过程中干燥状态时盐结晶会进一步粉化和剥离降解产物。紫外线和盐结晶的协同作用可以环氧树脂样品的粗糙度作为关键参数,通过式(7.13)直观地表达出来。通过图 7.23 可以看出,紫外线和盐的协同作用加速了环氧树脂表面的降解,可用于快速评估环氧树脂涂层的老化。

$$\Delta y_{\text{NaCl+UVA}} = \Delta y_{\text{NaCl+空气}} + \Delta y_{\text{UVA}}/2 + \text{SE} \tag{7.13}$$

式中,$\Delta y_{\text{NaCl+UVA}}$ 为在 $E_{\text{NaCl+UVA}}$ 测试条件下环氧树脂表面粗糙度从初始值($t=0$)开始的增量;$\Delta y_{\text{NaCl+空气}}$ 为在 $E_{\text{NaCl+空气}}$ 测试后的表面粗糙度增量;Δy_{UVA} 为在 E_{UVA} 测试后引起的粗糙度增量;SE 为 $E_{\text{NaCl+空气}}$ 和 $E_{\text{UVA}}/2$ 二者的协同效应。

其提出的紫外线和盐结晶的协同作用机理(图 7.24)可用于解释降解过程,为海洋环境中有机高分子涂层的深入研究提供了新思路。

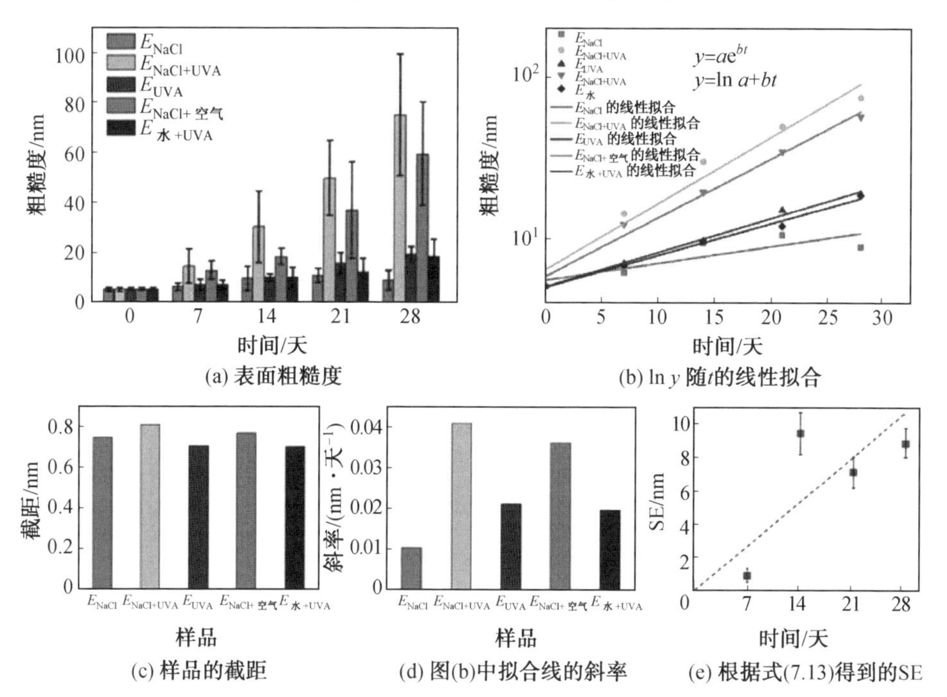

图 7.23　环氧树脂试样经不同气候条件作用后性能参数随时间的变化(彩图见附录)

Zhang 等研究了紫外线、拉应力和腐蚀环境对水压金属结构表面有机涂层保

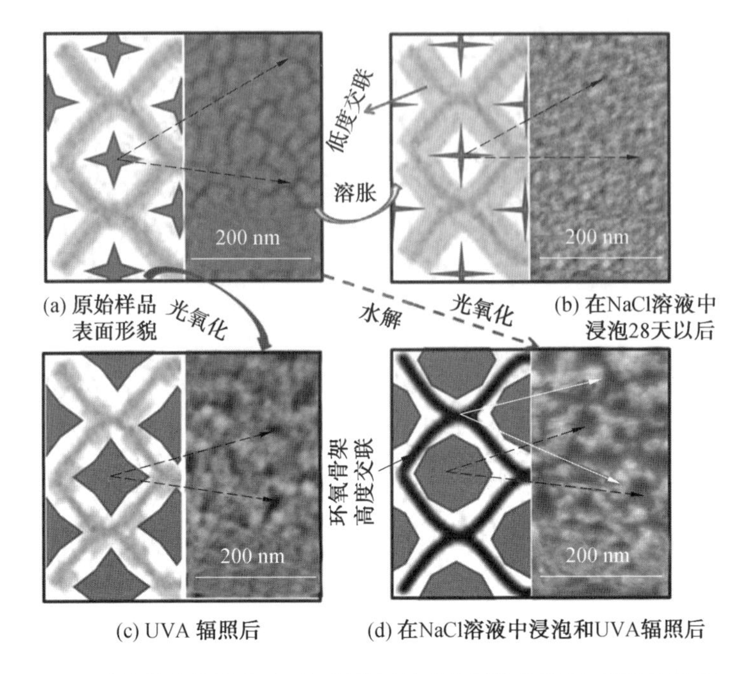

图 7.24　紫外线和盐结晶对环氧树脂样品的协同作用机理(彩图见附录)

护性能的影响。受力状态下样品的加速老化条件为浸泡在盐溶液中,用紫外线持续辐照 3 600 h。对比试验结果,发现涂层在盐水中的腐蚀比在纯净水中的更为严重。拉应力加速了受紫外线照射涂层在盐水中的腐蚀速度,并且随拉应力的提高其腐蚀速度增大(图 7.25)。

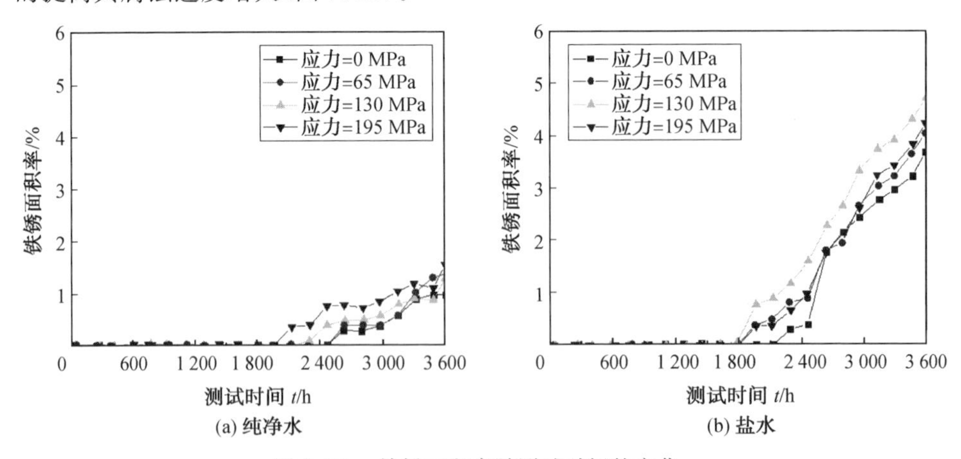

图 7.25　铁锈面积率随测试时间的变化

同时还发现涂层的腐蚀过程分为两个阶段，第一个阶段是开始出现铁锈的时期，第二个阶段是从铁锈出现到铁锈面积率达到5%的时期。选取铁锈面积率用于评估涂层在中后期的腐蚀行为。基于失光率和铁锈面积率建立了水压金属结构表面有机涂层的寿命评估模型（式(7.14)），通过寿命评估模型计算出加速因子范围为17.3～34.6。所建立的寿命评估模型和研究中的试验数据吻合很好，为后续研究奠定了良好的基础。

$$t=\frac{A_c}{8\,760}\left[\exp\left(\frac{1}{m}\ln\frac{0.05}{k}\right)-\frac{1}{b}\ln\left(\frac{c-90}{a}\right)\right] \tag{7.14}$$

式中，t 为涂层的寿命；A_c 为加速因子（数值在17.3～34.6之间）；m 为阻止腐蚀系数；a 为光泽系数；b 为光泽保留系数；k 为生锈系数。

7.2.4　小结

最大限度地延长涂层的使用寿命，防止涂层过快失效是涂层研究的终极目标，因此加强有机涂层在多因素复合环境中的性能考核、失效机理和应对措施的研究，对涂层的寿命评估和延长涂层使用寿命具有非常重要的意义。

传统的单一条件下的加速试验方法，往往过于侧重单一方面的老化因素，而与实际环境因素有所偏差，老化机理甚至出现较大的差异。为更好地模拟自然环境条件中涂层体系的腐蚀效应，通过采集特征性自然条件的环境参数的方法，制定相应的加速试验环境条件。在不改变多种加速腐蚀环境因素对涂层体系老化机理影响的同时，加速涂层体系的腐蚀速率，并对涂层体系的环境适应性做出综合评价。

加速腐蚀试验未来的发展趋势在于：① 使用传感技术实时采集、检测不同区域的环境参数，以传感技术传输至试验场地。② 根据所得检测数据，采用先进的计算机技术，全方位地在实验室模拟外界大气环境，开展模拟试验研究。③ 通过对比试样各参量随暴露时间的变化及相互之间的关联，提供有效的表征参量，确定有机涂层结构与性能的相关性，增强有机涂层的自修复能力和延长使用寿命等。

7.3　特种核环境中有机高分子涂层的辐射效应

随着近年工业的迅猛发展，化石能源的蕴藏量迅速减少，核能作为一种清洁能源正受到国内外的广泛关注。核电站和核潜艇是利用核能的典型代表，它们的核心部件为反应堆压力容器，长期处于高温、高湿和强辐射的严酷环境中，导致压力容器壳体外表面严重腐蚀。同时，辐射会加速核电站相关材料的老化，缩减核电设施及设备的正常使用寿命，可能引发安全问题。所以，在核电设备和建筑物表面涂刷涂料是核装置最常用的防护方法。与传统涂料相比，核级涂料面临的是核辐射强度高、剂量大的强辐射场，它会使涂料发生粉化、开裂等物理化学变化，影响涂料发挥正常的防护作用，也会引起涂料中聚合物分子化学键断裂而降解，如在沿海环境，海水、海风对其的腐蚀会比较严重。某些关键核部件要求涂料具有较长的使用寿命，还有些部件要求表面涂层具有较高的耐热性等。用于核电钢结构设备用的涂料除具备与传统涂料一样较强的机械性能外，还必须有优异的抗辐射性能或者耐腐蚀性能，以实现较长的使用寿命，并发挥长久保护钢基结构的作用。因此，对特种核环境中有机防腐涂层的综合性能优化、耐辐射性能考核和寿命预测，是研究人员一直以来关注的焦点。

7.3.1　核电站中有机高分子涂层的辐射效应

核电站需要大量的冷却水，一般都建设在海边，因此所有的建筑物和设备不仅要承受阳光曝晒和风吹雨打，而且还要受到海水、盐雾和潮气的侵蚀。核电站中有些建筑混凝土表面是多孔的，容易吸附放射性物质从而形成永久性的放射源，会伤害运维人员的身体健康，因而在建筑物和设备表面刷涂防护涂料是核电站最常用的防护手段。核电站内部运行期间温度为 50 ℃ 左右，辐射量为 0.1 Gy/h。在事故工况下，温度有可能上升到 150 ℃，同时有大量的辐射颗粒产生。内部设备的表面面临反应堆产生的中子和伽马射线的强辐射作用。反应堆内部设备的有机涂层不仅承担着保护结构金属不受辐射的作用，同时在出现 LOCA（失水事故）时也能保证核厂房的密封性，并使金属隔板和墙壁免受放射性颗粒的腐蚀。因此，核电站的涂层必须具有以下特点：具有良好的抗氧化性、黏附性、辐射吸收性以及良好的力学性能。

由于核电的外围设备和建筑物用有机涂层（即核电常规涂层）与上述海洋环境的有机涂层使用场景类似，因此本节着重讨论内部设备的有机涂层（即核电安全壳内和辐射控制区内的专用涂层）经中子、伽马射线和湿热等作用后的辐射效应。

有试验证明，经 1×10^5 Gy 辐照后一般涂层就会变黄、发黏，甚至出现破坏的情况；而核电专用涂层要求耐 1×10^7 Gy 的剂量。在有机涂层的基料中，耐辐射性能较好的有聚苯基硅氧烷、环氧、聚乙烯、聚酯及含氟树脂涂料等。

辐射对涂层的基料作用表现为交联或降解。如果交联是主要反应，那么辐射的最终效应是促使分子链彼此连接，形成空间网络结构；如果降解是主要反应，则在辐射过程中基料分子链变得越来越小，材料就会逐渐丧失聚合物的性能。研究证明，涂层基料的主链或支链上如果含有芳香环的官能团，则其耐辐射性能会大大提高。另外，涂层中的颜料和填料成分受辐照后的情况各不相同，有

些元素经反应堆辐照后会出现感生放射性，具体见表 7.9。

表 7.9　颜料和填料组分对辐射的影响

颜料和填料的组成	对辐射的影响
含铅、钡	无影响，对辐射吸收大
含钛、铬、钙、铁、锌、铝	无影响，对辐射吸收中
含氢、硫、氧、碳、氮	无影响，对辐射吸收小
含钴、镉、锑、锶	经辐照后会转变为放射性元素

传统的核级涂料一般选用耐辐射高分子成膜物作为基料，如环氧树脂、聚氨酯、有机硅材料等，与钛酸钾晶须、蒙脱土等抗辐射填料经过物理混合而成。由于使用的抗辐射填料一般为微米级，又很少进行表面处理，因此容易产生一般工业涂料常出现的沉降问题，继而影响到涂层外观和质量。将抗辐射性能优异的纳米级粒子作为涂层的填料，利用其较大的表面积和独特的微观结构，能有效提高有机涂层的抗核辐射能力。

对核电站涂层的老化研究始于 1960 年左右，当时针对涂层体系的研究主要关注于满足当时新建核电站的防护要求和准则。1980 年 2 月，华盛顿公共电力供应系统(西北能源的前身)对美国国家核电水冷堆防护性涂层质量开展了一系列研究，确定了核电站内部涂层的主攻技术方向包括以下几点：对于化学降解有着较强的抵抗力；常温下为高分子网络；对不同应用表面有强的附着力；对基底有较强的辐射防护能力；事故工况下有很强的持久性和良好的机械性能。1994 年，华盛顿公共电力供应系统进行了一系列测试 / 评价核电站内部涂层系统的项目。在其项目中考虑了 35 种可能的涂层材料，最终发现有机环氧涂层在各项指标中均取得了最好成绩。

随着我国核电发展速度的加快，研究人员在核电站涂层的应用方面获得了十分宝贵的经验，同时也提出了很多针对核电站老化评价的测试方法，探讨了核电站涂层的特点及应用情况，提出了核电站安全壳内涂层老化的评价测试方法。郭永基等给出了环氧树脂失重率和老化时间的初步关系；张艳萍等分析了不同温度对于热氧化老化速率的影响；过梅丽等初步研究了热氧老化的机理；李晓骏等研究了复合材料力学性能和热氧老化的初步关系。

有学者研究了核电站用胺 / 环氧涂层(以 DGEBA、环氧树脂 PZ756/67 和聚酰胺一胺、Aradur 435 为基础原料制备而成)在氧气中的 γ 辐射效应，发现胺 / 环氧涂层的氧化程度随剂量的增大而提高(图 7.26)。采用 DSC 确认了因涂层被氧化产生的氢过氧化物并进行了定量研究。通过对溶胶一凝胶的分析，推测其降解机理是以链剪切为主。另外，辐射改性后涂层的吸水容量得到了提高。

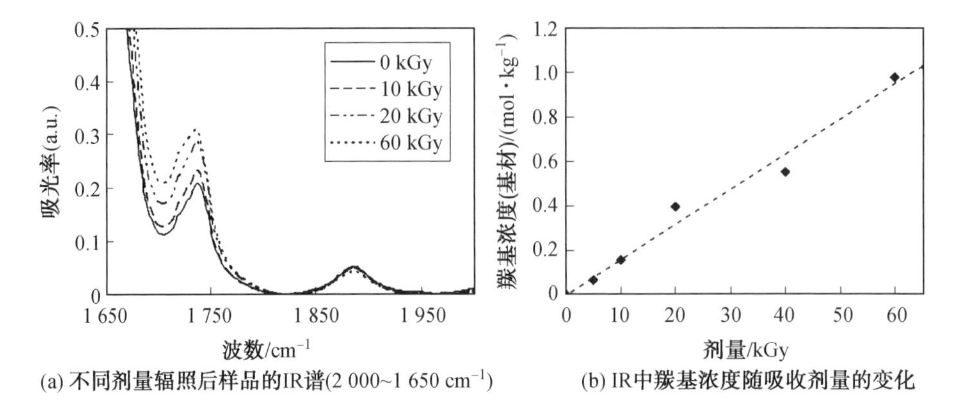

(a) 不同剂量辐照后样品的IR谱(2 000~1 650 cm^{-1})　(b) IR中羰基浓度随吸收剂量的变化

图 7.26　环氧树脂涂层的特征红外谱吸光率和羰基浓度随剂量的变化

也有人开展了剂量率效应研究。LEE 等采用两组剂量率(5×10^3 Gy/h 和 1×10^4 Gy/h) 辐照样品,先后研究了核电站用环氧涂层(ET562) 的物理化学性能。发现辐照后环氧涂层体系的玻璃化转变温度(T_g) 下降,设计基准事故(DBA) 测试加速了已部分固化的环氧树脂的进一步固化,强化了网络结构。还发现高剂量率辐射打断了内部的互锁网络,降低了涂层的硬度。热性能和 T_g 受剂量率和 DBA 测试条件的影响也很明显(图 7.27)。另外涂层经热水浸泡后出现了后固化效应,增强了网络结构的力学性能,有助于提高环氧涂层体系的黏结强度,但接触角(WCA) 有所下降(图 7.28)。

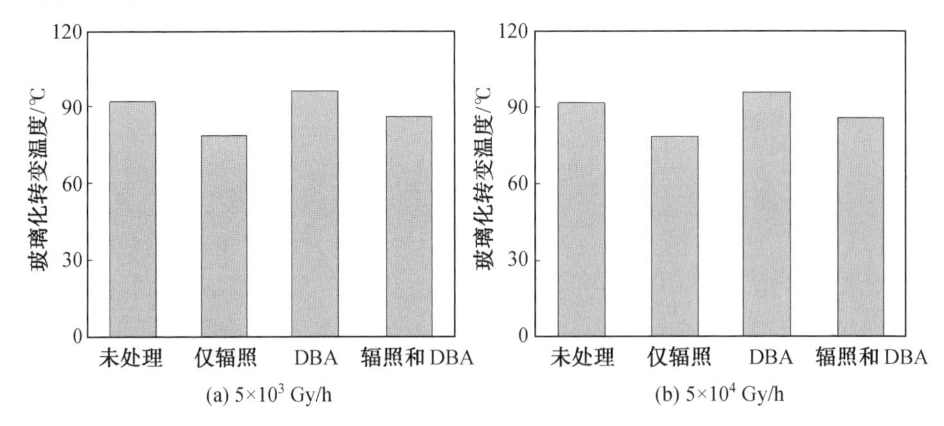

(a) 5×10^3 Gy/h　(b) 5×10^4 Gy/h

图 7.27　不同样品的 T_g 随剂量率的变化

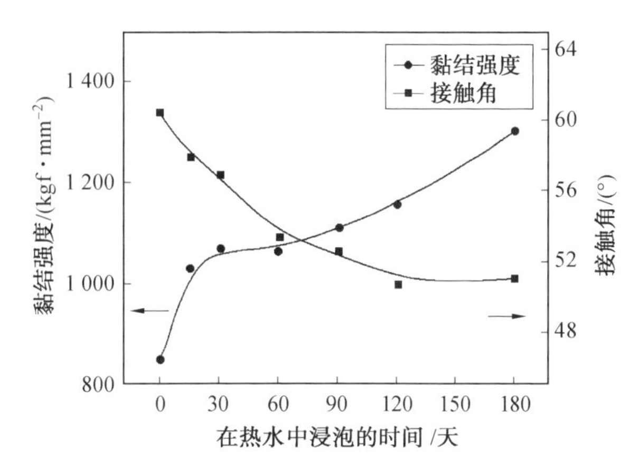

图 7.28　样品的接触角和黏结强度随热水浸泡时间的变化

(1 kgf = 9.8 N)

还有学者在研发新型耐核辐射有机涂层材料方面进行了深入研究。用一定量的聚二甲基硅氧烷改性亲水的环氧树脂，再加入不同比例的改性二氧化硅纳米粒子，制备出了耐酸碱、黏结性好、硬度高、耐辐射的超疏水 EP/PDMS 复合涂层材料，与水的接触角为 154°、滚动角为 7°。当涂层接触到的溶液 pH 在 2 ～ 14 时，接触角仅在 155° ～ 149° 波动(图 7.29)。当伽马辐射剂量达121 kGy 时，它的黏结性(为 5B) 和硬度(为 6H) 仍然保持优良。可见该涂层不仅有优良的力学性能，还具有自清洁功能，可用于核电环境中污染区域的表面保护。

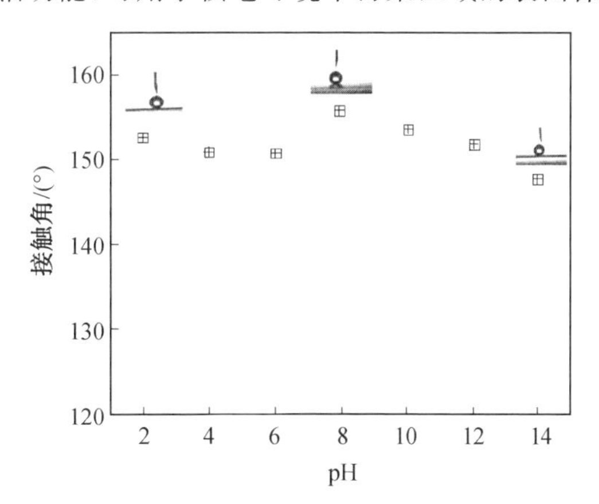

图 7.29　涂层的接触角随溶液 pH 的变化

7.3.2 核动力舰船中有机高分子涂层的辐射效应

针对长期工作在海洋环境中的核动力舰船，经常需要续航的里程长，其表面的防护涂层面临高温、高湿、高盐分以及高能γ射线等综合作用，有研究者采用硅烷偶联剂对石墨烯表面进行修饰以改善其分散性，制备了不同氧化石墨烯添加量的环氧树脂复合涂层(FGO/EP)。利用电化学和电子顺磁共振(EPR)等分析测试方法，研究了该复合材料在经受一定剂量的伽马射线辐射之后防腐蚀性能的变化，并分析了石墨烯在此过程中的作用机理。发现经280 kGy辐照后，FGO/EP复合涂层表面虽然出现部分损伤，但是并不明显，说明在辐射过程中石墨烯对树脂基体寿命有增强作用。与纯EP涂层对比，发现经过280 kGy γ射线辐射之后，纯EP涂层中出现了大量的鼓包状物质，表明γ射线对纯EP涂层造成了严重破坏。通过EPR分析了辐射过程中树脂涂层产生的自由基种类(图7.30)，并分析了石墨烯含量对自由基数量的影响，结果证明EP基体中分散的石墨烯因其表面的缺陷结构可以有效地吸附自由基，从而可减缓基体的氧化降解，保持其防腐蚀性能。辐照后复合涂层的FTIR谱图变化程度较小，说明石墨烯有效降低了伽马射线对环氧树脂的结构损伤。

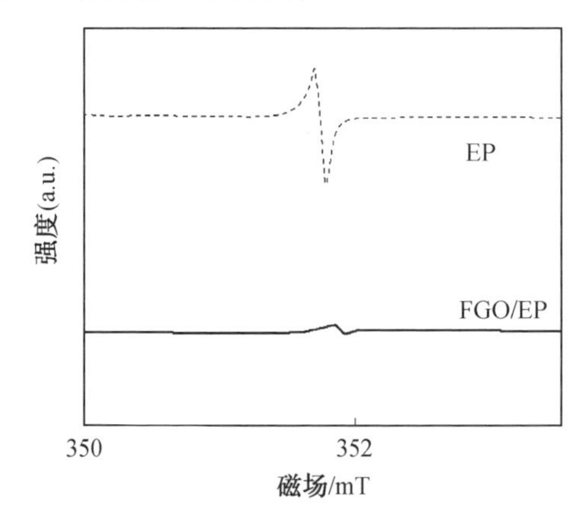

图7.30　纯EP和FGO/EP复合材料经280 kGy辐照后的EPR谱

该研究者还在氧化石墨烯上定位一些二氧化铈纳米粒子，其能够清除辐照后在环氧树脂表面形成的活性氧自由基，使得氧化石墨烯的自由基清除能力大大增强，并对其作用机理也进行了阐述，如图7.31所示。

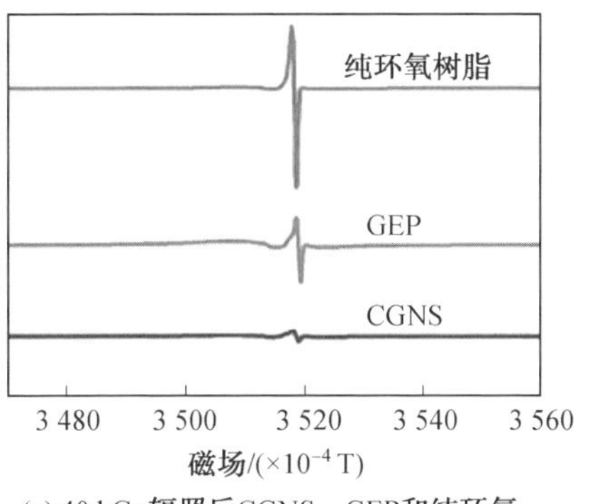

(a) 40 kGy辐照后CGNS、GEP和纯环氧树脂在室温下的EPR谱

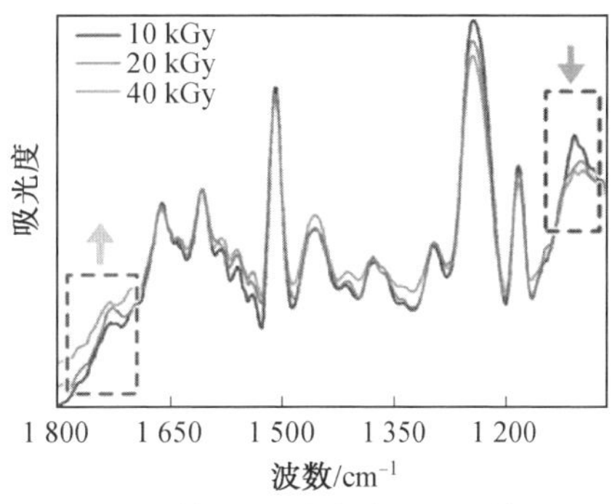

(b) 辐照前后纯环氧树脂的FTIR谱

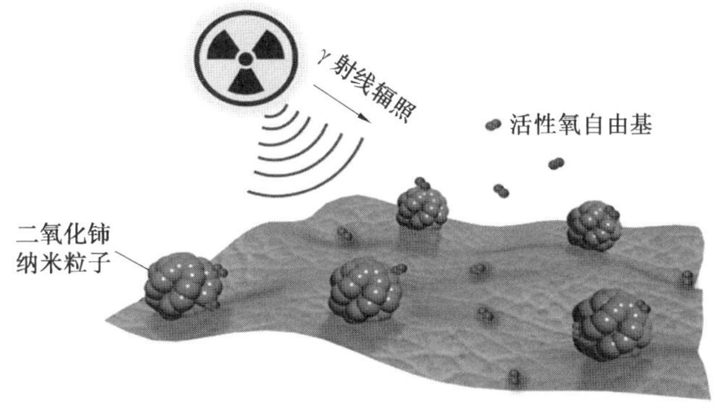

(c) 自由基清除的作用机理

图 7.31　环氧树脂的 EPR 谱、FTIR 谱及二氧化铈纳米粒子清除自由基的机理(彩图见附录)
CGNS— 含二氧化铈纳米粒子的石墨烯片材;
GEP— 含质量分数为 0.25% 石墨烯的环氧树脂涂层

7.3.3　小结

不管何种核反应堆,其核设施和核装备上均需要使用防护涂料,其中核级涂料担负的安全责任尤为重要。在严重事故工况下核级涂层一旦出现裂缝、丧失原有的密封性和防护性等问题,其防护的对象(混凝土和钢制结构材料等)便会受到高温和高放射性的影响,进而产生严重的后果。因此针对核级涂层氧化降解的研究,评估涂层的性能随老化进程的影响,进而预测涂层寿命,对于核安全有着极为重大的意义。

由于核电产业发展快速,因此对耐核辐射特种涂层具有较为迫切的需求。耐核辐射涂层要经受强辐射场和多种环境因素的综合考验,才有利于提高核装置的安全性并延长其组件的使用寿命。

本章参考文献

[1] 徐福祥. 卫星工程概论[M]. 北京:中国宇航出版社,2003.

[2] 张蕾,严川伟,屈庆,等. 原子氧对聚酰亚胺表面侵蚀及有机硅涂层保护[J]. 腐蚀科学与防护技术,2002,14(2):78-81.

[3]ZHANG L, YAN C W, QU Q, et al. Ground-based investigation of atomic oxygen effects on naked Ag and Ag with protective organic coatings[J]. Transactions of nonferrous metals society of China, 2002, 12(5), 869-873.

[4]GROSSMAN E, GOUZMAN I. Space environment effects on polymers in low earth orbit[J]. Nuclear instruments and methods in physics research Section B: Beam interactions with materials and atoms, 2003, 208: 48-57.

[5] 胡龙飞,李美栓,徐彩虹,等. 一种聚硅氮烷涂层抗原子氧/紫外损伤性能研究[R]. 北京:中国空间科学学会空间材料专业委员会,2009.

[6] 贺金梅,赵丹,郑楠,等. 航天材料的抗原子氧防护技术研究进展[J]. 现代化工,2013,33(8):21-24,26.

[7]CHEN J, DING N, LI Z, et al. Organic polymer materials in the space environment[J]. Progress in aerospace sciences, 2016, 83: 37-56.

[8] 刘宇明. 空间紫外辐射环境及效应研究[J]. 航天器环境工程,2007,(6):359-365.

[9] 张蕾,严川伟,陈荣敏,等. 真空紫外辐射对空间有机防护涂层的降解研究[J]. 中国空间科学技术,2007,(1):33-40.

[10] MOGHIM T B, ABEL M-L, WATTS J F. A novel approach to the assessment of aerospace coatings degradation: The HyperTest[J]. Progress in Organic Coatings, 2017, 104: 223-231.

[11]BANKS B A, DEGROH K K, MILLER S K. Low earth orbital atomic oxygen interactions with spacecraft materials[C]. Boston:2004 Fall Meeting:MRS Online Proceedings Library,2004.

[12]WHITE C B, ROBERTS G T, CHAMBERS A R. Measurement of 5-eV atomic oxygen using carbon based films: preliminary results[J]. IEEE Sensors Journal, 2005, 5(6):1206-1213.

[13]DUO S W, SONG M M, LIU T Z, et al. Effect of atomic oxygen exposure on polyhedral oligomeric silsesquioxane/polyimide hybrid materials in low earth orbit environment[J]. Key Engineering

Materials，2012，492：521-524.

[14]YOKOTA K，OHMAE N，TAGAWA M. Protection of Materials and Structures From the Space Environment [M]. Dordrecht：Springer，2006.

[15]ROHR T， EESBEEK M. Polymer materials in the space environment[C]. Budapest Noordwijk:Proceeding of the 8th Polymers for Advanced Technologies International Symposium，2005.

[16]SINGH B，AMORE L，SAYLOR W，et al. Laboratory simulation of low earth orbital atomic oxygen interactionwith spacecraft surfaces[C]. Reston，Virginia：American Institute of Aeronautics and Astronautics，ARC，1985.

[17]SAMWEL S W. Low earth orbital atomic oxygen erosion effect on spacecraft materials[J]. Space Research Journal，2014，7 (1)：1-13.

[18] 曾一兵，张廉正，于翘. 空间环境下的有机热控涂层[J]. 宇航材料工艺，1997，(3)：18-20.

[19]REDDY M R. Effect of low earth orbit atomic oxygen on spacecraft materials[J]. Journal of Materials Science，1995，30 (2)：281-307.

[20] 王敬宜，于志战，蔡纯，等. 同轴源原子氧地面模拟装置及其性能[J]. 中国空间科学技术，1998，(5)：53-58.

[21]LEE A，RHOADS G. Prediction of thermal control surface degradation due to atomic oxygeninteraction[C]. Reston，Virginia：American Institute of Aeronautics and Astronautics，ARC，1985.

[22]TADNORI O. Science of space environment[M]. Tokyo：Ohmsha Ltd，2001.

[23] 陈少华，张加迅，杨素君，等. 原子氧对航天器用有机热控涂层影响的研究[J]. 宇航材料工艺，2005，(4)：33-36.

[24] 郑阔海，杨生胜，李中华，等. 硅氧烷原子氧防护膜工艺及防护性能研究[J]. 航天器环境工程，2010，27 (6)，751-755.

[25] 王静，朱立群，李卫平，等. 有机硅微胶囊－有机硅树脂复合涂层对空间 Kapton 的原子氧防护[J]. 复合材料学报 2009，26 (4)，36-40.

[26]DUO S，LI M，ZHU M，et al. Polydimethylsiloxane/silica hybrid coatings protecting Kapton from atomic oxygen attack[J]. Materials Chemistry and Physics，2008，112 (3)：1093-1098.

[27] 王凯，肖飞，詹茂盛. 聚酰亚胺/无机氧化物复合薄膜的制备与耐原子氧性能[J]. 北京航空航天大学学报，2012，38 (5)：601-604.

[28]DUO S, CHANG Y, LIU T, et al. Atomic oxygen erosion resistance of polysiloxane/POSS hybrid coatings on Kapton[J]. Physics Procedia, 2013, 50: 337-342.

[29]CONNELL J W. The Effect of low earth orbit atomic oxygen exposure on phenylphosphine oxide-containing polymers[J]. High Performance Polymers, 2000, 12 (1): 43-52.

[30]BELOMOINA N M, BULYCHEVA E G, RUSANOV A L, et al. New monomers with trifluoromethyl and phenylphosphine oxide substituents for polynaphthylimides and polyperyleneimides[J]. Doklady Chemistry, 2011, 440 (1): 248-252.

[31]DEVER J A, MILLER S K, SECHKAR E A, et al. Space environment exposure of polymer films on the materials international space station experiment: Results from MISSE 1 and MISSE 2[J]. High Performance Polymers, 2008, 20 (4-5): 371-387.

[32]HERGENROTHER P M, SMITH J G, CONNEL J W. Synthesis and properties of poly(arylene ether benzimidazole)s[J]. Polymer, 1993, 34 (4): 856-865.

[33]李卓，宋海旺，刘金刚，等. 含磷聚酰亚胺薄膜在原子氧环境中的降解研究[J]. 航天器环境工程，2011，28 (3): 228-232.

[34]GILMAN J W, SCHLITZER D S, LICHTENHAN J D. Low earth orbit resistant siloxane copolymers[J]. Journal of Applied Polymer Science, 1996, 60 (4): 591-596.

[35]HOFUND G B, GONZALEZ R I, PHILLIPS S H. In situ oxygen-atom erosion study of a polyhedral oligomeric silsesquioxane-polyurethane copolymer[J]. Journal of Adhesion Science and Technology, 2001, 15 (10): 1199-1211.

[36]GONZALEZ R I, PHILLIPS S H. In situ oxygen-atom erosion study of a polyhedral oligomeric silsesquioxane-siloxane copolymer[J]. Journal of Spacecraft and Rockets, 2000, 37(4): 463-467.

[37]VERKER R, GROSSMAN E, GOUZMAN I, et al. POSS-polyimide nanocomposite films: Simulated hypervelocity space debris and atomic oxygen effects[J]. High Performance Polymers, 2008, 20 (4-5): 475-491.

[38]ILLINGSWORTH M L, BETANCOURT J A, HE L, et al. Zr-containing 4,4′-ODA/PMDA polyimide composites[C]. Cleveland, Ohio: National Aeronautics and Space Administration, Glenn Research

Center, 2001.

[39]HU L F, LI M S, XU C H, et al. Perhydropolysilazane derived silica coating protecting kapton from atomic oxygen attack[J]. Thin Solid Films, 2011, 520 (3): 1063-1068.

[40]NOVIKOV L S, SOLOVYEV G G, VASIL'EV V N, et al. Degradation of thermal control coatings under influence of proton irradiation[J]. Journal of Spacecraft and Rockets, 2006, 43 (3): 518-519.

[41]LANSADE D, LEWANDOWSKI S, REMAURY S, et al. Enhanced resistance to proton irradiation of poly(dimethylsiloxane) resins through surface embedding of silica photonic crystals[J]. Polymer Degradation and Stability, 2020, 176: 109163.

[42]MIKHAILOV M M, NESHCHIMENKO V V, GRIGOREVSKIY A V, et al. Radiation stability of silicon-organic varnish modified with nanoparticles[J]. Polymer Degradation and Stability, 2018, 153: 185-191.

[43] 陈荣敏，张蕾，严川伟. 原子氧与真空紫外线协同效应对有机涂层的降解作用[J]. 航空材料学报，2007，27(1)：41-45.

[44]CONNELL J W, YOUNG P R, KALIL C G, et al. Effect of low earth orbit exposure on some experimental fluorine and silicon-containing polymers[C]. Maryland: NASA Goddard Space Flight Center, 1994.

[45]KOONTZ S, LEGER L, ALBYN K, et al. Vacuum ultraviolet radiation/atomic oxygen synergism in materials reactivity[J]. Journal of Spacecraft and Rockets, 1990, 27 (3): 346-348.

[46]RASOUL F A, HILL D J T, FORSYTHE J S, et al. Surface properties of fluorinated polyimides exposed to VUV and atomic oxygen[J]. Journal of Applied Polymer Science, 1995, 58 (10): 1857-1864.

[47] 沈自才，邱家稳，丁义刚，等. 航天器空间多因素环境协同效应研究[J]. 中国空间科学技术，2012，32 (5)：54-60.

[48] 沈志刚，赵小虎，邢玉山，等. 空间材料 Kapton 的真空紫外与原子氧复合效应研究[J]. 北京航空航天大学学报，2003，29(11)：984-987.

[49]DEVER J, BRUCKNER E, RODRIGUEZ E. Synergistic effects of ultraviolet radiation, thermal cycling and atomic oxygen on altered and coated Kapton surfaces[C]. Reston, Virginia: American Institute of Aeronautics and Astronautics, ARC, 1992.

[50]KING T, WILSON W, KING T, et al. Synergistic effects of atomic oxygen with electrons[C]. Reston, Virginia: American Institute of

Aeronautics and Astronautics, ARC, 1997.
[51] 赵小虎，沈志刚，王忠涛，等. 空间用聚四氟乙烯材料的原子氧、温度、紫外辐射效应的试验研究[J]. 航空学报，2001，22(3)：235-239.
[52] 赵小虎，沈志刚，邢玉山，等. 碳纤维/环氧复合材料的原子氧剥蚀效应试验研究[J]. 北京航空航天大学学报，2002，28(6)：668-670.
[53] 赵小虎，沈志刚，王忠涛，等. 空间 Kapton 材料的原子氧、温度、紫外效应试验研究[J]. 北京航空航天大学学报，2001，21(6)：670-673.
[54] 郭亮，姜利祥，李涛. 样品温度对原子氧环境下 ITO/Kapton/Al 涂层性能变化的影响[J]. 航天器环境工程，2009，26 (4)：326-328.
[55] JACQUES L F E. Accelerated and outdoor/natural exposure testing of coatings[J]. Progress in Polymer Science, 2000, 25 (9): 1337-1362.
[56] 赵增元，王佳. 有机涂层阴极剥离作用研究进展[J]. 中国腐蚀与防护学报，2008，28(2)：116-120.
[57] 吕桂英，朱华，林安，等. 高分子材料的老化与防老化评价体系研究[J]. 化学与生物工程，2006，(6)：1-4.
[58] 卢言利，潘家亮，张拴勤，等. 高原环境因素对涂层自然老化性能的影响[J]. 装备环境工程，2011，8 (2)：37-41.
[59] 闫杰，邱森宝. 典型的气候环境对涂层材料性能的影响对比[J]. 电子产品可靠性与环境试验，2010，28 (4)：11-14.
[60] 王辉，宣卫芳，刘静，等. 飞机蒙皮用含氟聚氨酯涂层老化原因分析[J]. 装备环境工程，2011，8 (5)：43-46.
[61] 骆晨，李宗原，孙志华，等. 直升机蒙皮典型结构有机涂层防护性能在模拟高原大气环境中的变化[J]. 装备环境工程，2017，14 (3)：8-13.
[62] YONG X Y, CHEN Z N, RUAN X, et al. Quantitative determination of the synergistic effects between UV irradiation and corrosion using the coating impedance index[J]. Progress in Organic Coatings, 2019, 136: 105230.
[63] 杨晓然，彭小明，杨小奎，等. 多因素综合高原高寒气候环境模拟加速试验箱研制[J]. 装备环境工程，2020，17 (7)：27-33.
[64] KHOTBEHSARA M M, MANALO A, ARAVINTHAN T, et al. Synergistic effects of hygrothermal conditions and solar ultraviolet radiation on the properties of structural particulate-filled epoxy polymer coatings[J]. Construction and Building Materials, 2021, 277: 122336.
[65] GAO J, LI C, LV Z, et al. Correlation between the surface aging of acrylic polyurethane coatings and environmental factors[J]. Progress in

Organic Coatings，2019，132：362-369.

[66] 刘玉．沙漠环境特点及其对工程装备的影响[J]．装备环境工程，2013，9(6)：67-71.

[67] 罗振华，蔡键平，张晓云，等．耐候性有机涂层加速老化试验研究进展[J]．合成材料老化与应用，2003，32(3)：31-35.

[68] 周小敏，刘钧泉．有机涂层使用寿命探讨[J]．装备环境工程，2010，7(1)：57-60.

[69] 刘金和，张雅琴，刘慕懿，等．有机涂层在模拟沙漠大气环境下的加速试验研究[J]．表面技术，2014，43 (4)：64-67，96.

[70] MORALES J，MARTíN-KRIJER S，DíAZ F，et al. Atmospheric corrosion in subtropical areas：influences of time of wetness and deficiency of the ISO 9223 norm[J]．Corrosion Science，2005，47 (8)：2005-2019.

[71] MENDOZA A R，CORVO F. Outdoor and indoor atmospheric corrosion of non-ferrous metals[J]．Corrosion Science，2000，42 (7)：1123-1147.

[72] 袁敏，邱森宝，张铮，等．户外有机涂层热带海洋环境多因素加速试验[J]．电子产品可靠性与环境试验，2019，37 (S1)：8-12.

[73] MOMBER A W，IRMER M，GLüCK N. Effects of accelerated low-temperature ageing on the performance of polymeric coating systems on offshore steel structures[J]．Cold Regions Science and Technology，2017，140：39-53.

[74] DUARTE R G，CASTELA A S，FERREIRA M G S. Influence of ageing factors on the corrosion behaviour of polyester coated systems—A EIS study[J]．Progress in Organic Coatings，2007，59 (3)：206-213.

[75] 谭晓明，王鹏，王德，等．基于电化学阻抗的航空有机涂层加速老化动力学规律研究[J]．装备环境工程，2017，14 (1)：5-8.

[76] BEDOYA F E，GALLEGO L M，BERMúDEZ A，et al. New strategy to assess the performance of organic coatings during ultraviolet - condensation weathering tests[J]．Electrochimica Acta，2014，124：119-127.

[77] 胡明涛，鞠鹏飞，赵旭辉，等．不同加速试验对环氧/聚氨酯涂层失效机制的影响[J]．化工学报，2018，69 (8)：3548-3556.

[78] SIGNOR A W，VANLANDINGHAM M R，CHIN J W. Effects of ultraviolet radiation exposure on vinyl ester resins：Characterization of chemical，physical and mechanical damage[J]．Polymer Degradation and

Stability，2003，79 (2)：359-368.

[79] 胡建文，李晓刚，高瑾．有机涂层室内加速实验的对比[J]．北京科技大学学报，2009，31(3)：381-387.

[80] BERRY D H，HINDERLITER B，SAPPER E D，et al. Service life prediction of polymers and plastics exposed to outdoor weathering [M]. Norwich，NY：William Andrew Publishing，2018.

[81] 骆晨，孙志华，汤智慧，等．防护性有机涂层失效研究的发展趋势[J]．装备环境工程，2017，14 (8)：50-54.

[82] FENG Z L，SONG G L，WANG Z M，et al. Salt crystallization-assisted degradation of epoxy resin surface in simulated marine environments[J]. Progress in Organic Coatings，2020，149：105932.

[83] ZHANG Z，WU J，ZHAO X，et al. Life evaluation of organic coatings on hydraulic metal structures[J]. Progress in Organic Coatings，2020，148：105848.

[84] 巩永忠．我国核电涂料的发展现状及趋势[J]．中国涂料，2009，24 (6)：5-8,11.

[85] 张耀，张忠伟，黄祖兵．核电站适用涂层特点分析[J]．上海涂料，2007，(4)：41-43.

[86] 陈哲，韦悦周．反应堆环氧树脂防腐涂层热老化分析[J]．腐蚀科学与防护技术，2013，25 (6)：499-503.

[87] 倪爱兵，丁伟忠，王留方，等．核设施、设备用耐高温涂料的研制[J]．涂料工业，2005，35(11)：7-9.

[88] NAMBIAR S，YEOW J T W. Polymer-composite materials for radiation protection[J]. ACS Applied Materials & Interfaces，2012，4 (11)：5717-5726.

[89] No author. Epoxies and Epoxy Coatings in the Nuclear Industry[EB/OL]，(2022-06-07)[2022-08-01]. http://www.epoxyproducts.com/nuclear4u.html.

[90] 张耀，乔梁．核电站设备涂装技术[J]．电镀与涂饰，2008，27(2)：55-57.

[91] 张耀．核电专用涂层应用分析[J]．电镀与涂饰，2008，27(7)：57-60.

[92] 迟照华，汤美玲，崔岚，等．2006全国核材料学术交流会论文集[C]．北京：中国核学会核材料分会，2006.

[93] 郭永基，颜寒，肖飞．环氧树脂热氧老化实验研究[J]．清华大学学报(自然科学版)，2000，40(7)，1-3.

[94] 张艳萍，熊金平，左禹．碳纤维/环氧树脂复合材料的热氧老化机理[J]．北京化工大学学报(自然科学版)，2007，34(5)：523-526,539.

[95] 过梅丽，肇研，许凤和，等. 先进聚合物基复合材料的老化研究——Ⅰ.热氧老化[J]. 航空学报，2000，21(S1)：112-115.

[96] 李晓骏，许凤和，陈新文. 先进聚合物基复合材料的热氧老化研究[J]. 材料工程，1999，(12)：19-22,30.

[97] QUEIROZ, D P R, FRAÏSSE F. Radiochemical ageing of epoxy coating for nuclear plants[J]. Radiation Physics and Chemistry, 2010, 79 (3): 362-364.

[98] LEE J R, PARK S J, SEO M K, et al. A study on physicochemical properties of epoxy coating system for nuclear power plants[J]. Nuclear Engineering and Design, 2006, 236 (9): 931-937.

[99] ZHANG Y, REN F, LIU Y. A superhydrophobic EP/PDMS nanocomposite coating with high gamma radiation stability[J]. Applied Surface Science, 2018, 436: 405-410.

[100] 王月兴，马晓林，鲁永杰，等. 全国第四届核监测学术会议论文集[C]. 北京：中国电子学会，中国核学会，1999.

[101] 夏伟，王涛，宋力，等. 石墨烯/环氧树脂复合涂层的γ射线辐照损伤及其腐蚀防护性能[J]. 无机材料学报，2018，33 (1)：35-41.

[102] XIA W, XUE H R, WANG J W, et al. Functionlized graphene serving as free radical scavenger and corrosion protection in gamma-irradiated epoxy composites[J]. Carbon, 2016, 101: 315-323.

[103] XIA W, ZHAO J, WANG T, et al. Anchoring ceria nanoparticles on graphene oxide and their radical scavenge properties under gamma irradiation environment[J]. Physical Chemistry Chemical Physics, 2017, 19 (25): 16785-16794.

第 8 章

天然高分子的辐射效应

天然高分子是指以重复单元连接成的线型长链为基本结构的高分子量化合物，是存在于动物、植物以及生物体内的高分子物质。可再生天然高分子是取之不尽用之不竭的可再生资源。这些材料废弃后容易被自然界微生物分解成二氧化碳、水和无机小分子，属于环境友好材料。近些年，天然高分子受到研究者的广泛关注，有关天然高分子材料的优秀成果不断涌现。天然高分子材料在受到高能射线辐照后，分子链同样会断裂形成自由基，从而引发进一步的反应。这些研究在食品加工及材料改性领域有重要应用。本章将介绍淀粉、纤维素、木质素以及壳聚糖的辐射效应。

8.1 淀粉的辐射效应

淀粉是由单一类型的糖单元组成的多糖，其基本构成单位为 α-D-吡喃葡萄糖，主要存在于植物根、茎、种子中。淀粉为世界上大部分哺乳动物提供能量来源；同时，淀粉还是重要的工业品，在造纸业、纺织业、胶粘剂生产以及其他领域有重要的用途。

可以预见改性淀粉在不远的将来会有可观的需求。为此，化学改性，包括交联，被广泛用于食品工业中以获得合适的特性。辐射加工作为一个物理过程，是对化学改性的友好替代。通过辐射加工可以使淀粉达到这些想要的特性，比如黏度下降、高的溶解度等。在各种辐射类型中，电子束辐射与 γ 辐射最好控制，因

此应用最多。辐射在淀粉分子上生成自由基，自由基之间的反应将导致淀粉性能的变化，如分子链断裂、溶液黏度下降、水溶性下降等（图 8.1）。高剂量的辐射还将导致淀粉颗粒的损伤。除吸收剂量外，自由基的浓度由淀粉的湿度、温度、pH 及贮存时间决定。辐射食品的安全性是公众担心的问题。已有的研究结果显示，辐射食品对人是安全的。津巴布韦的 Piotr Tomasik 等在 1995 年对改性研究做了综述，其中辐射改性是非常重要的手段，其分别介绍了中子、X 射线、高能电子、γ 射线对淀粉的辐射改性。2009 年，马来西亚的 Rajeev Bhat 等也综述了辐射加工对淀粉的影响，主要内容包括 γ 射线及电子辐射对淀粉性能的影响、紫外辐射对淀粉性能的影响、辐射与可消化性、辐射在淀粉基包装领域的发展。这些文献在淀粉改性领域有重要的参考价值。本书从材料出发讲述不同材料的辐射效应，因此本节依据淀粉来源，分别介绍土豆淀粉、小麦淀粉、大米淀粉、玉米淀粉、豆类淀粉及其他淀粉的辐射效应。

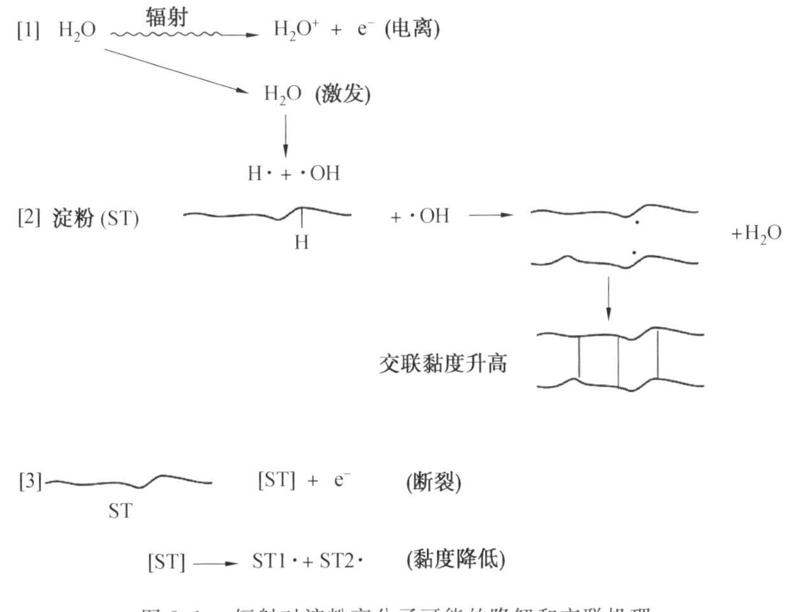

图 8.1　辐射对淀粉高分子可能的降解和交联机理

8.1.1　土豆淀粉的辐射效应

土豆淀粉具有粒径大、黏性大、糊化温度低、吸水能力强、糊浆透明度高的特点，被广泛用于糖果、面食、肉制品和乳制品等行业。在这些应用中，辐射改性是重要的改性途径。

Mishina 等采用钴源以剂量率 2.5×10^3 Gy/h、辐射总剂量 $10^3\sim10^6$ Gy，对土豆淀粉进行辐照，发现淀粉黏度和碘复合物的蓝色指数均有所下降，而还原能

力、碱不稳定性、羧基数、羧酸值等指数随剂量增加。其中黏度是比较敏感的参数，Ezekiel 等的研究表明土豆淀粉辐照 0.5 kGy 后黏度严重下降。当吸收剂量高达 100 kGy 时，晶体结构被破坏。用 80% 的乙醇萃取淀粉，得到的产物中存在 D－葡萄糖、麦芽糖、戊糖、D－葡萄糖醛酸、D－葡萄糖酸以及一系列小分子葡聚糖。可见淀粉的醚键被打断后生成了相应的自由基，这些自由基与淀粉中的 H 和 OH 自由基结合形成单糖或多糖，葡萄糖可能进一步形成糖酸和戊糖。进一步的 FTIR 表征显示，淀粉辐照后其 2 800 ～ 3 000 cm^{-1} 的 C—H 伸缩振动强度下降，峰强度与辐射剂量相关。然而，γ 辐射导致的 O—H 伸缩振动(3 000 ～ 3 600 cm^{-1}) 略微变宽。γ 辐射导致的 O—H、C—H 以及水的弯曲振动(1 600 ～1 800 cm^{-1}) 很明显。

Sandeep Singh 等的研究也发现辐射将导致 Kufri Chipsona－2 及 Kufri Jyoti 两种土豆淀粉的结晶度下降，直至变成无定型态(图 8.2)。Cieśla 等认为其相对结晶度的减少与小角 X 射线衍射中观察到的长程有序破坏相关(图8.3)。这一推测得到高剂量(446 kGy 和 600 kGy) 辐照后的样品的证实。辐射解聚导致的淀粉性能变化对糊化性能的影响比 WAXS 中观察到的结晶度要大得多。土豆淀粉的辐射解聚及晶区变化是糊化性能变化的主要原因，对两个品种土豆淀粉黏性、咀嚼性、黏合性及回生性的影响各不相同。Kufri Chipsona－2 辐照后回生性更大。

从形貌上看，γ 辐射会导致小尺寸淀粉颗粒增加，表面形成裂缝，呈现取向碎片，辐照后颗粒表面出现光滑区域(图8.4)，而未辐照的凝胶呈现蜂巢结构。γ 辐照后淀粉颗粒的介孔比表面积增加，平均直径下降。Atrous 等研究发现高达 50 kGy 的 γ 辐射剂量仅使土豆淀粉颗粒对剪切更加敏感，但淀粉颗粒形貌未见变化。热处理后，淀粉颗粒随辐射剂量增加而破坏。

土豆淀粉中含有直链淀粉和支链淀粉。直链淀粉和支链淀粉在 γ 辐照下有相似的降解速率，分开辐照与在自然状态下同时辐照结果类似。辐射降解在 0.6 kGy 附近开始发生，然后降解呈直线变化。直链淀粉比支链淀粉的黏度更高。未辐照时，土豆淀粉的还原能力约为 0.16，说明其聚合度约为 625；直链淀粉的还原能力约为 0.21，聚合度为 476；支链淀粉的还原能力则为 0.13 ～ 0.14，聚合度为 740。淀粉遇碘变蓝是鉴定淀粉的特征反应。土豆淀粉的碘复合物的吸收峰在600 nm，直链淀粉和支链淀粉的吸收峰则分别在 630 nm 和 580 nm，直链淀粉和支链淀粉辐射剂量高达 15 kGy 时，吸收峰的位置和强度均无明显变化。

有机材料的辐射效应受材料化学结构和环境因素影响，淀粉也不例外。将干的淀粉装在玻璃瓶中辐照，结果发现，辐照后的淀粉更容易溶解。这个结果与已有文献报道的硅橡胶等材料一致，即材料中含有的水分将与材料辐照产生的自由基反应，从而使辐射带来的影响变弱(表 8.1)。

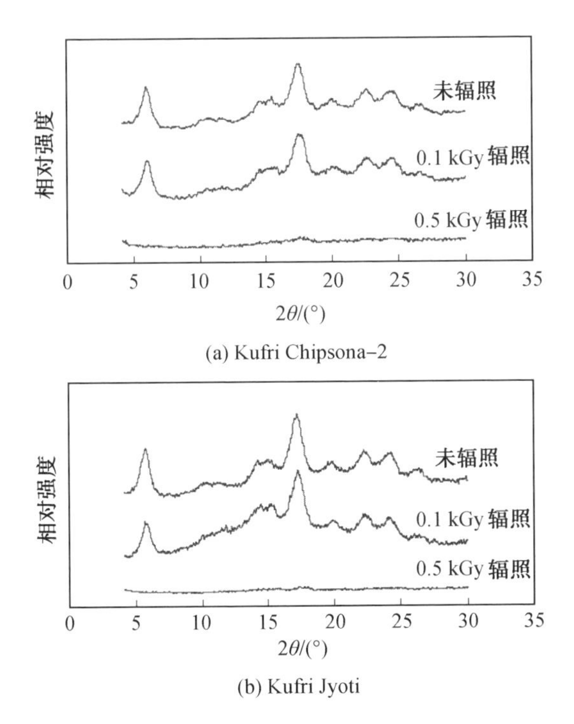

(a) Kufri Chipsona-2

(b) Kufri Jyoti

图 8.2　未辐照及辐照(0.1 kGy 及 0.5 kGy γ 射线辐照）土豆淀粉的 X 射线衍射图

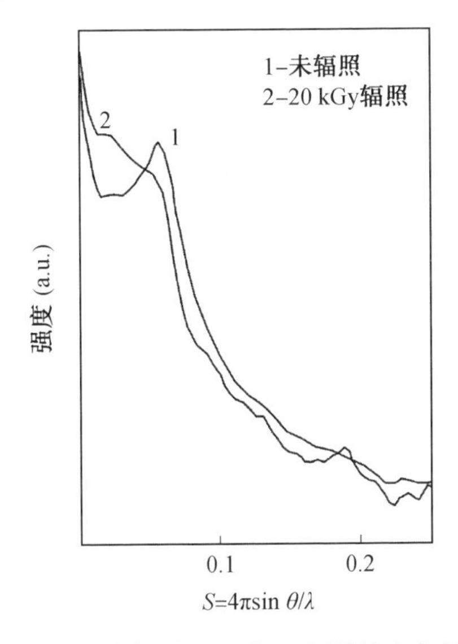

图 8.3　S1 样品未辐照和 20 kGy 辐照的小角 X 射线衍射图

S1— 土豆淀粉在空气中 60 ℃ 干燥 18 h;S2— 土豆淀粉在真空中 5 ℃ 干燥 96 h

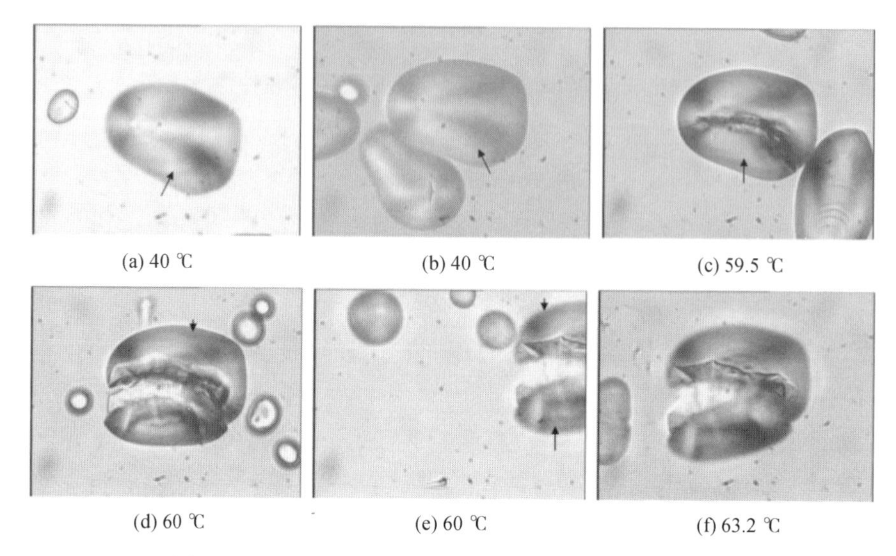

(a) 40 ℃　(b) 40 ℃　(c) 59.5 ℃

(d) 60 ℃　(e) 60 ℃　(f) 63.2 ℃

图 8.4　椭圆形土豆淀粉颗粒在热台显微镜下的凝胶化

(30 kGy，加热速率 10 ℃/min。颗粒尺寸：长度(a，b，c)68 μm，宽度(a，b)48 μm)

表 8.1　淀粉样品准备条件、用积分法(xH、xH′)和微分法(xW、xW′)测得的相对结晶度以及水含量

编号	样品	辐射剂量/kGy	干燥条件		相对结晶度				水的质量分数/%
			温度/℃	时间	xH	xW	xH′	xW′	
Ⅰ	Ⅱ	Ⅲ	Ⅳ	Ⅴ	Ⅵ	Ⅶ	Ⅷ	Ⅸ	Ⅹ
辐照干淀粉									
1	S1	—	60	18 h	0.94	0.98	1.00	1.00	19.05
2	S1	20	60	18 h	0.87	0.86	0.93	0.88	18.78
3	S2	—	5	4 d	1.00	1.00	1.00	1.00	19.85
4	S2	30	5	4 d	0.90	0.87	0.90	0.87	19.06
辐照土豆淀粉									
5	S3	—	30	18 h	0.93	0.82	1.00	1.00	18.66
6	S4	10	30	18 h	0.84	0.81	0.90	0.98	18.30
7	S5	—	5	10 d	1.06	0.88	1.00	1.00	18.73
8	S6	30	5	4 d	1.25	0.74	1.18	0.84	18.53
9	S7	—	20	18 d	0.71	—	1.00	—	17.68
			5	4 d	—	—	—	—	—
10	S8	20	20	18 d	0.72	—	1.01	—	17.06
			5	4 d	—	—	—	—	—

注：xH、xW，以样品 S2 为结晶度标准计算的相对结晶度；

xH′、xW′，以相关参照样品为结晶度标准计算的相对结晶度；

5 ℃ 为在真空中干燥，其他温度则在热空气中干燥

高能电子与 γ 射线对淀粉的影响相似。采用电子能量为 2 MeV，剂量为 $5\times10^2 \sim 10\times10^4$ Gy 对土豆淀粉进行辐照，辐照期间无明显的温升。淀粉颗粒的微观结构未见明显的损伤，所有淀粉都呈现双折射性能。此外，淀粉的凝胶行为和糊化温度均未改变。与碘的亲和性有所变化，直链淀粉部分明显下降。辐照后直链淀粉和支链淀粉从黏度和沉淀表征来看均呈现分子链的下降。通过监测 β－直链淀粉和 Z－酶的变化，证实分子链解聚伴随结构修饰(图 8.5)。颗粒土豆淀粉、直链淀粉以及支链淀粉在高能电子辐照后的性能见表 8.2。

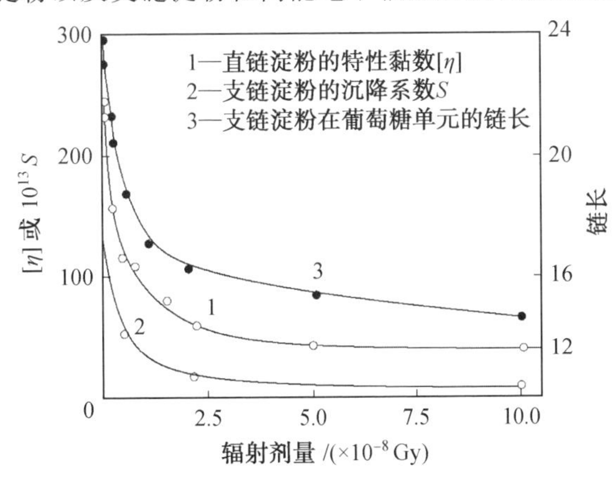

图 8.5　辐射剂量对淀粉组分性能的影响

表 8.2　颗粒土豆淀粉、直链淀粉以及支链淀粉在高能电子辐照后的性能

辐射剂量 /($\times 10^4$ Gy)	颗粒淀粉			
	酸度 /(eq·(10^6 g)$^{-1}$)	凝胶化温度 /℃	碘的亲和性① /mg	直链淀粉含量② /%
0	4.4	68 ～ 69	4.5	23
0.05	6.0	—	4.4	22.5
0.1	7.4	67 ～ 69	4.3	22
0.2	8.5	—	4.1	21
0.5	10.3	67 ～ 69	3.6	18.5
1	12.7	—	3.4	17.5
2	17.9	64 ～ 65	3.1	16
5	29.0	—	2.4	12
10	40.0	60 ～ 61	1.1	6

续表 8.2

辐射剂量 /（×10⁴ Gy）	直链淀粉		
	β－淀粉水解指数	特性黏数[η]	平均聚合度(DP)
0	83	230	1 700
0.05	86	220	1 650
0.1	88	150	1 100
0.2	88	110	800
0.5	87	95	700
1	86	80	600
2	84	50	350
5	83	40	300
10	83	35	250
辐射剂量 /（×10⁴ Gy）	支链淀粉		
	β－淀粉水解指数	平均分子链长度	内链长度③
0	58	24	8
0.05	57	23	7
0.1	55	23	7
0.2	54	21	7
0.5	51	18	6
1	49	16	6
2	49	15	5
5	48	14	5
10	46	13	5

注：① 与每 100 g 淀粉结合的 I_2 的质量)。
② 直链淀粉含量指直链淀粉所占的质量分数。
③ 内链长度 ＝[链长 －(链长 ×β－ 淀粉水解指数 ＋25)]

8.1.2 小麦淀粉的辐射效应

高能辐射将在小麦淀粉分子上引发直接的物理化学反应。Atrous 等采用 3 kGy、5 kGy、10 kGy、20 kGy、35 kGy、50 kGy γ 射线辐照小麦淀粉，发现淀粉辐照后会形成自由基，浓度随时间逐渐下降(图 8.6)。结构分析表明 O—H 和 C—H 伸缩振动的强度以及糖苷键表明直链淀粉和可能的支链淀粉解聚成短支链分子，辐射没有明显影响晶体结构。DSC 曲线表明糊化温度没有明显变化，相

关的转变焓值也没有明显变化。表观直链淀粉含量随剂量增加呈线性下降(图8.7),溶解度指数增加。辐照后溶胀能力一开始增加直至 20 kGy,在高剂量下迅速下降。小麦淀粉辐照后还原能力呈微弱的增加,与碘的结合略有下降。γ 辐射对淀粉糊比淀粉颗粒更加敏感。淀粉糊的流变性能随剂量增加而下降,原因是糖苷键的断裂。

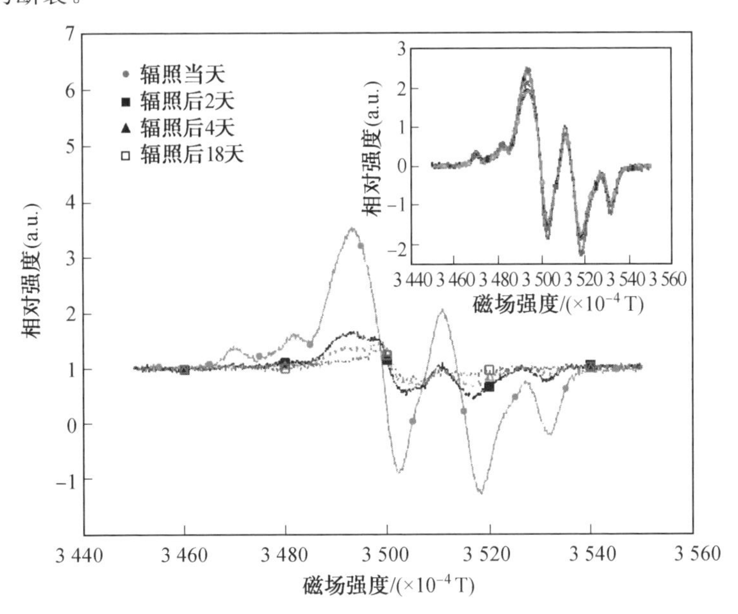

图 8.6　小麦淀粉辐照 10 kGy 后 EPR 谱图随时间演化(彩图见附录)

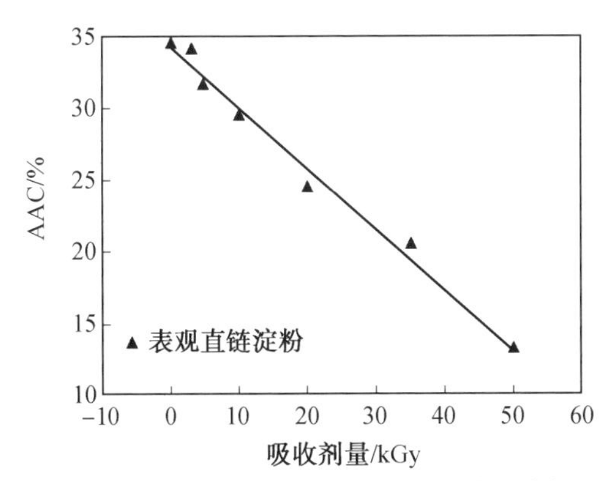

图 8.7　天然及辐照后小麦淀粉中表观直链淀粉含量

与天然小麦淀粉相比,乙酰化淀粉的黏度同样随剂量增加呈显著下降,而崩解值则在辐照后增加。γ 辐射对乙酰化小麦淀粉的热性能及回生性能有一些影响,可能是由于聚多糖分子链发生了辐射损伤。X射线衍射及红外谱图揭示乙酰化改性对小麦淀粉的分子结构有相当大的影响。两种淀粉的结晶度均轻微上升，但直链淀粉－脂肪复合物的 V 型结晶度未受高达 9 kGy 的辐照影响。

8.1.3 大米淀粉的辐射效应

Chaudhry 等研究了电离辐射对（巴基斯坦）大米物理和化学性能的影响。发现随着剂量的增加，淀粉颗粒的绝对密度和糊化温度下降。与碘结合的能力、直链淀粉链平均长度以及 β－淀粉分解极限受到辐射影响下降，表明分子发生了降解。Bao 等辐照 9 kGy 时天然淀粉的重均分子量和回转半径从 1.48×10^{9} 和 384.1 nm 下降到 2.36×10^{8} 和 236.8 nm。而支链淀粉的 β－淀粉分解极限受到辐照则上升，9 kGy 的吸收剂量下 $13\leqslant DP\leqslant24$ 以及 $37\leqslant DP$ 支链长度未受到 γ 辐射的明显影响，但在剂量低于 9 kGy 时即产生了更多 $6\leqslant DP\leqslant12$ 的支链。可以推断，γ 辐射导致了支链淀粉无定形区的断链，对淀粉颗粒晶区几乎没有影响，尤其是在低剂量辐照时。DSC 测试发现糊化的开始、峰值及结束温度轻微改变，然而焓值随剂量增加严重下降。所有辐照过的淀粉在 X 射线衍射中与天然淀粉一样呈现 A 型衍射图案。Saadany 等的研究表现出相似的结果。证实大米淀粉可通过 γ 辐射改性，改性后淀粉还原能力提高，伴随淀粉降解以及分子链断裂，同时材料的黏度、比黏度及特征黏度均急速下降。这些变化与 γ 辐射的剂量呈正相关。在较高的剂量下（250 kGy），大米淀粉会发生明显的氧化降解，表现是羰基、羧基及溶解度明显上升，同时表观黏度随剪切增加而下降。大米淀粉在 10 kGy 的 γ 辐照后形成小尺寸的淀粉颗粒，颗粒是不规则的多面体，辐射未改变颗粒形貌（图 8.8）。

对于大米淀粉的结构和功能而言，用显微镜观察大米胚乳的外层和内层时发现，淀粉颗粒会被 γ 辐射破坏，破坏性随剂量增加而变严重。γ 辐射对胚乳内层的微观结构的影响比外层更大。辐照后直链组分明显下降，胶稠度和糊化温度均随剂量增加而增加。这些影响均与淀粉结构的变化有关。剂量与淀粉糊化性能相关参数间高度关联。糊化性质的这些变化归因于 γ 辐射导致的淀粉颗粒的破坏。Wu 等的研究则发现大米淀粉 1 kGy 辐照后糊化温度未见明显的变化，但随剂量增加糊化峰值时间下降，说明剂量是影响糊化温度的重要参数。辐照后的淀粉胶稠度也明显增加，这种现象在高表观直链淀粉含量的大米中尤为明显（图 8.9）。受到辐照后淀粉颗粒发生某种程度的变形，表明用 γ 辐射来改进大米的口感及烹饪特性具有广阔前景。

辐射增加了大米抗性淀粉含量，降低了表观直链淀粉含量、糊化温度，改变了淀粉颗粒结构，增加了 V 型结晶度。淀粉酶水解速率随辐射下降，辐射对于降低淀粉可消化性的效果与抗性淀粉含量呈负相关。γ 辐射处理有潜力增加抗性淀粉含量，产生低可消化性的淀粉。

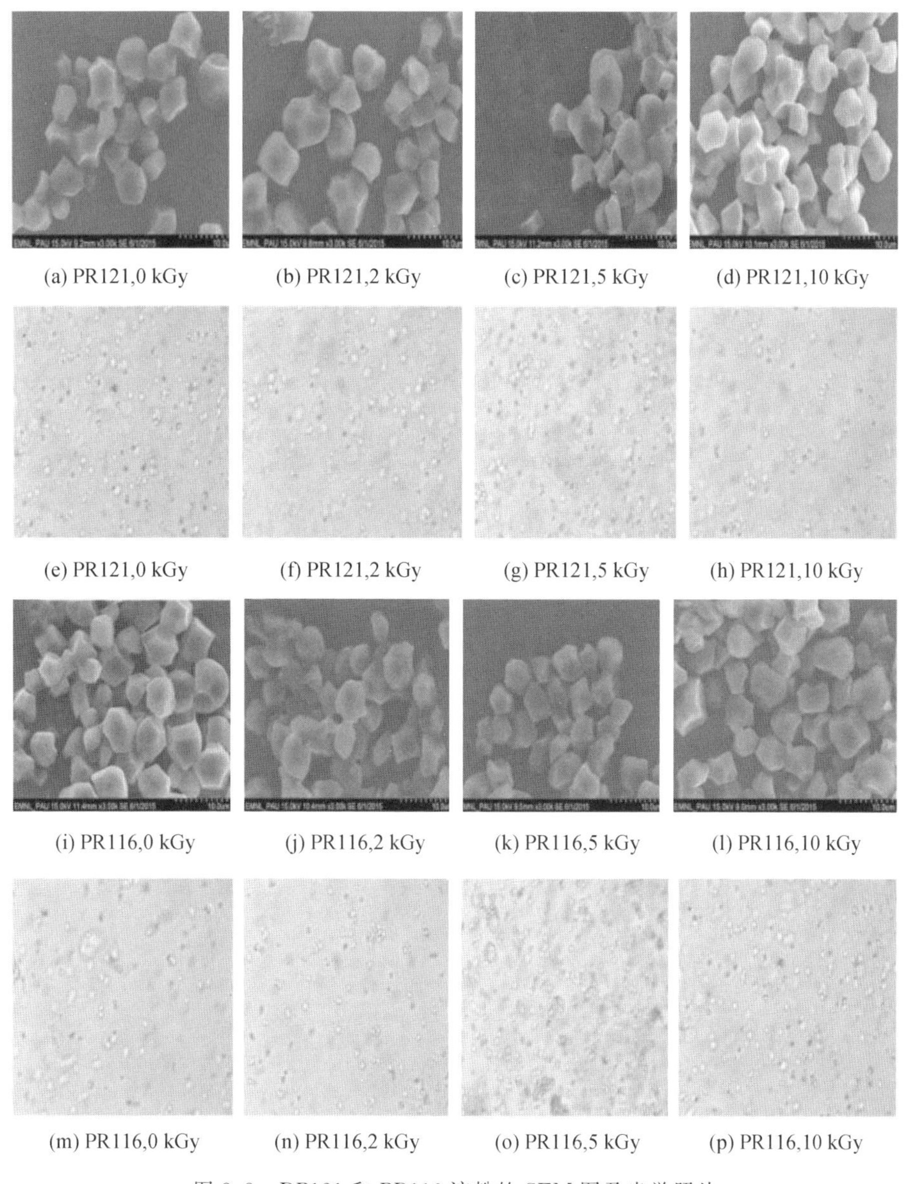

(a) PR121,0 kGy　(b) PR121,2 kGy　(c) PR121,5 kGy　(d) PR121,10 kGy

(e) PR121,0 kGy　(f) PR121,2 kGy　(g) PR121,5 kGy　(h) PR121,10 kGy

(i) PR116,0 kGy　(j) PR116,2 kGy　(k) PR116,5 kGy　(l) PR116,10 kGy

(m) PR116,0 kGy　(n) PR116,2 kGy　(o) PR116,5 kGy　(p) PR116,10 kGy

图 8.8　RP121 和 PR116 淀粉的 SEM 图及光学照片

大米分离淀粉的辐射效应同样受到关注。Ashwar 等采用 0 kGy、5 kGy、10 kGy、20 kGy 的剂量对大米(K－322,K－4480)分离淀粉进行辐照。对辐照前后的淀粉进行分析,发现表观直链淀粉含量、pH、溶胀能力、缩合脱水能力及糊化特征显著下降,然而羧基含量、吸水能力及透光度随剂量增加而增加。天然及辐照后的淀粉均是多边形或不规则的。淀粉颗粒辐照后在某种程度上会变形。X 射线衍射表明,无论是天然淀粉还是辐照后的淀粉均呈现 A 型衍射图案

(图 8.10)。而 Polesi 等则研究了大米淀粉 IAC202 和 IRGA417 的辐射效应,选择的辐射剂量为 1 kGy、2 kGy、5 kGy,剂量率为 0.4 kGy/h。结果发现在较低剂量下辐照未改变淀粉颗粒的形貌和 A 型的 X 射线衍射峰。5 kGy 时,γ 辐射未影响 IAC202 的热性能,但使 IRGA417 的糊化温度升高。IAC202 长支链的数量增加,短支链的数量下降,IRGA417 的情况则相反,这可能是由于淀粉分子链的交联。辐射不同程度地改变了淀粉的物化性能和结构性能。高剂量会降低表观直链淀粉含量。对于 IAC202,辐射降低快速消化淀粉(RDS) 含量,增加慢速消化淀粉(SDS) 和抗性淀粉(RS) 含量。IRGA417 则显示 SDS 增加,RS 下降。

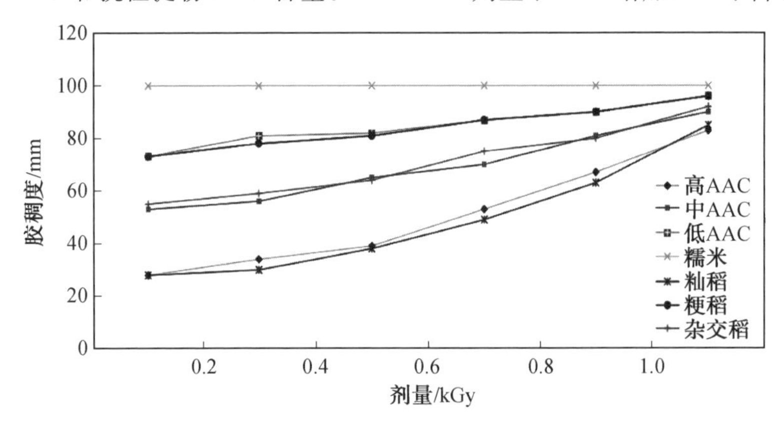

图 8.9　γ 射线辐射对具有不同 AAC、不同种类大米的胶稠度的影响

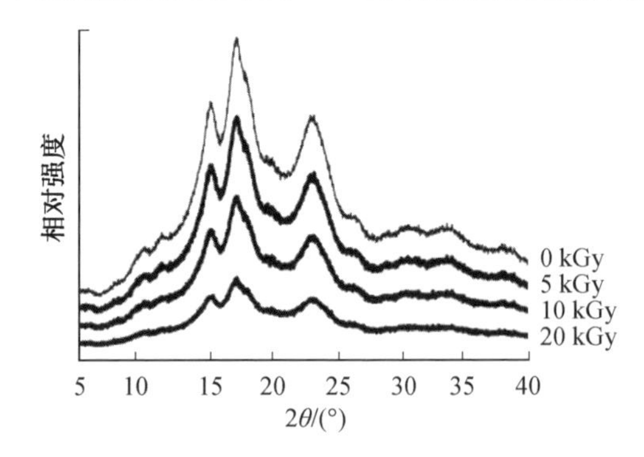

图 8.10　γ 射线辐照后大米淀粉的 X 射线衍射图

8.1.4　玉米淀粉的辐射效应

玉米淀粉的 γ 辐射效应与其他淀粉比较相似。经 γ 辐照后,玉米淀粉的表观直链淀粉含量由 28.7% 下降到 50 kGy 时的 20.9%。短支链淀粉(DP 6 ~ 12) 的含量有所增加,而长支链的含量(DP ⩾ 37) 随剂量增加而下降。相对结晶度及淀粉颗粒表面有序度从天然淀粉的 28.5% 和 0.631 下降到 50 kGy 时的 26.9% 和

0.605，糊化黏度和糊化温度随吸收剂量增加而下降。在高剂量(50 kGy)，直链淀粉－油脂复合物在DSC中未见熔点。快速消化淀粉含量在高达10 kGy时略微下降，但在50 kGy时有所增加。而抗性淀粉在2 kGy时略有下降，而在50 kGy时有所增加。慢速消化淀粉与抗性淀粉的趋势相反。较低的剂量率导致羧基、溶胀指数及直链淀粉溶出均下降。直链淀粉含量及支链淀粉链长分布受剂量影响不大。然而，相对结晶度及糊化焓随剂量率下降而增加。低剂量率降低了RDS和SDS含量，而增加了RS含量。

Bettaïeb等研究发现高达50 kGy的剂量下，玉米淀粉黏度下降、糊化温度下降，O—H伸缩振动，C—H伸缩振动，水及糖苷键的弯曲模式显著下降。辐照后X射线衍射峰的形状和强度都没变化。直到50 kGy，γ辐射会影响淀粉颗粒膜，对无定形区的影响比结晶区大。

采用1 kGy、5 kGy、10 kGy、25 kGy、50 kGy的剂量辐射不同直链/支链淀粉比的玉米淀粉。发现黏玉米在10 kGy时，直链淀粉样的含量有所增加，25～50 kGy时，随直链淀粉增加，表观直链淀粉含量减少。25～50 kGy时，低直链淀粉丧失了糊化性能。热行为和糊化特征表明Hylon Ⅶ样品在5 kGy时有低水平的交联。糊化性能、糊化温度以及相对结晶度随剂量增加而下降，表明黏玉米淀粉受辐射的影响更大。也可以推断，支链淀粉是受辐射影响更大的淀粉组分。不论辐射的剂量有多少，淀粉颗粒的形貌和晶体图案均没有改变。

玉米淀粉辐照0～100 kGy的溶解度如图8.11所示。辐射导致的降解是明显的，在溶液中比固体状态更容易降解，水中形成的自由基均导致降解。气氛对辐射降解也有一定的影响。

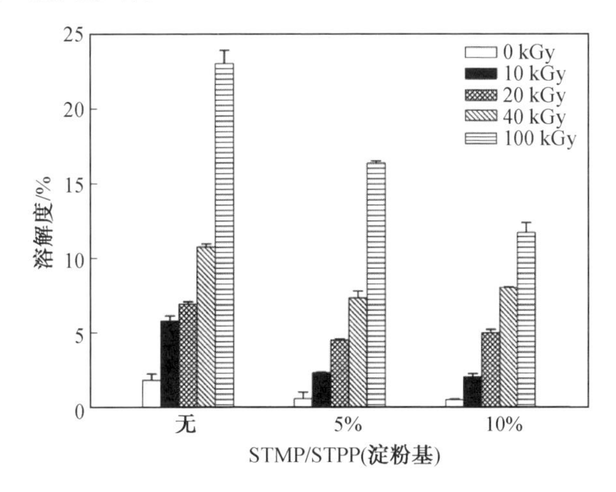

图8.11　交联(0、5%及10% STMP/STPP)及辐照(0～100 kGy)后的玉米淀粉在25 ℃水中的溶解度

玉米淀粉也可用γ改性。虽然γ辐射可有效降低玉米淀粉的初始黏度，但无法有效保持黏度稳定。将过硫酸铵(APS)和γ辐射结合，能够使材料的初始黏度最低，稳定性最好(图8.12)。因此，通过控制γ辐射剂量水平以及过硫酸铵的添加量生产黏度稳定性好的低黏度的改性玉米淀粉是可行的。增加吸收剂量导致玉米中β(1-3)和β(1-4)淀粉含量(质量分数)增加(图8.13)。淀粉含有β键时，只是部分被猪胰α－淀粉酶消化，这可部分解释淀粉消化能力在高剂量辐照后的下降。高剂量辐照后玉米淀粉中支链淀粉的分子尺寸有所下降，可能与去支化以及短直链的增加有关。

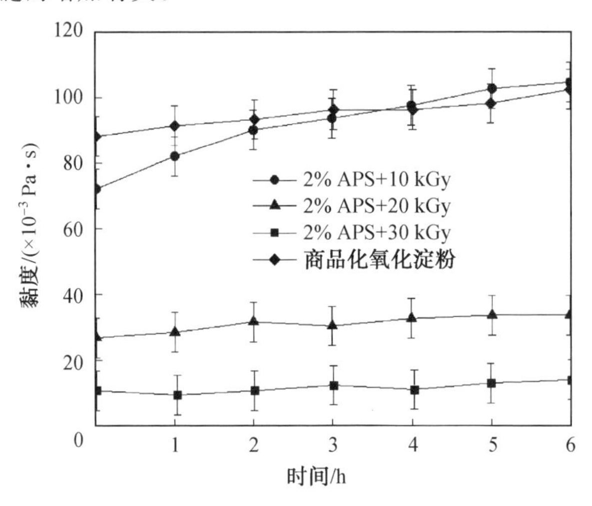

图8.12　γ射线辐射对添加2% APS的淀粉糨糊黏度稳定性的影响

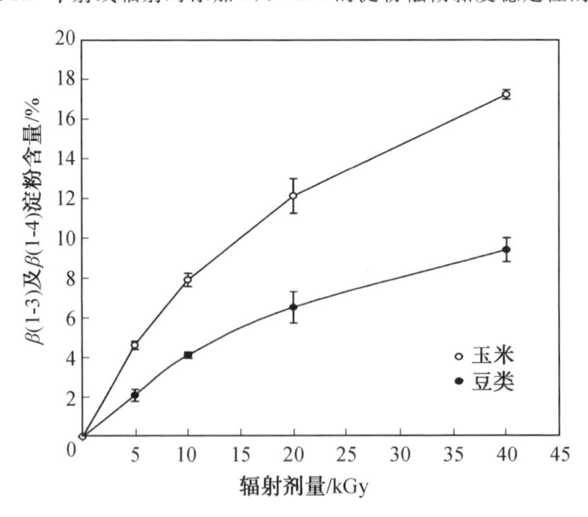

图8.13　γ辐射剂量对玉米和豆类分离淀粉总β(1-3)及β(1-4)组分含量的影响

黏玉米淀粉比普通玉米淀粉更容易受到辐射的影响。5 ～ 20 kGy 的 γ 射线辐射将会降低黏玉米及普通玉米的平均分子尺寸，但会增加快速消化淀粉和耐酶淀粉的比例。快速消化淀粉含量的增加表明辐射除了导致分子链降解外，还将导致结构变化。淀粉中的残留湿气会影响淀粉对辐射的敏感性。调节 pH 对辐照后平均分子量和尺寸的影响不大(图 8.14)，然而加入盐后将大大降低分子量和尺寸(图 8.15)。当 pH 从 4 增加到 8，辐照后黏玉米淀粉的糊化黏度从 1 032 mPa・s 降到 279 mPa・s，普通玉米淀粉的糊化黏度从 699 mPa・s 降到 381 mPa・s。盐浓度从 1% 增加到 5% 时，黏玉米的糊化黏度从 689 mPa・s 降到 358 mPa・s，普通玉米的糊化黏度从 327 mPa・s 降到184 mPa・s。

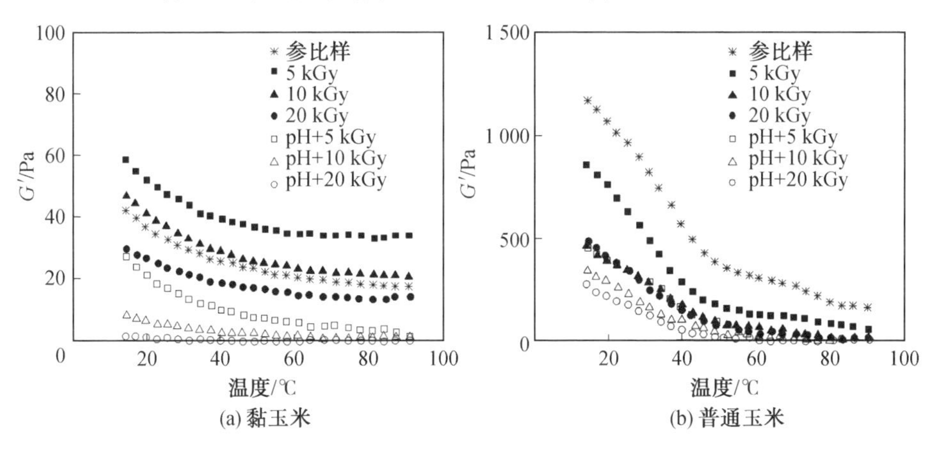

图 8.14　黏玉米和普通玉米的储能模量(G')
(淀粉预处理(空心)或未预处理(实心)
后在 pH = 8 的缓冲液中经 5 kGy、10 kGy、20 kGy 辐照后测试)

通过 γ 辐射可形成抗性玉米淀粉。普通玉米淀粉、黏玉米淀粉以及高直链淀粉玉米淀粉在 5 kGy、10 kGy、25 kGy、50 kGy 下进行辐照。辐照 5 kGy 后，淀粉中直链淀粉样的分子增加，因此显著提高了抗性淀粉含量($p < 0.05$)。所有淀粉样品中，50 kGy 辐照后生成了高抗性淀粉含量($p < 0.05$)。辐射导致的高抗性淀粉在黏玉米淀粉中更多，其次是高直链淀粉含量淀粉以及普通玉米淀粉。Chung 等的研究则认为抗性淀粉的含量仅在未改性黏玉米中随剂量增加而增加，而在交联黏玉米淀粉中则相反。黏玉米淀粉的水溶性随剂量增加而提高。交联淀粉在开水中不溶胀，因此本身不具有糊化性能；然而在辐照后变得具有溶胀性和糊化性能，且糊化黏度随剂量增加而提高。X 射线衍射分析显示交联和 γ 辐照后结晶度未变；但是，交联淀粉的凝胶焓随剂量增加而下降；熔点逐渐下降，随剂量增加熔融温度范围增加。

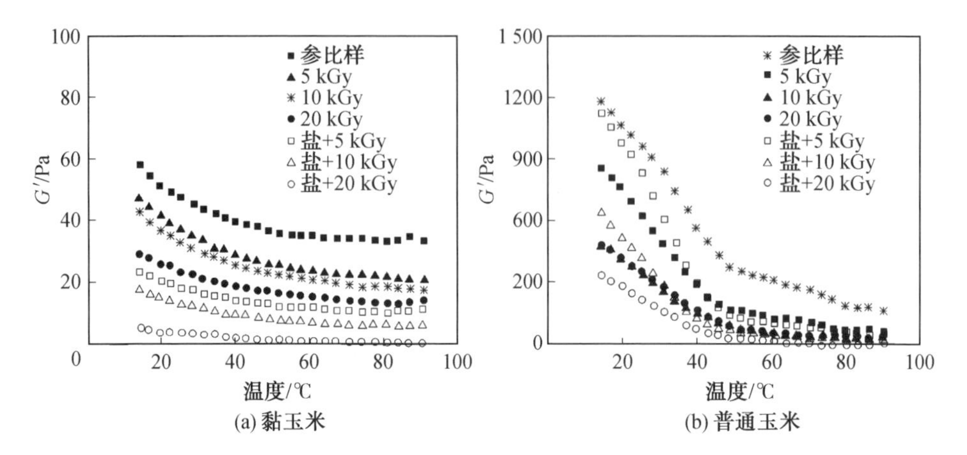

图 8.15　黏玉米和普通玉米的储能模量(G')
(淀粉预处理(空心)或未预处理(实心)
后在 5% 盐溶液中经 5 kGy、10 kGy、20 kGy 辐照后测试)

8.1.5　豆类淀粉的辐射效应

豆类是淀粉的另一大主要来源，豆类淀粉的辐射效应受到食品行业的关注。鹰嘴豆是欧美国家很常见的食物，其淀粉容易受到γ辐射影响。Duarte 等辐射 0.01 MGy 后红鹰嘴豆的烹饪时间由 26 min 降到 16 min，溶解性上升，溶胀能力略有下降。γ辐照干豆(菜豆)明显提高了中央沟的敏感性。采用 SEM 可观察到豆类淀粉的损伤。采用凝胶过滤层析可获得淀粉的大概分子量：支链淀粉的为2×10^6，直链淀粉的为 2×10^5；经过辐照后，直链淀粉部分呈现两个峰，分别约为 6.9×10^4 u 和 1.5×10^5 u。20 kGy 下鹰嘴豆淀粉的水合能力没有明显的变化，凝胶焓有所增加，糊化峰值温度也略有增加，表明淀粉颗粒的晶区和非晶区有重排；在20 ～50 kGy 阶段，鹰嘴豆淀粉的水合能力则明显下降，原因是子叶中水溶性化合物的析出。辐射还提高了豆类淀粉的总酸度和还原能力。豆类淀粉的溶胀能力随剂量增加有所下降，在水中和 80% 乙醇中的溶解度有明显提高。剂量不高时 XRD 未观察到明显的晶体损伤，EPR 谱则显示辐照后的豆类淀粉在 −40 ℃ 下 9 ～ 11 月贮存后仍可看到长寿命的自由基，加水后自由基还可以稳定存在。而在较高的剂量(12 kGy) 下，通过 SEM 可以观察到鹰嘴豆淀粉颗粒上出现裂纹和团簇(图 8.16)。

Abu 等研究了豇豆淀粉的 γ 辐射效应。从辐照过的豇豆淀粉(SF) 及糨糊(SP) 中分离出淀粉，其糊化特征及溶胀性能依赖于剂量严重下降。随剂量增加，豇豆淀粉的峰值凝胶化温度上升(图 8.17)。在高达 50 kGy 时，辐射未见可见的物理变化。FTIR 显示淀粉颗粒表面的有序化未受辐射明显影响。

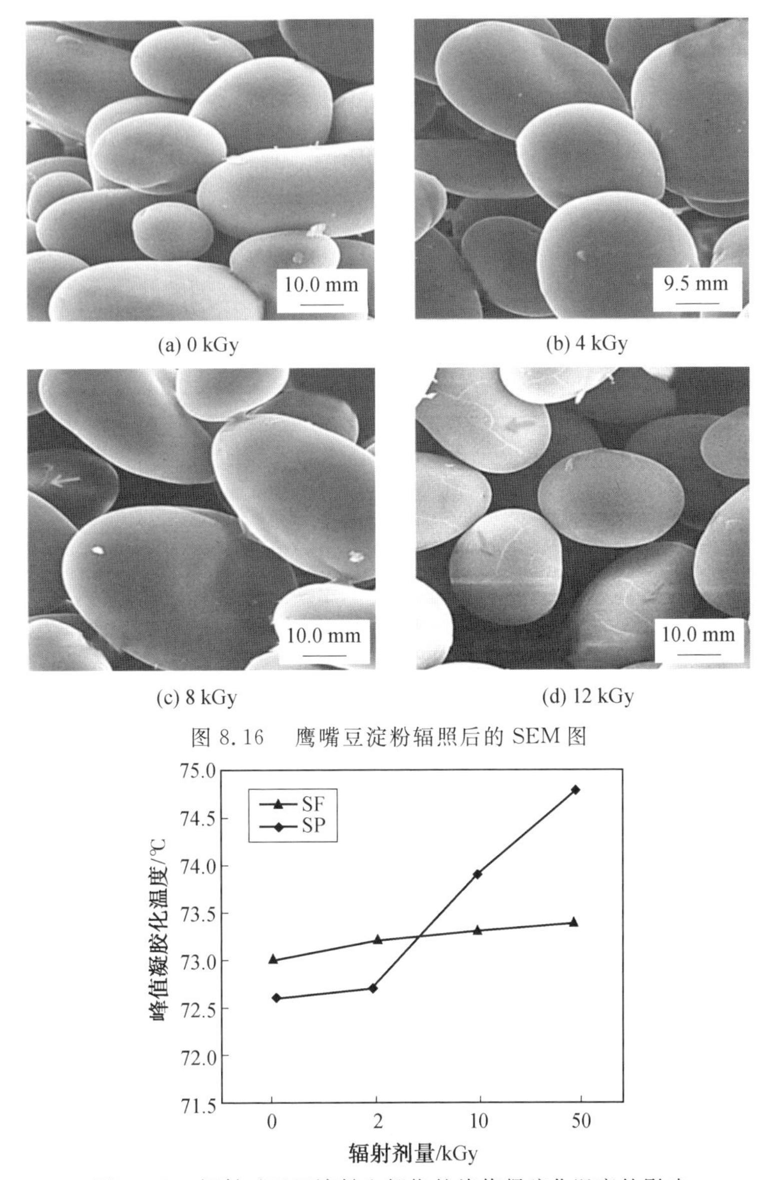

图 8.16　鹰嘴豆淀粉辐照后的 SEM 图

图 8.17　辐射对豇豆淀粉和糯糊的峰值凝胶化温度的影响

Sofi 等则研究了蚕豆分离淀粉的辐射效应。在采用 0 kGy、5 kGy、10 kGy、15 kGy 的剂量辐照后发现，淀粉的溶解度、羧基含量、吸水能力以及冻－融稳定性都随剂量增加而提高。而糊化特征、缩合脱水作用以及 pH 在辐照处理后严重下降。蚕豆淀粉辐照后晶型不变，但结晶度有所下降(图 8.18)。淀粉颗粒在 SEM 下的形貌为圆形、卵形、不规则以及椭圆形，长度从 6.8 μm 至 14.9 μm，宽度从 3.1 μm 至10.5 μm。辐射的剂量与吸水能力、溶解度指数呈正相关，与缩合

脱水能力、冻一融稳定性，溶胀指数以及糊化特征呈负相关。

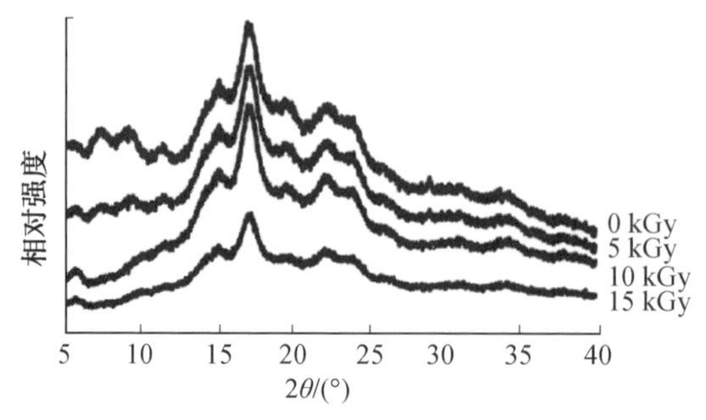

图 8.18　天然及辐照蚕豆分离淀粉的 X 射线衍射图

Wani 等研究了 γ 辐射对印度马栗淀粉的物化性能的影响。辐照后马栗淀粉的吸水能力有所增加，从 0.94 g/g 增加至 1.00 g/g，羧基含量从 0 增加到 0.06%，溶解度从 0.15 g/g 增加至 0.53 g/g，冻一融稳定性、缩合脱水能力、糊化特征以及 pH 都在辐照后下降。缩合脱水能力 120 h 冷冻后从 3.47% 下降至 0.64%。最大黏度从 5 156.5 mPa·s 降至 1 422.5 mPa·s，消解值从 1 191.5 mPa·s 下降到 73.0 mPa·s，最后黏度从 3 232.0 mPa·s 下降到 410.5 mPa·s。天然及辐照过的淀粉均显示 A 型衍射峰。SEM 下淀粉颗粒的形貌为圆形、卵形、不规则或椭圆形，表面光滑(图 8.19)。辐射剂量与吸水能力、吸油能力以及溶解指数呈正

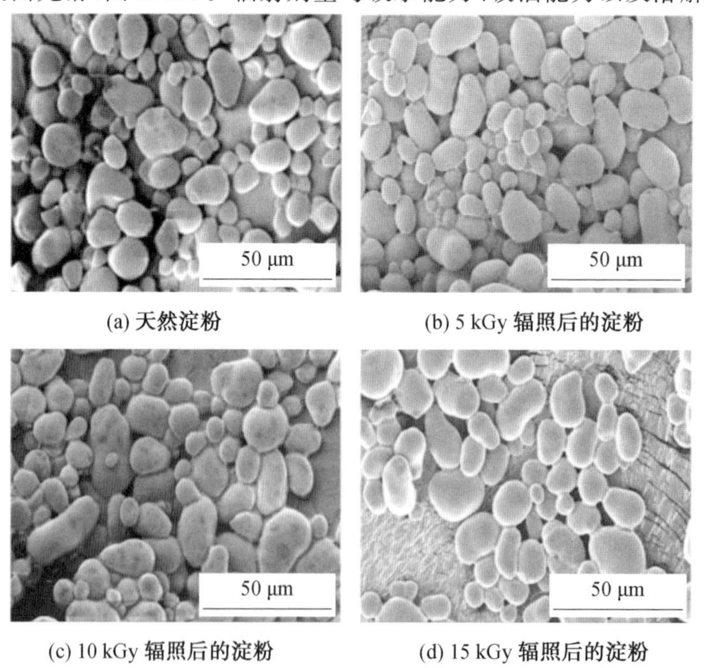

(a) 天然淀粉　(b) 5 kGy 辐照后的淀粉

(c) 10 kGy 辐照后的淀粉　(d) 15 kGy 辐照后的淀粉

图 8.19　天然及辐照后的马栗淀粉 SEM 图(×1 000)

相关,与缩合脱水能力、溶胀指数、冻－融稳定性及糊化特征呈负相关,这些结果与蚕豆淀粉的辐射效应类似。

Gani 等研究了菜豆淀粉的 γ 辐射效应。作者用 5 kGy、10 kGy、20 kGy 的伽马射线辐射红、白、黄、黑四种菜豆中分离出来的淀粉,SEM 结果显示 γ 辐射会破坏淀粉颗粒,高剂量的时候破坏性更明显。辐照后淀粉的物理化学性能与未辐照相比有明显区别,且存在强的剂量依赖性。羧基含量、溶解度、水吸收能力以及透光率增加,然而溶胀性能、表观直链淀粉含量、缩合脱水作用及糊化特征随菜豆淀粉的剂量增加而增加。辐射剂量与吸水能力及溶解度指数呈正相关,而与溶胀指数、黏度等参数呈负相关。

8.1.6　其他淀粉的辐射效应

淀粉在自然界的来源很广,除上述主要粮食作物外,其他淀粉的辐射效应同样受到研究者关注。

木薯是世界三大薯类之一,广泛栽培于热带和亚热带地区,在我国是仅次于水稻、甘薯、甘蔗和玉米的第五大作物。木薯淀粉在 UV 及 γ 辐照后均降解,导致淀粉黏度下降,同时生成自由基。两种辐射生成的自由基是相似的,图8.20 为 UV 辐照后的 EPR 图谱。Raffi 则研究了八种淀粉辐照后几小时至几个月的 EPR 的形貌和动力学变化。不管淀粉的来源和水含量如何,淀粉主要呈现两种或两类主要自由基(图 8.21)。动力学规律则主要取决于水含量(图 8.22),两个主要区间与淀粉的无定形区和晶区有关。

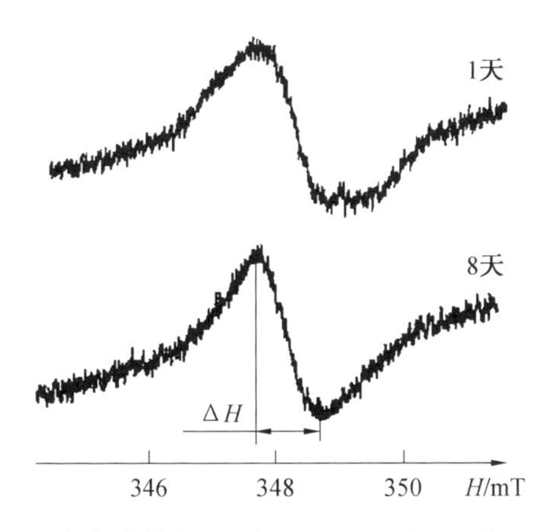

图 8.20　木薯淀粉在 UV 辐照后 1 天及 8 天的 EPR 谱图

谷粒苋淀粉在 γ 辐照后胶稠度随剂量增加持续下降。不同剂量下辐照导致淀粉热性能和结晶度变化。使用动态振荡剪切模式,发现储能模量和损耗模量在温度及频率扫描下的变化显著(图 8.23)。

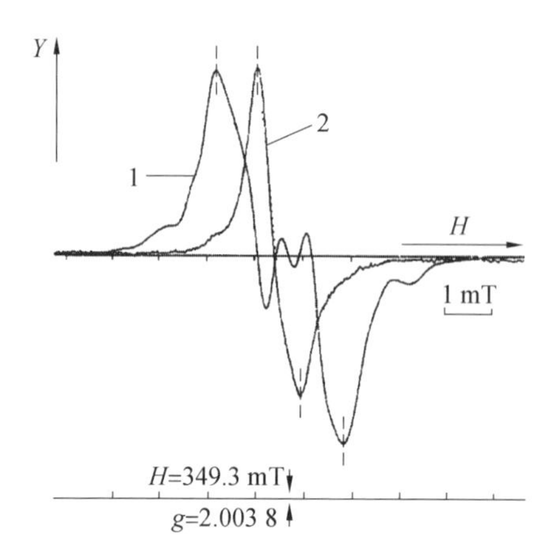

图 8.21　淀粉辐照(20 kGy)后的 EPR 谱图

1—“初始”AA′形貌,干扁豆淀粉在氮气中辐照后立即测试;

2—“最终”BB′形貌,干扁豆淀粉在氮气中辐照后 95 天测试

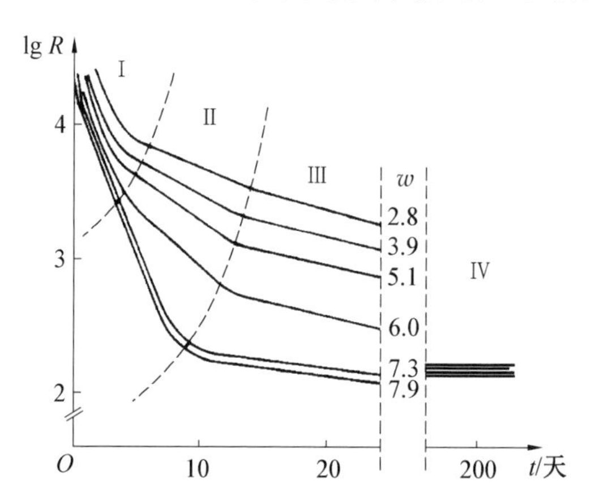

图 8.22　不同水含量的玉米淀粉 BB′线演化的动力学

R— 自由基浓度;w— 水的质量分数

Mukisa 等研究了高粱面粉的 γ 辐射效应,发现 10 kGy 的辐照对未腐熟面粉的微生物载量没有影响,腐熟的面粉降低了 3 个数量级。再次辐照则实现了完全去污。腐熟淀粉的辐照导致 α 和 β 淀粉酶的活性严重下降。辐照未腐熟淀粉使得发酵过程中葡萄糖和麦芽糖的利用率分别提高了 53% 和 100%。然而,微生物生长,乳酸产量增加,最终乳酸浓度及 pH 均未受影响。经过两次辐照后,淀粉颗粒从外观上看依然未见异常。然而,淀粉颗粒脱水及糊化后破坏且易溶于水。γ 辐射对面粉的杀菌非常有效。

Reddy 研究了 γ 辐射对象脚山药淀粉结构和物化性能的影响。在剂量率为 2 kGy/h,高达 25 kGy 的辐照后未发现淀粉颗粒的裂缝或粗糙度有变化。直链

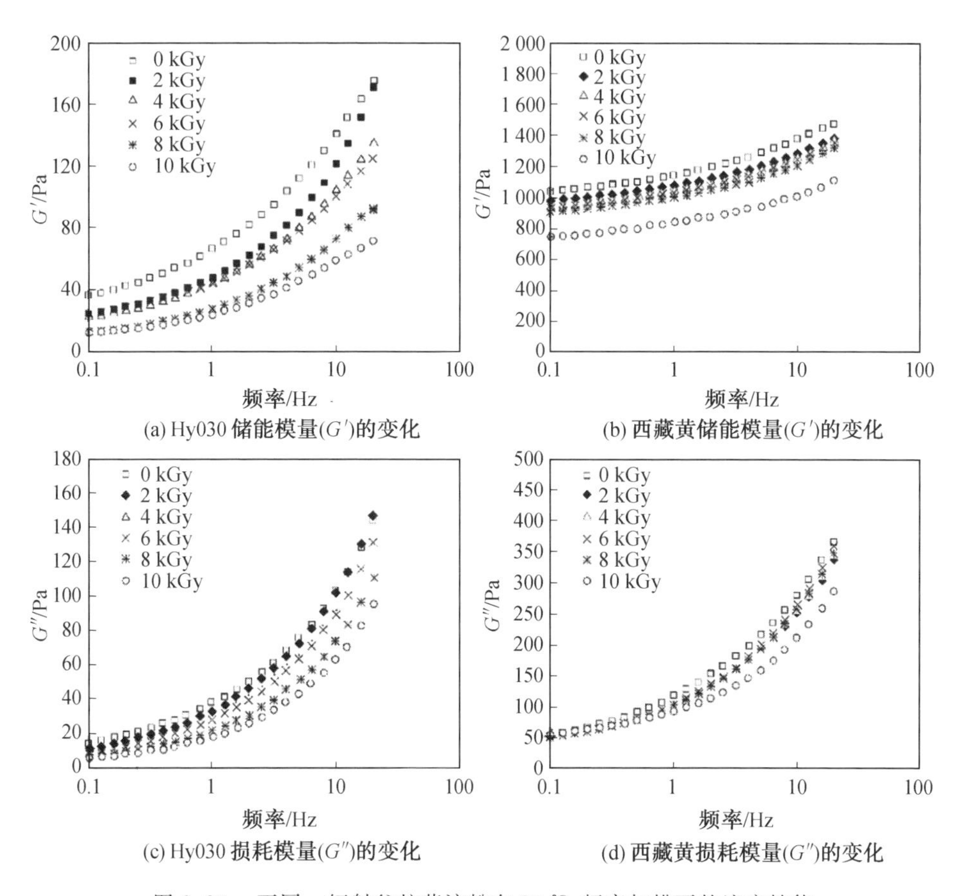

图 8.23　不同 γ 辐射谷粒苋淀粉在 25 ℃ 频率扫描下的流变性能

淀粉含量、pH、溶胀能力以及糊化淀粉的缩合脱水能力随辐照迅速下降。而羧基含量、溶解度、透光及吸水能力随剂量增加而有所上升。糊化参数下降，FTIR 光谱中的变化彼此相差很大。图 8.24 为辐照后淀粉的 XRD 衍射图案，2θ 为16.92°

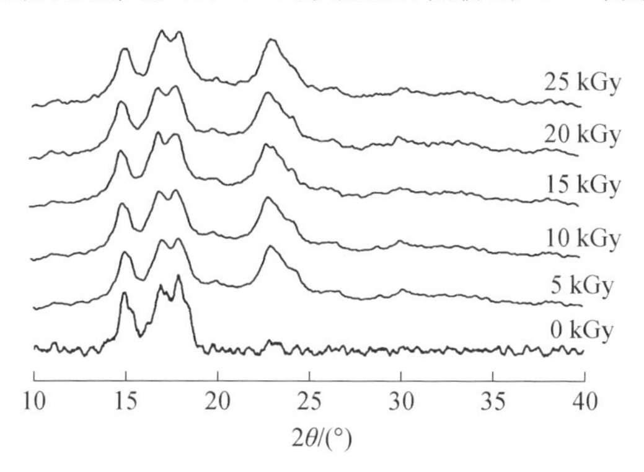

图 8.24　象脚山药淀粉 γ 辐射的 XRD 图

和 18.12°，最强的 2θ 出现在 23.05°，最弱的 2θ 出现在 14.7°，辐照后峰强度略有下降。辐照象脚山药淀粉使糊化温度和焓值有所增加。

在香蕉淀粉的辐射改性研究中，提高剂量将会使直链淀粉含量、pH、淀粉颗粒的溶胀能力以及缩合脱水能力下降，同时导致羧基含量、体外消化性能、溶解性以及吸水能力提高。各种黏度、糊化温度及焓值都有明显下降。X 射线衍射峰随辐射保持不变，但随剂量增加可观察到相对结晶度的下降。

西米淀粉中表观直链淀粉含量和溶胀能力在 γ 辐照后显著下降，而还原糖和淀粉溶解度则由于降解显著提高。X 射线衍射显示辐射不会显著影响晶型，但导致结晶度下降，表明淀粉颗粒附近多糖分子链有序度的破坏，尤其是支链淀粉组分，这是淀粉结晶度变化的原因。辐照后西米淀粉的 DSC 测试表明，10 kGy 及 25 kGy 下出现小但显著的开始及峰值转变温度(图 8.25)。结论温度和糊化焓值未受影响。SEM 及颗粒尺寸分析 25 kGy 的剂量未对西米淀粉产生物理损伤，淀粉颗粒外观和分布未发生变化。

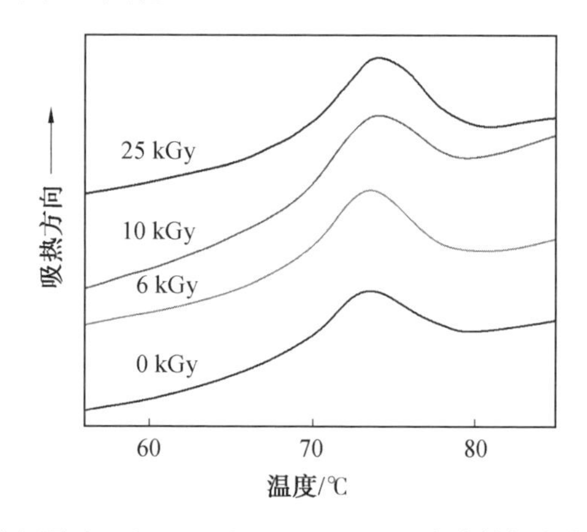

图 8.25 天然及辐照后(6 kGy、10 kGy、25 kGy) 西米淀粉凝胶化过程的 DSC 曲线

Wani 等研究了慈姑块茎淀粉辐照后的性能变化。峰值黏度、低谷黏度、最后黏度以及消减值显著下降($p \leqslant 0.05$)，随剂量增加崩解值增加。物化性能在辐照前后严重不同，显示出强烈的剂量依赖性。溶解度、吸水能力及透光性增加，然而溶胀能力、表观密度以及缩合脱水能力随淀粉增加而下降。辐射剂量与吸水能力、溶解度指数呈正相关，而与糊化性能、溶胀指数、缩合脱水能力以及冻一融稳定性呈负相关。

Gani 等研究了藕粉的辐射效应。在辐照 5 kGy、10 kGy、20 kGy 后，藕粉的羧基、吸水能力、直链淀粉浸出、透光率有增加，而溶胀能力、表观直链淀粉含量、缩合脱水能力以及糊化性能都有所下降。SEM 观察到淀粉颗粒的破坏，在 20 kGy 以上破坏更加严重(图 8.26)。X 射线衍射也发现相对结晶度随辐射下降。

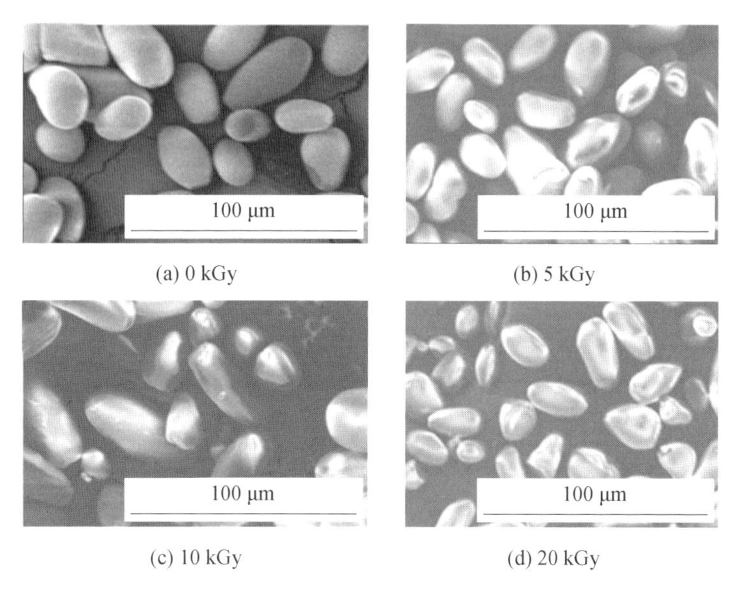

(a) 0 kGy　(b) 5 kGy　(c) 10 kGy　(d) 20 kGy

图 8.26　藕粉的 SEM 图

8.2　纤维素的辐射效应

纤维素是由葡萄糖组成的大分子多糖，不溶于水及一般有机溶剂，是植物细胞壁的主要成分。纤维素是自然界中分布最广、含量最多的一种多糖，占植物界碳含量的 50% 以上。棉花的纤维素含量接近 100%，是天然的最纯纤维素来源。一般木材中，纤维素占 40% ~ 50%，还有 10% ~ 30% 的半纤维素和 20% ~ 30% 的木质素。纤维素是地球上最古老、最丰富的天然高分子，是取之不尽用之不竭的、人类最宝贵的天然可再生资源。因此，对纤维素的改性利用在我们竭力实现"碳达峰""碳中和"的今天具有重要意义。

8.2.1　纤维素及其改性物的辐射效应

在纤维素的改性技术中，采用高能射线进行辐射改性是一种可行的、效率较高的方式。高能射线辐射纤维素可导致纤维素分子主链断裂，分子量降低，当吸收剂量高于 5×10^5 Gy 时，结晶度降低（表 8.3），但 X 射线衍射表明辐射并不会改变晶体结构，Morin 的研究则认为电子束辐照后 I_α 的占比随剂量增加明显下降（图 8.27）；辐射可产生 H_2、CO_2 和 CH_4 等气体，同时官能团浓度发生变化（图 8.28）；辐射可使纤维素在热水或乙二胺铜中的可溶成分增加。纤维素辐射分解的 G 值大约是 10 分子 /100 eV。Seaman、Millett、Lawton 等研究发现纤维素的分子量下降导致特性黏数降低，并与吸收剂量密切相关。剂量与效应之间没有简单的关系，其原因是特性黏数与分子量间难以关联，高能辐射对于纤维素的降解没有选择性，在分子链上晶区和非晶区的降解是均匀的。辐射除了直接解聚分子链外，会让纸变暗，纸浆纤维溶胀，亲水性增加，使纤维素在碱溶液中更容易溶解，对酸更敏感。电子束辐射可以降解和氧化纤维素，断链数目和辐射剂量之间存在线性关系(图 8.29)，这种关系使得强度的下降可以预测。

表 8.3　采用 X 射线衍射法测得的纤维素结晶度

辐射剂量 /Gy	X 射线衍射法测得的纤维素结晶度 /%		
	纤维素 Ⅱ	纤维素 Ⅲ	纤维素 Ⅳ
未辐照	62.9	73.5	62.7
10^5	62.0	78.1	63.2
5×10^5	62.2	65.0	64.2
10^6	61.7	65.8	59.9
3×10^6	61.7	62.5	59.0

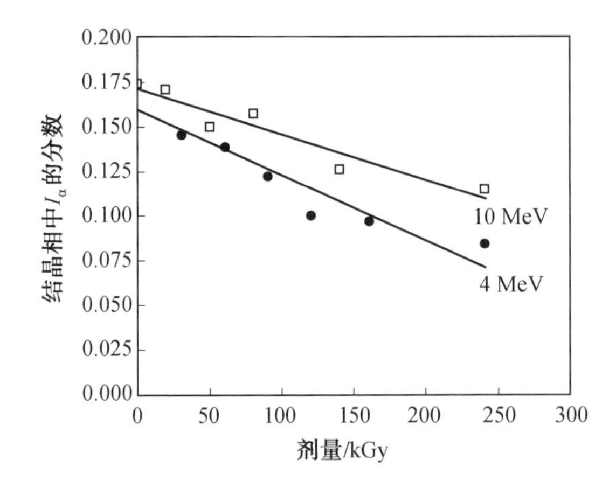

图 8.27　纤维素电子束辐照后 I_α 在晶相中的占比

Saafan 等对棉纤维辐射效应展开了研究，认为棉纤维受到 5.0×10^5 Gy 的 γ 辐照后分子链将被破坏，其机理主要是多糖分子的脱氢及糖环的断裂(图 8.30)。Polvi 等采用分子动力学研究了纤维素的辐射效应，认为材料中发生的主宰反应是断链及生成小分子的碳氢及过氧自由基(图8.31)。分子链自由基的结合与交联反应的发生概率较低。结晶纤维素的耐辐射能力比聚乙烯更强。纤维素辐射降解有明显的后效应，即辐照停止后，辐照引起的变化还能在一定时间内继续进行。EPR 谱研究表明纤维素的谱图包括一个单线谱和一个三线谱的重合，所有谱图均有非对称的形状(图 8.32)。研究演化动力学时发现，辐照后室温放置四年后纤维素中依然有明显的自由基残留，这些自由基受热后其浓度将有所

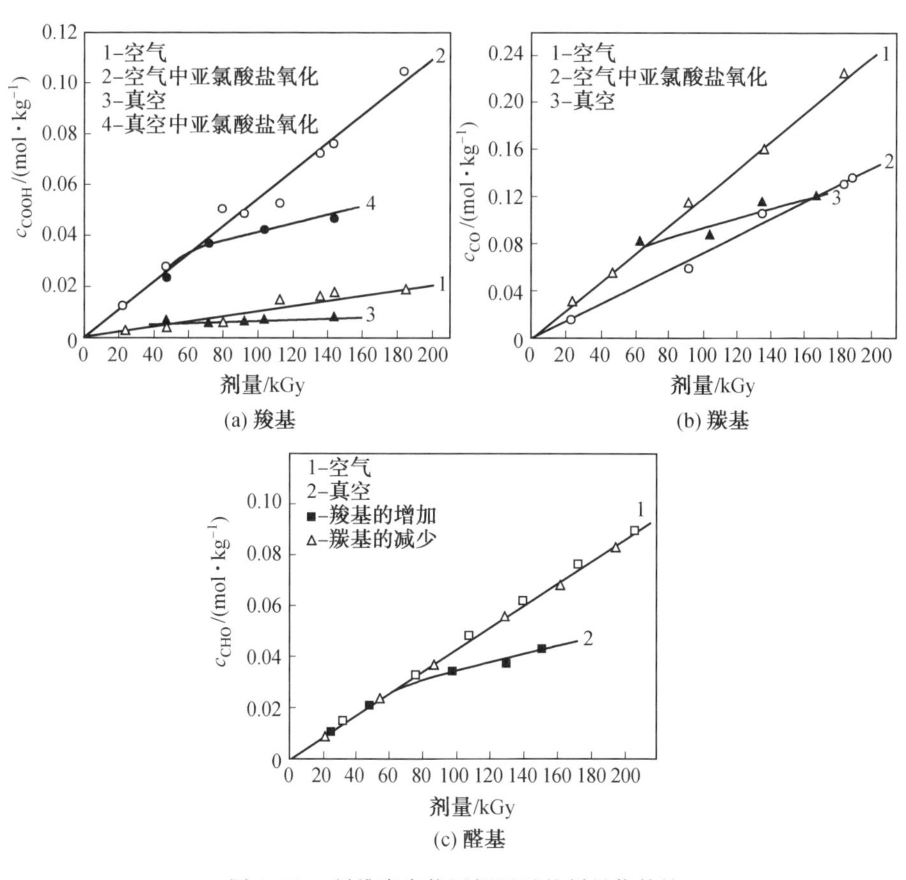

图 8.28　纤维素官能团辐照后的剂量依赖性

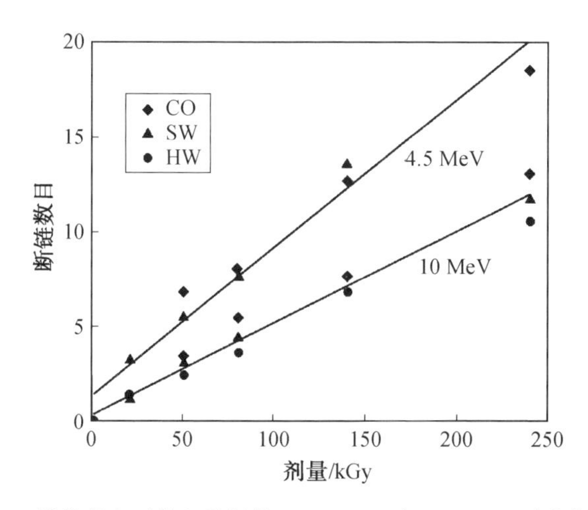

图 8.29　纤维素在两种电子辐射(4.5 MeV 及 10 MeV) 后的断链数目

下降(图 8.33),可以进一步发生反应,延续一段时间的化学变化(图 8.34)。Chipara 研究了电子束辐射硝酸纤维素后的 EPR,发现自由基在受热淬灭时的动力学符合阿伦尼乌斯(Arrhenius)定律。

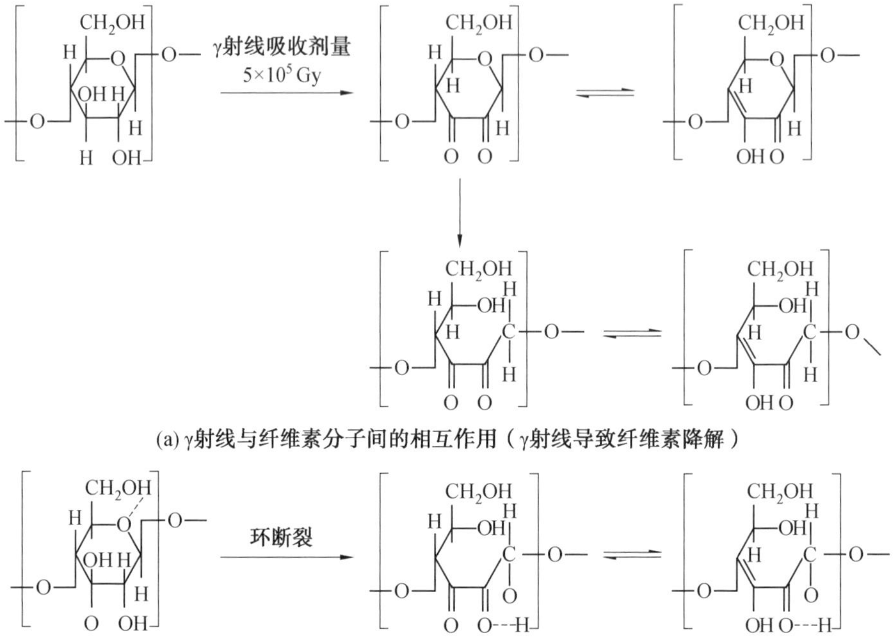

(a) γ射线与纤维素分子间的相互作用(γ射线导致纤维素降解)

(b) 纤维素分子在受到γ辐照后开环

图 8.30　棉纤维受 γ 辐照后分子链破坏机理

一般而言,纤维素是辐射降解型聚合物。Fadel 等研究 Cf 发出的快中子、慢中子及 ^{60}Co 发出的 γ 射线对硝酸纤维素产生的损伤,在不同剂量($1 \times 10^{-4} \sim 1$ Gy)和注量($10^5 \sim 10^{11}$ n/cm^2)下,发现最主要的效应是分子链的随机断链。结果表明醋酸纤维素对剂量是非常敏感的(图 8.35、图 8.36)。然而其辐射交联和降解也并非绝对的,其特性可以通过添加不同的添加剂来改变。Pinner 通过添加柠檬酸三烯丙酯实现了醋酸纤维素的电离辐射交联。

纤维素经改性后其辐射效应可能呈现不同。Blouin 等研究了 γ 辐射对甲基纤维素化学性能的影响。在空气中辐照 1×10^6 R(1 R$=2.58 \times 10^{-4}$ C/kg)、10×10^6 R、15×10^6 R、25×10^6 R 以及 50×10^6 R 后,固体甲基纤维素发生分子链断裂,脱甲基,形成羰基及酸。在辐照后的材料中测到了过氧化物和甲醛。辐照后可观察到酸基团的丢失。链的长度或羰基含量在辐照后贮存中未见明显变化。对辐照后的甲基纤维素进行分析,未发现明显的辐照后脱甲基或者失去甲基氧化后的基团。纤维素及甲基纤维素辐照后的辐射化学产物分析表明,甲基纤维素有更高的断链及生成酸的产额、更低的羰基产额(图 8.37)。

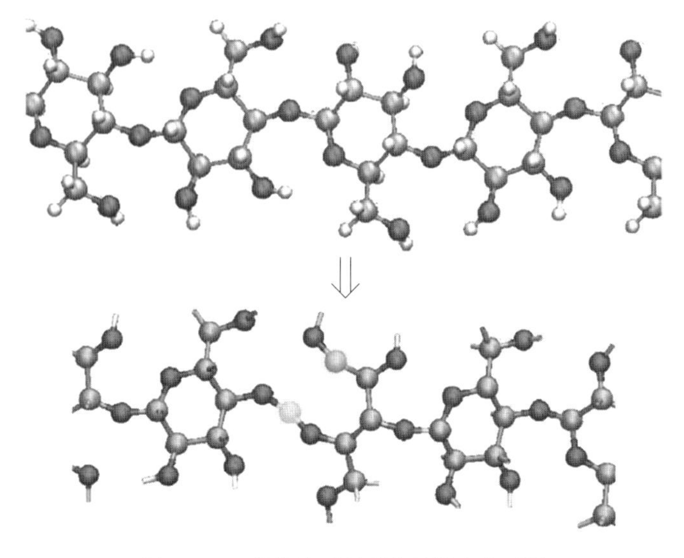

图 8.31　葡萄糖环断裂的纤维素分子链

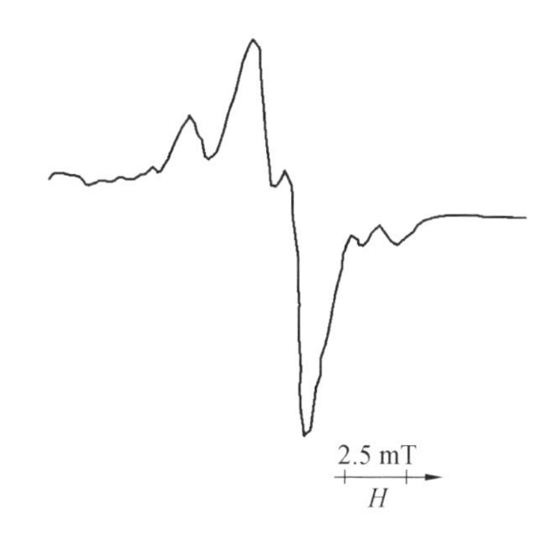

图 8.32　真空辐照纤维素的典型 EPR 谱图

羟甲基纤维素在辐照后则可能形成交联结构。当溶液浓度较高时，高浓度的羧甲基纤维素经电离辐射可形成凝胶，凝胶在水溶液或干凝胶状态下均具有很好的力学性能。而在溶液浓度较低时，水溶液黏度随剂量增加而降低，辐射降解的程度则随羧甲基纤维素(CMC)溶液浓度增加而下降，高浓度时以辐射交联为主。添加维生素 C 作为自由基捕捉剂可有效防止溶液黏度的下降。此外，在 −70 ℃ 辐照，其黏度下降被有效抑制。Choi 等认为电子束辐射貌似比 γ 辐射带来的降解更严重；但 Lee 等却认为 γ 射线带来的黏度下降更加明显，γ 辐射比电子束辐射产生更多的自由基(图 8.38)。作者认为，两种辐射的区别应该在于真实吸收剂量不同，而并不会导致材料的结构发生不同的变化。Mohamed 则先制备了羟甲基纤维素 60% ～ 100%(质量分数)的丁苯橡胶，采用 50 ～ 250 kGy 的 γ

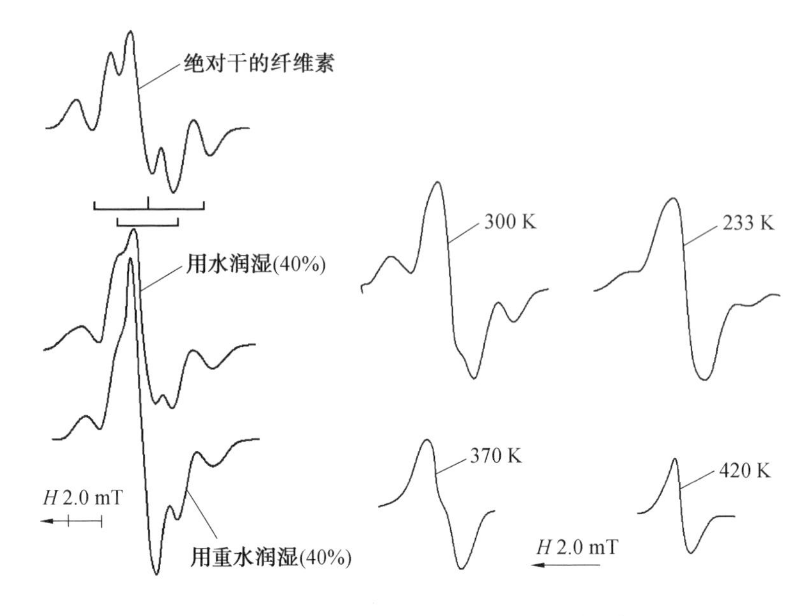

图 8.33　纤维素在 77 K 及 300 K γ 辐照后的 EPR 谱图

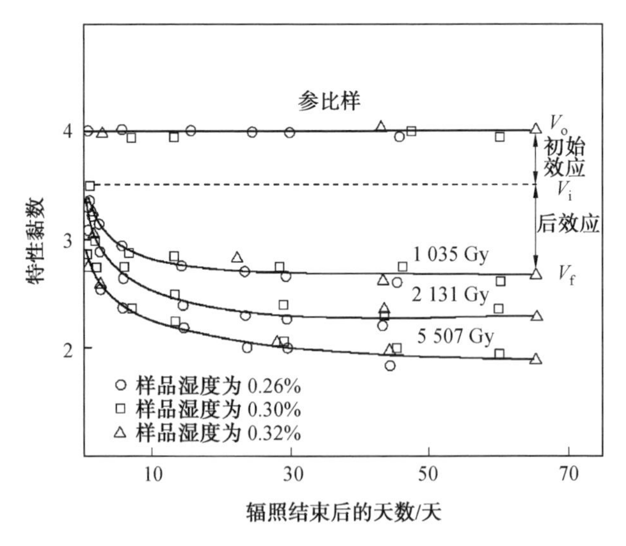

图 8.34　低湿度木头纤维素辐照后不同时间的特性黏数

V_o— 样品初始状态的特性黏数；

V_i— 样品辐照后立即测试的特性黏数；

V_f— 样品辐照后不再下降的最终特性黏数

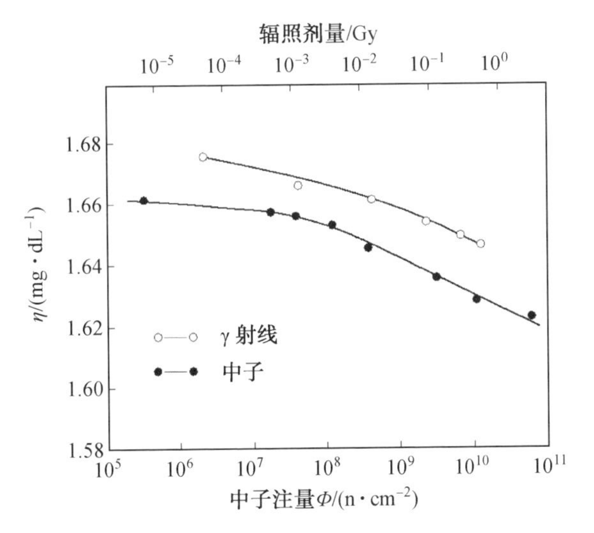

图 8.35　γ射线或中子在不同剂量或注量辐照后纤维素特性黏数[η]的变化

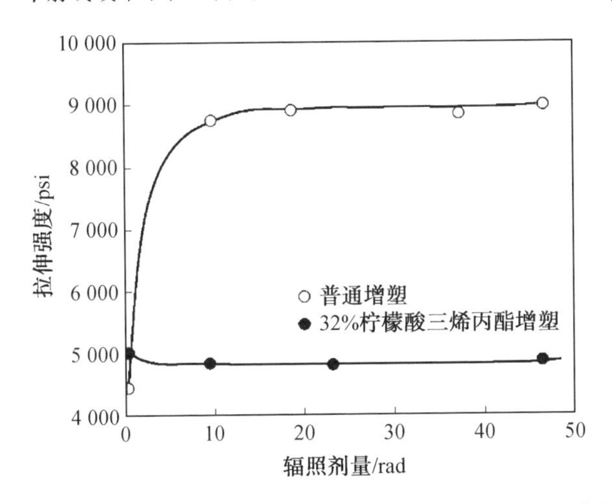

图 8.36　醋酸纤维素辐照后的拉伸强度(1 psi = 6.89 kPa)

辐射进行硫化。通过对力学性能和物理性能的表征，发现无论是增加羟甲基纤维素含量还是增加辐射剂量，均能有效提高上述性能。

Saiki 等研究了羧甲基纤维素水溶液辐照后形成的自由基。虽假定辐射导致的反应是水辐射分解的非直接效应引发的，尤其是其中的氢氧自由基，但反应机理是不完全清楚的。通过 EPR 谱图，可分辨出归结于 C6 和 C2/C3 相连的羧甲基官能团上的自由基(图 8.39)。

纤维素及其衍生物在固体或稀溶液中辐照时主要发生降解，其主要原因是主链中的糖苷键断裂。羟丙甲纤维素在适当浓度的溶液(糨糊状)中辐照羟丙甲纤维素可形成凝胶。凝胶的含量随剂量增加和研究范围内的纤维素浓度减少而

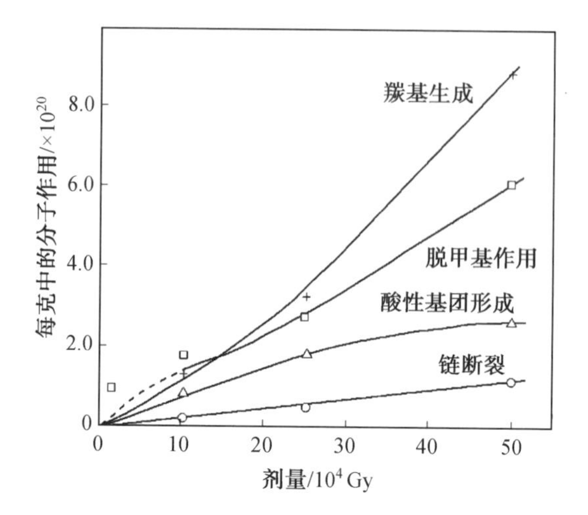

图 8.37　γ射线辐照甲基纤维素后化学结构的变化(取代度 DS = 1.8)

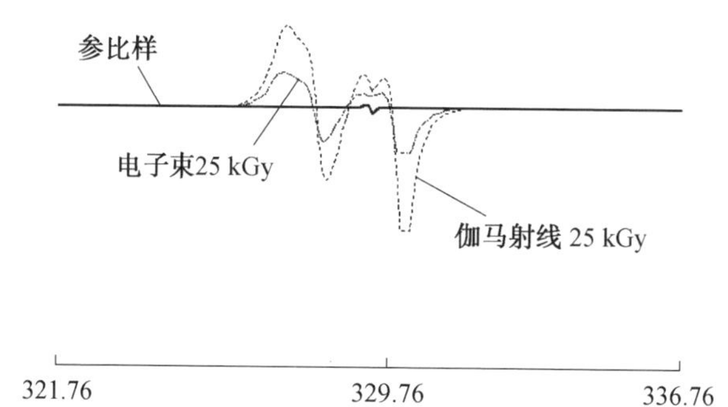

图 8.38　γ射线及电子束辐照 CMC 后的 EPR 谱图

增加。羟丙甲纤维素的取代度越高,凝胶含量越高。取代度为 1.9 时,每克干凝胶可吸 2 500 g 水。羟丙甲纤维素无论是水凝胶还是有机凝胶均在pH > 8.0 时呈现出 pH 依赖性。凝胶在低温时吸水多,随着温度增加逐渐失水,在某个温度值时会发生突变,与温度敏感性水凝胶类似。羟丙甲纤维素在稀溶液中会发生降解,表现为黏度下降。

上述研究的对象均是提纯后的纤维素,Mclaren 等则研究了木头中的纤维素及纯化后纤维素的辐射效应。松木和桉树中的纤维素在受到小剂量后均发生降解,断链呈现出明显的剂量依赖效应(表 8.4)。其中有一些归因于纤维素本身的性能,而另一些则是由于木头的某些天然组分的保护作用。从一些实验结果可以看出,木头中的纤维素比纯纤维素的降解要少。但是,经过 0.5×10^4 ~ 1.0×10^4 Gy 的辐照后,桉树中纤维素的断链要远高于纯化后的纤维素。

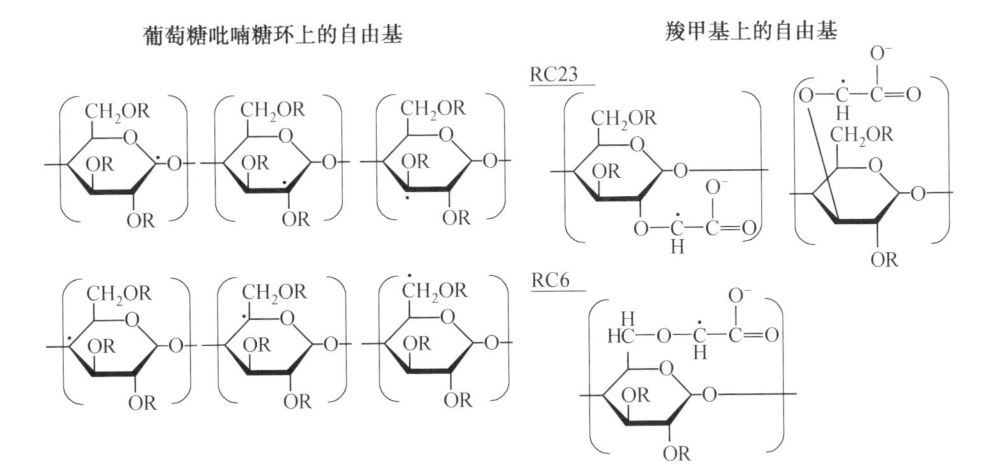

图 8.39　CMC 辐照后可能出现的自由基位置

表 8.4　与纯纤维素相比，辐照木头纤维素导致的降解

剂量/(×10⁴ Gy)	Mclaren				Smith 与 Mixer		$G_{断链}$
	辐射松		王桉		红木		纯纤维素的计算值
	DP_n（木头）	$G_{断链}$	DP_n（木头）	$G_{断链}$	DP_n（全纤维素）	$G_{断链}$	
0	960	—	967	—	902	—	—
0.10	974	0	934	2.2±0.1	—	—	9.0±2.0
0.15	1 001	0	785	9.5±0.2	—	—	8.9±2.0
0.20	852	3.9±0.1	771	7.8±0.2	—	—	8.7±1.9
0.50	832	1.9±0.1	502	11.4±0.2	—	—	8.3±1.8
1.0	547	4.7±0.1	285	14.8±0.3	—	—	8.1±1.8
10	182	2.7±0.1	208	2.3±0.1	—	—	7.2±1.6
6.5	—	—	—	—	224	3.0	7.3±1.6
18.6	—	—	—	—	114	2.5	7.0±1.6

如同其他有机高分子材料一样，纤维素的辐射效应同样受到环境因素的影响。热和辐射协同辐照比单一的电子辐照要更有效，协同模式要求低一个数量级的剂量率，从而需要更低的电子辐射吸收剂量。另外，湿气也会影响纤维素的辐射效应，其作为增塑剂将导致纤维素辐照后结晶度下降加剧(图8.40)。Glegg 在研究水果和蔬菜中的纤维素的电离辐射效应时也发现，其中在相对低剂量下即可见明显的组织软化。这种现象至少可以部分归结于细胞纤维素的降解。纤维素中湿气的含量对降解的影响受到特别的关注。Foldvary 等则研究了高能辐射及碱处理对纤维素性能的影响。发现无论是用高能射线还是碱处理，均会造

成纤维素质量的下降；而高能辐射与碱处理之间存在协同效应，两者同时作用时失重最大(图 8.41)。经辐射或碱处理后会生成一些可溶性物质，其溶液的最强吸收峰出现在 268 nm，主要来源于醛 / 酮基团。

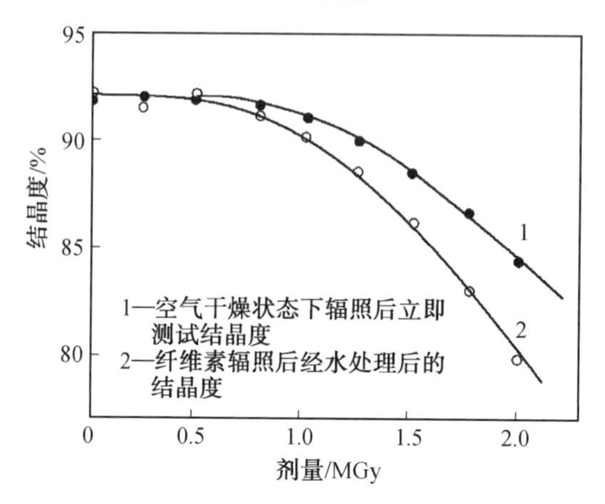

图 8.40　γ 辐射对纤维素结晶度的影响

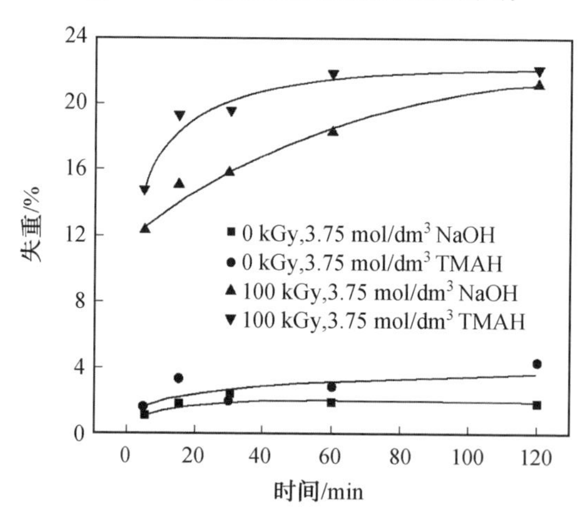

图 8.41　碱处理对未辐照及辐照棉纤维失重的影响

TMAH— 四甲基氢氧化铵

8.2.2　纤维素辐射效应的应用

正因为纤维素的辐射降解效应，高能辐射被广泛用于分解化学方法难以分解的纤维素。哈益明等发现吸收剂量在 10 kGy 以内纤维素黏度表现为急剧下降，因此利用辐射技术开发低黏度纤维素产品的方法是可行的；在一定的辐射降解剂量下，低剂量率对纤维素表现出较好的降解效果。孙坚在研究 γ 射线对微晶纤维素进行辐射降解，并用气流粉碎法对其进行超细处理后发现，辐射有效降低

了纤维素聚合度以及粒径,而对其结构没有产生明显影响(图 8.42)。

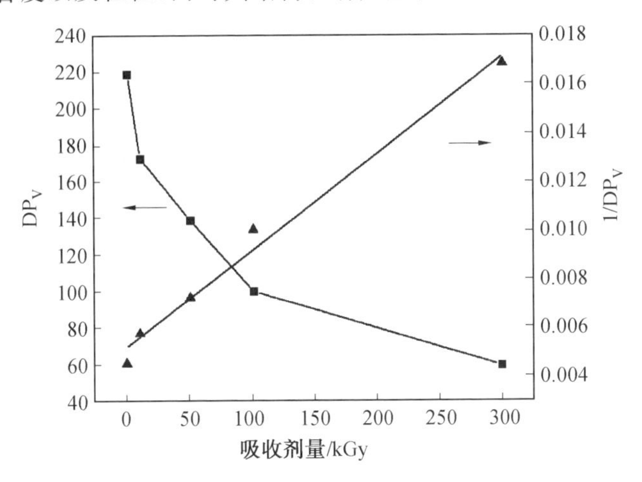

图 8.42　聚合度(DP_V)及 1/ DP_V 与吸收剂量的依赖关系

为了提高纤维素到葡萄糖的水解转化率,Kunz 等研究了水解前进行预辐射的影响。过滤纸形态的纤维素在采用 γ 射线辐照后,于稀盐酸中进行水解(< 10% HCl,较短的水解时间(≤20 h),较低的水解温度(15 ~ 90 ℃)),辐射剂量20 ~ 100 kGy时,纤维素—葡萄糖的产率高达27%。上述条件下,辐射50 kGy葡萄糖产率最高即可达 24.44%(图 8.43)。虽然这些产率对于工业化生产而言还是太低,但是本研究表明辐射与水解相结合可能可以带来纤维素转化率上的经济性。

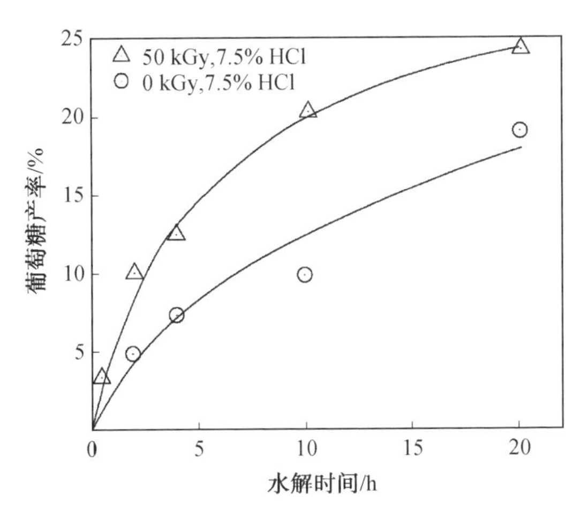

图 8.43　纤维素在 7.5% HCl 下水解(90 ℃)的葡萄糖产率

秸秆及其他纤维素聚合物作为反刍动物饲料因可消化性低而受到限制。近几十年,科学家一直在尝试通过化学和物理方法来增加其可消化性。Leonhardt

等报道了用 γ 及电子辐射来降解麦秸。在复合处理下(辐射及碱)下,其可消化性可从 20% 提高至 80%(表 8.5)。通过液相色谱来分析水解产物,某些水解产物的含量与剂量呈正相关。浙江省农业科学院作物与核技术利用研究所的寿红霞在研究纤维素的辐射裂解时,同样发现辐照后再用纤维素酶进行水解,可以缩短水解时间,提高糖原含量;蛋氨酸、苯丙氨酸、亮氨酸等几种主要的氨基酸含量有上升趋势,赖氨酸含量却下降,其他如苏氨酸、组氨酸、异亮氨酸、精氨酸等基本没有变化。Rosa 等也研究了辐射预处理对酸及酶糖化纤维素的影响。随剂量增加,糖化增加了,其效果与不同的纤维素有关,稻草的敏感性最强,而锯末对辐射的抗性最强。预辐射处理过的稻草是纤维溶解微生物的更好的基质。数据显示,γ 辐射导致了纤维素分子及超分子结构层面的变化,因此使得其对酸或酶水解敏感性更强。可见,辐射处理是实现纤维素降解成糖的有效手段。通过电子束辐射可让纤维素的热分解升级,生成有价值的有机产物。经过辐照的样品可以在热分解下协同分解。

表 8.5　普通麦秸与 NaOH 处理过的麦秸在 ^{60}Co 及 1 MeV 电子束 0.5 MGy、1 MGy、2 MGy 辐照后的粗纤维含量(质量分数)、溶解度和可消化性

材料	剂量/MGy	粗纤维含量/%		溶解度		可消化性	
		e^-	γ	e^-	γ	e^-	γ
麦秸	0	47.1	47.1	9.9	9.9	16.0	16.0
	0.5	15.5	19.6	24.6	19.3	41.5	31.2
	1	3.0	6.5	43.6	31.8	71.7	61.7
	2	0.3	0.6	63.2	50.1	83.0	86.0
麦秸+5% NaOH	0	15.5	45.5	14.7	14.7	46.8	46.8
	0.5	20.5	22.6	38.8	34.0	68.8	63.3
	1	3.9	12.6	49.5	47.0	86.9	77.5
	2	0.3	3.2	74.2	73.8	87.8	92.1

辐射技术还被用于处理以浆粕,在较低的吸收剂量时(< 10 kGy)就可使浆粕在碱液中的吸碱度和膨胀度增大;浆粕经过辐射处理后,在黏胶纤维的磺化过程中,CS_2 的用量减少约 30%,从而减少了 CS_2 的排放量,碱用量也相应减少 16.7%。有学者研究了辐射吸收剂量与浆粕聚合度之间的关系(图 8.44),浆粕的膨胀度与碱液质量分数之间的关系(图 8.45);用红外光谱技术证明辐射使得纤维素的结晶受到破坏,从结构上说明辐射纤维素在化学试剂用量大幅减少的情况下,能用于生产合格的黏胶。

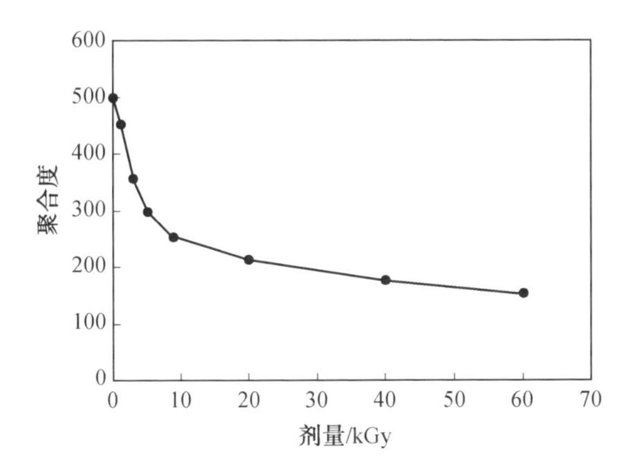

图 8.44　纤维素的聚合度与辐射剂量的关系

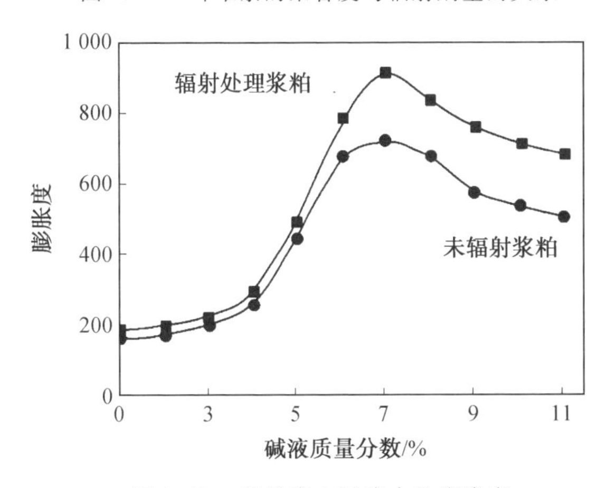

图 8.45　纤维素在碱液中的膨胀度

8.3　木质素的辐射效应

木质素是由三种醇单体(对香豆醇、松柏醇、芥子醇)形成的一种复杂酚类聚合物(图 8.46)。木质素是构成植物细胞壁的成分之一,具有使细胞相连的作用。它与纤维素、半纤维素一起,形成植物骨架的主要成分,在数量上仅次于纤维素。木质素填充于纤维素构架中能够增强植物体的机械强度,利于输导组织的水分运输和抵抗不良外界环境的侵袭。

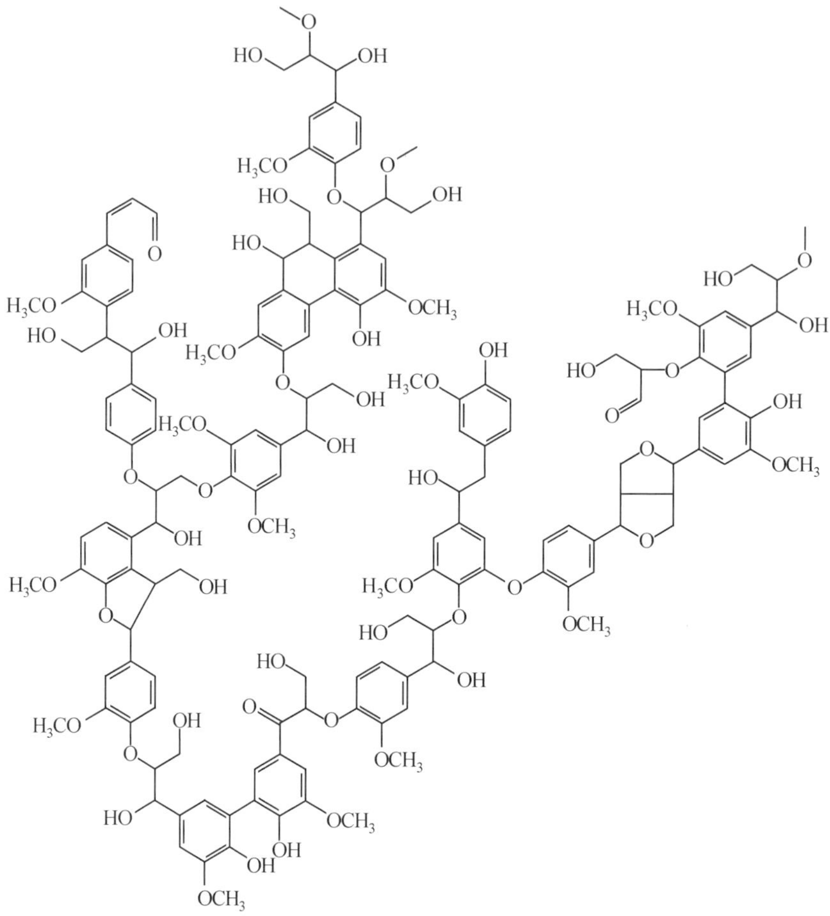

图 8.46　软木木质素的代表性结构

8.3.1　木质素的辐射效应

由于核科学技术的发展,科学家们对植物多糖的辐射处理产生了兴趣,希望其可以转化为酶或微生物处理的原料。Lanzalunga 等讨论了木质素模板化合物与降解相关的辐射化学,发现木质素直接辐照后发生了一些反应,如酚类物质的抽氢反应,取代 α－芳氧基苯乙酮的 β 断裂以及羰游基自由基的分裂。也讨论了通过辐射化学方式生成的木质素自由基阳离子侧链相对于木质素的酶降解的反应活性。Chuaqui 也发现木质素模型化合物在 ^{60}Co γ 射线或脉冲辐射降解下,与羟基自由基反应生成芳基羟基化、碎片化和裂解。在所有 pH 中均发现羟基化断裂。在碱性 pH 中,同样观察到碎片化反应。

由于木质素本身结构复杂,溶解度差,因此容易判断其在受到高能辐照后发

生的降解反应,但难以表征其分子量的变化,从而确定是否发生了更多的交联反应。蔡玉婷等在研究高沸醇(HBS)核桃壳木质素的伽马射线辐射效应时,用GPC检测发现木质素经过γ射线照射后数均分子量及分子量分布增大(图8.47、图8.48),辐射效应主要以辐射交联为主。辐照前后木质素的红外光谱相似,表明辐射并未改变木质素的主要结构基团,并且木质素中的羟基不仅数量增多而且能更稳定存在。解析^{13}C NMR谱图可知,碱木质素经过γ射线照射30 kGy时,射线打断了非环状α-醚键,150 kGy时交联又产生新的非环状α-醚键。在剂量小于50 kGy时,木质素三维结构增强,其主要的反应为辐射交联反应。当剂量增大到150 kGy时,高沸醇核桃壳木质素的数均分子量和分子量多分散性系数减小,可见在此剂量下木质素主要发生辐射降解反应。

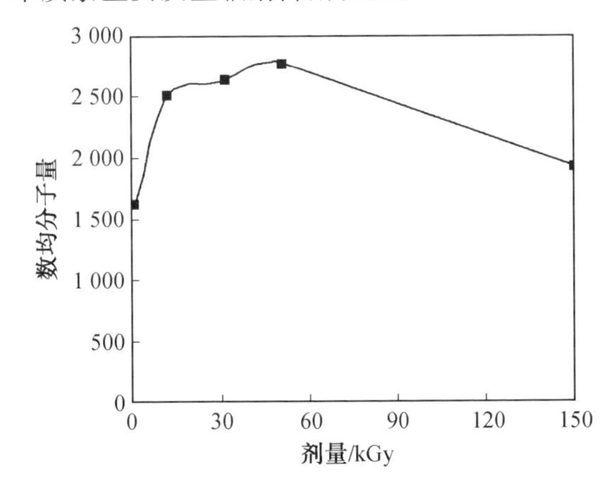

图 8.47　吸收剂量与 HBS 木质素数均分子量的关系

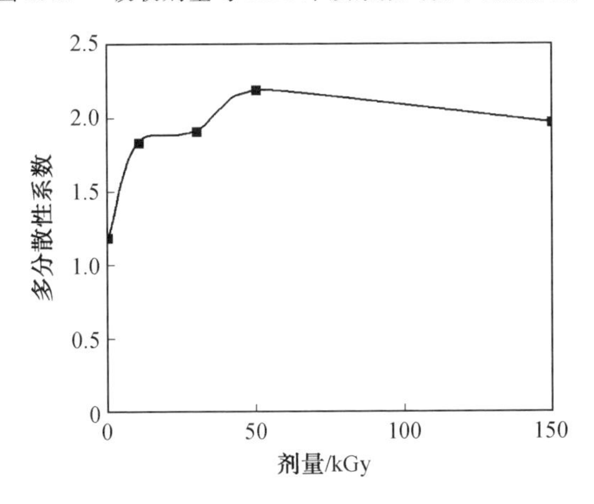

图 8.48　吸收剂量对 HBS 木质素多分散性的影响

木质素在高温下的辐射降解同样受到关注。研究发现木质素在不大于295 ℃的高温下辐射降解生成小分子芳香族产物甲氧基苯酚和吡啶衍生物,其中可蒸馏芳香族产物的产率比传统干法蒸馏的高得多。值得注意的是，木质素高温辐射降解机理与热降解的机理不同，这归因于热导致的辐致自由基的降解。高温辐射降解开启了与传统辐射分解和裂解相比更低剂量率和温度下生成芳香族碳氢化合物的可能性。类似的热－辐射共同作用在多种高分子材料的辐射效应研究中受到重视，人们逐渐意识到，这种协同作用不同于简单的叠加，而可能完全改变反应机理。

除与高温结合外，电离辐射还可与生物处理结合。Estrella 的研究则发现两者的结合可有效提高 BOD_5/COD。

木质素辐射中的辐射化学机理受到科学家关注。研究发现，辐照后的木质素中检测到共轭碳碳键的自由基、甲酰自由基及过氧自由基。在木头中 77 K 条件下测定了自由基的辐射化学产额和量子产额，分别为 $G_R \approx 3.2$ 分子 / 100 eV，$\psi_R \approx 2 \times 10^{-3}$。牛皮纸木质素在未辐照时即可检测到多聚共轭自由基，而在经 30 kGy、60 kGy、90 kGy 的γ辐照后可再检测到过氧自由基(图 8.49)。过氧自由基在玻璃化转变温度附近衰变，而多聚共轭自由基则在 450 K 的高温下依然保持稳定。1 615 cm^{-1} 的红外吸收峰揭示了共轭结构的存在，其随剂量的增加而增加。在辐照时观察到玻璃化转变温度的增加以及木质素无定形态。加入防老剂后辐照的木质素拥有较小的颗粒尺寸及高的共轭结构，因此与未辐照样品相比抗老化能力更强。由此可见，木质素自身的结构特点决定了自由基可在其中稳定存在，从作者的研究经验来看，其中的亚稳态自由基可带来材料的辐照后交联效应，在辐照后需长期服役的材料中值得关注。

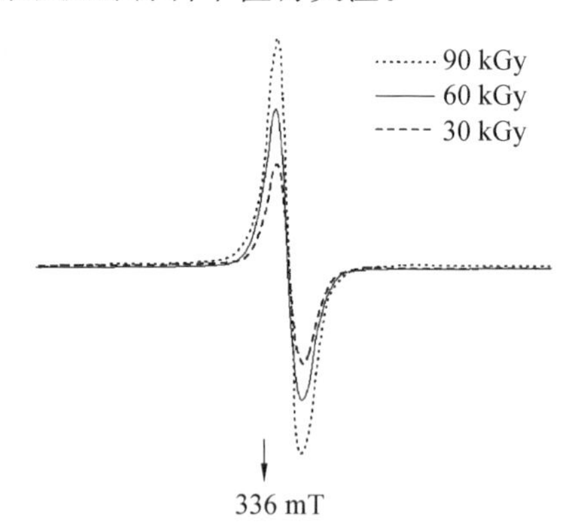

图 8.49　木质素辐照 30 kGy、60 kGy、90 kGy 后 EPR 谱图的剂量依赖性

8.3.2　木质素溶液的辐射效应

为了处理纸浆废物中的木质素，电离辐射有望成为一种有效的方法。Nagai 等的研究表明在氧气的参与下，木质素磺酸钠很容易被 γ 辐射降解，特征是

202.5 nm 和280 nm 的吸收峰消失(图 8.50)。添加 N_2O 后,峰消失的速率加剧。总有机碳含量(TOC) 的减少在氧饱和溶液中比在氮气饱和溶液中要严重得多。在 $3\times10^3\sim1.1\times10^4$ Gy/h 的所有剂量率范围,TOC 减排量随剂量在辐照初期线性增加。氧饱和溶液的 pH 在辐照初期急剧下降,在剂量高于 2×10^4 Gy 后逐渐放缓。在有足够氧参与下,木质素磺酸钠分子降解为小分子化合物,如有机酸,并最终降解为二氧化碳。

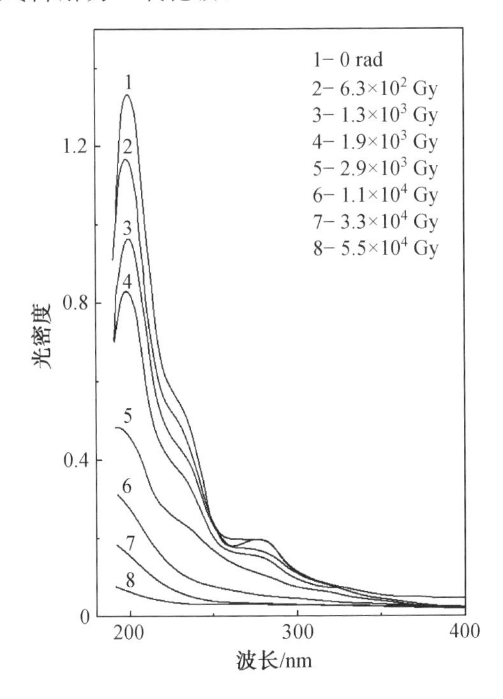

图 8.50　氧饱和木质素磺酸钠的吸收谱($\delta=100$)

Metreveli 等研究了腐殖酸和木质素水溶液的辐射效应。当溶液厚度低于电子束射程时,观察到多酚杂质扩大和沉淀,在 5 ~ 15 kGy 时现象最明显。但当溶液厚度高于电子束射程时,辐射导致的杂质凝聚减少。出现这个现象的原因是热电子影响带负电的多酚杂质胶团的聚集。

8.3.3　木质素复合材料的辐射效应

由于木质素是植物细胞壁的增强材料,是模量较高的刚性材料,并且绿色可再生,因此可以用于聚合物增强。Sugano-Segura 等用牛皮纸木质素增强 PP(木质素质量分数为 0、2.5%、5.0% 和 10.0%),并采用电子束进行辐照,剂量为 0 kGy、50 kGy、100 kGy、250 kGy。引入牛皮纸木质素即使在 100 kGy 下依然保持了弹性模量值。屈服应力损失随加入木质素而下降。FTIR 结果显示,存在木质素时羧基和羟基的生成量较少。动态热机械分析(DMA)曲线显示牛皮纸木质素和电子束辐射在储能模量上存在协同效应。这种协同效应对于PP在力学性能和热性能的应用上有贡献,即使在高剂量电子束辐照后仍能保持性能(图8.51)。但研究未涉及辐射对复合材料中木质素的影响。

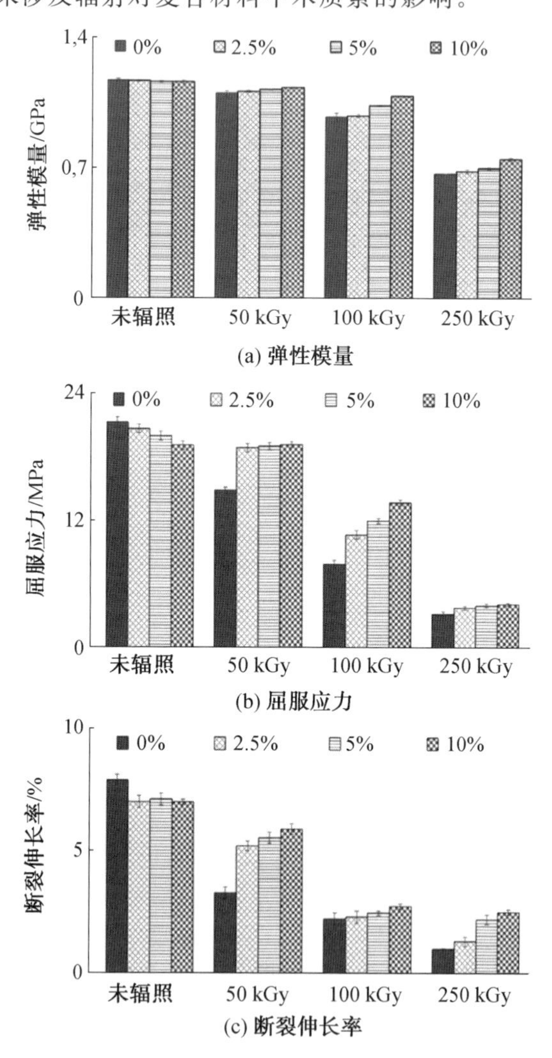

图8.51　不同木质素质量分数(0、2.5%、5%、10%)及电子束剂量辐照后的力学性能

Sen等研究了电离辐射对木质素增强NBR弹性体的力学性能的影响,发现γ辐照80 kGy对木质素超过1份的弹性体的力学性能影响不大,而0.5份木质素的拉伸性能则下降17%。所有样品的断裂伸长率均随剂量增加而下降。当吸收剂量达到80 kGy时,0.5份木质素的断裂伸长率下降11%,而1份木质素则下降19%。这种下降归因于由于辐射导致的额外的交联反应,虽然有一些交联在硫

化过程中受到木质素的阻碍。根据交联度及力学性能的结果，可推断辐射对NBR弹性体的作用主要是进一步的交联反应。然而这种效应可被化合物中少量的木质素阻碍。木质素的显著机理最有可能是自由基捕捉剂以及消除NBR分子链自由基一自由基的复合。最终，木质素具有保护NBR弹性体力学性能受辐射影响的作用。添加1份木质素即可用作抗辐射剂，使得NBR弹性体几乎保持初始的力学性能。这一研究实际上提供了一种绿色可再生的抗辐射剂及抗辐射改性思路，对于当今提倡绿色环保理念及实现“双碳”目标有重要意义。

苏联科学家S. V. Skvortsov在1990年对木质素的辐射效应进行了很深入的总结，主要讨论了如下问题：① 木质素辐射分解中自由基的形成及模拟这些自由基的化合物；② 辐照后木质素的化学性能；③ 木质素辐射分解的低分子量产物；④ 木质素的辐射防护性能。

8.4　壳聚糖的辐射效应

在虾蟹等海洋节肢动物的甲壳、昆虫的甲壳、菌类和藻类细胞膜、软体动物的壳和骨骼及高等植物的细胞壁中存在大量的甲壳素。甲壳素在自然界分布广泛，储量是仅次于纤维素的第二大天然高分子。壳聚糖是甲壳素脱除部分乙酰基的产物，化学结构如图8.52所示。其具有生物降解性、生物相容性、无毒性、抑菌、抗癌、降脂、增强免疫等多种生理功能，广泛应用于食品添加剂、纺织、农业、环保、美容、化妆品、抗菌剂、医用纤维、医用敷料、人造组织材料、药物缓释材料、基因转导载体、生物医用领域、医用可吸收材料、组织工程载体材料、医疗以及药物开发等众多领域和其他日用化学工业。

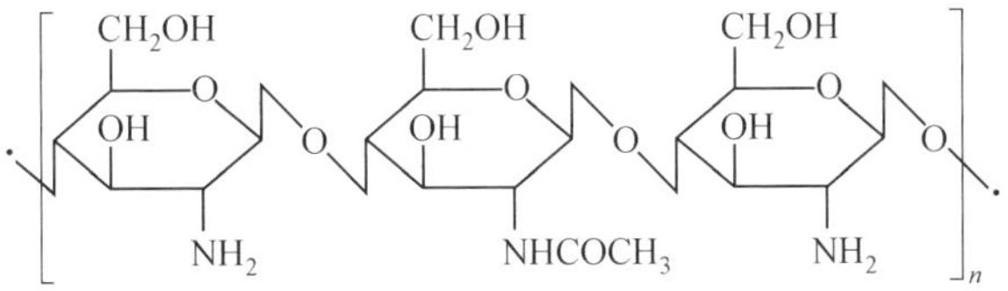

图8.52　壳聚糖的化学结构

壳聚糖的独特物化性质在于其分子链上的活性氨基。氨基离子化的碱性和带正电性，使得壳聚糖是至今发现唯一带正电的碱性天然多糖。壳聚糖是一种半结晶形聚合物，结晶度与脱乙酰度密切相关。对于高脱乙酰度壳聚糖，稳定的结晶结构使得壳聚糖不能溶于中性水溶液，这就大大制约了壳聚糖的应用。因此，对壳聚糖进行改性以增加其溶解度是壳聚糖应用的重要措施，其中最常用的方法是通过辐射降低其分子量。本节将做详细介绍。

8.4.1 壳聚糖固体的辐射降解

Zelinska 等研究了壳聚糖固体的 γ 辐射降解。通过色谱和分光光度法分别测定了辐射分解产生的氢气和氨，用电位滴定法测定了氨基。辐射化学产额 $G_{H_2}=(2.0\pm0.3)$ 分子 /100 eV、$G_{NH_3}=(5.8\pm0.4)$ 分子 /100 eV、$G_{-NH_2}=(2.9\pm0.8)$ 分子 /100 eV。壳聚糖的分子量由于吸收剂量导致的降解（$G_D=(3.6\pm0.4)$ 分子 /100 eV）而下降。壳聚糖辐照后还发现了长期的辐照后效应。Ulanski 等研究后发现，壳聚糖固体的辐射发生分解，其在真空、空气及氧气中的辐射断链的产额分别为 0.9、1.1、1.3 分子 /100 eV，而辐射交联的产额等于 0。研究中同样观察到了辐照后交联效应，分子量将进一步下降。

壳聚糖具有生物医学应用，要求产品在使用前消毒。纯的及脱乙酰基壳聚糖纤维和膜在灭菌剂量（25 kGy）下即导致主链断裂。随吸收剂量增加，黏均分子量降低，断链的辐射产额在空气中为 1.16 分子 /100 eV，在惰性环境中为 1.53 分子 /100 eV，比 Ulanski 报告的数值略高。壳聚糖分子链的辐致断链导致了材料更低的玻璃化转变温度，表明其具有更高的链段运动能力。空气中辐照 25 kGy 后，T_g 低于环境温度。空气中辐照提高了壳聚糖膜的拉伸强度，这可能是由于链的相互作用及重排。惰性气氛中的辐射未明显影响材料性能，部分可能原因是负压中的预辐射对壳聚糖膜的结构有负面影响。在壳聚糖的分子结构因素中，脱乙酰度会对壳聚糖辐射降解产生影响。如图 8.53 所示，在空气中、室温下、低剂量率下，γ 辐照固体壳聚糖，脱乙酰度增加时，辐射对分子量及流变性能的影响更加显著。

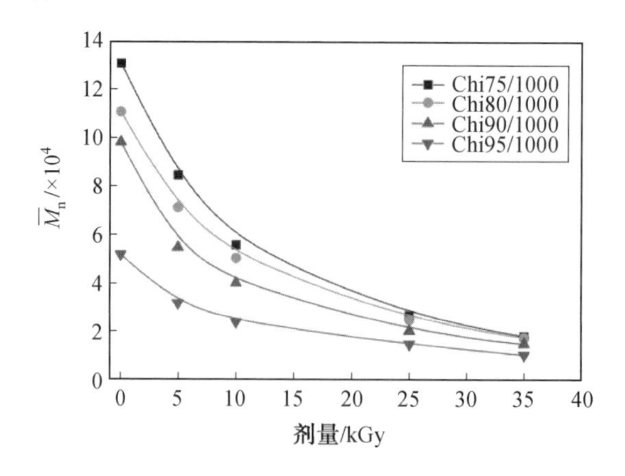

图 8.53 壳聚糖随剂量变化的 $\overline{M}_n$ 变化

Muley 等的研究表明辐照时，壳聚糖的分子量 M_w 下降了 82.82%，与前面的文献相似，在 FTIR 和紫外－可见吸收光谱（UV－Vis）检测中发现，壳聚糖降解

后保留了主链的结构，未增加新的官能团，原有的官能团也未消失。辐照后壳聚糖的颜色变为棕色，辐照还导致壳聚糖结晶度和热性能的变化。将壳聚糖的降解产物用于土豆生长促进剂和耐受性诱导均取得了不错的效果。

8.4.2　壳聚糖溶液的辐射降解

若想通过壳聚糖固体辐射法得到较低分子量的壳聚糖，需要很高的剂量(图8.54)，而且降解所得的壳聚糖分子量分布比较宽，所以固态直接辐照壳聚糖并不是一个有效的降解方法。

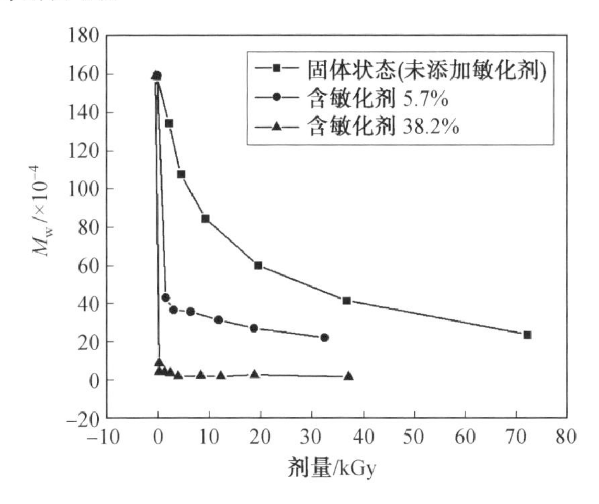

图8.54　不同辐射降解体系分子量和剂量的关系

Wasikiewicz等研究了超声、紫外及γ辐射对壳聚糖溶液的降解，并用GPC表征了其分子量的变化。结果发现从能量的角度而言，最有效的方法是γ辐射。断链的辐射化学产额为$G_s=3.53$分子/100 eV(1%壳聚糖溶液)；从反应时间的角度来看，紫外是最有效的，反应速率常数为1.6 h^{-1}。从FTIR来看，降解发生在糖苷键的断裂(图8.55)。

由于壳聚糖的溶解度非常有限，康斌采用溶液浸润的方法来研究壳聚糖的辐射降解。他们研究了温度、辐射剂量、产物数均分子量、产物化学结构以及结晶形态对溶解度的影响。结果表明，随着辐射剂量增加，数均分子量不断减小，产物在水中的溶解度不断增大(图8.56)，壳聚糖在降解过程中不但分子量显著减少，而且化学结构发生了明显变化。100 kGy的剂量可以满足生产的要求。水溶性产物与不溶性产物在化学结构与结晶形态上存在明显差异。降解过程中壳聚糖结晶形态由初始的α态向β态转变，结晶度不断下降(图8.57)。一定条件下，结晶形态是决定产物水溶性的主要因素。龙德武等的研究也表明在100 kGy剂量时，即能有效降解壳聚糖，所得产物的分子量约为原来的1/4。在

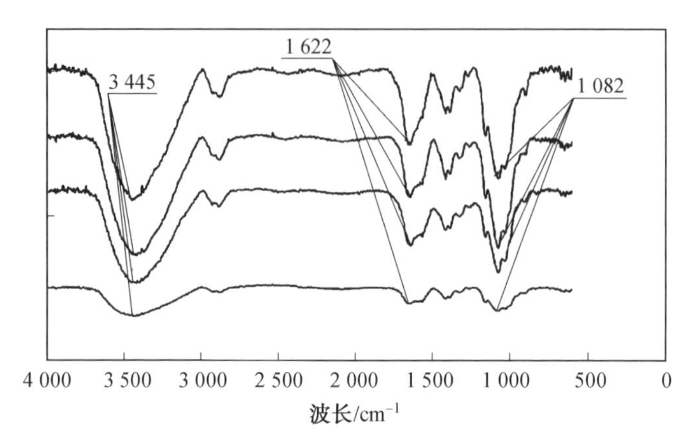

图 8.55　壳聚糖的 FTIR 谱

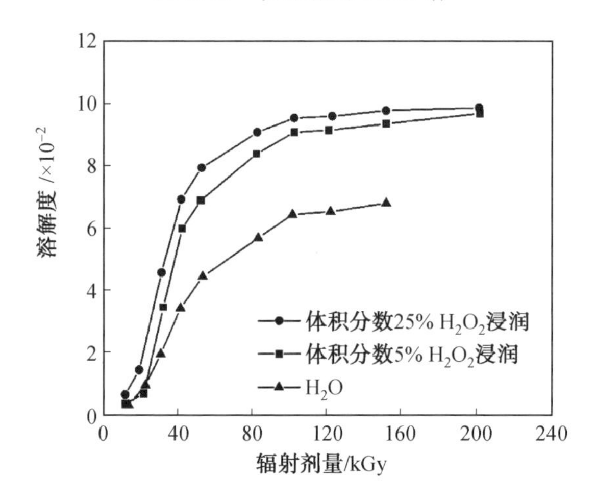

图 8.56　壳聚糖室温下(25 ℃)溶解度与辐射剂量的关系

50 ～ 300 kGy 的剂量范围内，辐射对其结构和脱乙酰度几乎没有影响。针对一种革兰氏阳性菌(金黄色葡萄球菌，*St. aereus*) 和三种革兰氏阴性菌(大肠杆菌，*E. coli*；弧菌，*V. anguillarum*；气单胞菌，*A. hydrophila*)，试验了辐射降解壳聚糖低聚物的抑菌性能。发现在实验的分子量范围内，壳聚糖低聚物对革兰氏菌均有良好的抑制作用。在壳聚糖质量分数为 3×10^{-4} 时，抑菌率大于 90%。

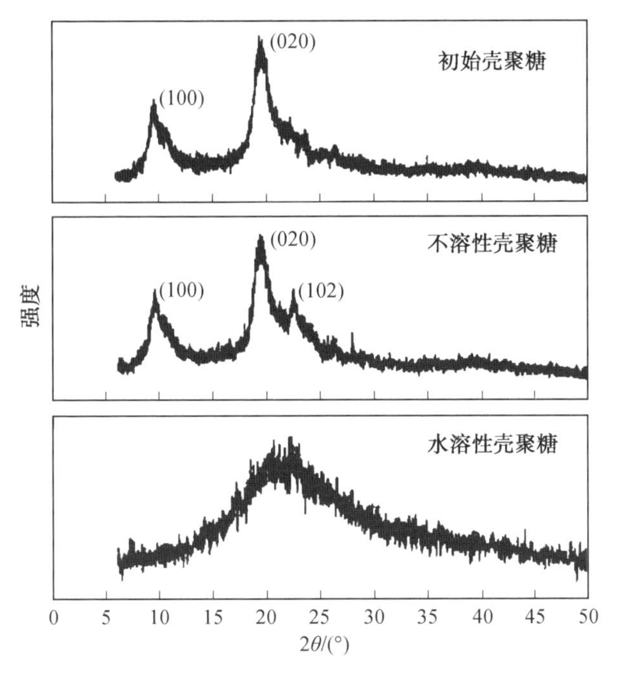

图 8.57　水溶性产物与不溶性产物的 X 射线衍射花样

8.4.3　添加剂对壳聚糖辐射效应的影响

由上述可知，辐射将导致羧甲基壳聚糖(CM)溶液的降解(图 8.58)。当有 N_2O 或 H_2O_2 存在时，壳聚糖降解得更快，而在加入异丙醇后，降解明显受到阻碍，加速或阻碍的原因均是上述各种状况下羟基自由基的浓度变化，OH 自由基在壳聚糖辐射降解过程中起着至关重要的作用。CM 降解的辐射化学产额在低的 pH 下降低，原因是在此 pH 下聚合物分子链倾向于形成缠绕的构型。羧甲基壳聚糖的特性黏数下降比羧甲基甲壳素要快，表明氨基的存在可提高反应活性。FTIR 和 UV 谱表明，羧甲基壳聚糖保留了主链的结构，降解过程中形成了一些羧基和羰基，部分氨基在辐射过程中消去了(图 8.59)。张志亮的研究也表明，辐照后除在壳聚糖分子链端生成羰基外，壳聚糖主链结构未见变化，脱乙酰度也没有显著改变。这些研究表明，壳聚糖主链结构在辐射反应中是比较稳定的。

壳聚糖在加入敏化剂后，辐射降解速率非常显著地加快，可以在很低剂量时就能得到较低的分子量，且分子量分布更小；敏化剂含量越高，低剂量辐射降解产物的分子量越低。敏化剂加入后得到的低分子量产品的产额和生理活性比所有现有产品高许多。通过调整敏化剂用量、辐射剂量可以非常方便地制备平均分子量从 1 000～3 000 的一系列不同分子量的低聚壳聚糖产品。杨仲田的研究

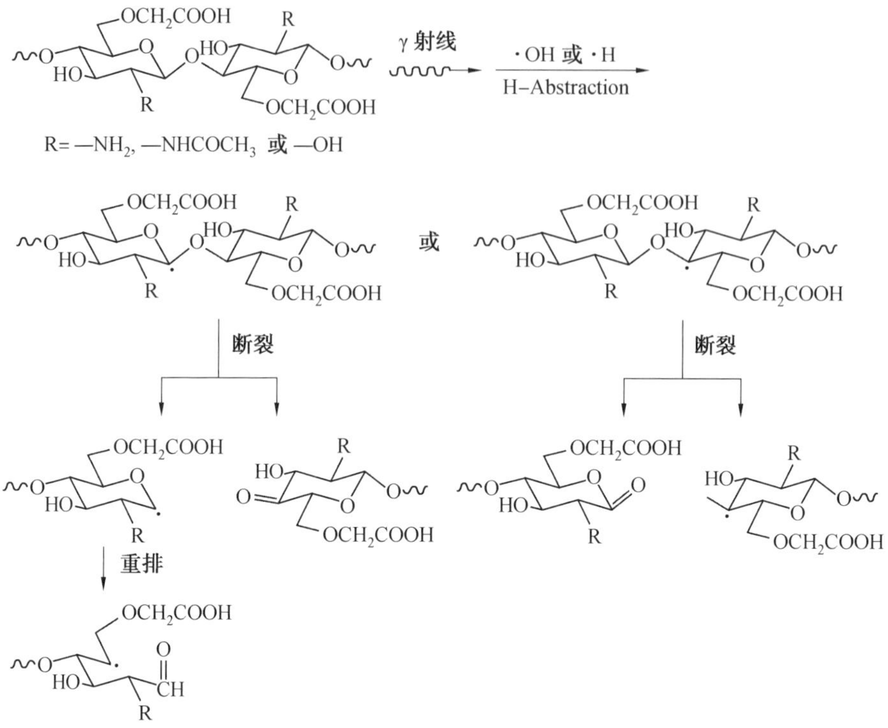

$R=-NH_2, -NHCOCH_3$ 或 $-OH$

γ射线

·OH 或 ·H

H-Abstraction

或

断裂

断裂

重排

图 8.58 CM－壳聚糖在辐照中主链可能的断链机理

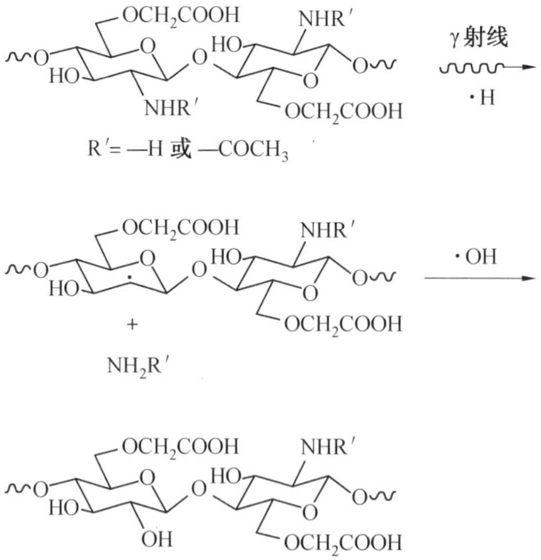

$R'=-H$ 或 $-COCH_3$

γ射线

·H

$+ NH_2R'$

·OH

图 8.59 CM－壳聚糖在辐照中氨基消去的可能机理

也表明在敏化剂存在的条件下，较低的吸收剂量(20 kGy) 即可有效地降解粉体壳聚糖，得到数均分子量($\overline{M}_n$) 为 1 170 的低分子量产物，且降解速率增大至 1.51×10^{-5}。氧化还原体系中敏化剂的降解效果明显好于单纯的敏化剂(图 8.60)，这是由于在氧化还原体系中过硫酸盐分解成自由基的活化能降低，自由基的数量大大增加。

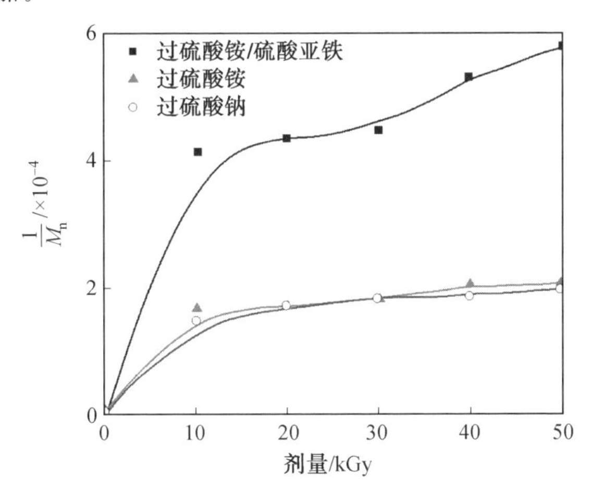

图 8.60　敏化辐射体系中吸收剂量对壳聚糖降解的影响

8.5　本章小结

(1) 淀粉在食品工业中具有重要地位，因此其辐射效应是在天然高分子中受到关注最多的。人们研究淀粉辐射效应的主要目的是为了更好地加工和改性淀粉，获得想要的性能。总体来讲，淀粉的辐射效应以降解为主。淀粉分子链的降解，带来其黏度、溶解性、食品性能等一系列性能的变化，这些性能的变化在不同淀粉、不同辐照条件下又不尽相同，因此值得广泛研究。现有的研究还存在一些问题，如需要弄清楚一些重要实验参数(淀粉湿度、剂量率等) 对淀粉辐射效应的影响，这样才能使不同文献之间的结果具有更好的可比性。与 γ 辐射相关的淀粉结构信息需进一步弄清楚，如 γ 辐射导致 DSC 测试的凝胶化温度及对酶的敏感性变化都是与淀粉分子结构紧密相关的，但现有的研究基本是基于材料的类似考核研究，而缺乏对结构层面的深入剖析。应像合成高分子一样，将材料的化学结构阐述得更清楚，虽然这对于天然高分子而言非常困难，但这是科学发展的必然要求。

淀粉在受到高剂量(> 100 kGy) 的辐照后可能具有潜在的工业应用价值。

更多的化学、物理及酶改性与γ辐射一起，可产生更高的性能，提高反应效率。这些改性后的淀粉在食品及非食品领域可能有应用。因此，应该重视多因素耦合辐照对于淀粉改性的作用，推动淀粉辐射改性的工业化应用。

(2) 纤维素是地球上最古老、最丰富的天然高分子，是取之不尽用之不竭的天然可再生资源。然而由于极强的氢键作用，纤维素不溶解不熔融，无法用合成高分子的热加工方式进行加工。天然纤维素无法被人体直接吸收，即使作为动物饲料，其可消化性也非常低。因此，无论是作为材料使用，还是作为食物原料，都需要先找到合适的方法加工处理。在所有可行的加工方式中，辐射加工是极具前景的。因此，纤维素的辐射效应研究受到了科学家的重视。天然纤维素是辐射降解的高分子材料，许多研究者研究了辐射对其分子量、结晶、官能团等的影响，阐明了辐射降解的机理。纤维素的辐射效应受到环境因素如湿气、pH 等的影响。纤维素在化学改性后可能变成辐射交联型高分子，如羟甲基、羟丙甲纤维素等。加入柠檬酸三烯丙酯等添加剂也可能让纤维素变成辐射交联型高分子。

天然纤维素是辐射降解的高分子。科学家利用这一点来辐射加工有效降低了纤维素的分子量。通过辐射降低分子量，可使纤维素转化为糖的效率提高，作为动物饲料的可消化性提高。以辐射加工方式提高纤维素的转化和应用将会是纤维素辐射效应研究的发展趋势。

(3) 木质素是产量仅次于纤维素的第二大高分子材料，由于其模量高、强度大，可与聚合物形成复合材料。因此，木质素辐射效应研究的需求既来自于其本身的加工需要，也来自于木质素复合材料的服役需求。从分子结构上来看，木质素应该属于辐射降解的高分子材料，大部分的研究也的确集中在研究其辐射降解的产物上；然而也有研究表明，某些木质素在某些条件下辐照也会产生交联反应。虽然这可能是某些木质素的特殊性，但仍然值得进一步关注。

木质素作为聚合物复合材料的成分的研究非常值得关注。一方面，木质素的高强度及苯环结构不仅赋予复合材料优异的力学性能，而且赋予材料优异的耐辐射性能；另一方面，木质素作为产量巨大的天然高分子材料，对于当今提倡绿色环保理念及实现“双碳”目标有重要意义。这一研究实际上提供了一种绿色可再生的抗辐射剂及抗辐射改性思路。

(4) 壳聚糖的独特物化性质在于其分子链上的活性氨基。氨基离子化的碱性和带正电性，使得壳聚糖是至今发现唯一带正电的碱性天然多糖。对于高脱乙酰度壳聚糖，稳定的结晶结构使得壳聚糖不能溶于中性水溶液，这就大大制约了壳聚糖的应用。因此，对壳聚糖进行改性以增加其溶解度是壳聚糖应用的重要措施，其中最常用的方法是通过辐射降低其分子量。

壳聚糖的辐射效应研究目标集中在降低分子量及增加可溶性方面。除直接

辐照外，还可加入过氧化氢、过硫酸盐等敏化剂，大大提高辐射降解的效率。北京大学翟茂林在此方面做了大量研究工作，将壳聚糖辐射降解推向了应用。这一领域的目标是不断开发更高效的敏化剂，协同辐射加工条件的控制，更高效地降低壳聚糖分子量。

本章参考文献

[1] 汪怿翔，张俐娜. 天然高分子材料研究进展[J]. 高分子通报，2008，(7)：66-76.

[2] 张俐娜. 天然高分子改性材料及应用[M]. 北京：化学工业出版社，2006.

[3] 张俐娜. 天然高分子科学与材料[M]. 北京：科学出版社，2007.

[4] RAJEEV B, KARIM A A. Impact of radiation processing on starch[J]. Comprehensive reviews in food science and food safety, 2009, 8: 44-58.

[5] TOMASIK P, ZARANYIKA M F. Nonconventional methods of modification of starch[J]. Advances in Carbohydrate Chemistry and Biochemistry, 1995, 51(1): 243-318.

[6] BAO J, CORKE H. Pasting properties of gamma-irradiated rice starches as affected by pH[J]. Journal of Agricultural Food Chemistry, 2002, 50(2): 336-341.

[7] SOKHEY A S, HANNA M A. Properties of irradiated starches[J]. Food Structure, 1993, 12: 397-410.

[8] MISHINA A, NIKUNI Z. Physical and chromatographical observations of gamma-irradiated potato starch granules[J]. Nature, 1959, 184(4702): 1867.

[9] EZEKIEL R, RANA G, SINGH N, et al. Physicochemical, thermal and pasting properties of starch separated from γ-irradiated and stored potatoes[J]. Food Chemistry, 2007, 105(4): 1420-1429.

[10] LU Z H, DONNER E, YADA R Y, et al. Impact of γ-irradiation, CIPC treatment, and storage conditions on physicochemical and nutritional properties of potato starches[J]. Food Chemistry, 2012, 133: 1188-1195.

[11] CIEŚLA K, GWARDYS E, ZÖLTOWSKI T. Changes of relative crystallinity of potato starch under gamma irradiation[J]. Starch Starke, 1991, 43: 251-253.

[12] CIEŚLA K, ZÖLTOWSKI A T, MOGILEVSKY L Y. Detection of starch transformation under γ-irradiation by small-angle X-ray scattering[J].

Starch-Starke, 1991, 43(1): 11-12.

[13]CIEŚLA K, ELIASSON A C. Influence of gamma radiation on potato starch gelatinization studied by differential scanning calorimetry[J]. Radiation Physics Chemistry, 2002, 64: 137-148.

[14]SINGH S, SINGH N, EZEKIEL R, et al. Effects of gamma-irradiation on the morphological, structural, thermal and rheological properties of potato starches[J]. Carbohydrate Polymers, 2011, 83(4): 1521-1528.

[15]SUJKA M, CIEŚLA K, JAMROZ J. Structure and selected functional properties of gamma-irradiated potato starch[J]. Starch-Stärke, 2015, 67(11-12): 1002-1010.

[16]GANI A, NAZIA S, RATHER S A, et al. Effect of γ-irradiation on granule structure and physicochemical properties of starch extracted from two types of potatoes grown in Jammu & Kashmir, India[J]. LWT-Food Science and Technology, 2014, 58(1): 239-246.

[17]CIEŚLA K, SARTOWSKA B, KRóLAKB E, et al. SEM studies of the structure of the gels prepared from untreated and radiation modified potato starch[J]. Radiation Physics and Chemistry, 2015, 106: 289-302.

[18]ATROUS H, BENBETTAIEB N, CHOUAIBI M, et al. Changes in wheat and potato starches induced by gamma irradiation: A comparative macro and microscopic study[J]. International Journal of Food Properties, 2016, 20(5-8): 1532-1546.

[19]KERTESZ Z I, SCHULZ E R, FOX G, et al. Effects of ionizing radiations on plant tissues. Ⅳ. Some effects of gamma radiation on starch and starch fractions[J]. Journal of Food Science, 1959, 24(6): 609-617.

[20]GREENWOOD C T, MACKENZIE S. The irradiation of starch. Part I. The properties of potato starch and its components after irradiation with high-energy electrons[J]. Starch - Starke, 1963, 15(12): 444-448.

[21]TOMASIK P, ZARANYIKA M. Nonconventional methods of modification of starch[J]. Advances in Carbohydrate Chemistry and Biochemistry, 1995, 51: 243-318.

[22]SAMEC M. Some properties of gamma-irradiated starches and their electrodialytic separation[J]. Journal of Applied Polymer Science, 1960, 3(8): 224-226.

[23]ATROUS H, BENBETTAIEB N, HOSNI F, et al. Effect of gamma-radiation on free radicals formation, structural changes and functional properties of wheat starch[J]. International Journal of Biological Macromolecules Structure Function Interactions, 2015, 80: 64-76.

[24]KONG X, ZHOU X, SUI Z, et al. Effects of gamma irradiation on physicochemical properties of native and acetylated wheat starches[J]. International Journal of Biological Macromolecules,2016, 91: 1141-1150.

[25]CIEŚLA K, ELIASSON A C. DSC studies of γ-irradiation influence on amylose-lipid complex transition in wheat flour[J]. Journal of Thermal Analysis Calorimetry, 2005, 79(1): 19-27.

[26]CIEŚLA K, ELIASSON A C. DSC studies of gamma irradiation influence on gelatinisation and amylose-lipid complex transition occurring in wheat starch[J]. Radiation Physics Chemistry, 2003, 68(5): 933-940.

[27]CIEŚLA K, ELIASSON A C. DSC studies of retrogradation and amylose-lipid complex transition taking place in gamma irradiated wheat starch[J]. Nuclear Instruments Methods in Physics Research, 2007, 265(1): 399-405.

[28]CIEŚLA K, ELIASSON A C. DSC studies of gamma irradiation effect on the amylose-lipid complex formed in wheat and potato starches[J]. Acta Alimentaria, 2007, 36(1): 111-126.

[29]CHAUDHRY M A, GLEW G. The effect of ionizing radiations on some physical and chemical properties of Pakistani rice: Ⅱ. The effect on starch and starch fractions[J]. International Journal of Food Science Technology, 1973, 8: 295-303.

[30]BAO J, AO Z, JANE J L. Characterization of physical properties of flour and starch obtained from gamma-irradiated white rice[J]. Starch-Starke, 2005, 57(10): 480-487.

[31]SAADANY R, SAADANY F, FODA Y H. Modification of rice starch by gamma irradiation to produce soluble starch of low viscosity for industrial purposes[J]. Starch-Starke, 1974, 26: 422-425.

[32]HEBEISH A, EL-NAGGAR A M, EL-SISI F, et al. Improving the sizeability of starch using gamma radiation[J]. Polymer Degradation and Stability,1992, 36(3): 249-252.

[33]GUL K, SINGH A K, SONKAWADE RG. Physicochemical, thermal and pasting characteristics of gamma irradiated rice starches[J]. International Journal of Biological Macromolecules, 2016, 85: 460-466.

[34]YU Y, WANG J. Effect of γ-ray irradiation on starch granule structure and physicochemical properties of rice[J]. Food Research International, 2007, 40(2): 297-303.

[35]WU D, SHU Q, WANG Z, et al. Effect of gamma irradiation on starch viscosity and physicochemical properties of different rice[J]. Radiation Physics and Chemistry, 2002, 65(1): 79-86.

[36]SHU X, XU J, YING W, et al. Effects of gamma irradiation on starch digestibility of rice with different resistant starch content[J]. International Journal of Food Science and Technology, 2013, 48(1): 35-43.

[37]ASHWAR B A, SHAH A, GANI A, et al. Effect of gamma irradiation on the physicochemical properties of alkali-extracted rice starch[J]. Radiation Physics and Chemistry, 2014, 99: 37-44.

[38]POLESI L F, SARMENTO S B S, MORAES J, et al. Physicochemical and structural characteristics of rice starch modified by irradiation[J]. Food Chemistry, 2016, 191: 59-66.

[39]POLESI L F, JUNIOR M. Starch digestibility and physicochemical and cooking properties of irradiated rice grains[J]. Rice Science, 2017, 24(1): 48-55.

[40]CHUNG H, LIU Q. Effect of gamma irradiation on molecular structure and physicochemical properties of corn starch[J]. Journal of Food Science, 2010, 74(5): C353-C361.

[41]CHUNG H J, LIU Q. Molecular structure and physicochemical properties of potato and bean starches as affected by gamma-irradiation[J]. International Journal of Biological Macromolecules, 2010, 47(2): 214-222.

[42]BETTAïEB N B, JERBI M T, GHORBEL D. Gamma radiation influences pasting, thermal and structural properties of corn starch[J]. Radiation Physics and Chemistry, 2014, 103: 1-8.

[43]CHUNG K H, OTHMAN Z, LEE J S. Gamma irradiation of corn starches with different amylose-to-amylopectin ratio[J]. Journal of Food Science and Technology, 2015, 52: 6218-6229.

[44]LIU T, YING M, XUE S, et al. Modifications of structure and

physicochemical properties of maize starch by γ-irradiation treatments[J]. LWT-Food Science and Technology, 2012, 46(1): 156-163.

[45]KAMAL H, SABRY G M, LOTFY S, et al. Controlling of degradation effects in radiation processing of starch[J]. Journal of Macromolecular Science, Part A: Pure and Applied Chemistry, 2007, 44: 865-875.

[46]II-JUN KANG, BYUN M W, YOOK H S, et al. Production of modified starches by gamma irradiation[J]. Radiation Physics and Chemistry, 1999, 54(4): 425-430.

[47]GHALI Y, IBRAHIM N, GABR S, et al. Modification of corn starch and fine flour by acid and gamma irradiation. Part 1. Chemical investigation of the modified products[J]. Starch-Starke, 1979, 31(10): 325-328.

[48]ROMBO G O, TAYLOR J R, MINNAAR A. Irradiation of maize and bean flours: Effects on starch physicochemical properties[J]. Journal of the Science of Food and Agriculture, 2004, 84: 350-356.

[49]YOON H S, YOO J Y, KIM J H, et al. In vitro digestibility of gamma-irradiated corn starches[J]. Carbohydrate Polymers, 2010, 81(4): 961-963.

[50]BAIK B R, YU J Y, YOON H S, et al. Physicochemical properties of waxy and normal maize starches irradiated at various pH and salt concentrations[J]. Starch-Starke, 2010, 62(1): 41-48.

[51]LEE J S, EE M L, CHUNG K H, et al. Formation of resistant corn starches induced by gamma-irradiation[J]. Carbohydrate Polymers, 2013, 97(2): 614-617.

[52]CHUNG H J, LEE S Y, KIM J H, et al. Pasting characteristics and in vitro digestibility of γ-irradiated RS4 waxy maize starches[J]. Journal of Cereal Science, 2010, 52(1): 53-58.

[53]NENE S P, VAKIL U K, SREENIVASAN A. Effect of gamma radiation on physico-chemical characteristics of red gram (*Cajanus cajan*) starch[J]. Journal of Food Science, 1975, 40(5): 943-947.

[54]RAYAS-DUARTE P, RUPNOW J H. Gamma-irradiation affects some physical properties of dry bean (*Phaseolus vulgaris*) starch[J]. Journal of Food Science, 1993, 58(2): 389-394.

[55]GRAHAM J A, PANOZZO J F, LIM P C, et al. Effects of gamma irradiation on physical and chemical properties of chickpeas (*Cicer arietinum*)[J]. Journal of the Science of Food and Agriculture, 2002,

82(14): 1599-1605.
[56]DUARTE P R, RUPNOW J H. Gamma-irradiated dry bean (phaseolus vulgaris) starch: Physicochemical properties[J]. Journal of Food Science, 1994, 59(4): 839-843.
[57]BASHIR M, HARIPRIYA S. Physicochemical and structural evaluation of alkali extracted chickpea starch as affected by γ-irradiation[J]. International Journal of Biological Macromolecules, 2016, 89: 279-286.
[58]BASHIR K, AGGARWAL, M. Physicochemical, thermal and functional properties of gamma irradiated chickpea starch[J]. International Journal of Biological Macromolecules, 2017, 97: 426-433.
[59]ABU J O, DUODU K G, MINNAAR A. Effect of γ-irradiation on some physicochemical and thermal properties of cowpea (*Vigna unguiculata L. Walp*) starch[J]. Food Chemistry, 2006, 95(3): 386-393.
[60]SOFI B A, WANI I A, MASOODI F A, et al. Effect of gamma irradiation on physicochemical properties of broad bean (*Vicia faba L.*) starch[J]. LWT-Food Science and Technology, 2013, 54(1): 63-72.
[61]WANI I A, JABEEN M, GEELANI H, et al. Effect of gamma irradiation on physicochemical properties of Indian Horse Chestnut (*Aesculus indica Colebr.*) starch[J]. Food Hydrocolloids, 2014, 35(mar.): 253-263.
[62]GANI A, BASHIR M, WANI S M, et al. Modification of bean starch by γ-irradiation: Effect on functional and morphological properties[J]. LWT-Food Science and Technology, 2012, 49(1): 162-169.
[63]BERTOLINI A C, MESTRES C, COLONNA P, et al. Free radical formation in UV- and gamma-irradiated cassava starch[J]. Carbohydrate Polymers, 2001, 44(3): 269-71.
[64]RAFFI J J, AGNEL J P. Influence of the physical structure of irradiated starches on their electron spin resonance spectra kinetics[J]. The Journal of Physical Chemistry, 1983, 87(13): 2369-2373.
[65]KONG X, KASAPIS S, BAO J, et al. Effect of gamma irradiation on the thermal and rheological properties of grain amaranth starch[J]. Radiation Physics and Chemistry, 2009, 78(11): 954-960.
[66]LU Z H, DONNER E, YADA R Y, et al. Rheological and structural properties of starches from @c-irradiated and stored potatoes[J]. Carbohydrate Polymers, 2012, 87: 69-75.
[67]MUKISA I M, MUYANJA C, BYARUHANGA Y B, et al. Gamma

irradiation of sorghum flour: Effects on microbial inactivation, amylase activity, fermentability, viscosity and starch granule structure[J]. Radiation Physics & Chemistry,2012, 81(3): 345-351.
[68]REDDY C K, SURIYA M, VIDYA P V, et al. Effect of γ-irradiation on structure and physico-chemical properties of Amorphophallus paeoniifolius starch[J]. International Journal of Biological Macromolecules, 2015, 79: 309-315.
[69]REDDY C K, CHAGAM, VIDYA P V, et al. Modification of poovan banana (Musa AAB) starch by -irradiation: Effect on invitro digestibility, molecular structure and physico-chemical properties[J]. International Journal of Food Science Technology, 2015, 50: 1778-1784.
[70]OTHMAN Z, HASSAN O, HASHIM K. Physicochemical and thermal properties of gamma-irradiated sago (*Metroxylon sagu*) starch[J]. Radiation Physics and Chemistry, 2015, 109: 48-53.
[71]WANI A A, WANI I A, HUSSAIN P R, et al. Physicochemical properties of native and γ-irradiated wild arrowhead (*Sagittaria sagittifolia L.*) tuber starch[J]. International Journal of Biological Macromolecules, 2015, 77: 360-368.
[72]GANI A, GAZANFAR T, JAN R, et al. Effect of gamma irradiation on the physicochemical and morphological properties of starch extracted from lotus stem harvested from Dal lake of Jammu and Kashmir, India[J]. Journal of the Saudi Society of Agricultural Sciences, 2013, 12(2): 109-115.
[73] 汪东风. 食品化学[M]. 北京:化学工业出版社, 2009.
[74]ERSHOV B G, KLIMENTOV A S. The radiation chemistry of cellulose[J]. Russian Chemical Reviews, 1984, 53(12): 1195-1207.
[75]SOBUE H, SAITO Y. Effects of high energy ionizing radiation on crystallinities of cellulose Ⅱ, Ⅲ and Ⅳ[J]. Bulletin of the Chemical Society of Japan, 1961, 34(9): 1343-1344.
[76]IRKLEI V M, STAVTSOV A K, VAVRINYUK O S, et al. Effect of ionizing radiation on the properties of cellulosic materials[J]. Fibre Chemistry, 1991, 23(1): 66-68.
[77]MORIN F G, JORDAN B D, MARCHESSAULT R H. High-energy radiation-induced changes in the crystal morphology of cellulose[J]. Macromolecules, 2004, 37(7): 2668-2670.

[78]DZIDZIELA W M, KOTYŃSKA D J. Functional groups in γ-irradiated cellulose[J]. Radiation Physics and Chemistry, 1984, 23(6): 723-725.

[79]CHARLESBY A. The degradation of cellulose by ionizing radiation[J]. Journal of Polymer Science, 1955, 15(79): 263-270.

[80]BOUCHARD J, MéTHOT M, JORDAN B. The effects of ionizing radiation on the cellulose of woodfree paper[J]. Cellulose, 2006, 13(5): 601-610.

[81]SAAFAN A A, SAKRAN M A, ABOU-SEKKINA M M. Radiation damage and hydrogen bonding in cotton cellulose[J]. Isotopenpraxis Isotopes in Environmental and Health Studies, 1987, 23(10): 359-363.

[82]PETRYAYEV Y P, BOLTROMEYUK V V, KOVALENKO N I, et al. Mechanism of radiation-initiated degradation of cellulose and derivatives[J]. Polymer Science Ussr, 1988, 30(10): 2208-2214.

[83]POLVI J, LUUKKONEN P, NORDLUND K, et al. Primary radiation defect production in polyethylene and cellulose[J]. The Journal of Physical Chemistry B, 2012, 116(47): 13932-13938.

[84]DILLI S, ERNST I, GARNETT J. Radiation-induced reactions with cellulose. IV. Electron paramagnetic resonance studies of radical formation[J]. Australian Journal of Chemistry, 1967, 20(5): 911-927.

[85]ERSHOV B G, ISAKOVA O V. Formation and thermal transformations of free radicals in gamma radiation of cellulose[J]. Russian Chemical Bulletin, 1984, 33(6): 1171-1175.

[86]伍立居，哈鸿飞. 植物纤维素辐射接枝改性研究与应用[J]. 化学通报，1992，(9)：27-31.

[87]GLEGG R E, KERTESZ Z I. Effect of gamma-radiation on cellulose[J]. Journal of Polymer Science Part A Polymer Chemistry, 1957, 26(114): 289-97.

[88]CHIPARĂ M I, GRECU V, CATANĂ D, et al. ESR investigations of electron-beam irradiated cellulose nitrate[J]. Radiation Measurements, 1994, 23(4): 709-714.

[89]FADEL M A, KHALIL W A, ABD-ALLA R A. Degradation of cellulose nitrate with fast neutrons and gamma rays and their application in radiation dosimetry[J]. Nuclear Instruments Methods in Physics Research, 1985, 236(1): 178-182.

[90]PINNER S H, GREENWOOD T T, LLOYD D G. Cross-linking of cellulose

acetate by ionizing radiation[J]. Nature, 1959, 184(4695): 1303-1304.

[91]BLOUIN F A, OTT V J, MARES T, et al. The effects of gamma radiation on the chemical properties of methyl cellulose[J]. Textile Research Journal, 1964, 34(2): 153-158.

[92]WACH R A, MITOMO H, NAGASAWA N, et al. Radiation crosslinking of carboxymethylcellulose of various degree of substitution at high concentration in aqueous solutions of natural pH[J]. Radiation Physics and Chemistry, 2003, 68(5): 771-779.

[93]CHOI J I, LEE H S, KIM J H, et al. Controlling the radiation degradation of carboxymethylcellulose solution[J]. Polymer Degradation and Stability, 2008, 93(1): 310-315.

[94]LEE H S, CHOI J I, KIM J H, et al. Investigation on radiation degradation of carboxymethylcellulose by ionizing irradiation[J]. Applied Radiation and Isotopes, 2009, 67(7-8): 1513-1515.

[95]MOHAMED M A. Swelling characteristics and application of gamma-radiation on irradiated SBR-carboxymethylcellulose (CMC) blends[J]. Arabian Journal of Chemistry, 2012, 5(2): 207-211.

[96]SAIKI S, NAGASAWA N, HIROKI A, et al. ESR study on radiation-induced radicals in carboxymethyl cellulose aqueous solution[J]. Radiation Physics and Chemistry, 2011, 80(2): 149-152.

[97]PEKEL N, YOSHII F, KUME T, et al. Radiation crosslinking of biodegradable hydroxypropylmethylcellulose[J]. Carbohydrate Polymers, 2004, 55(2): 139-147.

[98]MCLAREN K G. Degradation of cellulose in irradiated wood and purified celluloses[J]. International Journal of Applied Radiation and Isotopes, 1978, 29(11): 631-635.

[99] KHOLODKOVA E M, PONOMAREV A V. Combined effect of heat and radiation on degradation of cellulose[J]. High Energy Chemistry, 2012, 46(4): 292-293.

[100] KOVALEV G V, BUGAENKO L T. On the crosslinking of cellulose under exposure to radiation[J]. High Energy Chemistry, 2003, 37(4): 209-215.

[101] FOLDVáRY C M, TAKáCS E, WOJNáROVITS L. Effect of high-energy radiation and alkali treatment on the properties of cellulose[J]. Radiation Physics and Chemistry, 2003,

67(3-4)：505-508.
[102] 哈益明，刘世民. 甲基纤维素辐射降解及工艺研究[J]. 激光生物学报，2001，10(002)：112-115.
[103] SUN J，XU L，GE M，et al. Radiation degradation of microcrystalline cellulose in solid status[J]. Journal of Applied Polymer Science，2013，127(3)：1630-1636.
[104] KUNZ N D，GAINER J L，KELLY J L. Effects of gamma radiation on the low-temperature dilute-acid hydrolysis of cellulose[J]. Nuclear Technology，1972，16(3)：556-561.
[105] LEONHARDT J，ARNOLD G，BAER M，et al. Radiation degradation of cellulose[J]. Radiation Physics and Chemistry，1985，25(4-6)：887-892.
[106] 寿红霞. 纤维素的辐射裂解及其化学性质[J]. 核技术，1987，(07)：5-8.
[107] ROSA A M D，ABAD L V，BANZON R B，et al. Radiation-induced cellulose degradation[J]. Transactions National Academy of Science，1983：207-217.
[108] PONOMAREV A V，ERSHOV B G. Radiation-induced high-temperature conversion of cellulose[J]. Molecules，2014，19：16877-16908.
[109] 周瑞敏，唐述祥. 降低粘胶生产中废弃物的新工艺：纤维素的辐射降解[J]. 环境科学，2002，000(0S1)：118-120.
[110] SOKIRA A N，BELASHEVA T P，SIZOVA T Y，et al. Effect of γ-radiation in the quality of high-molecular sulfite cellulose[J]. Fibre Chemistry，1988，20(1)：42-44.
[111] 杨淑蕙. 植物纤维化学[M]. 3 版. 中国轻工业出版社，2001.
[112] LANZALUNGA O，BIETTI M. Photo- and radiation chemical induced degradation of lignin model compounds[J]. Journal of Photochemistry and Photobiology B，2000，56(2-3)：85-108.
[113] CHUAQUI C A，RAJAGOPAL S，KOVáCS A，et al. Radiation-induced effects in lignin model compounds：a pulse and steady-state radiolysis study[J]. Tetrahedron，1993，49(43)：9689-9698.
[114] 蔡玉婷，程贤甦. γ射线对木质素的辐射效应研究[J]. 辐射研究与辐射工艺学报，2008，(5)：275-279.
[115] METREVELI A K，METREVELI P K，MAKAROV I E，et al. Aromatic products of radiation-thermal degradation of lignin and chitin[J]. High Energy Chemistry，2013，47(2)：35-40.
[116] ESTRELLA R，MUNOZ F，VASCO C. Lignin degradation through a

combined process of ionizing irradiation and A biological treatment[J]. Journal of Advanced Oxidation Technologies, 2015, 18(2): 239-245.

[117] KUZINA S I, BREZGUNOV A Y, DUBINSKII A A, et al. Free Radicals in the photolysis and radiolysis of polymers: Ⅳ. Radicals in γ- and UV-irradiated wood and lignin[J]. High Energy Chemistry, 2004, 38(5): 298-305.

[118] RAO N R, RAO T V, REDDY S R, et al. The effect of gamma irradiation on physical, thermal and antioxidant properties of kraft lignin[J]. Journal of Radiation Research Applied Sciences, 2015, 8(4): 621-629.

[119] NAGAI T, SUZUKI N. The radiation-induced degradation of lignin in aqueous solutions[J]. The International Journal of Applied Radiation and Isotopes, 1978, 29(4-5): 255-259.

[120] METREVELI P K, METREVELI A K, PONOMAREV A V, et al. Effect of irradiation on aqueous dispersions of humic acids and lignin[J]. High Energy Chemistry, 2014, 48(4): 225-229.

[121] SUGANO-SEGURA A T R, TAVARES L B, RIZZI J G F, et al. Mechanical and thermal properties of electron beam-irradiated polypropylene reinforced with Kraft lignin[J]. Radiation Physics and Chemistry 2017, 139: 5-10.

[122] ŞEN M, AKSüT D, KARAAĞAç B. The effect of ionizing radiation on the temperature scanning stress relaxation properties of nitrile-butadiene rubber elastomers reinforced by lignin[J]. Radiation Physics and Chemistry, 2020, 168: 108582.

[123] SKVORTSOV S V. Radiation degradation of lignin[J]. Chemistry of Natural Compounds, 1990, 26(1): 1-9.

[124] 段久芳. 天然高分子材料[M]. 武汉:华中科技大学出版社, 2016.

[125] 吴孝怀, 朱南康. γ辐射在壳聚糖降解中的研究进展[J]. 中国血液流变学杂志, 2007, 17(1): 163-166.

[126] ZELINSKA K, SHOSTENKO A G, TRUSZKOWSKI S. Radiolysis of chitosan[J]. High Energy Chemistry, 2009, 43(6): 445-448.

[127] ULAŃSKI P, ROSIAK J . Preliminary studies on radiation-induced changes in chitosan[J]. International Journal of Radiation Applications Instrumentation. Part C. Radiation Physics and Chemistry, 1992,

39(1): 53-57.
[128] LIM L Y, KHOR E, KOO O. Irradiation of chitosan[J]. Journal of Biomedical Materials Research, 1998, 43(3): 282-290.
[129] TAŞKI N P, CANISAĞ H, ŞEN M. The effect of degree of deacetylation on the radiation induced degradation of chitosan[J]. Radiation Physics and Chemistry, 2014, 94: 236-239.
[130] MULEY A B, SHINGOTE P R, PATIL A P, et al. Gamma radiation degradation of chitosan for application in growth promotion and induction of stress tolerance in potato (*Solanum tuberosum L.*)[J]. Carbohydrate Polymers, 2019, 210: 289-301.
[131] 康斌，戚志强，伍亚军，等. γ辐射降解法制备小分子水溶性壳聚糖[J]. 辐射研究与辐射工艺学报，2006，24(2)：83-86.
[132] 康斌，常树全，汤晓斌，等. 壳聚糖辐射降解产物的水溶性研究[J]. 化学工程，2007，35(4)：49-52.
[133] 龙德武，吴国忠，秦宗英，等. 辐射法降解壳聚糖及其抑菌性能的研究[J]. 高分子材料科学与工程，2005，21(6)：240-242.
[134] 张志亮，彭静，黄凌，等. 壳聚糖在水溶液中的辐射降解反应[J]. 高分子学报，2006，7：841-847.
[135] 杨仲田，翟茂林，魏根栓，等. 辐射降解法制备低聚水溶性壳聚糖之一：辐射降解方法研究[J]. 化工新型材料，2007，35(S1)：92-96.
[136] 李兆龙，汪瑛琦，谢裕颖，等. 壳聚糖的敏化辐射降解[J]. 辐射研究与辐射工艺学报，2017，35(1)：35-41.

第 9 章

有机材料辐射效应的理论模拟

9.1 概　述

有机材料及其复合材料在很多场景中均要面临高能电离辐射，例如：① 核电和航天领域中的服役场景（涉及 γ、中子、质子、电子和重离子等）；② 利用辐射从事生产制造附加值产品（如聚合物辐射交联、消毒和食品加工）；③ 辐射驱动的精密加工制造（纳米材料制备、聚焦电子束沉积和远紫外平版印刷等）；④ 辐射在科研和医疗中的应用（扫描电子显微镜、辐射治疗肿瘤等）；⑤ 大气以及星际与行星化学研究。尽管实验方法是人们认识和揭示辐射物理和化学过程的主要方法，然而传统的实验方法在研究辐射效应的时空尺度与深度方面都有很多不足，而理论计算能很好地弥补实验手段的短处，特别是辐射超快物理化学过程。因此，理论模拟在材料辐射效应研究中有着不可替代的重要作用。本章主要介绍有机材料的辐射效应模拟，同时简略介绍一些非有机材料和非电离辐射效应老化的研究内容，主要出发点如下：① 实际使用的有机材料基本是复合材料，往往添加填料（石墨、金刚石、碳纳米管、二氧化硅、金属及其化合物等）用于增强服役性能，它们和有机材料之间会相互作用而影响材料的辐射效应行为；② 材料的服役环境通常很复杂，存在复杂气氛、应力、紫外、真空、原子氧、温度循环等因素的耦合；③ 热（氧）老化、光（氧）老化与辐射老化除了引发阶段，整体老化动力学行为是比较相似的；④ 绝大部分模拟方法具有材料普适性，但是部分方法在有机材料这方面的经典应用案例较少。此外，本章援引了有机小分子辐射效应理论模拟研究来弥补有机高分子材料案例的缺乏；其实这与大分子链聚合物的辐射效应研究在方法上基本一致，因为聚合物的相关研究也需要建立具有代表性的小分子模型物才具有研究可行性。

首先界定辐射化学的研究范畴，根据国际纯粹与应用化学联合会(IUPAC)的定义，辐射化学处理涉及电子激发态的化学反应。在辐射化学中，荷电粒子通常通过库仑散射与物质作用，γ射线通过光电效应、康普顿散射(产生高能二次电子级联反应)、光生电子对效应与物质作用，X射线则主要是通过光电效应激发内核电子，导致俄歇衰减和分子间库仑衰变；入射粒子的动能在千电子伏～兆电子伏量级，在入射径迹上沉积的能量可能达到每个分子数十电子伏；碰撞导致量子叠加态——涉及大量的电子激发态。辐射化学对应的光子能量/波长关系如图9.1所示。辐射化学涉及多时空尺度，可分为物理、物理化学和化学三个阶段，巨大的时空尺度差异是其计算模拟和实验研究面临的最主要的挑战之一。物理阶段主要发生能量沉积，包括电子激发、电离和其他纯电子过程(如分子间库仑衰减、电荷迁移、俄歇衰减以及能量松弛和耗散)，当核响应变得重要时，该阶段基本结束而进入物理化学阶段。物理化学阶段一般持续数皮秒，复杂的非绝热电子－核耦合动力学可能导致分子分解、库仑爆炸和产生大量的高活性自由基，出现电子亲附反应。此后进入化学阶段，在热力学平衡态进行的非均相辐射化学导致辐射损伤。长期效应(如生物学阶段和辐照后效应)是在更长时间尺度内观察到的辐射损伤演化结果。

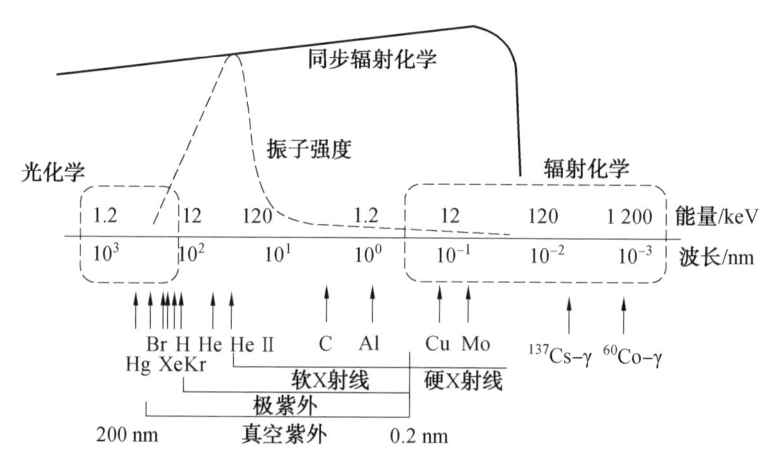

图9.1 同步辐射化学桥接光化学和辐射化学示意图

电离辐射损伤特征主要受粒子种类和能量的影响。电离辐射引起一系列的级联事件，最终导致物理破坏和化学损伤。电离粒子包括高能光子(远紫外、X射线和γ射线)、荷电粒子(如原子核、电子、正电子、μ子、重离子、质子、α和β粒子)

和中子等。辐射按照能量沉积方式主要分为三大类：① 主要激发电子，包括光子和高能离子；② 主要激发原子核，如中子和低能离子；③ 激发电子和原子核都很重要的辐射，主要是中能到高能的离子。γ 射线的能量一般在 40 keV ～ 10 MeV，^{60}Co 发射的 γ 射线能量为 1.17 MeV 和 1.33 MeV，而^{137}Cs 源的特征能量为 0.661 MeV。β 辐射和 γ 射线的损伤化学效应相似，主要是因为 γ 射线导致的电子级联过程与 β 电子辐射相似。能量为 30 keV ～ 20 MeV 的 γ 射线与低原子序数元素相互作用时主要发生康普顿散射；低能 γ 射线和高原子序数元素的相互作用中光电效应更显著；光生电子对效应发生需要的最小 γ 光子能为 1.02 MeV。不同辐射的传能线密度(LET) 不同，例如对于水，γ 射线的 LET 为 0.23 keV/μm，而 α 粒子的 LET 为 108 keV/μm。具有足够大撞击参数的重离子只会导致单激发或者电离，但是当撞击参数减小，内部激发的电子引起多个外层电子激发和电离(多电离) 的概率提高，进而改变分子的分解机理。离子辐射有两个主要的能量损失机理：离子与原子核发生弹性碰撞，失去的能量为核阻止能；离子与电子发生非弹性碰撞而沉积能量，这部分能量称为电子阻止能。它们的相对量与离子的动能有关，当入射粒子的能量大于数十千电子伏时，电子阻止能占主导。离子速度低于被撞击材料的费米速度时，级联碰撞中的电子阻止和核阻止是相关的。具有 0.1 ～ 5 MeV 的高能中子通常导致位移损伤，高能 γ 射线能够通过康普顿效应产生二次电子，间接导致位移损伤，特别是当 γ 光子能量超过 1.5 MeV 时。由于 γ 射线典型的位移截面是中子的千分之一，因此其导致的位移损伤基本可以忽略。辐射产生的二次电子(如康普顿散射) 的能量可达几十电子伏，远大于有机分子的化学键键能(1.4 ～ 6.3 eV)，电子和分子发生级联碰撞而降低能量，当低于亚激发能区间时，可通过将分子振动或者转动激发而使能量转化为分子的热能。电子被分子吸附可形成瞬态阴离子，进而发生分解，被称为分解性电子附着(DEA)。低于电离能的低能电子与分子碰撞形成瞬态共振阴离子态，其后续动力学一般属于 DEA，分子的分解模式在亚激发能下发生并且强烈地受到电子能的影响(键选择性)。分子辐射分解产物的产额可由辐射化学产额量度，辐射化学产额(G_j) 理论上与形成产物 j 的偶极矩阵元平方($M_j{}^2$) 成正比，以光学截面数据(光学近似) 计算 G_j 的公式如下：

$$G_j = (100/W)(M_j^2/M_i^2) \tag{9.1}$$

$$M_j^2 = (R/E_j) f_j E_j \tag{9.2}$$

$$M_i^2 = \int_I^{\infty} \eta(E) \frac{R}{E} \frac{\mathrm{d}f}{\mathrm{d}E} \mathrm{d}E \tag{9.3}$$

式中，W 为离子对产生的平均能量；M_i^2 为电离偶极矩阵元平方；f_j 为光振子强度；E_j 为激发能；R 为里德伯能；$\eta(E)$ 为激发能为 E 时电离的量子产额；$\mathrm{d}f/\mathrm{d}E$ 为振子强度分布。

前面已经提到有机材料的辐射效应具有多尺度特点，其理论模拟方法需要根据问题的时空尺度进行选择。本章先简要介绍多尺度模拟方法，后续部分主要按照多时空尺度主线介绍辐射效应的理论模拟方法。在有机材料的结构和性能的计算机理论模拟领域，模拟尺度已经跨越了量子尺度（约 10^{-10} m，约 10^{-12} s）、原子/分子尺度（约 10^{-9} m，$10^{-9}\sim10^{-6}$ s）、介观尺度（约 10^{-6} m，$10^{-6}\sim10^{-3}$ s）和宏观尺度（约 10^{-3} m，约 1 s），相应的尺度涉及不同的模拟方法（图 9.2）。量子尺度的模拟一般采用量子化学（QC）方法，包括从头计算（ab initio）、密度泛函理论（DFT）、半经验方法、分子力学（MM）、化学动力学方法等。原子/分子尺度模拟可采用分子动力学方法，如平衡分子动力学（EMD）和非平衡分子动力学（NEMD）、反应分子动力学（RMD）和蒙特卡洛方法等。介观尺度模拟方法有粗粒化分子动力学（CGMD）、耗散粒子动力学（DPD）、布朗动力学（BD）、格子玻尔兹曼方法（LBM）和自洽场理论（SCFT）模拟。有机材料的宏观尺度模拟方法主要是基于连续介质力学和细观力学的有限差分法（FDM）、有限元方法（FEM）和有限体积法（FVM），其中涉及很多本构模型和相关理论。

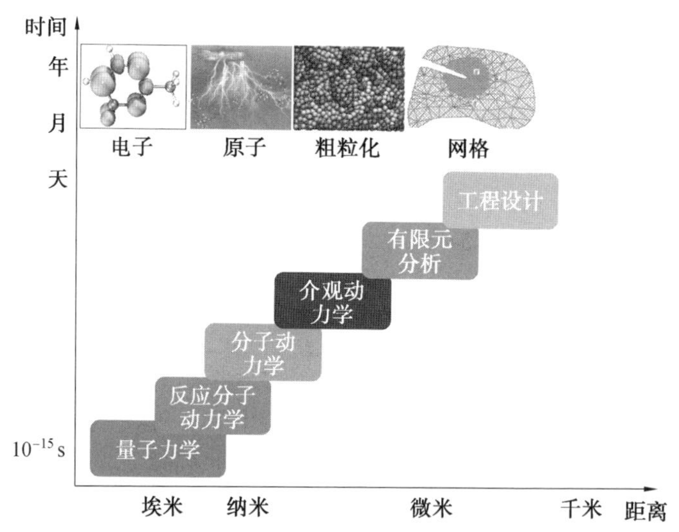

图 9.2　有机材料多尺度模拟方法处理的时空尺度示意图

9.2　量子化学

9.2.1　密度泛函理论

电子和核动力学主导了分子的基本物理化学过程，典型的时间尺度为阿秒到皮秒（$10^{-18} \sim 10^{-12}$ s）。研究飞秒尺度的物理化学相应方法包括后哈特里－福克（HF）方法（组态相互作用、耦合簇（CC）和微扰理论（MP））、轨迹势能面跳跃－分子动力学（TSH－MD）、从头算多重繁殖（AIMS）和多组态含时哈特里（MCTDH）方法等。这些方法往往因为计算量巨大而难以实施，此时密度泛函理论（DFT）便体现了其优势。DFT 是计算多电子体系电子结构的量子力学方法，最初由 Hohenberg、Kohn 和 Sham 发展，1964 年提出的 Hohenberg-Kohn 定理为 DFT 计算奠定了理论基础。DFT 利用非相互作用的电子密度而不是多体波函数求解薛定谔类方程来确定体系的精确能量，将量子多体问题转化为一组自洽的单电子轨道方程（Kohn-Sham 方程），采用交换相关泛函校正非相互作用电子密度假设带来的计算误差。DFT 方法将能量按下式分解：

$$E(\rho) = E^{T}_{(\rho)} + E^{V}_{(\rho)} + E^{J}_{(\rho)} + E^{XC}_{(\rho)} \tag{9.4}$$

等式右边四项依次为电子动能、电子－核作用势能（外场能）、库仑作用能和交换－相关能（包括交换能和相关能）。电子－核作用势能和库仑作用能可直接计算，而电子动能和交换相关能无法直接求解，是 DFT 方法设计泛函的基本问题。1965 年，Kohn 和 Sham 在构造电子动能和交换相关能泛函方面取得重大突破而建立了 Kohn-Sham 方程，其求解方法和 HF 方法一样采用自洽迭代计算。在最近几十年，发展了一系列高质量的改进泛函，特别是引入密度梯度后，交换－相关能的计算更加准确：

$$E^{XC}_{(\rho)} = \int f(\rho_\alpha \boldsymbol{r}, \rho_\beta \boldsymbol{r}, \nabla\rho_\alpha \boldsymbol{r}, \nabla\rho_\beta \boldsymbol{r})\,\mathrm{d}^3\boldsymbol{r} \tag{9.5}$$

式中，ρ_α 和 ρ_β 分别为 α 自旋和 β 自旋。

常用的交换能泛函有 S(Slater)、X(Xalpha)、B(Becke 88) 等；常用的相关能泛函有 LYP(Lee-Yang-Parr)、P86(Perdew 86)、PW91(Perdew-Wang's 1991 gradient-corrected) 等；常用的杂化交换－相关泛函有 B3LYP 和 BH&HLYP 等。目前 DFT 方法已扩展到激发态以及与时间相关的基态性质研究，由于在计算耗时和精度方面具有很好的折中性，该方法在计算化学领域显示出磅礴的发展生机；其在有机材料的辐射效应方面也有不少的应用，主要用于研究辐射化学涉及的自由基、离子自由基（自由基离子）和电子的反应。

作者利用DFT计算深入研究了硅泡沫材料和环氧树脂的辐射老化机理与规律。在硅泡沫的γ辐射老化研究中，作者在M06－2X理论水平上采用6－311 G(d, p)基组计算了二甲基硅氧烷垂直电离能(VIP，9.6 eV)和自由基反应机理(图9.3(a))，发现自由基偶合反应均是无势垒的放热反应(放热值在321～618 kJ/mol之间)，而具有明确势垒的自由基－分子反应的势垒在37～229 kJ/mol之间，不同反应表现为不同的放热和吸热行为。研究邻甲酚醛环氧树脂的γ辐射降解时(图9.3(b))，在M06－2X理论水平上(def2－TZVP基组)计算了材料的VIP(7.6 eV)和绝热电离能(AIP，7.1 eV)，通过自旋布居分析证明其较低的VIP和AIP主要与含有叔丁基基团的苯环电离有关。同时计算了该树脂典型化学键的键解离能(BDE，260.8～563.5 kJ/mol)，键解离能与其各个键的相对辐射敏感性和辐射老化机理吻合。通过在B3LYP(epr－Ⅲ基组)理论水平计算，证明了材料辐射老化后体系中残余自由基信号是二氧化硅缺陷和对叔丁基酚氧自由基的混合谱。这些研究为深入认识材料的辐射老化机理和建立老化动力学模型评估寿命奠定了基础。

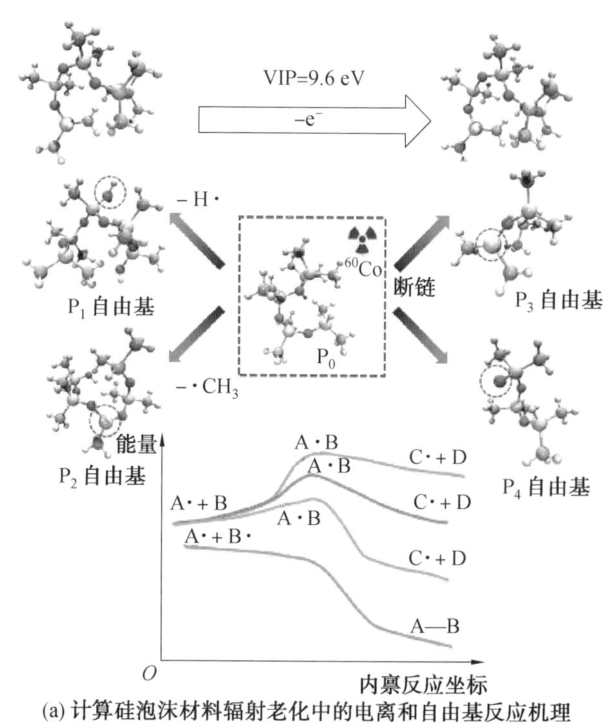

(a) 计算硅泡沫材料辐射老化中的电离和自由基反应机理

图9.3　使用DFT方法计算高分子材料辐射降解

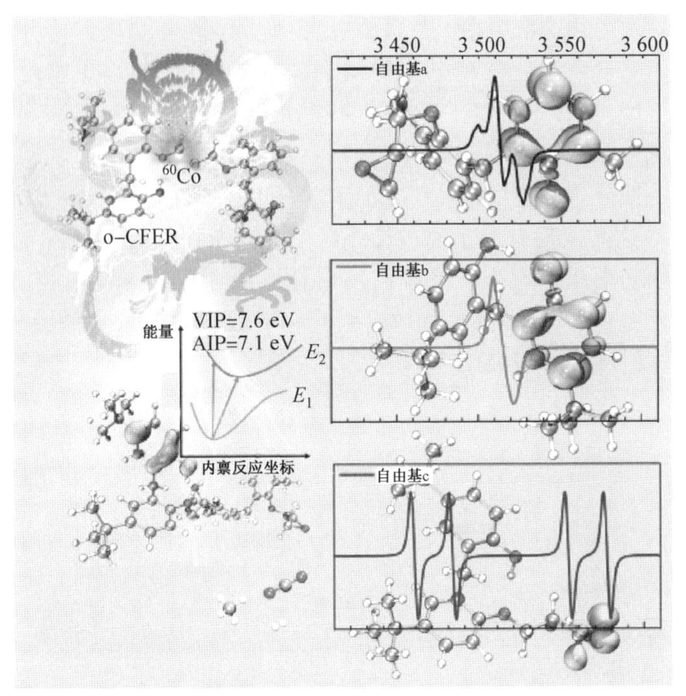

(b) 计算邻甲酚醛环氧树脂(o-CFER)的电离、自由基反应和顺磁性物质的EPR谱图模拟

续图 9.3

Maiti 等通过 DFT 方法研究了聚硅氧烷 γ 辐射老化,研究发现断链形成的 Si 自由基比 SiO 自由基更稳定,并且容易形成 Y 型交联结构;而 SiO 自由基能够形成 Y 型交联或者通过抽氢反应而终止,最终容易产生 H 型交联。Ding 等也通过 DFT 方法研究了聚二甲基硅氧烷热降解的环化机理,指出了分子内四中心环状过渡态结构的关键作用。Feldman 采用 DFT 和电子顺磁共振波谱仪(EPR)研究了模型产物 X$\leftarrow$CH$_2$$\rightarrow_n$Y(脂肪链桥接的双官能自由基阳离子)低温下辐照导致的结构变化和反应性,该研究发现 X 和 Y 结构相同或者电子性质相近时,离子自由基的电荷和自旋密度是离域的,但如果二者的电离势相差较大,则与基态单官能团结构的局域化阳离子相似。两个官能团的距离和种类会影响其后续的反应路径,起着精细的调控作用。McAllister 等结合分子动力学(MD) 和 DFT 研究了低能电子附着对 DNA 核苷酸的损伤,指出电子亲附形成机理是电子共振形成亚稳态结构(瞬态负离子)。这些物质可以存活很长时间,直到电子能传输给振动自由度,引起分解型电子亲附。Mazur 等通过多个理论水平的量子力学计算揭示了带电聚合物分子(包括聚乙烯、聚四氟乙烯和聚硅氧烷) 能被附近分子链上的自由基稳定化的机理。该研究证明的机理以分子间的奇电子两中心键形成为基础,其可能发生自旋密度再分布而调整电子结构的稳定性。研究指出材料

接触带电后易发生均裂和异裂，进而形成自由基和荷电物质。研究人员通过自由基捕捉剂清除自由基后发现电荷很快衰减，他们将之归因于临近自由基的单占据分子轨道(SOMO)稳定了带电聚合物残链片段的前线轨道，形成了奇电子两中心键(包括一电子两中心和三电子两中心，如图 9.4 所示)。阴离子的前线轨道是最高占据分子轨道(HOMO)，而阳离子的前线轨道是最低未占据分子轨道(LUMO)。这些发现有助于通过设计自由基分布在电荷侧面或者电荷分布在自由基临近位置来调控大分子系统的反应性。由于电离辐射常常导致自由基、离子和离子自由基的产生，该工作应该引起辐射效应研究人员的关注，有助于耐辐射材料和辐射改性等研究。

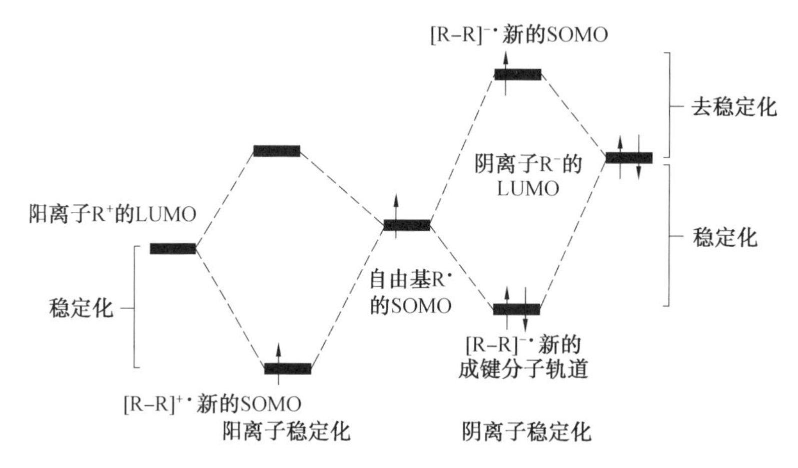

图 9.4　阳离子(左边)和阴离子(右边)被临近自由基稳定化的定性分子轨道机理

需要注意的是，DFT 是电子基态方法，其激发态描述限制在单个电子激发态，因为 DFT 方法通过单个斯莱特(Slater)行列式利用交换相关泛函考虑电子相关。DFT 不适合模拟远离平衡结构的多激发辐射效应过程，而且 DFT 计算容易导致非物理的分数电荷。DFT 方法还容易低估化学反应势垒、离子分解能和电荷转移激发能，并高估结合能，但是该方法能很好地计算结构和热力学性质。由于计算耗时，目前最多模拟数百个原子体系。对于能量计算精度要求极高的情况，DFT 往往很难胜任，此时一般采用高精度后 HF 方法。后 HF 包括微扰理论(MP)或多组态含时哈特里(MCTDH)方法、耦合簇(CC)方法和组态相互作用(CI)等，但往往由于计算任务极度耗时而限制了其广泛用于研究大体系。Gouid 等利用高水平从头算和真空紫外同步辐射试验研究了苯甲酮和芴酮在真空紫外照射下的单光子电离动力学和单分子离子分解动力学。研究采用 PBE0 密度泛函优化得到了两种材料的中性和离子结构，然后采用 ® CCSD(T) − F12 方法计算了这些结构的单点能，接着用态平均全活性空间自洽场(SA − CASSCF)技术以及内缩多参考组态相互作用方法(IC−MRCI)计算了苯甲酮和

芴酮中性分子和离子的电子激发态。该研究得到苯甲酮和芴酮的绝热电离能分别为 8.9 eV 和 8.4 eV，并发现苯甲酮是分解型电离，分解会产生中性和离子碎片，这可能是协同键重排和预电离分解导致的。而芴酮具有良好的辐射稳定性，这可能得益于其阳离子的结构刚性抑制分解。该工作表明自电离态的分子动力学对大分子系统的电离和分解动力学具有显著影响。

9.2.2　量子分子动力学

量子分子动力学(QMD)是将经典分子动力学方法与量子方法有机耦合，保证了电子结构的计算精度并提高了整体的计算效率。QMD 计算方法主要有波恩－奥本海默分子动力学(BOMD)和卡尔－帕林尼罗分子动力学(CPMD)。BOMD 是基于绝热近似研究基态势能面化学含时轨迹演变的主要手段之一，BOMD 在每一步计算中都要重新计算体系的波函数以确定离子受力情况，体系电子结构优化占据绝大部分的计算量。卡尔和帕林尼罗在 MD 中引入了电子的虚拟动力学，将 DFT 计算和 MD 方法有机结合提出了从头算分子动力学(AIMD)方法，也即 CPMD 或 CP－AIMD。AIMD 使基于量子力学(QM)的计算可直接用于统计力学模拟，如电子的极化效应和化学键的本质。CPMD 将高速运动的电子和低速运动的离子进行分离，计算开始时对虚拟电子波函数进行计算，随后对非电子体系的波函数进行求解，在简化计算量的同时解决分子动力学无法描述化学反应的弊端。

QMD 通常假设辐射分解发生在基态，并且沿着最低能量路径，例如用 AIMD 模拟基态，用 DFT 搜索势能面。这种方法的理论假设是激发能可有效地被再分布在各个自由度，以便过剩的激发能可被描述成电子基态上的内振动温度。通过 AIMD 模拟评估不同内能初始辐射激发分子的反应通道(库仑爆炸、异构化以及分解)的重要性，识别重要的反化学直觉的中间产物，然后就可通过 DFT 等方法得到它们的能量结构并获得反应路径信息，最终提供势能面的概貌、最低势垒反应路径和相应能垒。QMD 是一种精确和可移植预测凝聚相化学的方法，然而采用从头算(ab initio)方法，如 DFT，计算电子结构是十分耗时的，限制了模拟的时间和空间尺度。而采用半经验方法，如密度泛函紧束缚方法(DFTB)，能够在保证足够的计算精度的情况下提高运算能力，但是高温下 DFTB 比经典 MD 预测化学键更容易断键。QMD 的计算结果比经典的 MD 更可靠，在研究辐射化学和高分子材料结构及性能模拟中得到了广泛应用。

美国劳伦斯利弗莫尔国家实验室的 Kroon blawd 等采用 QMD 方法预测了湿润和干燥条件下二甲基硅氧烷与二苯基硅氧烷共聚物中苯环辐射激发后的典型化学反应(图 9.5)。他们在研究中发现无水情况下激发的苯环容易从甲基或临近的苯环上抽提氢原子而形成苯，未被氢饱和的苯环则极容易导致链内环化反应的出现;水的存在促进了苯和硅醇侧基的产生,而且对硅橡胶断链具有显著影响。研究结果表明环境湿气和辐射可能具有协同作用,这对硅橡胶材料的机械性能具有重要影响。该团队还尝试建立基于 QMD 方法的高通量多尺度计算能力,以及基于图形引擎(NetworkX) 自动统计分析的后加工算法框架。该研究通过级联碰撞 QMD 模拟了聚二甲基硅氧烷的初级撞击原子(PKA) 事件和随后的级联碰撞反应:模拟通过随机选择原子并随机施加大于典型化学键分解能的反冲能(10 ~ 100 eV) 而引发 PKA 事件,并由 DFTB+ 代码评估计算原子受力和电子结构能量,整个模拟在 LAMMPS 中采用扩展的拉格朗日-波恩-奥本海默动力学(XL-BOMD) 框架进行时间积分演化。通过后处理模拟结果获得了辐射损伤导致的支化点、碳连接键、环化结构和主链网络碳交联点产生的概率。他们的工作深度揭示和预测了复杂环境下高分子材料的辐射老化行为,为相关服役环境材料的老化评估提供了借鉴和理论指导。

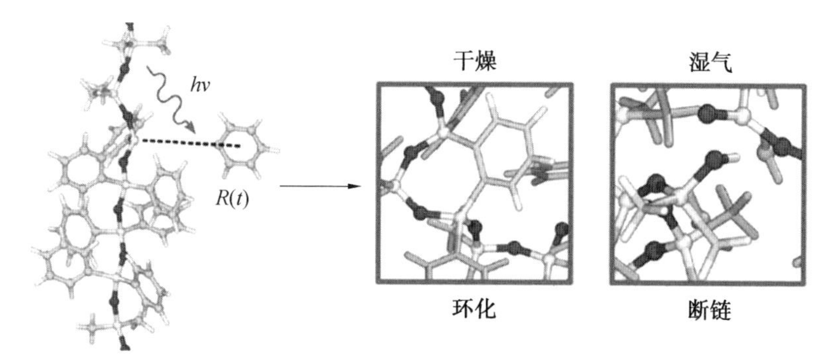

图 9.5　在干 / 湿环境下二甲基硅氧烷与二苯基硅氧烷共聚物中苯环辐射激发后的典型化学反应

Wang 等通过 AIMD 研究了电子撞击导致乙醇双阳离子分子发生分解的动力学行为,揭示了库仑爆炸和漫游机理的竞争关系。研究发现双阳离子的电子基态有数个分解路径是库仑爆炸无法完成的,只能通过异构化进行演变。超快氢或质子转移能在库仑爆炸前稳定势能面,并形成 H_2 和 H_2O;产生的 H_2 和 H_2O 在前驱体周围漫游导致异构化,最终质子转移产生 H_3^+ 和 H_3O^+(图 9.6)。该研究有助于理解辐射产生的阳离子分子的复杂分解动力学。Foley 等在甲醛的轨道共振过程中揭示了漫游、自由基和分子通道的耦合在甲醛光激发分解中的作用。漫游机理是指活性分子发生近解离形成自由基,自由基长距离重新定向后发生分子内反应。尽管漫游事件具有量子性质,但迄今为止还没有观察到清晰的漫游量子特征。研究人员在漫游阈值附近的甲醛光解过程中发现了量子动力学的证据,他们将之归因于与 H + HCO(K_a = 1) 相关的共振(高位亚稳量子态),该共振对产物 CO 的旋转和平动能分布有深远影响,并导致漫游部分在

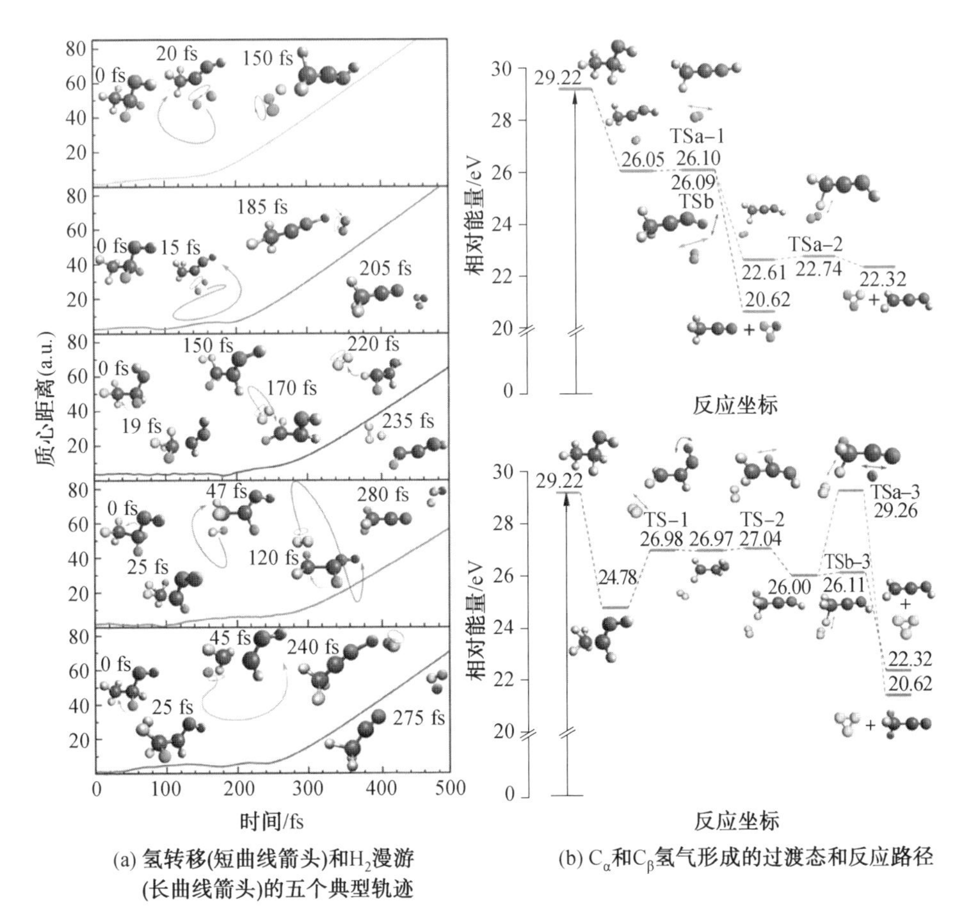

(a) 氢转移(短曲线箭头)和H_2漫游(长曲线箭头)的五个典型轨迹

(b) C_α和C_β氢气形成的过渡态和反应路径

图 9.6　H_3^+ 形成动力学路径

(TSa、TSb、TS 在原文献中指代不同的过渡态结构)

10 cm^{-1} 的能量范围内变化 2 倍(图 9.7)。漫游路径具有调节和描述激发态分子分解为产物时的复杂振动动力学和三条解离路径之间的耦合的作用。最近,基于原子中心密度矩阵传播(ADMP) 方法的扩展拉格朗日分子动力学和多种先进的实验手段,Ren 等研究并首次发现了 $\pi-\pi$ 堆积的苯二聚体分子间库仑衰变(ICD),该模拟方法可以开启给定电子态下的 BOMD 模拟。该研究发现:电子碰撞电离产生的C2s空位引发弱结合苯二聚体分子间库仑衰变;并通过苯分子之间的超快能量转移使得二聚体中另一个苯分子发射低能电子(<10 eV) 产生一对苯阳离子,由于不同分子上电荷分离的可能性,双电离的能量阈值比单体降低很多;双阳离子系统进一步发生库仑爆炸而弛豫(图 9.8)。研究认为这种效应会导致两个相邻的分子损伤而断裂,就像 DNA 和蛋白质中的键一样。研究结果不仅加深了对辐射损伤的认识,而且有助于寻找更有效的物质来支持放射治疗。

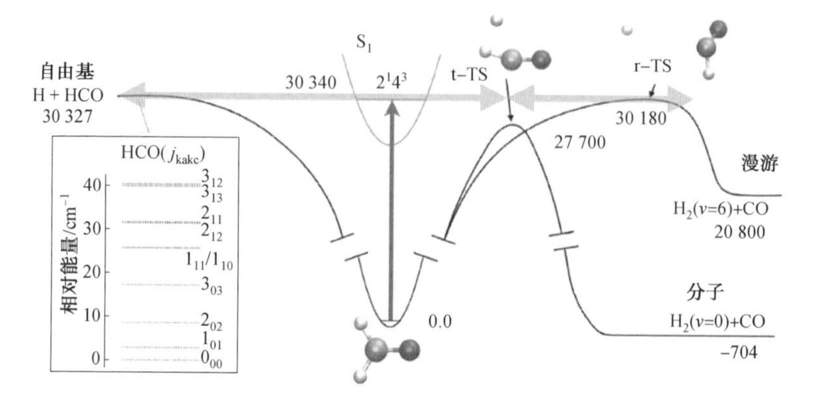

图 9.7　甲醛中的漫游和平面外运动机理势能面及三种相对稳定点产物（t－TS、r－TS 在原文献中指代两种过渡态结构）

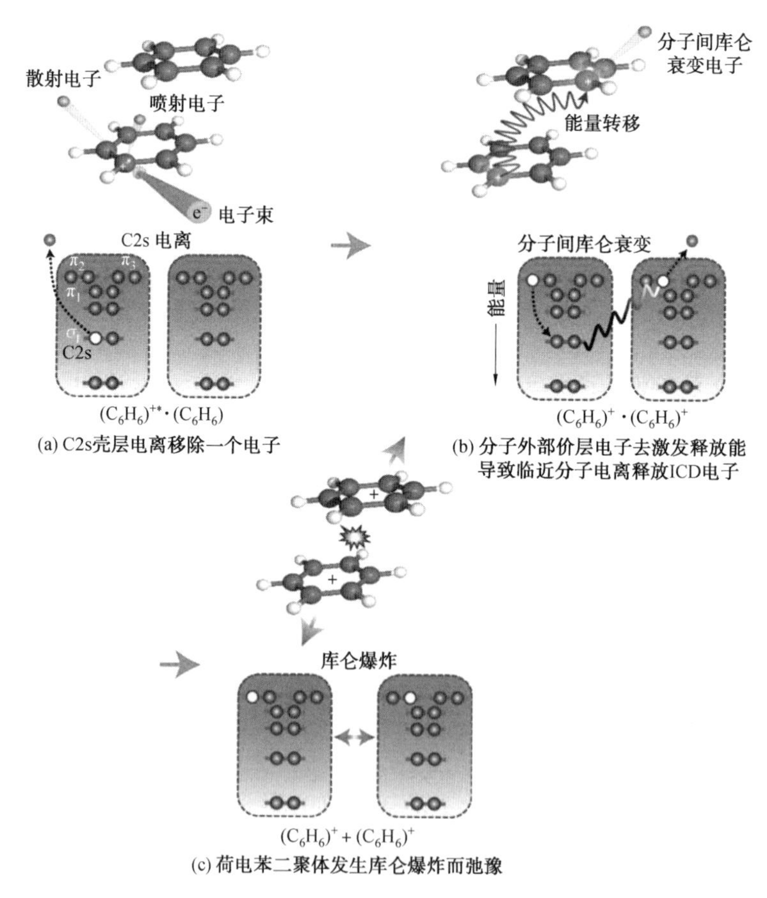

图 9.8　电子束轰击导致苯二聚体分子间库仑衰变(ICD) 过程示意图

Colin 等采用基于 DFT 的 CPMD 研究了具有正交晶系的结晶聚乙烯和无定形聚乙烯的辐射氧化机理：计算结果表明烷基自由基捕获氧分子形成过氧自由基的过程具有自发性；氢转移反应形成过氧化物具有多个反应路径和各自的势能面特征；过氧化物不同，分解机理的激活能变化很大，羟基自由基在过氧化物的降解中发挥重要作用，并且该反应是无势垒反应。主要反应的激活能计算结果见表 9.1。

表 9.1　文献[53]中计算的聚乙烯(PE)氧化反应激活能

反应	无定形 PE 激活能 /eV	结晶 PE 激活能 /eV
氧捕获	无势垒	无势垒
γ-H 抽提	0.84	0.82
β-H 抽提	1.37	1.41
α-H 抽提	1.71	1.54
双分子 H 抽提	—	0.72
单分子 POOH 断键	2.09	—
伪单分子 POOH 分解	—	1.02
双分子 POOH 歧化	—	1.54
双分子烷氧基 / 过氧基反应	—	0.2
POOH 被 · OH 分解路径 1	无势垒	无势垒
POOH 被 · OH 分解路径 2	无势垒	无势垒
POOH 单分子分解	1.73(平均值)	2.06
POOH 被 POO · 分解	—	0.63
POOH 被 P · 分解	—	1.54

Gao 等采用从头算分子动力学(AIMD)研究了具有自由碳网络(FCN)的无定形 SiOC 聚合物衍生陶瓷(PDC)的辐射损伤行为。研究人员采用基于反应力场(ReaxFF)的反应分子动力学(ReaxFF－MD)模拟了聚硅氧烷裂解形成含有 FCN 的 SiOC 聚合物衍生陶瓷结构，然后通过随机引入动能为 80 eV 的硅原子作为初级撞击原子进行级联碰撞的 AIMD 模拟。模拟结果表明：FCN 能吸收离子撞击传递的动能并将之转化成热峰，然后以热能形式耗散；FCN 与 SiOC 的界面能够很容易地捕获位移原子，从而减少级联损伤。

9.2.3　含时密度泛函理论

波恩－奥本海默动力学(BOMD)是研究基态势能面化学含时轨迹演变的主要手段之一，其基于绝热近似方法。但是 BOMD 不能用于非绝热电子过程反应的模拟，例如多势能面和势能面的圆锥交叉，因为电子－核耦合引起的电子跃迁和基态与激发态相干叠加会导致电荷振动，使得绝热近似不成立，核动量决定了系统的非绝热行为偏离波恩－奥本海默动力学的程度，高动能将导致更强的非绝热行为。为了解决非绝热态模拟问题，人们逐渐发展出了含时密度泛函理论（TDDFT）方法。TDDFT 是基于 DFT 的推广而发展的理论方法，主要是为了求解含时薛定谔方程，求解的结果为近似结果而非真实值。该方法计算十分耗时，通常模拟体系不超过 100 个原子。实践中，通常采取一定时间后将 TDDFT 转换到基态 BOMD 计算的策略，当体系的非绝热行为不再重要时进行上述转换，BOMD的时间步长可达数十阿秒。由于计算耗时限制，无法计算从所有可能的分子轨道出现的双电离事件，而且从不同轨道考虑双电离也很困难，因为使用局域自旋密度近似也会增加计算耗时。TDDFT 通过将时间离散为很小的时间步（一般是阿秒级别），在 Kohn-Sham（KS）框架下增长 TDDFT 方程，逐步模拟体系电子云遭受周围微扰研究物理阶段，基本的运动方程为

$$i\frac{\partial\rho(r,t)}{\partial t}=[H(r,t),\rho(r,t)] \tag{9.6}$$

$$H(r,t)=T_s[\rho(r,t)]+V_{ee}[\rho(r,t)]+V_z+V_{XC}+V_{radiation} \tag{9.7}$$

式中，T_s 为 KS 非相互作用电子气的动能泛函；V_{ee} 和 V_z 分别为电子和核产生的势能；V_{XC} 为交换相关势；$V_{radiation}$ 为辐射产生的势能。

通常采用偶极近似，即电子系统通过分子偶极与光的电磁场中的电场部分作用的方法考虑光子辐射。更加符合实际的描述光子－电子相互作用的方法已经被提出，该方法矫接了 DFT 和量子电动力学。对于离子则存在库仑作用，一般通过相对论 Liénard-Wiechert 公式计算；对于很轻的粒子（如电子），不能忽略入射粒子的量子效应。读者可自行学习实时含时密度泛函理论（RT－TDDFT）、因式分解 DFT 和多组分 DFT 理论方法了解他们的处理思想。在 TDDFT 模拟级联碰撞研究中，由于入射粒子的速度比材料本体原子大很多数量级，且模拟时间短，在模拟中的衰减很有限，因此模拟电子阻止能只需要入射粒子运动，而且一般设置成匀速运动，靶体材料原子的运动可以被忽略（一般固定不动），这有助于降低计算耗时和简化分析。材料中的电子初始状态一般是基态，带电入射粒子的入射初始态是未知的，模拟时一般假设其处在基态；随着模拟的进行，初态模棱两可的假设带来的影响逐渐消失。已知的事实是采用全量子方法处理电子跃迁（电子激发、电荷转移和电离）和核激发（转动、振动和位移分解）动力学几乎是不可能的；多组态含时哈特里－福克（MCTDHF）方法成本较低，含时组态相互作用（TD－CI）方法也得到了长足的发展和应用，但是目前最流行的方法还是当属 TDDFT 方法。

Agostini 等综述了非绝热分子动力学模拟研究方法，波恩－奥本海默近似（BOA，绝热近似）将电子和核处理为最低能量的一个整体，简化了核波函数表示，其动力学由电子本征态描述（通常是能量最低的基态），原子核绝热地在基态电子态运动而不会引发电子跃迁。因此，BOMD 通常用于研究碰撞位移损伤的

非绝热过程。然而，由于辐射通常导致电子跃迁而引起了不可忽略的电子－核运动耦合（非绝热耦合），电子激发态分子的核动力学过程容易进入电子态能量十分接近的核构型空间，使得该近似不成立。为此，描述电子激发态的分子的波函数需要改变。模拟方法包括固定网格或者时间依赖网格量子动力学，以及量子/经典杂化方法，如 surface hopping、埃伦费斯特动力学（ED）和耦合轨迹框架。Omar 等综述了生物分子电离辐射的第一性原理模拟进展，主要讨论了辐射损伤在不同时间尺度辐射损伤特征和相应的模拟方法（图9.9），辐射与材料相互作用的较短时间尺度内（物理以及物理化学阶段）涉及阿秒、飞秒和皮秒化学，TDDFT 和非绝热分子动力学在研究相关机理过程方面具有很好的应用前景。Tarifa 等通过含时密度泛函理论－分子动力学（TDDFT－MD）方法研究了尿嘧啶在气相和溶液中的电离辐射氧化损伤行为和机理，该方法中的有效分子轨道随时间增长而生成和控制电离事件，以及跟踪双电离后引起的库仑爆炸的早期阶段。研究人员通过移除特定轨道的电子模拟电离过程，在气相模拟中观察到的分解反应并不对应能量最有利的分解路径，这主要是电子移除后的早期动力学效应导致的。与气相数据对比，该项研究揭示了溶剂环境对尿嘧啶分解的重要作用，从尿嘧啶到水的快速电荷转移形成了多种自由基，并发现了快速的间接损伤过程，比如尿嘧啶的羟基化（图9.10）。快离子导致的多电离使 DNA 发生不可逆损伤。目前多电离导致的损伤还未引起足够的重视，并且在实验上也很难区分，因此理论计算是最有效的研究方法。

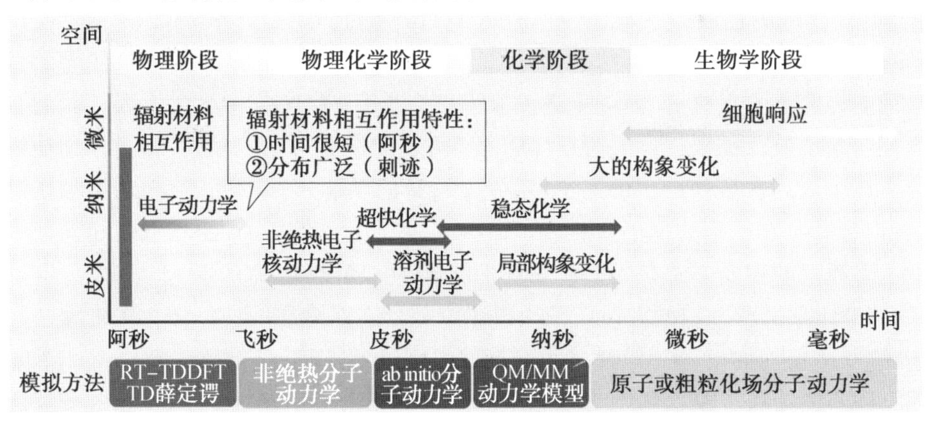

图9.9　辐射与生物材料相互作用导致的多时空尺度响应以及响应的模拟方法

在计算方法方面，线性响应方法和时间传播方法均可用于计算电子阻止能，但是线性响应方法计算更简单。Correa 综述了采用基于线性响应的 TDDFT 方法计算材料电子阻止能的发展现状，详述了实验和理论方法计算电子阻止能的发展现状，并探讨了能带结构效应、电子－声子耦合、等离激元和尺寸效应。此外，各向异性材料的结晶取向与粒子入射方向也会影响电子阻止能，模拟时应加

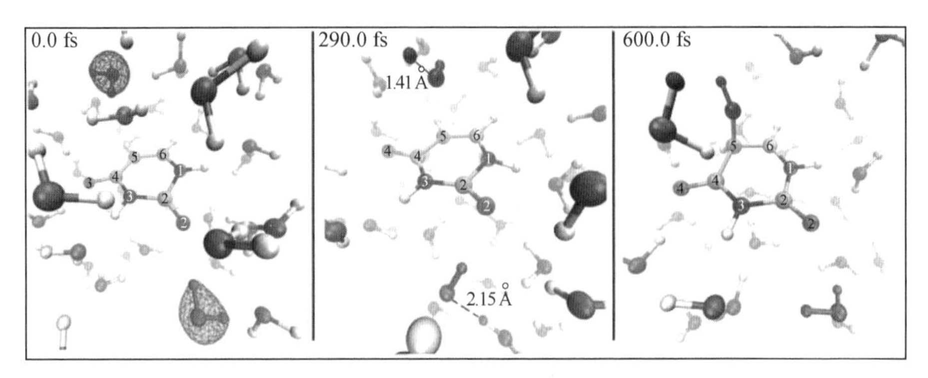

图 9.10 尿嘧啶羟基化机理(彩图见附录)

(从 2a1 分子轨道(蓝色和绿色轮廓) 产生的单氧化水分子导致一个羟基与 C5 成键。图中灰色、蓝色和红色分别是 C、N 和 O 原子)

以考虑。Correa 等通过 TDDFT 研究了高能质子轰击铝辐射损伤动力学,尽管 BOMD 在研究辐射损伤时很关键,但是不考虑电子和核的非绝热交换在很多情况下是不可接受的,因为电子激发对原子间力的影响导致其与绝热的 BOMD 模拟偏差很大,进而说明电子阻止能和核阻止能之间的关系对模拟辐射损伤很重要。Krasheninnikov 等结合 TDDFT 和 MD 模拟了高能质子与石墨碳纳米结构碰撞的微观机理,认识到入射粒子的能量、靶体材料的电子与离子(原子核) 自由度以及冲击参数均调控着能量沉积,发现当入射质子的速度超过费米速度(8×10^5 m/s) 时(初始能量 100 eV),TDDFT 计算的传输给 C 原子的反冲能偏离 BOMD 基态动力学的计算结果,质子氢偏离靶原子碰撞截面的撞击事件导致直接动能传输不是很显著,而电子激发显得极为重要,为波恩 - 奥本海默近似的正确性明确了应用极限。Lim 等用 TDDFT 方法研究了硅的自辐射,通过评估初级撞击离子或二次事件产生的离子(1 ~ 100 eV 的动能) 在单位长度传输给电子的能量,计算了硅原子的电子阻止能。研究者发现 1 ~ 100 eV 的较低动能保证了电子态演变的微弱非绝热性;电子阻止能远低于跨越能隙的跃迁阈能时,绝热 BOMD计算发现冻结的入射粒子生成了一个处在能隙之间的局域化未占据缺陷态,该缺陷态如同电梯一样使电子"搭乘"而更容易跃迁过能隙。Dispenza 等采用 TDDFT 计算了聚乙烯吡咯烷酮溶液的脉冲辐射降解产生的四种自由基瞬态可见光吸收波长,通过与实验数据对比指认了主要的自由基物种,并用DFT 方法获得了它们的相对稳定性。

Cai 等采用真实含时密度泛函理论(RT - TDDFT) 研究了电子束引起分子分解的不同路径之间的竞争和原子机理,为生物材料由于透射电子显微镜(TEM) 表征引起的损伤提供了理论依据。RT - TDDFT 理论方法能够描述电子态的电离截面和热载流子冷却以及深能级俄歇衰减导致的快速分解过程。研

究人员研究了乙二醇的电离分解，模拟中发现三个不同的分解路径存在较强的竞争，有以下三种机理导致的分解：① 热载流子非绝热快速冷却导致的快速分解；② 俄歇衰减导致的快速分解，包括双电离和库仑爆炸；③ 增加的动能导致的慢分解。进一步分析发现这些分解路径与被电离电子的初始轨道（图 9.11）有关：① 从能级非常浅的接近最高占据轨道（HOMO）能级电离会形成热载流子，而热空穴发生冷却并松弛到 HOMO；该过程由较小的能量转化为原子核动能，通常在短时间内不会导致分解，但是热空穴松弛能和分子重排能转换为核动能的长期过程可能导致分解。② 电子从比 HOMO 稍微更低的能级电离，这会引起更多的热空穴松弛能转化为核动能而导致分子分解。③ 电离电子来自更深的能级，极大的热空穴松弛能导致另一个电子被电离，即出现俄歇过程或俄歇衰减，电荷的增加引起库仑爆炸进而导致分子分解。研究人员进一步发现通过改变电子束能量显著改变了这三种机理的相对贡献。在计算电子阻止能方面，Omar 等指出 RT－TDDFT 方法对交换相关效应不敏感，这可能是由于能量沉积主要是通过库仑相互作用，交换相关效应贡献很小。在计算中采取的最简单的密度近似一般是局域密度近似（LDA）和广义梯度近似（GGA），但是 LDA 和 GGA 通常不能很好地定位里德伯态和电荷转移态，并且会低估电离能。因此，即便不同泛函产生的态密度的沉积能量相同，激发态布居却可能大相径庭，导致后续的动力学过程出现交换相关泛函依赖性，最终产生无关的电荷迁移机理。此外，标准的 RT－TDDFT 方法无法有效地处理电子去相干，导致其无法真实地处理二次电子演变。

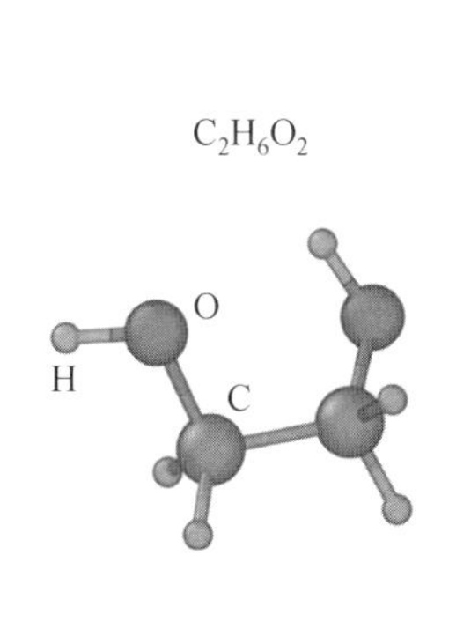

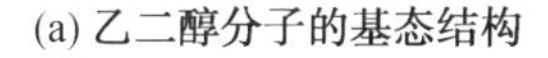

(a) 乙二醇分子的基态结构

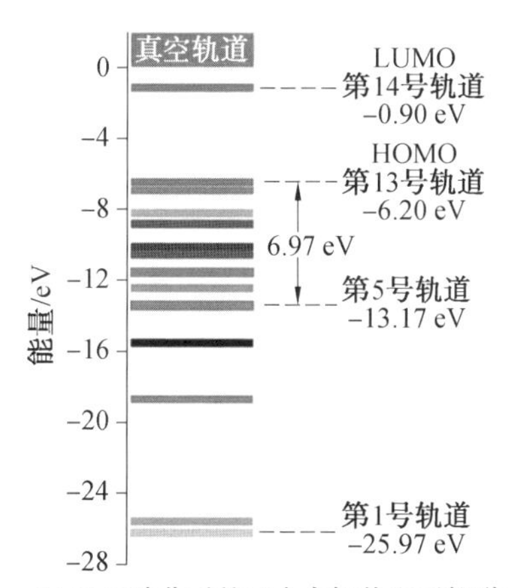

(b) 乙二醇分子的13个占据价电子轨道和最低未占据分子轨道能量

图 9.11　乙二醇电离分解机理

（HOMO 和 LUMO 分别是第 13 和 14 号轨道，真空轨道能量为 0）

Vacher 等用直接动力学变分多组态高斯方法研究了对二甲苯和二亚甲基金

刚烷的电离动力学。该方法用变分耦合高斯函数的含时基组描述波包，研究发现移相（相位颤动）导致快速的去相干，而原子核重叠衰减（不同电子态的核波包之间的重叠减少）可能有助于维持和再度相干。Kuleff 等综述了超短激光脉冲导致的激发或电离系统的超快相关驱动电子动力学过程，深入研究了电离系统的电荷迁移现象，为研究辐射引起的阿秒化学提供了理论支撑。高能光子导致的突然电离近似可忽略电子云的重排，因为电离速度比电子相关更快，剩余电子的响应时间一般是 50 as 左右。激光脉冲常导致分子布居多个电子态，这与脉冲频率（能量）和辐射时间有关。相干脉冲可以形成相干的电子波包，电子相关驱动电离产生的局域孔洞发生迁移，这与核运动导致的电荷转移不同。通常内层电子激发导致电荷迁移，外层电子也可能由于很强的相关效应而导致电荷迁移。由于涉及大量的电离态而呈现脉动模式，电荷迁移主要表现为电荷的来回振荡。电荷迁移代表分子的偶极振荡，振荡的偶极子可发射特征红外辐射，进一步由 Larmor 方程计算能量。此外，突然电离微扰后的剩余电子由于电子相关导致的超快响应引起紫外光发射。这两种信号均可用于研究辐射化学机理。Calegari 等深入揭示了阿秒脉冲引起的电荷迁移和核重排，证明电子波包动力学可以被时间尺度比振动响应短得多的阿秒脉冲引发，指出超快振荡与核动力学无关，但构象转变可能影响电荷迁移。

尽管 TDDFT 在模拟材料的辐射效应中具有很多优势，但 TDDFT 中大量变体的近似交换相关泛函和经验处理不可避免地导致了自相互作用误差，使其不能正确描述电离后的电子动力学；如果不完全消除自相互作用误差则会引起未成对电子轨道的非物理离域。针对这个问题，采用无自相互作用的泛函是一个可能的解决途径。此外，最常用的线性响应方法只能处理单激发相互作用情形，对于很多需要明确考虑双激发的情况（如电子衰减过程）是不合适的。传统的观点认为电离是从特定的分子轨道移除电子，忽略了电子相关作用。以往用于束缚电子的方法难以处理大体系的电子激发态，因为连续介质中电子的波函数是离域的并且呈现振荡行为，使得标准基组难以对其进行描述。

9.2.4 埃伦费斯特动力学和两温度分子动力学

经典的级联碰撞模拟只能处理原子间的能量传递，忽略了电子激发和电离（晶格和电子能量交换）等电子效应的影响。虽然对低能初级撞击原子（PKA）是很好的近似，但是对于高能情况就不可以忽视，因为此时电子非弹性碰撞损失的能量占电子阻止能的很大一部分。电子效应随辐射能量的增加而变强，而且具有显著的热传输和强的电子－离子相互作用。为了克服同时求解电子和核的含时薛定谔方程非常耗时的问题，除了 TDDFT 量子－经典杂化动力学方法，计算化学家们也相应发展出了类似甚至相互继承的 surface-hopping 方法、Tully 的

最少面跳跃(FSSH)方法、埃伦费斯特动力学(ED)和两温度分子动力学(2T－MD)。通常ED耗时仅是波恩－奥本海默动力学(BOMD)耗时的2～4倍。需要注意的是FSSH和ED方法都不能体现核量子效应,如隧穿效应、零点能和量子去相干。本节将详细介绍ED和2T－MD。

(1)ED。

与TDDFT类似,ED将含时薛定谔方程对所有激发态的展开近似化简为单Slater行列式,避免显式计算激发态并用相干叠加态代表波函数可显著降低计算量,所有的化学性质(如势能、力和电子密度)是计算的平均期望值,原子核受力用平均电子势能面的梯度计算,在这样的势能面上增长的经典轨迹就是ED。ED形成于含时自洽场中核自由度的经典极限,其动力学通过引入力 $F^{\alpha}(t)$(式(9.8))使原子核在各个非绝热电子态的布居平均有效势表面演化,并根据含时薛定谔方程传播波函数 $\Phi_{R^{\alpha}(t)}(t)$,

$$F^{\alpha}(t)=\langle\Phi_{R^{\alpha}(t)}(t)\mid-\nabla_{R}\hat{H}_{BO}(R^{\alpha}(t))\mid\Phi_{R^{\alpha}(t)}(t)\rangle_{r} \tag{9.8}$$

式中,$R^{\alpha}(t)$ 为原子核路径,$\hat{H}_{BO}(R^{\alpha}(t))$ 为含时薛定谔方程中通过 $R^{\alpha}(t)$ 量隐式包含时间依赖性的哈密顿量。

ED已经广泛用于研究激发载流子动力学、光激发系统的结构转变和分解(包括退激和核－电子耦合激发),原则上ED可以描述电子阻止和电子－声子耦合作用。如果不同的电子态耦合展现出类似的特征,ED可以在短时动力学模拟中给出较好的结果,特别是当体系的电子动力学能被有效求解时(如用TDDFT方法)。ED的积分步长与电子运动应在同一个时间尺度,通常比核运动短一个数量级,典型的核运动时间步长、电子运动时间步长和电子－核耦合时间步长分别为0.5 fs、0.005 fs和0.05 fs。当涉及激发态动力学时,核势能面的梯度变化巨大,常采用较小的核时间步使能量守恒。根据电子－核耦合在不同时间尺度的松弛和驱动过程进行积分求解,松弛步是对固定原子核位置的电子含时HF方程积分,驱动步则是原子核在变化的电子密度自由度的积分势能面上运动,通过Fock操作符间接耦合电子自由度和核运动。

Polyak等通过ED发现多烯烃π电子和甘氨酸的σ电子被电离后会发生数个飞秒振荡的电荷迁移。电荷迁移在最初的10 fs基本不受核运动影响,半经验ED和全量子动力学计算表明原子核几何结构对应的零点能分布导致电子波包快速去相干(通常在5 fs以内),全量子计算证明不同核波包的移相(特别是低频振动模)导致了去相干。Despré等发现远紫外(XUV)脉冲引起的超快电子动力学的电子相关导致电离的苯分子的空穴在苯环和周围的氢原子之间在亚飞秒时间尺度发生迁移(周期性呼吸),而电子与核运动学耦合会引起快速衰减和消失。超快电离通过布居数个离子态产生空穴波包,与核运动耦合会改变离子态的相对势能进而不可避免地导致电子波包的去相干，最终阻止电荷振荡，但是ED模拟表明电荷迁移（空穴振荡）在最初的10 fs不受电子－核耦合的影响。作者认为该研究有助于探明空穴迁移对分子反应性的影响。Lara-Astiaso同样通过基于TDDFT的ED研究了电离色氨酸的电子动力学，指出核运动和非绝热效应会导致电子波包去相干，但对早期影响不大。这些研究有助于认识辐射效应的早期电子动力学特征。

Worner等综述了分子系统的电荷迁移和转移研究进展，并采用基于TDDFT的ED研究了阿秒电荷迁移，回答了如何重现和利用激光控制电荷迁移，如何含时处理和理解分子内电荷转移和分解型电离小分子、过渡金属复合物和聚合物的电荷转移等问题。研究指出电荷迁移是不同电子态相干叠加导致的（也只能在此情况下发生），只表现为电子密度随时间的振荡变化，一般只涉及亚飞秒时间尺度的电子动力学过程；电荷转移则还涉及原子核的永久性运动重排，即核动力学过程。阿秒脉冲的能量远高于大多数物质的电离能，因此实验和理论研究电荷迁移通常是针对电离物质。描述电离导致的电荷迁移一般使用分子阳离子本征态的确切波函数，进而计算含时电子密度。Schleife等采用基于TDDFT的ED精确地计算了轻入射粒子（氢和氦）在很宽的入射速率下撞击金属铝的电子阻止能，该方法描述了非绝热电子－核耦合相互作用，不需要引入特定的参数或假设，如有效电荷和介电函数。

ED方法也存在一些缺点：① 不满足细致平衡原理，导致电子自由度过热而不冷却。缺乏对电子去相干的处理导致ED模拟无法重现一些现象，Wang等建议将绝热态布居信息用于小分子辐射降解从而增强去相干。Nijjar等发展了去相干和细致平衡校正的埃伦费斯特（Ehrenfest－DDB）方法：去相干通过相干惩罚泛函描述，该泛函使动力学远离具有大的相干值的希尔伯特空间；细致平衡则是通过将用于半经验近似的量子时间相关函数的校正因子修正对角矩阵元实现，二者都向薛定谔方程引入了非线性项。该方法为研究大系统的量子动力学提供了方法。Cai等将细致平衡原理包含到RT－TDDFT模拟方法中，从而具有研究非绝热载流子冷却的能力。②ED无法捕捉核波包支化，通常核波包在短时间内不能扩散到核构象空间，核波包支化对早期（10 fs）的动力学描述影响不大，长期动力学松弛则可能发生显著的核波包支化。③ 形状十分不同的势能面可能导致ED的平均场引入人为的核动力学特征。④ 由于ED在平均势能面上演化电子和核自由度，基于TDDFT的ED也容易出现非物理的分数电荷。

（2）2T－MD。

传统的辐射损伤是通过级联碰撞进行模拟，很多情况下没有包含电子非弹性碰撞的影响，即使考虑也是简单通过在运动方程中加入摩擦项的方式进行说明（式（9.11））。Hemani等通过引入黏性力 F 阻尼入射粒子来说明电子阻止能

的影响，公式为 $F=\beta v$，其中 β 是拖拉系数。Duffy 等提出一种分子动力学耦合电子能模型的方法，即两温度分子动力学(2T－MD) 模型，用于研究材料(目前主要是金属和半导体等周期性材料) 的辐射损伤，使得模拟电子激发对百万甚至亿原子大体系的影响成为可能。原子核的级联碰撞由 MD 进行 PKA 模拟，电子和原子间的能量交换主要基于电子阻止和电子－声子耦合机理，并通过扩散方程源项输入电子系统。根据局部电子温度，热电子能量再通过朗之万(Langevin)恒温器反馈回原子系统。2T－MD 的主要思想是在辐射事件发生后极短时间内(通常为飞秒尺度)，电子会热化而具备明确的温度，电子系统温度与原子核系统不同并随时间发生能量交换，最终在皮秒时间尺度内达到平衡，这个过程就可以用 2T－MD 模型处理。整个模拟如同重原子与轻的热电子海洋交换能量。电子温度(T_e) 和晶格温度(T_l) 随时间和空间的演化可由以下热扩散方程描述，温度由朗之万恒温器控制：

$$C_e \frac{\partial T_e}{\partial t}=\nabla(\kappa_e \nabla T_e)-G(T_e-T_l)+A \tag{9.9}$$

$$C_l \frac{\partial T_l}{\partial t}=\nabla(\kappa_l \nabla T_l)-G(T_e-T_l) \tag{9.10}$$

式中，C_e 和 C_l 为电子和晶格的热容；等式右边第二项为两温度模型中的标准源项；κ_e 和 κ_l 分别为电子和晶格的热导率；A 为由电子阻止导致能量沉积到电子系统的源项，是时间和空间的函数；G 为电子－声子耦合常数。

粒子的运动描述如下：

$$m_i \frac{\partial v_i}{\partial t}=F_i(t)-\gamma_i v_i+F_{i,s}(t) \tag{9.11}$$

式中，v_i、m_i、F_i 分别为第 i 个粒子的速度、质量和受力；电子阻止导致的能量损失和电子－声子耦合导致的晶格能量增加分别通过含有摩擦系数 γ_i 的摩擦项以及随机力 $F_{i,s}$ 引入。

该方法目前被 LAMMPS 和 DL_POLY 软件平台支持。Mason 等采用 ED 模拟离子到非基态电子的能量损失时，同样采用了朗之万恒温器将能量从热电子传输到室温原子核。2T－MD 方法面临的问题是高的电子温度会影响材料参数计算，比如热导率和电子－离子相互作用参数。虽然 ED 和 2T－MD 方法基本描述了电子激发和电离在级联碰撞辐射损伤中的作用，但是这两种方法进行 PKA 模拟时仍然存在如下问题：① 模拟盒子的尺寸随着 PKA 能量增加而显著增加，当 PKA 能量为 500 keV 时，模拟盒子里需要约一亿个原子。② 原子间相互作用势是在平衡结构下拟合得到的，但是辐射模拟中高能碰撞通常远远偏离平衡结构和电子激发。目前的解决办法是开发电子温度依赖性势函数，利用有限温度 DFT 计算结果拟合相互作用势。

9.3 分子动力学

从头算或第一性方法能够处理电子自由度，但是高昂的计算耗时限制了其在大分子体系中的应用；虽然经典分子动力学(MD) 的模拟由于忽略了电子自由度而能计算更大的体系和更长的时间，但是 MD 无法获得电子跃迁激发和电离等信息，因而无法模拟电子激发和电离过程。MD 基于牛顿力学并根据一定的算法研究经典多体系统中粒子在特定的势函数或力场以及外界作用(温度和压力等) 下随时间的演变规律，使用统计力学分析模拟轨迹中粒子的速度和坐标等信息就可得到相关的热力学、动力学和力学量。MD 的力场具备原子类型、能量表达式和力场参数三要素，算法定义了牛顿方程的求解方法，常使用周期性边界条件避免有限尺寸效应和减小计算耗时。模拟通常在某一系综约束条件下开展，如微正则系综(NVE)、正则系综(NVT) 和等温等压系综(NPT)。MD 的时间步长一般在 1 ～ 2 fs，与氢原子振动周期相当，比量子化学方法节约时间且成本相对较低。此外，加速 MD 模拟方法，如副本交换分子动力学，有效扩展了模拟时间尺度。新兴技术，如机器学习和人工智能等，则为加速模拟、精确力场的快速开发提供了无限可能。

常规 MD 无法模拟原子振动 / 运动和相互作用导致的化学反应，为了克服这个问题，配置有反应力场的反应分子动力学(RMD) 被提出，比较出名的 RMD 有 Abell-Tersof、REBO、AIRBEO 和 ReaxFF 等力场，近年来副本交换反应动力学也获得了长足发展。其中，ReaxFF 是目前最主流、发展最迅速的 RMD 力场。ReaxFF 根据计算的键级(Bond Order，BO) 来确定当前时刻体系中各原子间的连接性，键级与原子间的距离存在一定的数学关系；通过拟合量子化学计算(如 DFT) 的几何参数(比如键长、键角和扭转角)、键相互作用、非键相互作用、电荷平衡、形成热、状态方程和反应能等数据结果得到 ReaxFF 的参数，体系的能量由式(9.12) 描述；因此 ReaxFF 可以平滑地描述大规模体系中的化学反应。

$$\begin{aligned} E_{\text{system}} = {} & E_{\text{bond}} + E_{\text{lp}} + E_{\text{over}} + E_{\text{under}} + E_{\text{val}} + E_{\text{pen}} + E_{\text{coa}} + \\ & E_{\text{C2}} + E_{\text{triple}} + E_{\text{tors}} + E_{\text{conj}} + E_{\text{H-bond}} + E_{\text{vdWaals}} + E_{\text{Coulomb}} \end{aligned} \tag{9.12}$$

式中，E_{bond} 为键能项；E_{lp} 为孤对电子项；E_{over} 为过配位能量矫正项；E_{under} 为过配位能量矫正项；E_{val}、E_{pen} 和 E_{coa} 为价角能量项；E_{tors} 和 E_{conj} 为四体作用项；$E_{\text{H-bond}}$ 为氢键作用项；E_{C2} 为修正项；E_{triple} 为三键修正项；E_{vdWaals} 为非键相互作用；E_{Coulomb} 为库仑作用。

ReaxFF 计算结果一般具有接近量子化学的精度，同时可以模拟大规模体系反应。目前该力场被主流的 LAMMPS、GROMACS 和 SCM 软件或平台支持。

2010 年后，美国圣地亚国家实验室开发的 LAMMPS 成为主流的模拟辐射缺陷的开源平台。由于 ReaxFF 模拟结果分析十分困难，限制了该方法解析研究问题的深度和广度，为此，作者专门开发了相应的工具包 RMD_digging，并已在研究聚碳酸酯的裂解和硅泡沫材料辐射老化中得到了应用。

通常模拟分子尺度的级联碰撞辐射损伤的方法有两种：高能粒子轰击和随机选择原子给予反冲能。Beardmore 等用 Brenner 反应势（即 Abell-Tersof）研究了氩离子轰击聚乙烯引起的降解反应，研究发现单次撞击轨迹可分为两个阶段：早期（0.4 ps）的断键产生原子或自由基碎片，后期数皮秒的碎片再结合反应。Polvi 等利用基于 REBO 的 AIRBEO 反应势的 RMD 研究了聚乙烯（PE）和纤维素结晶的辐射效应。研究人员采用随机选择原子给予反冲能（5 ～ 100 eV）的方法进行模拟，发现 PE 和纤维素主要发生断链反应，产生小分子碳氢化合物和过氧自由基，链段碎片再结合和交联反应很少发生，并获得了缺陷产生的阈值能与反冲方向的关系，通过对比指出晶体纤维素比晶体 PE 更加耐受辐射损伤。然而随机反冲能的给予并不能反映实际电离辐射的本质，应着力解决反冲能的起源和分布特征。

Rahnamoun 等结合 ReaxFF－MD 和试验方法研究了电子束辐射对 Kapton 聚酰亚胺（PI）断链和自由基产生的影响。模拟中通过无规插入密集的负电粒子束（零质量的虚原子）近似模拟电子束辐射（图9.12）：模拟中每列负电粒子束打开 2 fs，可通过库仑作用将 21 eV 能量传输给 PI 基体；之后关闭“辐射”再运行 10 fs 的微正则系综（NVE）模拟，如此反复模拟电子束辐射；最后运行 0.5 ns 的微正则系综分子动力学模拟。试验中采用的真空电子束辐射能量为 90 keV，平均每个电子传输的能量（16 eV/ 电子）与模拟设置相当。该研究深入揭示了聚酰亚胺脱氢、开环反应、酰亚胺环破坏、结构重排与自由基产物形成的机理和机械性能变化，与实验测试吻合得很好。他们还通过 ReaxFF 模拟了 Kapton 聚酰亚胺、POSS 改性聚酰亚胺改性、无定形二氧化硅和聚四氟乙烯受低地轨道原子氧冲击表面分解，研究了冲击能、温度和材料组成的影响，证实聚四氟乙烯比聚酰亚胺更加耐原子氧腐蚀，无定形二氧化硅具有最好的耐原子氧腐蚀能力，添加硅元素到聚酰亚胺中能提高其耐原子氧损伤能力。此外，Rahmani 等用 ReaxFF 模拟研究了填充 POSS、石墨烯和碳纳米管对聚酰亚胺受到原子氧轰击导致的损伤迁移的影响，发现具有无规取向的石墨烯或碳纳米管以及填充有 POSS 的聚酰亚胺的质量损失、侵蚀量、表面损伤、原子氧穿透深度和温度演变更低；接枝 POSS 比直接添加 POSS 分布更均匀，抗侵蚀效果更好，而且也比取向石墨烯和碳纳米管的材料防护原子氧侵蚀效果显著。

在无机材料研究方面，反应分子力场的应用也十分广泛。Sushko 等开发了基于 MBN Explorer 软件的分子动力学方法模拟辐射化学反应，并研究了羟基化

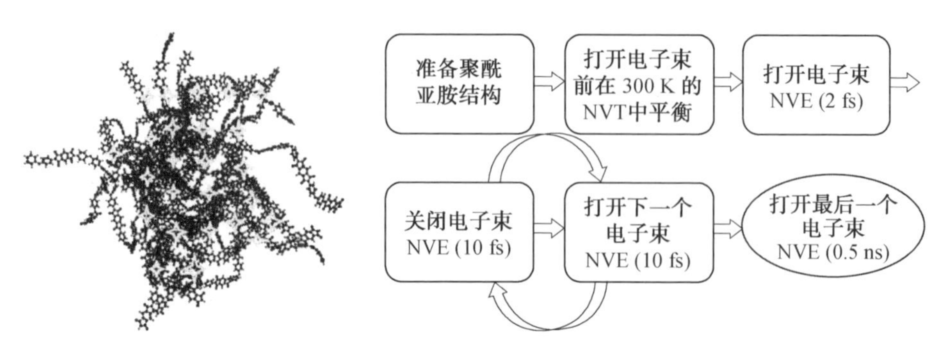

(a) 在聚酰亚胺模型中无规分布的负电离子束　(b) 反应分子动力学模拟聚酰亚胺电子束辐照老化流程

图 9.12　反应分子动力学模拟聚酰亚胺电子束辐射老化

二氧化硅表面的六羰基合钨的电子束辐射分解行为(图 9.13),证明已知辐射降解过程中碎片的相互作用参数可以合理再现实验结果。通过与辐射场耦合的特定速率和量子过程的概率,包括 MC 方法、多体理论、DFT、碰撞理论以及 NIST 与 OpenKIM 数据库中的实验数据,将量子转变考虑进辐射条件下的局部分子力场(包括反应力场)中,这些方法的实施是基于绝热近似以及局部微扰和最终全局特征的关系。Tian 等利用 ReaxFF－MD 研究揭示了连续紫外激光能量沉积和激发导致的局域反冲使二氧化硅形成配位缺陷的规律,研究通过将激光辐射能量(351 nm,3.5 eV) 转换为系统的动能或势能从而驱动化学反应。Lou 等通过 MD 研究了介孔二氧化硅在 1.2 keV 铀原子和金离子辐射导致的级联碰撞事件的弹道效应和辐射烧结效应,并通过 SRIM 中的 TRIM 模块计算了弹道碰撞导致的能量沉积的核阻止能和电子阻止能。Zhen 等通过 MD 研究了二氧化硅的快重离子辐射损伤过程,采用基于 MC 方法的 SRIM 软件计算了 100 MeV 的金离子辐射给予二氧化硅的平均反冲能(Si 和 O 分别为 200 eV 和 130 eV)。该反冲能输入到以 Tersoff/zbl 作为势函数的 MD 模拟中计算得到了硅和氧原子的位移阈能分别为33.5 eV 和 16.3 eV。Smith 等则利用重新经过缺陷形成能参数化的 ReaxFF 模拟石墨电离辐射损伤缺陷的产生,低能碰撞级联模拟产生的点缺陷与从头算模拟结果一致。Yoon 等通过 ReaxFF 研究了稀有气体离子辐射和退火石墨烯导致的晶格缺陷,发现越重的稀有气体离子由于具有更大的碰撞截面而导致更大的纳米孔洞,增加剂量提高了位移损伤概率,模拟的结果与实验数据一致。Neyts 等使用 ReaxFF 模拟结合低能离子轰击试验,发现一定能量区间的离子轰击有助于单壁碳纳米管(SWCNT) 端帽成核生长过程中结构缺陷的愈合,这是由于非热化的离子诱导石墨烯网络重构。Shemukhin 等用 AIREBO 反应势模拟了碳纳米管受 80 keV 氩离子辐射缺陷生成,指出损伤主要是由离子辐射热化导致的无定形化。更多关于石墨烯和碳纳米管的辐射效应的研究,请读者阅读

其他的相关文献。Srinivasan 等采用 ReaxFF 研究了低地轨道高能原子氧撞击腐蚀金刚石的机理。研究发现该过程会产生醚键、过氧自由基、氧自由基和二氧环丁烷，与实验数据和第一性计算结果一致，并证明金刚石薄膜是优秀的抗原子氧腐蚀材料。Buchan 等用 MD 研究了金刚石辐射损伤级联碰撞动力学，揭示了其耐辐射的本质机理：辐射导致的缺陷能高效地再结合，导致只有 50% 的位移损伤形成，低于石墨的 75% 占比。可见 ReaxFF 模拟在辐射效应大规模模拟方面应用十分广泛，其与有机材料的模拟在方法上并无较大区别。模拟力场的选择性至关重要，需要一定的理论知识和经验判断。当没有合适的力场时，需要专门开发力场，比较耗时耗力。

图 9.13　二氧化硅表面吸附的六羰基合钨受到电子束辐射分解示意图

尽管 MD 在模拟时空尺度上有了很大改善，但是经典 MD 和 RMD 均无法直接描述电子动力学，无法说明分子系统与辐射的耦合作用以及描述辐射导致的量子转变。目前的解决办法是将电子效应（电子阻止能和电子－声子耦合）引入 MD 模拟中，比如前面介绍的 TDDFT、ED 和 2T－MD 等。

9.4　动力学模型

尽管 MD 模拟已经极大拓宽了辐射效应模拟的时空尺度，但是对于人们认识宏观层面的辐射老化仍然存在着时空鸿沟。因为化学反应、结构松弛、物质能量传输、损伤缺陷演化、聚集态结构和宏观结构及性能变化跨越了从阿秒到数月甚至几十年的时间尺度，以及埃米到毫米、厘米甚至米的空间尺度，远远超出了 MD 的能力范畴。动力学模型和后面将要介绍的有限元方法以及本构模型正是解决大时空尺度模拟的关键方法，动力学模型中的基于反应速率理论和动力学蒙特卡洛（KMC）的方法是最常用的手段，该方法研究的时间尺度可长可短。除了初始引发机理相差较大，热（氧）老化、光（氧）老化和辐射（氧）老化动力学是比较相似的。因此，动力学模型在有机材料的辐射效应模拟方面运用十分广泛。动力学模型主要分为确定性动力学模型和随机动力学模型，下面分别进行介绍。

9.4.1 确定性动力学模型

确定性动力学模型主要基于材料的辐射老化机理，建立以反应速率理论和耦合的传输扩散基本方程为框架的老化动力学模型，模型基本由反应速率常数和物质浓度根据质量作用定律和已知反应级数建立微分方程组，物质能量的传输扩散由相应的理论方程耦合加入模型。模型的扩展性极强，由于往往是刚性方程组，需要稳健的算法进行数值积分求解。另外，也有很多研究极度简化材料的老化机理并采取很多假设，进而获得问题的解析解。这些近似和假设包括：① 稳态假设，即反应很快达到平衡，过氧化物和自由基浓度基本恒定；② 长链动力学；③ 氧过剩假设，即不存在扩散限制氧化(DLO)，氧气浓度不变；④ 终止速率间特定关系假设，这个特定的假设是为了简化计算；⑤ 低浓度自由基扩散运动导致的微观不均匀性，未采用扩散定律而是基于人为的假设计算，比如引入一阶速率常数。这些近似和假设往往导致过度简化，影响模拟结果的可靠性。

Colin 等通过非经验动力学模型研究了乙丙共聚物(EPR) 在低温和低剂量率下的伽马辐射氧化降解行为，通过自由基机理中的 30 个基元反应建立了不同乙烯含量的 EPR 的老化动力学模型(氧气含量由亨利定律计算)，使用 Matlab 的 ODE23S 求解器求解建立的刚性微分方程组。模型预测的特征性产物、结构以及断链和交联的辐射化学产额与已知实验数据相符。他们还研究了聚乙烯在低温(20 ～ 200 ℃) 和低剂量率下的非扩散限制(薄样品) 辐射氧化行为，基于辐射氧化自由基机理的动力学模型准确预测了 40 ～ 200 ℃ 辐射降解中氧吸收、过氧化物与过氧化氢累积和氧化诱导时间及稳态氧化速率(图 9.14)。Satti 等采用半经验模型模拟了聚硅氧烷在 γ 和电子束辐照下的分子量变化和用于产生四功能交联点的能量占比。所用的半经验模型是由 Sarmoria 和 Vallés 建立的动力学模型(涉及 54 个方程)，能够同时考虑断链和交联(包括 H 型交联和 Y 型交联)。模型需要输入的参数包括分子量分布、凝胶点剂量、用于交联和断链的能量百分比，并以交联和断链键转化率为独立变量，采用概率理论计算感兴趣的量。Donnell 等基于聚合物分子辐射时的无规断链和交联机理，建立了初始分子量满足 Schulz-Zimm 分布材料的重均分子量和 Z 均分子量与辐射剂量的关系，预测了断链和交联产额。Gillen 等在聚合物的基本自动氧化机理框架下解析求解稳态动力学，并结合各反应的解析解和在长链动力学以及特定终止速率关系假设下得到的扩散表达式，推导了理论氧化剖面理论模型。该模型与氧浓度、氧化速

率、引发速率和其他反应条件相关,可用于近似扩散限制氧化研究。然而,简化的机理和各种假设似的模型的普适性和可靠性需要小心验证。Devanne 等尝试用动力学模型研究胺固化环氧网络的辐射老化,动力学模型建立在两步机理框架之上,即链引发阶段的断链和链终止阶段自由基的部分再结合。该模型的表观速率常数是从核磁共振波谱(引发)和电子顺磁共振波谱(终止)表征分析获得。如较低程度老化断链情况下,环氧玻璃化转变温度(T_g)的关系可由改进的 Di Marzio 理论方程推得:

$$s=\frac{T_{g1}}{2KF}\left(\frac{1}{T_g}-\frac{1}{T_{g0}}\right) \tag{9.13}$$

式中,K 为广义常数,$K=2.91$;F 为柔性参数(每个可转动键的摩尔质量),$F=30\ \mathrm{g/mol}$;T_{g1} 为含有网络所有结构的线型聚合物的 T_g,$T_{g1}=348\ \mathrm{K}$;T_{g0} 是材料初始的 T_g。

发现终止速率受到扩散控制,可以利用韦特(Waite)理论建立时间依赖的终止速率常数(对于自由基偶合终止反应速率常数 k_t 有式(9.14)),模型的预测结果在 0 ~ 70 MGy 剂量内与实验数据一致。

$$k_t=k\left(1+\frac{k}{\sqrt{\pi Dt}}\right) \tag{9.14}$$

式中,$k=4\pi r_0 D$,r_0 是捕获半径;D 为自由基扩散系数。

LaVerne 等利用扩散动力学模型研究了环烷烃的伽马辐射降解,其辐射降解产物的产额与实验数据一致。模型主要的可调参数是反应产物初始高斯空间分布的特征半径,最低激发单线态和三线态考虑为反应物,模拟时间在微秒级别。他们指出由于受到长程库仑作用影响,离子反应不太可能用速率论法则模拟。Korpanty 等通过基质辅助激光解吸附电离成像质谱和动力学模拟,研究了 TEM 引起聚乙二醇(PEG)在辐射敏化剂金纳米粒子和自由基捕捉剂异丙醇的水溶液中的辐射损伤行为。研究者发现异丙醇能减轻材料的辐射损伤,而金纳米粒子显著增强损伤。基于已知的辐射化学产额(G 值)和反应速率常数,使用动力学模型研究了上述材料的 300 keV 电子束辐射损伤行为。研究人员假设只有水和金纳米粒子能直接被电离辐射改变,其他物质只是由二次反应发生变化;通过使用浓度依赖的剂量增强因子证明了金纳米粒子的剂量增强效应。Dahlgren 等采用数值确定性动力学模型研究了聚合物溶液单脉冲高能电子束辐射化学反应动力学,该方法结合了水的均相辐射化学和聚合物自由基化学以及其他分子化学。考虑的反应体系相对简单,并限制了可能的反应态;所用的反应速率常数来自于实验数据,并用标度因子和实验数据拟合等方式进行参数化;对于反应物和产物不全属于允许的反应态,需要用线性组合平均进行处理。在较低聚合物浓度和高剂量脉冲下,分子内和分子间的自由基偶合反应使得自由基

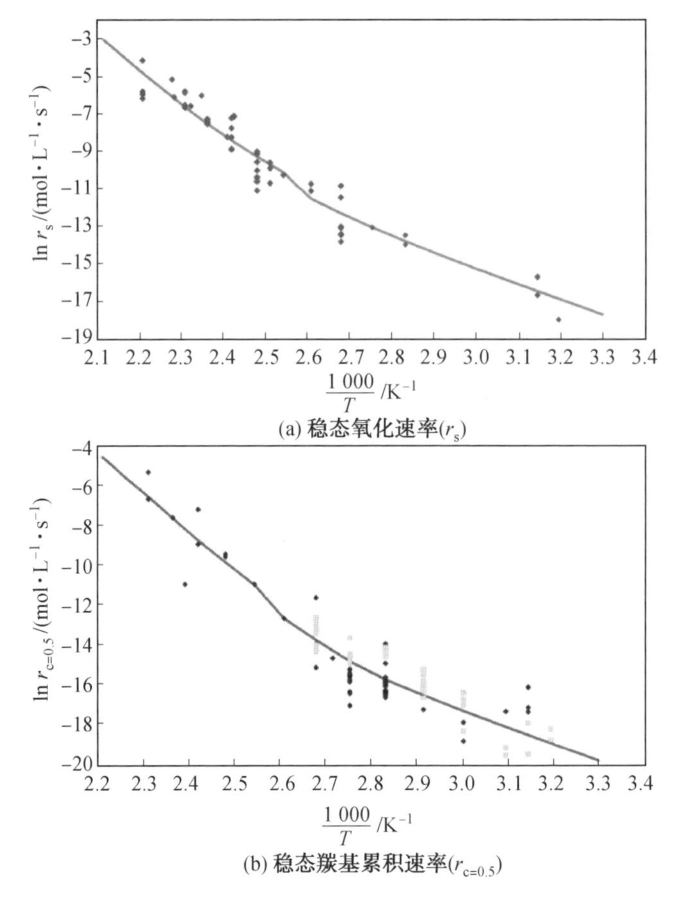

图 9.14　聚乙烯辐射老化动力学模型数据与实验数据对比

的衰减十分复杂，而在低剂量脉冲下呈现为二阶动力学(图 9.15)。模拟证明低浓度聚合物和高脉冲剂量限制了聚合物捕捉清除水辐射降解产生的自由基，较低分子量时自由基衰减更快是分子间自由基偶合反应导致的。Horne 等基于反应机理和速率常数使用动力学模型模拟了甲酸和甲酸盐溶液辐射降解矿化(图 9.16)，动力学模型由耦合微分方程组成，动力学参数经过实验数据的拟合优化，模型考虑了气体溶解和扩散的温度依赖性，以及 pH 的影响。模拟说明酸性条件有利于完全矿化甲酸，而碱性条件则有利于草酸盐生成，氧气通过消耗水的分解产物而抑制甲酸和甲酸盐的分解。

动力学模型同样在水的辐射降解以及光氧与热氧老化中得到了应用。Morco 基于化学动力学建立了水(WRM)、湿气(HARM)和地下水(GWRM)的辐射降解动力学模型。主要过程是利用辐射化学产额和反应速率常数重建辐射降解过程，模型考虑了温度效应、剂量率效应、扩散反应、氧气和酸碱值的影响，

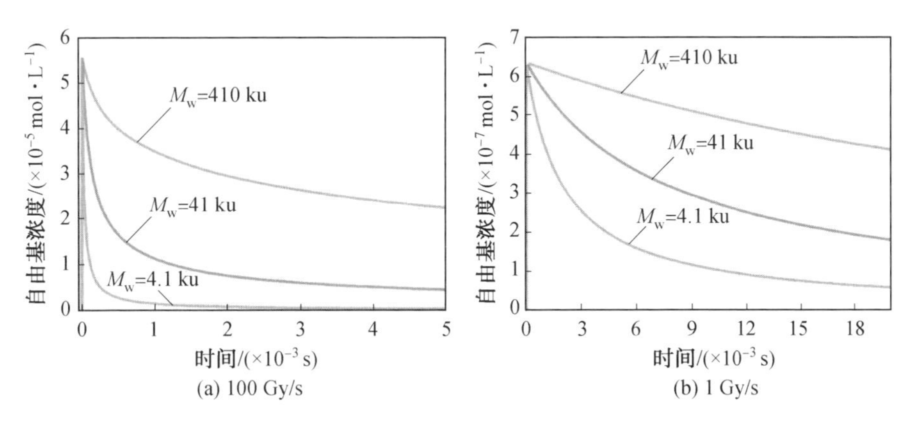

图 9.15　三种分子量样品受到 100 Gy/s 和 1 Gy/s 单脉冲高能电子辐照后的总自由基浓度变化

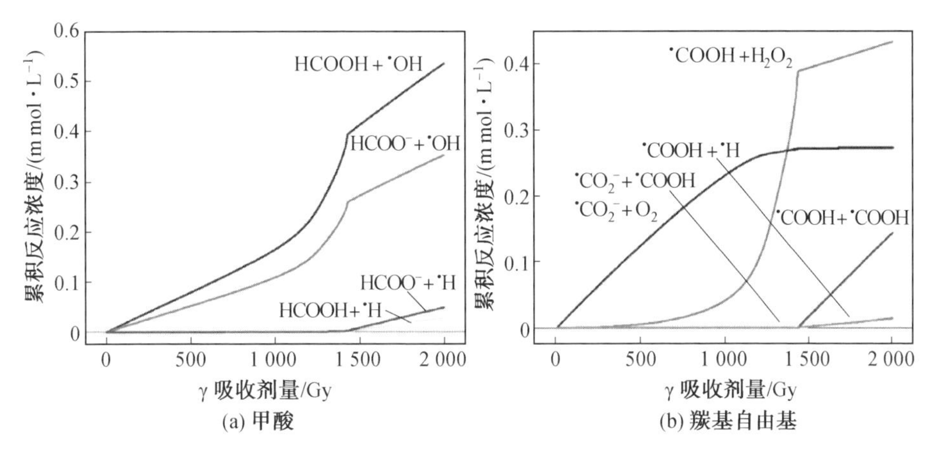

图 9.16　辐射消耗的甲酸和羰基自由基与 γ 辐射剂量之间的关系（初始条件为 pH = 1.5 mmol/L、10 mmol/L 甲酸钠密封溶液）

最后用实验数据验证了模型的计算结果。Somersall 等建立了聚乙烯的光氧老化动力学模型，模型主要是根据引发、增长和终止的基元反应和初始条件建立常微分方程。对于扩散问题，研究指出：小分子间在聚合物基体中的扩散相当于在黏性液体中局部扩散；小分子和聚合物组分受扩散影响，其碰撞（反应）速率为液体碰撞速率的 10^{-2}；聚合物与聚合物组分则低至 10^{-4}。模型采用阿伦尼乌斯方程描述温度对反应速率的影响，通过引入激发态的猝灭速率、过氧自由基捕获和过氧化物分解模拟不同稳定剂对材料光氧老化的稳定作用。模拟证明低浓度的分子级分散的稳定剂能通过捕捉过氧自由基和分解过氧化物能提高材料的稳定性。Colin 等使用非经验的动力学模型预测了碳纤维增强高分子复合材料的热老化寿命，该工作不采用稳态假设、长链动力学和终止速率常数关系，而是根据老化机理使用基元反应微分方程建立模型。该模型系统描述了基体热老化反应、碳纤维的稳定效应、氧气的消耗、扩散动力学以及碳纤维导致的各向异性扩散行为,最终正确预测了材料的质量、密度、氧化层深度。但是该模型仍然采取了参数拟合优化的策略,速率常数采取反演方法计算得到,并不是真正意义上的非经验模型。

尽管确定性动力学模型兼顾了材料老化机理和模拟的时空尺度,但是目前的应用和发展仍然存在如下一些问题或不足:① 模型建立需要先研究清楚材料的老化机理,描述各种物理化学作用。② 涉及大量的基元反应和反应速率常数,很多研究中的反应机理并非真正的基元反应,而是带有经验参数的总体表观反应。③ 有些参数来自数据拟合,反应速率常数并非严格从该材料的实验或理论计算获得;而且反应速率常数用过渡态理论可能不全合适,无势垒反应需要变分过渡态理论或者结合主方程方法进行研究。例如 Colin 等尝试使用反演方法从实验数据中推测热氧老化反应速率常数,不仅计算的参数数量有限,而且很多时候是表观速率常数,而且是具有无穷个解的半经验关系式。④ 静态参数无法反映老化带来的影响,比如交联和断链对运动性的影响,长时间模拟过程中新反应的出现和聚集态结构变化的影响等。⑤ 动力学模型计算的微观量通常与关键的结构性能关系还存在不确定的对应关系,将其跨尺度地与本构模型耦合可能是解决机械性能与微观结构关系的重要手段。

9.4.2 随机动力学模型

由于辐射导致的初始刺迹分布很不均匀,完全借助确定性动力学模型描述不是很适合,扩散反应系统的空间随机描述是十分必要的,由此奠定了随机动力学模型的应用前景。辐射模拟的随机动力学模型相对于确定性动力学模型的主要特征是:将随机方法和统计理论用于控制反应的进行以及描述反应物的分布等信息。随机动力学模型主要基于蒙特卡洛方法(MC)和动力学蒙特卡洛方法(KMC)。MC 主要是基于分子动力学和统计物理学的概率模拟方法研究简单跃迁序列的热力学或动力学行为,该方法通过模拟粒子的运动和碰撞过程实现能量传输、反应发生和物质交换等的模拟。KMC 方法将体系的动力学过程映射为一系列组态之间的位置交换问题,交换过程瞬间完成而停留时间则相对很长,而且组态间的交换不存在记忆效应,也就是组态间交换不受相关组态以前的交换历史影响,因而符合马尔科夫过程。因此,KMC 方法克服了分子动力学方法的耗时因素,实现了对材料动力学演化的长时间模拟。由于 MC 和 KMC 模拟的粒子往往是有机材料基团的粗粒化球,较少的自由度也大大降低了计算耗时。

1. 蒙特卡洛方法

MC 方法计算高能粒子的运动最早可以追溯到 1946 年费米做中子模拟。最

近几十年 MC 方法在中子运输和辐射化学系统模拟方面得到了长足发展，比较有名的软件包括欧洲核子研究组织的 Geant4、美国洛斯阿拉莫斯国家实验室的 MCNP 以及 TRIM/SRIM 等。MC 方法在辐射模拟时常用独立反应时间(IRT)方法和逐步(SBS)方法。IRT 方法是高效的以 MC 为基础的方法，其效率来自于避免 SBS 方法在反应发生前的多步计算(每一步都产生反应)，即不需要模拟系统中所有粒子(数量为 N)的无规行走，理论上需要处理的反应粒子对为 $N(N-1)/2$。因此 IRT 方法适合初始非均相分布的扩散反应系统的辐射化学模拟。而 SBS 方法则需要每一步处理所有反应成对粒子的反应问题(不会都反应)，因此计算量暴增。但是 IRT 方法也有自己的缺点：①IRT 方法无法计算辐射降解物质的空间位置随时间的变化信息；② 该方法假设物质在三维无限大空间中扩散，与很多模拟的实际场景不兼容。限于篇幅，本章简要介绍 IRT 方法的主要思想和基本公式推导过程。无限大空间中的非反应扩散可由粒子的无规行走扩散方程(DE)表示：

$$\frac{\partial p(r,t \mid r_0)}{\partial t} = D\,\nabla^2 p(r,t \mid r_0) \tag{9.15}$$

式中，t 为时间；D 为扩散系数；p 为概率分布，代表初始位置在 r_0 的粒子经过时间 t 之后在位置 r 被找到的概率，也称格林函数。

对于 n 维空间，p 可由下式给出：

$$p(r,t \mid r_0) = \frac{1}{(4\pi Dt)^{n/2}}\exp\left[-\frac{(r-r_0)^2}{4Dt}\right] \tag{9.16}$$

对于在力场 $F(r)$ 中的非反应扩散粒子，扩散方程如下：

$$\frac{\partial p(r,t \mid r_0)}{\partial t} = D\,\nabla^2 p(r,t \mid r_0) - D\beta\,\nabla\cdot\left[\rho(r,t \mid r_0)F(r)\right] \tag{9.17}$$

式中，$\beta = 1/k_B T$，k_B 为玻尔兹曼常数，T 为温度。这就是著名的德拜－斯莫卢霍夫斯基(Debye-Smoluchowski，DSE)方程。对于一维空间恒定力场中的扩散，即 $F(r)=c$，最终求解有

$$p(r,t \mid r_0) = \frac{1}{(4\pi Dt)^{1/2}}\exp\left[-\frac{(r-r_0+D\beta ct)^2}{4Dt}\right] \tag{9.18}$$

对于反应扩散，在 DE 的解是球形对称的假设下，球坐标空间可将 DE 写为

$$\frac{\partial p(r,t \mid r_0)}{\partial t} = \frac{D}{r^2}\frac{\partial}{\partial r}\left(r^2\frac{\partial}{\partial r}\right)p(r,t \mid r_0) \tag{9.19}$$

式中，$D=D_1+D_2$，是两个反应物质扩散系数的加和；r 为两个物质之间的距离。同样，对于库仑场 $U(r)=r_c/r$ 中的 DSE 方程有

$$\frac{\partial p(r,t \mid r_0)}{\partial t} = \frac{D}{r^2}\frac{\partial}{\partial r}\left(r^2 e^{-r_c/r}\frac{\partial}{\partial r}e^{r_c/r}\right)p(r,t \mid r_0) \tag{9.20}$$

式中，r_c 为昂萨格(Onsager)半径，$r_c = e^2/4\pi\varepsilon k_B T$，$e$ 为电子电荷，ε 为介质的介电

常数。粒子的存活概率 $Q(t \mid r_0)$ 可由格林函数在 $r > R$ 空间内积分求得,反应概率 $P(t \mid r_0) = 1 - Q(t \mid r_0)$。对于完全扩散控制的反应,反应概率如下:

$$P(t \mid r_0) = 1 - \int_R^{\infty} 4\pi r^2 P(r, t \mid r_0) \mathrm{d}r = \frac{R}{r_0} \mathrm{erfc}\left(\frac{r_0 - R}{\sqrt{4Dt}}\right) \tag{9.21}$$

式中,erfc 为余误差函数:

$$\mathrm{erfc}(x) = \frac{2}{\sqrt{\pi}} \int_x^{\infty} \exp(-\xi^2) \mathrm{d}\xi \tag{9.22}$$

中性粒子的部分扩散控制反应概率为

$$P(t \mid r_0) = \frac{k_{\mathrm{act}}}{4\pi R D r_0 \alpha} \left[\mathrm{erfc}\left(\frac{r_0 - R}{\sqrt{4Dt}}\right) - W\left(\frac{r_0 - R}{\sqrt{4Dt}}, \alpha\sqrt{Dt}\right) \right] \tag{9.23}$$

式中,$\alpha = (k_{\mathrm{act}} + 4\pi RD)/4\pi R^2 D$, $W(x, y) = \exp(2xy + y^2)\mathrm{erfc}(x + y)$;$R$ 为反应物质半径之和;k_{act} 与反应速率常数 k_{obs} 和扩散速率常数 k_{dif} 满足长时极限关系 $1/k_{\mathrm{obs}} = 1/k_{\mathrm{dif}} + 1/k_{\mathrm{act}}$。

对于带电粒子的扩散限制反应也给予了讨论,此处不再赘述。自旋产物的扩散反应中只允许单线态产物结合反应,三线态反应概率为0。初始位置在 r_1 和 r_2 的反应物产生的新物质的位置 r_{r} 确定方式主要通过下式计算:

$$r_{\mathrm{r}} = \frac{\sqrt{D_2}}{\sqrt{D_1} + \sqrt{D_2}} r_1 + \frac{\sqrt{D_1}}{\sqrt{D_1} + \sqrt{D_2}} r_2 \tag{9.24}$$

Karamitros1 等综述了 Geant4 基于 IRT 方法进行辐射模拟的基本原理。IRT 方法以球形粒子为基础代表反应系统,并将溶剂视为连续相。其核心是通过建立事件列表将多体问题转化为两体问题,反应时间通过概率函数倒数抽样计算,该函数与反应对的距离、扩散系数和反应常数等有关,将所有反应对中具有最小反应时间的粒子对作为下一个反应。基于反向斯莫卢霍夫斯基扩散方程,可以模拟扩散控制反应或部分扩散控制反应。其主要的计算流程如图 9.17 所示。Sakata 等采用 Geant4－DNA 代码,基于 MC 方法和 IRT 方法完整模拟了 DNA 的辐射损伤和修复,模拟采用真实细胞几何结构,算法包括了修复模型和精练的损伤参数。McNamara 等采用 Geant4 工具箱的 MC 辐射传输模拟方法研究了塑料闪烁体光纤在 X 射线辐射下的电离分布和损伤,发现累积辐射产生的二次电子导致光纤出现损伤,进而影响光子吸收和产额。Plante 等采用 MC 方法的 SBS 模拟方法模拟了水和水溶液的非均相辐射化学。研究人员利用逐步(SBS) 方法弥补了 IRT 方法无法计算辐射降解物质的空间位置随时间变化的不足,并实现了三维空间可视化,但是该方法的缺点是不能区分双生再结合和本体耦合,难以有效处理带电物质之间存在的电场和物质的自旋(如水合电子)。这项工作能准确模拟和预测温度、pH、辐射源导致的水和水溶液辐射化学产额随时间的变化,其一大特点是充分结合了扩散理论处理动态反应过程。

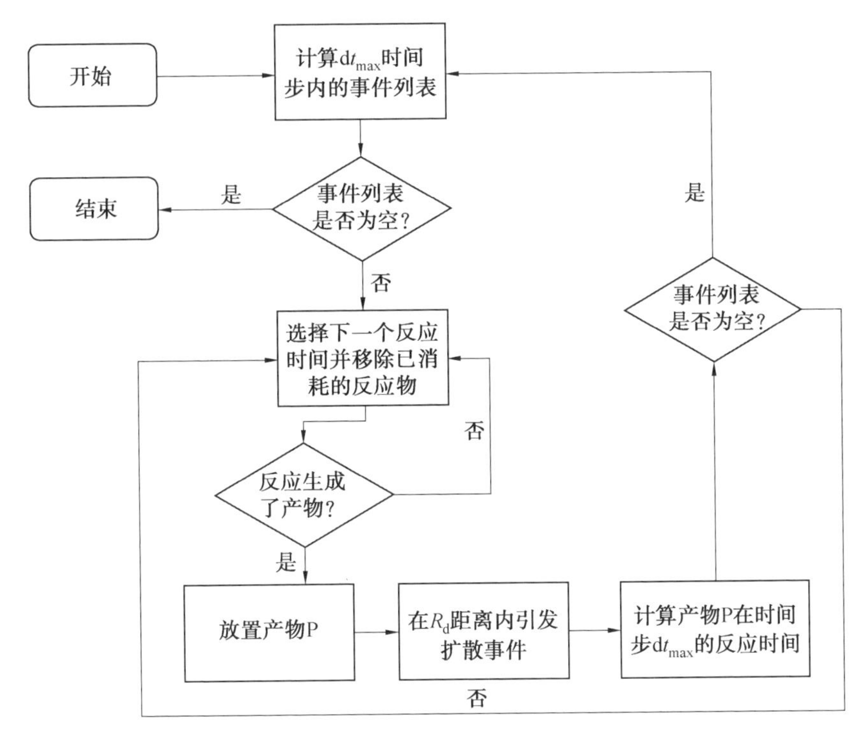

图 9.17　Geant4 中 IRT 方法的计算流程图

Ditta 等通过动力学模型模拟了聚乙烯吡咯烷酮水溶液的电子束辐射聚合产生纳米凝胶的过程，揭示了初始和瞬态氧浓度的影响，为研究歧化终止和断链形成的双键提供了方法。Reheem 等使用基于 MC 方法的 SRIM 模拟了聚碳酸酯在 6 keV 氩离子的辐射老化，获得了穿透深度和散射原子分布。Khan 等采用基于 MC 中子物理的 Xcom 和 XuMuDat 代码模拟了含有金属添加剂(铅、铋和钆）的聚丙烯腈、聚乙烯和凯夫拉复合材料的辐射屏蔽性能，计算了不同伽马射线衰减系数并证明含铅聚合物是最好的辐射屏蔽材料。Akkurt 等采用 MC 方法模拟了乙烯基酯复合材料对 γ 和中子的屏蔽性能，证明了模拟筛选屏蔽材料的可靠性。Bedar 等通过 MC 模拟剂量吸收发现聚砜 / 纳米金刚石复合材料的伽马辐射稳定性提高了 5 倍。Oyewande 等通过 TRIM 模拟了聚乙烯的氩离子束溅射熔蚀，探明了溅射产额与入射离子能量和入射角的关系。Shingledecker 建立了 MC 模型 CIRIS 用于模拟固体的电离辐射效应，基于统计学方法、实验数据和理论方程对辐射物理阶段进行了模拟，这个过程与 TRIM 有类似之处，采用基于连续无规行走的 MC 方法模拟化学反应阶段。尽管当前主要将该模型用于星际化学和行星化学中高能粒子辐射导致的物理化学事件模拟，如固体氧辐射产生原子氧和臭氧，但研究人员认为该模型也可用于聚合物辐射效应的模拟。高晓浩等在 MC

方法、元胞自动机方法基础上提出新的建模思路，即将不同尺度上离散化与连续性相耦合、随机性与确定性相耦合的元胞蒙特卡洛自动机法（CMCA）方法。该方法将连续问题以元胞的方法进行离散，在不同元胞上以概率实现随机事件的发生，由元胞的更新迭代进行演化，进而揭示从微介观到宏观的降解变化过程。以聚乳酸进行实例计算，模拟的高分子链断裂、孔隙的产生及低聚体的扩散等与实验结果吻合得很好。这些工作为研究辐射能量沉积和多尺度的物理化学相互作用模拟提供了基本方法和借鉴，确定性动力学模型和随机动力学模型杂化耦合研究有机材料的辐射效应有可能实现优势互补，是今后值得研究的工作。

蒙特卡洛径迹结构模拟可以处理辐射损伤的物理和化学阶段，该方法依赖于基本的截面数据（激发、电离、电子散射和电子吸附等）随机模拟物理和物理化学事件。尽管该方法在处理均相反应方面十分有价值，但是面临着处理和参数化大量辐射事件的困境，特别是化学反应，而且一些化学反应无法提前识别和参数化。此外，蒙特卡洛径迹结构算法建立在一些重要的假设（如参数可移植性和静态描述）之上，使得它很难调整而适应高度非均相的体系。

2. 动力学蒙特卡洛方法

KMC 方法通过采用不同的算法（如随机选择方法、第一反应方法和变步长方法），并利用随机数产生从当前状态到下一个状态演变所需要的时间（通常为秒或更长）和事件路径；每条路径的跃迁概率与速度常数呈正相关，因此需要提前确定每条路径的速度，并参数化到代码中。因此，KMC 方法是模拟速率和转变事件已知的方法，KMC 方法根据速率随机选择转变事件。而该方法的主要缺点也正是必须提前知晓所有可能的反应和转变事件，以及相关的模型参数。

KMC 方法通常采用两个随机数模拟化学反应。第一个在 0 ～ 1 之间均匀分布的随机数 rn_1 用于决定两个反应之间的时间间隔 τ：

$$\tau=\left(\frac{1}{a_0}\right)\ln\left(\frac{1}{rn_1}\right) \tag{9.25}$$

式中，a_0 是所有化学反应（假设有 m 个反应）的速率之和：

$$a_0=\sum_{v=1}^{m}R_v \tag{9.26}$$

式中，R_v 为第 v 个反应的反应速率。

基于反应概率，第二个均匀分布在 0 ～ 1 之间的随机数 rn_2 用于判定哪个反应发生：

$$\sum_{v=1}^{\mu-1}P_v < rn_2 < \sum_{v=1}^{\mu}P_v \tag{9.27}$$

式中，μ 为所有可能化学反应路径（m）的编号；P_v 为第 v 个反应的反应概率，由下式计算：

$$P_v = \frac{R_v}{\sum_{v=1}^{m} R_v} \tag{9.28}$$

1966 年，为了解决原子系统辐射损伤的退火问题，Beeler 使用 KMC 方法对其研究的原子系统进行仿真模拟。随后几十年的发展中，KMC 方法在辐射损伤模拟方面独树一帜。Gervais 等采用基于自由基反应扩散过程的 KMC 方法模拟了聚乙烯的非均相和均相离子辐射（5 MeV 的氦离子）氧化动力学，模拟假设聚乙烯是理想的长链组成的均相材料，模拟中完全扩散控制反应的反应速率常数 k 与扩散系数 D_{AB} 的关系如下：

$$k = 4\pi N_A R_{AB} D_{AB} \tag{9.29}$$

式中，N_A 为阿伏伽德罗常数；R_{AB} 为反应半径；$D_{AB} = D_A + D_B$，是两种反应物扩散系数的加和。

部分扩散控制反应的反应速率常数 k 与扩散系数 D_{AB} 的关系为

$$k = 4\pi N_A R_{AB}^2 v \tag{9.30}$$

式中，v 为聚乙烯链段被考虑为“溶剂”后不受限制的扩散速度。

研究人员建立了周期性边界条件盒子进行 KMC 模拟，主要过程如下：

(1) 非均相辐射氧化模拟中的连续碰撞时间为指数分布，表面碰撞位置为泊松分布，单次撞击产生的自由基为二维高斯分布。

(2) 辐射形成的自由基间距通过平均自由程（λ）和传能线密度（$\mathrm{d}E/\mathrm{d}Z = 100\ \mathrm{keV}/\mu\mathrm{m}$）相联系：

$$\lambda^{-1} = Y \frac{\mathrm{d}E}{\mathrm{d}Z} \tag{9.31}$$

式中，Y 为单位能量的生成产额，$Y = 0.05\ \mathrm{eV}^{-1}$。

(3) 为了模拟均相分布，研究者将自由基的高斯分布半径调整到远大于盒子尺寸来实现。

(4) 研究人员采用 SBS 方法进行反应模拟，对于给定的微观时间 t，计算二阶扩散控制反应（式(9.32)）和一阶反应（式(9.33)）的反应概率：

$$P_{AB} = \frac{r}{R_{AB}} \operatorname{erfc}\left(\frac{r - R_{AB}}{2\sqrt{D_{AB} t}}\right) \tag{9.32}$$

$$P_A = \frac{1}{\tau_A} \operatorname{erfc}\left(-\frac{t}{\tau_A}\right) \tag{9.33}$$

式中，r 为反应物距离；τ_A 为特征反应时间。

这些概率如果大于 0 ～ 1 之间的抽样随机数，对应的反应则被加入 t 时的可反应列表，之后对这些反应按概率由大到小排序，并只保留反应概率最大的同一反应物的并发反应，并根据反应数量和概率大小调整时间步长（$5 \times 10^{-7} \sim 1$ s）以提高数值计算效率。研究证明：达到稳态时，自由基在亚微米尺度的空间分布并不均匀(图 9.18(a)),并且与注量率和注量密切相关,特别是较小注量率 ϕ 下(图9.18(b));He^{2+} 注入剂量率为 $10^7\ cm^{-2}/s$,时间为 400 s,氧气浓度为 0.2 mmol/L。入射平面与离子传输方向垂直,平板厚度为 0.1 μm,累积注入量为$4\times10^9\ cm^{-2}$。均相参考例对应的注入剂量率 ϕ 为 $10^7\ cm^{-2}/s$,所有非均相曲线用稳态浓度归一化并用$\sqrt{\phi}$ 缩放。氧气浓度均为 0.2 mmol/L,并发现两种动力学模型的自由基变化比较相似,但是非均相辐射氧化动力学模拟中的过氧自由基达到稳态的时间更早,氧浓度对增长动力学具有显著的影响。

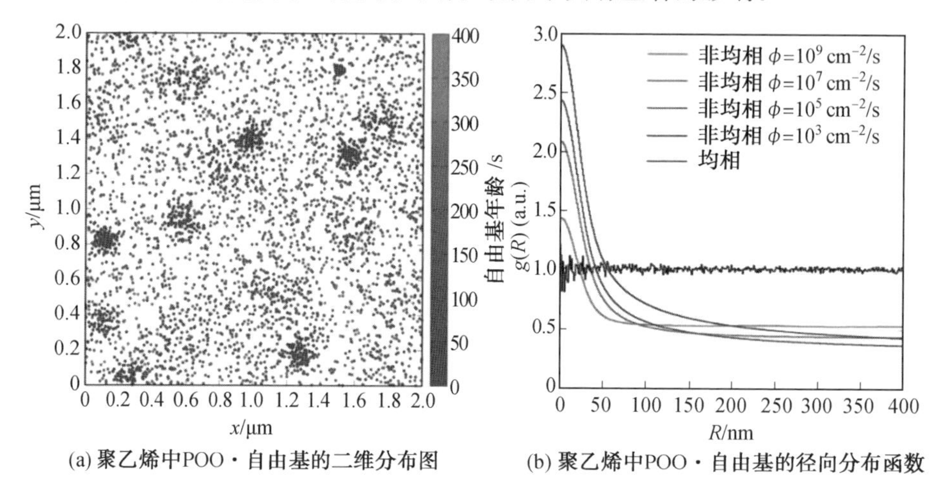

(a) 聚乙烯中POO·自由基的二维分布图　(b) 聚乙烯中POO·自由基的径向分布函数

图 9.18　KMC 方法模拟聚乙烯的均相和非均相辐射氧化现象(彩图见附录)

KMC 在高分子材料的热解和水解方面也有应用研究,可以为辐射效应研究提供有益借鉴。更多 KMC 方法的应用例子将在后面的多尺度杂化方法一节再进行介绍。

9.5　有限元方法

高分子材料的宏观尺度模拟方法主要是基于连续介质力学和细观力学的有限差分法(FDM)、有限元方法(FEM) 和有限体积法(FVM)。FEM 将研究对象划分为二维或三维的网格单元,然后用一套方程求解静态或动态的目标。该方法主要用于模拟材料损伤后的机械性能变化。FEM 已在材料的辐射效应研究中有了初步的应用。

Nordlund 提出了将辐射效应以物理为基础的公式引进 FEM 的发展目标。最近,Dudarev 等展示了如何将辐射效应导致的金属弹性性能变化的 MD 数据直接传递给 FEM 模拟。有机材料方面,Battini 等通过 FEM 模拟了 γ/ 中子混合场

中(0 ～ 3.55 MGy) 三元乙丙橡胶(EPDM)O 形圈接触压力的变化，以保证材料老化后的密封性。该研究中的 FEM 模拟是基于超弹性不可压缩材料的 Marlow 应变能函数进行的。漏率模拟经过三步实现：压缩样品，施加真空条件，应力松弛 300 s 后进行漏率模拟。应力松弛效应由辐射样品动态力学的应力－应变曲线的时间依赖关系引入。模拟结果(图 9.19(a)) 显示压缩主方向名义应力大小和分布与压缩率和辐射剂量相关，辐射老化导致材料硬化。结合实验漏率数据和模拟的名义应力可以定义材料服役的极限应力。研究人员进一步模拟了闸阀 O 形圈服役中的辐射老化、服役后期的压缩和存储期的应力松弛：研究考虑了材料的结构失效(FI_S) 和功能失效(FI_F)，其中 FI_S 与断裂应变学生 t 分布的 99% 置信区间的下界有关，而 FI_F 与漏率功能相关，受压缩率和材料行为调控接触压力的影响，而材料行为与吸收剂量和应力松弛时间有关。最后研究人员给出了以服役时间、贮存时间和压缩率为变量的寿命预测谱图(图 9.19(b))。多条曲线展

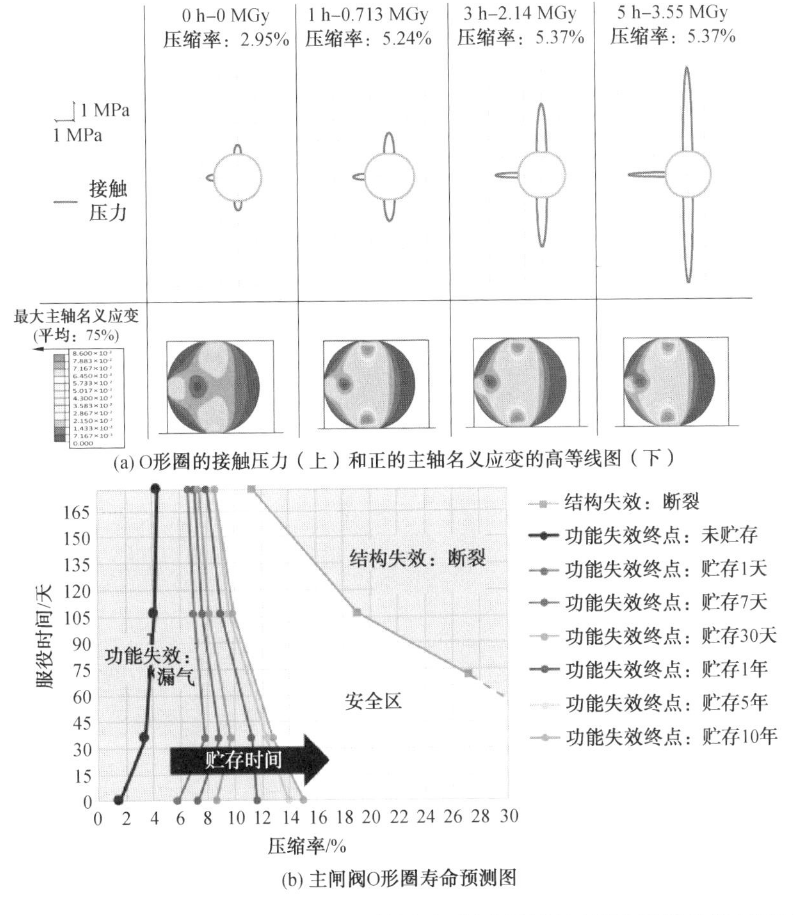

图 9.19　不同漏率引发条件下(压缩率和辐射剂量) 漏率测试的 FEM 模拟结果(彩图见附录)

示了多个贮存时间下的功能失效,对最长贮存时间极限条件下的功能失效区进行了填充,结构失效终点曲线的下部用虚线连接,因为这是断裂应变的外推数据。

美国圣地亚国家实验室和劳伦斯利弗莫尔国家实验室的 Celina 和 Balazs 等在研究高分子材料辐射老化时,尝试通过 FEM 手段构建具有空间分辨的老化模拟能力和多尺度耦合计算能力。研究人员结合扩散限制氧化(DLO)弱化形式的散度定理或 DLO 半经验扩散反应方程组,以及 Galerkin 加权余量有限元方法或有限差分法(FDM),构建通过有限元方法模拟扩散限制氧化现象和材料降解行为的模拟平台,部分研究成果如图 9.20 所示。图中圆圈是不可渗透的惰性材料(如金属线),表面涂覆有与基体氧化性不同的材料。Balazs 等使用 FEM 方法跨越多个尺寸研究二氧化硅填充硅泡沫老化的辐射老化,进而提高其寿命预测准确性。该研究将辐射引起的交联、干燥导致的分子运动性改变和机械损伤等多

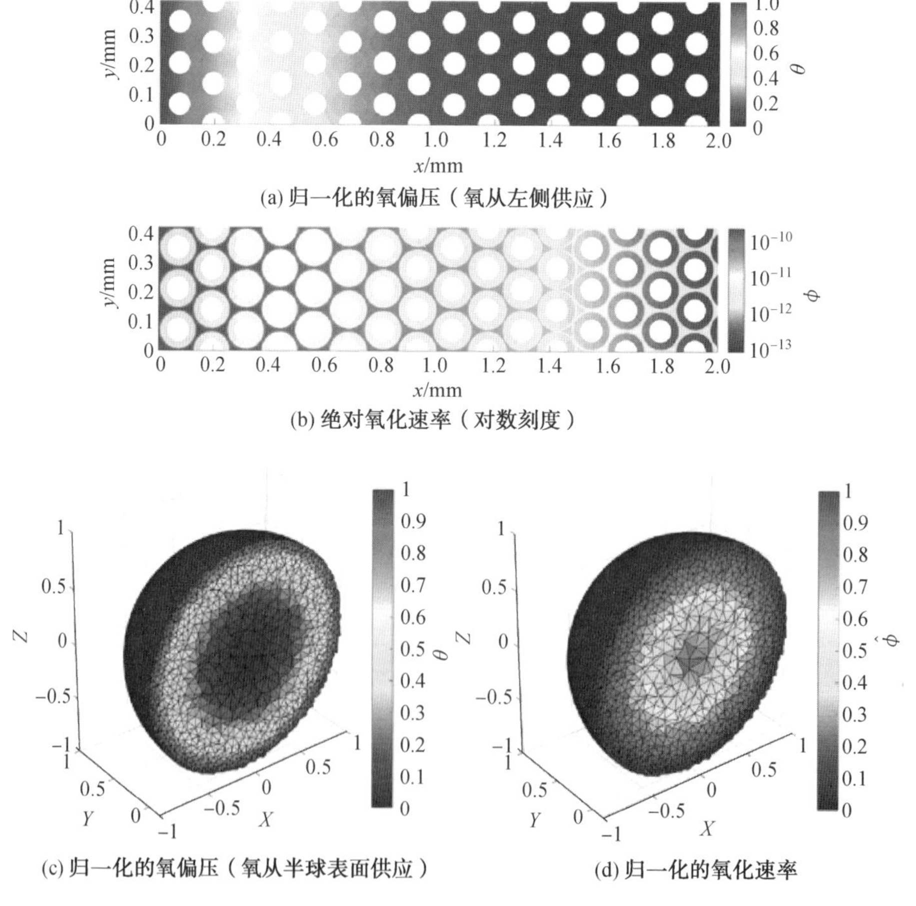

图 9.20 供给氧气在假设的复合材料中扩散和反应模拟 DLO 现象

尺度损伤机理考虑到有限元分析中(图 9.21(a)),并结合断层扫描层析成像数据用于自动网格化建立有限元模型(图 9.21(b1 ~ b4)),最终具备提供老化识别模型和预测组件级老化的能力。研究人员使用该方法也遇到了一些难题,比如三维体素网格中的孔洞表面不光滑,使得有限元代码难以求解分析材料大变形后相互接触的孔洞结构,使得该方法目前至多只能模拟压缩 80% 的硅泡沫材料。目前,新的探索工作还在不断开展,他们的工作为大尺度材料的扩散限制老化模型和寿命预测探索了新的道路。

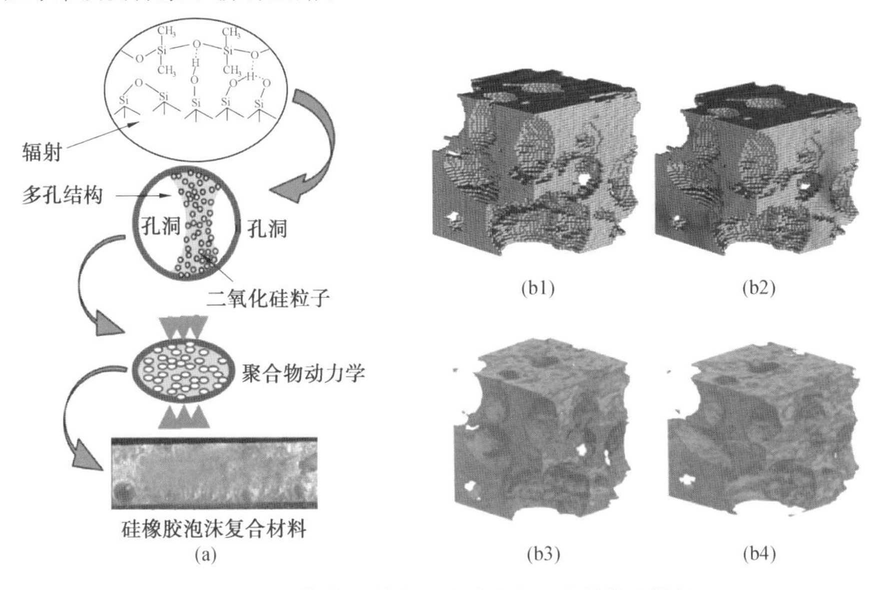

图 9.21　二氧化硅填充硅泡沫的多尺度结构和模拟

((a) 为硅泡沫材料的多尺度结构和组成;(b1) 和(b2) 分别为体积 1.2 mm^3 的没有压缩和 20% 压缩的泡沫样品通过断层扫描层析成像数据重建的有限元网格化模型;(b3) 和(b4) 分别为没有压缩和 20% 压缩的三维像素断层扫描有限元模型)

Dipple 等通过耦合的化学－机械模拟方法分析了黏胶在复杂条件下的老化行为,其中断链和新的交联网络产生用参数化描述,并用有限元方法计算了老化过程对胶粘剂和基材之间几何结构的依赖性。Konica 等提出了利用有限元框架对聚合物耦合的扩散反应和力学行为进行数值分析的方法。Gagliardi 等建立了基于 FEM 的计算模型用于模拟乙烯－醋酸乙烯酯共聚物(EVA) 的光化学降解和反应扩散过程,其中扩散、溶解度系数和反应速率常数均采用阿伦尼乌斯形式,并耦合传热方程与反应热。最终的模拟结果能够预测反应物质的时间和空间演化规律,模拟结果与户外数据和加速实验数据一致。可以看到,FEM 方法在聚合物老化和结构性能模拟中越来越受到科研人员和工程人员的重视,是未来研究材料辐射效应导致的性能劣化的重要模拟方法,值得深入研究和推广。

9.6 多尺度杂化方法

从前面的介绍可知材料的真实服役老化跨越了极大的时空尺度，在很多情况下，单一的理论模拟方法或局域的时空尺度研究并不能解决人们关心的材料问题。为此，多尺度的方法被提出并获得了日新月异的发展。这些方法包括：①飞秒和皮秒尺度的事件模拟方法，如 TDDFT、QM/MM、QMD、AIMD、ED 和 2T－MD 模型等经典－量子杂化方法；② 多种事件尺度模拟方法的序贯联用（包括各种程序接口和耦合计算），如量子化学（QC）方法与 MD 或 MC 方法联用，MD 和 CG－MD/DPD 以及 MC 之间的联用，QC 和 MD 方法与跨尺度非经验动力学的联用，以及 MD 与基于本构模型的有限元方法联用等。第一类方法同时耦合了电子结构和核结构计算，而第二类方法通常以下一层级模拟和实验参数为输入，在时间和空间尺度上进行拓展计算。近年来大数据和人工智能使得多尺度模拟更加高效。有很多例子前面已有介绍，接下来补充一些相关的研究，以便读者学习、理解和掌握相关前沿动态。

作者所在研究团队采用 DFT、MD、ReaxFF－MD 和跨尺度非经验老化动力学模型跨越时空尺度模拟了硅泡沫材料的辐射老化（图 9.22）。其中，DFT 和 ReaxFF 计算模拟揭示了复杂组分（硅橡胶、二氧化硅填料）和环境（多种气氛、水分和反应活性物质）对硅泡沫辐射老化复杂影响的分子机理，获得了大量无势垒自由基反应和有势垒反应的反应特征和热力学数据，因此认识到自由基化学是理解和模拟辐射老化的关键，模拟结果得到了实验的支持。随后利用 MD 研究了泡沫材料中各种气体组分和分子链不同位置的基团的扩散行为。在理解辐射老化机理的基础上，建立了硅泡沫材料的辐射老化动力学模型，模型主要由反应机理框架下的微分方程组和相关的条件方程以及条件控制方程（温度、剂量率、气氛和扩散等）组成。模型的反应速率常数来自 NIST 的相关数据库，部分有势垒反应的反应速率常数由过渡态理论计算获得，目前还在通过变分过渡态理论等方法计算大量的无势垒反应速率常数。最终建立的模型可扩展性强，能较好地预测释气行为和交联断链等规律；并且该模型还可以模拟辐照后效应，目前也正在尝试与本构模型耦合预测材料的机械性能。Esnouf 等通过多种计算方法和数据库资源模拟了核废料产生的 α、β 和 γ 辐射导致有机材料释放气体的行为。模拟先用 MCNPX 或 TRIPOLI 软件通过 MC 方法计算了辐射源几何分布和材料几何结构条件下的辐射能量沉积，再用 STORAGE 软件基于辐射化学产额计算了辐射降解释气量，并考虑了辐射产额的剂量依赖性。所需的模型参数来自数据库，包括核废料包装物几何数据库、材料物性数据库和辐射化学产额数据库。

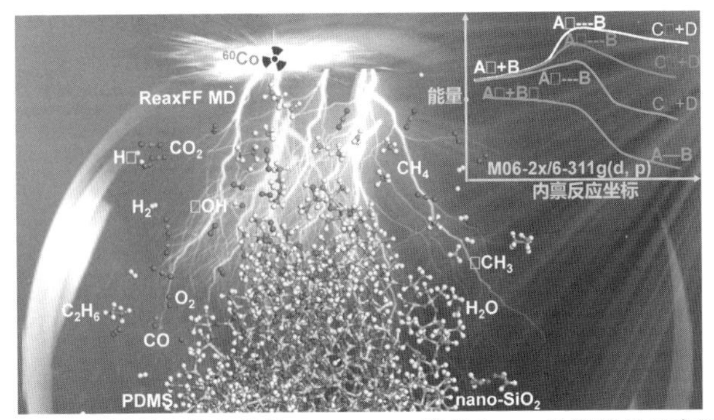

(a) 硅泡沫材料辐射老化的ReaxFF-MD模拟和DFT计算结果示意图

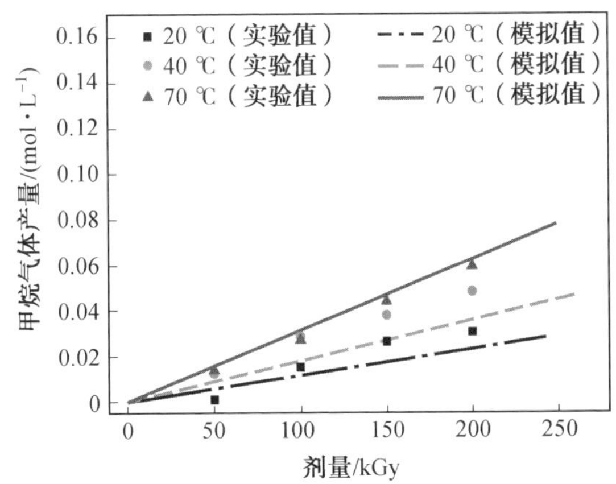

(b) 模拟的不同温度下辐射的甲烷产量与实验值对比

图 9.22　硅泡沫辐射老化的多尺度模拟

Horne 等采用多尺度方法模拟了硝酸盐溶液的 γ 辐射降解行为。研究人员将随机径迹结构、径迹化学和确定性均相化学技术相结合，模拟时间尺度从亚飞秒跨越到微秒以上。研究包括辐射降解的四个阶段：辐射径迹结构模拟（< 1 fs）、随后的物理化学过程（< 1 ps）、非均相扩散反应动力学演化（< 1 μs）和确定性均相本体化学模拟（> 1 μs）。前三个阶段模拟孤立的辐射化学事件演变并提供辐射化学产额数据给第四阶段模拟。辐射径迹结构通过从实验数据的平均自由程分布中选择随机数决定非弹性碰撞数量、相对位置和分隔距离，所有的二次电子和后续事件均采取类似的处理。物理化学阶段用实验获得的截面数据计算激发和电离导致的反应物质的分布。非均相扩散反应阶段是通过基于 IRT 方法的 MC 进行模拟。最后的确定性本体化学采用数值方法求解耦合的微分方程。对于强烈依赖二次反应的硝酸盐溶液系统，模拟和实验发现亚硝酸根的浓度不仅与辐射径迹化学以及前驱体捕获水合电子有关，还与捕获反应与水的辐射降解产物的后反应有关；不考虑径迹内辐射化学，多尺度模拟中的确定性模拟不能正确预测实验数据。

Abolfath 采用杂化 MC 方法，即基于 Geant4－DNA 的 MC 和 ReaxFF 接口杂化，该接口将羟基自由基坐标转化为 ReaxFF－MD 模拟中随机取向的原子坐标结构，进而研究了 DNA 的电子和质子辐射效应。该工作发现电子主要产生无规分布的小团簇羟基自由基，而质子则主要在入射轨迹上形成大团簇羟基自由基。电子辐射产生的羟基自由基团簇是 DNA 糖配基发生提氢反应和产生羰基及羟基基团的引发源，最终导致 DNA 发生单链和双链断裂。此外，他们还采用多种尺度的序贯方法模拟了 DNA 链段在闪光超高剂量率放疗中的氧消耗动力学过程。该研究用 MC 径迹结构代码 Geant4－DNA 模拟了 DNA 在阿秒尺度的物理相互作用(电离以及电子和振动激发)；电离后用从头算 CPMD 模拟 DNA 周围的水和氧气转化为活性氧物质(ROS)；在此后飞秒到纳秒时间尺度的 ROS 转化为非活性氧物质(NROS) 的反应则通过 ReaxFF 反应力场进行模拟。最后用粗粒化模型描述了宏观尺度上 ROS 和 NROS 的聚集现象。他们采用的结合方法的主要优点是能够多尺度地模拟引起辐射损伤的物理化学级联事件。Gaigeot 采用多尺度模拟方法证明了水双电离后发生的库仑爆炸产生了 HO_2－自由基。研究人员第一阶段采用 MC 方法(关键参数是电离截面) 处理最开始的 1 fs 时间尺度的电离过程，进一步基于 DFT 的 CPMD 模拟了双电离水分子数十飞秒的反应过程，最后用化学 MC 方法(基于 IRT 方法) 模拟了长达毫秒时间尺度的库仑爆炸过程。第二阶段模拟是基于波恩－奥本海默近似，此时忽略了周围水分子的影响。需要指出的是，该工作限制在同一分子轨道上的两个电荷被电离来模拟双电离事件，忽略了电子相关效应，这可能导致不太真实的模拟结果。

Makki 等采用 KMC 与 DPD 耦合的方法模拟了聚合物涂料光降解过程，传统分子动力学无法处理降解涉及的较大时空尺度，如链段松弛，而模拟证明考虑物理松弛对模拟光降解至关重要。作者采用 MD 建立原子结构模型并进行 DPD 建立涂料结构并做结构松弛模拟，粗粒化有助于减少模型自由度而降低模拟的计算耗时，而后基于事件驱动的 KMC 框架计算 DPD 轨迹中平衡结构的光化学降解路径，一定累积时间后再在 DPD 的 NPT 系综中做热力学平衡模拟以松弛老化过程中的网络结构，如此循环往复。最后采用反演方法将光老化后的粗粒化结构映射为原子结构，接着采用 MD 方法计算热机械性能、热膨胀系数和玻璃化转变温度。尽管 KMC 模拟选择的老化速度比较随意，但模拟结果与实验结果对应得比较好。Adema 等同样采用粗粒化方法与 KMC 方法相结合，模拟了交联的聚酯型氨基甲酸酯的光降解动力学。模拟考虑了光吸收和氧扩散，获得了光老化的深度依赖性认识。粗粒化后赋予超原子化珠子相应的性质(如光吸收和脱氢等)，该模拟用实验数据对模拟结果拟合得到优化的模拟参数，如反应速率常数。获得了酯键和氨基甲酸酯与实验值一致的深度分布结果，还有实验得不到

的数据，包括新形成的交联、氧浓度、自由基组分等。Garrison 和 Conforti 等耦合粗粒化 MD 和 MC 研究了聚甲基丙烯酸甲酯的激光烧蚀过程中化学反应的作用，MC 使用已知物理和实验数据（反应化学、能量和化学反应速率常数）与 MD 耦合。动力学模型预先定义反应路径，并使用不同反应类型的自由基存活时间和反应速率设置反应概率参数。虽然研究结果加深了对激光烧蚀产生气体、单体和聚合物碎片机理的认识，但还不能与实验数据相对应。这一类工作的主要瑕疵是光氧老化机理过于简化，无法保证考虑了所有的主要反应路径；粗粒化划分后成为不可再分的整体，很多反应自由度无法再考虑；模拟参数由拟合得到，缺乏深层次的理论依据。

Paulive 等采用以三阶段速率模型为基础的 NAUTILUS－1.1 代码模拟了星际冷暗云里冰颗粒表面复杂有机分子的辐射生成机理和丰度，模型涉及辐射和超热化学、扩散化学和反应性解吸等复杂过程，促进了星际化学研究。除了有机材料，也能从无机材料的辐射效应模拟研究中学习多尺度计算的一些处理思想和方法。同时这些无机材料 / 分子也可能是模拟有机材料辐射效应必须面临的组成部分，比如二氧化硅填充硅橡胶，存在二氧化硅和吸附水的辐射效应问题。Govindarajan 利用基于 Tersoff－Munetoh 势函数的分子动力学研究了二氧化硅的辐射位移损伤级联过程，揭示了占主导的氧缺陷中心的形成机理。同时，将 MD 中的缺陷结构用于 DFT 计算，阐明了荷电氧空位缺陷和氧间隙缺陷对二氧化硅光纤光学性能的影响。Loh 等采用量子力学和经典分子力学（QM/MM）模拟方法，研究了液态水在强场电离时与水合电子同时形成的水分子阳离子（H_2O^+）的超快动力学。模拟使用 QM 描述关键的（$H_2O)^{12+}$ 簇，并用 MM 方法描述周围同等重要的水分子。模拟证明了瞬态 X 射线吸收对水中超快结构动力学（电荷空穴分离、反应物空间位置变化和质子转移）的敏感程度。需要指出的是，该方法模拟的时间尺度很难达到纳秒尺度，因此有时需要沿着特定反应坐标研究瞬态动力学。

9.7　其他模拟方法

除了前面介绍的模拟方法，还存在一些其他研究方法，如确定性分形模型、统计模型和本构模型。这些方法极大地丰富了辐射老化模拟的研究手段，值得借鉴和进一步探索。

1. 分形模型

Ghosal 等采用确定性 Vicsek 分形模型研究了伽马辐射固体聚合物电解质的

交联和断链之间的竞争反应。分形模型中的扩散、化学指数和分形维度存在明确的关系，并把伽马辐射导致的降解当成不同阶的微扰引入分形模型描述的聚合物分子结构方程(图 9.23(a) ～ (d))。模拟发现作为断链和交联概率函数的离子电导率、分子量分布和特性黏度等与伽马辐射导致的微观结构变化具有紧密联系，揭示的机理和规律有助于校准相关数据。

2. 统计模型

美国国家标准局的 Duan 等通过统计模型预测了聚合物材料在户外的光老化行为。该工作采用非线性混合效应模型描述物理化学作用，使用随机效应描述实验室加速数据，并用函数描述实验变量建立模型，利用实验室加速数据评估模型参数，模型用对数线性关系和幂律分别描述紫外光谱和光谱强度，温度和湿度分别满足阿伦尼乌斯关系和二次方程。最后基于累积损伤模型很好地预测了12 种样品的户外老化行为。

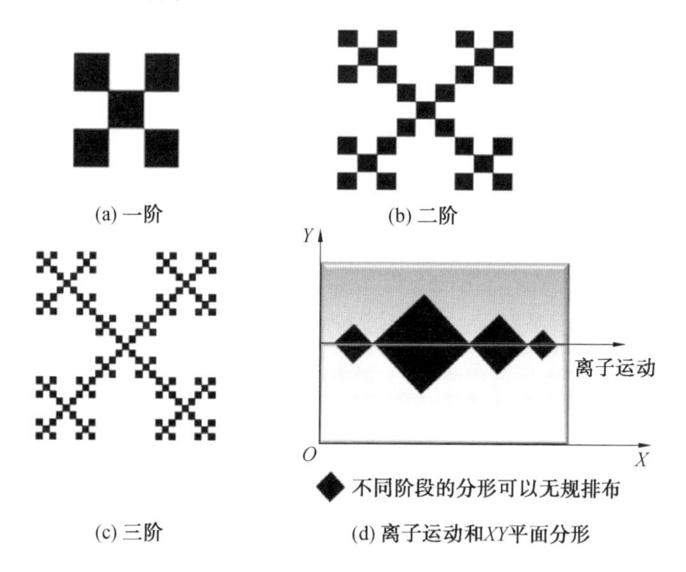

图 9.23 聚合物模型的 Vicsek 分形模型的一阶、二阶和三阶表示以及离子运动和 XY 平面分形的重排示意图

3. 本构模型

Mohammadi 等采用衰减函数模拟了均相热老化对丁苯橡胶的本构行为的影响，衰减函数是由描述非阿伦尼乌斯行为的线性阿伦尼乌斯组合公式耦合时温叠加原理推导的函数，并借鉴古索尼(Gussoni) 模型获得了类似的简化形式。研究人员通过衰减函数与微机械模型耦合描述准静态力学响应和非弹性响应(如 Mullins 效应和永久变形)，机械模型采用双网络假设描述原始网络的破坏和新网络的产生，并且对应变能也分别进行了相应的描述，最后建立的模型得到了

实验数据和文献数据的验证(图 9.24)。Mlyniec 等采用本构模型研究了硅橡胶的热机械稳定性，本构模型耦合了现象学大应变黏弹模型穆尼－里夫林(Mooney-Rivlin)模型和化学－机械模型，其中现象学大应变黏弹模型用硅橡胶的热机械数据进行了校正，化学－机械模型采用化学反应动力学、统计力学和 Bergström-Boyce 材料模型计算机械性能随时间的变化。模型计算的压缩应力－应变和流动阻力结果与材料在 125 ℃ 和 175 ℃ 以及无应力和 0.48 MPa 压应力下老化样品的实验结果一致。本构模型在有机材料的寿命预测中也有重要应用，作者将在第 10 章深入介绍。

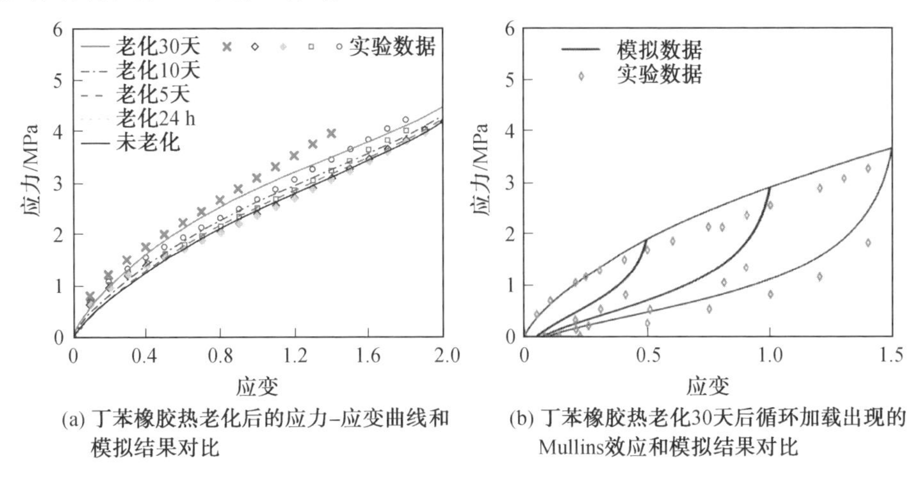

(a) 丁苯橡胶热老化后的应力-应变曲线和模拟结果对比

(b) 丁苯橡胶热老化30天后循环加载出现的Mullins效应和模拟结果对比

图 9.24　丁苯橡胶热老化的本构模拟和实验验证

9.8　本章小结

目前针对材料(特别是有机材料)辐射效应的模拟在各个时空尺度均有相应的理论方法，而且大部分具有普适性。少数方法(如两温度动力学模型)主要用于无机材料，但其处理思想是可以借鉴并用于有机材料的模拟。辐射效应的模拟需要考虑电子效应，需要涉及电子结构结算，这是常规分子动力学等方法无法描述的。但是分子动力学在描述核基态演化上具有更大的时空尺度，并且已经具有描述核运动导致的化学反应的能力(如 ReaxFF)。想要在更大时空尺度上获得材料辐射效应的行为规律，就必须借助于动力学模型和有限元方法。目前，多尺度方法已经广泛用于研究有机材料的辐射老化机理和宏观行为规律，促进了辐射化学学科的发展和对辐射化学本质的认识。

总之，笔者认为有机材料辐射模拟的发展应在以下几点发力：① 多尺度模拟多是机械地将多个尺度序贯联用，过程比较复杂且专业性要求高，未来应大力发展多尺度跨越的平台及自动接口，实现全流程的高效自动化管理以及后分析，进而降低研究准入门槛。② 计算耗时和体系复杂度的矛盾依然突出，体系大小、模型化学理论方法和基组大小等的选择受到严重制约，需要大力发展硬件平台和软件技术解决该矛盾。③ 需要发展新的计算方法充实复杂的辐射效应模拟能力，降低辐射相互作用的经验处理和经典简化（特别是电子相关效应和非绝热耦合），精确处理核系统、电子系统以及核电系统的耦合作用，合理描述多激发和去激发过程以及长时间的核 / 电子系统松弛行为，还需关注内核激发态的模拟。④ 目前的模拟偏重微观尺度和简单环境，未来应重视宏观结构性能的模拟以及微观结构和宏观性能的跨尺度关联；还应关注多因素耦合条件下的辐射效应模拟，不断接近真正面临的问题场景（如凝聚态、电场、溶剂、应力、共混复合材料和多相界面等）并解决实际问题。⑤ 大力发展飞秒和阿秒尺度的瞬态光谱和其他测试技术，具备更加精微的表征能力，为飞秒和阿秒尺度的理论计算提供实验支撑，这些技术包括阿秒泵浦探测技术和瞬态光谱。

本章参考文献

[1] KRASHENINNIKOV A V, MIYAMOTO Y, TOMÁNEK D. Role of electronic excitations in ion collisions with carbon nanostructures[J]. Phys Rev Lett, 2007, 99(1): 16104.

[2] SHINGLEDECKER C N, LE GAL R, HERBST E. A new model of the chemistry of ionizing radiation in solids: CIRIS[J]. Phys Chem Chem Phys, 2017, 19(18): 11043-11056.

[3] ZHU C, KLEIMEIER N F, TURNER A M, et al. Synthesis of methanediol [$CH_2(OH)_2$]: The simplest geminal diol[J]. Proc Natl Acad Sci USA, 2022, 119(1): e2111938119.

[4] NORDLUND K, DJURABEKOVA F. Multiscale modelling of irradiation in nanostructures[J]. Journal of Computational Electronics, 2014, 13(1): 122-141.

[5] NORDLUND K, ZINKLE S J, SAND A E, et al. Primary radiation damage: A review of current understanding and models[J]. J Nucl Mater, 2018, 512: 450-479.

[6] OMAR K A, HASNAOUI K, DE LA LANDE A. First-principles simulations of biological molecules subjected to ionizing radiation[J]. Annu Rev Phys Chem, 2021, 72(1): 445-465.

[7] PLANTE I. A review of simulation codes and approaches for radiation

chemistry[J]. Phys Med Biol, 2021, 66(3): 3TR2.

[8] HATANO Y. Interaction of vacuum ultraviolet photons with molecules. Formation and dissociation dynamics of molecular superexcited states[J]. Phys Rep, 1999, 313(3): 109-169.

[9] DARKINS R, DUFFY D M. Modelling radiation effects in solids with two-temperature molecular dynamics[J]. Computational Materials Science, 2018, 147: 145-153.

[10] MORCO R P. Gamma-radiolysis kinetics and its role in the overall dynamics of materials degradation[D]. London, Ontario: The University of Western Ontario, 2020.

[11] BALDACCHINO G, BRUN E, DENDEN I, et al. Importance of radiolytic reactions during high-LET irradiation modalities: LET effect, role of O_2 and radiosensitization by nanoparticles[J]. Cancer Nanotechnol, 2019, 10(1): 1-21.

[12] TOBUREN L. Ionization and secondary electron production by fast charged particles [M] // HATANO Y, MOZURNDER A. Charged Particle and Photon Interactions with Matter: Chemical, Physicochemical, and Biological Consequences with Applications. Boca Raton, FL: CRC Press. 2003: 41-84.

[13] ZAKARIA A M. Monte Carlo track chemistry simulations of the effects of multiple ionization, temperature, and dose rate on the radiolytic yields produced in the heavy-ion radiolysis of liquid water [D]. Québec: Université de Sherbrooke, 2020.

[14] SHUKRI A A, BRUNEVAL F, REINING L. Ab initio electronic stopping power of protons in bulk materials[J]. Phys Rev B, 2016, 93(3): 35128.

[15] CORREA A A. Calculating electronic stopping power in materials from first principles[J]. Computational Materials Science, 2018, 150: 291-303.

[16] HEMANI H, MAJALEE A, BHARDWAJ U, et al. Inclusion and validation of electronic stopping in the open source LAMMPS code[J]. ArXiv, 2005, 11940: 2020.

[17] CORREA A A, KOHANOFF J, ARTACHO E, et al. Nonadiabatic forces in ion-solid interactions: The initial stages of radiation damage[J]. Phys Rev Lett, 2012, 109(6): 069901.

[18] GOVINDARAJAN H. Atomic-scale modeling of the effects of irradiation on silica optical fibers[D]. Columbus: The Ohio State University, 2011.

[19] ZETTERGREN H, DOMARACKA A, SCHLATHöLTER T, et al. Roadmap on dynamics of molecules and clusters in the gas phase[J]. Eur Phys J D, 2021, 75(5): 152.

[20] RABEK J F. Photochemical aspects of degradation of polymers [M] // RABEK J F. Polymer Photodegradation: Mechanisms and experimental methods. Dordrecht: Springer Netherlands. 1995: 24-66.

[21] RABEK J F. Absorption of radiation[M] // RABEK J F. Photodegradation of polymers: Physical characteristics and applications. Berlin, Heidelberg: Springer Berlin Heidelberg. 1996: 1-8.

[22] ROSU L, VARGANICI C-D, ROSU D. Theoretical aspects regarding polymer photochemistry [M] // ROSU D, VISAKH P M. Photochemical behavior of multicomponent polymeric-based materials. Cham: Springer International Publishing. 2016: 1-20.

[23] HATANO Y. Spectroscopy and dynamics of molecular superexcited states. Aspects of primary processes of radiation chemistry[J]. Radiat Phys Chem, 2003, 67(3): 187-198.

[24] 刘强. 聚集态结构在高分子材料老化中的作用研究 [D]. 成都: 四川大学, 2020.

[25] 李学进. 聚合物微观和介观及多尺度贯通的粒子模拟研究 [D]. 合肥: 中国科学技术大学, 2009.

[26] 孙德林. 高分子结构与性能关系的多尺度分子模拟 [D]. 广州: 华南理工大学, 2012.

[27] 张东凯. 碳纳米管复合材料力学性能的多尺度仿真分析 [D]. 大连: 大连理工大学, 2016.

[28] GOONEIE A, SCHUSCHNIGG S, HOLZER C. A Review of multiscale computational methods in polymeric materials[J]. Polymers, 2017, 9(1): 1-80.

[29] JARAMILLO-BOTERO A, TAHIR-KHELI J, VON ALLMEN P, et al. Multiscale, multiparadigm modeling for nanosystems characterization and design [M] // GODDARD Ⅲ W A, BRENNER D W, LYSHEVSKI S E, et al. Handbook of Nanoscience, Engineering, and Technology. CRC Press. 2018.

[30] KOHN W, SHAM L J. Self-consistent equations including exchange and correlation effects[J]. Physical Review, 1965, 140(4A): A1133-A1138.

[31] A M-Q R. Density functional theory for chemical reactivity [M]. Toronto: Apple Academic Press, 2018.

[32] FELICIANO G. Equilibrium structures of materials: fundamentals [M]//FELICIANO G. Materials modelling using density functional theory: Properties and predictions. New York: Oxford University Press. 2015: 51-65.

[33] LIU Q, HUANG W, LIU B, et al. Gamma radiation chemistry of polydimethylsiloxane foam in radiation-thermal environments: experiments and simulations[J]. ACS Appl Mat Interfaces, 2021, 13(34): 41287-41302.

[34] LIU Q, HUANG W, LIU B, et al. Experimental and theoretical study of gamma radiolysis and dose rate effect of o-cresol formaldehyde epoxy composites[J]. ACS Appl Mat Interfaces, 2022, 14(4): 5959-5972.

[35] MAITI A, SMALL W, KROONBLAWD M P, et al. Constitutive model of radiation aging effects in filled silicone elastomers under strain[J]. The Journal of Physical Chemistry B, 2021, 125(35): 10047-10057.

[36] DING Y-Q, LU H-F, MOU Q-H, et al. A DFT Study on the cyclization-mechanism during process of thermal vacuum degradation for Poly(dimethylsiloxanes)[J]. Polym Degrad Stab, 2020, 182: 109367.

[37] FELDMAN V I. Structure and reactions of aliphatic bridged bifunctional radical Ions: Exploring fine-tuning in radiation chemistry[J]. Isr J Chem, 2014, 54(3): 284-291.

[38] MCALLISTER M, SMYTH M, GU B, et al. Understanding the interaction between low-energy electrons and DNA nucleotides in aqueous solution[J]. J Phys Chem Lett, 2015, 6(15): 3091-3097.

[39] MAZUR T, GRZYBOWSKI B A. Theoretical basis for the stabilization of charges by radicals on electrified polymers[J]. Chemical Science, 2017, 8(3): 2025-2032.

[40] BAYTEKIN H T, BAYTEKIN B, HERMANS T M, et al. Control of surface charges by radicals as a principle of antistatic polymers protecting electronic circuitry[J]. Science, 2013, 341(6152): 1368-1371.

[41] LóPEZ-TARIFA P, HERVé DU PENHOAT M A, VUILLEUMIER R, et al. Ultrafast nonadiabatic fragmentation dynamics of doubly charged uracil in a gas phase[J]. Phys Rev Lett, 2011, 107(2): 23202.

[42] NORDLUND K. Historical review of computer simulation of radiation effects in materials[J]. J Nucl Mater, 2019, 520: 273-295.

[43] GOUID Z, RöDER A, CUNHA DE MIRANDA B K, et al. Energetics

and ionization dynamics of two diarylketone molecules: benzophenone and fluorenone[J]. Phys Chem Chem Phys, 2019, 21(26): 14453-14464.

[44] 赵宇军，姜明，曹培林. 从头计算分子动力学[J]. 物理学进展，1998，(1): 49-77.

[45] Getting started: Unifying MD and electronic structure[M] // MARX D, HUTTER J. Ab Initio molecular dynamics: Basic theory and advanced methods. Cambridge: Cambridge University Press. 2009: 11-84.

[46] IFTIMIE R, MINARY P, TUCKERMAN M E. Ab initio molecular dynamics: Concepts, recent developments, and future trends. [J]. Proc Natl Acad Sci USA, 2005, 102(19): 6654-6659.

[47] KROONBLAWD M P, GOLDMAN N, LEWICKI J P. Chemical degradation pathways in siloxane polymers following phenyl excitations[J]. J Phys Chem B, 2018, 122(50): 12201-12210.

[48] KROONBLAWD M P, GOLDMAN N, MAITI A, et al. A quantum-based approach to predict primary radiation damage in polymeric networks[J]. Journal of Chemical Theory and Computation, 2021, 17(1): 463-473.

[49] WANG E, SHAN X, CHEN L, et al. Ultrafast proton transfer dynamics on the repulsive potential of the ethanol dication: Roaming-mediated isomerization versus coulomb explosion[J]. J Phys Chem A, 2020, 124(14): 2785-2791.

[50] FOLEY CASEY D, XIE C, GUO H, et al. Orbiting resonances in formaldehyde reveal coupling of roaming, radical, and molecular channels[J]. Science, 2021, 374(6571): 1122-1127.

[51] TOWNSEND D, LAHANKAR S A, LEE S K, et al. The roaming atom: Straying from the reaction path in formaldehyde decomposition[J]. Science, 2004, 306(5699): 1158-1161.

[52] REN X, ZHOU J, WANG E, et al. Ultrafast energy transfer between π-stacked aromatic rings upon inner-valence ionization[J]. Nat Chem, 2021, 14(2): 232-238.

[53] AHN Y, COLIN X, ROMA G. Atomic scale mechanisms controlling the oxidation of polyethylene: A first principles study[J]. Polymers, 2021, 13: 2143.

[54] GAO H, WANG H, NIU M, et al. Radiation damage behavior of amorphous SiOC polymer-derived ceramics: The role of in situ formed

free carbon[J]. J Nucl Mater, 2021, 545: 152652.

[55] LI X, TULLY J C, SCHLEGEL H B, et al. Ab initio ehrenfest dynamics[J]. J Chem Phys, 2005, 123(8): 84106.

[56] RUNGE E, GROSS E K U. Density-functional theory for time-dependent systems[J]. Phys Rev Lett, 1984, 52(12): 997-1000.

[57] LóPEZ-TARIFA P, GRZEGORZ D, PIEKARSKI, et al. Ultrafast nonadiabatic fragmentation dynamics of biomolecules[J]. J Phys: Conf Ser, 2014, 488(1): 12037.

[58] FLICK J, RUGGENTHALER M, APPEL H, et al. Kohn - Sham approach to quantum electrodynamical density-functional theory: Exact time-dependent effective potentials in real space[J]. Proc Natl Acad Sci U S A, 2015, 112(50): 15285.

[59] SCHILD A, GROSS E K U. Exact single-electron approach to the dynamics of molecules in strong laser fields[J]. Phys Rev Lett, 2017, 118(16): 163202.

[60] ZHAO L, TAO Z, PAVOŠEVIĆ F, et al. Real-time time-dependent nuclear-electronic orbital approach: Dynamics beyond the born-oppenheimer approximation[J]. J Phys Chem Lett, 2020, 11(10): 4052-4058.

[61] KLAMROTH T. Laser-driven electron transfer through metal-insulator-metal contacts: Time-dependent configuration interaction singles calculations for a jellium model[J]. Phys Rev B, 2003, 68(24): 245421.

[62] KLINKUSCH S, KLAMROTH T, SAALFRANK P. Long-range intermolecular charge transfer induced by laser pulses: An explicitly time-dependent configuration interaction approach[J]. Phys Chem Chem Phys, 2009, 11(20): 3875-3884.

[63] AGOSTINI F, CURCHOD B F E. Different flavors of nonadiabatic molecular dynamics[J]. Wiley Computational Molecular Science, 2019, 9(5): e1417.

[64] LóPEZ-TARIFA P, GAIGEOT M-P, VUILLEUMIER R, et al. Ultrafast damage following radiation-induced oxidation of uracil in aqueous solution[J]. Angew Chem Int Ed, 2013, 52(11): 3160-3163.

[65] LIM A, FOULKES W M C, HORSFIELD A P, et al. Electron elevator: Excitations across the band gap via a dynamical gap state[J]. Phys Rev Lett, 2016, 116(4): 43201.

[66] DISPENZA C, SABATINO M A, GRIMALDI N, et al. On the nature of

macroradicals formed upon radiolysis of aqueous poly(N-vinylpyrrolidone) solutions[J]. Radiat Phys Chem, 2020, 174: 108900.

[67] CAI Z, CHEN S, WANG L-W. Dissociation path competition of radiolysis ionization-induced molecule damage under electron beam illumination[J]. Chem Sci, 2019, 10(46): 10706-10715.

[68] VACHER M, BEARPARK M J, ROBB M A, et al. Electron dynamics upon ionization of polyatomic molecules: coupling to quantum nuclear motion and decoherence[J]. Phys Rev Lett, 2017, 118(8): 83001.

[69] KULEFF A I, CEDERBAUM L S. Ultrafast correlation-driven electron dynamics[J]. J Phys B: At, Mol Opt Phys, 2014, 47(12): 124002.

[70] CALEGARI F, AYUSO D, TRABATTONI A, et al. Ultrafast electron dynamics in phenylalanine initiated by attosecond pulses[J]. Science, 2014, 346(6207): 336-339.

[71] TAO J, PERDEW J P, STAROVEROV V N, et al. Climbing the density functional ladder: Nonempirical meta-generalized gradient approximation designed for molecules and solids[J]. Phys Rev Lett, 2003, 91(14): 146401.

[72] COHEN A J, MORI-SáNCHEZ P, YANG W. Development of exchange-correlation functionals with minimal many-electron self-interaction error[J]. J Chem Phys, 2007, 126(19): 191109.

[73] GROSS E K U, KOHN W. Local density-functional theory of frequency-dependent linear response[J]. Phys Rev Lett, 1985, 55(26): 2850-2852.

[74] NORMAN P, DREUW A. Simulating X-ray spectroscopies and calculating core-excited states of molecules[J]. Chem Rev, 2018, 118(15): 7208-7248.

[75] RUTHERFORD A M, DUFFY D M. The effect of electron-ion interactions on radiation damage simulations[J]. J Phys: Condens Matter, 2007, 19(49): 496201.

[76] TULLY J C. Molecular dynamics with electronic transitions[J]. J Chem Phys, 1990, 93(2): 1061-1071.

[77] SHAKYA Y, INHESTER L, ARNOLD C, et al. Ultrafast time-resolved X-ray absorption spectroscopy of ionized urea and its dimer through ab initio nonadiabatic dynamics[J]. Struct Dyn, 2021, 8(3): 34102.

[78] ROZZI C A, TROIANI F, TAVERNELLI I. Quantum modeling of ultrafast photoinduced charge separation[J]. J Phys: Condens Matter, 2017, 30(1): 013002.

[79] OJANPERÄ A, KRASHENINNIKOV A V, PUSKA M. Electronic stopping power from first-principles calculations with account for core electron excitations and projectile ionization[J]. Phys Rev B, 2014, 89(3): 35120.

[80] WÖRNER H J, ARRELL C A, BANERJI N, et al. Charge migration and charge transfer in molecular systems[J]. Struct Dyn, 2017, 4(6): 61508.

[81] DESPRÉ V, MARCINIAK A, LORIOT V, et al. Attosecond hole migration in benzene molecules surviving nuclear motion[J]. J Phys Chem Lett, 2015, 6(3): 426-431.

[82] LARA-ASTIASO M, GALLI M, TRABATTONI A, et al. Attosecond pump - probe spectroscopy of charge dynamics in tryptophan[J]. J Phys Chem Lett, 2018, 9(16): 4570-4577.

[83] SCHLEIFE A, KANAI Y, CORREA A A. Accurate atomistic first-principles calculations of electronic stopping[J]. Phys Rev B, 2015, 91(1): 14306.

[84] NIJJAR P, JANKOWSKA J, PREZHDO O V. Ehrenfest and classical path dynamics with decoherence and detailed balance[J]. J Chem Phys, 2019, 150(20): 204124.

[85] DUFFY D M, RUTHERFORD A M. Including the effects of electronic stopping and electron-ion interactions in radiation damage simulations[J]. J Phys: Condens Matter, 2006, 19(1): 16207.

[86] LE PAGE J, MASON D R, FOULKES W M C. The Ehrenfest approximation for electrons coupled to a phonon system[J]. J Phys: Condens Matter, 2008, 20(12): 125212.

[87] LOU Y, SIBOULET B, DOURDAIN S, et al. Molecular dynamics simulation of ballistic effects in mesoporous silica[J]. J Non-Cryst Solids, 2020, 549: 120346.

[88] SATOH A. 3-Practice of molecular dynamics simulations [M] // SATOH A. introduction to practice of molecular simulation. London: Elsevier. 2011: 49-104.

[89] RAPAPORT D C. The art of molecular dynamics simulation.

Cambridge: Cambridge University Press. 2004.

[90] SUSHKO G B, SOLOV'YOV I A, SOLOV'YOV A V. Molecular dynamics for irradiation driven chemistry: Application to the FEBID process[J]. The European Physical Journal D, 2016, 70(10): 217.

[91] 辛亮，孙淮. 关于副本交换分子动力学模拟复杂化学反应的研究[J]. 物理化学学报，2018，34(10)：1179-1188.

[92] UNKE O T, CHMIELA S, SAUCEDA H E, et al. Machine learning force fields[J]. Chem Rev, 2021, 121(16): 10142-10186.

[93] BÖSELT L, THÜRLEMANN M, RINIKER S. Machine learning in QM/MM molecular dynamics simulations of condensed-phase systems[J]. Journal of Chemical Theory and Computation, 2021, 17(5): 2641-2658.

[94] YILMAZ D E, WOODWARD W H, VAN DUIN A C T. Machine learning-assisted hybrid ReaxFF simulations[J]. Journal of Chemical Theory and Computation, 2021, 17(11): 6705-6712.

[95] BOTU V, BATRA R, CHAPMAN J, et al. Machine learning force fields: Construction, validation, and outlook[J]. J Phys Chem C, 2017, 121(1): 511-522.

[96] CHMIELA S, TKATCHENKO A, SAUCEDA H E, et al. Machine learning of accurate energy-conserving molecular force fields[J]. Science Advances, 2017, 3(5): e1603015.

[97] LIANG T, YUN K S, CHENG Y T, et al. Reactive potentials for advanced atomistic simulations[J]. Annual Review of Materials Research, 2013, 43(43): 109-129.

[98] HAN Y, JIANG D, ZHANG J, et al. Development, applications and challenges of ReaxFF reactive force field in molecular simulations[J]. Frontiers of Chemical Science and Engineering, 2016, 10(1): 16-38.

[99] JR M F R, DUIN A C T V. Atomistic-scale simulations of chemical reactions: bridging from quantum chemistry to engineering[J]. Nucl Instrum Methods Phys Res, 2011, 269(14): 1549-1554.

[100] 郝文杰，翟燕妮，张倩瑜，等. 阿秒光源在材料领域的应用[J]. 科学通报，2021，8：856-864.

[101] LIU Q, LIU S, LV Y, et al. Atomic-scale insight into the pyrolysis of polycarbonate by ReaxFF-based reactive molecular dynamics simulation[J]. Fuel, 2021, 287: 119484.

[102] BEARDMORE K, SMITH R. Ion bombardment of polyethylene[J]. Nucl Instrum Methods Phys Res, Sect B: Beam Interact Mater At, 1995, 102(1): 223-227.

[103] POLVI J, LUUKKONEN P, NORDLUND K, et al. Primary radiation defect production in polyethylene and cellulose[J]. J Phys Chem B, 2012, 116(47): 13932-13938.

[104] POLVI J, NORDLUND K. Irradiation effects in high-density polyethylene[J]. Nucl Instrum Methods Phys Res, Sect B: Beam Interact Mater At, 2013, 312: 54-59.

[105] POLVI J, NORDLUND K. Low-energy irradiation effects in cellulose[J]. J Appl Phys, 2014, 115(2): 23521.

[106] RAHNAMOUN A, ENGELHART D P, HUMAGAIN S, et al. Chemical dynamics characteristics of Kapton polyimide damaged by electron beam irradiation[J]. Polymer, 2019, 176: 135-145.

[107] RAHNAMOUN A, DUIN A C T V. Reactive molecular dynamics simulation on the disintegration of Kapton, POSS polyimide, amorphous silica, and teflon during atomic oxygen impact using the ReaxFF reactive force-field method[J]. J Phys Chem A, 2014, 118(15): 2780-2787.

[108] RAHMANI F, NOURANIAN S, LI X, et al. Reactive molecular simulation of the damage mitigation efficacy of POSS-, Graphene-, and carbon nanotube-loaded polyimide coatings exposed to atomic oxygen bombardment[J]. ACS Appl Mat Interfaces, 2017, 9(14): 12802-12811.

[109] TIAN Y, DU J, ZU X, et al. Uv-induced modification of fused silica: Insights from ReaxFF-based molecular dynamics simulations[J]. AIP Adv, 2016, 6(9): 95312.

[110] ZHEN J S, YANG Q, YAN Y H, et al. Molecular dynamics study of structural damage in amorphous silica induced by swift heavy-ion radiation[J]. Radiat Eff Defects Solids, 2016, 171(3-4): 340-349.

[111] SMITH R, JOLLEY K, LATHAM C, et al. A ReaxFF carbon potential for radiation damage studies[J]. Nucl Instrum Methods Phys Res, Sect B: Beam Interact Mater At, 2017, 393: 49-53.

[112] YOON K, RAHNAMOUN A, SWETT J L, et al. Atomistic-scale simulations of defect formation in graphene under noble gas ion irradiation[J]. ACS Nano, 2016, 10(9): 8376-8384.

[113] NEYTS E C, OSTRIKOV K, HAN Z J, et al. Defect healing and enhanced nucleation of carbon nanotubes by low-energy ion bombardment[J]. Phys Rev Lett, 2013, 110(6): 65501.

[114] SHEMUKHIN A A, NAZAROV A V, STEPANOV A V. LAMMPS code simulation of the defect formation induced by ion incidence in carbon nanotubes[J]. Supercomp Front Innov, 2019, 6(1): 9-13.

[115] LIU X Y, WANG F C, PARK H S, et al. Defecting controllability of bombarding graphene with different energetic atoms via reactive force field model[J]. J Appl Phys, 2013, 114(5): 54313.

[116] BAI Z, ZHANG L, LIU L. Bombarding graphene with oxygen ions: combining effects of incident angle and ion energy to control defect generation[J]. J Phys Chem C, 2015, 119(47): 26793-26802.

[117] LEHTINEN O, KOTAKOSKI J, KRASHENINNIKOV A V, et al. Effects of ion bombardment on a two-dimensional target: Atomistic simulations of graphene irradiation[J]. Phys Rev B, 2010, 81(15): 153401.

[118] LEHTINEN O, KOTAKOSKI J, KRASHENINNIKOV A V, et al. Cutting and controlled modification of graphene with ion beams[J]. Nanotechnology, 2011, 22(17): 175306.

[119] GONZÁLEZ R I, VALENCIA F, MELLA J, et al. Metal-nanotube composites as radiation resistant materials[J]. Appl Phys Lett, 2016, 109(3): 33108.

[120] GOVERAPET SRINIVASAN S, VAN DUIN A C T. Direction dependent etching of diamond surfaces by hyperthermal atomic oxygen: A ReaxFF based molecular dynamics study[J]. Carbon, 2015, 82: 314-326.

[121] MARKS N, BUCHAN J, ROBINSON M, et al. Molecular dynamics simulation of radiation damage cascades in diamond[J]. J Appl Phys, 2015, 117(24): 245901.

[122] GERVAIS B, NGONO Y, BALANZAT E. Kinetic monte carlo simulation of heterogeneous and homogeneous radio-oxidation of a polymer[J]. Polym Degrad Stab, 2021, 185: 109493.

[123] COLIN X, RICHAUD E, VERDU J, et al. Kinetic modelling of radiochemical ageing of ethylene - propylene copolymers[J]. Radiat Phys Chem, 2010, 79(3): 365-370.

[124] GILLEN K T, WISE J, CLOUGH R L. General solution for the basic autoxidation scheme[J]. Polym Degrad Stab, 1995, 47(1): 149-161.

[125] KHELIDJ N, COLIN X, AUDOUIN L, et al. Oxidation of polyethylene under irradiation at low temperature and low dose rate. Part Ⅰ. The case of "pure" radiochemical initiation[J]. Polym Degrad Stab, 2006, 91(7): 1593-1597.

[126] KHELIDJ N, COLIN X, AUDOUIN L, et al. Oxidation of polyethylene under irradiation at low temperature and low dose rate. Part Ⅱ. Low temperature thermal oxidation[J]. Polym Degrad Stab, 2006, 91(7): 1598-1605.

[127] SATTI A J, ANDREUCETTI N A, RESSIA J A, et al. Modelling molecular weight changes induced in polydimethylsiloxane by gamma and electron beam irradiation[J]. Eur Polym J, 2008, 44(5): 1548-1555.

[128] SARMORIA C, VALLÉS E. Model for a scission-crosslinking process with both H and Y crosslinks[J]. Polymer, 2004, 45(16): 5661-5669.

[129] O'DONNELL J H, WINZOR C L, WINZOR D J. Evaluation of crosslinking and scission yields in irradiated polymers from the dose dependence of the weight- and *z*-average molecular weights[J]. Macromolecules, 1990, 23(1): 167-172.

[130] DEVANNE T, BRY A, AUDOUIN L, et al. Radiochemical ageing of an amine cured epoxy network. Part Ⅰ: Change of physical properties[J]. Polymer, 2005, 46(1): 229-236.

[131] DEVANNE T, BRY A, RAGUIN N, et al. Radiochemical ageing of an amine cured epoxy network. Part Ⅱ: Kinetic modelling[J]. Polymer, 2005, 46(1): 237-241.

[132] LAVERNE J A, PIMBLOTT S M, WOJNAROVITS L. Diffusion-kinetic modeling of the γ-radiolysis of liquid cycloalkanes[J]. J Phys Chem A, 1997, 101(8): 1628-1634.

[133] KORPANTY J, PARENT L R, GIANNESCHI N C. Enhancing and mitigating radiolytic damage to soft matter in aqueous phase liquid-cell transmission electron microscopy in the Presence of gold nanoparticle sensitizers or isopropanol scavengers[J]. Nano Lett, 2021, 21(2):1141-1149.

[134] DAHLGREN B, DISPENZA C, JONSSON M. Numerical simulation of

the kinetics of radical decay in single-pulse high-energy electron-irradiated polymer aqueous solutions[J]. J Phys Chem A, 2019, 123(24): 5043-5050.

[135] HORNE G P, ZALUPSKI P R, DAUBARAS D L, et al. Radiolytic degradation of formic acid and formate in aqueous solution: modeling the final stages of organic mineralization under advanced oxidation process conditions[J]. Water Res, 2020, 186: 116314.

[136] SOMERSALL A C, GUILLET J E. Computer Modeling studies of polymer photooxidation and stabilization [M] // KLEM CHUK P P. Polymer Stabilization and Degradation. Missouri: American Chemical Society. 1985: 211-234.

[137] COLIN X, VERDU J. Thermal ageing and lifetime prediction for organic matrix composites[J]. Plast, Rubber Compos, 2003, 32(8-9): 349-356.

[138] BAO J L, TRUHLAR D G. Variational transition state theory: Theoretical framework and recent developments[J]. Chem Soc Rev, 2017, 46(24): 7548-7596.

[139] FERNANDEZ-RAMOS A, ELLINGSON B A, GARRETT B C, et al. Variational transition state theory with multidimensional tunneling[M]. Rev Comput Chem. 2007: 125-232.

[140] FERNáNDEZ-RAMOS A, MILLER J A, KLIPPENSTEIN S J, et al. Modeling the kinetics of bimolecular reactions[J]. Chem Rev, 2006, 106(11): 4518-4584.

[141] 甯红波，李泽荣，李象远. 燃烧反应动力学研究进展[J]. 物理化学学报，2016, 32(1): 131-153.

[142] HANSEN ANNE S, BHAGDE T, MOORE KEVIN B, et al. Watching a hydroperoxyalkyl radical (• QOOH) dissociate[J]. Science, 2021, 373(6555): 679-682.

[143] COLIN X, AUDOUIN L, VERDU J. Determination of thermal oxidation rate constants by an inverse method. Application to polyethylene[J]. Polym Degrad Stab, 2004, 86(2): 309-321.

[144] 王栋. 金属材料辐照损伤的动力学蒙特卡洛数值模拟程序开发及并行优化[D]. 辽宁：大连海洋大学，2020.

[145] JANSEN A P J. Introduction [M] // JANSEN A P J. An introduction to kinetic monte carlo simulations of surface reactions. Berlin,

Heidelberg: Springer Berlin Heidelberg. 2012: 1-12.

[146] MUÑOZ A, FUSS M C, CORTÉS-GIRALDO M A, et al. Monte Carlo methods to model radiation interactions and induced damage[M] // GARCíA GóMEZ-TEJEDOR G, FUSS M C. Radiation damage in biomolecular systems. Dordrecht: Springer Netherlands. 2012: 203-225.

[147] SAKATA D, BELOV O, BORDAGE M-C, et al. Fully integrated Monte Carlo simulation for evaluating radiation induced DNA damage and subsequent repair using Geant4-DNA[J]. Sci Rep, 2020, 10(1): 20788.

[148] REHEEM A M A, ATTA A, MAKSOUD M I A A. Low energy ion beam induced changes in structural and thermal properties of polycarbonate[J]. Radiat Phys Chem, 2016, 127: 269-275.

[149] KARAMITROS M, BROWN J, LAMPE N, et al. Implementing the independent reaction time method in Geant4 for radiation chemistry simulations[J]. arXiv preprint arXiv,2006:14225.

[150] PLANTE I. A Monte-Carlo step-by-step simulation code of the non-homogeneous chemistry of the radiolysis of water and aqueous solutions. Part Ⅰ: Theoretical framework and implementation[J]. Radiat Environ Biophys, 2011, 50(3): 389-403.

[151] PLANTE I. A Monte-Carlo step-by-step simulation code of the non-homogeneous chemistry of the radiolysis of water and aqueous solutions—Part Ⅱ: Calculation of radiolytic yields under different conditions of LET, pH, and temperature[J]. Radiat Environ Biophys, 2011, 50(3): 405-415.

[152] MCNAMARA A, BLAKE S, VIAL P, et al. Evaluating radiation damage to scintillating plastic fibers with Monte Carlo simulations [M]. Florida: SPIE Medical imaging, 2013.

[153] DITTA L A, DAHLGREN B, SABATINO M A, et al. The role of molecular oxygen in the formation of radiation-engineered multifunctional nanogels[J]. Eur Polym J, 2019, 114: 164-175.

[154] UD-DIN KHAN S, UD-DIN KHAN S, ALMUTAIRI Z, et al. Development of theoretical-computational model for radiation shielding[J]. J Radiat Res Appl Sci, 2020, 13(1): 606-615.

[155] AKKURT I, MALIDARRE R B, KARTAL I, et al. Monte Carlo simulations study on gamma ray - neutron shielding characteristics for

vinyl ester composites[J]. Polym Compos, 2021, 42(9): 4764-4774.
[156] BEDAR A, GOSWAMI N, SINGHA A K, et al. Nanodiamonds as a state-of-the-art material for enhancing the gamma radiation resistance properties of polymeric membranes[J]. Nanoscale Adv, 2020, 2(3): 1214-1227.
[157] OYEWANDE O E, OLABIYI O D, AKINYEMI M L. Molecular dynamics simulations and ion beam treatment of polyethylene[J]. J Phys: Conf Ser, 2019, 1299: 12115.
[158] 高晓浩，张桃红，杨智勇，等. 可降解高聚物的降解跨尺度建模研究[J]. 高校化学工程学报，2016，30(6)：1419-1426.
[159] JANSEN A P J. Kinetic Monte Carlo algorithms[M] // JANSEN A P J. An introduction to kinetic monte carlo simulations of surface reactions. Berlin, Heidelberg: Springer Berlin Heidelberg. 2012: 37-71.
[160] MAKKI H, ADEMA K N S, PETERS E A J F, et al. A simulation approach to study photo-degradation processes of polymeric coatings[J]. Polym Degrad Stab, 2014, 105(7): 68-79.
[161] 胡平，刘强，黄亚江，等. 双酚 PC 老化机理粗粒化分子动力学－动力学蒙特卡洛模拟研究[J]. 高分子材料科学与工程，2020，37(1)：109-117.
[162] BEELER J R. Displacement spikes in cubic metals. Ⅰ. α-iron, copper, and tungsten[J]. Physical Review, 1966, 150(2): 470-487.
[163] BYSTRITSKAYA E V, KARPUKHIN O N, KUTSENOVA A V. Monte Carlo simulation of the thermal degradation of linear polymers by the mechanism of random ruptures in the isothermal and dynamic modes[J]. Russ J Phys Chem B, 2013, 7(4): 478-484.
[164] DUDAREV S L, MASON D R, TARLETON E, et al. A multi-scale model for stresses, strains and swelling of reactor components under irradiation[J]. Nucl Fusion, 2018, 58(12): 126002.
[165] BATTINI D, DONZELLA G, AVANZINI A, et al. Experimental testing and numerical simulations for life prediction of gate valve O-rings exposed to mixed neutron and gamma fields[J]. Mater Des, 2018, 156: 514-527.
[166] CELINA M C, GIRON N H, QUINTANA A. An overview of DLO modeling and relevance for polymer aging predictions[R]. Albuquerque: Sandia National Laboratory, 2016.
[167] BALAZS B, DETERESA S, MAXWELL R, et al. Techniques for the

analysis of aging signatures of silica-filled siloxanes[J]. Polym Degrad Stab, 2003, 82(2): 187-191.

[168] BALAZS B, MAXWELL R, TERESA S, et al. Damage mechanisms of filled siloxanes for predictive multiscale modeling of aging behavior[J]. Mater Res Soc Symp- Proc, 2002, 731.

[169] GILLEN K T, WISE J, JONES G D, et al. Final report on reliability and lifetime prediction[R]. Albuquerque: Sandia National Laboratory, 2012.

[170] QUINTANA A, CELINA M C. Overview of DLO modeling and approaches to predict heterogeneous oxidative polymer degradation[J]. Polym Degrad Stab, 2018, 149: 173-191.

[171] DIPPEL B, JOHLITZ M, LION A. Ageing of polymer bonds: A coupled chemomechanical modelling approach[J]. Continuum Mech Thermodyn, 2014, 26(3): 247-257.

[172] KONICA S, SAIN T. A thermodynamically consistent chemo-mechanically coupled large deformation model for polymer oxidation[J]. J Mech Phys Solids, 2020, 137: 103858.

[173] GAGLIARDI M, LENARDA P, PAGGI M. A reaction-diffusion formulation to simulate EVA polymer degradation in environmental and accelerated ageing conditions[J]. Sol Energy Mater Sol Cells, 2017, 164: 93-106.

[174] TRUHLAR D G, GARRETT B C, KLIPPENSTEIN S J. Current status of transition-state theory[J]. J Phys Chem, 1996, 100(31): 12771-12800.

[175] ESNOUF S, DANNOUX-PAPIN A, BOSSÉ E, et al. Hydrogen generation from α radiolysis of organic materials in transuranic waste. Comparison between experimental data and storage calculations[J]. Nucl Technol, 2021: 1-10.

[176] HORNE G P, DONOCLIFT T A, SIMS H E, et al. Multi-scale modeling of the gamma radiolysis of nitrate solutions[J]. J Phys Chem B, 2016, 120(45): 11781-11789.

[177] ABOLFATH R M, CARLSON D J, CHEN Z J, et al. A molecular dynamics simulation of DNA damage induction by ionizing radiation[J]. Phys Med Biol, 2013, 58(20): 7143-7157.

[178] ABOLFATH R M, VAN DUIN A C T, BRABEC T. Reactive molecular dynamics study on the first steps of DNA damage by free

hydroxyl radicals[J]. J Phys Chem A, 2011, 115(40): 11045-11049.
[179] ABOLFATH R, GROSSHANS D, MOHAN R. Oxygen depletion in FLASH ultra-high-dose-rate radiotherapy: A molecular dynamics simulation[J]. Med Phys, 2020, 47(12): 6551-6561.
[180] GAIGEOT M P, VUILLEUMIER R, STIA C, et al. A multi-scale ab initio theoretical study of the production of free radicals in swift ion tracks in liquid water[J]. J Phys B: At, Mol Opt Phys, 2006, 40(1): 1-12.
[181] MAKKI H, ADEMA K N S, PETERS E A J F, et al. Multi-scale simulation of degradation of polymer coatings: Thermo-mechanical simulations[J]. Polym Degrad Stab, 2016, 123: 1-12.
[182] ADEMA K N S, MAKKI H, PETERS E A J F, et al. Kinetic Monte Carlo simulation of the photodegradation process of polyester-urethane coatings[J]. Phys Chem Chem Phys, 2015, 17(30): 19962-19976.
[183] ADEMA K N S, MAKKI H, PETERS E A J F, et al. The influence of the exposure conditions on the simulated photodegradation process of polyester-urethane coatings[J]. Polym Degrad Stab, 2016, 123: 121-130.
[184] PRASAD M, CONFORTI P F, GARRISON B J. Coupled molecular dynamics-Monte Carlo model to study the role of chemical processes during laser ablation of polymeric materials[J]. J Chem Phys, 2007, 127(8): 84705.
[185] CONFORTI P F, PRASAD M, GARRISON B J. Elucidating the thermal, chemical, and mechanical mechanisms of ultraviolet ablation in poly(methyl methacrylate) via molecular dynamics simulations[J]. Acc Chem Res, 2008, 41(8): 915-924.
[186] YINGLING Y G, GARRISON B J. Incorporation of chemical reactions into UV photochemical ablation of coarse-grained material[J]. Appl Surf Sci, 2007, 253(15): 6377-6381.
[187] PAULIVE A, SHINGLEDECKER C N, HERBST E. The role of radiolysis in the modelling of $C_2H_4O_2$ isomers and dimethyl ether in cold dark clouds[J]. Mon Not R Astron Soc, 2021, 500(3): 3414-3424.
[188] WANG P-C, YANG N, LIU D, et al. Coupling effects of gamma irradiation and absorbed moisture on silicone foam[J]. Mater Des, 2020, 195: 108998.

[189] LOH Z H, DOUMY G, ARNOLD C, et al. Observation of the fastest chemical processes in the radiolysis of water[J]. Science, 2020, 367(6474): 179-182.

[190] GHOSAL S, MUKHOPADHYAY M, RAY R, et al. Competitive scission and cross linking in a solid polymer electrolyte exposed to gamma irradiation: Simulation by a fractal model[J]. Phys A, 2014, 400: 139-150.

[191] DUAN Y, HONG Y, MEEKER W Q, et al. Photodegradation modeling based on laboratory accelerated test data and predictions under outdoor weathering for polymeric materials[J]. Ann Appl Stat, 2017, 11(4): 2052-2079.

[192] MOHAMMADI H, MOROVATI V, POSHTAN E, et al. Understanding decay functions and their contribution in modeling of thermal-induced aging of cross-linked polymers[J]. Polym Degrad Stab, 2020, 175: 109108.

[193] MLYNIEC A, MORAWSKA-CHOCHOL A, KLOCH K, et al. Phenomenological and chemomechanical modeling of the thermomechanical stability of liquid silicone rubbers[J]. Polym Degrad Stab, 2014, 99(99): 290-297.

[194] 魏志义，钟诗阳，贺新奎，等. 阿秒光学进展及发展趋势[J]. 中国激光，2021, 48(5): 501001.

第 10 章

有机材料辐射老化的寿命预测方法和模型

10.1 概　述

Verdu和Colin等将寿命预测方法分为模拟方法和理想方法。模拟方法假设通过加速老化缩短试验时间而材料的结构状态与自然老化试验一致，但动力学模拟很容易证明这种假设是较难成立的，因此加速老化和自然老化试验结果的关系很难解答。理想方法则是考虑所有相关尺度的结构变化的非经验动力学模型并建立结构和性能的关系，开展的加速老化只是用于模型参数的确定。事实上，详尽的动力学过程难以完整的描述，非经验老化的模型建立和寿命预测很难实现。有机材料的辐射老化往往涉及多尺度的化学老化和物理老化。以高分子为例，通常材料的物理老化是通过微布朗运动发生体积松弛和结构松弛，降低能量达到热力学平衡态的过程。更广义的概念上是指由于物理作用而引起的性能或功能改变，不涉及分子结构的改变，如环境应力作用下的龟裂、增塑、低分子添加剂迁移、蠕变和应力松弛等，进而对材料的黏弹性能产生影响。聚集态结构（如取向和加入填料）也会影响材料的链段运动和物理老化过程；而物理老化会显著影响材料的力学性能，热行为，气体阻隔性和抗氧剂的溶解、吸附与迁移等。此外，化学老化也会改变物理老化进程，如化学断链给予分子更高的活动能力容易导致材料的物理老化被加速。化学老化则是在热、辐射、力、电、真空、化学活性物和微生物等条件下激发引起化学反应和结构破坏的过程，由于材料和

服役环境的复杂性以及老化多因素耦合与交变特性，化学老化机理和规律常常十分复杂(图 10.1)，例如辐射引起水和空气辐射降解产生的活性物质可能降解有机材料和腐蚀金属。加之物理老化和化学老化无法绝对分开，它们通常伴生共存且相互影响，使得材料的服役寿命预测十分困难。热氧、辐射氧化和光氧化的主要不同在于引发步，其他步骤具有相似性，因此在老化研究上具有很多共性。本章在讨论时会适当涉及热氧和光氧老化的例子。

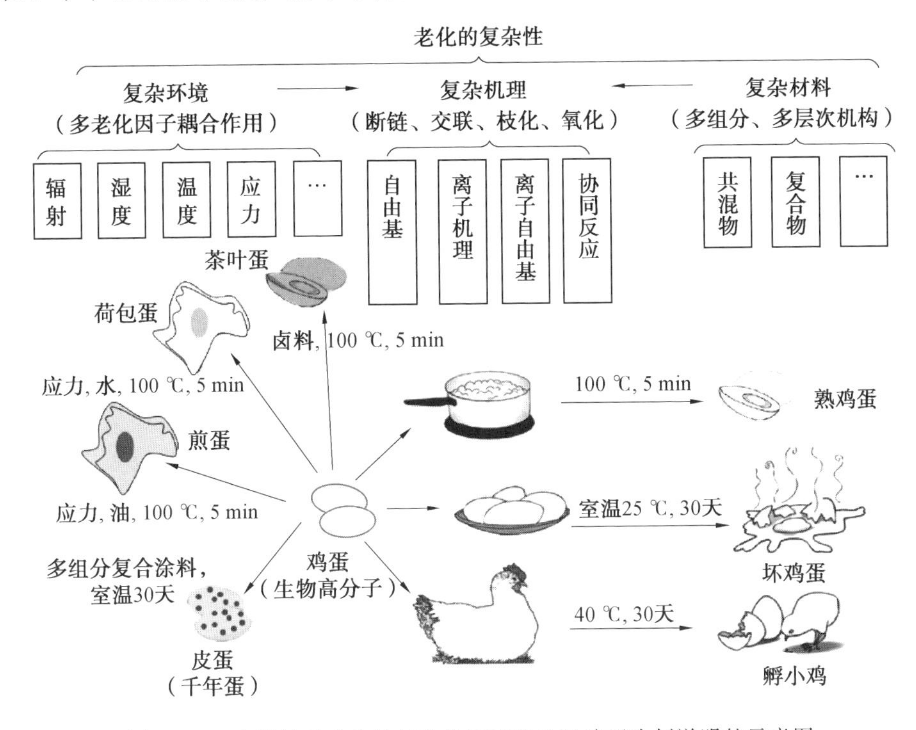

图 10.1　有机材料老化的复杂性原因以及以鸡蛋为例说明的示意图

有机材料的辐射老化不可避免，其服役性能退化情况对辐射服役场景中的特种设施与装备的可靠性和服役寿命至关重要；准确评估材料的辐射老化行为和寿命，有助于预防重大安全事故的发生，捍卫国家安全，保持科学技术的压倒性领先优势，节约大量资源以及提高和改善国计民生，因此得到了国防、核电和航天等领域的高度关注。目前，有机材料辐射老化后的寿命预测主要基于加速老化试验外推或内推。寿命预测前提是认识聚合物辐射老化机理和规律，这对评估其使用寿命非常重要；基础是合理地设计和可靠地开展加速老化试验和实施老化评估，加速老化试验的重点在于保证加速模拟与实际服役条件下材料的老化机理和行为不变，即满足等效性。然而，为了缩短模拟时间的条件加强和多因素耦合老化场景中，降解机理并非总是一致。如图 10.2 所示，Anaconda 二元乙丙橡胶和 Okonite 氯丁橡胶老化曲线在热主导和辐射主导试验条件下的曲线形状差异很大，表明材料的降解机理发生了明显的变化，这很可能是扩散限制或者材料尺寸导致的。为了应对这些问题，对考核与评估方法以及预测模型都提出了更高的要求。

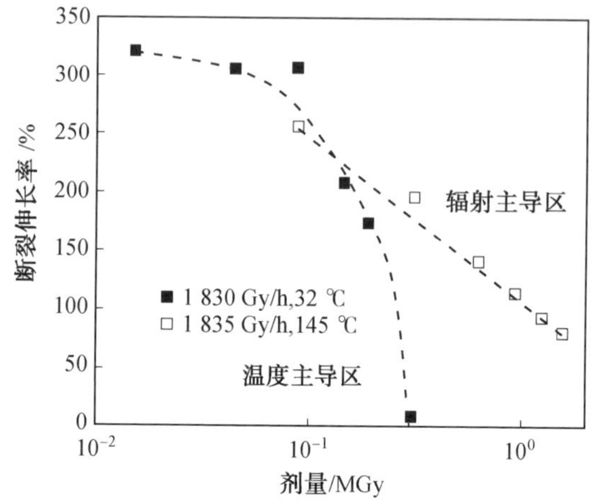

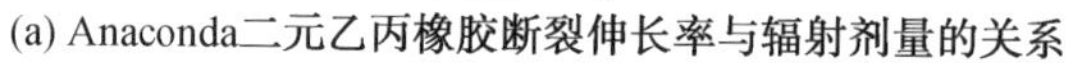
(a) Anaconda二元乙丙橡胶断裂伸长率与辐射剂量的关系

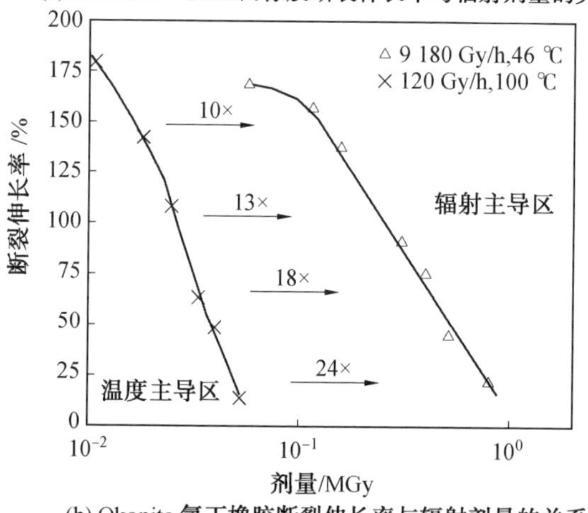

(b) Okonite 氯丁橡胶断裂伸长率与辐射剂量的关系

图 10.2　高分子材料加速辐射老化试验导致的老化机理改变现象

导致材料在加速老化试验中不满足等效性的因素不胜枚举，本章列出学术界发现和研究较多的一些现象或者效应，以此为线索思考基于加速老化预测辐射环境中材料服役寿命的等效性的保障手段和注意事项。多场景服役环境中的有机材料面临多种老化因素，由于各老化因素的强度和时空加载变化多端，容易出现剂量率效应、反温度效应、非阿伦尼乌斯行为和扩散限制氧化(DLO) 等，这些现象严重损害了加速试验的等效性和可靠性。其中 DLO 往往是导致各种反常老化行为的原因之一，可通过调控氧压来减弱或消除该效应。DLO 现象可能

显著影响辐射老化机理，Richaud 等研究 PEEK 在空气、60 ℃ 和 γ 辐射耦合环境中老化时发现薄样品(60 μm) 以断链为主，而厚样品(250 μm) 主要发生交联，主要原因就是扩散限制氧化效应。

剂量率效应在有机材料(特别是高分子材料) 中被广泛报道，包括电离辐射和非电离辐射。通常表现为在相等总吸收剂量的前提下，低剂量率往往导致更严重的损伤，这说明依靠提升剂量率加速老化的试验一般不会得到结构状态与自然老化试验一致的结果。一般认为剂量率效应与空间关联导致的非均相辐射化学动力学、物质浓度导致的竞争反应、扩散控制反应以及复杂环境条件耦合引起的协同 / 拮抗效应有关。也有研究指出 DLO 可能导致显著的剂量率效应，这主要是由材料几何结构引起的几何剂量率效应，在具有 DLO 现象的高温条件下的加速老化试验用于材料寿命评估是不合适的；科学界普遍认为真实的化学剂量率效应应该是由自由基笼蔽效应所致，通过添加抗氧剂抑制自由基逃离笼子就可使化学剂量率效应消失。剂量率效应也与考察的有机材料的具体性能或功能指标有关且往往不相同。此外，低剂量损伤增强也并不是放之四海而皆准的客观规律，Aliev 发现在氩气和真空中受到电子束辐射的二氧化硅填充氟硅橡胶的溶胀率因交联而下降，且高剂量率(10^3 Gy/s) 比低剂量率(1.4 Gy/s) 条件下的溶胀率下降更快。美国圣地亚国家实验室的 Celina 和 Gillen 等探讨了辐射－热环境中的剂量率效应现象(图 10.3 双对数图)。较低剂量率下，辐射影响基本可忽略而热老化占主导，因此 DED 是一条与剂量率成正比(温度不变，等损伤时间不变的等时线) 的上升直线(假剂量率效应)；随着剂量率增加，进入等剂量等损伤阶段，等损伤剂量(DED) 是一条水平线；剂量率进一步增加，空气气氛中的扩散限制氧化等原因导致 DED 随剂量率增加而上升(真实化学剂量率效应)，而惰性气氛中不存在此类效应；对于空气气氛，如果存在和实验时间尺度一样长的氧化动力学限制步骤(如结晶中的长寿命自由基)，就会出现曲线 Ⅲ 中的第三类剂量率效应。为了满足不同材料的等剂量损伤，合适的温度和剂量率必须在一定范围内匹配。

反温度效应和非阿伦尼乌斯行为均是与温度相关的现象。反温度效应，即指升高温度并没有加速老化现象的发生，甚至减慢了老化现象的出现，该现象无法被阿伦尼乌斯方程描述。这可能是温度导致的“自修复”机理，如重结晶和自由基再结合效率提高。Celina 等研究了半晶交联聚烯烃电缆绝缘材料 22 ~ 120 ℃ 温度下的辐射－热环境中的降解，研究人员发现最低温度导致材料机械性能下降最快，高温下辐射老化导致机械性能(断裂伸长率、凝胶含量和密度) 明显的“自修复”，分析认为观察到的反温度效应与高温导致分子链运动能力增强、退火影响了材料形貌，以及特定交联反应修复机理有关。Przybytniak 等发现以氧化诱导温度和介电常数为指标，核电站的辐射－热环境中使用的乙烯－醋酸

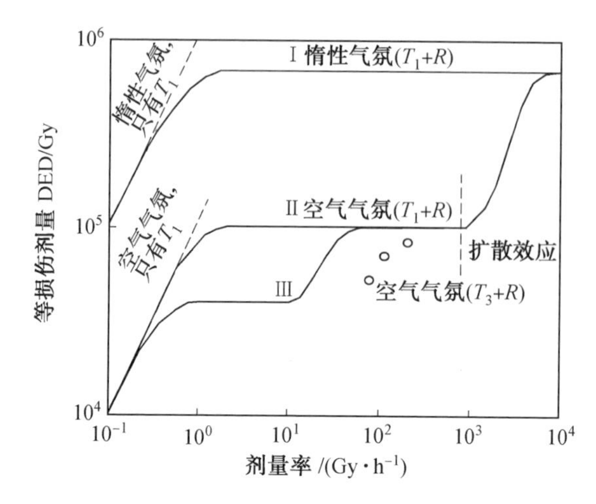

图 10.3　聚合物辐射老化的等损伤剂量与剂量率关系

乙烯酯共聚物在 85 ℃ 条件下辐射老化(420 ～ 1 500 Gy/h) 比 55 ℃ 辐射老化更慢，研究人员推测主要是由于 85 ℃ 导致结晶熔融有利于辐射交联。一个比较极端的例子是聚四氟乙烯高温以辐射交联为主，而低温则是辐射降解为主，这样的行为很难用阿伦尼乌斯方程描述。

非阿伦尼乌斯行为则主要体现在由阿伦尼乌斯方程推得的平移因子对温度倒数作图的数据点不满足线性关系，因而无法求得唯一的活化能。多年来的研究总结了可能的影响因素：① 一些重要反应具有不同的温度依赖性，并不适用于描述整个温度范围内的老化行为：低温下可能出现负的活化能，高温条件下具有较高活化能的反应显得更为重要(图 10.4)。② 加速试验温度跨越了物理转变点，如高分子材料的玻璃化转变温度或熔点转变，导致出现物理老化和熔融重结晶等。③ 抗氧剂等添加剂的溶解与迁移速率的改变，导致出现结晶、热抽出或表面喷霜等现象。④ 材料的几何尺寸也会影响氧气扩散反应而影响老化行为。⑤ 理论上看，阿伦尼乌斯方程是从基元反应的有效碰撞理论推导的，活化分子以一定取向碰撞才能反应；而如同高聚物这样黏度很大的材料，分子链运动困难，发生的降解反应不都是有效碰撞的结果。⑥ 由于过渡态理论、碰撞理论、无势垒反应理论和单分子反应理论的理论基础是统计力学，基于麦克斯韦分布的指数率形式的反应速率均表现出阿伦尼乌斯行为；但是非阿伦尼乌斯行为广泛存在，例如以非广延统计力学为基础的具有幂律分布的非平衡系统反应速率理论。此外，无论是碰撞理论还是过渡态理论，都推导出活化能与 T 有关，而不是一个常数。需要注意的是，辐射环境温度与材料表面温度可能存在较大差异。例如，不加控温的“室温”试验中，伽马剂量率的变化可导致材料的温度变化达到 16 ℃，这是不可忽略的变化量。对于交变温度环境，如何确定样品的温度参量是

十分重要的问题。

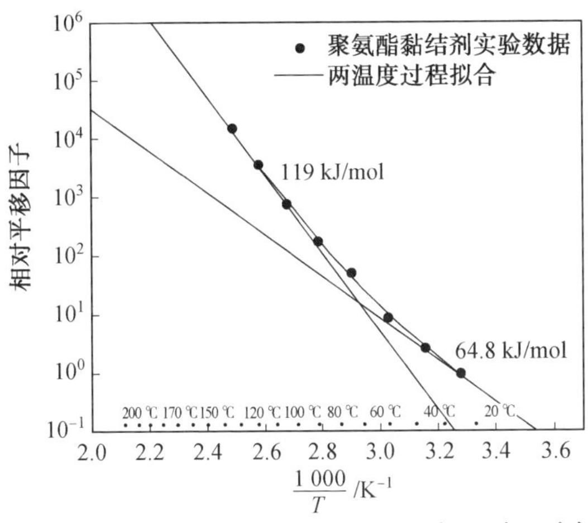

(a) 不同温度下聚氨酯黏结剂老化相对平移因子与温度倒数关系

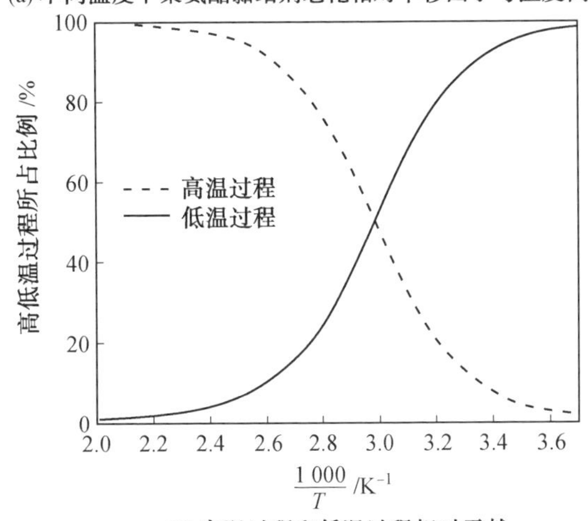

(b) 高温过程和低温过程相对贡献

图 10.4　聚氨酯热老化过程中的非阿伦尼乌斯行为

纵观近三十年的发展，美国圣地亚国家实验室等在复杂辐射环境中的有机材料（主要是高分子材料）的辐射老化寿命模型和评估方法方面持续进行了较多的探索和研究。国内中国工程物理研究院基本也在同等水平开展了大量的研究工作。整体而言，有机材料的辐射老化研究现状和特征如下：① 材料的老化失效规律及机理、服役寿命理论预测及模型等研究已经由简单因素独立考察向多因素耦合转变，由静态场模拟向动态交变场发展，由序贯模拟向协同加载过渡，逼近严苛的实际服役环境和极端工况。② 在解构关键老化环境因素，老化试验设施和设备定制、工装和建设能力，理论计算和表征分析能力建设方面都有了较大的进步。③ 复杂条件下高分子材料的老化研究涉及材料、物理、化学、数学、计算机和软件等多个学科的交叉研究领域，逐步形成了以基础科学和工程应用问题为导向的交叉学科研究团队和资源配置模式。例如美国等国家，通过跨学科整合国家实验室、高等院校和高科技公司等优势力量，形成学院联盟攻关高分子材料老化领域的重大科学问题。他们在核辐射环境中开展了高分子材料的多尺度理论计算与软件平台开发、灵敏表征技术和重大表征分析装备的设计建造、多因素耦合条件下的寿命预测理论与模型建立、数据库建设与维护、材料的辐射加工与改性等工作。

以上对有机材料辐射老化的特点和整体现状的介绍，为建立加速老化方法和寿命模型提供了基础的认知。下面将进一步介绍有机材料的一般加速试验方法和寿命模型研究现状。

10.2 加速老化试验方法

根据材料的基本物性、老化机理和服役环境条件，采取增强加速老化条件的方法缩短试验时间。为了进行寿命预测，一般先要从众多的老化因素中确定关键的老化因素，然后规划一系列不同强度的单因素和多因素耦合老化试验，获得材料关注结构／性能和相关结构／性能随时间的变化数据，并确保材料失效模式不变且始终与自然（贮存）老化情况一致。关键老化因素的确定方法包括对实验数据与现象的观察分析和理论分析：实验观察分析可根据材料的物理化学性质、多因素实验对照和工程经验开展，最常用的理论分析方法是主成分分析法和灰色关联分析法。

1. 主成分分析法

主成分分析（PCA）也称为离散的 Karhunen－Loeve 变换。PCA 把众多的老化因素线性组合为新的数量大为减少的主成分，并通过正交线性变换使其特征变量成为两两正交的新变量，通过其中几个主成分就可以反映所关注的结构／性能变化的主要规律和特征。因此，PCA 实现了数据简化、维数降低和问题分析效率提高，并且保存了绝大部分有用信息，在解决很多实际问题时抓住了主要矛盾并取得了较好效果。Lv 等采用 PCA 方法研究了聚丙烯在我国户外六个典型气候区的老化并建立了不同老化严酷度地区的降解风险分级谱图，评估了老化因子的相对重要性，这对开展材料辐射敏感性评价具有重要的启发意义。郭骏骏等也采用 PCA 方法对高密度聚乙烯开展了类似的工作。韦兴文等利用 PCA 对 PBX 的 F2311 胶粘剂的 γ 辐射效应评估中的 13 个指标进行了综合评价，评价结果与实际情况吻合。项可璐利用 PCA 对丁苯橡胶和天然橡胶两类复合材料的

八种力学性能进行降维分析，结合 BP 神经网络对耐磨性进行预测，预测效果表现较好。PCA 同样在有机高分子材料的电离辐射老化、光老化和热老化的光谱和色谱研究中得到了应用。

PCA 分析的一般步骤如下：

(1) 假设有 n 个样本和 p 个指标(老化程度指标或老化条件参数均可)，则原始变量数据矩阵为

$$\boldsymbol{x}=\begin{bmatrix}x_1\\x_2\\\vdots\\x_n\end{bmatrix}=\begin{bmatrix}x_{11}&x_{12}&\cdots&x_{1p}\\x_{21}&x_{22}&\cdots&x_{2p}\\\vdots&\vdots&&\vdots\\x_{n1}&x_{n2}&\cdots&x_{np}\end{bmatrix}\tag{10.1}$$

对原始变量数据进行标准化处理，以解决量纲不同和数据大小差异太大的问题：

$$x_{ik}^{*}=\frac{x_{ik}-\overline{x_k}}{s_k}\tag{10.2}$$

式中，$\overline{x_k}$ 和 s_k 分别为算数平均值和样本标准偏差，分别由以下两式进行计算：

$$\overline{x_k}=\frac{1}{n}\sum_{i=1}^{n}x_{ik}\tag{10.3}$$

$$s_k=\sqrt{\frac{\sum\limits_{i=1}^{n}(x_{ik}-\overline{x_k})^2}{n-1}}\tag{10.4}$$

经标准化处理后，各变量的均值和方差分别为 0 与 1。

(2) 计算相关矩阵 $\boldsymbol{R}$：

$$\boldsymbol{R}=\begin{bmatrix}1&r_{12}&\cdots&r_{1p}\\r_{21}&1&\cdots&r_{2p}\\\vdots&\vdots&&\vdots\\r_{n1}&r_{n2}&\cdots&1\end{bmatrix}\tag{10.5}$$

式中，

$$r_{jk}=\frac{\sum\limits_{i=1}^{n}(x_{ij}-\overline{x_j})(x_{ik}-\overline{x_k})}{\left[\sum\limits_{i=1}^{n}(x_{ij}-\overline{x_j})^2\sum\limits_{i=1}^{n}(x_{ik}-\overline{x_k})^2\right]^{1/2}}\quad(i\neq j)\tag{10.6}$$

(3) 计算相关矩阵 $\boldsymbol{R}$ 的特征值和特征向量。由式(10.7)求得 $\boldsymbol{R}$ 的 p 个非负特征值，由大到小排列为 $\lambda_1\geqslant\lambda_2\geqslant\cdots\geqslant\lambda_p\geqslant0$，相应的特征向量 $\boldsymbol{U}$ 为式(10.8)。

$$|\boldsymbol{R}-\lambda\boldsymbol{I}|\tag{10.7}$$

$$U = \begin{bmatrix} u_{11} & u_{12} & \cdots & u_{1p} \\ u_{21} & u_{22} & \cdots & u_{2p} \\ \vdots & \vdots & & \vdots \\ u_{p1} & u_{p2} & \cdots & u_{pp} \end{bmatrix} \tag{10.8}$$

则前 $m(m \leqslant p)$ 个主成分的线性组合为式(10.9)，由前两个主成分中各指标的权重(特征向量元素)大小和正负可以判断指标的关联程度，也可作出二维载荷图判断。

$$\begin{aligned} Y_1 &= u_{11}X_1 + u_{12}X_2 + \cdots + u_{1p}X_p \\ Y_2 &= u_{21}X_1 + u_{22}X_2 + \cdots + u_{2p}X_p \\ &\vdots \\ Y_m &= u_{m1}X_1 + u_{m2}X_2 + \cdots + u_{mp}X_p \end{aligned} \tag{10.9}$$

(4) 计算主成分贡献率，确定主成分个数。其中第 k 个主成分贡献率由式(10.10)计算，前 m 个主成分的累积贡献率由式(10.11)计算，一般选取的主成分个数要使累积贡献率达到 85% 以上。

$$a_k = \frac{\lambda_k}{\sum_{i=1}^{p}\lambda_i} \quad (k = 1, 2, \cdots, p) \tag{10.10}$$

$$a_m = \frac{\sum_{i=1}^{m}\lambda_i}{\sum_{i=1}^{p}\lambda_i} \tag{10.11}$$

(5) 对 m 个主成分进行综合评价。先求每一个主成分的线性加权值 Y_m，再对这 m 个主成分进行加权求和，权数为相应主成分的贡献率。继而可求得综合评价值 Z(式(10.12))，Z 可用于综合评价老化程度等。

$$Z = \sum_{k=1}^{m} \frac{\lambda_k}{\sum_{k=1}^{p}\lambda_k} Y_k \tag{10.12}$$

2. 灰色关联分析法

灰色关联分析(GRA)法是处理非线性多因素与单响应系统复杂关系的数据统计方法。GRA 法可在系统内部各因素数学关系未知的情况下对系统的发展趋势进行量化分析，确定各影响因素对单响应系统关联的优先级。该方法及其改进方法已经被广泛用于评估高分子材料多因素耦合老化中各老化因子及多尺度结构对宏观性能影响的关键程度。GRA 法实施的一般步骤如下：

(1) 确定影响系统演变行为的参考数列 $\boldsymbol{x}$ 和系统响应值 $\boldsymbol{y}$(式(10.13)～(10.14))，m 和 n 分别为参考数列的影响因素的数目和每种影响因素或系统响应

的数目：

$$\boldsymbol{x}=\begin{bmatrix}x_1\\x_2\\\vdots\\x_m\end{bmatrix}\begin{bmatrix}x_{11}&x_{12}&\cdots&x_{1n}\\x_{21}&x_{22}&\cdots&x_{2n}\\\vdots&\vdots&&\vdots\\x_{m1}&x_{m2}&\cdots&x_{mn}\end{bmatrix}\tag{10.13}$$

$$\boldsymbol{y}=[y_1\quad y_2\quad\cdots\quad y_n]\tag{10.14}$$

（2）对原始数据进行无量纲化规范处理，并采用均值化变换：

$$x'_{ij}=\frac{x_{ij}}{\frac{1}{n}\sum_{j=1}^{n}x_{ij}},\quad y'_j=\frac{y_j}{\frac{1}{n}\sum_{j=1}^{n}y_j}\tag{10.15}$$

（3）计算灰色关联系数 GRC：

$$\mathrm{GRC}_{ij}=\frac{\min\limits_i(\min\limits_j|y'_j-x'_{ij})+\rho\max\limits_i(\max\limits_j|y'_j-x'_{ij}|)}{|y'_j-x'_{ij}|+\rho\max\limits_i(\max\limits_j|y'_j-x'_{ij}|)}\tag{10.16}$$

式中，$\rho\in[0,1]$，其是用于提高关联系数之间差异显著性的分辨系数，通常取值0.5。

（4）计算灰色关联度 GRG：

$$\mathrm{GRG}_i=\frac{1}{n}\sum_{j=1}^{n}\mathrm{GRC}_{ij}\tag{10.17}$$

GRG 越大代表对应的影响因素对系统响应的优先级越高，其影响越大。

由于老化的复杂性，有机材料往往在多个关键老化因子的作用下发生性能劣化，加速试验的开展则面临如何加载这些老化因素的问题，以及老化因素加载的静态和动态变化问题。同时加载实际服役环境中的老化因子进行加速模拟显然更加真实，但是实验要求很高甚至难以实现，如高温、高湿、高辐射和应力条件等；相反，美国圣地亚国家实验室在长期研究核电站用的电缆材料过程中发现合理设计序贯加速模拟（包括部分同时加载模拟的杂化测试方法）与同时加载模拟结果相差不大，很多情况下可以得到更加保守的结果，而且实验更加经济便宜。因此，序贯模拟和部分同时加载－序贯模拟手段是对复杂老化场模拟的折中手段，但应注意：尽可能实施多因素同时加载模拟以提高加速场的模拟等效性。Lv 等通过研究质子和原子氧对 PEEK 的表面粗糙度、表面能、摩擦系数和磨损速率的影响，明确指出不同辐射类型的序贯测试顺序显著影响材料的最终性能。除了加载时序问题，还要考虑加载的动／静态。目前静态加载方面的研究相对成熟，而动态加载方面的研究则相对薄弱且重要性还没有得到广泛的共识。动态加载的典型例子如下：航天器在轨的高低温循环冲击，导弹运输和发射的振动和强冲击，雨（露）间歇性冲刷（凝结）、结冰、融化和干燥，间歇辐射以及前述因素的综合加载等。循环加载条件下的老化机理和行为与静态应力下可能显著不同。

针对低剂量率辐射下聚合物材料老化的加速试验设计和寿命预测可以参考相应标准。更多关于核电站用高分子材料(尤其是电缆)的相关研究成果和报告,请参见 Celina 等的报告和研究论文。

加速辐射老化试验应充分考虑剂量率效应、反温度效应、非阿伦尼乌斯行为和扩散限制氧化(DLO)等现象,应根据材料实际服役环境、材料本身物理化学特性与结构特点、加速预期倍数等设计加速应力水平,最大限度避免加速试验中老化机理和退化行为等效性降低情况的发生。单因素或老化因素较少且有足够资金和软硬件支持试验的开展,应尽可能开展全面试验;而对于多因素多水平耦合老化试验,资源和时间严重限制开展全面试验时应考虑正交试验,从而选择具有典型性与代表性的加速应力组合条件,使试验组合条件各应力水平在试验范围内均匀分布进而能全面地反映情况。此外,材料制备过程中成分和尺寸控制、状态调节、试验程序、老化灵敏表征、老化评估等可参考一些现行的材料老化试验和评估标准。此处推荐一些紧密相关的材料供读者参考使用(表 10.1)。实践中,从事具体研究或考核任务时需要具体问题具体分析,确立相关的加速试验方法。

表 10.1　高分子材料电离辐射老化相关试验和评估标准

编号	标准名称	备注
1	GB/Z 28820.1—2012《聚合物长期辐射老化 第 1 部分:监测扩散限制氧化的技术》	本标准等同采用 IEC 国际标准:IEC/TS 61244-1:1993
2	GB/Z 28820.2—2012《聚合物长期辐射老化 第 2 部分:预测低剂量率下老化的程序》	本标准等同采用 IEC 国际标准:IEC/TS 61244-2:1996
3	GB/Z 28820.3—2012《聚合物长期辐射老化 第 3 部分:低压电缆材料在役监测程序》	本标准等同采用 IEC 国际标准:IEC/TS 61244-3:2005
4	GB/Z 28820.4—2022《聚合物长期辐射老化 第 4 部分:辐射条件下不同温度和剂量率的影响》	本标准等同采用 IEC 国际标准:IEC/TR 61244-4:2019
5	GB/T 26168.1—2018《电气绝缘材料 确定电离辐射的影响 第 1 部分:辐射相互作用和剂量测定》	本标准等同采用 IEC 国际标准:IEC 60544-1:2013
6	GB/T 26168.2—2018《电气绝缘材料 确定电离辐射的影响 第 2 部分:辐照和试验程序》	本标准等同采用 IEC 国际标准:IEC 60544-2:2012

续表10.1

编号	标准名称	备注
7	GB/T 26168.3—2010《电气绝缘材料 确定电离辐射的影响 第3部分:辐射环境下应用的分级体系》	本标准等同采用IEC国际标准:IEC 60544-4:2003
8	GB/T 26168.4—2018《电气绝缘材料 确定电离辐射的影响 第4部分:运行中老化的评定程序》	本标准等同采用IEC国际标准:IEC 60544-5:2011
9	IEC/IEEE 62582-1-2011 *Nuclear power plants—Instrumentation and control important to safety—Electrical equipment condition monitoring methods—Part 1:General*	
10	IEC/IEEE 62582-2-2016 *Nuclear power plants—Instrumentation and control important to safety—Electrical equipment condition monitoring methods—Part 2:Indenter modulus*	
11	IEC/IEEE 62582-3-2012 *Nuclear power plants—Instrumentation and control important to safety—Electrical equipment condition monitoring methods—Part 3:Elongation at break*	
13	IEC/IEEE 62582-4-2011 *Nuclear power plants—Instrumentation and control important to safety—Electrical equipment condition monitoring methods—Part 4:Oxidation induction techniques*	
14	IEC/IEEE 62582-5-2015 *Nuclear power plants—Instrumentation and control important to safety—Electrical equipment condition monitoring methods—Part 5:Optical time domain reflectometry*	
15	IEC/IEEE 62582-6-2019 *Nuclear power plants—Instrumentation and control important to safety—Electricalequipment condition monitoring methods—Part 5:Insulation resistance*	
16	ASTM D1879—06(2014) *Standard paractice for exposure of adhesive specimens to ionizing radiation*	

10.3 常用经验和半经验老化模型

本节给出了有机材料常用的经验和半经验老化模型(表 10.2),涉及单因素和多因素耦合模型,这些模型在有机材料的老化和寿命预测研究中具有广泛应用。读者可通过本节了解老化模型的研究现状和主要思想,为进一步了解辐射老化模型研究现状以及创造新的理论模型奠定基础。

表 10.2 常见经验和半经验老化模型

名称 / 用途	模型方程
阿伦尼乌斯方程:时温叠加原理	$k = A\exp\left(\frac{-E}{RT}\right) \Rightarrow \ln k = \ln A - \frac{E}{RT}$ 式中,k 为反应速率;A 为指前因子(频率因子);E 为(表观)活化能;R 为气体常数;T 为温度 $\ln \alpha = \ln \frac{t_{ref}}{t} = \ln \frac{k}{k_{ref}} = \frac{E}{R}\left(\frac{1}{T_{ref}} - \frac{1}{T_1}\right)$ 式中,下角标 ref 代表参考条件(时间和温度等);$\ln \alpha$ 为取自然对数的平移因子。跨越转变温度(T_g 和 T_m)物理老化影响大;温度依赖性竞争反应导致出现非阿伦尼乌斯行为和反温度老化现象;高温容易导致 DLO 现象;同样适用于扩散系数的温度依赖性
三参量方程	$k = A\left(\frac{T}{T_0}\right)^m \exp\left(\frac{-E_a}{RT}\right) \Rightarrow \frac{d\ln k}{dT} = \frac{m}{T} + \frac{E_a}{RT^2}$,根据阿伦尼乌斯方程对温度微分有:$k = A\exp\left(\frac{-E}{RT}\right) \Rightarrow \frac{d\ln k}{dT} = \frac{E}{RT^2}$ 对比得到 $E = E_a + mRT$,当活化能与温度线性相关且考察的温度相差不大($\frac{T_1}{T_2} \approx \frac{T_2}{T_1} \approx 1$)时有:$\ln \alpha = \ln\left(\frac{k_2}{k_1}\right) = \frac{E - k\left(\frac{1}{T_1} - \frac{1}{T_2}\right)}{R}\left(\frac{1}{T_1} - \frac{1}{T_2}\right) + c \quad (T_1 \neq T_2)$ 式中,m、k、T_0 和 c 为常数
广延指数式	$k = A\exp\left[\left(\frac{-E}{RT}\right)^{\beta}\right]$ 式中,β 为无量纲常数

续表10.2

名称 / 用途	模型方程
WLF(Williams-Landel-Ferry) 方程	$\lg \alpha = \frac{-a(T-T_0)}{b+(T-T_0)}$ 式中，T_0 为参考温度；a 和 b 为依赖于材料的可调整参数。常用于聚合物的老化由黏弹性过程(应力松弛及蠕变)控制时材料寿命的预测，温度范围为材料的 T_g 到(T_g + 100 ℃)之间。对于应力和温度耦合条件，有温度－应力联合移位因子 $\lg \alpha_{T\sigma}$： $\lg \alpha_{T\sigma} = -C_1 \frac{C_3(T-T_0)+C_2(\sigma-\sigma_0)}{C_2C_3+C_3(T-T_0)+C_2(\sigma-\sigma_0)}$ 式中，C_1、C_2、C_3 为材料常数，$C_1 = B/(2.303f_0)$，$C_2 = f_0/\varphi_T$，$C_3 = f_0/\varphi_\sigma$，f_0 是参考条件材料的自由体积，φ_T 和 φ_σ 是自由体积分数的温度膨胀系数与应力膨胀系数，B 是材料常数
阿夫拉米(Avrami) 方程	$P = P_0 \exp\left[-At^n \exp\left(\frac{E}{RT}\right)\right]$ 式中，P 和 P_0 为时间 t 和初始时刻的性能；A 和 n 为常数；其他参数同前
时间－温度叠加模型	$P(t,T) = P(\infty,T) + [P(0,T) - P(\infty,T)]\exp[-k(T)t^n]$， $P(t,T) = P(0,T)\exp[-k(T)t^n]$ 式中，P 为材料性能，$k(T)$ 为温度 T 时的反应速率。常用于聚合物结晶和热老化
幂律模型	$P = P_0 + bD^n \exp\left(-\frac{E}{RT}\right)$ 式中，D 为辐射剂量；b 为常数
指数模型	$P = P_0 + b\exp(D)\exp\left(-\frac{E}{RT}\right)$ 式中，D 为辐射剂量；b 为常数
改进的靶模型	$P = (P_0 - P_\infty)\{1-(1-\exp(-kD)^n]\} + P_\infty$ 特别适用于耐辐射苯基材料和纤维增强材料等
朱可夫(Zhurkov) 方程改进模型	$k = A\exp\left(-\frac{\Delta G - B\sigma^n}{RT}\right)$ 式中，σ 为应力；B 和 n 为常数；ΔG 为表观活化能

续表10.2

名称/用途	模型方程
麦克斯韦(Maxwell)修正唯象模型：化学应力松弛	$\frac{\sigma}{\sigma_0} = B\exp[-A(1+k_c t)^{\alpha}]$ 式中，A 和 B 为相对物理和化学应力松弛速率常数；t 为松弛时间；k_c 为化学反应速率常数；α 为化学反应类型常数；σ 和 σ_0 为松弛应力和初始松弛应力
艾琳(Eyring)模型	$k = \frac{k_B T}{h}\mathrm{e}^{-\frac{\Delta G}{RT}} = \frac{k_B T}{h}\mathrm{e}^{-\frac{\Delta H - T\Delta S}{RT}}$ 式中，G、h 和 k_B 分别为自由焓、普朗克常数和玻尔兹曼常数。Eyring 模型也称为 Eyring－Polanyi 模型，与阿伦尼乌斯方程一样，都是运用统计热力学从气体动理论中推导的化学反应速率方程，因此二者形式相似。该方程也常用于物理老化预测
大金(Dakin)方程	由 $\begin{cases} \ln \varepsilon_t = \ln \varepsilon_0 + S_T \times t \\ \ln S_T = \ln C - \frac{E_a}{RT} \end{cases}$ 推出： $\ln t = \ln \frac{\ln \varepsilon_t}{C\ln \varepsilon_0} + \frac{E}{RT}$ $\Rightarrow \ln \alpha = \ln \frac{t_f}{t} = \ln \frac{\ln \varepsilon_f}{\ln \varepsilon} + \frac{E}{R}\left(\frac{1}{T_f} - \frac{1}{T}\right)$ 式中，ε_t 为断裂应变；ε_0 为未老化的应变，可推广到其他性能指标；S_T 为反应速率，满足阿伦尼乌斯方程；t 为老化时间；平移因子公式中 ε 为研究的标准化性能
多因素耦合方程	$t(H,T) = \frac{A}{H}\exp\left(\frac{B}{H} + \frac{C}{T}\right)$ 式中，$t(H,T)$ 为湿度 H 和温度 T 下的寿命 t；A、B 和 C 为常数
	$k = A(I)^p \exp\left(\frac{-E}{RT}\right)(P)^q$ $\Rightarrow \alpha = \frac{k_2}{k_1} = \left(\frac{I_2}{I_1}\right)^p \exp\left[\frac{E}{R}\left(\frac{1}{T_1} - \frac{1}{T_2}\right)\right]\left(\frac{P_2}{P_1}\right)^q$ 式中，I 为辐射强度；T 为温度；P 为氧压；k 为耦合条件下的反应速率常数；α 为平移因子；p、q 为常数
	$k = A\exp\left(\frac{-E}{RT}\right) I^{\omega} H^{\beta} P^{\gamma} \Rightarrow \ln \alpha = \frac{E}{R}\left(\frac{1}{T_{ref}} - \frac{1}{T}\right) + \omega(\ln I - \ln I_{ref}) + \beta(\ln H - \ln H_{ref}) + \gamma(\ln P - \ln P_{ref})$ 式中，T 为温度；I 为辐射强度；H 为湿度；P 为氧压；k 为耦合条件下的反应速率常数；α 为平移因子；ω、β、γ 为常数

辐射老化预测将辐射置于更加重要的地位，但是很多模型、方法和处理思想与其他老化形式（热氧和光氧老化等）有很多共性。半经验模型是目前主流的用于预测有机材料辐射老化行为和寿命的方法之一，包括等损伤剂量（DED）模型、时间依赖性降解模型（时效模型）、匹配加速（MAC）模型、剂量依赖模型和两参数模型等，这些模型主要由美国圣地亚国家实验室研究人员提出、改进和推广。本节还将介绍磨耗方法和史瓦西（Schwarzschild）模型，展现这类模型在处理辐射老化时的思想和潜力。

1. 等损伤剂量模型

等损伤剂量模型把材料在不同温度下的等损伤剂量对剂量率作图，不同温度下的等损伤剂量可根据平移因子平移叠加为一条主曲线（图 10.5）。其老化速率和 DED 公式式（10.18）～（10.19）表示，Gillen 和 Clough 假设等损伤剂量线上各点（同一 DED 直线与各曲线交点）由阿伦尼乌斯方程关联时间和温度，其活化能与等剂量值以及损伤程度无关。在热老化和辐射老化相互独立以及辐射老化速率与剂量率成正比的假设下，进一步假设平移因子与剂量率 γ 无关而得到各曲线叠加的平移因子（式（10.20））。事实上，作者认为只需要一条假设就可满足上述要求，即满足热老化加速倍数与辐射老化加速倍数相同，这与后面介绍的匹配加速模型的思路一致。可通过式（10.19）和式（10.21）得到等损伤剂量线上严格的平移因子表达式为式（10.22）。根据作者的假设有式（10.23），以热降解项简化式（10.23）就得到了式（10.24），这与式（10.20）是等价的。作者的假设简单有效，且不受辐射项具体表达式限制。在此基础上，其他条件下的 DED 曲线可由该主曲线经求解出的平移因子平移得到。该模型只有当材料的老化机理不变时方可使用，机理不变性可以很直观地通过不同温度或剂量率的性能曲线对对数时间作图的曲线形状相似性、可叠加性、失效模式一致性以及结构性能关联一致性等进行判断。

$$r(T,\gamma)=r(T_{\mathrm{ref}},0)\exp\left[\frac{E_{\mathrm{a}}}{R}\left(\frac{1}{T_{\mathrm{ref}}}-\frac{1}{T}\right)\right]+k\gamma \tag{10.18}$$

$$\mathrm{DED}(T,\gamma)=\frac{C\gamma}{r(T_{\mathrm{ref}},0)\exp\left[\frac{E_{\mathrm{a}}}{R}\left(\frac{1}{T_{\mathrm{ref}}}-\frac{1}{T}\right)\right]+k\gamma} \tag{10.19}$$

$$\alpha(T)=\exp\left[\frac{E_{\mathrm{a}}}{R}\left(\frac{1}{T_{\mathrm{ref}}}-\frac{1}{T}\right)\right] \tag{10.20}$$

式中，C、r、T、γ、T_{ref}、E_{a} 分别为失效判据、降解速率、老化温度、剂量率、参考条件的温度和活化能；R 为气体常数；k 为常数。

$$\frac{\mathrm{DED}_2(T_2,\gamma_2)}{\mathrm{DED}_1(T_1,\gamma_1)}=\frac{C\gamma_2\times\left\{r(T_{\mathrm{ref}},0)\exp\left[\frac{E_a}{R}\left(\frac{1}{T_{\mathrm{ref}}}-\frac{1}{T_1}\right)\right]+k\gamma_1\right\}}{C\gamma_1\times\left\{r(T_{\mathrm{ref}},0)\exp\left[\frac{E_a}{R}\left(\frac{1}{T_{\mathrm{ref}}}-\frac{1}{T_2}\right)\right]+k\gamma_2\right\}}=1 \tag{10.21}$$

$$\alpha(T,\gamma)=\frac{\gamma_2}{\gamma_1}=\frac{r(T_{\mathrm{ref}},0)\exp\left[\frac{E_a}{R}\left(\frac{1}{T_{\mathrm{ref}}}-\frac{1}{T_2}\right)\right]+k\gamma_2}{r(T_{\mathrm{ref}},0)\exp\left[\frac{E_a}{R}\left(\frac{1}{T_{\mathrm{ref}}}-\frac{1}{T_1}\right)\right]+k\gamma_1}=\frac{r_{T_2}+r_{\gamma_2}}{r_{T_1}+r_{\gamma 1}} \tag{10.22}$$

式中，r_T 和 r_γ 分别为热降解项和辐射降解项。

$$\frac{r_{T_2}}{r_{T_1}}=\frac{r_{\gamma_2}}{r_{\gamma 1}}=\frac{r_{T_2}+r_{\gamma_2}}{r_{T_1}+r_{\gamma 1}}=\alpha(T,\gamma) \tag{10.23}$$

$$\alpha(T,\gamma)=\alpha(T)=\frac{r_{T_2}}{r_{T_1}}=\frac{r(T_{\mathrm{ref}},0)\exp\left[\frac{E_a}{R}\left(\frac{1}{T_{\mathrm{ref}}}-\frac{1}{T_2}\right)\right]}{r(T_{\mathrm{ref}},0)\exp\left[\frac{E_a}{R}\left(\frac{1}{T_{\mathrm{ref}}}-\frac{1}{T_1}\right)\right]}=\exp\left[\frac{E_a}{R}\left(\frac{1}{T_1}-\frac{1}{T_2}\right)\right] \tag{10.24}$$

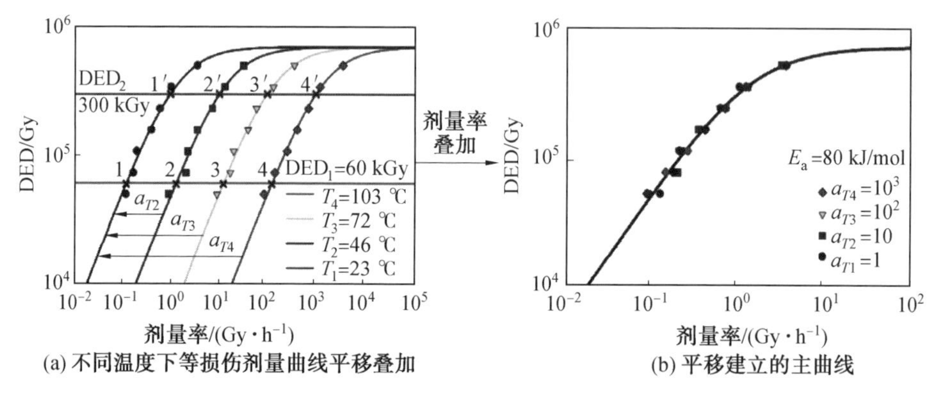

(a) 不同温度下等损伤剂量曲线平移叠加　　(b) 平移建立的主曲线

图 10.5　高分子材料辐射老化的等损伤剂量模型

(a 为平移因子)

在上面半经验模型的基础上，进一步考虑了辐射和温度的相互作用(非显式的协同作用)，对辐射项增加了温度依赖性，仍然取传统的阿伦尼乌斯方程形式，并且其活化能与温度项相同，得到式(10.25)～(10.27)。对于大部分橡胶，x 取值一般为 1 时便退化到式(10.18)和式(10.19)，即式(10.18)和式(10.19)确定的模型是式(10.25)～(10.27)确定模型的子集解。图 10.6(a)～(b)所示为该模型的应用实例。该模型中的活化能 E_a 通过纯的热老化数据拟合得到，k 和 x 则经过固定在参考温度 T_{ref} 条件下而剂量率不同的实验数据拟合得到。需要指出的是，模型通过阿伦尼乌斯方程拟合活化能时只能利用非常低的剂量率实验数据，因为高剂量率条件下用于拟合的数据通常是弯曲的(图 10.16(c)～(d))。该

模型非常适合描述高剂量条件下不能完美收敛到同一损伤水平的实验数据。对辐射和温度是相互独立的情形，给予辐射项活化能，可以得到式(10.28)～(10.29)经验方程。此时模型具有更大的自由度处理辐射热环境中材料在高剂量率区的老化行为，而且也可以用后面将介绍的增加协同项的方法来处理。随着模型复杂度的增加，全局多变量曲线拟合可以用于拟合模型参数。根据残差评估，式(10.28)～(10.29)确定的模型通常拟合实验数据最佳。图 10.7 所示为根据式(10.28)～(10.29)模型所得到的不同温度下的氧化速率曲线。

$$r(T,\gamma)=r(T_{\text{ref}},0)\times\left\{\exp\left[\frac{E_{\text{a}}}{R}\left(\frac{1}{T_{\text{ref}}}-\frac{1}{T}\right)\right]+k\gamma^{x}\exp\left[\frac{E_{\text{a}}(1-x)}{R}\left(\frac{1}{T_{\text{ref}}}-\frac{1}{T}\right)\right]\right\} \tag{10.25}$$

$$\text{DED}(T,\gamma)=\frac{C\gamma}{r(T_{\text{ref}},0)\times\left\{\exp\left[\frac{E_{\text{a}}}{R}\left(\frac{1}{T_{\text{ref}}}-\frac{1}{T}\right)\right]+k\gamma^{x}\exp\left[\frac{E_{\text{a}}(1-x)}{R}\left(\frac{1}{T_{\text{ref}}}-\frac{1}{T}\right)\right]\right\}} \tag{10.26}$$

$$\alpha(T,\gamma)=\exp\left[\frac{E_{\text{a}}}{R}\left(\frac{1}{T_{\text{ref}}}-\frac{1}{T}\right)\right]+k\gamma^{x}\exp\left[\frac{E_{\text{a}}(1-x)}{R}\left(\frac{1}{T_{\text{ref}}}-\frac{1}{T}\right)\right] \tag{10.27}$$

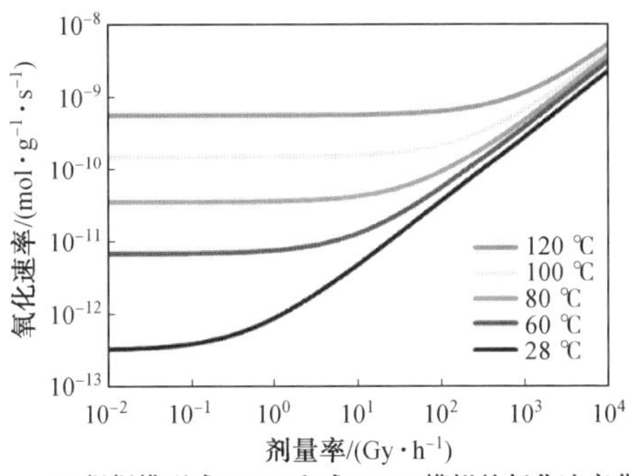

(a) 根据模型式(10.25)和式(10.26)模拟的氧化速率曲线

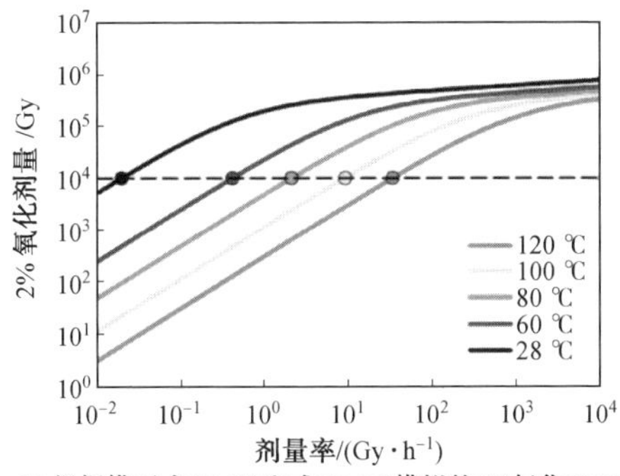

(b) 根据模型式(10.25)和式(10.26)模拟的2%氧化DED曲线

图 10.6　不同等损伤模型的应用实例(彩图见附录)

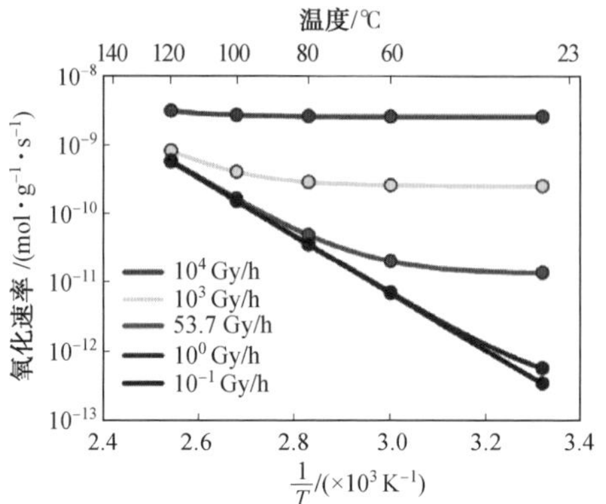

(c) 由式(10.18)和式(10.19)生成的阿伦尼乌斯图

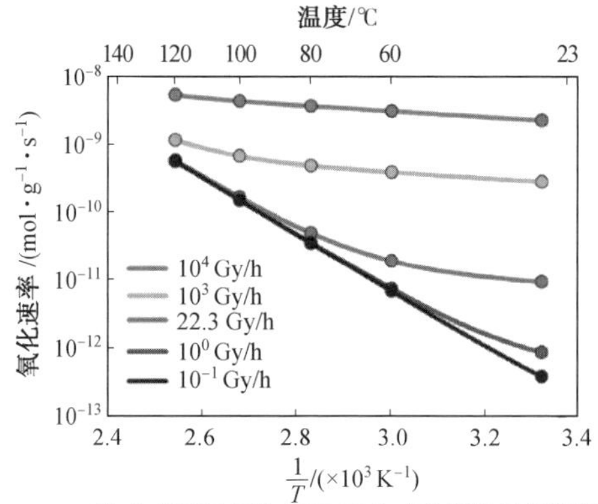

(d) 由式(10.25)和式(10.26)生成的阿伦尼乌斯图

续图 10.6

$$r(T,\gamma)=r(T_{\mathrm{ref}},0)\times\left\{\exp\left[\frac{E_1}{R}\left(\frac{1}{T_{\mathrm{ref}}}-\frac{1}{T}\right)\right]+k\gamma^x\exp\left[\frac{E_2}{R}\left(\frac{1}{T_{\mathrm{ref}}}-\frac{1}{T}\right)\right]\right\} \tag{10.28}$$

$$\mathrm{DED}(T,\gamma)=\frac{C\gamma}{r(T_{\mathrm{ref}},0)\times\left\{\exp\left[\frac{E_1}{R}\left(\frac{1}{T_{\mathrm{ref}}}-\frac{1}{T}\right)\right]+k\gamma^x\exp\left[\frac{E_2}{R}\left(\frac{1}{T_{\mathrm{ref}}}-\frac{1}{T}\right)\right]\right\}} \tag{10.29}$$

式中，x 为实验拟合得到的常数，通常在 0 ～ 1 之间；E_1 和 E_2 为热和辐射项各自的激活能。

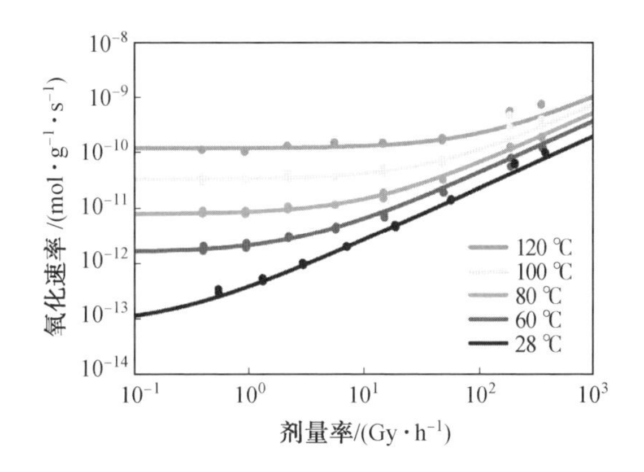

图 10.7　根据式(10.28)模拟的 Eaton Dekoron Hypalon 护套材料的氧化速率曲线（彩图见附录）

2.时间依赖性降解模型

时间依赖性降解模型也称时效模型,通常使用累积损伤数据建模,假设降解速率对时间的依赖性以幂律形式表现。一般材料的热老化速率不会呈现时间依赖性,但是一些材料(如 PMDI 泡沫、尼龙等)已经报道呈现出该行为。最简单的一种模型是在式(10.28)的基础上加上幂律约束项,如式(10.30)所示。式(10.30)可写为式(10.31),当辐射很小以至于可忽略时,对时间积分后成为老化程度公式式(10.32)。由于对于任意实验时刻 t 有 $t_0 \ll t$,并假设第一次老化速率测试时间是 $t_1(t_0 \ll t_1)$,由式(10.32)结合式(10.30)不难得到式(10.33)。最终由式(10.34)可以推出任意时间和温度下,相对于参考温度条件的平移因子为式(10.35)。该寿命模型的应用场景是辐射引起的降解可忽略;如果老化速率的时间依赖性满足幂律,则可以方便地利用阿伦尼乌斯作图方法求出活化能。模型的应用实例如图 10.8 所示。模型比较武断地选择了形式简单、易于积分的含时函数形式,具有较强的经验性质。而一个具有物理意义且能描述时变规律的模型可能很难具有这种形式简单且可分离的含时函数形式,至少目前还没有相关研究报道这类模型,因此这种表观上的经验简化模型在当前阶段还是相当具有应用价值的。

$$r(T,\gamma,t)=\left\{r(T_{\mathrm{ref}},0,t_0)\exp\left[\frac{E_1}{R}\left(\frac{1}{T_{\mathrm{ref}}}-\frac{1}{T}\right)\right]+k\gamma^x\exp\left[\frac{E_2}{R}\left(\frac{1}{T_{\mathrm{ref}}}-\frac{1}{T}\right)\right]\right\}\left(\frac{t}{t_0}\right)^{\lambda} \tag{10.30}$$

$$r(T,\gamma,t)=r(T,\gamma,t_0)\left(\frac{t}{t_0}\right)^{\lambda} \tag{10.31}$$

$$c(T,0,t)=\frac{r(T,0,t_0)}{t_0^{\lambda}(1+\lambda)}(t^{1+\lambda}-t_0^{1+\lambda}) \tag{10.32}$$

$$c(T,0,t)=\frac{r(T,0,t_1)}{t_1^{\lambda}(1+\lambda)}\exp\left[\frac{E_1}{R}\left(\frac{1}{T_{\text{ref}}}-\frac{1}{T}\right)\right]t^{1+\lambda} \tag{10.33}$$

$$c(T_{\text{ref}},0,\alpha_j\times t_1)=c(T_j,0,t_1) \tag{10.34}$$

$$\begin{aligned}(1+\lambda)\ln(\alpha_j\times t_1)&=\frac{E_a}{R}\left(\frac{1}{T_{\text{ref}}}-\frac{1}{T_j}\right)+(1+\lambda)\ln t_1\\ \Rightarrow\ln\alpha_j&=\frac{E_a}{R(1+\lambda)}\left(\frac{1}{T_{\text{ref}}}-\frac{1}{T_j}\right)\end{aligned} \tag{10.35}$$

式中，t 和 t_0 分别为累积老化时间和初始老化时间，t_0 很小（$t_0 \ll t$）以至于材料在这段时间的辐射老化可忽略；λ 为常数；c 为老化程度。

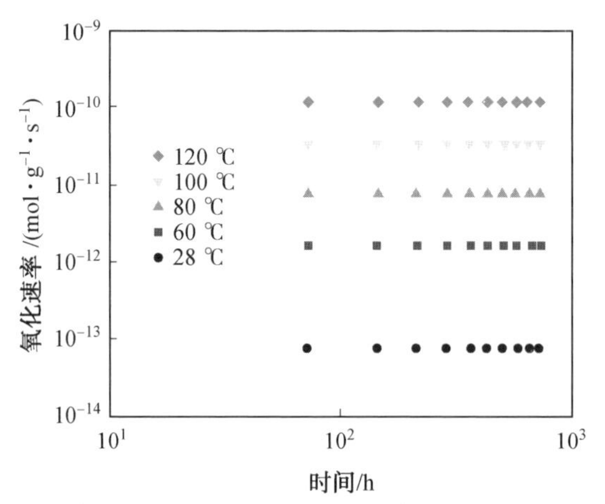

(a) 模拟材料恒定氧化速率(式(10.28)~(10.29)计算)的氧化速率–累积时间关系图

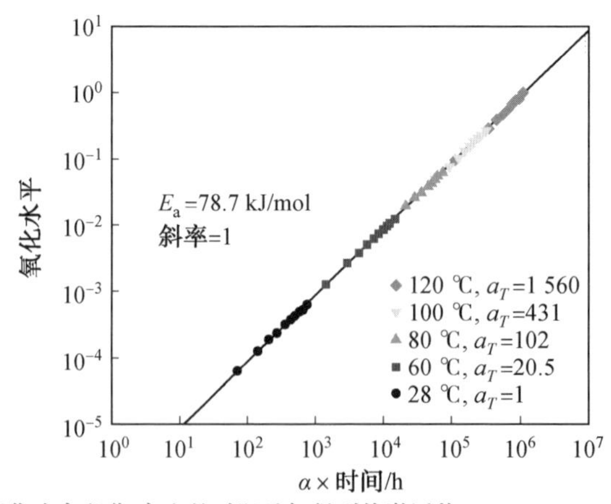

(b) 氧化水平(氧化速率积分)产生的时温叠加得到热激活能E_a=78.7 kJ/mol并用于(a)中模拟

图 10.8　时间依赖性降解模型的应用实例

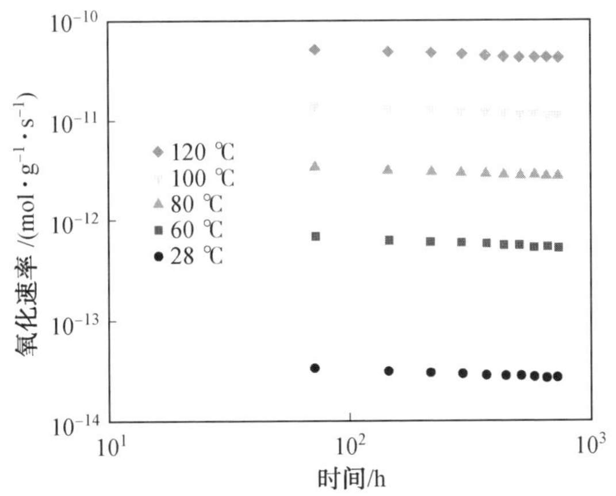

(c) 模拟材料随时间幂律下降的氧化速率(式(10.28)~(10.29)计算)-累积时间关系图

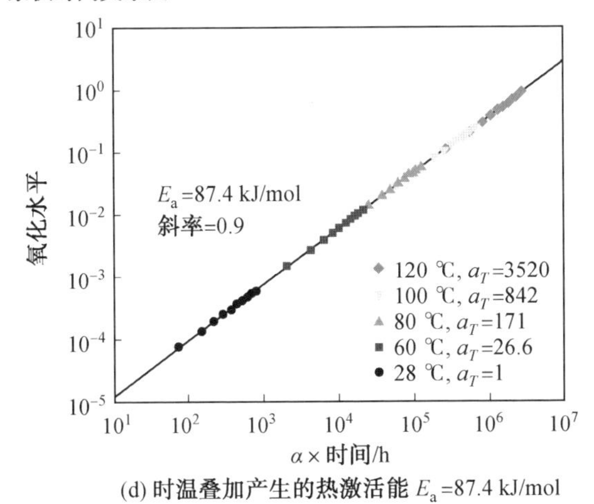

(d) 时温叠加产生的热激活能 E_a=87.4 kJ/mol

续图 10.8

而更一般的情形是辐射不能被忽略，辐射与热耦合导致材料老化。根据前面讨论的模型，能够很容易构建形式简单的模型公式(式(10.36))。该模型可用于辐射热环境中老化速率随时间变化的情况。根据特定的时间依赖性函数很容易定义具有时间依赖性的DED方程，对于幂律形式的函数有式(10.37)。根据式(10.36)～(10.37)定义的模型进行的老化研究实例如图10.9和图10.10所示，叠加的活化能90.5 kJ/mol能通过时间依赖性系数 $\lambda=-0.13$ 使用 $90.5\times(1-0.13)$ 转化为初始使用的活化能78.7 kJ/mol。

$$\begin{aligned} r(T,\gamma,t) &= (r_T + r_\gamma) f(t) \\ &= \left\{ r(T_{\text{ref}},0,t_0)\exp\left[\frac{E_1}{R}\left(\frac{1}{T_{\text{ref}}}-\frac{1}{T}\right)\right] + k\gamma^x \exp\left[\frac{E_2}{R}\left(\frac{1}{T_{\text{ref}}}-\frac{1}{T}\right)\right]\right\} f(t) \end{aligned} \tag{10.36}$$

$$\mathrm{DED}(T,\gamma)=\gamma\left[\frac{(1+\lambda)Ct_1^{\lambda}}{r(T,\gamma,t_1)}+t_0^{1+\lambda}\right]^{\frac{1}{1+\lambda}} \tag{10.37}$$

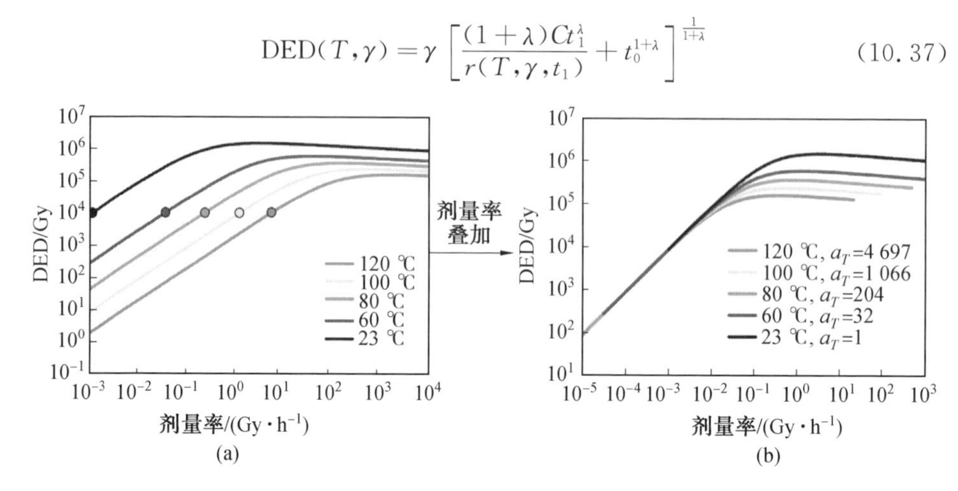

图 10.9　根据式(10.36)绘制的不同温度下的 DED 曲线(彩图见附录)

(E_a = 78.7 kJ/mol,λ = −0.13。这些曲线在线性区的斜率为 1)

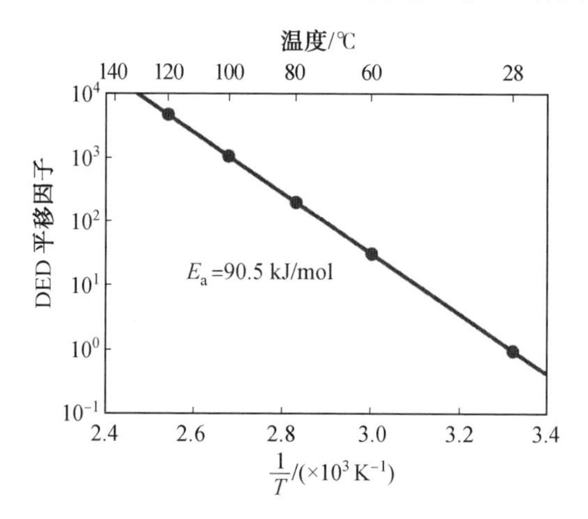

图 10.10　根据图 10.9 在等剂量 10^4 Gy 依据阿伦尼乌斯方程求活化能的拟合曲线

进一步考虑辐射和热耦合的协同作用,即辐射热环境下的降解速率大于辐射和热单独引起的降解速率之和的情况。相应的模型如式(10.38)所示,其具有较大的自由度描述时间依赖性降解速率和协同作用。协同作用应该随着剂量率增加而先增加后减小,对应从热老化过渡到辐射－热耦合阶段,再过渡到辐射老化为主的阶段。而且该模型假设热老化(r_T)和辐射老化速率(r_γ)相等时协同作用最明显,温度增加会提高协同项的贡献。根据这些假设,可以定义高斯协同参数函数,$g(T,\gamma)$ 可以定义为曲线形状为对数正态分布的函数,如式(10.39)。其模拟的典型形式如图 10.11 所示。概率统计方法用于服役材料的物理化学规律的描述是建立寿命模型的重要考虑,如极大似然估计法、贝叶斯融合评估法和伽

马过程等，其在科学的老化行为预测研究和工程装备可靠性评估中越来越受到重视。相信在不久的将来，概率统计方法会在有机材料的寿命预测模型中得到更加广泛的运用。

$$
\begin{aligned}
& r(T,\gamma,t) \\
& =(r_T+r_\gamma)f(t)g(T,\gamma) \\
& =\left\{r(T_{\text{ref}},0,t_0)\exp\left[\frac{E_1}{R}\left(\frac{1}{T_{\text{ref}}}-\frac{1}{T}\right)\right]+k\gamma^x\exp\left[\frac{E_2}{R}\left(\frac{1}{T_{\text{ref}}}-\frac{1}{T}\right)\right]\right\}f(t)g(T,\gamma)
\end{aligned}
\tag{10.38}
$$

$$
g(T,\gamma)=1+\frac{\gamma_{r_T=r_\gamma}\exp\left\{\dfrac{[\ln\gamma_{r_T=r_\gamma}-\mu(T)]^2\ [\ln\gamma-\mu(T)]^2}{2\delta^2}\right\}f_{\text{ref}}\exp\left[\dfrac{E_3}{R}\left(\dfrac{1}{T_{\text{ref}}}-\dfrac{1}{T}\right)\right]}{\gamma}
\tag{10.39}
$$

$$
\mu(T)=\delta^2+\ln[\gamma_{r_T=r_\gamma}(T)] \tag{10.40}
$$

$$
\gamma_{r_T=r_\gamma}(T)=\frac{r(T_{\text{ref}},0)\exp\left[\dfrac{E_1}{R}\left(\dfrac{1}{T_{\text{ref}}}-\dfrac{1}{T}\right)\right]}{k} \tag{10.41}
$$

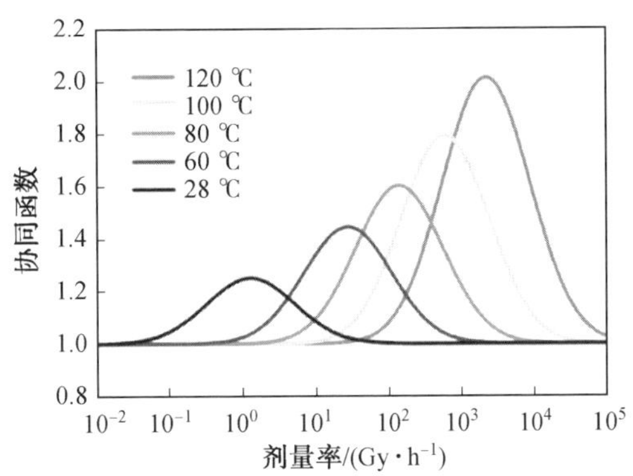

(a) 模拟在$r_T=r_\gamma$时具有最大值的高斯形式温度-辐射协同函数

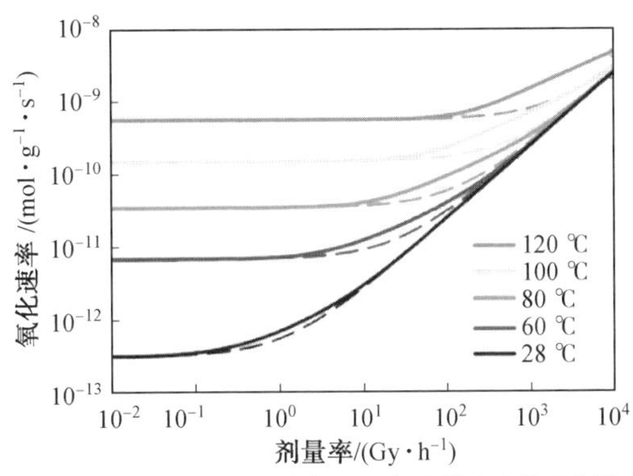

(b) 高斯形式温度-辐射协同函数对氧化速率效率的影响(虚线和实线分别代表没有和具有协同项)

图 10.11　时间依赖性降解模型考虑辐射－热耦合后的应用实例(彩图见附录)

3. 匹配加速模型

匹配加速(MAC)模型涉及时间－温度－剂量率叠加假设，将剂量率对数对温度倒数作图(图 10.12)：在高剂量率、低温条件下材料主要以辐射降解为主，处在图 10.12 的左上方区域；低辐射、高温条件下材料以热老化为主，处在图 10.12 的右下方区域。得到了热活化能 E_a 后，基于温度和辐射对材料的等加速倍数(这种同比加速保证了加速老化的等效性)确定加速试验中的温度辐射条件。温度导致速率增加 x 倍，则应提高剂量率 x 倍使得辐射降解速率提高 x 倍，方法本身已经说明了剂量率效应不显著。例如，在已知热活化能 E_a = 100 kJ/mol，温度和剂量率(22 ℃，1 Gy/h)确定的点平移到温度为 49 ℃ 且在已知活化能确定的曲线上的点上去。根据温度加速了 30 倍(如图 10.12 所示的水平平移)，那么剂量率也需加速 30 倍，在垂直方向也平移 30 倍，得到了加速 30 倍老化条件为(49 ℃，30 Gy/h)，同样可得到加速 1 000 倍的条件(82 ℃，1 kGy/h)。以此类推，同样可确定老化条件(80 ℃，0.1 Gy/h)加速 30 和 1 000 倍的条件分别为(119 ℃，3 Gy/h)和(170 ℃，100 Gy/h)。同一组平移的这些点很明显在一条直线上，即 MAC 线，而该模型的假设就是曲线条件下材料的降解机理不变。如果按照剂量表示材料性能的变化，这些数据应该能重叠在一起。由于上面提到的两组 MAC 线分别靠近辐射和热老化主导区，它们的性能劣化曲线一般不会完美重叠，因此这种模型可以处理材料机理变化(曲线形状变化)的寿命预测情况。如图 10.13(a)、(b)所示，Anaconda 二元乙丙橡胶在 MAC－1(辐射老化主导)和

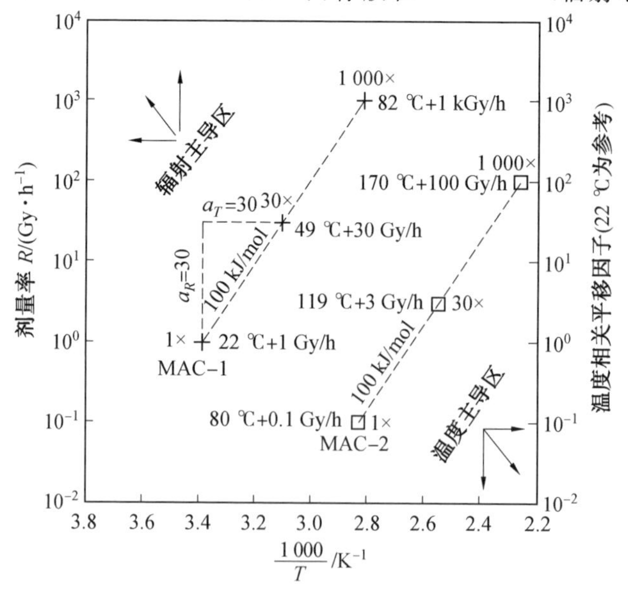

图 10.12　体现等加速匹配线的剂量率对数对温度倒数关系图(E_a = 100 kJ/mol)

MAC－3(热老化主导)条件下的断裂伸长率变化曲线明显分为两组可叠加的曲线，证明了匹配加速模型的适用性。这些结果也警示人们要小心温度和辐射主导区域变化带来的伪剂量率效应现象，如果想要验证剂量率效应的存在，MAC 模型是最好的选择。图 10.13(c) 给出了氯丁橡胶类似的例子。

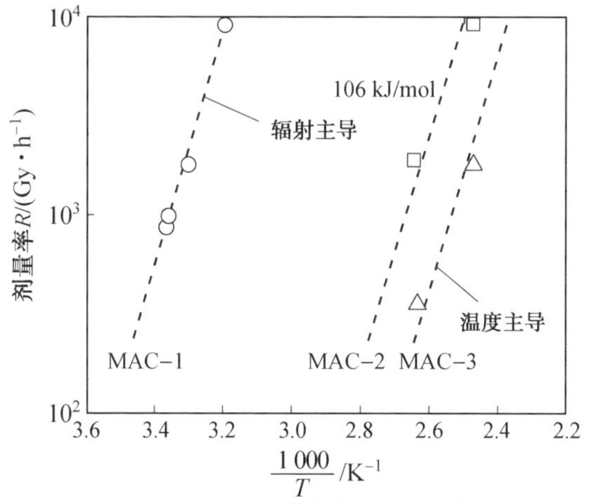

(a) Anaconda 二元乙丙橡胶辐射–热耦合老化条件

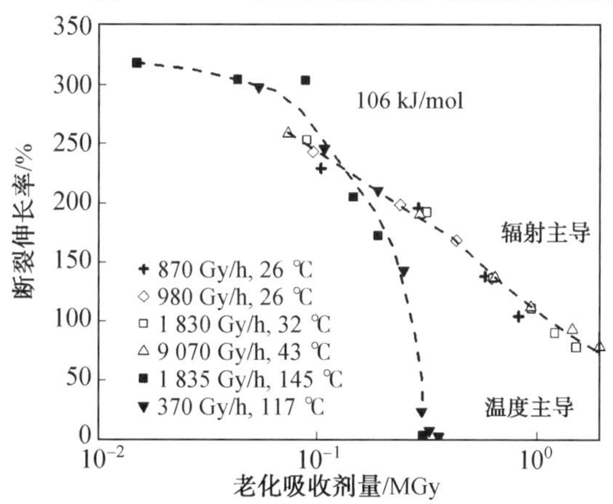

(b) Anaconda 二元乙丙橡胶在不同辐射–热耦合老化环境中(MAC–1和MAC–3线上的条件)断裂伸长率随剂量的变化

图 10.13　辐射－热耦合加速试验老化导致老化机理变化现象

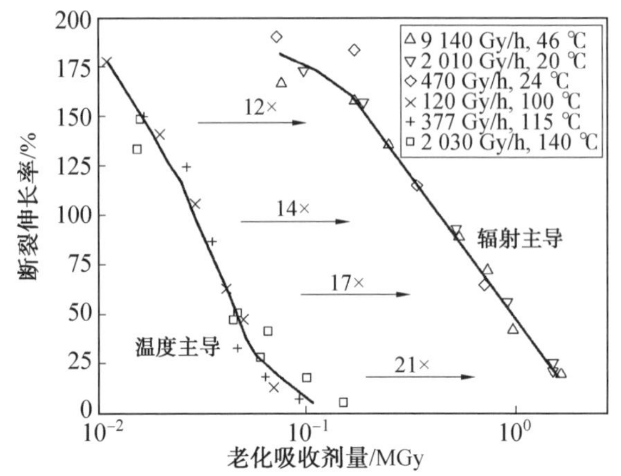

(c) 氯丁橡胶在辐射主导和温度主导的MAC线上(此处未给出，请参考文献[26])断裂伸长率随剂量的变化

续图 10.13

4. 剂量依赖模型

在实践中，研究人员总结了一系列可用的半经验剂量依赖(DDM)模型，模型的适用性与材料种类、性能选择和环境密切相关。相关的典型模型如式(10.42)～(10.44)所示。式(10.44)中，当不存在剂量率效应时，n 值为 0。

$$P = P_0 + b \times D^n \tag{10.42}$$

$$P = P_0 + b \times \exp(D) \tag{10.43}$$

$$\mathrm{DED} = kD^n \tag{10.44}$$

式中，P_0 为初始性能；P 为接受剂量 D 后的性能值；b、n 和 k 为拟合的参数。

对于主曲线建立的平移过程，平移因子具有如下的半经验模型(式(10.45))，该模型建立了平移因子与温度和剂量的关系。

$$\alpha(T, D) = \exp\left[\frac{E_a}{R}\left(\frac{1}{T_{\mathrm{ref}}} - \frac{1}{T}\right)\right]\left\{1 + kD^n \exp\left[\frac{E_a}{R}\left(\frac{1}{T_{\mathrm{ref}}} - \frac{1}{T}\right)\right]\right\} \tag{10.45}$$

5. 两参数模型

不少核辐射环境中的芳香高分子材料在辐射一定时间后达到某个阈值时，其性能才开始迅速劣化(图 10.14(a))。针对这个现象，Lu 等借用逾渗理论来解释和预测高分子材料的这种临界现象(图 10.14(b))，并进一步提出了两参数模型(TPM)。研究人员用六种环氧体系的文献数据证实了模型的有效性，并且证明该模型有利于多目标优化设计聚合物材料。图 10.14(a) 中的波浪线代表竞争过程小损伤引起的波动，Ⅰ 到 Ⅳ 代表可忽略的、小的、严重的和致命的损伤阶段。DED 被国际电工委员会(IEC) 建议采用初始性能衰减一半时的吸收剂量。

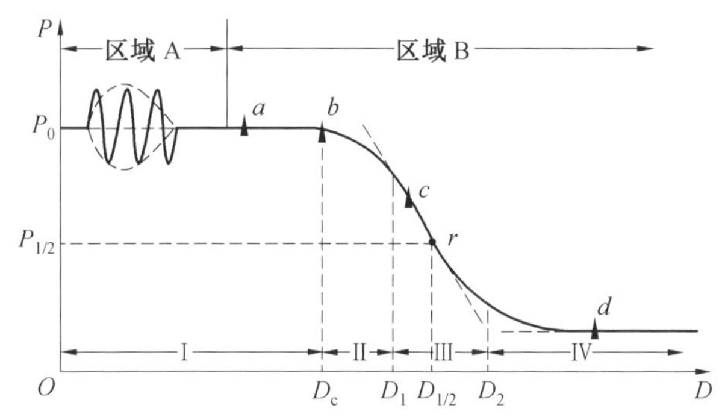

(a) 聚合物服役过程中辐射耐受性决定性的性能指标随累积辐射吸收剂量的响应变化

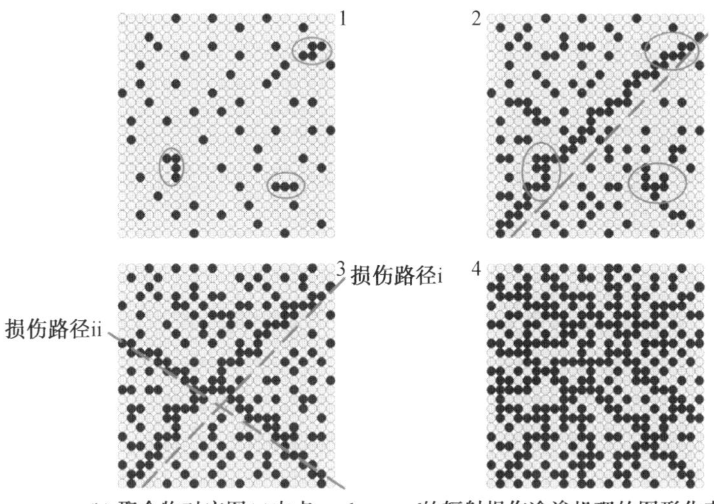

(b) 聚合物对应图(a)中点a、b、c、d的辐射损伤逾渗机理的图形化表示

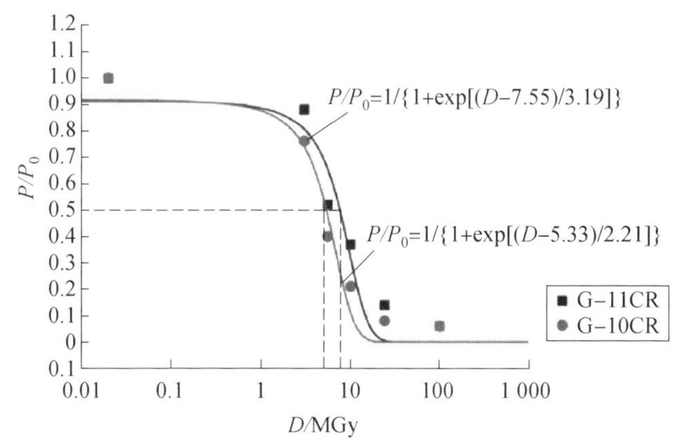

(c) G-10CR和G-11CR环氧材料在77 K温度下测得的归一化压缩强度随吸收剂量的变化

图 10.14　两参数模型的特点与应用实例

逾渗理论是用于解释无序系统内微观结构连接度变化引起的突变现象，常用于解释高分子复合材料的导电、导热和流变性突变行为，这与辐射损伤诱导期后的突变行为相仿。图 10.14(b) 中灰色和黑色圆圈分别代表空晶格位点(原始聚合物) 和逾渗理论的占据位点(损伤)，其基本假设为晶格位点的占据是无规的，这与辐射和高分子相互作用也是无规的本质类似。随着剂量增加损伤团簇不断增大，损伤团簇长大连接最终导致宏观性能出现临界变化。在此基础上，作者进一步类比核电荷两参数费米分布给出了一个两参数辐射模型用于模拟这种性能变化规律：

$$P=\frac{P_0}{1+\exp[(D-D_{1/2})/D_r]} \tag{10.46}$$

式中，P 和 P_0 为吸收辐射剂量 D 和初始时的性能；$D_{1/2}$ 和 D_r 分别为性能下降一半的吸收剂量和与临界特征有关的量，即关键的两参数。通过拟合实验数据可以求得 D_r。图 10.14(c) 是研究人员用 G－10CR 和 G－11CR 环氧材料在 77 K 温度下测得的归一化压缩强度和模拟数据随吸收剂量的变化的对比，可见该模型整体描述得比较好。

6. 磨耗方法

磨耗方法(WOA) 的基本原理是基于材料的累积损伤理论：任何老化历史均会导致材料产生老化损伤，已经发生的部分损伤可以通过合理的较低应力水平的老化加速试验进行定量，然后材料在中等应力水平下(如磨耗温度或磨耗剂量条件下) 加速老化至预定的寿命终点，最终获得不断增加的较低应力部分损伤数据、中等应力水平损伤数据以及老化条件之间的潜在关系从而预测残余寿命。该方法能够处理具有诱导期的老化行为，具有性能突然快速劣化行为的材料更合适，因为这种情况具有明确的失效判据点。如果忽略使用的加速应力水平大小，不同应力水平相同的降解都会导致等效损伤，并且老化主曲线满足相似性或叠加原理，则材料的老化满足线性磨耗(式(10.48))。

$$\int_0^{t_\mathrm{f}}\frac{\mathrm{d}t}{\tau_\mathrm{f}(\sigma(t))}=1 \tag{10.47}$$

$$\frac{t_1}{\tau_1}+\frac{t_\mathrm{w}}{\tau_\mathrm{w}}=1 \tag{10.48}$$

式中，t_f 和 τ_f 分别为一系列老化应力条件下的疲劳失效时间(寿命) 和在老化应力水平 $\sigma(t)$ 下的失效时间；τ_1 和 τ_w 分别为在试验应力水平和磨耗条件下的寿命；t_1 和 t_w 分别为试验应力水平的老化时间和需要在磨耗条件下进行的导致失效的老化时间。

遗憾的是，该方法一般只能用于单因素老化寿命预测，对于多因素情况则无法适用。此外，实际的复杂老化情况往往是非线性磨耗行为：如果老化曲线不满

足叠加原理但等效损伤仍然成立，则需要知道两个试验和磨耗条件下的应力水平的完整曲线方可预测实际磨耗曲线(图 10.15(a))；或者不同应力水平相同的降解导致的不是等效损伤(所谓的相互作用效应)，则线性磨耗方法完全不可用(图 10.15(b))。

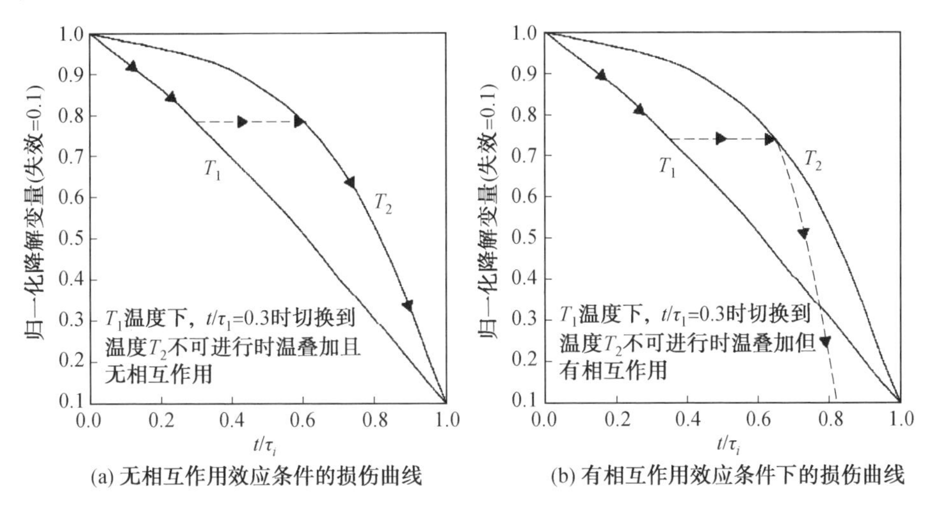

图 10.15　材料性劣化不满足时温叠加原理时存在相互作用效应的影响

7. 史瓦西模型

针对材料的光氧老化，史瓦西模型(式(10.49)，模型Ⅰ)广泛用于描述光强对降解速率的影响。式(10.49)中的参数 p 通常在 0～1 之间，显示了光强依赖性，这与有机材料的电离辐射行为经常具有剂量率依赖性是类似的。作者采用该模型推出的平移因子 α_1(式(10.50))和简化的 DED 模型(式(10.27)，模型Ⅱ)推出的平移因子 α_2(式(10.51))预测环氧树脂在 γ 辐射剂量率为 2.20×10^{-5}～1.95×10^{-1} Gy/s 条件下的辐射降解释气行为。研究发现史瓦西模型能很好地预测剂量率(2.20×10^{-5} Gy/s)下的材料辐射降解产生的氢气、甲烷和二氧化碳含量(图 10.16)，而简化的 DED 模型则无法完全适用甚至有拟合收敛性问题，相关拟合参数见表 10.3。

$$r=kI^{p} \tag{10.49}$$

$$\alpha_1=\left(\frac{I}{I_{\text{ref}}}\right)^{p} \tag{10.50}$$

$$\alpha_2=\frac{1+k\gamma^{x}}{1+k\gamma_{\text{ref}}^{x}} \tag{10.51}$$

式中，γ 为反应速率；k 和 p 为常数，其中 p 在 0～1 之间；γ 和 γ_{ref} 分别为研究条件和参考条件下的剂量率；α 为平移因子。

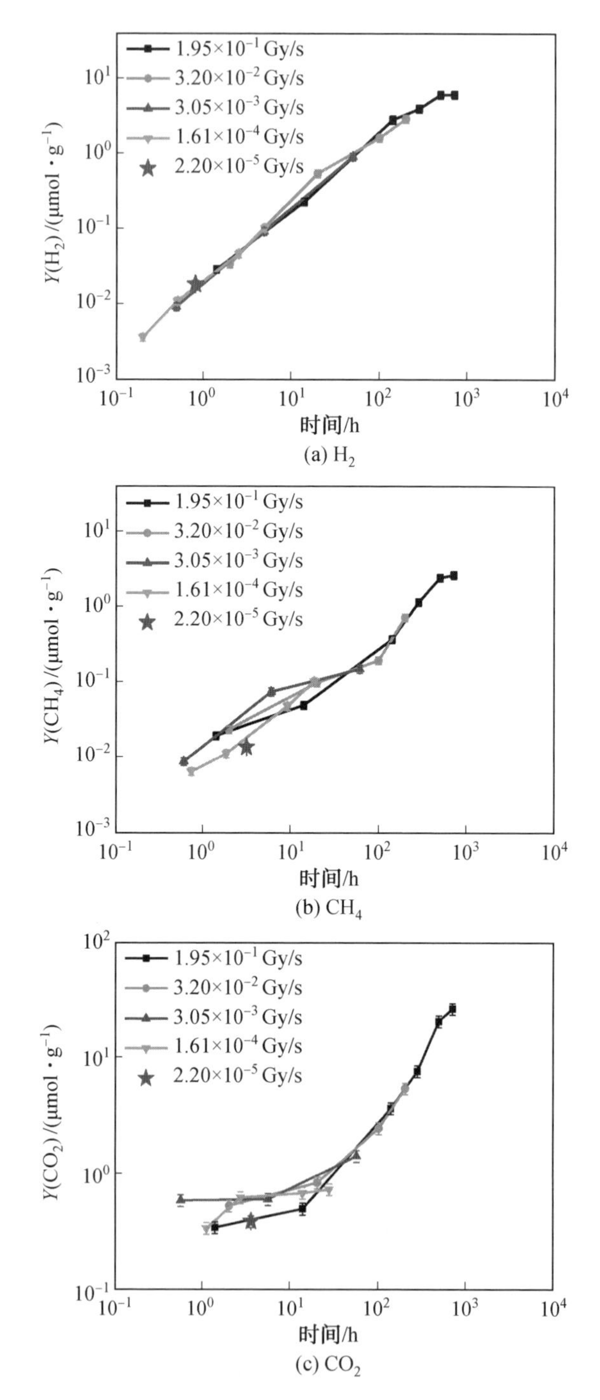

图 10.16　基于模型 Ⅰ 和 $1.61\times10^{-4}\sim1.95\times10^{-1}$ Gy/s 的实验数据预测极低剂量率(2.20×10^{-5} Gy/s)条件下氢气、甲烷和二氧化碳的气体产额

表 10.3　不同气体用不同模型拟合的参数

模型编号	模型参数	H_2	CH_4	CO_2
Ⅰ	k	3.02×10^{3}	3.07×10^{1}	1.35×10^{10}
	x	0.786	0.530	0.765
	R^2	0.847	0.801	0.750
Ⅱ	p	0.808	0.658	0.762
	x	0.945	0.928	0.959

10.4　确定性动力学老化模型

确定性动力学老化模型基于材料辐射降解涉及的主要物理化学过程，对化学反应应用质量作用定律建立刚性微分方程组，辅以扩散方程（如格林函数和菲克定律方程等）与实验边界条件等。对于解析求解策略，通常采用稳态假设和其他近似处理；对于数值方法，则可直接求解复杂的刚性微分方程组。由于涉及的物理化学过程繁多，在每个时空尺度都有合理的延伸空间，因此常常具有跨尺度特征。读者也可阅读第 9 章中对确定性动力学模型的介绍和解读。

Colin 等根据聚乙烯材料辐射老化的过程特征，采用解析求解的动力学模型建立了其特征产物和结构随时间的变化关系式。建立的动力学模型可以很好地预测聚乙烯的辐射老化行为。Colin 等还通过动力学模型预测了室温空气环境中聚乙烯 γ 辐射老化的寿命，模拟预测的氧化层深度等与文献中的实验数据十分吻合。此外，研究人员研究了聚乙烯在低温（20 ～ 200 ℃）和低剂量率下的非扩散限制（薄样品）辐射氧化行为。基于辐射氧化自由基机理，模型中过氧化物的双分子分解占主导，过氧自由基笼闭反应产生的烷氧自由基发生耦合和歧化反应，并与非终止的过氧自由基结合反应共存。动力学模型准确预测了 40 ～ 200 ℃ 辐射降解中氧吸收、过氧化物和过氧化氢累积和氧化诱导时间及稳态氧化速率。美国圣地亚国家实验室的 Gillen 等基于动力学模型的解析解预测聚氯乙烯在辐射热环境中的降解，该工作中的动力学模型假设了单分子终止动力学和氢过氧化物调控的支化反应。根据特定的速率常数比，模型预测随着剂量率下降剂量率效应可能增加或消失。LaVerne 等利用扩散动力学模型研究了环烷烃的 γ 辐射降解，计算的辐射降解产物的产额与实验数据一致。Devanne 等的工作表明环氧树脂的辐射老化也可基于该方法得到很好的预测结果。

作者为硅泡沫材料建立了数值求解的确定性老化动力学模型，首先结合实验和理论计算系统研究了硅泡沫材料在复杂环境中的电离辐射老化机理，根据其老化物理化学过程并结合材料的组分、服役环境建立了其动力学微分方程组

(图 10.17)。该模型目前涉及 53 个微分方程、条件方程以及边界条件,可扩展性强,耦合了温度、剂量率、气氛、扩散等多种因素,以多尺度理论计算和实验支撑为基础向复杂组分环境、多物理化学过程和跨时空尺度拓展,并计划引入扩散限制反应框架和结构性能预测能力(如本构模型)。现阶段动力学模型能较好地预测硅泡沫的释气行为和剂量率效应,而且该模型还可以研究辐照后效应相关的动力学行为(图 10.18)。

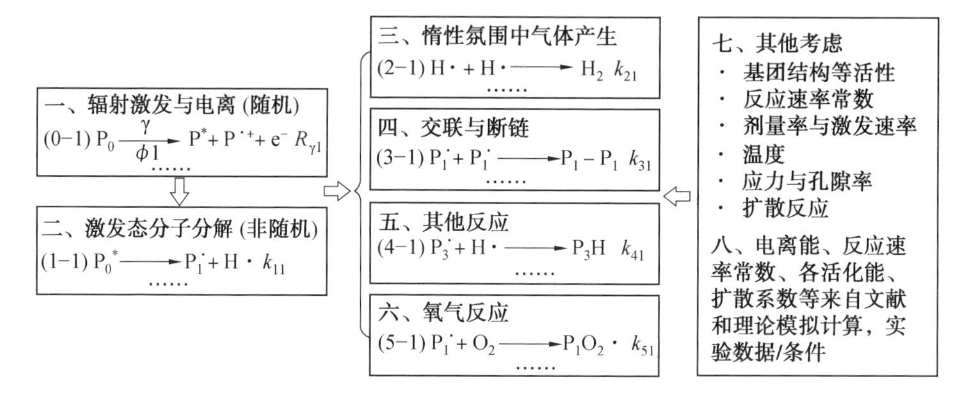

图 10.17　硅泡沫老化动力学建立过程示意图

(P_n(n = 0、1、2 和 3) 与图 9.3(a) 标识一致)

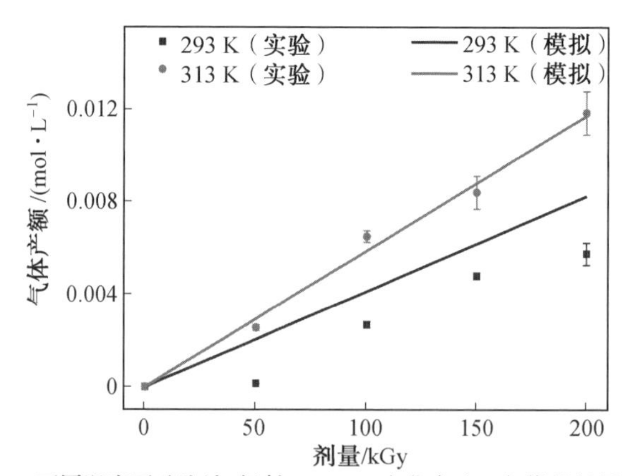

(a) 不同温度下硅泡沫γ辐射(0.2 Gy/s)老化产生H_2与模拟结果的对比

图 10.18　动力学模型对 70 ℃ 氮气环境中含有溶解氧的硅泡沫材料在 0.2 Gy/s 的 γ 辐射下的老化行为的预测

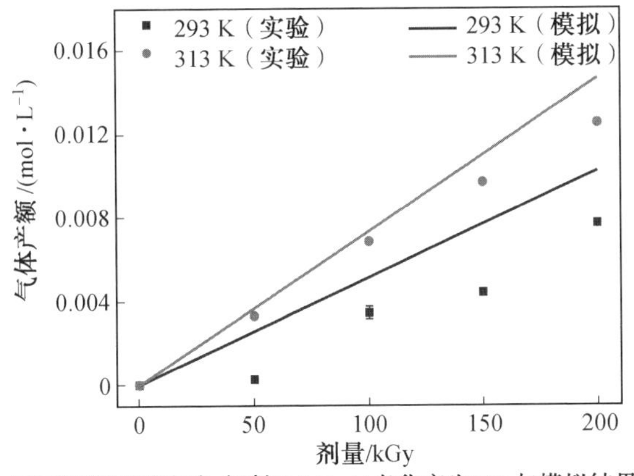

(b) 不同温度下硅泡沫γ辐射(0.2 Gy/s)老化产生CH_4与模拟结果的对比

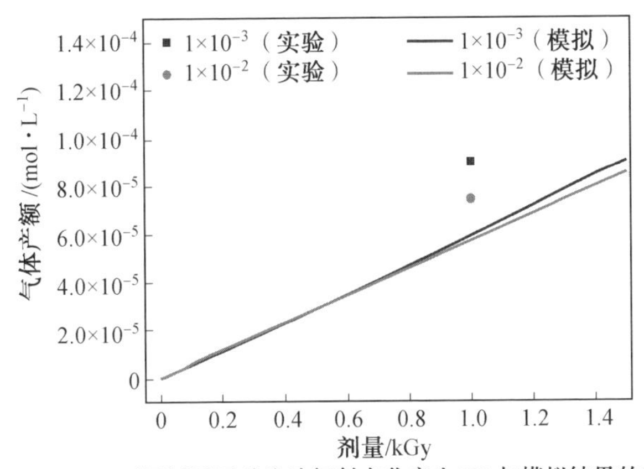

(c) 不同剂量下硅泡沫辐射老化产生CH_4与模拟结果的对比

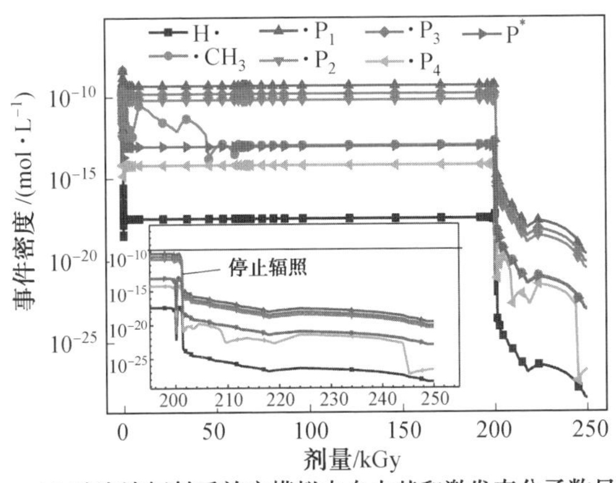

(d) 硅泡沫辐射后效应模拟中自由基和激发态分子数目变化

续图 10.18

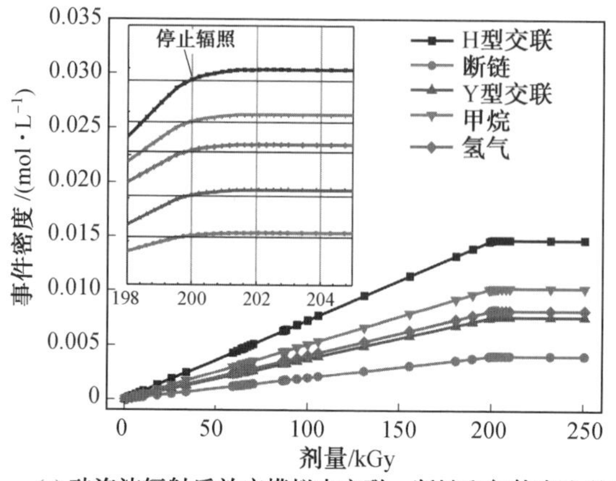

(e) 硅泡沫辐射后效应模拟中交联、断链和气体产生的变化

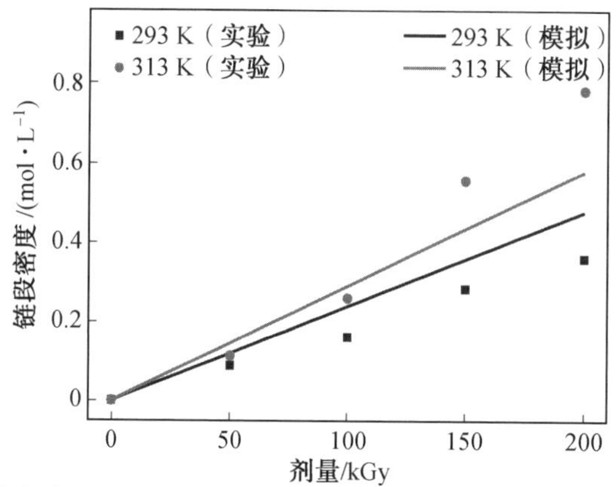

(f) 硅泡沫γ辐射老化交联和断链引起链段浓度变化的实验结果与模拟对比

续图 10.18

由于光氧老化、热氧老化与辐射老化本质上的机理过程相似性，动力学模型也广泛用于研究聚合物材料的光氧老化和热氧老化。Colin 等通过确定性动力学模型模拟了聚丙烯的光热氧化，模型以基本自动氧化机理(BAS) 为基础建立了多闭环机理框架，并得到了描述体系老化演变的微分方程组：热降解反应是单分子或双分子反应，其速率常数遵循阿伦尼乌斯方程；光分解是单分子反应，其速率常数与温度无关，主要与光敏基团吸收的光子能量(比尔－朗伯(Beer－Lam bert) 定律和光谱重叠积分) 呈正相关；氧扩散和反应消耗直接耦合进了微分方程组。利用 Matlab 的 ODE15s 或 ODE23s 算法进行数值求解，模拟结果与以前的文献数据相吻合。该模型获得了多种产物或结构的浓度变化：初级(氢过氧化物) 和二级氧化产物(羰基产物)、双键、断链和交联点以及分子量(基于无规断链和交联的斋藤(Saito) 方程)。值得注意的是，模拟结果正确的上限是 10 倍太阳紫外光强度，研究人员认为这是因为高光强引起了多光子激发或发色团光

敏作用(如三分子光物理反应)。Kiil 通过基元反应和总体反应建立了环氧－胺涂料的简化光老化动力学模型,以质量作用定律为基础建立微分方程组,同时考虑了光的传输、膜内氧气渗透、水吸附和扩散、交联度变化、氧化区演变和质量平衡,以及光稳定剂和玻璃化转变温度的影响,最终计算的产物浓度、质量损失、氧化层厚度和侵蚀厚度与实验数据比较一致。需要指出的是简化模型涉及较多假设,比如等反应性,忽略链段松弛,环境温度、湿度和紫外光强度恒定,材料是均相体系,老化不影响水的吸附和反应物扩散等,对模型的普适性和鲁棒性影响可能很大。在热氧老化方面,Colin 等采用确定性动力学模型研究了聚丙烯的热氧老化,阐明了氧气传输性对其老化动力学的影响,获得了不同温度下分子量、过氧化物和羰基产物等的动力学演化规律,与实验基本一致。此外,Colin 等还采用动力学模型研究了分子玻璃化转变温度附近分子的运动性对环氧－胺网络的热氧老化的影响。通过经验关系拟合了过氧自由基和氧化增长速率跨越玻璃化转变温度时显著的温度依赖性,使得模型能准确预测玻璃化转变温度附近的老化行为。

10.5　随机性动力学老化模型

随机性动力学老化模型主要包括蒙特卡洛、动力学蒙特卡洛和依赖随机性方法的动力学模型方法。该类模型在高分子材料的辐射老化寿命预测方面目前使用较少,对半导体、生物大分子和水的辐射降解、刺迹动力学、自由基聚合反应和辐射屏蔽研究已经具有较多的报道。基于目前的认识,认为可将动力学蒙特卡洛方法和确定性动力学模型相结合来预测材料的服役寿命。该方法预测的时间尺度根据材料老化的特性可以较自由地进行调整,也可结合独立反应时间框架设计,综合权衡计算耗时和预测精度。本节对第9章中的随机动力学模型再做少量相关的补充说明。

Martin 等采用随机模型预测了甲基丙烯酸甲酯的无规断链光降解行为。随机模型是复合的泊松过程,分为两部分:第一部分是使用泊松分布计算吸收 K 个光子后在 $[0,t)$ 间隔内出现的相关断链概率(式(10.52)),泊松分布参数由温度和辐射强度参数化(式(10.54));第二部分是确定 K 次断链后材料的性能(考虑为随机变量)大于某个最小值 q 的概率,该概率由其概率密度函数 $f_K(u)$ 给出(式(10.55)),考虑到无规断链满足泊松过程,在时间 t 后的材料的未失效概率 $\overline{H}(t)$ 由式(10.56)给出。该研究的模拟结果和25篇文献发表的数据相吻合。

$$P(k;\lambda\tau)=\frac{(\lambda\tau)^k\exp(-\lambda\tau)}{k!},\quad k=0,1,2,\cdots \tag{10.52}$$

$$\lambda\tau = p\varphi_{cs} I_0 t^m, \quad \tau = t^m \tag{10.53}$$

$$\lambda = \exp\left[-\frac{E(T - T_{ref})}{RTT_{ref}}\right]\left(\frac{I_{ab}}{I_{ref}}\right)^n \Lambda_0 \tag{10.54}$$

式中，k 为吸收的光子；I_0 为材料表面的光强；t 为辐射时间；p 为被吸收的光子百分数；φ_{cs} 为断链量子产额；m 理论上为 0.5 ～ 1 之间的常数；T 和 T_{ref} 分别为考察的绝对温度和参考温度；I_{ab} 和 I_{ref} 分别为考察的辐射强度和参考辐射强度；Λ_0 为在参考温度和辐射强度条件下的断链数期望值；n 为经验常数。

$$\overline{F}_K(q) = \int_q^{\infty} f_K(u)\mathrm{d}u \tag{10.55}$$

$$\overline{H}(t) = \sum_{k=0}^{\infty} \overline{F}_K(q)\frac{(\lambda t)^k \exp(-\lambda t)}{k!} \tag{10.56}$$

可通过贝叶斯参数估计将确定性函数转化为概率模型。确定性动力学模型和随机性动力学模型常常涉及数理统计方法，需要根据实际服役环境建立正确的数学模型及相应的统计与分析方法，如泊松过程、指数分布、威布尔分布、极小值分布、高斯分布和正态分布等，主要原因是实验数据的离散性、构件加工尺寸的偏差、材料中分布的原始缺陷、受载荷时的分布特性，以及影响它们的因素都可能是随机变量，具有各自的分布形式，因此只有运用概率统计理论和方法来处理才能正确预测材料的老化特性和寿命。

10.6　本构模型

辐射导致材料机械性能劣化的规律可由本构模型进行研究，对于高分子材料而言，本构模型主要是基于黏弹性理论和超弹性理论。最基本的黏弹性现象有应力松弛、蠕变和动态黏弹性，而黏弹性理论包括线性黏弹性理论和非线性黏弹性理论，常见线性黏弹性本构模型包括麦克斯韦(Maxwell)或开尔文(Kelvin)模型，非线性黏弹性理论有莱德曼(Leaderman)本构模型、格林－里夫林(Green－Rivlin)和伯恩斯坦－凯斯利－扎帕斯(BKZ)本构关系等。超弹性本构模型有两类：一是基于连续介质力学的唯象模型，没有考虑弹性体微观结构和分子链特性，典型的有尼奥－虎克(Neo－Hookean)模型、穆尼－里夫林(Mooney－Rivlin)模型、奥格登(Ogden)超弹本构模型、杨(Yeoh)模型和凡拉尼斯－兰德尔(Valanis－Landel)模型等；二是基于统计热力学的分子链网络模型，如高斯网络模型、3(4 或 8)链网络模型和全链网络模型等。丁芳等采用非线性拟合模拟 30 余种模型两两间的关系并计算其最佳确定系数和弗雷歇(Fréchet)距离，获得了不同模型的相似度和定量等价性。该工作有助于实际应

用中筛选低复杂度的等效本构模型实现高通量计算，避免等价模型的重复计算。随着计算机技术的发展，人工神经网络方法在预测和求解高分子材料的本构模型方面已经有了初步研究。本节简单介绍在辐射化学领域中使用本构模型研究材料辐射效应的案例。

中国工程物理研究院的晏顺坪等通过 Ogden Hyperfoam 超弹本构模型成功描述了白炭黑增强硅泡沫材料在 γ 辐射（0 ～ 1 MGy）老化后的压缩行为。首先研究人员在实验上发现：γ 辐射导致硅橡胶基体发生显著的交联，但是泡孔结构仍然保持完整，其力学性质出现明显的硬化效应。结合基于应变能密度函数（式(10.57)）的 Ogden Hyperfoam 超弹本构模型与材料剪切模量（G）、泊松比（ν）、体积模量（K）和弹性模量（E）的关系（式(10.58) ～ (10.61)），得到泊松比 ν 和 β 与辐射剂量无关，而研究发现模型参数 μ 与辐射剂量呈线性关系（式(10.62)）。在仿射变形框架下，采用二阶 Ogden Hyperfoam 超弹本构模型很好地描述了材料在受到不同剂量辐照后名义应力（式(10.62) ～ (10.64)）与压缩方向伸长量的关系（图 10.19）。

$$W(\lambda_1,\lambda_2,\lambda_3)=\sum_{i=1}^{N}\frac{2\mu_i}{\alpha_i^2}\left[\lambda_1^{\alpha_i}+\lambda_2^{\alpha_i}+\lambda_3^{\alpha_i}-3+\frac{1}{\beta_i}(J^{-\alpha_i\beta_i}-1)\right] \tag{10.57}$$

$$G=\sum_{i=1}^{N}\mu_i \tag{10.58}$$

$$\nu_i=\frac{\beta_i}{1+2\beta_i} \tag{10.59}$$

$$K=\sum_{i=1}^{N}2\mu_i\left(\frac{1}{3}+\beta_i\right) \tag{10.60}$$

$$E=\frac{9KG}{3K+G}=2\frac{\left(\sum_{i=1}^{N}\mu_i\right)^2+3\sum_{j=1}^{N}\mu_j\sum_{i=1}^{N}\mu_i\beta_i}{\sum_{i=1}^{N}\mu_i(1+2\beta_i)} \tag{10.61}$$

$$\mu_i=\mu_{0i}D+\mu_{1i} \tag{10.62}$$

$$P_1=\frac{\partial W(\lambda,\lambda_T)}{\partial\lambda}=\sum_{i=1}^{2}\frac{2(\mu_{0i}D+\mu_{1i})}{\lambda\,\alpha_i^2}[\lambda^{\alpha_i}-(\lambda\lambda_T^2)^{-\alpha_i\beta_i}] \tag{10.63}$$

$$P_2=P_3=\frac{\partial W(\lambda,\lambda_T)}{\partial\lambda_T}=\sum_{i=1}^{2}\frac{2(\mu_{0i}D+\mu_{1i})}{\lambda_T\alpha_i}[\lambda_T^{\alpha_i}-(\lambda\lambda_T^2)^{-\alpha_i\beta_i}] \tag{10.64}$$

式中，$\lambda_k(k=1,2,3)$ 为三个主轴方向的变形伸长量；J 和 N 分别为体积变形率和模型阶数；μ_i、α_i、$\beta_i(i=1,2,3)$ 为模型参数；λ 和 λ_T 分别为压缩方向的伸长量和其余两个方向的等长伸长量；D 为辐射剂量。

美国劳伦斯利弗莫尔国家实验室的 Maiti 等建立了受应力（工程应变 ε_a）填充硅橡胶（TR－55 橡胶）的 γ 辐射（0 ～ 0.17 MGy）效应本构模型。该工作在

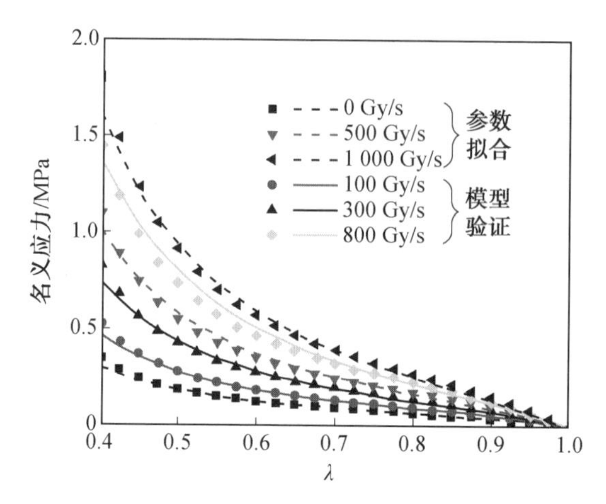

图 10.19　模型结果与实验数据对比名义应力与压缩方向伸长量的关系

Tobolsky 的双网络框架下采用了一阶 Ogden 不可压缩超弹模型描述永久变形(式(10.65))和柯西应力 σ_{2net} 以及工程应力 P_{2net} 随辐射剂量的变化(式(10.66)～(10.67))。一阶 Ogden 模型对橡胶工程应力－应变曲线的模拟效果如图 10.20(a) 所示，与实验数据相当吻合。辐射基本上导致剪切模量线性增加(图 10.20(b))，这对后面本构模型的建立提供了基本的结构性能认识。

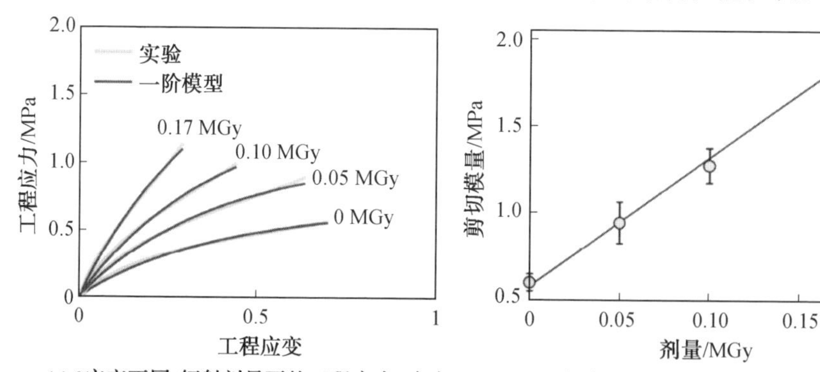

(a) 0应变不同γ辐射剂量下的工程应力-应变曲线(最后加载曲线)实验和模拟对比

(b) 相应的剪切模量随辐射剂量的变化

图 10.20　TR－55 橡胶辐射老化行为的本构模拟

$$
\begin{aligned}
& W_{2net}(\lambda_1,\lambda_2,\lambda_3,\lambda_a \mid \mu_1,\alpha_1,\mu_2,\alpha_2) \\
&= \frac{2\mu_1}{\alpha_1^2}(\lambda_1^{\alpha_1}+\lambda_2^{\alpha_1}+\lambda_3^{\alpha_1}-3)+\frac{2\mu_2}{\alpha_2^2}[(\lambda_1\lambda_a^{-1})^{\alpha_2}+(\lambda_2\lambda_a^{1/2})^{\alpha_2}+ \\
&\quad (\lambda_3\lambda_a^{1/2})^{\alpha_2}-3]-p(\lambda_1\lambda_2\lambda_3-1)
\end{aligned}
\tag{10.65}
$$

式中，$\lambda_k(k=1,2,3)$ 为形变张量的本征值；p 为拉格朗日乘子，限制材料是不可压缩的；$\mu_j(j=1,2)$ 满足式(10.58)。$\alpha_j(j=1,2)$ 为可正可负的常数；λ_a 为拉伸比

($\lambda_a = 1 + \varepsilon_a$)。

$$\sigma_{2net} = 3\mu_1 \ln \lambda_1 + 3\mu_2 \ln(\lambda/\lambda_a) \tag{10.66}$$

$$P_{2net} = \sigma_{2net}/\lambda_1 \tag{10.67}$$

根据永久伸长率 $\lambda_s = 1 + \varepsilon_s$($\varepsilon_s$ 为残余应变)在 $\sigma_{2net} = 0$ 时与 λ_1 相等,得到 $p = \mu_1(\mu_1 + \mu_2)$。其中,μ_1 和 μ_2 为辐射剂量的函数。研究人员发现只考虑 H 型交联并不能与实验数据计算结果吻合,而考虑了 H 型交联和 Y 型交联后能很好地描述实验结果,μ_1 和 μ_2 由如下公式描述:

$$\frac{d\mu_1}{dD} = -k_{sci}\varphi(r) + f\mu_2 \tag{10.68}$$

$$\frac{d\mu_2}{dD} = 4\delta k_{sci} - k_{sci}(1 - \varphi(r)) + 2k_{xl} - f\mu_2 = k_{sci}\varphi(r) + k - f\mu_2 \tag{10.69}$$

$$k = (4\delta - 1)k_{sci} + 2k_{xl}$$

$$\begin{aligned}\varphi(r) &= [\mu_0 + \beta(\mu_1 - \mu_0)]/[\mu_0 + \beta(\mu_1 + \mu_2 - \mu_0)] \\ &\approx r^{\gamma}, \gamma \in (0.1)\end{aligned} \tag{10.70}$$

$$f \approx \beta k_{sci}\varphi(r)/(\mu_0 + \beta\mu_2) \tag{10.71}$$

式中,k_{sci} 和 k_{xl} 分别为主链断链速率和 H 交联速率;r 为属于网络 1 的交联组分;$\varphi(r)$ 为属于网络 1 的单体单元分数;δ 为主链断链后形成 Y 型交联点的分数;f 为由于网络 1 断链后与网络 2 反应导致网络 2 交联点成为网络 1 一部分的分数,μ_0 由下面的初始条件进行计算:

$$\begin{aligned}\mu_1(D=0) &= \mu_0 \\ \mu_2(D=0) &= 0\end{aligned} \tag{10.72}$$

该工作创新性地将辐射导致的微观结构变化与力学性能本构模型关键参数相关联,提供了建立理论模型的新思路。但是模型目前没有给出具有实际参考价值的应用实例,并且随着材料和应力－辐射环境下复杂性的增加,模型的普适性和适用边界还不清楚。

Fang 和作者团队合作,结合实验采用本构关系模拟了二氧化硅增强硅泡沫 γ 辐射(0～600 kGy)老化的应力－应变曲线。本构模拟将辐射导致材料的交联网络变化,即有效交联度和链长,在八链网络模型中进行考虑,并根据材料的朗之万统计力学描述了自由能函数(式(10.73))和不可压缩假设得到的名义应力(式(10.76))。该研究明确了辐射通过改变交联度 d 和链长 N 进而影响材料的力学行为,通过动力学分析建立了交联度和链长与剂量的关系(式(10.79)和式(10.81)),最终得到了耦合 γ 辐射的名义应力表达式(式(10.82))。考虑了有限伸长和数值求解拟合参数,模型最终能非常好地再现实验拉伸力学行为(图 10.21,图中实线为实验结果,虚线为模拟结果)。

$$W = (1 - v_f)dkT\sqrt{N}\left[\beta\Lambda + \sqrt{N}\ln\frac{\beta}{\sinh\beta}\right] \tag{10.73}$$

式中，v_f 为填料体积分数；d、N、k、T 分别为交联度、交联点数目、玻尔兹曼常数和温度；Λ 为链伸长（式(10.74)）；β 由逆朗之万公式(10.75) 定义。

$$\Lambda=\sqrt{X\left(\frac{\lambda_1^2+\lambda_2^2+\lambda_3^2}{3}-1\right)+1} \tag{10.74}$$

$$\beta=L^{-1}(\Lambda/\sqrt{N})$$

$$L^{-1}(x)=\coth x-1/x=x\,\frac{3-x^2}{1-x^2}+O(x^6) \tag{10.75}$$

其中，$\lambda_k(k=1,2,3)$ 为三个主轴方向的形变量；X 为由填料导致的链伸长增强因子，$X=1+3.5v_f+30v_f^2$。对式(10.73) 关于 λ 求导，可得

$$\sigma=\mu_f\,\frac{3-(\Lambda_u/\sqrt{N})^2}{1-(\Lambda_u/\sqrt{N})^2}\left(\lambda-\frac{1}{\lambda^2}\right) \tag{10.76}$$

$$\mu_f=\frac{dkT(1-v_f)X}{3} \tag{10.77}$$

$$\Lambda_u=\sqrt{X\left(\frac{\lambda_1^2+2/\lambda}{3}-1\right)+1} \tag{10.78}$$

式中，$\lambda=\lambda_1$；μ_f 为初始模量；Λ_u 为不可压缩条件约束下将 $\lambda_1=\lambda$，$\lambda_2=\lambda_3=\frac{1}{\sqrt{\lambda}}$ 代入式(10.74) 简化得到；

$$d=c_0-A\exp\left(-\frac{D}{D_1}\right) \tag{10.79}$$

其中，c_0 为初始有效反应位点浓度；$D_1=1/(k_ck_r)$，k_c 是交联速率，k_r 是自由基生成速率；D 为辐射剂量。

将式(10.79) 代入式(10.77) 得到

$$\mu_f=\frac{kT(1-v_f)X}{3}\left[c_0-A\exp\left(-\frac{D}{D_1}\right)\right]=B_1-A_1\exp\left(-\frac{D}{D_1}\right) \tag{10.80}$$

$$N=\frac{B_2+A_2\exp(-D/D_2)}{\mu_f}=\frac{B_2+A_2\exp(-D/D_2)}{B_1-A_1\exp(-D/D_1)} \tag{10.81}$$

$$\sigma=[B_1-A_1\exp(-D/D_1)]\,\frac{3-\Lambda_u^2\dfrac{B_2+A_2\exp(-D/D_2)}{B_1-A_1\exp(-D/D_1)}}{1-\Lambda_u^2\dfrac{B_2+A_2\exp(-D/D_2)}{B_1-A_1\exp(-D/D_1)}}\left(\lambda-\frac{1}{\lambda^2}\right) \tag{10.82}$$

从宏观上唯象地描述高分子材料的黏弹行为本构方程具有经典整数阶微分或积分的形式，而将分数阶微积分引入材料的本构方程使得黏弹性理论有了质的突破，基于分数阶微积分的本构关系具有更广的普适性，可以用较简单的模型和较少的参数对材料复杂的黏弹行为做出描述。周玲采用分数 Zener 模型研究

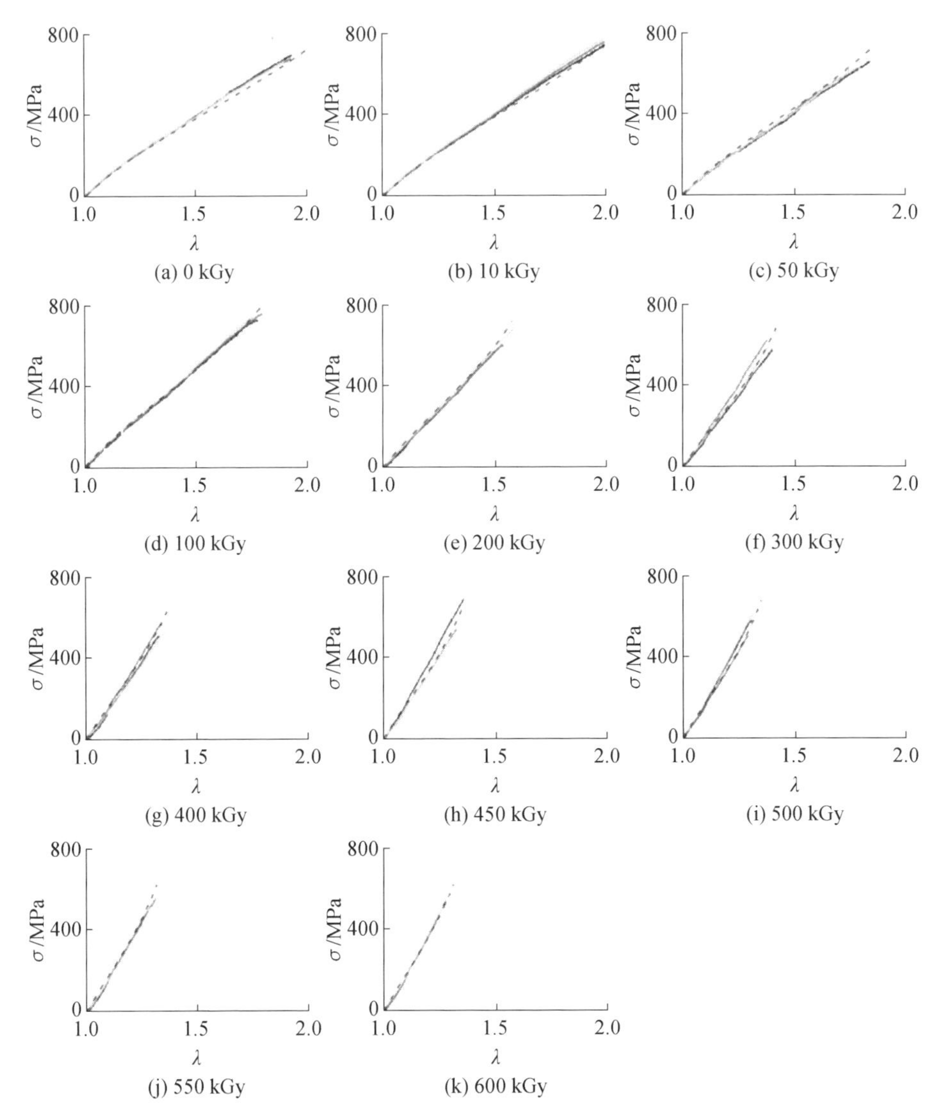

图 10.21　0 ～ 600 kGy 辐射条件下二氧化硅增强硅泡沫应力－应变曲线的理论预测

了 γ 辐射下(0 ～ 200 kGy)取向和未取向的超高分子量聚乙烯的应力松弛行为。研究人员根据分数 Zener 模型应力松弛模量的渐近解分析了此分数模型的应力松弛特征，从而为参数的拟合提供了理论依据。接着利用遗传算法结合共轭梯度法编写的参数优化程序来确定 H－Fox 函数的参数，算出相应的应力松弛模量并给出拟合曲线。该项研究发现分数 Zener 模型可以对 γ 辐射下超高分子量聚乙烯的应力松弛特征及结构变化给出非常好的描述(图 10.22)。

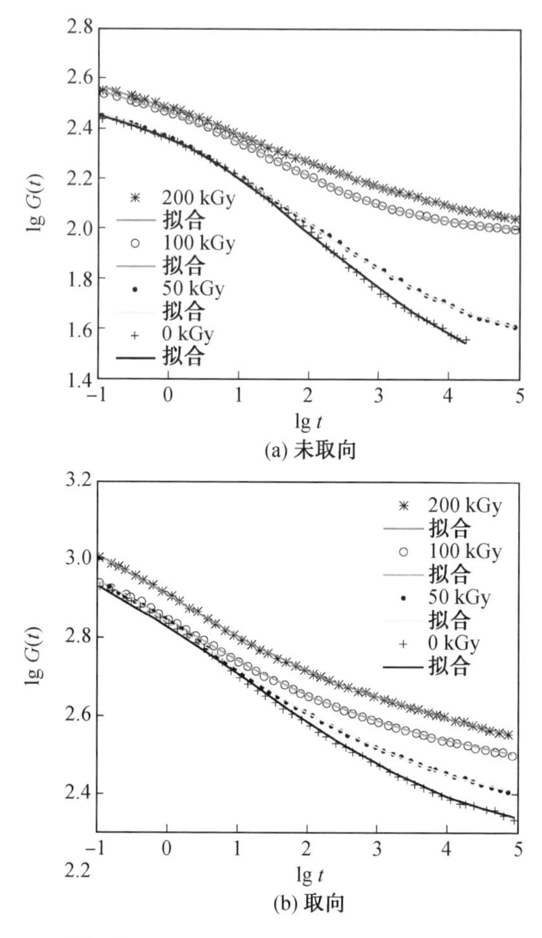

图 10.22　不同辐射剂量下未取向(伸长比为 1) 和取向(伸长比为 9) 超高分子量聚乙烯的应力松弛实验数据和 Zener 模型的拟合数据对比

10.7　人工神经网络

人工神经网络(ANN) 是模型采用物理可实现的系统来模拟生物神经细胞的结构和功能的数学模型,具有容错性强、多因素关联映射、并行分布式处理、自适应和自组织等优点。典型的 ANN 包括误差反向传播(BP) 神经网络、径向基(RBF) 神经网络、广义回归(GR) 神经网络和遗传算法优化误差反向传播(GA－BP) 神经网络。在使用 ANN 的过程中,应提前采集足够的数据并确定网络的结构、训练函数、算法以及相关参数,对网络进行检验与评估,最后将网络用于模拟和预测。ANN 由大量人工神经元连接构成,其中接受输入和输出功能的神经

元。ANN 对神经元之间的相互联结方式依赖性很强：对于人工神经元，每一个输入都有相应的权值来决定相互之间的联结强度，这些权值通过实验数据训练并调整优化。ANN 可以用于模拟复杂的状态且具有学习和记忆的能力。多层前向神经网络是 ANN 中应用最为广泛的一种，其主要由输入层、隐含层以及输出层构成。隐含层和隐藏节点越多，一般精度越高，但网络的泛化能力下降。只有一层隐含层的三层网络如果有足够多的隐藏节点，可以逼近任何函数。实际应用中，每一层都含有不同数目的人工神经元，典型的 ANN 框架概要图如图 10.23 所示。对于单个神经元，其输入向量 $\boldsymbol{X}_i^n$ 及输出向量 $\boldsymbol{X}_j^{(n+1)}$ 之间的关系如下：

$$\boldsymbol{X}_j^{(n+1)} = f\left(\sum_i \boldsymbol{W}_{ji}^n \boldsymbol{X}_i^n\right) \tag{10.83}$$

式中，$f(x)$ 为激励函数或传递函数，常用激励函数有线性函数、非线性斜面函数、阀值函数和 S 形函数，比较典型的是 Sigmoid 函数、双曲正切函数及阶跃函数等；$\boldsymbol{W}_{ji}^n$ 为第 n 层的神经元 i 与第 $n+1$ 层神经元 j 之间的权值。而网络的学习过程则由误差的最小平方和决定：

$$E = \sum_{p=1}^{p} (d_p - o_p)^2 \tag{10.84}$$

式中，d_p 为预测输出值；o_p 为真实的输出值；E 为误差的平方和。

在学习过程中，不断对神经元之间的权值进行调整，直至达到所期望的误差水平或最大循环次数。ANN 方法存在如下一些缺点：① 需要足够多的数据进行较长时间的训练来保证预测精度，算法准确度依然有待提高；②ANN 本质上属于唯象模型，由于其不能够确切反映高分子材料的老化机理与性能变化之间的关系，因而预测可靠性没有保障。③ 如果输入数据没有包括在已有的优化训练范围之内，网络往往会陷入局部最优。④ 网络延展性差，有时会导致网络失真，如果输入参数太多将会导致维度灾难。

高分子材料辐射老化的影响因素众多且相互作用复杂，主导老化影响因素往往不确定，这使得其老化寿命的预测较为困难。ANN 无须预先确定函数形式就可将现有的实验数据经过迭代计算用于不断修正实验值与目标值之间的误差，最终训练出一个能够反映实验数据内在规律的数学模型，该方法特别适用于拥有大量噪声的复杂数据的高分子材料寿命预测问题，克服没有现存机理模型或数学模型的瓶颈。ANN 最明显的优点是可以不对材料老化的本质关系进行先验假设就模拟实验数据的复杂非线性以及多尺度的函数关系，ANN 在预测高分子材料的服役寿命方面已经取得了一定程度的成功，但是在辐射效应研究方面还未见相关报道。

张国辉采用 ANN 研究了塑胶炸药的热老化行为，考察了神经网络参数对模型效果的影响，包括隐含层节点数、数据预处理、不同神经网络和激励函数等。

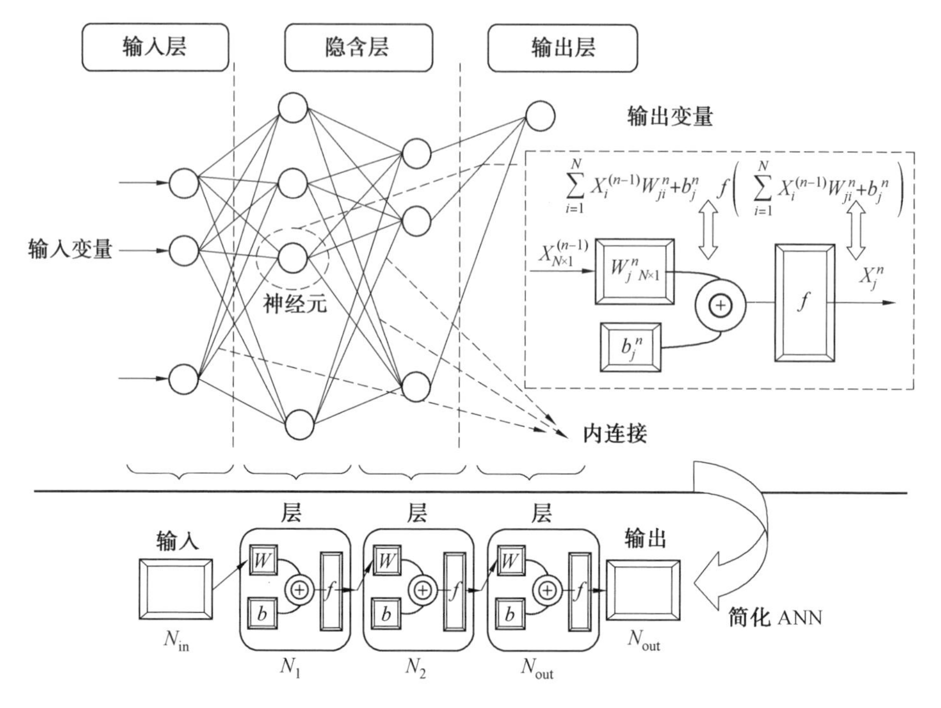

图 10.23　典型的 ANN 框架概要图

$x_i^{(n-1)}$— 第 $n-1$ 层的第 i 个节点的输入值；x_j^n— 第 n 层的第 j 个节点输出值，W_{ji}^n—$n-1$ 层第 i 个节点到第 n 层第 j 个节点的权重；b_j^n— 第 n 层的第 j 个节点的偏置量；N— 第 n 层第 j 个节点的输入值个数；f— 传递函数

研究人员用四种类型的神经网络，即 BP 神经网络、RBF 神经网络、GR 神经网络和 GA－BP 神经网络，对 HMX 基 PBX 炸药在不同温度下老化 24 个月后的拉伸模量进行模拟仿真发现：①GA－BP 网络模型较为适用。② 降低训练样本数据的非线性关系可以极大提高神经网络模型的准确性：未改进的 BP 神经网络预测 HMX 基 PBX 常温寿命为 5～10 年，而改进后的预测值为 363 年。③ 神经网络模型整体结构稳定性显著影响模型预测效果：增加隐含层节点数导致模型不稳定性增加，最终致使模型局部预测值严重偏离实际值。Liu 等采用 ANN 预测了聚碳酸酯户外的复杂光老化行为。作者采用积分独立的 ANN 模块化设计，包括环境应力水平模块、老化寿命分布模块、加速环境应力水平模块、加速老化寿命分布与自然老化实验关联模块和聚合物结构参数化模块（图 10.24(a)），研究证明了 ANN 模型无须精确知道老化机理的前提下在聚合物老化寿命预测中的可行性（图 10.24(b)、(c)）。杜武青等利用基于 BP 神经网络的预报模型研究了不饱和聚酯玻璃钢在不同大气环境中与力学性能的变化规律，模型预测结果可比较精确地评价研究材料在大气中的老化行为。

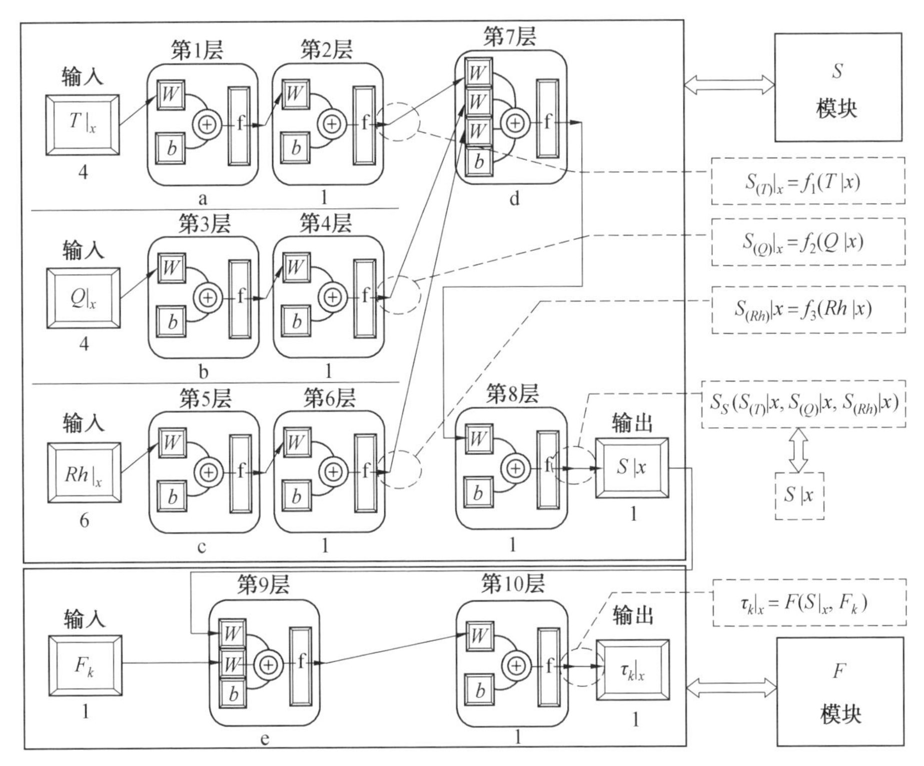

(a) 聚碳酸酯户外老化寿命模型的ANN框架概要图

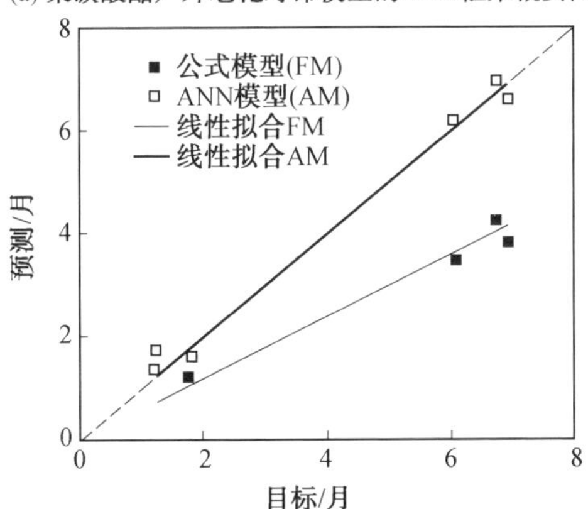

(b) 基于小的老化数据库预测聚碳酸酯的寿命

图 10.24　基于 ANN 框架预测聚碳酸酯的户外老化寿命

T、Q 和 Rh— 温度、辐射和相对湿度；$S|_x$—x 老化点的环境应力水平；

f_1、f_2 和 f_3— 模型评估方法函数；$T|_x$、$Q|_x$ 和 $Rh|_x$—

在 x 老化位点温度、辐射和湿度的参数组；$T_k|x$— 在 x 老化位点当 k 个

样品失效的老化时间；F_k— 经验寿命分布函数；S 模块 — 环境应力模块；

F 模块 — 寿命分布特征输出模块

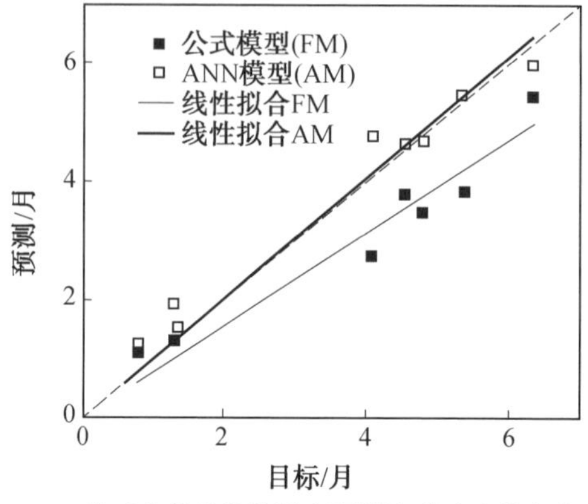

(b) 基于大的老化数据库预测聚碳酸酯的寿命

续图 10.24

10.8　本章小结

辐射老化监测及评价方法在有机材料老化研究中起着诊断和预警作用。一般来讲，材料性能的波动性致使材料的寿命难以精准预测，加之真实服役环境的复杂多变性，以及环境中各种因素之间的耦合与相容性，导致材料寿命更加难以预测。辐射老化寿命预测需要在机理认识的基础上，科学应用加速方法和寿命模型进行综合评估。科学的加速试验方法需要理论化和体系化，能包含有机材料辐射老化的共性和特异性。应在阐明剂量率效应、反温度效应和扩散限制反应等现象的机理和基础上，合理设计加速试验方法：加速试验方法设计上应充分利用实验和理论方法进行优化；构建辐射老化模拟场应尽可能逼近实际服役环境。合理的老化评价方法，可在较短时间内灵敏准确地评估材料的结构性能变化，容易建立构效关系实现对材料性能的突发劣化的预测，因此具有重要的工程应用意义。

目前，高分子材料辐射老化寿命预测面临的问题是：多因素耦合辐射老化研究能力缺乏，老化机理和行为规律认识不清晰，多因素耦合模型匮乏以及多尺度研究思路和能力欠缺。迄今，科学界已经普遍认识到多因素耦合老化和多尺度(跨尺度)研究的重要性，也相继开展了一些里程碑工作；但是还需要进一步结合实际问题并凝练科学问题，通过强强联合攻关获得复杂辐射条件下开展普适研究的能力。服役寿命预测理论及模型是联系材料结构、服役环境和材料性能退化规律的基本方法和准则，通常需要整合多学科优势综合开展实验、表征分析、理论建模、模型验证和修正定型等耗时耗力的研究工作。合理的服役寿命预测

理论及模型建立能推动等效加速试验设计、多尺度理论计算、材料构效关系分析、物性数据库建设、数理统计方法、计算机前沿技术(机器学习、人工智能和数据挖掘)的应用与发展。

此外,还有一些问题需要加大力度研究,为有机材料的分子设计、生产制造、工装服役和寿命评估提供指导:① 老化指标的选择和相互关联问题,各种指标间的关联并不一定呈现相关性或者关联性不单调,因此测量关键指标需要综合考虑实际关注的要点。② 很多情况下服役环境并不十分苛刻,而采用的复合材料各项性能比较优异,即使是加速老化实验材料的关键指标也很难表征到明显变化,需要发展大力灵敏表征手段,避免采取过高的加速倍数而使加速模拟试验不满足等效性。③ 材料可能长期在复杂环境下服役,迫切地提出了建立完善的基于声、光、热、电和力信号的原位在线无损表征分析能力的需求,这有助于相关装备长时间、高可靠地稳定贮存、运行或值班。④ 建立老化数据库,具备充足的材料实际服役数据和加速老化实验数据,为寿命模型开发提供充足的数据输入。⑤ 需要加大力度探索研究新的预测方法或者改进方法,建立相应的模型库,同时避免僵化地局限于在现有的模型上反复修正,难以创新性地为实际服役复杂材料量身定制本构模型和构效关系。⑥ 数理统计方法和计算机技术有被轻视甚至与材料结构和老化机理脱钩的倾向,需要实验科学家更多介入和探讨相关技术的应用,避免黑匣子以及过多的经验拟合训练问题,提高相关方法的可移植性、可扩展性和普适性。

本章参考文献

[1] VERDU J, COLIN X, FAYOLLE B, et al. Methodology of lifetime prediction in polymer aging[J]. J Test Eval, 2007, 35(3): 289-296.

[2] 刘强. 聚集态结构在高分子材料老化中的作用研究[D]. 成都: 四川大学, 2020.

[3] 刘耀, 乔从德, 姚金水. 聚合物物理老化的研究进展[J]. 高分子通报, 2012, (3): 116-126.

[4] CANGIALOSI D, BOUCHER V M, ALEGRÍA A, et al. Physical aging in polymers and polymer nanocomposites: recent results and open questions[J]. Soft Matter, 2013, 9(36): 8619-8630.

[5] 高炜斌, 张枝苗. 聚碳酸酯老化行为研究进展[J]. 国外塑料, 2009, 27(10): 32-37.

[6] QAISER A A, PRICE J. Estimation of long-term creep behavior of

polycarbonate by stress-time superposition and effects of physical aging[J]. Mech Time-Depend Mater, 2011, 15(1): 41-50.

[7] SHELBY M D, HILL A J, BURGAR M I, et al. The effects of molecular orientation on the physical aging and mobility of polycarbonate—solid state NMR and dynamic mechanical analysis[J]. J Polym Sci, Part B: Polym Phys, 2001, 39(1): 32-46.

[8] BOERSMA A, CANGIALOSI D, PICKEN S J. Mobility and solubility of antioxidants and oxygen in glassy polymers. Ⅲ. Influence of deformation and orientation on oxygen permeability[J]. Polymer,2003, 44(8): 2463-2471.

[9] LEE H N, PAENG K, SWALLEN S F, et al. Direct measurement of molecular mobility in actively deformed polymer glasses[J]. Science, 2009, 323(5911): 231-234.

[10] HO HUU C, VU-KHANH T. Effects of physical aging on yielding kinetics of polycarbonate[J]. Theor Appl Fract Mech, 2003, 40(1): 75-83.

[11] SOLOUKHIN V A, BROKKEN-ZIJP J C M, VAN ASSELEN O L J, et al. Physical aging of polycarbonate: Elastic modulus, hardness, creep, endothermic peak, molecular weight distribution, and infrared data[J]. Macromolecules, 2003, 36(20): 7585-7597.

[12] LAOT C M, MARAND E, SCHMITTMANN B, et al. Effects of cooling rate and physical aging on the gas transport properties in polycarbonate[J]. Macromolecules, 2003, 36(23): 8673-8684.

[13] BOERSMA A, CANGIALOSI D, PICKEN S J. Mobility and solubility of antioxidants and oxygen in glassy polymers Ⅱ. Influence of physical ageing on antioxidant and oxygen mobility[J]. Polym Degrad Stab, 2003, 79(3): 427-438.

[14] WHITE J R. Polymer ageing: Physics, chemistry or engineering? Time to reflect[J]. 2006, 9(11-12): 1396-1408.

[15] LIU Q, HUANG W, LIU B, et al. Gamma radiation chemistry of polydimethylsiloxane foam in radiation-thermal environments: Experiments and simulations[J]. ACS Appl Mat Interfaces, 2021, 13(34): 41287-41302.

[16] WANG P C, YANG N, LIU D, et al. Coupling effects of gamma irradiation and absorbed moisture on silicone foam[J]. Mater Des, 2020, 195: 108998.

[17] CHEN H B, LIU B, HUANG W, et al. Gamma radiation induced effects of compressed silicone foam[J]. Polym Degrad Stab, 2015, 114: 89-93.
[18] MORCO R P. Gamma-radiolysis Kinetics and its role in the overall dynamics of materials degradation[D]. London Ontario:The University of Western Ontario, 2020.
[19] LIU Q, LIU S, LV Y, et al. Photo-degradation of polyethylene under stress: A successive self-nucleation and annealing (SSA) study[J]. Polym Degrad Stab, 2020, 172: 109060.
[20] LIU Q, YANG H, ZHAO J, et al. Acceleratory and inhibitory effects of uniaxial tensile stress on the photo-oxidation of polyethylene: Dependence of stress, time duration and temperature[J]. Polymer, 2018, 148: 316-329.
[21] FRANÇOIS-HEUDE A, RICHAUD E, DESNOUX E, et al. A general kinetic model for the photothermal oxidation of polypropylene[J]. J Photochem Photobiol A: Chem, 2015, 296: 48-65.
[22]C C M, T G K. Thermal degradation as a function of temprature and its relevance to lifetime prediction and condition monitoring[R]. Albuquerque: Sandia National Laboratory, 2006.
[23] International Electrotechnical Commission. Determination of long-term radiation ageing in polymers— Part 2: Procedures for predicting ageing at low dose rates:IEC TS 61244-2 [S]. Geneva: International Electrotechnical Commission, 2014:1-66.
[24] AHN Y, COLIN X, ROMA G. Atomic scale mechanisms controlling the oxidation of polyethylene: A first principles study[J]. Polymers, 2021, 13: 2143.
[25]PAAJANEN A, SIPILÄ K. Modelling tools for the combined effects of thermal and radiation ageing in polymeric materials[R]. Espoo: VTT Technical Research Centre of Finland, 2017.
[26]CELINA M C, GILLEN K T. Predicting polymer degradation and mechanical property changes for combined aging environments[R]. Albuquerque: Sandia National Laboratory, 2016.
[27]GILLEN K T, CELINA M C. Issues with approaches for simulating aging of nuclear power plant cable materials described in IEC and IAEA documents[R]. Albuguerque: Sandia National Laboratories, 2020.
[28]GILLEN K T, BERNSTEIN R. Review of nuclear power plant safety

cable aging studies with recommendations for improved approaches and for future work[R]. Albuquerque: Sandia National Laboratory, 2010.
[29] BERNSTEIN R, GILLEN K T. Nylon 6.6 accelerating aging studies: Ⅱ. Long-term thermal-oxidative and hydrolysis results[J]. Polym Degrad Stab, 2010, 95(9): 1471-1479.
[30] GILLEN K T, BERNSTEIN R, CELINA M. Challenges of accelerated aging techniques for elastomer lifetime prediction[J]. Rubber Chem Technol, 2015, 88(1): 1-27.
[31] CELINA M C, GILLEN K T, LINDGREN E R, Nuclear power plant cable materials: Review of qualification and currently available aging data for margin assessments in cable performance[R]. Albuquerque: Sandia National Laboratory, 2013.
[32] CELINA M C. Review of polymer oxidation and its relationship with materials performance and lifetime prediction[J]. Polym Degrad Stab, 2013, 98(12): 2419-2429.
[33] 胡文军，刘占芳，陈勇梅. 橡胶的热氧加速老化试验及寿命预测方法[J]. 橡胶工业，2004，51(10)：620-624.
[34] 蒋沙沙. 硅橡胶加速老化及失效机理研究[D]. 哈尔滨：哈尔滨工业大学，2013.
[35] SASUGA T, HAGIWARA M. Radiation deterioration of several aromatic polymers under oxidative conditions[J]. Polymer, 1987, 28(11): 1915-1921.
[36] RICHAUD E, FERREIRA P, AUDOUIN L, et al. Radiochemical ageing of poly(ether ether ketone)[J]. Eur Polym J, 2010, 46(4): 731-743.
[37] GILLEN K T, CLOUGH R L. Predictive aging results in radiation environments[J]. Radiat Phys Chem, 1993, 41(6): 803-815.
[38] 陈洪兵，秦梓铭，王浦澄，等. 硅橡胶辐射老化的研究进展[J]. 辐射研究与辐射工艺学报，2020，38(3)：3-11.
[39] LIU Q, HUANG W, LIU B, et al. Experimental and theoretical study of gamma radiolysis and dose rate effect of o-cresol formaldehyde epoxy composites[J]. ACS Appl Mat Interfaces, 2022, 14(4): 5959-5972.
[40] LIU B, HUANG W, AO Y Y, et al. Dose rate effects of gamma irradiation on silicone foam[J]. Polym Degrad Stab, 2018, 147: 97-102.
[41] DJOUANI F, ZAHRA Y, FAYOLLE B, et al. Degradation of epoxy coatings under gamma irradiation[J]. Radiat Phys Chem, 2013,

82：54-62.

[42] HOU L，WU Y，SHAN D，et al. Dose rate effects on shape memory epoxy resin during 1 MeV electron irradiation in air[J]. J Mater Sci Technol，2021，67：61-69.

[43] AVENEL C，RACCURT O，GARDETTE J L，et al. Review of accelerated ageing test modelling and its application to solar mirrors[J]. Sol Energy Mater Sol Cells，2018，186：29-41.

[44] GERVAIS B，NGONO Y，BALANZAT E. Kinetic Monte Carlo simulation of heterogeneous and homogeneous radio-oxidation of a polymer[J]. Polym Degrad Stab，2021，185：109493.

[45] CELINA M，GILLEN K，CLOUGH R. Inverse temperature and annealing phenomena during degradation of crosslinked polyolefins[J]. Polym Degrad Stab，1998，61：231-244.

[46] GILLEN K T，CLOUGH R L. A kinetic model for predicting oxidative degradation rates in combined radiation-thermal environments[J]. Journal of Polymer Science：Polymer Chemistry Edition，1985，23(10)：2683-2707.

[47] ALIEV R. Effect of dose rate and oxygen on radiation crosslinking of silica filled fluorosilicone rubber[J]. Radiat Phys Chem，1999，56(3)：347-352.

[48] PRZYBYTNIAK G，BOGUSKI J，PLACEK V，et al. Inverse effect in simultaneous thermal and radiation aging of EVA insulation[J]. Express Polymer Letters，2015，9(4)：384-393.

[49] 吴国忠，唐忠锋，王谋华. PTFE的辐射裂解、交联及其应用[J]. 辐射研究与辐射工艺学报，2009，27(2)：70-74.

[50] CELINA M，GILLEN K T，ASSINK R A. Accelerated aging and lifetime prediction：Review of non-Arrhenius behaviour due to two competing processes[J]. Polym Degrad Stab，2005，90(3)：395-404.

[51] 陈芳芳，孙晓慧，姚倩，等. 羟基自由基提取烷基过氧化氢中氢反应类大分子体系的反应能垒与速率常数的精确计算[J]. 化学学报，2018，76(4)：311-318.

[52] HILL D J T，PRESTON C M L，SALISBURY D J，et al. Molecular weight changes and scission and crosslinking in poly(dimethyl siloxane) on gamma radiolysis[J]. Radiat Phys Chem，2001，62(1)：11-17.

[53] LIU Q，LIU S，XIA L，et al. Effect of annealing-induced microstructure

on the photo-oxidative degradation behavior of isotactic polypropylene[J]. Polym Degrad Stab, 2019, 162: 180-195.
[54] CHEN K, ZHAO X, ZHANG F, et al. Influence of gamma irradiation on the molecular dynamics and mechanical properties of epoxy resin[J]. Polym Degrad Stab, 2019, 168: 108940.
[55] GIROIS S, DELPRAT P, AUDOUIN L, et al. Oxidation thickness profiles during photooxidation of non-photostabilized polypropylene[J]. Polym Degrad Stab, 1997, 56(2): 169-177.
[56] QUINTANA A, CELINA M C. Overview of DLO modeling and approaches to predict heterogeneous oxidative polymer degradation[J]. Polymer Degradation and Stability, 2018, 149: 173-191.
[57] 殷沧涛. 在幂律分布系统中几类重要反应速率系数公式的推广 [D]. 天津:天津大学, 2014.
[58] 黄小葳. 阿伦尼乌斯活化能的统计分析[J]. 首都师范大学学报:自然科学版, 1995, (1): 62-66.
[59] 池旭辉. 自然温度环境贮存固体推进剂的老化等效温度研究[J]. 含能材料, 2019, 27(12): 984-990.
[60] LV Y, HUANG Y, YANG J, et al. Outdoor and accelerated laboratory weathering of polypropylene: A comparison and correlation study[J]. Polym Degrad Stab, 2015, 112: 145-159.
[61] LV Y, HUANG Y, KONG M, et al. Multivariate correlation analysis of outdoor weathering behavior of polypropylene under diverse climate scenarios[J]. Polym Test, 2017, 64: 65-76.
[62] 郭骏骏, 晏华, 胡志德, 等. 基于主成分分析的高密度聚乙烯环境适应行为研究[J]. 材料工程, 2015, 43(1): 96-103.
[63] 韦兴文, 周美林. 主成分分析在 F2311 辐照老化评估中的应用[R]. 绵阳:中国工程物理研究院, 2012.
[64] 项可璐. 人工神经网络在橡胶复合材料耐磨性能和疲劳寿命预测中的应用[D]. 北京:北京化工大学, 2013.
[65] MAYER B P, LEWICKI J P, CHINN S C, et al. Nuclear magnetic resonance and principal component analysis for investigating the degradation of poly[chlorotrifluoroethylene-co-(vinylidene fluoride)] by ionizing radiation[J]. Polym Degrad Stab, 2012, 97(7): 1151-1157.
[66] LEWICKI J P, ALBO R L F, ALVISO C T, et al. Pyrolysis-gas chromatography/mass spectrometry for the forensic fingerprinting of

silicone engineering elastomers[J]. J Anal Appl Pyrolysis, 2013, 99: 85-91.

[67] ZHOU Y, LI B, ZHANG P. Fourier transform infrared (FT-IR) imaging coupled with principal component analysis (PCA) for the study of photooxidation of polypropylene[J]. Appl Spectrosc, 2012, 66(5): 566-573.

[68] 郑玮. 顺丁橡胶的热氧老化机理及天然橡胶 / 稀土防老剂体系的应用研究[D]. 北京：北京化工大学，2017.

[69] 冉龙飞. 热、光、水耦合条件下 SBS 改性沥青老化机理研究及高性能再生剂开发 [D]. 重庆：重庆交通大学，2016.

[70] 代军，晏华，王雪梅，等. 基于AHP-DEA的聚乙烯热氧老化影响因素灰色关联分析[J]. 化工进展，2017，36(4)：1358-1365.

[71] 吴德权，高瑾，卢琳，等. 三元乙丙橡胶老化与气候关联性及老化程度全国分布预测[J]. 工程科学学报，2016，38(10)：1438-1446.

[72] LV M, WANG Y, WANG Q, et al. Effects of individual and sequential irradiation with atomic oxygen and protons on the surface structure and tribological performance of polyetheretherketone in a simulated space environment[J]. RSC Adv, 2015, 5(101): 83065-83073.

[73] 张永涛. 热循环和电子辐照对 M55J/ 氰酸酯复合材料结构及性能影响[D]. 哈尔滨：哈尔滨工业大学，2019.

[74] MAXWELL A, BROUGHTON W, DEAN G, et al. Review of accelerated ageing methods and lifetime prediction techniques for polymeric materials [R]. Teddington, London: National Physical Laboratory, 2005.

[75] 陈复，周名勇，李佳荣，等. 聚碳酸酯在高低温交变环境中的老化性能研究[J]. 合成材料老化与应用，2015，44(3)：1-4.

[76] WEN X, YUAN X, LAN L, et al. RTV silicone rubber degradation induced by temperature cycling[J]. Energies, 2017, 10: 1054.

[77] CELINA M C. History of SNL cable research, united states, F 2019-01-01, 2019 [C]. Albuquerque: Sandia National Laboratory, 2019.

[78] CELINA M C, GILLEN K. Challenges and options for the prediction of polymer degradation under combined aging environments[R]. Albuquerque: Sandia National Laboratory, 2016.

[79] LU S, HU H, HU G, et al. The expression revealing variation trend about radiation resistance of aromatic polymers serving in nuclear

environment over absorbed dose[J]. Radiat Phys Chem, 2015, 108: 74-80.

[80] 安振华，叶焱，许治平，等. 聚烯烃老化的时空谱——多因素耦合老化动力学研究[J]. 高分子学报，2021，52(11)：1514-1522.

[81] ALAM T M. ^{17}O NMR investigation of radiolytic hydrolysis in polysiloxane composites[J]. Radiat Phys Chem, 2001, 62(1): 145-152.

[82] 肖鑫，赵云峰，许文，等. 橡胶材料加速老化实验及寿命评估模型的研究进展[J]. 宇航材料工艺，2007，37(1)：6-10.

[83] CHEN R, TYLER D R. Origin of tensile stress-induced rate increases in the photochemical degradation of polymers[J]. Macromolecules, 2004, 37(14): 5430-5436.

[84] 高立花，叶林. 尼龙 6 湿热老化寿命预测[J]. 高分子材料科学与工程，2015，(5)：111-114.

[85] XIANG K, HUANG G, ZHENG J, et al. Accelerated thermal ageing studies of polydimethylsiloxane (PDMS) rubber[J]. J Polym Res, 2012, 19(5): 9869.

[86] 黄亚江，吕亚栋，杨其，等. 多环境因素下聚合物材料的老化失效规律及寿命的预测方法. 201410422607.9[P]. 2014-08-25.

[87] LE HUY M, EVRARD G. Methodologies for lifetime predictions of rubber using Arrhenius and WLF models[J]. Die Angewandte Makromolekulare Chemie, 1998, 261(1): 135-142.

[88] CELINA M, LINDE E, BRUNSON D, et al. Overview of accelerated aging and polymer degradation kinetics for combined radiation-thermal environments[J]. Polym Degrad Stab, 2019, 166: 353-378.

[89] GILLEN K T, CLOUGH R L. Time-temperature-dose rate superposition: A methodology for extrapolating accelerated radiation aging data to low dose rate conditions[J]. Polym Degrad Stab, 1989, 24(2): 137-168.

[90] BURNAY S G. A practical model for Prediction of the lifetime of elastomeric seals in nuclear environments [M]. Roger L. Clough and Shalaby W. Shalaby, 1991.

[91] ASSINK R A, GILLEN K T, BERNSTEIN R, Nuclear energy plant optimization (NEPO) final report on aging and condition monitoring of low-voltage cable materials[R]. Albuquerque: Sandia National Laboratory, 2005.

[92] GILLEN K T, CELINA M. Predicting polymer degradation and mechanical property changes for combined radiation-thermal aging environments[J]. Rubber Chem Technol, 2018, 91(1): 27-63.

[93]BROWN R P, KOCKOTT D, TRUBIROHA P, et al. A review of accelerated durability tests [R]. Teddington: National Physical Laboratory, 1995.

[94] CELINA M. The wear-out approach for predicting the remaining lifetime of materials[J]. Polym Degrad Stab, 2000,71:15-30.

[95] GILLEN K T, CELINA M, BERNSTEIN R, et al. Lifetime predictions of EPR materials using the Wear-out approach[J]. Polym Degrad Stab, 2006, 91(12): 3197-3207.

[96]I P, F A C. Step-by-step simulation of radiation chemistry using green functions for diffusion-influenced reactions[C]. Texas: 22nd Annual NASA Space Radiation Investigators Workshop, 2011.

[97] KHELIDJ N, COLIN X, AUDOUIN L, et al. Oxidation of polyethylene under irradiation at low temperature and low dose rate. Part Ⅰ. The case of "pure" radiochemical initiation[J]. Polym Degrad Stab, 2006, 91(7): 1593-1597.

[98] KHELIDJ N, COLIN X, AUDOUIN L, et al. Oxidation of polyethylene under irradiation at low temperature and low dose rate. Part Ⅱ. Low temperature thermal oxidation[J]. Polym Degrad Stab, 2006, 91(7): 1598-1605.

[99] COLIN X, MONCHY-LEROY C, AUDOUIN L, et al. Lifetime prediction of polyethylene in nuclear plants[J]. Nuclear Instruments and Methods in Physics Research Section B, Beam Interactions with Materials and Atoms, 2007, 265(1): 251-255.

[100] LAVERNE J A, PIMBLOTT S M, WOJNAROVITS L. Diffusion-kinetic modeling of the γ-radiolysis of liquid cycloalkanes[J]. J Phys Chem A, 1997, 101(8): 1628-1634.

[101] DEVANNE T, BRY A, RAGUIN N, et al. Radiochemical ageing of an amine cured epoxy network. Part Ⅱ: Kinetic modelling[J]. Polymer, 2005, 46(1): 237-241.

[102] DEVANNE T, BRY A, AUDOUIN L, et al. Radiochemical ageing of an amine cured epoxy network. Part Ⅰ: Change of physical properties[J]. Polymer, 2005, 46(1): 229-236.

[103] PENG Q S, WANG P-C, HUANG W, et al. The irradiation-induced grafting of nano-silica with methyl silicone oil[J]. Polymer, 2020, 192: 122315.

[104] COLIN X, DELOZANNE J, MOREAU G. New Advances in the kinetic modeling of thermal oxidation of epoxy-diamine networks[J]. Frontiers Mater, 2021, 8:720455.

[105] SØREN K. Mathematical modeling of photoinitiated coating degradation: Effects of coating glass transition temperature and light stabilizers[J]. Prog Org Coat, 2013, 76(12): 1730-1737.

[106] KIIL S. Model-based analysis of photoinitiated coating degradation under artificial exposure conditions[J]. J Coat Technol Res, 2012, 9(4): 375-398.

[107] FRANçOIS-HEUDE A, RICHAUD E, GUINAULT A, et al. Impact of oxygen transport properties on polypropylene thermal oxidation, part 1: Effect of oxygen solubility[J]. J Appl Polym Sci, 2015, 132(5):41441.

[108] FRANÇOIS-HEUDE A, RICHAUD E, GUINAULT A, et al. Impact of oxygen transport properties on the kinetic modeling of polypropylene thermal oxidation. Ⅱ. Effect of oxygen diffusivity[J]. J Appl Polym Sci, 2015, 132: 1-11.

[109] COLIN X, ESSATBI F, DELOZANNE J, et al. Towards a general kinetic model for the thermal oxidation of epoxy-diamine networks. Effect of the molecular mobility around the glass transition temperature[J]. Polym Degrad Stab, 2020, 181: 109314.

[110] GAO Y, ZHANG Y, SCHWEN D, et al. Theoretical prediction and atomic kinetic Monte Carlo simulations of void superlattice self-organization under irradiation[J]. Sci Rep, 2018, 8(1): 6629.

[111] ZAKARIA A M. Monte Carlo track chemistry simulations of the effects of multiple ionization, temperature, and dose rate on the radiolytic yields produced in the heavy-ion radiolysis of liquid water [D]. Québec: Université de Sherbrooke, 2020.

[112] SAKATA D, BELOV O, BORDAGE M C, et al. Fully integrated Monte Carlo simulation for evaluating radiation induced DNA damage and subsequent repair using Geant4-DNA[J]. Sci Rep, 2020, 10(1): 20788.

[113] GAO H, OAKLEY L H, KONSTANTINOV I A, et al. Acceleration of kinetic Monte Carlo method for the simulation of free radical

copolymerization through scaling[J]. Ind Eng Chem Res, 2015, 54(48): 11975-11985.

[114] PIMBLOTT S M, GREEN N J B. Stochastic modeling of partially diffusion-controlled reactions in spur kinetics[J]. J Phys Chem, 1992, 96(23): 9338-9348.

[115] AKKURT I, MALIDARRE R B, KARTAL I, et al. Monte Carlo simulations study on gamma ray - neutron shielding characteristics for vinyl ester composites[J]. Polym Compos, 2021, 42(9): 4764-4774.

[116] ADEMA K N S, MAKKI H, PETERS E A J F, et al. The influence of the exposure conditions on the simulated photodegradation process of polyester-urethane coatings[J]. Polym Degrad Stab, 2016, 123: 121-130.

[117] ADEMA K N S, MAKKI H, PETERS E A J F, et al. Kinetic Monte Carlo simulation of the photodegradation process of polyester-urethane coatings[J]. Phys Chem Chem Phys, 2015, 17(30): 19962-19976.

[118] 胡平，刘强，黄亚江，等. 双酚A－聚碳酸酯湿热老化链内/链端水解反应机理的粗粒化分子动力学－动力学蒙特卡洛模拟[J]. 高分子材料科学与工程，2020，37(1)：109-117.

[119] GREEN N J B, PILLING M J, PIMBLOTT S M, et al. Stochastic modeling of fast kinetics in a radiation track[J]. J Phys Chem, 1990, 94(1): 251-258.

[120] MARTIN J W. A stochastic model for predicting the service life of photolytically degraded poly(methyl methacrylate) films[J]. Journal of Applied Polymer ence, 2010, 29(3): 777-794.

[121] 王宝成，牛国涛，金大勇. 国内炸药老化及寿命评估的进展和评述[J]. 兵工自动化，2015，34(6)：44-47.

[122] 高晓敏，张晓华. 橡胶贮存寿命预测方法研究进展与思考建议[J]. 高分子通报，2010，(2)：80-87.

[123] 蒋晶. EPDM绝热包覆材料高应变率实验与本构模型研究[D]. 南京：南京理工大学，2016.

[124] 丁芳，张欢，丁明明，等. 聚合物弹性体材料应力－应变关系的理论研究[J]. 高分子学报，2019，50(12)：1357-1366.

[125] 刘君，曾碧卿，陈敏. 用自适应变步长BP神经网络求高分子材料的本构关系[J]. 福建电脑，2005，(8)：137-138.

[126] 晏顺坪，余勇，王罗斌，等. 宽γ辐照剂量范围内硅泡沫本构模型研究[J]. 固体力学学报，2020，41(6)：555-566.

[127] MAITI A, SMALL W, KROONBLAWD M P, et al. Constitutive model of radiation aging effects in filled silicone elastomers under strain[J]. The Journal of Physical Chemistry B, 2021, 125(35): 10047-10057.

[128] FANG H, LI J, CHEN H, et al. Radiation induced degradation of silica reinforced silicone foam: Experiments and modeling[J]. Mech Mater, 2017, 105: 148-156.

[129] 周玲. γ 辐射下聚合物应力松弛的分数 Zener 模型研究 [D]. 兰州: 西北师范大学, 2008.

[130] 刘守纪，马万珍，周蓓霞，等. 人工神经网络在材料科学领域的应用[J]. 塑料工业，2005，33(z1): 162-164.

[131] ZHANG Z, FRIEDRICH K. Artificial neural networks applied to polymer composites: A review[J]. Composites Science and Technology, 2003, 63(14): 2029-2044.

[132] 杜武青，刘颖慧，赵晴，等. 聚酯玻璃钢大气老化力学性能 BP 人工神经网络预报模型的建立[J]. 装备环境工程，2017，14(5): 97-101.

[133] ALEKSANDER I, MORTON H. An introduction to neural computing [M]. Chapman and Hall London, 1990.

[134] SWINGLER K. Applying neural networks: A practical guide [M]. Massachusetts: Morgan Kaufmann, 1996.

[135] LIU H, ZHOU M, ZHOU Y, et al. Aging life prediction system of polymer outdoors constructed by ANN. 1. Lifetime prediction for polycarbonate[J]. Polym Degrad Stab, 2014, 105: 218-236.

[136] 张国辉. 高聚物黏结炸药老化模型方法研究 [D]. 绵阳: 西南科技大学, 2012.

[137] GILLEN K T, CELINA M, BERNSTEIN R. Validation of improved methods for predicting long-term elastomeric seal lifetimes from compression stress-relaxation and oxygen consumption techniques[J]. Polym Degrad Stab, 2003, 82(1): 25-35.

[138] RODRIGUEZ J N, ALVISO C T, FOX C A, et al. NMR methodologies for the detection and quantification of nanostructural defects in silicone networks[J]. Macromolecules, 2018, 51(5): 1992-2001.

名词索引

K

L

M

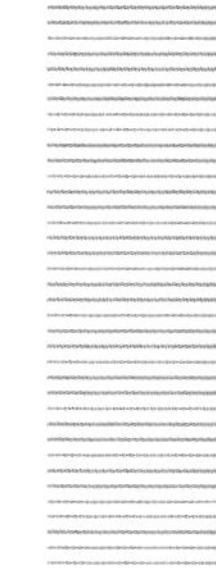

附录 部分彩图

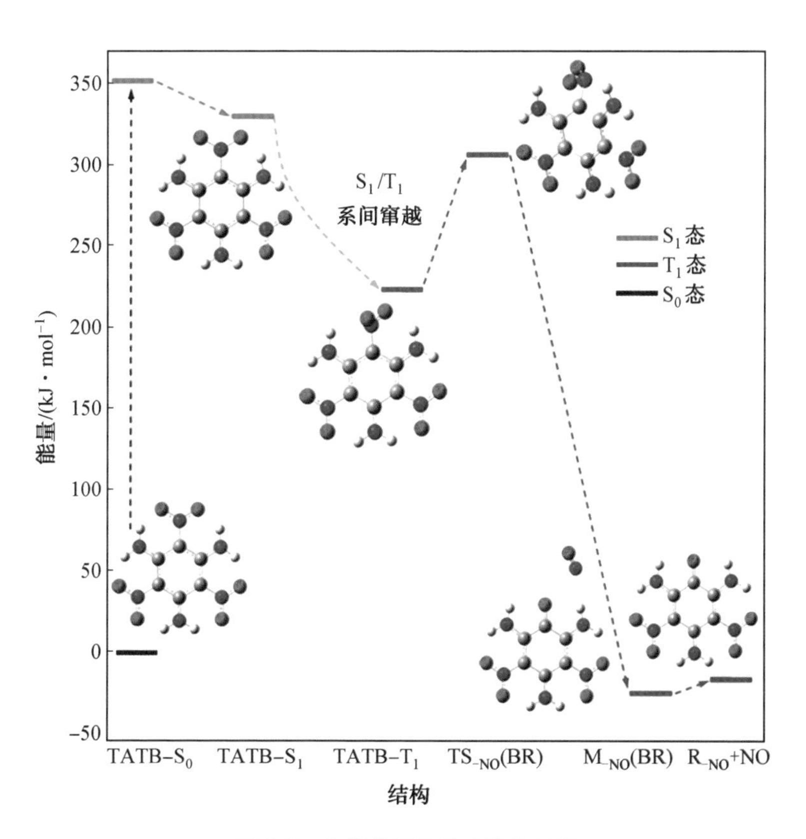

图 2.7 含能分子的理论激发过程

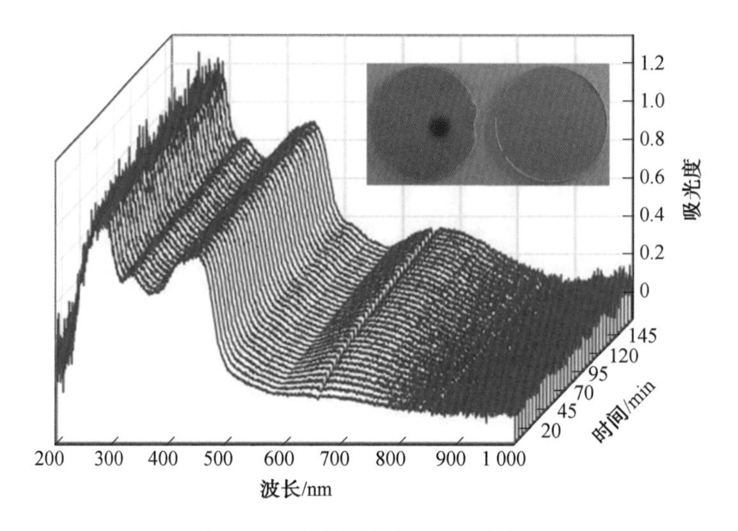

图 2.8　含能材料变色机制研究

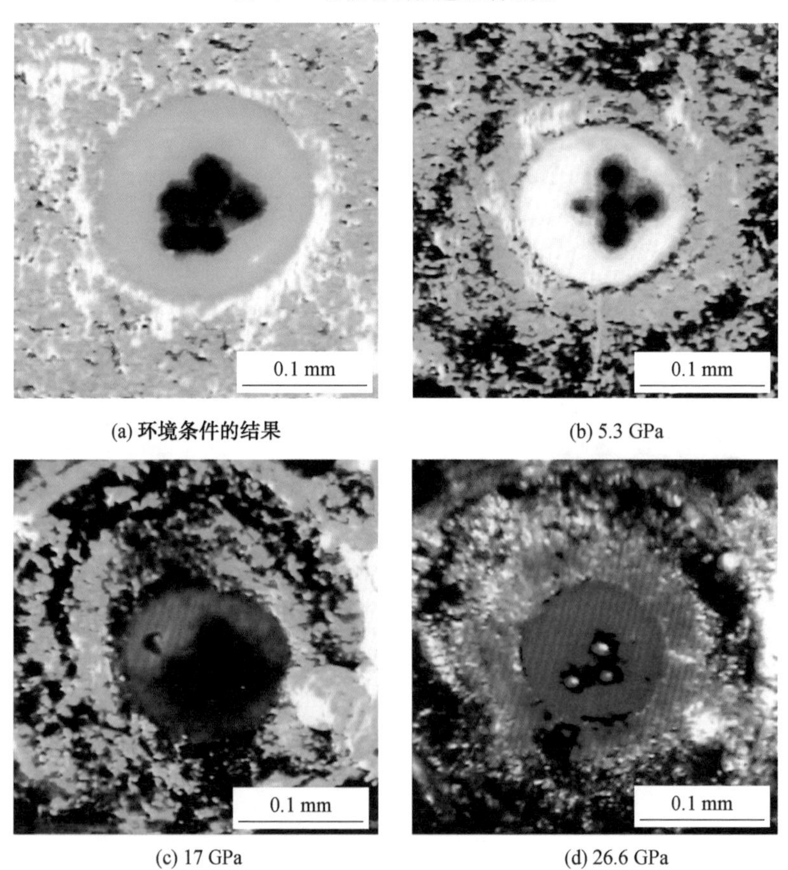

(a) 环境条件的结果　(b) 5.3 GPa

(c) 17 GPa　(d) 26.6 GPa

图 2.13　不同压力下 TATB 样品的原位实验照片

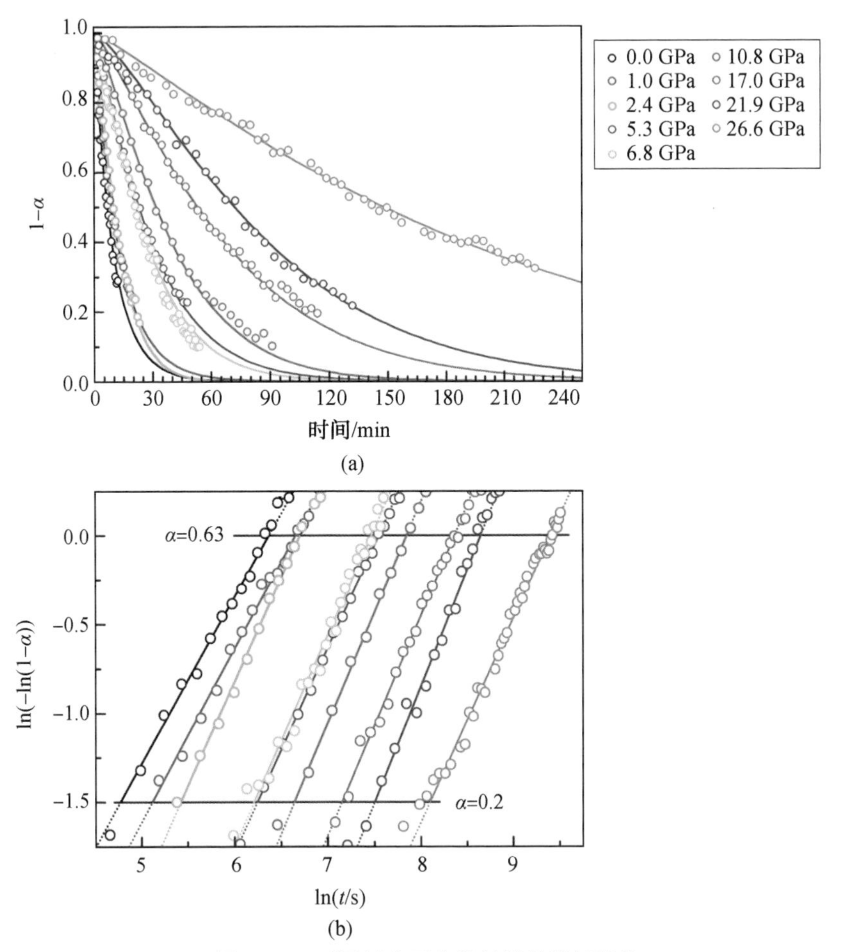

图 2.14 不同压力下含能材料的降解规律

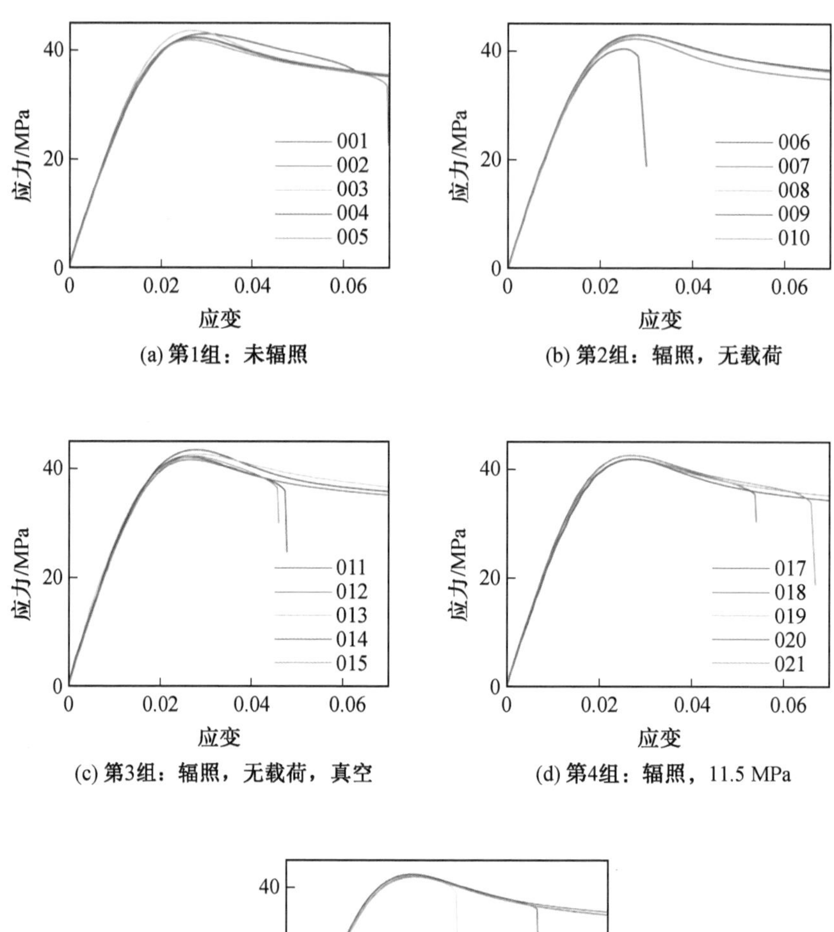

图 6.1　环氧树脂胶粘剂 γ 辐照前后的拉伸应力—应变曲线

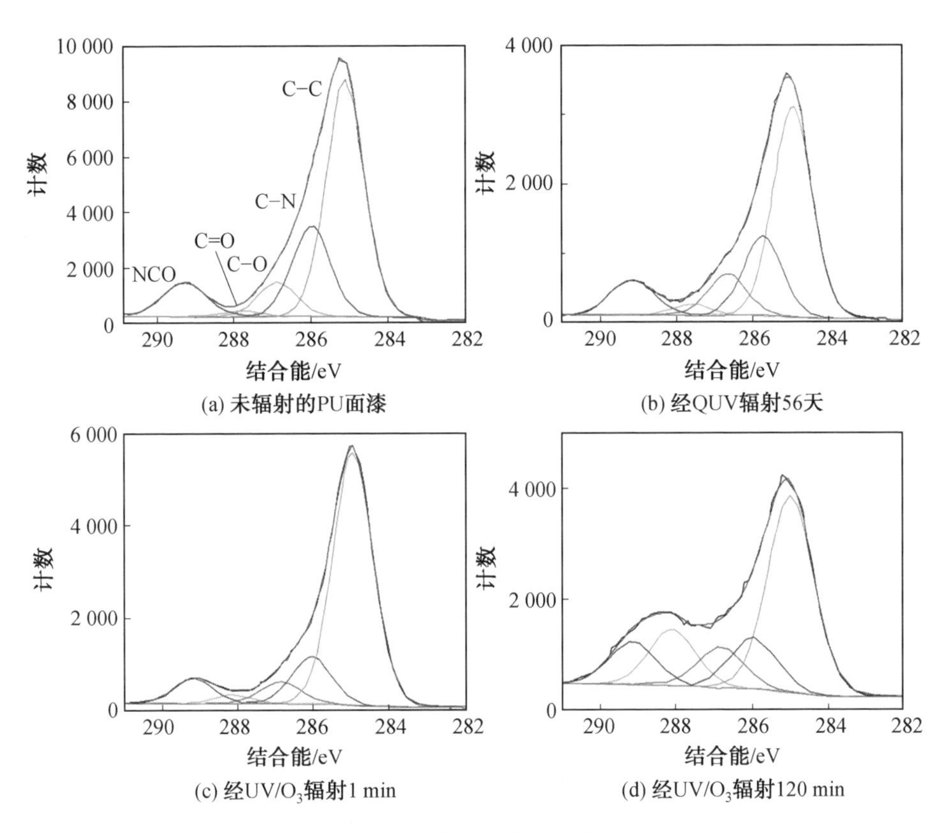

图 7.2　XPS 中的 C 1s 谱

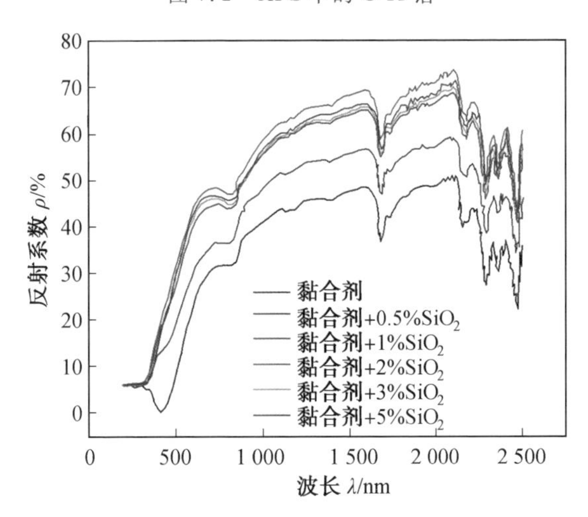

图 7.7　添加不同量纳米 SiO_2 的改性涂层 KO－859 经质子辐照后的反射谱

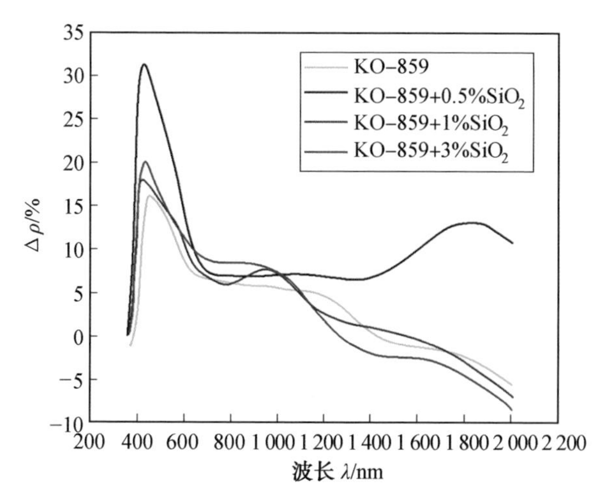

图 7.8　未改性 KO－859 和纳米 SiO_2 改性后 KO－859 经电子束辐照前后的反射系数差值 $\Delta\rho$ 随反射谱波长的变化

（电子束能量为 30 keV，注量为 $1.55\times10^{16}\ cm^{-2}$）

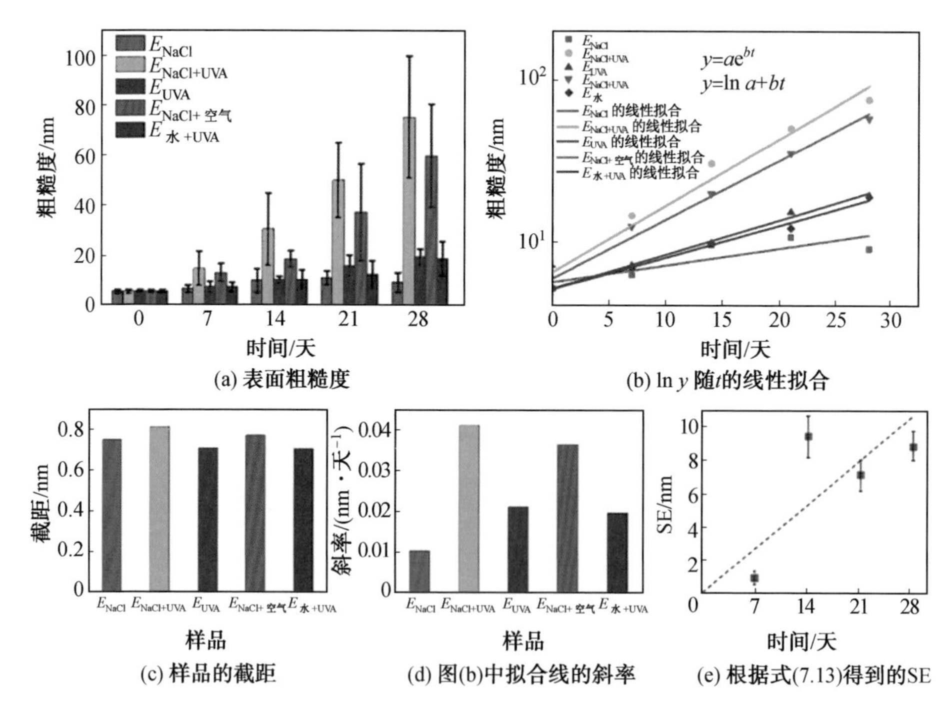

图 7.23　环氧树脂试样经不同气候条件作用后性能参数随时间的变化

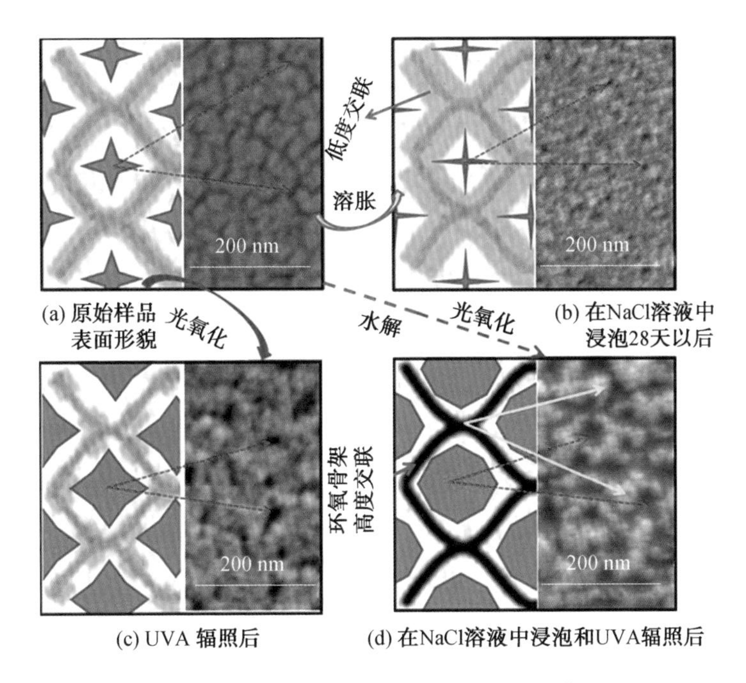

图 7.24 紫外线和盐结晶对环氧树脂样品的协同作用机理

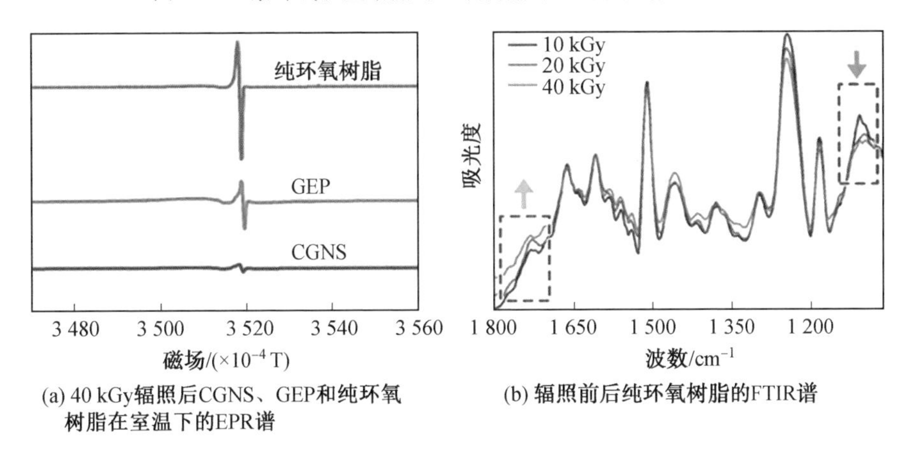

图 7.31 环氧树脂的 EPR 谱、FTIR 谱及二氧化铈纳米粒子清除自由基的机理

CGNS—含二氧化铈纳米粒子的石墨烯片材；

GEP—含质量分数为 0.25％石墨烯的环氧树脂涂层

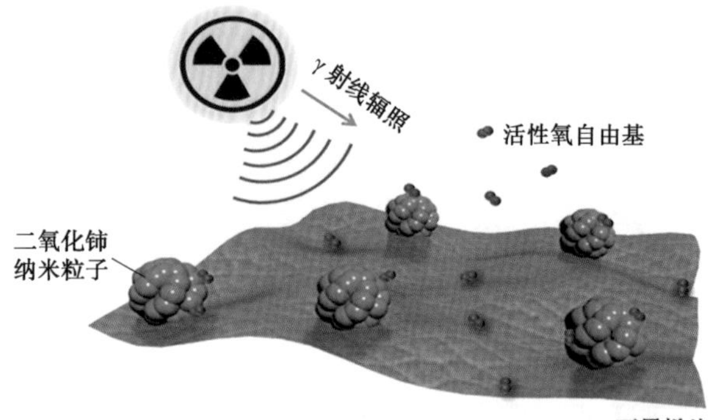

(c) 自由基清除的作用机理

续图 7.31

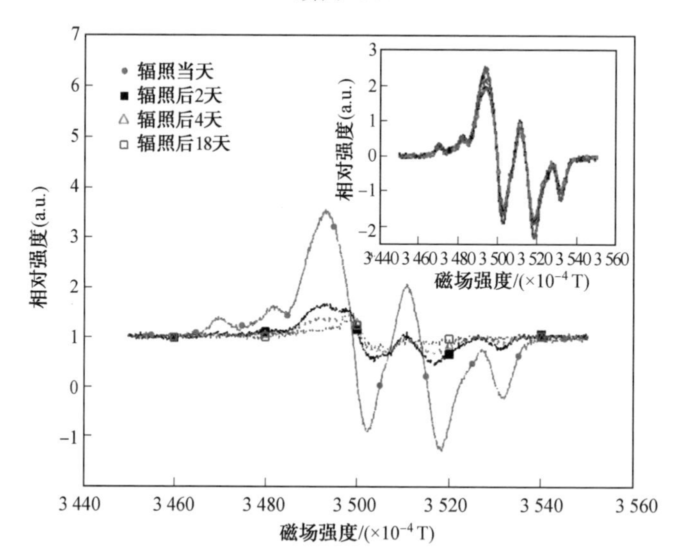

图 8.6　小麦淀粉辐照 10 kGy 后 EPR 谱图随时间演化

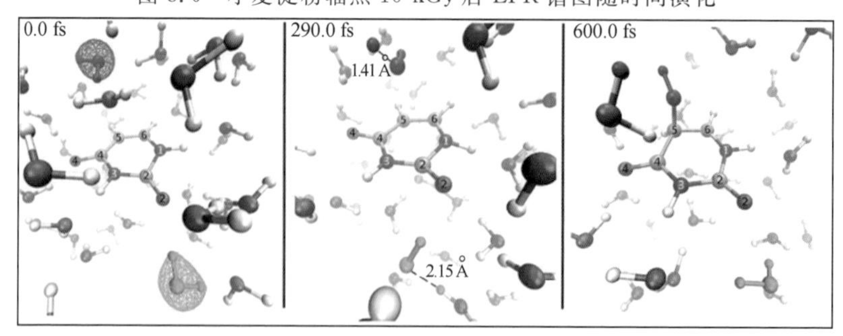

图 9.10　尿嘧啶羟基化机理

(从 2a1 分子轨道(蓝色和绿色轮廓)产生的单氧化水分子导致一个羟基与 C5 成键。图中灰色、蓝色和红色分别是 C、N 和 O 原子)

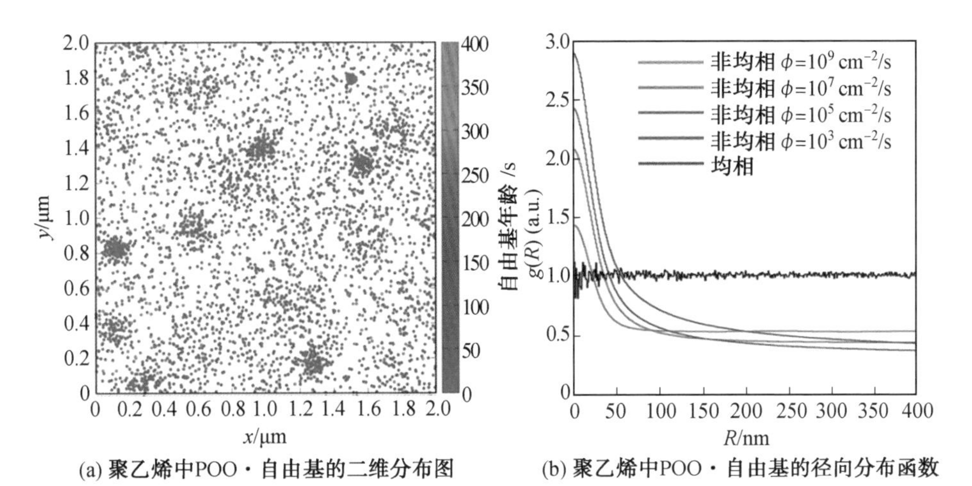

(a) 聚乙烯中POO·自由基的二维分布图　(b) 聚乙烯中POO·自由基的径向分布函数

图 9.18　KMC方法模拟聚乙烯的均相和非均相辐射氧化现象

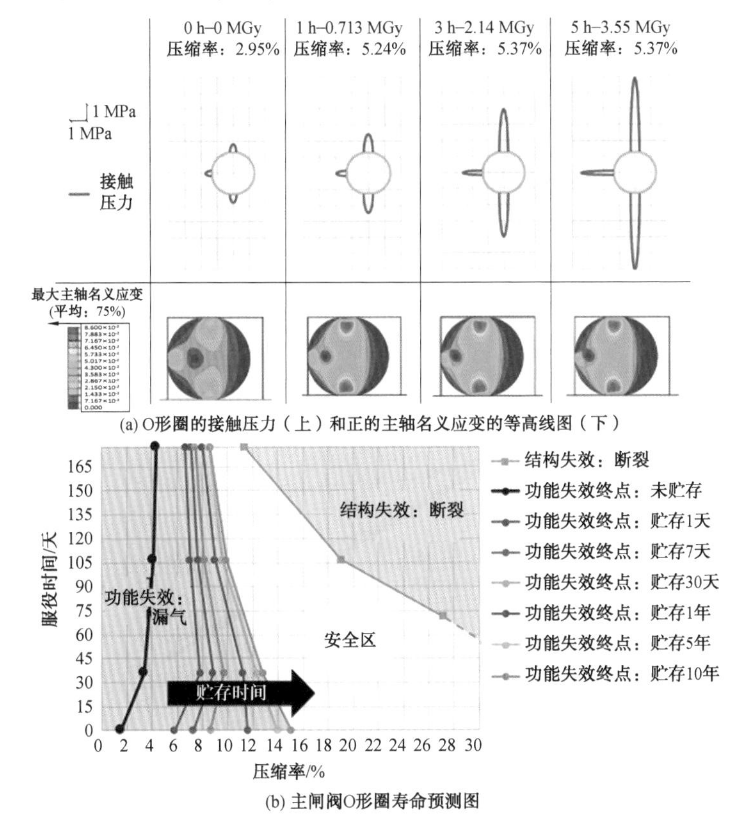

图 9.19　不同漏率引发条件下(压缩率和辐射剂量)漏率测试的FEM模拟结果

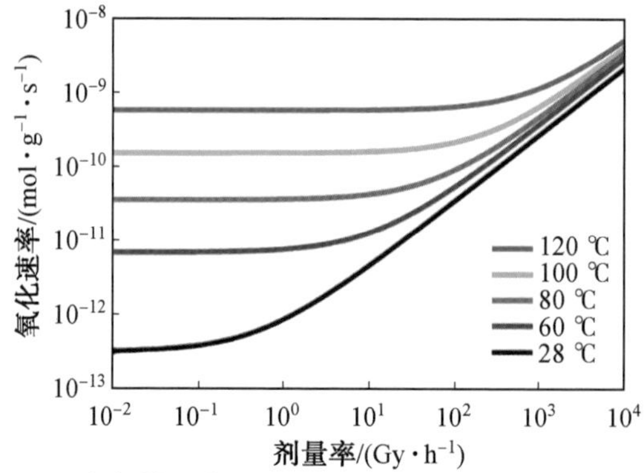

(a) 根据模型式(10.25)和式(10.26)模拟的氧化速率曲线

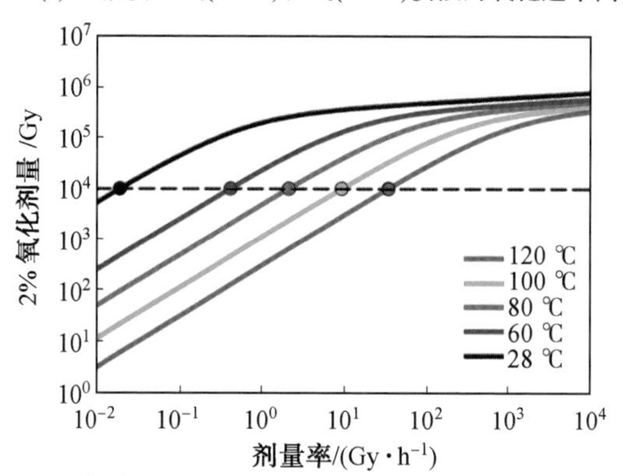

(b) 根据模型式(10.25)和式(10.26)模拟的2%氧化DED曲线

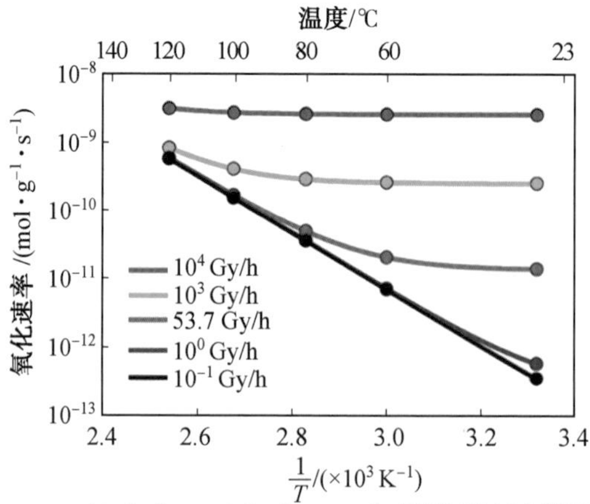

(c) 由式(10.18)和式(10.19)生成的阿伦尼乌斯图

图 10.6　不同等损伤模型的应用实例

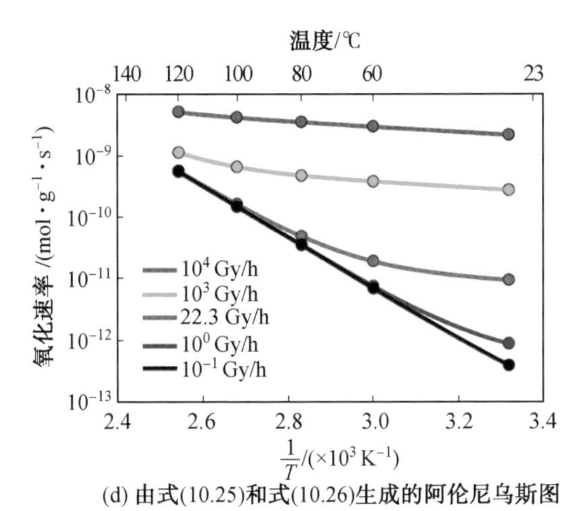

(d) 由式(10.25)和式(10.26)生成的阿伦尼乌斯图

续图 10.6

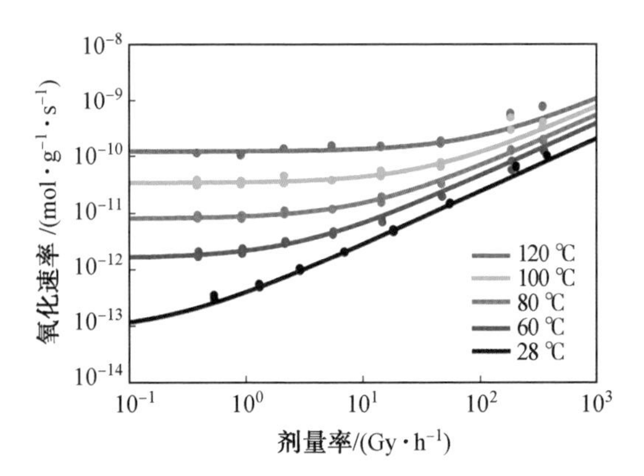

图 10.7 根据式(10.28)模拟的 Eaton Dekoron Hypalon 护套材料的氧化速率曲线

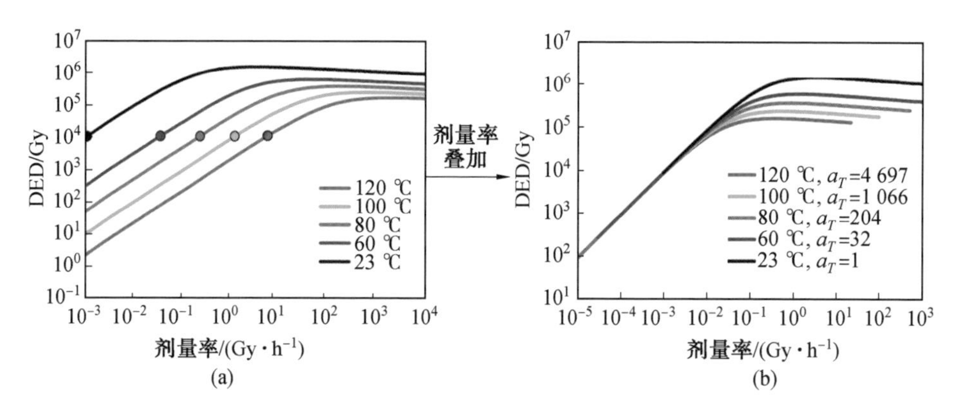

图 10.9　根据式(10.36)绘制的不同温度下的 DED 曲线

(E_a=78.7 kJ/mol,λ=−0.13。这些曲线在线性区的斜率为 1)

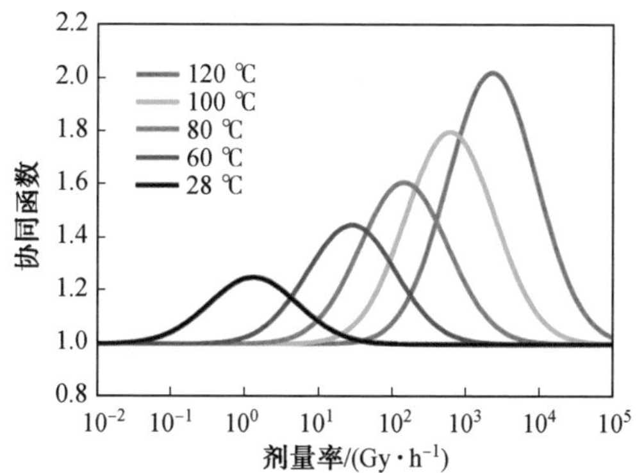

(a) 模拟在$r_T=r_\gamma$时具有最大值的高斯形式温度-辐射协同函数

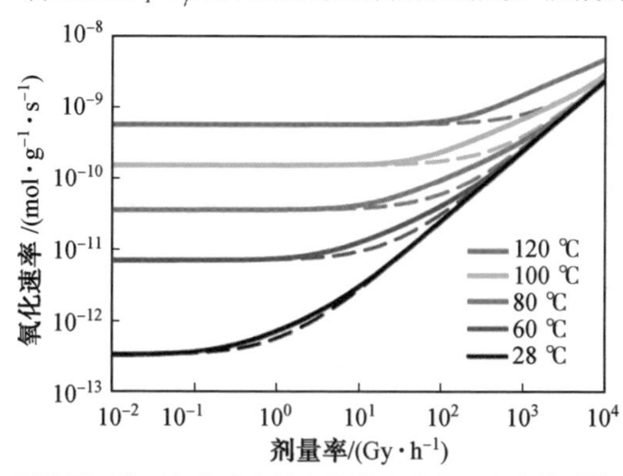

(b) 高斯形式温度-辐射协同函数对氧化速率效率的影响(虚线和实线分别代表没有和具有协同项)

图 10.11　时间依赖性降解模型考虑辐射—热耦合后的应用实例